有机化学

（新世纪第五版）

（供中药学、药学、制药工程等专业用）

主编 林辉

中国中医药出版社
·北京·

图书在版编目（CIP）数据

有机化学 / 林辉主编 . —5 版 . —北京：中国中医药出

版社，2021.6（2024.5 重印）

全国中医药行业高等教育"十四五"规划教材

ISBN 978 – 7 – 5132 – 6834 – 9

Ⅰ.①有… Ⅱ.①林… Ⅲ.①有机化学—中医学院—教材
Ⅳ.① O62

中国版本图书馆 CIP 数据核字（2021）第 052094 号

融合出版数字化资源服务说明

全国中医药行业高等教育"十四五"规划教材为融合教材，各教材相关数字化资源（电子教材、PPT 课件、视频、复习思考题等）在全国中医药行业教育云平台"医开讲"发布。

资源访问说明

扫描右方二维码下载"医开讲 APP"或到"医开讲网站"（网址：www.e-lesson.cn）注册登录，输入封底"序列号"进行账号绑定后即可访问相关数字化资源（注意：序列号只可绑定一个账号，为避免不必要的损失，请您刮开序列号立即进行账号绑定激活）。

资源下载说明

本书有配套 PPT 课件，供教师下载使用，请到"医开讲网站"（网址：www.e-lesson.cn）认证教师身份后，搜索书名进入具体图书页面实现下载。

中国中医药出版社出版

北京经济技术开发区科创十三街 31 号院二区 8 号楼

邮政编码　100176

传真　010-64405721

河北品睿印刷有限公司印刷

各地新华书店经销

开本 889 × 1194　1/16　印张 25　彩插 0.5　字数 681 千字

2021 年 6 月第 5 版　2024 年 5 月第 5 次印刷

书号　ISBN 978 – 7 – 5132 – 6834 – 9

定价　92.00 元

网址　www.cptcm.com

服 务 热 线　010-64405510　微信服务号　zgzyycbs
购 书 热 线　010-89535836　微商城网址　https://kdt.im/LIdUGr
维 权 打 假　010-64405753　天猫旗舰店网址　https://zgzyycbs.tmall.com

如有印装质量问题请与本社出版部联系（010-64405510）

全国中医药行业高等教育"十四五"规划教材
全国高等中医药院校规划教材（第十一版）

《有机化学》
编 委 会

主 审

彭 松（湖北中医药大学）

主 编

林 辉（广州中医药大学）

副主编（以姓氏笔画为序）

毛近隆（山东中医药大学）　　　　　权 彦（陕西中医药大学）

安 叡（上海中医药大学）　　　　　李熙灿（广州中医药大学）

张淑蓉（山西中医药大学）　　　　　陈 晖（甘肃中医药大学）

陈胡兰（成都中医药大学）

编 委（以姓氏笔画为序）

万屏南（江西中医药大学）　　　　　牛丽颖（河北中医学院）

方 方（安徽中医药大学）　　　　　邓仕任（辽宁中医药大学）

李 玲（湖南中医药大学）　　　　　李 根（天津中医药大学）

杨 静（河南中医药大学）　　　　　余宇燕（福建中医药大学）

沈 玪（湖北中医药大学）　　　　　张立剑（黑龙江中医药大学）

林玉萍（云南中医药大学）　　　　　金永生（海军军医大学）

房 方（南京中医药大学）　　　　　赵 红（广东药科大学）

钟益宁（广西中医药大学）　　　　　徐秀玲（浙江中医药大学）

高 颖（长春中医药大学）

学术秘书

何建峰（广州中医药大学）

全国中医药行业高等教育"十四五"规划教材
全国高等中医药院校规划教材（第十一版）

专家指导委员会

名誉主任委员
余艳红（国家卫生健康委员会党组成员，国家中医药管理局党组书记、局长）
王永炎（中国中医科学院名誉院长、中国工程院院士）
陈可冀（中国中医科学院研究员、中国科学院院士、国医大师）

主任委员
张伯礼（天津中医药大学教授、中国工程院院士、国医大师）
秦怀金（国家中医药管理局副局长、党组成员）

副主任委员
王　琦（北京中医药大学教授、中国工程院院士、国医大师）
黄璐琦（中国中医科学院院长、中国工程院院士）
严世芸（上海中医药大学教授、国医大师）
高　斌（教育部高等教育司副司长）
陆建伟（国家中医药管理局人事教育司司长）

委　员（以姓氏笔画为序）
丁中涛（云南中医药大学校长）
王　伟（广州中医药大学校长）
王东生（中南大学中西医结合研究所所长）
王维民（北京大学医学部副主任、教育部临床医学专业认证工作委员会主任委员）
王耀献（河南中医药大学校长）
牛　阳（宁夏医科大学党委副书记）
方祝元（江苏省中医院党委书记）
石学敏（天津中医药大学教授、中国工程院院士）
田金洲（北京中医药大学教授、中国工程院院士）
仝小林（中国中医科学院研究员、中国科学院院士）
宁　光（上海交通大学医学院附属瑞金医院院长、中国工程院院士）

匡海学（黑龙江中医药大学教授、教育部高等学校中药学类专业教学指导委员会主任委员）

吕志平（南方医科大学教授、全国名中医）

吕晓东（辽宁中医药大学党委书记）

朱卫丰（江西中医药大学校长）

朱兆云（云南中医药大学教授、中国工程院院士）

刘　良（广州中医药大学教授、中国工程院院士）

刘松林（湖北中医药大学校长）

刘叔文（南方医科大学副校长）

刘清泉（首都医科大学附属北京中医医院院长）

李可建（山东中医药大学校长）

李灿东（福建中医药大学校长）

杨　柱（贵州中医药大学党委书记）

杨晓航（陕西中医药大学校长）

肖　伟（南京中医药大学教授、中国工程院院士）

吴以岭（河北中医药大学名誉校长、中国工程院院士）

余曙光（成都中医药大学校长）

谷晓红（北京中医药大学教授、教育部高等学校中医学类专业教学指导委员会主任委员）

冷向阳（长春中医药大学校长）

张忠德（广东省中医院院长）

陆付耳（华中科技大学同济医学院教授）

阿吉艾克拜尔·艾萨（新疆医科大学校长）

陈　忠（浙江中医药大学校长）

陈凯先（中国科学院上海药物研究所研究员、中国科学院院士）

陈香美（解放军总医院教授、中国工程院院士）

易刚强（湖南中医药大学校长）

季　光（上海中医药大学校长）

周建军（重庆中医药学院院长）

赵继荣（甘肃中医药大学校长）

郝慧琴（山西中医药大学党委书记）

胡　刚（江苏省政协副主席、南京中医药大学教授）

侯卫伟（中国中医药出版社有限公司董事长）

姚　春（广西中医药大学校长）

徐安龙（北京中医药大学校长、教育部高等学校中西医结合类专业教学指导委员会主任委员）

高秀梅（天津中医药大学校长）

高维娟（河北中医药大学校长）

郭宏伟（黑龙江中医药大学校长）

唐志书（中国中医科学院副院长、研究生院院长）

彭代银（安徽中医药大学校长）

董竞成（复旦大学中西医结合研究院院长）

韩晶岩（北京大学医学部基础医学院中西医结合教研室主任）

程海波（南京中医药大学校长）

鲁海文（内蒙古医科大学副校长）

翟理祥（广东药科大学校长）

秘书长（兼）

陆建伟（国家中医药管理局人事教育司司长）

侯卫伟（中国中医药出版社有限公司董事长）

办公室主任

周景玉（国家中医药管理局人事教育司副司长）

李秀明（中国中医药出版社有限公司总编辑）

办公室成员

陈令轩（国家中医药管理局人事教育司综合协调处处长）

李占永（中国中医药出版社有限公司副总编辑）

张峘宇（中国中医药出版社有限公司副总经理）

芮立新（中国中医药出版社有限公司副总编辑）

沈承玲（中国中医药出版社有限公司教材中心主任）

编审专家组

全国中医药行业高等教育“十四五”规划教材
全国高等中医药院校规划教材（第十一版）

组　长

余艳红（国家卫生健康委员会党组成员，国家中医药管理局党组书记、局长）

副组长

张伯礼（天津中医药大学教授、中国工程院院士、国医大师）
秦怀金（国家中医药管理局副局长、党组成员）

组　员

陆建伟（国家中医药管理局人事教育司司长）
严世芸（上海中医药大学教授、国医大师）
吴勉华（南京中医药大学教授）
匡海学（黑龙江中医药大学教授）
刘红宁（江西中医药大学教授）
翟双庆（北京中医药大学教授）
胡鸿毅（上海中医药大学教授）
余曙光（成都中医药大学教授）
周桂桐（天津中医药大学教授）
石　岩（辽宁中医药大学教授）
黄必胜（湖北中医药大学教授）

前　言

为全面贯彻《中共中央 国务院关于促进中医药传承创新发展的意见》和全国中医药大会精神，落实《国务院办公厅关于加快医学教育创新发展的指导意见》《教育部 国家卫生健康委 国家中医药管理局关于深化医教协同进一步推动中医药教育改革与高质量发展的实施意见》，紧密对接新医科建设对中医药教育改革的新要求和中医药传承创新发展对人才培养的新需求，国家中医药管理局教材办公室（以下简称"教材办"）、中国中医药出版社在国家中医药管理局领导下，在教育部高等学校中医学类、中药学类、中西医结合类专业教学指导委员会及全国中医药行业高等教育规划教材专家指导委员会指导下，对全国中医药行业高等教育"十三五"规划教材进行综合评价，研究制定《全国中医药行业高等教育"十四五"规划教材建设方案》，并全面组织实施。鉴于全国中医药行业主管部门主持编写的全国高等中医药院校规划教材目前已出版十版，为体现其系统性和传承性，本套教材称为第十一版。

本套教材建设，坚持问题导向、目标导向、需求导向，结合"十三五"规划教材综合评价中发现的问题和收集的意见建议，对教材建设知识体系、结构安排等进行系统整体优化，进一步加强顶层设计和组织管理，坚持立德树人根本任务，力求构建适应中医药教育教学改革需求的教材体系，更好地服务院校人才培养和学科专业建设，促进中医药教育创新发展。

本套教材建设过程中，教材办聘请中医学、中药学、针灸推拿学三个专业的权威专家组成编审专家组，参与主编确定，提出指导意见，审查编写质量。特别是对核心示范教材建设加强了组织管理，成立了专门评价专家组，全程指导教材建设，确保教材质量。

本套教材具有以下特点：

1.坚持立德树人，融入课程思政内容

将党的二十大精神进教材，把立德树人贯穿教材建设全过程、各方面，体现课程思政建设新要求，发挥中医药文化育人优势，促进中医药人文教育与专业教育有机融合，指导学生树立正确世界观、人生观、价值观，帮助学生立大志、明大德、成大才、担大任，坚定信念信心，努力成为堪当民族复兴重任的时代新人。

2.优化知识结构，强化中医思维培养

在"十三五"规划教材知识架构基础上，进一步整合优化学科知识结构体系，减少不同学科教材间相同知识内容交叉重复，增强教材知识结构的系统性、完整性。强化中医思维培养，突出中医思维在教材编写中的主导作用，注重中医经典内容编写，在《内经》《伤寒论》等经典课程中更加突出重点，同时更加强化经典与临床的融合，增强中医经典的临床运用，帮助学生筑牢中医经典基础，逐步形成中医思维。

3.突出"三基五性"，注重内容严谨准确

坚持"以本为本"，更加突出教材的"三基五性"，即基本知识、基本理论、基本技能，思想性、科学性、先进性、启发性、适用性。注重名词术语统一，概念准确，表述科学严谨，知识点结合完备，内容精炼完整。教材编写综合考虑学科的分化、交叉，既充分体现不同学科自身特点，又注意各学科之间的有机衔接；注重理论与临床实践结合，与医师规范化培训、医师资格考试接轨。

4.强化精品意识，建设行业示范教材

遴选行业权威专家，吸纳一线优秀教师，组建经验丰富、专业精湛、治学严谨、作风扎实的高水平编写团队，将精品意识和质量意识贯穿教材建设始终，严格编审把关，确保教材编写质量。特别是对32门核心示范教材建设，更加强调知识体系架构建设，紧密结合国家精品课程、一流学科、一流专业建设，提高编写标准和要求，着力推出一批高质量的核心示范教材。

5.加强数字化建设，丰富拓展教材内容

为适应新型出版业态，充分借助现代信息技术，在纸质教材基础上，强化数字化教材开发建设，对全国中医药行业教育云平台"医开讲"进行了升级改造，融入了更多更实用的数字化教学素材，如精品视频、复习思考题、AR/VR等，对纸质教材内容进行拓展和延伸，更好地服务教师线上教学和学生线下自主学习，满足中医药教育教学需要。

本套教材的建设，凝聚了全国中医药行业高等教育工作者的集体智慧，体现了中医药行业齐心协力、求真务实、精益求精的工作作风，谨此向有关单位和个人致以衷心的感谢！

尽管所有组织者与编写者竭尽心智，精益求精，本套教材仍有进一步提升空间，敬请广大师生提出宝贵意见和建议，以便不断修订完善。

国家中医药管理局教材办公室
中国中医药出版社有限公司
2023年6月

编写说明

　　本教材是在国家中医药管理局教材办公室的宏观指导下，遵循全国中医药行业高等教育"十四五"规划教材编写指导思想、编写原则和基本要求，全面贯彻立德树人新教育理念，遵循中医药人才培养成长规律，坚持以学生为中心，充分体现专业教育课程知识体系的专业性、科学性、先进性、实用性与思想性相结合，全面服务中药类专业人才培养要求，助力中医药教育高质量发展和国家"双一流"建设发展。

　　上一版《有机化学》规划教材，在"十三五"期间得到全国中医药院校的广泛采用，并获得好评。由中国中医药出版社组织的第三方评价显示，"十三五"《有机化学》教材具有科学性、严谨性、权威性、客观性等基本特征，同时，定位清晰，翻译准确，内容完整，重点突出，难点突破；符合"三基五性"要求，注重理论与临床实践的衔接，代表了中医药行业《有机化学》教材的主流。本次教材编写在继承上一版教材优点的基础上，根据新时代经济社会发展对中医药人才培养的新要求，着重从以下几方面对新版教材编写做进一步完善提升：

　　1. 完善教材内涵体系（包括结构、内容、形式），删除了重复交叉的内容，更正了不严谨的表述与错漏。

　　2. 更新知识内容，体现学科发展方向。根据中国化学会发布的新的汉化的有机化学命名规则，即《有机化合物命名原则》（2017 版），对全书所涉及的有机化合物命名进行了更新，也同步增加了化合物的英文名。

　　3. 融合了国家"双一流"建设对人才培养与教学改革发展的新要求，如教材内容尽量体现中国特色、围绕学科发展方向、强调课程思政建设、重视创新能力培养、注重对接经济社会等。

　　4. 逐步完善数字化教材编写，教材同步提供了配套的数字化素材，包括配套课程教学的PPT、知识拓展内容、部分教学视频等。

　　5. 提升了配套习题集内涵质量，增加配套《有机化学习题集》中习题的数量，优化了题型配置等。

　　本教材编写分工如下：第一章、第十四章、第十六章由林 辉、李熙灿、牛丽颖、方方编写；第二章、第六章由权彦、赵红、邓仕任、林玉萍编写；第三章、第五章、第十七章由安徽、高颖、钟益宁、金永生编写；第四章、第七章、第九章由张淑蓉、毛近隆、房方、李玲、李根编写；第八章、第十一章、第十五章、第十八章由陈晖、万屏南、张立剑、徐秀玲编写；第十章、第十二章、第十三章由陈胡兰、余宇燕、杨静、沈峥编写。对有机化合物的命名更新，主要由李熙灿、毛近隆、房方、张淑蓉、林玉萍、邓仕任、杨静等完成。

　　本教材作为全国中医药行业高等教育"十四五"规划教材，供全国高等中医药院校中药学专业使用，也可供高等院校药学、制药工程、药物制剂等相关专业课程教学选用。本教材编委会汇集了全国高等中医药院校有机化学课程教学骨干和专家，也吸收了部分医学院校和药科院校有机化学课程教学的专家，可代表全国中医药高等教育有机化学课程教学的现有水平。尽管编委会成员力求教材编写精益求精，但由于知识水平所限，若有不足之处敬请广大师生和读者在使用过程中提出宝贵意见，以便再版时修订提高。

《有机化学》编委会

2021 年 6 月

目 录

扫一扫，查阅
本书数字资源

扫一扫，查阅本章数字资源，含PPT、音视频、图片等

一、有机化学的研究对象与任务

有机化学的研究对象是有机化合物，有机化合物简称有机物。人们对有机化合物的认识和对其他事物的认识一样，也是逐渐经历由浅入深，由表及里的过程。

在长期的生活和生产实践中，人们早已懂得利用和加工从自然界中获得的有机物，例如我国劳动人民在商、夏时代就已掌握酿酒和制醋技术。18 世纪以后，人们已能从生命体，即动、植物中分离纯化得到尿素、草酸、甘油、吗啡等物质，这类物质与矿物质、无机盐类在性质上有很大差异，意味着自然界中除无机化合物外还有另外一类化合物的存在。由于起初这类物质是从自然界中有生命活动的动植物体内获得的，因此人们认为它是来源于动植物体内，由"生命力"影响而产生的一类物质，故称之为"有生机之物"。鉴于当时人们对有机体内如何形成有机物尚缺乏认识，有些学者提出了"生命力论"，认为有机物是靠神秘的"生命力"在活体内才能制造，不可能用化学方法在实验室由无机物所制得。"生命力论"在一定程度上束缚了人们的思想，阻碍有机化学的发展。19 世纪初，随着科学技术的发展，许多原来由生物体中得到的有机物可以在实验室通过人工合成的方法来获得，而无须借助于"生命力"。如 1828 年德国化学家武勒（F. Wohler），在实验室用已知的无机物氰酸钾和氯化铵反应制备氰酸铵（NH_4OCN）时意外合成了尿素，就说明人们可以通过化学方法由无机物制取有机物。这既是科学上的一个突破，又是对生命力论一个强有力的挑战。随后的 1845 年柯尔贝（H. Kolbe）合成了醋酸，1854 年伯赛罗（M. Besthelot）合成了脂肪，这一系列的实验使生命力论受到了彻底的冲击。由此可知，虽然有机物源自生命体，发展于生命体，离不开生命体，但近代科学的发展却说明有机化合物不一定出自生命体。因此，现在人们把不论是从有机体中取得的，还是由人工合成的这类性质类同的化合物都统称为有机化合物。所以，尽管目前仍然沿用"有机物"的名称，但它早已失去了"有生机之物"的原意。

对有机化合物的元素组成进行分析，发现有机化合物都含有碳元素，绝大多数含有氢元素，此外有些有机化合物还含有氧、氮、硫、磷、卤素等元素。因此，有机化合物可看作是碳氢化合物及其衍生物。碳氢化合物又称烃类化合物，而衍生物是指碳氢化合物分子中的一个或几个氢原子被其他原子或原子团取代而形成的化合物。所以，有机化学就是研究碳氢化合物及其衍生物的化学。它主要研究的是有机物的结构、性质、合成方法、应用（如分离、提取、鉴定）以及性质与结构关系等的一门科学。

含碳有机化合物的数目巨大，目前已知的含碳化合物的数量在 2000 万种以上（数目仍在不断迅速增长之中），远远超过周期表中碳元素之外的 100 多种元素所形成的化合物的数量。实际

上，有机化合物和无机化合物之间并没有一个绝对的界线，它们遵循共同的变化规律，只是在组成和性质上有所不同。有些简单的含碳化合物，如一氧化碳、二氧化碳、碳酸盐等，因其具有无机化合物的典型性质，通常被看成无机化合物而不在有机化学中讨论。由于有机化合物数目繁多（占已知化合物总量的 70%～80%），而且在结构和性质上具有很多独有的特点，所以作为研究有机化合物的有机化学已发展成为一门独立的学科。

　　有机化学的研究任务之一是分离、提取自然界中存在的各种有机物，并测定它们的结构和性质，以便加以利用。例如从中药中提取分离某些有效成分（如黄连素、青蒿素的获得），从昆虫中提取昆虫激素等。有机化学的另一研究任务是物理有机化学的研究内容，即研究有机化合物的结构与性质之间的关系、反应经历的途径、影响反应的因素等，以便控制有机反应进行的方向。有机化学的第三项研究任务是对有机合成的研究，即在确定有机化合物分子的结构并对许多有机化合物的反应有相对了解的基础上，以从自然界中容易获取的简单有机物作为原料，通过各种反应，合成各类具有不同功能的有机化合物，如维生素、药物、香料、食品添加剂、染料、新型农药、合成纤维、合成橡胶、塑料、航空航天材料等，以满足医疗保健、工农业生产、日常生活和国防建设的需要。

二、有机化学与医药学的关系

　　有机化学最初的涵义就是研究生物物质的化学，也即以生物体中的物质为研究对象。200 多年来，有机化学已发展成为一门庞大的学科，它与生命科学密切相关，是研究医药学必不可少的一门重要的基础学科。

　　有机化学是开展生命科学研究的必要基础。医学的研究对象是人体的生命过程，人体是以生命物质为基础构成的。生命现象包括了生物体内无数物质分子（如蛋白质、核酸、糖、脂等生物大分子）的化学变化过程，弄清生命活动过程的机理，有赖于利用有机化学的理论和方法。生命科学的发展过程说明，有机化学理论和实验技术上的成就，为现代分子生物学的诞生和发展打下了坚实的基础，它是生命科学的有力支柱。生命科学也为有机化学的发展赋予了新的内含，充实与丰富了有机化学的研究内容。分子生物学发展史上划时代的一个标志 DNA 双螺旋结构分子模型的提出，就是基于对 DNA 分子内各种化学键的本质，特别是氢键配对有了充分了解的结果。20 世纪 90 年代后期兴起的化学生物学（也称生物有机化学）是一门用化学的理论、研究方法和手段在分子水平上探索生命科学问题的学科，是化学自觉进入生命科学领域的标志。它的产生和发展，既是有机化学和生命科学发展的必然结果，也是学科进一步发展的需要。近十几年来发展神速的"生物克隆技术"（无性繁殖的一种重要方法，即在一定的条件下复制出一群遗传性状相同的生物）以及"人体全基因谱"的研究，是世界各国生物学家、医学家、化学家共同合作的杰作，它体现了多学科交叉和融合的力量。

　　有机化学是药学研究与药物应用的有力工具。我们临床上用于治疗疾病的大多数药物（包括合成药、生化药、天然药等），几乎都为有机化合物。因此，合理使用各类药物，充分发挥药物的临床治疗效果，避免临床上由于药物使用引起的不良反应，离不开了解及掌握药物的化学结构与性状。而临床药物开发研究中，新药的寻找及药物构效关系的研究，药物生产工艺的改进、剂型选择与加工，药物的质量控制、检测以及运输、储存及保管等，都要求药学研究者和管理者必须掌握扎实的有机化学知识。

　　有机化学是中药研究与创新的必备手段。中医药是我们中华民族的瑰宝，深受广大人民群众的欢迎。继承与发扬中医药在治疗疾病中的优势与特色，深入研究中药的作用机制，充分发挥与运用中药的特长，开发与创制临床上有效的中药新品种，是我国医药工作者义不容辞的义务与责任。临床上使用的中药方剂组成成分复杂，同一种中药出现在不同的方剂中其所起的功效不同，这与中药本身含有多种成分有关，可以说一种中药自身就是一个小的复方。中药的整个研究与使用流程，包括中药材的炮制加工、鉴定、保管，中药药效作用研究，有效成分的分离、提纯、鉴定，中药剂型的改革与中成药的质量控制以及加快中药现代化研究的进程等都离不开有机化学这一学科。因此，弄清中药治病的作用机理并开发临床上安全、有效、使用方便的中药新品种，掌握并科学运用有机化学的知识与手段就显得非常重要。

三、研究有机化合物的一般方法

有机化合物主要有两个来源：一是用化学方法进行人工合成，二是从天然的动植物机体中获得。不论是从哪个途径得到的物质，一般都含有杂质。在研究有机化合物时，首要任务就是将其分离纯化，保证达到应有的纯度。

1. 分离纯化

有机化合物的分离纯化方法很多，根据不同的需要可选择蒸馏、重结晶、升华以及色谱分离方法。

经过分离纯化的有机化合物还需要进一步检查其纯度。纯度检测的方法主要有物理方法、化学分析法和色谱法。由于纯的有机化合物的物理常数（如沸点、熔点、折光率、比旋光度）都有一定值，因此，通过测定相应的物理常数即可确定其纯度，但是，上述物理常数测定需要样品量大。化学方法是通过化学反应来分析有机物的结构，该法操作较复杂，不易进行。色谱法是利用不同化合物性质的不同（如溶解能力、吸附能力、亲和能力等），从而在固定相与流动相之间的分配不同而进行分离、分析的，包括薄层色谱（TLC）、气相色谱（GC）、液相色谱（LC）以及高效液相色谱（HPLC）等方法。随着技术手段的不断发展、完善，色谱技术由于其分析分离并用、分离效率高、分离速度快、处理样品量可多可少、自动化程度高等特点在化合物的分离、纯化和纯度鉴定等方面的应用越来越广泛。

2. 实验式和分子式的确定

有机元素是指在有机化合物中较为常见的碳、氢、氧、氮、硫、磷等元素。通过测定有机化合物中各元素的含量，可以确定化合物中各元素的组成比例，进而得出化合物的实验式和分子式。有机物的元素定量分析最早是德国化学家李比希（Freiherr Justus von Liebig）创立的。目前，有机元素分析一般都采用自动化的有机元素分析仪，常用的检测方法有：示差导热法、反应气相色谱法、电量法（库仑分析法）、电导分析法等。上述检测方法可以同时测定多种元素，除此以外，还有定氮仪、氧/硫分析仪、卤素分析仪等单个有机元素分析仪。

在元素定量分析的基础上，将各元素的质量百分含量除以相应元素的相对原子质量，求出该有机物中各元素原子的最小个数之比，即该有机物的实验式。实验式不能代表化合物的分子式，实验式仅仅表示的是分子中各元素原子的个数比，而非分子中真正所含的原子数目。只有测定出相对分子质量后，才能确定化合物的分子式。分子式与实验式是倍数关系。

传统上通常采用沸点升高或凝固点降低法等经典物理化学方法测定有机化合物的相对分子质量。现在采用的是高分辨率质谱法（MS）。质谱法的原理是待测化合物分子吸收能量（在离子源的电离室中）后产生电离，生成分子离子，分子离子由于具有较高的能量，会进一步按化合物自身特有的碎裂规律分裂，生成一系列确定组成的不同质量和电荷之比（质荷比 m/z）的带电荷的离子，经加速电场的作用，形成离子束，进入质量分析器。在质量分析器中，再利用电场和磁场使发生相反的速度色散，将它们分别聚焦而得到质谱图，从而确定其质量。质谱中出现的离子有分子离子、同位素离子、碎片离子、重排离子、多电荷离子、亚稳离子、负离子和离子-分子相互作用产生的离子。综合分析这些离子，可以获得化合物的分子量、化学结构、裂解规律和由单分子分解形成的某些离子间存在的某种相互关系等信息。

3. 结构式的确定

有机化合物中广泛存在着同分异构现象，分子式相同而结构式截然不同。有机化合物、有机反应、反应机理、合成方法等都能用结构式来描述，从结构式也可以推断出该化合物的性质。因此在确定了分子式之后，还必须确定结构式。有机化合物的结构式最早是用化学法测定：首先用有机化学反应确定化合物分子中含有的官能团；然后再用降解反应初步确定其结构；最后再用合成的方法在实验室制备该化合物。用化学法测定化合物的结构往往是十分繁琐复杂的工作，而且在化学变化中往往会发生意想不到的变化，从而给结构的测定带来困难。如吗啡（$C_{17}H_{19}NO_3$）从 1803 年第一次被提纯，至 1952 年弄清楚其结构，其间经过了 150 年；胆固醇（$C_{27}H_{46}O$）结构的测定经历了 40 年，而所得结果经 X-射线衍射发现还有某些错误。

测定有机物结构的波谱法，是 20 世纪 50~60 年代发展起来的现代物理实验方法。波谱法的应用使有机物结构测定、纯度分析等既快速准确，又用量极少，一般只需 1~100mg，甚至 10^{-9}g 也能给出化合物的结构信息，并且在较短的时间内，经过简便的操作，就可获得正确的结构。有机物的结构测定常用到四大谱图：紫外光谱（UV, ultraviolet spectrum）、红外光谱（IR, infrared spectrum）、核磁共振谱（NMR, nuclear magnetic resonance）和质谱（MS, mass spectrum）。

UV、IR、NMR 谱都是由一定频率的电磁波与分子或原子中某些能级间的相互作用而产生的。因此，波谱学是研究光与物质相互作用的科学。光与物质相互作用产生电子光谱（UV）、分子的振转光谱（IR）及原子核的磁共振谱（NMR）。

紫外光谱法是研究物质在紫外-可见区（200~800nm）分子吸收光谱的分析方法。是由分子的外层电子跃迁产生的，紫外光谱主要反映分子中不饱和基团的性质，适用于研究具有不饱和双键系统的分子。它的谱形简单，吸收峰宽且呈带状。根据最大吸收峰位及强度判断共轭体系的类型，识别分子中的不饱和系统，而且还可以测定不饱和化合物的含量。定性分析主要根据吸收光谱图上的特征吸收，如最大吸收波长、强度和吸收系数，定量分析主要根据朗伯-比尔（Lambert-Beer）定律，即物质在一定波长处的吸收度与浓度之间有线性关系。

红外吸收光谱系指 2.5~25μm（4000~400cm^{-1}）的红外光与物质的分子相互作用时，在其能量与分子的振-转能量差相当的情况下，能引起分子由低能态过渡到高能态，即所谓的能级跃迁，结果某些特定波长的红外光被物质的分子吸收。记录在不同的波长处物质对红外光的吸收强度，就得到了物质的红外吸收光谱。由于不同物质具有不同的分子结构，就会吸收不同波长的红外光而产生相应的红外吸收光谱。因此，在物质的定性鉴别和结构分析中，常根据其特征吸收峰的位置、数目、相对强度和形状（峰宽）等参数，推断有机分子中存在的基团。

在合适频率的射频作用下，引起有磁矩的原子核发生核自旋能级跃迁的现象，称为核磁共振（nuclear magnetic resonance，NMR）。根据核磁共振原理，在核磁共振仪上测得的图谱，称为核磁共振波谱（NMR spectrum）。利用核磁共振波谱进行结构鉴定的方法，称为核磁共振波谱法（NMR spectroscopy）。核磁共振波谱法在有机物的结构鉴定中，起着举足轻重的作用，包括氢核磁共振谱（^{1}H-NMR）和碳核磁共振谱（^{13}C-NMR）。

^{1}H-NMR 谱是目前研究最充分的波谱，从中可以得到三方面的结构信息：①从化学位移可判断分子中存在质子的类型（如：—CH$_3$、—CH$_2$—、Ar—H、—OH、—CHO 等）、质子的化学环

境和磁环境。②从积分值可以确定每种基团中质子的相对数目。③从偶合裂分情况可判断质子与质子之间的关系。

目前常规的^{13}C-NMR 谱是采用全氢去偶脉冲序列而测定的全氢去偶谱，该谱图较氢偶合谱不但检测灵敏度大大提高，一般情况下每个碳原子对应一个谱峰，谱图相对简化，便于解析。

^{13}C-NMR 谱与^{1}H-NMR 谱相比，最大的优点是化学位移分布范围宽，一般有机化合物化学位移范围可达 0~200ppm，相对不太复杂的不对称分子，常可检测到每个碳原子的吸收峰（包括季碳），从而得到丰富的碳骨架信息，对于含碳较多的有机化合物，具有很好的鉴定意义。

现在，化学方法基本上被物理实验方法所取代，现代的教科书、文献、论文中化合物的结构均以波谱数据为依据，正如熔点、沸点、折光率等作为每个化合物的重要物理常数一样的普遍，而且更加重要。波谱法实验方法的应用推动了有机化学的飞速发展，已成为研究有机化学不可缺少的工具。

四、有机化合物的结构及其表达式

1. 有机化合物的结构

对一个有机化合物而言，只知道其分子式是不够的，因为同一个分子式可代表许多不同的化合物。例如分子式为 C_2H_6O 的化合物，可以是乙醇，也可以是二甲醚。由于二者的原子的排列次序和结合方式不同，所以它们是不同的化合物，性质也不相同。

	凝固点（℃）	沸点（℃）
CH_3CH_2OH（乙醇）	-117	78.4
CH_3OCH_3（二甲醚）	-141	-24

19 世纪后期，凯库勒（F. A. Kekulé）在有关结构学说的基础上，提出了有关有机化合物的经典结构理论，其要点归纳为：①分子内组成化合物的若干原子是按一定的排列次序和结合方式连接着的，这种排列次序和结合方式，称为"化学结构"。有机化合物的结构决定了它的性质，根据性质可反过来推测有机化合物的结构。②有机化合物中碳原子的化合价为四价，可以用四个相等的价键与其他元素的原子结合。③碳原子之间也可自相结合成碳碳单键、双键或叁键。

按照经典结构理论，我们可以根据使用有机化合物的具体情况，用不同的结构式来表达有机分子的结构。

2. 有机化合物结构的表示方法

结构是指有机化合物分子中原子的连接次序和键合性质。表示分子结构的化学式叫作结构式（constitution formula）。在有机化学中，常用以下四种方法表示结构式。

（1）路易斯结构式（Lewis structure formula） 用价电子对表示共价键结构的化学式称为路易斯结构式。在路易斯结构式中，用黑点表示电子，成键两原子之间的一对电子表示共价单键，两对或三对电子表示共价双键或叁键。书写路易斯结构式时，要将所有的价电子都表示出来。

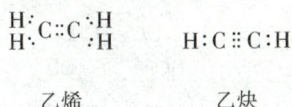

$$H\!:\!C\!:\!:\!C\!:\!H \qquad\qquad H\!:\!C\!:\!:\!:\!C\!:\!H$$
$$H \qquad\qquad\qquad H$$

乙烯　　　　　　　乙炔

使用时，一般只标出孤对电子，成键电子对用短横线表示。例如：

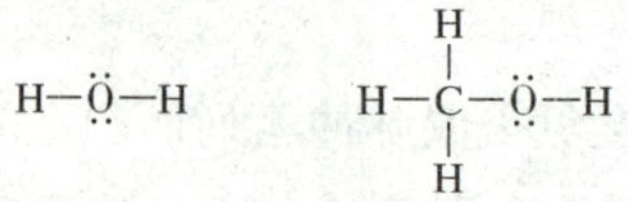

$$H-\ddot{O}-H \qquad H-\underset{\underset{H}{|}}{\overset{\overset{H}{|}}{C}}-\ddot{O}-H$$

（2）**蛛网式**（cobweb formula）   将路易斯结构式中的电子对全部改写成短线，称为蛛网式。每一元素符号代表该元素的一个原子，原子之间的每一价键都用一短线表示。例如：

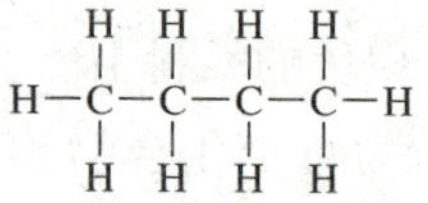

丁 烷 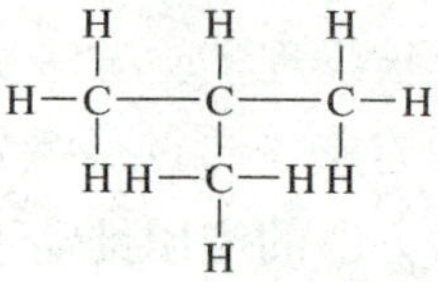   2-甲基丙烷

该书写方法的优点是分子中各原子之间的结合关系看起来很清楚，但缺点是书写很繁琐。

（3）**结构简式**（skeleton symbol）   在蛛网式的基础上，将碳碳单键和碳氢单键省去（环状化合物中环上的单键不能省去），有相同原子时，要把它们合在一起，其数目用阿拉伯数字表示，并把它们写在该原子的元素符号的右下角，由此得到结构简式。

除了以上三种表示方法之外，还可以将分子中的碳氢键、碳原子以及与碳原子直接相连的氢原子全部省略，杂原子以及与杂原子相连的氢原子须保留，只用键线来表示碳骨架，这种表示方法称为键线式（bond-line formula）。在键线式中单键之间、单键与双键之间的夹角为120°，双键与双键之间的夹角为180°。

表 1-1   详略不同的有机化合物的结构表达式

化合物名称	蛛网状	结构简式	键线式
正戊烷	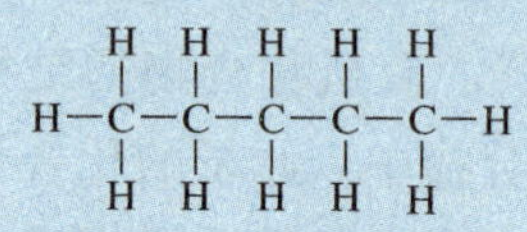	$CH_3CH_2CH_2CH_2CH_3$（或 $CH_3-CH_2-CH_2-CH_2-CH_3$）	
2-甲基丁烷	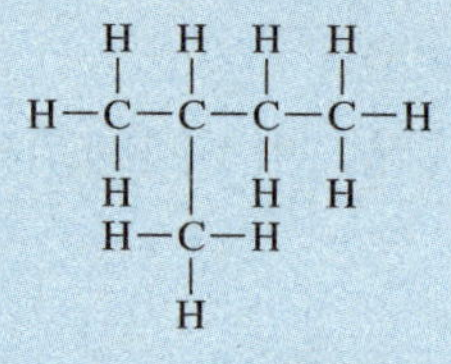	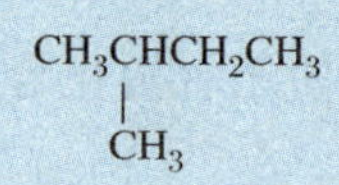 $CH_3CHCH_2CH_3$ $\underset{CH_3}{\mid}$	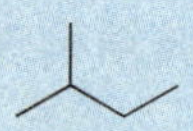
丁-2-烯	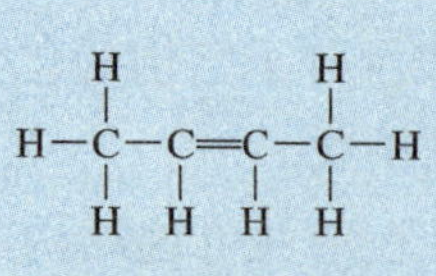	$CH_3CH=CHCH_3$	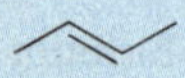
正丁醇	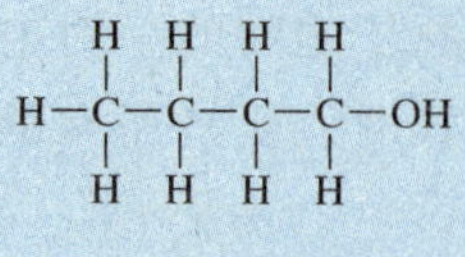	$CH_3CH_2CH_2CH_2OH$	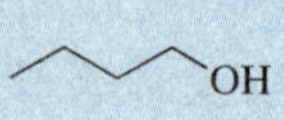
苯	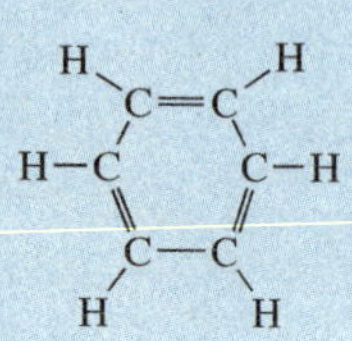	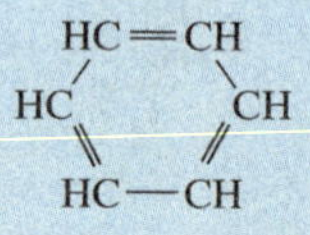	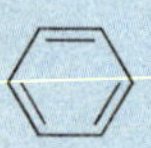

续表

化合物名称	蛛网状	结构简式	键线式
吡啶	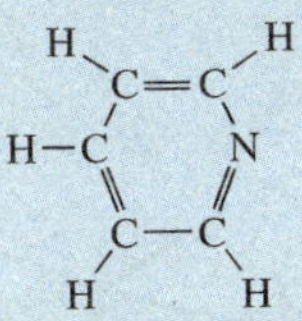	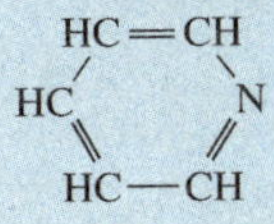	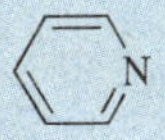

3. 有机化合物立体结构及其表示方法

早期的有机结构理论认为，有机分子是平面结构，即分子中所有的原子都处在同一平面内。到了 19 世纪后期，随着有机化学的发展，这种观点已经很难解释当时发现的许多新的有机化合物结构。1874 年，荷兰化学家范霍夫（Jacobus Henricus van't Hoff）提出了一种新观点，认为碳原子的四个共价键并不是处于同一平面，而是立体的四面体构型。这就是所谓的碳四面体学说。这个观点被后来的事实证明是正确的。

为了形象地表达碳原子的这种立体的正四面体构型，人们常用凯库勒（Kekulé）模型（球棍模型）或斯陶特（Stuart）模型（比例模型）。凯库勒模型是用不同颜色小球代表不同的原子，以小棍表示原子之间的共价键。这种模型可以清楚地表示出分子中各个原子的连接顺序和共价键的方向和键角。斯陶特模型则是按照原子半径和键长的比例制成的。它能够比较正确地反映出分子中各原子的连接情况，因此，立体感更真实，但它表示的价键分布却不如凯库勒模型明显。

图 1-1 甲烷的球棍模型（左）及比例模型（右）

分子模型虽然可以帮助我们了解分子的立体结构和分子内各原子的相对位置，但分子模型在具体书写时非常不方便，故我们常将模型以平面投影来表示分子结构。有机化合物立体结构的常用表示方法有以下几种。

（1）**楔形式（wedge formula）** 楔形式的基本规定是：与楔形键相连的原子或基团指向纸平面之前；与虚线键相连的原子或基团指向纸平面之后（虚线既可以前细后粗，也可以写成前粗后细，或者前后一样粗的形式）；与实线键相连的原子或基团在纸平面之上，可简称为：楔前、虚后、实平面（图 1-2）。

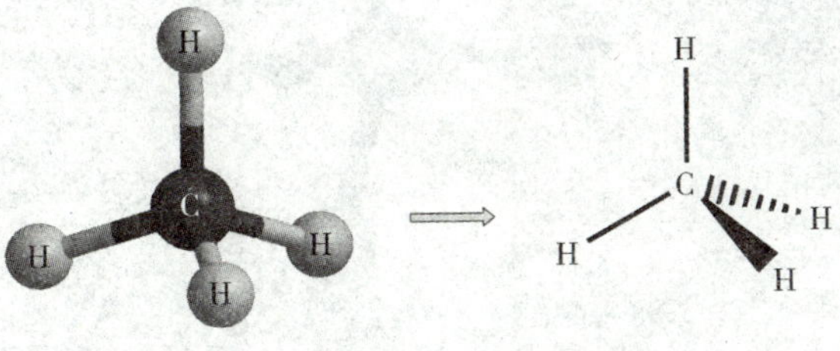

图 1-2 楔形式的写法（以甲烷为例）

（2）锯架式（saw frame formula）   锯架式是一种透视式，表达了从分子模型斜侧面观察到的形象，从中可以清楚地看到分子中所有的价键。书写时，将模型中的小球去掉，保留分子的键骨架，然后写出键上连接的原子或基团就得到锯架式（图1-3）。

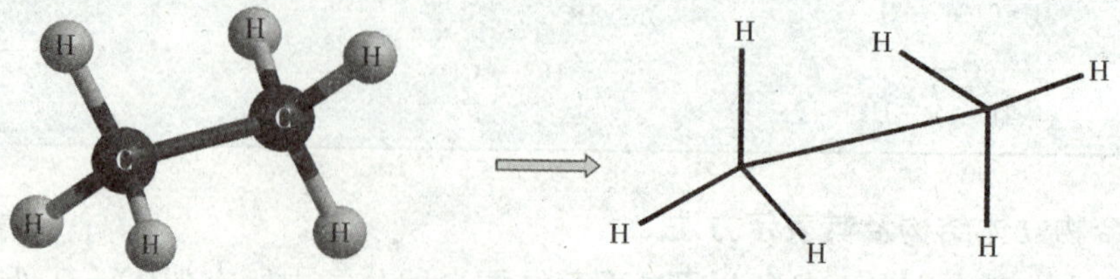

图1-3   据架式的写法（以乙烷为例）

（3）纽曼投影式（Newman projection）   Newman 投影式表达了从分子模型碳碳键轴正前方观察到的形象：后面的碳原子用圆圈表示，前面的碳原子用三条等长的线段的交点表示。即，用圆心表示前面的碳原子，用圆表示后面的碳原子，分别从圆心和圆上引出三条互为120°的射线作为价键，用以连接碳原子上的三个原子或基团（图1-4）。从 Newman 投影式可以清楚地看出相互邻近的、非直接键合的原子或基团的空间关系，故主要用来描述化合物的构象和进行构象分析。

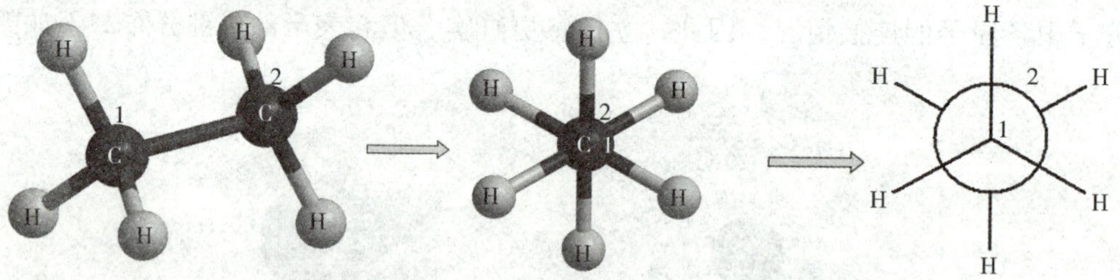

图1-4   Newman 投影式的写法（以乙烷为例）

（4）费歇尔投影式（Fischer projection）   费歇尔投影式是 1891 年由德国化学家 Emil Fischer 在研究单糖的构型时首创的。该式通过立体模型在纸平面上的投影得到。规定：连在竖键上的原子或基团在纸平面之后，连在横键上的原子或基团在纸平面之前，横键和竖键的交叉点表示碳原子（图1-5）。所以，在 Fischer 式中，横线上的基团向前，竖线上的基团向后。简言之，横前竖后。多用于表达手性碳的立体构型。

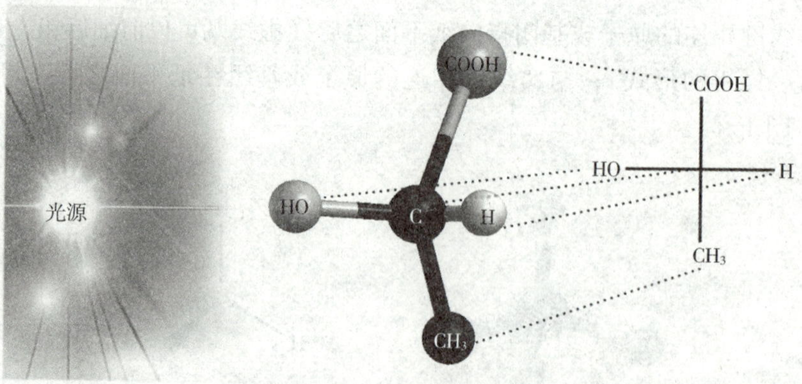

图1-5   Fischer 投影式的写法

五、有机化合物的特点

有机化合物的结构特点，决定了有机物具有与无机物不同的性质。

1. 可燃性

与无机化合物全然不同，大部分有机化合物都能燃烧，包括人们在日常生活中所经常接触的木材、纸张和干燥的动植物体。此外，还有产自地下的石油和天然气，以及一系列的人造制品，如酒精、丙酮、乙醚、苯等。燃烧对有机化合物而言，是一个重要的化学反应过程，通过对它的了解和认识，不仅弄清了化学中的一个重要基本原理，还推进了化学学科的发展，同时奠定了分析有机化合物的基础。因为大部分有机化合物经燃烧产生二氧化碳和水，说明有机化合物是由碳、氢、氧所组成；如还有二氧化氮产生，则说明该化合物还含有氮元素。这结果进一步说明当前所讨论的有机化学是以碳元素为主体的化学。必须指出，还有少部分有机化合物是不会燃烧的，如卤仿；有些还可作为灭火剂，如四氯化碳等，这与化合物所含的元素组成和结构有关。

2. 熔、沸点低

在常温下无机化合物大多为固态，为液态和气态者较为少见，它们的熔点很高，大部分在600℃以上，因此极少有人关心它的存在形式。有机化合物在常温下呈现气态、固态、液态者都有，液态者沸点较低，固态者有明显的熔点，大都在40~300℃，超过400℃者较少。造成这状况的原因有二：一是无机物绝大多数是以离子键相键合，整个晶体是由正、负离子以静电引力相吸引的方式所形成，要使分子形成行动自由的液态体系必须给予较大的能量才能破坏分子间的引力。二是无机化合物的分子在形成固态时，其堆积十分规则，特别是以离子键方式堆砌的固态，是一个十分紧密的固体，有机化合物都以共价键相结合，分子间的聚集是借助于分子间的引力，是微弱的偶极矩引力和更微弱的范德华力。另外，有机分子的形状是各种各样的，十分不规则的，不可能形成紧密的堆砌。因此无机分子可以堆砌成牢固的墙，而有机分子堆在一起就是一堆乱石。这就导致有机分子具有多种多样的存在形式和低沸点、低熔点的特点。

3. 溶解性差异

绝大多数无机化合物属离子键化合物，因此其大多数化合物易溶解于强极性溶剂水中。有机化合物则不同，将依据其各自的极性和结构状况而表现出不同的溶解性能。例如极性强的甲醇、乙醇、乙酸等可与水无限互溶，而极性较弱的丁醇、戊醇、乙酸乙酯等能适当溶解于水或中等极性的溶剂，而弱极性者只能溶解于弱极性的或非极性的溶剂，如苯、环己烷和高级烷烃等只能溶解于石油醚。此处体现了"相似相溶"的规则，所谓相似相溶原理，是指极性相似的化合物才能相互溶解；极性不相似的化合物不能相互溶解。如：

氯化钠（极性）＋水（极性）：相溶

花生油（弱极性）＋水（极性）：不溶

苯（非极性）＋四氯化碳（非极性）：相溶

大多数的有机物，为非（弱）极性分子，故一般难溶于水，而易溶于另一种有机溶剂中。而无机化合物大多为离子型，极性强，所以，易溶于水而难溶于有机溶剂。我们也可根据这条原理，选择极性相似的溶剂将所需成分（如中药活性成分）提取出来。

4. 反应速度较慢

无机反应绝大部分是离子间的反应，其反应速度极快，可在瞬间完成。例如常见的沉淀反应，当沉淀剂滴入时即见沉淀。又如某些颜色反应，也是反应剂滴入即见颜色变化。有机反应却显然不同，一般来说它需要较长时间以完成反应，反应时间长短不等，当然也有极快的定性反应和有机炸药爆炸反应。在有机反应中为加快反应速度经常采用加热，加催化剂或辐照技术等以加速反应。一般有机反应在加热时，每增加 10℃ 可增加反应速度 1～2 倍。若采用催化剂，则视所用催化剂而定，最典型的例子是许多生化反应，它们在一般条件下是不能进行的，但在某些特定的催化剂——各种各样酶的存在下，反应就能按要求进行。

5. 反应和产物复杂

在无机反应中，一个反应物在固定反应条件下，其反应产物比较单纯，变化较少。有机反应却并非如此，它可以有多种副反应，产物复杂。因为有机分子是由较多的各种原子所组成的一个复杂分子。在发生有机反应时，各个原子都有可能成为反应点，并发生反应，只是它们各自发生反应的几率不同而已，一般所列该化合物的反应式只是其主要的反应式，而其他可能发生的反应均可认为是副反应。所以有机反应很难以其反应式作定量计算。通常某反应的产量能达到理论产量的 60%～70% 就算是比较满意的结果。这个百分比通常称为收率，同时也产生了许多难以分离的复杂混合物，给主产物的分离、纯化带来了不少麻烦。

6. 组成复杂，异构体多

有机分子的一个特点是组成复杂，它除了可含有许多个碳原子外，还可以有其他各种元素存在，如前所说氢、氧、氮、硫、磷和卤素等。由此可见，随着各元素的数目和种类的不同，将会产生不计其数的化合物。此外，即使是在分子式相同的情况下，也可以有许许多多不同的化合物。这种情况在无机化合物中是不多见的。因为无机分子较简单，其分子式与结构式间的差异较小，基本可代表该化合物。有机化合物的分子式则不然，分子式相同可以有多个结构式，即有多个化合物，或称异构体。这种现象在有机化学中称为同分异构现象，此外还有更为复杂的空间异构现象，并以特有的立体化学给以阐明。所以有关有机化合物结构的描述、鉴别和鉴定都将作为有机化学的重要内容。除了有机分子本身所致外，其来源也是造成有机化合物复杂性的重要原因。不论是合成物还是天然产物都是一种复杂的混合物，都要经过繁杂的步骤以得到纯净物。以中药而言，其所含的有机化合物不仅种类多，而且异构体复杂，对其分离纯化的难度更大。因此有机化合物的提取、分离和纯化也是有机化学的重要内容之一。

7. 化合物功能的多样性

在一个有机分子往往含有一个以上的活泼基团，这导致了它的多功能性。例如氨基酸、羟基酸蛋白质、核酸化合物。随着人们对有机化合物多功能性的不断研究和了解，这些特点在药学方面已获得了不少应用，尤其是在药剂方面更为突出，例如表面活性剂、长效制剂、薄膜包衣剂等，都是按需在有机分子中引进合适的基团，从而使其适应临床治病的需要。

六、有机化合物的分类

有机化合物数目庞大，只有进行分类以后，才能开展系统研究。常见的有机化合物的分类方法有两种。

1. 碳架分类法

根据碳链是否成环，可以将有机物分为开链、环状两大类。环状化合物又可分为脂环烃、芳香烃和杂环化合物三类。

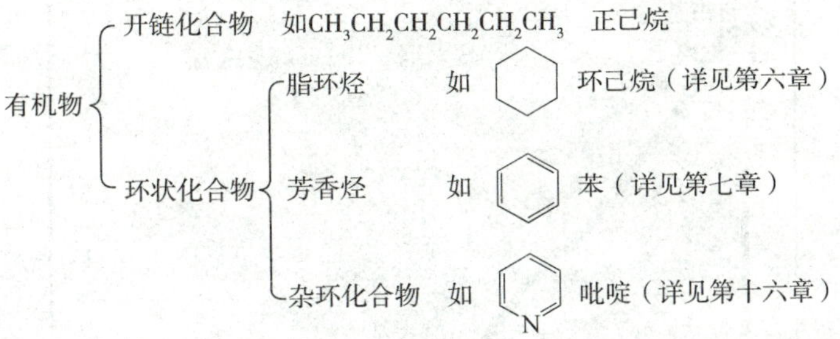

有机物
- 开链化合物 如 $CH_3CH_2CH_2CH_2CH_2CH_3$ 正己烷
- 环状化合物
  - 脂环烃 如 ⬡ 环己烷（详见第六章）
  - 芳香烃 如 ⬡ 苯（详见第七章）
  - 杂环化合物 如 吡啶（详见第十六章）

2. 官能团分类法（含官能团优先规则）

在复杂有机分子中，部分基团性质活泼，它们决定整个分子的性质，这些基团称为官能团。含有相同官能团的分子，归为同一类化合物。常见的官能团及化合物分类见表 1-2。

表 1-2 部分化合物及官能团一览表

化合物	官能团	章节	化合物	官能团	章节
烯烃	C=C（双键）	第四章	羧酸衍生物	—C(=O)—X（酰卤）	第十二章
炔烃	—C≡C—（叁键）	第五章		—C(=O)—O—C(=O)—（酸酐）	
卤代烃	—X（卤素）	第九章		—C(=O)—OR（酯）	
醇和酚	—OH（羟基）	第十章		—C(=O)—NH₂（酰胺）	
硫醇	—SH（巯基）		硝基化合物	—NO₂（硝基）	第十四章
醚	—O—（醚基）		胺	—NH₂（氨基）	
醛或酮	—C(=O)—（羰基）	第十一章	季铵	季铵离子	
羧酸	—C(=O)—OH（羧基）	第十二章			
磺酸	—SO₃H（磺酸基）	各章			

上表提示，如果一个化合物分子中只含有某种官能团，相应地，该化合物就归为某类。比如，含有卤素（—X），该化合物就被归为卤代烃；再如，含有羧基（—COOH）的化合物就被归为羧酸。

但是，许多化合物分子中往往有多个官能团并存。比如，某分子中同时存在—X 和—COOH，那应该归为卤代烃还是羧酸呢？这就要判定：羧基和卤素何者为最优官能团？这个判定的规则，称为"官能团优先规则"。在这个规则中，一些不太活泼的基团，也被看成是官能团，一起参与排序。其序列见图 1-6。

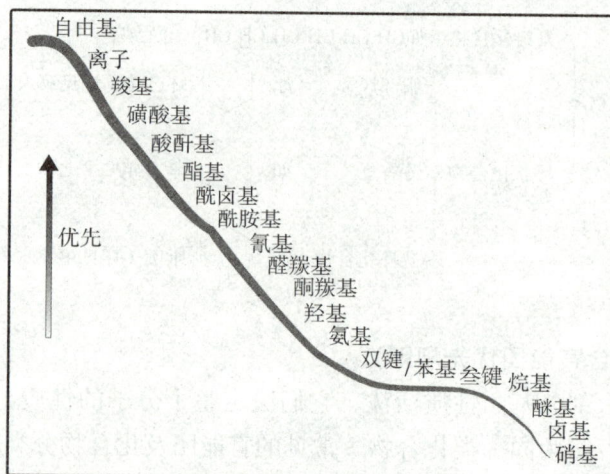

图 1-6　官能团优先规则（排序）

在这个序列中，越高位的基团，越被优先当作官能团，在命名时充当"最优官能团"；相应地，越低位的基团，则被当作取代基。这个官能团优先规则，可用于判定何者为命名时的"最优官能团"。依据"最优官能团"，就可以将化合物进行具体的归类、最终命名。因此，该规则广泛用于化合物的系统命名。

【阅读材料】

青蒿素：一个源自《肘后备急方》的抗疟药

疟疾，俗称"打摆子"，《黄帝内经》称其"疟"，是一种由疟原虫引发的传染病，严重危害人类健康。20 世纪后半叶，许多国家试图寻找新一代抗疟药，以替代日渐失效的奎宁类抗疟药，但多以失败而告终。包括屠呦呦在内的我国科学家，将目光投向中医药。循着东晋葛洪《肘后备急方》"青蒿一握，以水二升渍，绞取汁，尽服之"的记载，屠呦呦等发现了青蒿素这种新型的抗疟药。2015 年，屠呦呦被授予诺贝尔生理学或医学奖。现在，青蒿素及其衍生物已在世界范围用于治疗疟疾。我国派遣了以广州中医药大学牵头的医疗团队，前往科摩罗、圣多美和普林西比圣普等非洲国家，帮助其治疗疟疾，取得了非常显著的成效。

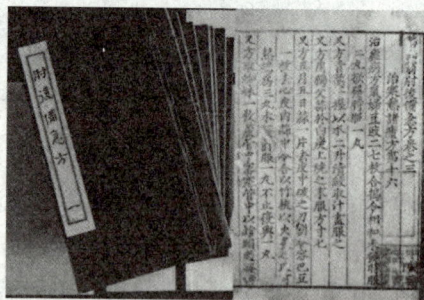

《肘后备急方》

青蒿素结构式

扫一扫，查阅本章数字资源，含PPT、音视频、图片等

化学键一般可分为离子键、共价键、配位键和金属键四种类型，其中共价键是有机化合物中最常见也是最典型的化学键，几乎所有的有机化合物中都有共价键的存在。

第一节　共价键及共价键理论

一、共价键理论

描述分子中化学键的理论主要有两种：价键法（valence bond method，简称 VB 法）与分子轨道法（molecular orbital method，简称 MO 法）。两种方法都是采用量子力学的理论来处理化学键，两者各有特点，可以相互补充。

（一）价键法

价键结构理论把共价键的形成看作是电子配对或原子轨道相互重叠的结果。即当两个原子相互接近形成共价键时，它们的原子轨道相互重叠，自旋相反的两个电子在原子轨道重叠区域内为两个原子所共有，从而形成共价键。价键法（VB 法）的基本要点包括：

1. 自旋方向相反的单一电子相互接近时，可以相互配对形成共价键。此时电子配对的过程，实际上也就是原子轨道的重叠过程。由于电子的配对和原子轨道的重叠使电子云密集在两个原子核之间，两核间的排斥力减弱，从而导致体系能量的降低而成键。例如氢分子是由两个氢原子的电子配对而形成，也就是两个氢原子的 1s 轨道相互重叠而成。

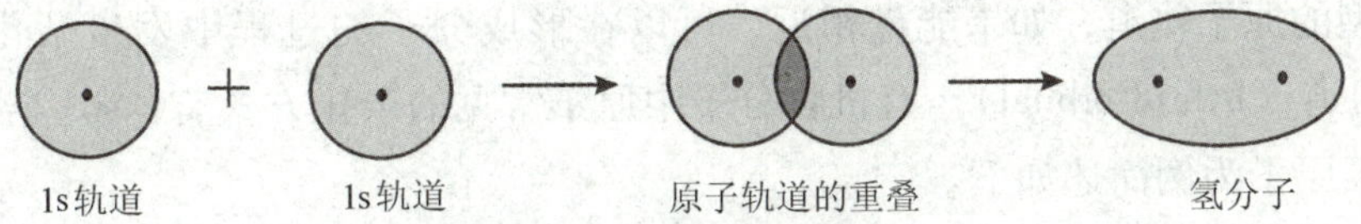

1s轨道　　　　1s轨道　　　　原子轨道的重叠　　　　氢分子

图 2-1　氢分子的形成

如果两个原子各有一个自旋方向相反的单一电子，可以相互配对形成共价单键；如果两个原子各有两个或三个自旋方向相反的单一电子，则可以相互配对形成共价双键或叁键；如果没有未成对电子，则无法形成共价键。

如果两个原子所含有的未成对电子数目不相同，则它们以一定的配比构成分子。假设 A 原子有两个未成对电子，B 原子有一个未成对电子，那么一个 A 原子就能和两个 B 原子相结合，形成

AB_2 分子。

2. 每一原子所能形成共价键的数目不是无限的，要受到成键电子数目的限制。一个原子有几个未成对的电子，就只可和几个自旋相反的电子配对成键，这称为共价键的"饱和性"。

3. 共价键形成过程中会发生原子轨道的重叠。不同的原子轨道在空间有一定的取向，只有当它们从某一方向相互接近时，才能使原子轨道得到最大重叠。原子轨道的重叠程度越大，体系的能量越低，形成的共价键就越稳定。因此，成键时原子轨道会尽可能朝向重叠程度最大的方向，这称为共价键的"方向性"。例如：1s 轨道是球形，没有方向性；2p 轨道在其对称轴周围电子云密度最大，有方向性。当这两个轨道重叠成键时，1s 轨道只有沿 2p 轨道对称轴方向与之重叠，轨道间的重叠程度才可能最大，从而可形成稳定的共价键（图 2-2a），如从其他方向接近，都不能达到最大程度的重叠（图 2-2b）。

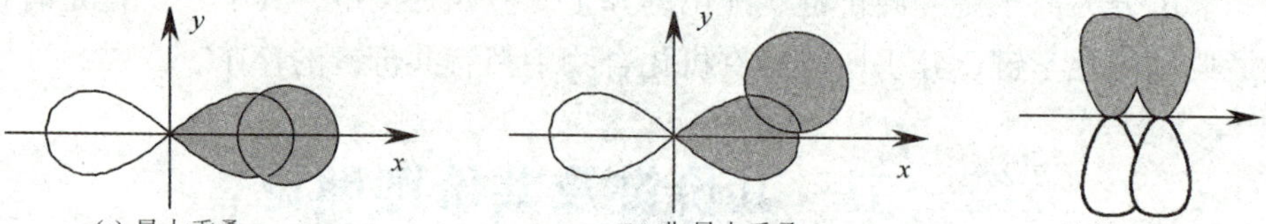

(a) 最大重叠　　　　　(b) 非最大重叠　　　　　(c) p轨道从侧面重叠

图 2-2　1s 与 2p 轨道的重叠及 2p 轨道的侧面重叠

依照原子轨道间重叠方式的不同，可以将化合物分子中的共价键分为 σ 键和 π 键两种类型。

若原子轨道间是沿键轴（两原子核之间的连线）方向发生重叠，则其重叠部分沿键轴呈圆柱状对称分布，两原子核间电子云密度最大，结合比较牢固。这种类型的共价键称为 σ 键（σ bond）。s-s、s-p（图 2-2a）、p-p 等原子轨道间均可形成 σ 键。σ 键的两个成键原子围绕键轴做相对转动时，不会影响电子云的分布状况，不会破坏键的对称性，因此 σ 键可以自由旋转。

若原子轨道间不是沿键轴方向，而是沿与键轴垂直的方向发生侧面重叠，则其重叠部分以镜像反对称地垂直于键轴分布，这种类型的共价键称为 π 键（π bond）。两个相互平行的 p 轨道之间即可形成 π 键（图 2-2c）。π 键的电子云分布在键轴的上、下方，重叠程度小于 σ 键，受到的约束也较小，其电子的能量较高，活动性较大，性质也较活泼。一般情况下，π 键是在 σ 键的基础上构建的，因而只能与 σ 键共存，它常存在于具有双键或叁键的有机物分子中。π 键不能自由旋转，在化学反应中稳定性较差，容易被破坏而与其他原子形成新的共价键。

4. 不同类型的原子轨道，如果能量相近，可以在形成分子的过程中发生杂化，组成能量相等的一组杂化轨道（hybrid orbital）。有机物分子中原子常见的杂化方式有：sp^3 杂化、sp^2 杂化和 sp 杂化，现以碳原子为例简述如下。

（1）sp^3 杂化　未成键碳原子的核外电子排布为 $1s^2 2s^2 2p_x^1 2p_y^1$，与其他原子成键时，理论上应是通过两个未配对的 p 轨道与其他原子的 s 或 p 轨道重叠，这样一个碳原子应与两个氢原子结合形成 CH_2，但事实上碳与氢的稳定结合状态为 CH_4，而且在 CH_4 分子中四个 C—H 是等同的。出现这种情况的原因是由于碳原子并不是采用其 2p 轨道与 H 的 1s 轨道成键，而是采用了杂化轨道与 H 成键。所谓杂化，是指能级相近的不同类型的原子轨道，在形成分子的过程中，经过能量均化的过程，形成能量相等的轨道。其中，能量均化的过程称为杂化，能量相等的轨道称为杂化轨道。在 CH_4 分子的形成过程中，碳原子 2s 轨道的一个电子由基态激发到 2p

的空轨道上，而后一个 2s 轨道和三个 2p 轨道发生杂化，组成四个新的等价的 sp^3 杂化轨道（图 2-3）。

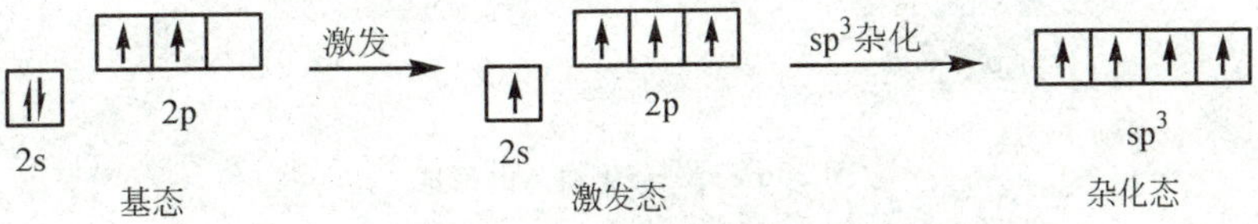

图 2-3 sp^3 杂化轨道的形成

sp^3 杂化轨道呈一头大、一头小的葫芦形（图 2-4），成键时大头区域的电子云的重叠程度要比未杂化的 s 或 p 轨道的都大，因而 sp^3 杂化轨道所形成的共价键比较牢固，体系也更稳定由于存在相互之间的斥力，四个 sp^3 杂化轨道在空间中的分布呈现出一种四面体型的状态。在这种状态下，四个杂化轨道之间距离最远，斥力最小，能量最低，体系最稳定。

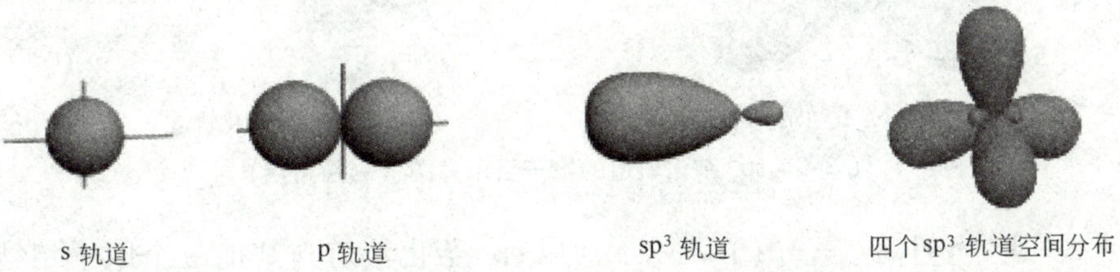

s 轨道　　　　p 轨道　　　　sp^3 轨道　　　　四个 sp^3 轨道空间分布

图 2-4 s 轨道、p 轨道、sp^3 杂化轨道的电子云示意图

碳原子的四个 sp^3 杂化轨道在空间上的排布为正四面体型，轨道对称轴指向正四面体的四个顶点，两轨道间的夹角为 $109°28'$。由于每一个 sp^3 杂化轨道含有一个电子，因此碳原子可与四个氢原子的 s 轨道重叠，形成四个 C—Hσ 键，构成甲烷分子（CH_4）。碳原子位于正四面体的中心，四个氢原子则分别位于四个顶点上（图 2-5）。这种构型可用"透视式"表示。在透视式中，实线表示键在纸平面上，实楔形线表示朝纸面外，虚楔形线表示朝纸面里。

图 2-5 甲烷分子的形成（彩图附后）

原子轨道杂化发生的前提在于参与杂化的轨道能量相近，如碳原子中 2s 和 2p 轨道，因属于同一电子层，能级相差很小，故而可以发生杂化。而 2s 和 3p 轨道，由于能级相差较大，则无法发生杂化。碳原子里的 2s 轨道除可和三个 2p 轨道发生 sp^3 杂化外，还可和两个 2p 轨道发生 sp^2 杂化、和一个 2p 轨道发生 sp 杂化。

（2）sp^2 杂化　碳原子中的一个 2s 轨道和两个 2p 轨道杂化形成三个等价的 sp^2 杂化轨道（图 2-6）。

图 2-6 sp^2 杂化轨道的形成

三个 sp^2 杂化轨道位于同一平面上,相互间夹角为 120°(图 2-7a),剩下的一个未参与杂化的 p 轨道垂直于三个 sp^2 轨道所在的平面(图 2-7b)。

(a)三个sp^2杂化轨道的空间分布   (b)p轨道与sp^2杂化轨道

图 2-7 sp^2 杂化轨道的电子云示意图(彩图附后)

乙烯分子(CH_2=CH_2)中,两个碳原子均以 sp^2 杂化轨道与其他三个原子相结合。每个碳原子的三个 sp^2 杂化轨道中,一个与另一碳原子的 sp^2 杂化轨道重叠形成 C—Cσ 键,另外两个则与两个氢原子的 s 轨道重叠形成 C—Hσ 键。每个碳原子剩下的未参与杂化的 p 轨道,彼此平行地侧面重叠形成 π 键。这样两个碳原子之间,除存在一个由 sp^2 轨道重叠所形成的 σ 键外,还存在由两个平行的未杂化 p 轨道重叠所形成的 π 键,一个 σ 键与一个 π 键共同组成碳碳双键(图 2-8)。

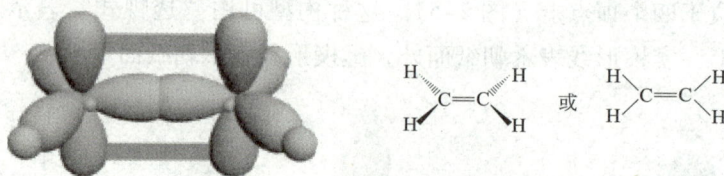

图 2-8 乙烯分子的形成(彩图附后)

(3) sp 杂化   碳原子中的一个 2s 轨道和一个 2p 轨道杂化形成两个等价的 sp 杂化轨道(图 2-9)。

图 2-9 sp 杂化轨道的形成

两个 sp 杂化轨道以 180°呈直线分布(图 2-10a),剩余的两个未参与杂化的 p 轨道不仅垂直于两个 sp 杂化轨道的轨道对称轴,而且相互垂直(图 2-10b)。

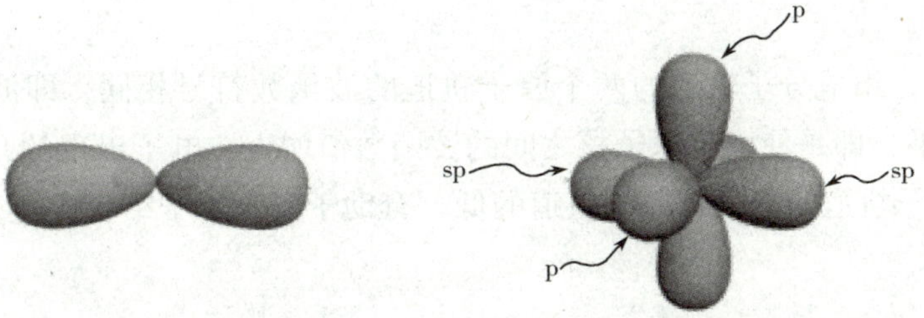

（a）两个sp杂化轨道　　　　　　（b）p轨道与sp杂化轨道

图 2-10　sp 杂化轨道的电子云示意图（彩图附后）

乙炔分子（ CH≡CH ）中，每个碳原子的两个 sp 杂化轨道，一个与另一碳原子的 sp 杂化轨道重叠形成 C—Cσ 键，另一个则与一个氢原子的 s 轨道重叠形成 C—Hσ 键。每个碳原子剩下的未参与杂化的两个 p 轨道，彼此平行地侧面重叠形成两个 π 键。这样两个碳原子之间，由一个 σ 键与两个 π 键共同组成碳碳叁键（图 2-11）。

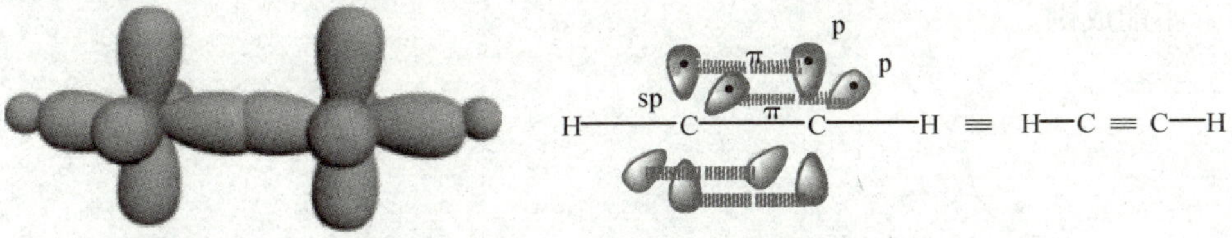

图 2-11　乙炔分子的形成（彩图附后）

除碳原子外，氮原子和氧原子在成键时，也可以形成杂化轨道。处于杂化状态的原子，其最外层的电子数与未杂化时的相同。

（二）分子轨道法

价键理论认为共价键是由两个自旋相反的电子配对形成的，分子中的价电子被定域在两个成键原子之间的区域内，它能较好地解释共价键的饱和性和方向性。但对于不少具有不饱和键的分子，特别是含离域电子[①]（delocalized electron）的共轭体系，它无法作出满意的解释。分子轨道理论则以形成共价键的电子是分布在整个分子之中的观点为着眼点，考虑到了全部原子轨道之间的相互作用，较全面地反映了分子中化学键的本质。

1. 分子轨道理论的基本要点

（1）分子中的电子不从属于某一个或者某一些特定的原子，而是在整个分子范围内运动。每个电子的运动状态，可用波函数 φ 来描述，这个 φ 称为分子轨道（molecular orbital）。与原子轨道相比，分子轨道是多中心的，电子云分布在多个原子核的周围，而原子轨道是单中心的，电子云分布在一个原子核的周围。

（2）分子轨道由形成分子的原子轨道线性组合而成，一个分子有多个分子轨道，其数目与原子轨道总数相等。假设以 ϕ_A 和 ϕ_B 分别代表两个原子轨道，当它们重叠时，可形成两个分子轨道。其中一个分子轨道是由两个原子轨道的波函数相加组成 $\varphi_1 = \phi_A + \phi_B$，为成键轨道（bonding orbital）；另一个分子轨道由两个原子轨道的波函数相减组成 $\varphi_2 = \phi_A - \phi_B$，为反键轨道

---

① 离域电子：电子离开原有的区域，在更大的范围内运动。如苯环上的六个 π 电子，它们不局限于哪一个碳原子上，而是分布在整个环状大 π 体系中。

（antibonding orbital）。

　　成键轨道 φ_1 中，组成分子轨道的两个原子轨道的波函数符号相同，即波相相同。这两个波函数相互作用的结果，即是使两个原子核之间的波函数值增大，电子出现的几率密度增大，如图 2-12 所示。成键分子轨道的能量较原子轨道的低，有助于两个原子结合成键。

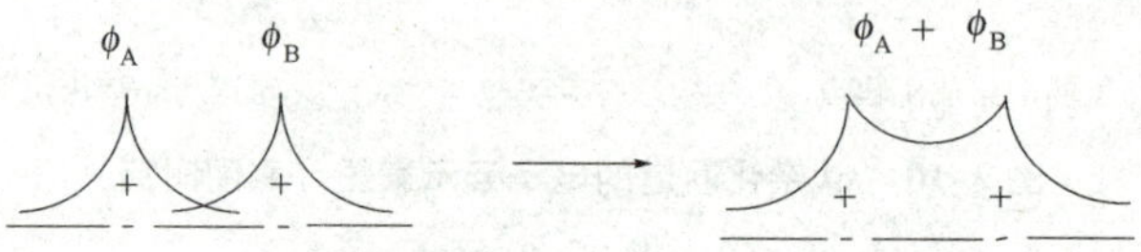

图 2-12　波相相同的波函数相互作用形成成键轨道

　　反键轨道 φ_2 中，组成分子轨道的两个原子轨道的波函数符号相反，即波相不同。这两个波函数相互作用的结果，是使两个原子核之间的波函数值减少或抵消，电子出现的几率密度降低，两个原子核之间甚至有一电子云密度为零的节面，如图 2-13 所示。反键分子轨道的能量较原子轨道的高，不能成键。

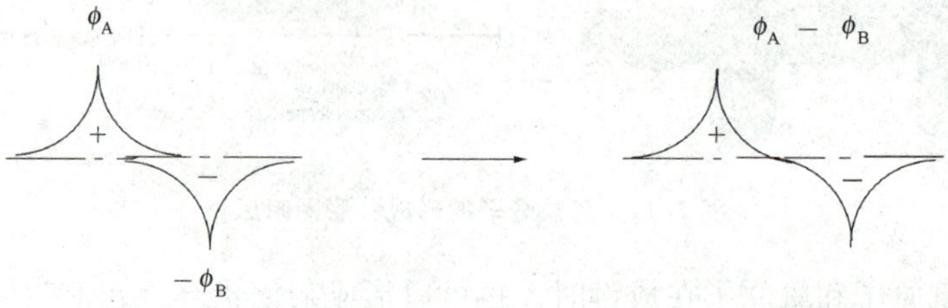

图 2-13　波相不同的波函数相互作用形成反键轨道

　　依照分子轨道学说，原子间共价键的形成是由于电子转入成键的分子轨道的结果。以氢原子为例，氢原子核外仅有一个位于 1s 轨道的电子，当两个氢原子的电子从 1s 轨道转入氢分子的分子轨道时，优先占据的是能量低于氢原子 1s 轨道的成键轨道 φ_1，此时能形成稳定的氢分子；当氢分子中的电子进入反键轨道 φ_2 时，体系不稳定，氢分子自动裂分为两个氢原子（图 2-14）。

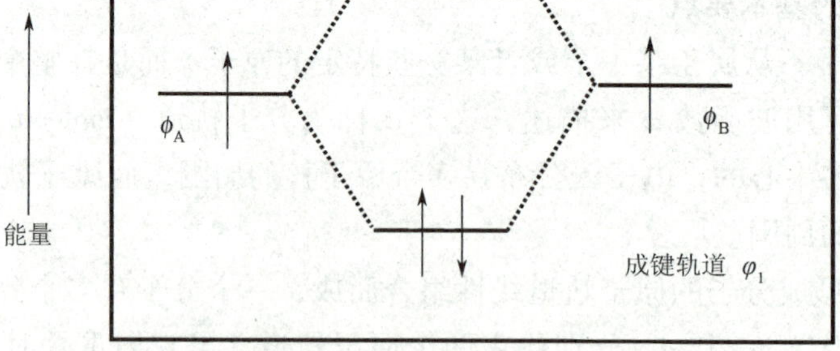

图 2-14　两个氢原子形成氢分子的轨道能级图

2. 由原子轨道组成分子轨道时必须遵循的三条原则

　　（1）能量相近原则　原子轨道的能量相近，才能有效地形成化学键，如同核双原子分子中，1s-1s、2s-2s、2p-2p 等原子轨道之间能有效地形成分子轨道。如果参与成键的原子轨道能量相差很大时，就不能形成有效的化学键。

（2）**最大重叠原则**　原子轨道相互间的重叠越大，形成的分子轨道越稳定，构成的化学键越牢固。

（3）**对称性原则**　对称性相同的原子轨道才能有效组成分子轨道，这是成键时需遵循的首要原则。因为原子轨道的波函数有正、负号之分，为有效地组成分子轨道，组成成键轨道的原子轨道的类型和重叠方向必须对称性合适，都是原子轨道同号区域相重叠。若为原子轨道的异号区域相重叠，则因对称性不相符，只能组成反键分子轨道。

如 s 轨道和 p_x 轨道对键轴是对称的，同号重叠满足对称性相符的条件，可以有效地组成分子轨道（图 2-15a）。而 s 轨道和 p_y 轨道重叠，有一半区域是同号重叠，另一半区域是异号重叠，与对称性不相符，故不能有效成键（图 2-15b）。图 2-15c 为 p_y 与 p_y 轨道组合产生分子轨道的示意图。

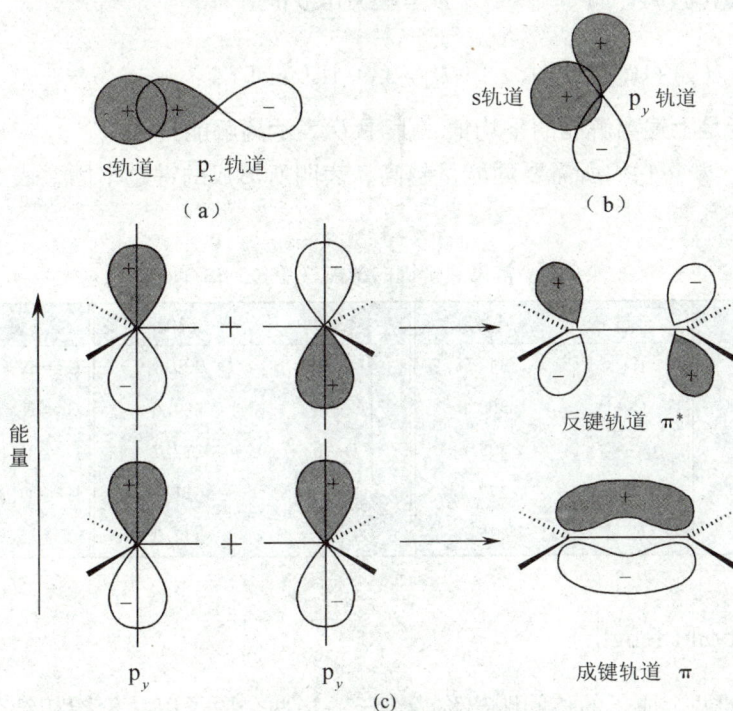

图 2-15　原子轨道组合的对称性匹配原则

描述共价键的这两种理论，都是从微观粒子运动的基本方程——薛定谔方程（Schrödinger equation）出发，分别采用了不同的近似方法进行处理而得出的，两者对大量问题的处理结果基本是一致的。价键法对分子结构的描述简单直观，容易理解；分子轨道法对存在电子离域现象的分子结构的解释较为有效。

二、共价键的性质

共价键的性质主要取决于成键原子的性质和结合方式。通常用键长、键角、键能等物理量来表征共价键的性质。由这些物理量的数值，可以归纳出一些定性或半定量的规律，能在一定程度上用来说明分子的某些特性。

（一）键能（bond energy）

键能是指以共价键结合的化合物分子（气态）断裂变成原子状态（气态）时所吸收的能量，其单位为 kJ/mol。

对于双原子分子而言，其键能就是该键的离解能（bond dissociation energy，BDE）；或译作"解离能"。1mol 的氢分子离解成 2mol 的氢原子所需的热量为 435.3kJ，此离解能就是该键的键能。

对于多原子分子而言，其键能则是断裂分子中相同类型共价键所需能量的均值。例如 1mol 甲烷分子分解成 4mol 氢原子和 1mol 碳原子（气态，用"g"表示）时所需吸收的热量为 1662.1kJ，故 C—H 键的键能为 1662.1/4＝415.5kJ/mol，但当甲烷中的四个 C—H 共价键依次断裂时，所需的能量却并不相同，分别为：

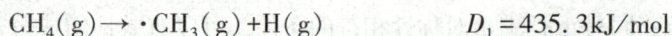

$$CH_4(g) \longrightarrow \cdot CH_3(g) + H(g) \qquad D_1 = 435.3kJ/mol$$

$$\cdot CH_3(g) \longrightarrow \cdot \overset{\cdot}{C}H_2(g) + H(g) \qquad D_2 = 460.5kJ/mol$$

$$\cdot \overset{\cdot}{C}H_2(g) \longrightarrow \cdot \overset{\cdot}{\underset{\cdot}{C}}H(g) + H(g) \qquad D_3 = 427.0kJ/mol$$

$$\cdot \overset{\cdot}{\underset{\cdot}{C}}H(g) \longrightarrow \cdot \overset{\cdot}{\underset{\cdot}{C}} \cdot (g) + H(g) \qquad D_4 = 339.1kJ/mol$$

C—H 键的键能是上述离解能的平均值（其中 D 表示离解能）。

键能数值越大，断裂它们所需要的能量越高，表明所形成的键越牢固，表 2-1 列出了一些常见共价键的键能。

表 2-1　常见共价键的键能（单位：kJ/mol）

键	键能	键	键能	键	键能	键	键能
O—H	464.7	C—C	347.4	C—Cl	339.1	C＝N	615.3
N—H	389.3	C—O	360.0	C—Br	284.6	C≡N	891.6
S—H	347.4	C—N	305.6	C—I	217.7	C＝O(醛)	736.7
C—H	414.4	C—S	272.1	C＝C	611.2	C＝O(酮)	749.3
H—H	435.3	C—F	485.6	C≡C	837.2		

（二）键长（bond length）

以共价键结合的两个原子的核间距离称为键长。当两个原子以共价键相结合时，原子之间既存在相互吸引，又存在相互排斥。当原子核间距离达到一定值时，吸引作用和排斥作用处于平衡，此时的核间距离即为键长。

在一般情况下，相同共价键的键长大致是不变的。但不同的化合物中，由于化学结构的不同，分子中原子间相互影响不同，也存在一些差异。两个原子核之间的键长越短，表示两个原子结合得越牢固；键长越长，则越容易受到外界的影响，表 2-2 列出了一些常见共价键的键长。

表 2-2　常见共价键的键长（单位：pm）

键	键长	键	键长	键	键长	键	键长
C—C	154	—C—H	109	C—F	142	C—O	144
C＝C	134	＝C—H	108	C—Cl	177	C—S	182
C≡C	120	≡C—H	106	C—Br	191		
C＝O	122	N—H	100	C—I	212		
C≡N	115	O—H	97	C—N	147		

（三）键角（bond angle）

化合物分子中，键与键之间的夹角称为键角。例如甲烷分子中四个 C—H 键间的键角均为 109°28′，乙烯分子中 H—C—H 键间的键角为 116.6°，H—C＝C 间的键角为 121.7°，乙炔分子中 C≡C—H 键间的键角为 180°（图 2-16）。

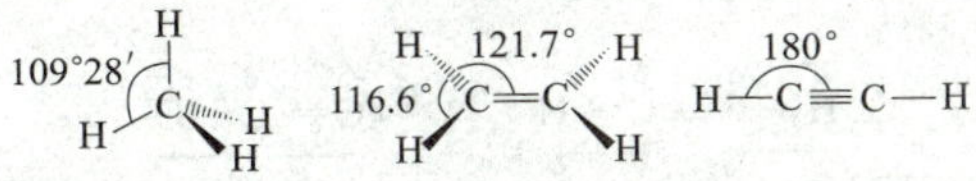

图 2-16 甲烷、乙烯、乙炔的键角示意图

键角是反映分子空间构型的重要参数之一，根据键长和键角的数据，可以确定分子的几何形状，还可推测成键原子的杂化状态。

（四）共价键的极性和极化

1. 键的极性（polarity）与分子的极性

根据成键原子电负性的不同，可以将共价键分为极性共价键和非极性共价键两类。

共价键中共用电子对在两原子之间的位置（或电子云在两原子之间的分布），一般有两种情况。当同种元素的两个原子形成共价键时，由于电负性相同，共用的电子对将均匀地绕两原子核运动，电子云密度最大的区域正好在两个原子核之间，其电荷分布是对称的，原子核的正电荷中心和电子云的负电荷中心正好相重叠，这种共价键没有极性，称为非极性共价键。例如：H_2、Cl_2 等双原子分子中的共价键。

当两个不同原子形成共价键时，由于成键原子电负性不同，会使共用电子对有所偏移，造成正负电荷中心不相重合，这种键具有极性，称为极性共价键。

例如：在 H—Cl 和 CH₃—Cl 分子中，由于电负性较大的氯吸引电子的能力较强，使氯氢键电子、碳氯键电子更多地靠近氯，导致其带部分负电荷，用 δ^- 表示（δ 表示部分电荷），键另一端原子周围的电子云密度较小，带部分正电荷，用 δ^+ 表示。从而使相应的共价键产生极性。

$$\overset{\delta^+}{H}—\overset{\delta^-}{Cl} \quad\quad \overset{\delta^+}{CH_3}—\overset{\delta^-}{Cl}$$

共价键极性的大小，主要取决于成键原子电负性差值，差值越大，所形成键的极性越强，表 2-3 列出了一些常见原子的电负性。

表 2-3 常见原子的电负性

Si	B	P	H	S	C	Br	Cl	N	O	F
1.7	2.0	2.1	2.2	2.4	2.5	2.7	2.8	3.1	3.5	4.0

共价键极性的大小可定量地用键矩 μ 来衡量。即正电中心或负电中心上的电荷值 q 与两个电荷中心之间的距离 d 的乘积。

$$\mu = q \cdot d$$

键矩是矢量，用 ⟶ 表示，其方向是从正极到负极，箭头指向负的一端。单位为 D（德拜）或 C·m（库仑·米），二者的换算关系为 $1D = 3.336×10^{-30}$ C·m。μ 值越大，表示键的极性越强。

键的极性与分子的极性关系密切。对于双原子分子，键的极性就是分子的极性。例如：

$$\underset{\mu=0}{H-H} \qquad \underset{\underset{\mu=1.98D}{\longrightarrow}}{H-F} \qquad \underset{\underset{\mu=1.03D}{\longrightarrow}}{H-Cl}$$

而对多原子分子来说，分子极性不仅与键的极性有关，还与分子的空间构型有关。分子的极性可用偶极矩 μ 来衡量（其单位仍为 D 或 C·m），它是分子中各极性共价键键矩的矢量和。像乙炔、二氧化碳这样的线性分子，虽然有极性共价键存在，但其键矩方向相反，极性相等，分子的正负电荷中心能够重叠，故分子的偶极距为零。

$$\underset{\underset{\mu=0}{\longrightarrow}}{\overset{\delta^+}{H}-\overset{\delta^-}{C}\equiv\overset{\delta^-}{C}-\overset{\delta^+}{H}} \qquad \underset{\underset{\mu=0}{\longrightarrow}}{\overset{\delta^-}{O}=\overset{\delta^+}{C}=\overset{\delta^-}{O}}$$

若分子的结构不对称，分子中各极性共价键的极性不能相互抵消，则分子的偶极矩不为零，整个分子具有极性，如氯甲烷、氨气；若分子的结构对称，则分子中各极性共价键的极性能相互完全抵消，则分子的偶极矩为零，整个分子不具有极性，如四氯化碳。

$\mu=1.86D$　氯甲烷　　　　　$\mu=1.46D$　氨　　　　　$\mu=0$　四氯化碳

表 2-4 列出了一些常见化合物的偶极距。

表 2-4　部分化合物的偶极距

化合物	μ(D)	化合物	μ(D)
H_2	0	CH_3Br	1.78
CO_2	0	CH_3Cl	1.86
CH_4	0	苯	0
HI	0.38	苯酚	1.70
HBr	0.78	乙醚	1.14
HCl	1.03	苯胺	1.51
CH_3COOH	1.40	H_2O	1.84
CH_3OH	1.68	硝基苯	4.19
CH_3CH_2OH	1.70	HCN	2.93
丙酮	2.80	乙酰苯胺	3.55

2. 键的极化 （polarization）

非极性共价键或极性共价键在外界电场（试剂、溶剂、极性容器等）的影响下，键的极性会发生改变，产生极性或使极性增加，这种现象称为键的极化。由于共价键极化而形成的键矩称为诱导键矩。例如，在正常情况下，由于键的正负电荷中心重叠，Cl—Cl 键无极性，$\mu=0$，但当外电场 E^+ 接近它时，因为 E^+ 的诱导作用，会引起氯分子的正负电荷中心分离，产生键矩 μ。

$$\underset{\mu=0}{Cl-Cl} + E^+ \longrightarrow \underset{\mu>0}{\overset{\delta^+}{Cl}-\overset{\delta^-}{Cl}}$$

不同共价键的极化有难有易，其难易程度通常用极化度（polarizability，也称可极化性）来衡量。共价键的极化度越大，表明其越容易受外界电场的影响而发生极化。键的极化度与成键电子的流动性有关，亦即与成键原子的电负性及原子半径有关。一般来说，成键原子的电负性越大，原子半径越小，则原子核对外层电子束缚力越大，电子流动性越小，共价键的极化度就越小，反之，极化度就越大。

键的极化度对分子的反应性能有着重要影响。例如：对于 C—X 键，其部分特性为：

C—X 键的极性：C—F > C—Cl > C—Br > C—I

卤原子价电子的流动性：I > Br > Cl > F

C—X 键的极化度：C—I > C—Br > C—Cl > C—F

C—X 键的化学活性：C—I > C—Br > C—Cl > C—F

这是因为 I 的原子半径最大，原子核对核外电子的束缚力最差，电子流动性最大，极化度大，所以 C—I 最易解离。

键的极化是在外界电场的影响下产生的，是一种暂时现象，当外界电场消失时，键的极化现象也就不存在了。

三、共价键的断裂方式与有机反应分类

有机化合物在进行化学反应的过程中，会发生共价键的断裂。按照共价键断裂的方式，有机反应可分为自由基反应（free radical reaction）、离子型反应（ionic reaction）和协同反应（synergistic reaction）。

（一）均裂与自由基反应

共价键断裂时，两成键原子共用的一对电子平均分配，每个原子各拿走一个，例如：

$$A : B \longrightarrow A \cdot + B \cdot \qquad\qquad Br : Br \longrightarrow \underline{Br \cdot + Br \cdot}$$

$$\qquad\quad \text{自由基} \quad \text{自由基} \qquad\qquad\qquad\qquad \text{溴自由基}$$

这种断裂方式称为均裂（homolysis），均裂所形成的带有成单电子的原子或基团，称为自由基（free radical），它是电中性的不稳定中间体。这种通过共价键均裂生成中间体自由基而进行的反应，称为自由基反应。这类反应一般在光照、高温或自由基引发剂的存在下进行。

（二）异裂与离子型反应

共价键断裂时，两成键原子共用的一对电子由其中一个原子所独占，则会形成两个带电荷的离子，例如：

$$A : B \longrightarrow A^+ + B^- \text{ 或 } A^- : + B^+$$

$$H : Br \longrightarrow H^+ + Br^- :$$

这种断裂方式称为异裂（heterolysis），生成的正离子和负离子，都是不稳定的活性中间体。这种通过共价键异裂生成中间体离子而进行的反应，称为离子型反应。离子型反应一般在酸、碱或极性物质的催化下进行。

（三）协同反应

旧键的断裂和新键的形成同时发生，没有自由基或离子等活性中间体产生，反应一步完成，这类反应称为协同反应。协同反应通常经由一个环状过渡态（cyclic transition state）进行，如双

烯合成反应就是经过一个六元环过渡态而一步完成的：

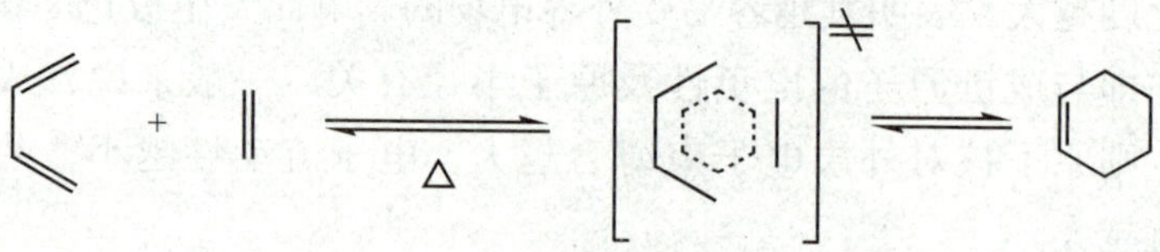

过渡态

第二节　共振论简介

共振论（resonance theory）由美国化学家鲍林（L. Pauling）于 20 世纪 30 年代提出，属于价键法的范畴，是对经典价键结构理论的一种补充和发展。共振论在量子化学的基础上，提出了一种描述有电子离域现象存在的分子（离子或自由基）结构的简明、直观的方法。

一、共振论的基本内容

我们目前所使用的化合物的结构式，一般都是根据价键理论书写出来的。但是，受到价键理论的局限，按照该理论书写的这些结构式，并不总是能够真实客观地反映分子的实际结构的。例如，对于甲酸电离所生成的甲酸根（HCOO⁻），一般将其结构式写为：

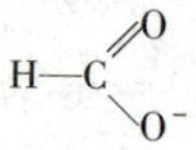

根据这一结构式提供的信息，可以认为其分子中存在着两种碳氧键：碳氧单键与碳氧双键。二者的键长、键角应该都不一样。但事实上甲酸根分子中只存在一种碳氧键，两碳氧键的键长与键角都是完全一样的。再如，苯分子的结构常用如下凯库勒式（Kekulé formula）式表示：

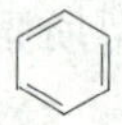

这一结构表明苯分子中存在两种不同的碳碳键：碳碳单键与碳碳双键，其键长、键角亦应有所不同。可实际上苯分子中的 6 个碳碳键都是一样的，不存在键长、键角的差别。这些例子说明，只用单一的经典价键结构式来表示化合物的结构，在某些情况下是存在缺陷的。

为了弥补价键法在描述存在电子离域现象的分子结构时所存在的不足，鲍林等化学家在用量子力学研究分子结构的过程中，提出了用两个或更多个经典价键结构式来表示分子结构的方法，这就是"共振论"。

共振论的基本观点如下：

1. 当一个分子、离子或自由基按价键理论可写成两个或更多个经典结构式时，其真实结构就是这些式子共振出来的共振杂化体（resonance hybrid）。例如，按照共振论的观点，苯主要是以下两个结构式的共振杂化体：

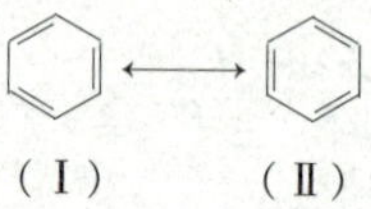

（Ⅰ）　　（Ⅱ）

其中双向箭头"←—→"表示共振，意即无法用某一单一的结构式来合理地描述一个化合物，需要借助两个或多个结构式，来综合反映表达该分子的真实结构。

　　在苯的结构中，所有碳碳键完全相同（键长均为 139pm，键角均为 120°），既不同于一般的 C—C 单键（键长为 154pm），也不同于一般的 C=C 双键（键长为 134pm），这说明在苯分子中并没有纯粹的单键或双键，不能用单一的结构式表示，需要用以上多个结构式的共振来表示。这些能够书写出来的结构式称为共振结构式（resonating structure，或称极限结构式），它们之间的差别仅在于电子对的位置不同。苯即可看作是这些共振结构式的共振杂化体。

　　2. 共振杂化体是单一物质，可用以表述分子的真实结构，但它既不是几个共振结构式的混合物，也不是几种结构式互变的平衡体系。

　　3. 共振结构式不具客观真实性，只是近似的或假想的，哪一个共振结构式都不能单独用来完满地表述分子的性质。但它们却又都有一定的结构意义，都与真实结构存在内在的联系，并在一定程度上共同反映真实分子的结构特征。

　　4. 共振结构式可用以说明分子的稳定程度或分子中电荷分布的位置。一般情况下，共振结构式的数目越多，电子的离域程度越大，表明分子越稳定。如苯、萘、蒽、菲相比较，苯可写出二个共振结构式，萘可写出三个共振结构式，蒽可写出四个共振结构式，而菲可以写出五个共振结构式，因此按照共振论的观点，几种芳香化合物的稳定性顺序应该为苯<萘<蒽<菲。

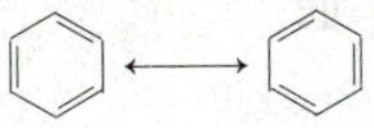

苯 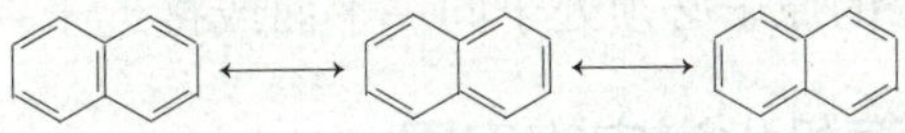　　　　　　　　　　　　　萘

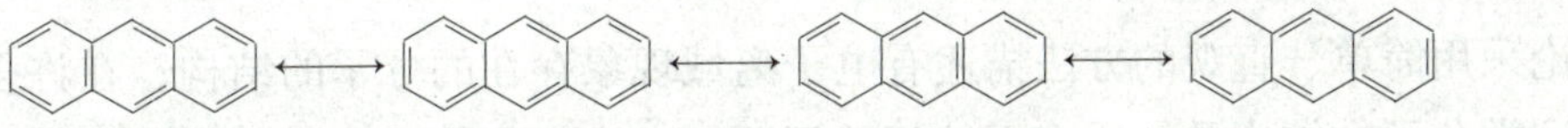

蒽

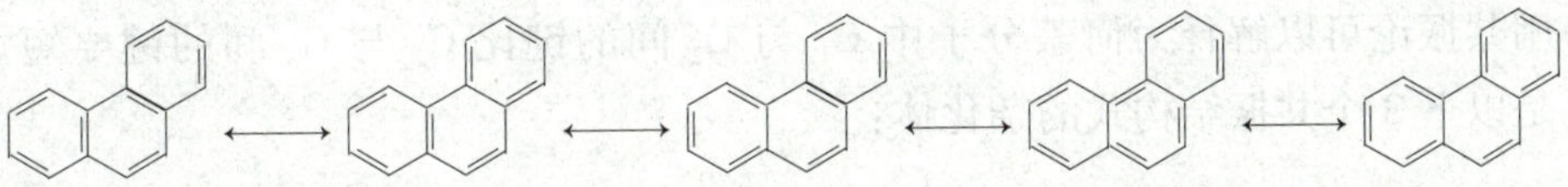

菲

　　虽然在大多数情况下共振论的这一观点与事实相符，但在某些情况下也与事实有出入，这也是共振论的局限性所在。例如在上述芳香烃中，苯实际上是电子离域程度最大，也是最稳定的。

　　5. 不同共振结构参与共振杂化体的比重是不同的。能量越低、越稳定的共振结构式参与程度越高，对共振杂化体的贡献也越大。

（Ⅰ）贡献较大　　　　　　　　（Ⅱ）贡献较小

　　例如，对于乙酸的两个共振结构式，结构式（Ⅰ）中所有原子都达到八个电子的稳定状态，没有正负电荷分离，较为稳定，因而对共振杂化的贡献较大。

　　共振杂化体比任何一个共振结构式的能量都低，都稳定。根据能量最低的共振结构式所计算出的能值和分子实际测得的能值之间的差称为共振能（resonance energy）。例如，苯分子共振结构式看上去是环己-1,3,5-三烯，其分子中三个双键全部发生加氢反应时所释放出的能量（称为氢化热）应该是环己烯氢化热（119.5kJ/mol）的三倍，即 358.5kJ/mol，但实测苯的氢化热只有 208.16kJ/mol，二者相差约 150kJ/mol，这 150kJ/mol 的能差就是苯分子共振能。

二、共振结构式书写的基本原则

　　用共振论来描述分子的结构时，书写共振结构式需遵循以下基本原则：

1. 共振结构式必须符合一般的价键规则，各原子的价数不能越出常规，比方说不能出现"五价碳"。

2. 彼此共振的共振结构式的不同，仅是电子的排布不同，各原子核的相对位置必须保持不变。例如，烯丙基正离子是（Ⅰ）和（Ⅱ）的共振杂化体，但（Ⅲ）则不是其共振结构式，因为结构（Ⅲ）中原子核的相对位置发生了改变，与（Ⅰ）和（Ⅱ）的不同。

$$H_2\overset{+}{C}-CH=CH_2 \longleftrightarrow H_2C=CH-\overset{+}{C}H_2 \longleftrightarrow\!\!\!| \quad H_2C\overset{\overset{+}{C}H}{\underset{CH_2}{}}$$

$$(Ⅰ) \qquad\qquad (Ⅱ) \qquad\qquad (Ⅲ)$$

3. 同一分子的所有共振结构式，应当具有相同数目的成对电子或未成对电子。例如：烯丙基自由基是（Ⅰ）和（Ⅱ）的共振杂化体，但（Ⅲ）则不是其共振结构式，因为结构（Ⅲ）中成对电子的数目与前二者不同。

一个未成对电子　　　一个未成对电子　　　三个未成对电子

$$H_2\dot{C}-CH=CH_2 \longleftrightarrow H_2C=CH-\dot{C}H_2 \longleftrightarrow\!\!\!| \quad H_2\dot{C}-\dot{C}H-\dot{C}H_2$$

$$(Ⅰ) \qquad\qquad (Ⅱ) \qquad\qquad (Ⅲ)$$

4. 全部参加共振的原子必须处于同一平面或接近于一个平面。

三、共振论在有机化学中的应用

共振论采用简单、直观的方法描述有电子离域现象存在的分子的结构，在许多情况下能够较好地解释这类分子在结构及性质方面的相关问题，已为大家普遍接受和使用。

例如，用共振论可以解释为何萘分子中 C_1 与 C_2 间的键比 C_2 与 C_3 间的键要短。共振论认为，萘主要是以下 3 个共振结构式的杂化体：

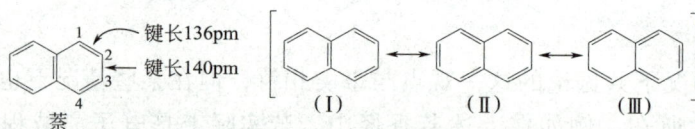

从这些共振结构式可以看出，C_1 与 C_2 间双键的特征更明显些，而 C_2 与 C_3 间单键的特征更明显些。因为 3 个共振结构式中（Ⅰ）和（Ⅱ）都显示 C_1 与 C_2 间是双键，C_2 与 C_3 间是单键；只有（Ⅲ）显示的是 C_1 与 C_2 间是单键，C_2 与 C_3 间是双键，所以 C_1 与 C_2 间的键比 C_2 与 C_3 间的键要短。

再如，用共振论可以解释为何硝基苯的亲电取代反应主要发生在间位，而不是邻位或对位。共振论对硝基苯的共振杂化体结构描述如下：

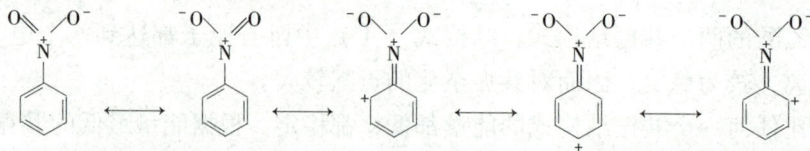

从这一共振杂化体的结构看，受硝基的影响，其芳环邻位和对位带有某种程度的正电荷，电子云密度应该较小；而间位不带正电荷，电子云密度相对较大，因而是亲电试剂的主要进攻部位。

还有，一般有机胺的碱性不太强，而胍虽属有机胺，碱性却很强（与 NaOH 相当）。共振论认为：这是由于胍与质子结合后形成了较稳定的正离子，即正电荷能够有效地分散。

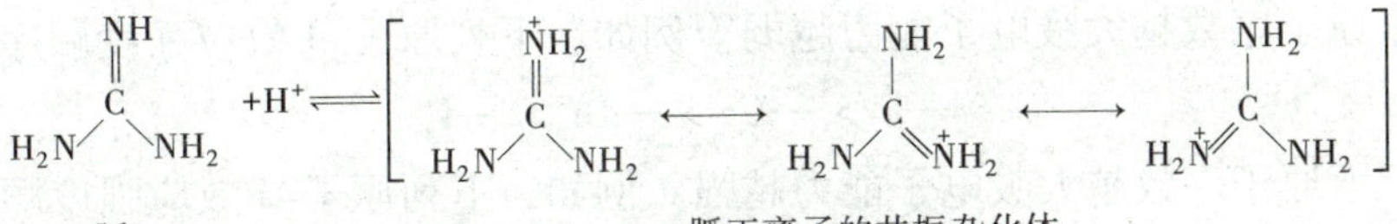

胍   胍正离子的共振杂化体

虽然共振论在解释化合物的理化性质方面比较简明而且与实际相符，但也存在一定的局限性，需要进一步加以完善。

第三节 有机化合物中的电性效应

在讨论有机化合物的理化性质及反应活性的差别时，经常要研究分子中原子间的相互影响。这些影响不仅存在于键合原子（即通过化学键相连的原子）间，也存在于非键合原子（即未通过化学键相连的原子）间。描述有机化合物分子中原子间相互影响的理论分为电性效应与空间效应两类。电子效应又可分为诱导效应、共轭效应和场效应 3 种。

一、诱导效应

由于极性共价键的存在，从而使整个分子的电子云沿着碳链向某一方向偏移的现象，称为诱导效应（inductive effect），用符号 I 表示。"——"用以表示电子移动的方向。例如：氯原子取代了烷烃碳原子上的氢原子后，由于氯的电负性较大，吸引电子的能力较强，会使碳氯键电子向氯原子偏移，导致氯带有部分负电荷（δ^-）、碳带有部分正电荷（δ^+）。带部分正电荷的 α 碳又会吸引相邻 β 碳周围的电子，使其也产生电子偏移，也带部分正电荷（$\delta\delta^+$），但偏移程度小一些，这样依次影响下去，会使整个分子的电子云沿碳链向氯原子所在方向偏移。

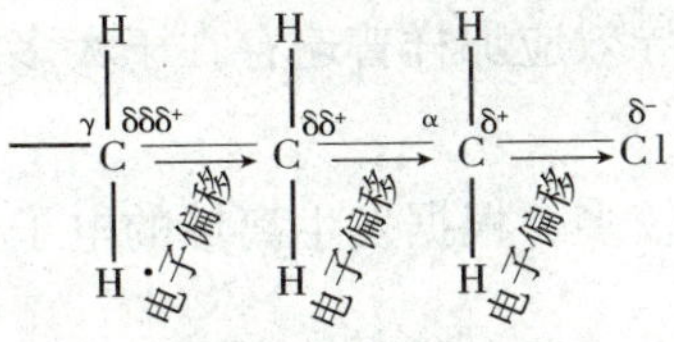

不同原子或基团所引起的诱导效应在方向和强度上有所不同。诱导效应的方向是以碳氢化合物的氢原子作为标准比较得出的。

若一个电负性比氢强的原子或基团取代了氢，所引起的诱导效应是吸电子的，该取代基被称为吸电子基。由吸电子基引起的诱导效应为负诱导效应（–I 效应）。

若一个电负性比氢弱的原子或基团取代了氢，所引起的诱导效应是斥（给）电子的，该取代基被称为斥（给）电子基。由斥电子基引起的诱导效应为正诱导效应（+I 效应）。

$$R_3C \longleftarrow Y \qquad\qquad R_3C—H \qquad\qquad R_3C \longrightarrow X$$
+I 效应   比较标准 I＝0   –I 效应

下面是一些原子或基团诱导效应的大小次序：

吸电子基团（–I 效应）：$—NO_2$ ＞ $—CN$ ＞ $—F$ ＞ $—Cl$ ＞ $—Br$ ＞ $—I$ ＞ $—C≡CH$ ＞ $—OCH_3$ ＞ $—C_6H_5$ ＞ $—CH=CH_2$ ＞ H

斥电子基团（+I 效应）：$(CH_3)_3C—$ ＞ $(CH_3)_2CH—$ ＞ $CH_3CH_2—$ ＞ $CH_3—$ ＞ H

原子或基团诱导效应强度的大小，与原子在周期表中的位置及基团的结构密切相关，其一般规律如下：

1. 同族元素原子序数越大吸电子能力越弱。例如，下列原子-I 效应强度顺序为：

$$—F > —Cl > —Br > —I$$

2. 同周期元素原子序数越大吸电子能力越强。例如，下列原子-I 效应强度顺序为：

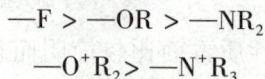

$$—F > —OR > —NR_2$$

$$—O^+R_2 > —N^+R_3$$

3. 对不同杂化状态的碳原子来说，杂化轨道 s 成分所占比例越多，其吸电子能力越强。例如，下列基团-I 效应强度顺序为：

$$—C≡CR > —CR=CR_2$$

诱导效应在传递过程中呈现的规律是：沿碳链依次向下传递，逐步减弱，在仅由 σ 电子构成的碳链中传递时减弱迅速，一般经过三个 σ 键后其强度已经很弱，经过五个 σ 键后其强度已基本消失。

诱导效应可以用来解释分子在理化性质方面的差异。例如，氯原子取代乙酸的 α-H 后，形成 α-氯代乙酸，由于氯的吸电子诱导效应通过碳链传递，导致羧基中 O—H 键极性增大，氢更易以质子形式解离，从而使酸性增强。所以 $ClCH_2COOH$ 的酸性比 CH_3COOH 的酸性强。

$$Cl \leftarrow CH_2 \leftarrow \overset{\overset{O}{\|}}{C} \leftarrow \ddot{O} \leftarrow H$$

二、共轭效应

共轭效应（conjugative effect）是存在于共轭体系（即有电子离域现象发生的体系）中的一种原子间的相互影响，其作用结果也能导致共轭体系中的电子云分布发生改变。共轭效应只存在于具有共轭体系的分子中，不像诱导效应那样普遍存在于大多数分子中。

1. 共轭体系的类型

有机物中存在的共轭体系种类较多，根据发生离域的电子类型不同，可大致将共轭体系分为以下几类：

（1）π-π 共轭体系　即重键（双键或叁键）-单键-重键交替排列的体系。具有此类共轭体系的分子可以是开链的，也可以是环状的。丁-1,3-二烯、戊-1-烯-3-炔、苯、丙烯醛等属于具有这类体系的分子。

$$CH_2=CH—CH=CH_2 \quad H_2C=CH—C≡C—CH_3 \quad \bigcirc \quad H_2C=CH—CH=O$$

丁-1,3-二烯　　戊-1-烯-3-炔　　苯　　丙烯醛

在这类分子中，由于重键-单键-重键交替排列，通过单键相连的重键轨道间存在着额外的重叠，从而导致 π 键电子运动区域扩大，即发生了 π 电子的离域。例如，在丁-1,3-二烯分子中，四个碳原子都是 sp^2 杂化的，每个碳以 sp^2 杂化轨道与相邻碳原子相互重叠形成 C—C σ键，与氢原子的 s 轨道重叠形成 C—H σ 键，这三个 C—C σ 键、六个 C—H σ 键在一个平面上，键角接近于 120°。此外每个碳上还有一个未杂化的 p 轨道，垂直于 σ 键所在平面，侧面重叠形成 π 键，这种重叠不是只限于 C_1 与 C_2、C_3 与 C_4 之间，而是 C_2 与 C_3 之间也发生了一定程度的重叠，从而使 C_2 与 C_3 之间也具有部分 π 键的特征，其电子云密度比孤立 C—C 单键的电子云密度增大，键长缩短。由于整个分子的 π 键形成了一个整体，导致 π 电子运动区域扩大，也就是形成了离域大 π 键。我们通常把这样的体系称为共轭体系，因为 π 电子离域构成的共轭体系称为 π-π 共轭体系。丁-1,3-二烯分子中的离域 π 键如图 2-17 所示。

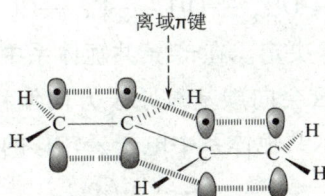

图 2-17　丁-1,3-二烯分子的离域 π 键

（2）p-π 共轭体系　具有 p 轨道的原子通过 σ 键与重键原子相连的体系。氯乙烯、烯丙基自由基、甲酸等都具有这类共轭体系，其结构见图 2-18。

氯乙烯 $CH_2{=}CH{-}\ddot{C}l$　　烯丙基自由基 $CH_2{=}CH{-}\dot{C}H_2$　　甲酸 $H{-}C{-}\ddot{O}{-}H$

图 2-18　氯乙烯、烯丙基自由基、甲酸分子的 p-π 共轭体系

p-π 共轭体系中存在着 p 轨道与 π 轨道间的重叠，结果会导致 p 电子或 π 电子的离域。应当明确的是，p-π 共轭体系中 p 轨道上有无电子都不影响构成这一共轭体系。例如，烯丙基正离子（$CH_2{=}CH{-}CH_2^+$）参与组成 p-π 共轭体系的就是个空 p 轨道。

（3）σ-π 共轭体系　亦称超共轭（hyperconjugation）体系。即具有碳氢 σ 键的碳原子通过 σ 键与重键原子相连的体系。丙烯、甲苯等属于具有这类共轭体系的分子。丙烯分子的超共轭体系见图 2-19。

图 2-19　丙烯分子的 σ-π 超共轭体系（左）和乙基自由基的 σ-p 超共轭体系（右）

丙烯分子中的甲基碳原子有四个 sp^3 杂化轨道，其中三个轨道与氢原子的 1s 轨道重叠形成碳氢 σ 键，一个轨道与双键碳原子的一个 sp^2 杂化轨道形成碳碳 σ 键。碳氢键中由于氢原子的 1s 轨道体积很小，相当于镶嵌在碳原子的 sp^3 杂化轨道中，使得碳氢键电子云靠近氢原子的部分体积增大，当其与 π 键原子相连时，碳氢 σ 键的电子云会与 π 轨道发生某种程度的重叠，导致碳氢 σ 电子发生离域。由于 σ-π 共轭体系中发生离域的轨道间并不彼此完全平行，轨道间的重叠程度小，电子离域不充分，故而被称为超共轭体系，碳氢 σ 键亦能与单独的 p 轨道构成 σ-p 超共轭体系，如乙基自由基（图 2-19）。

2. 共轭效应的方向、强度及传递特征

共轭效应的方向亦分为吸电子的共轭效应（-C 效应）与斥电子的共轭效应（+C 效应）两种。产生 -C 效应的取代基有：$-NO_2$，$-CN$，$-CHO$，$-COR$，$-COOR$，$-COOH$ 等。产生 +C

效应的取代基有：—NR$_2$，—NH$_2$，—OR，—OH，—F，—Cl，—Br，—I 等。对于不同的共轭体系，其电子离域的方向由不同的因素决定。在 π-π 共轭体系中，电子云向电负性强的原子方向偏移。例如，丙烯醛分子中的 π 电子云会向羰基氧原子方向偏移，羰基相对于烯键就是个引起-C效应的吸电子基（一般用弯箭头表示共轭体系中电子云转移的方向）。

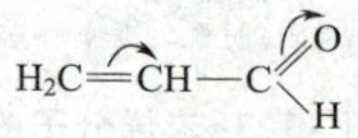

$$H_2C=CH-C\overset{O}{\underset{H}{\lessgtr}}$$

对于 p-π 共轭体系而言，电子云会由密度大的地方向密度小的地方偏移。例如，氯乙烯分子中氯原子的未共用电子对会向 π 键方向偏移；而在烯丙基正离子中，π 电子则会向带正电荷碳原子的 p 轨道方向偏移。通常情况下，由具有未共用电子对的原子与 π 键原子构成的 p-π 共轭体系，都和氯乙烯相似，发生的都是斥电子共轭效应，因而这类原子（或基团）都属于斥电子基。

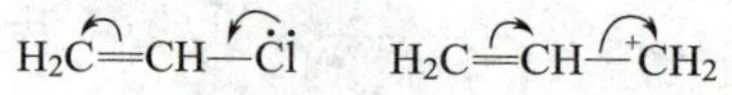

$$H_2C=CH-\ddot{C}l \qquad H_2C=CH-\overset{+}{C}H_2$$

对于 σ-π 共轭体系而言，都是碳氢 σ 键电子向 π 键方向离域，引起的也都是斥电子共轭效应，所以具有碳氢键的烷基从共轭效应的角度看都属于斥电子基。

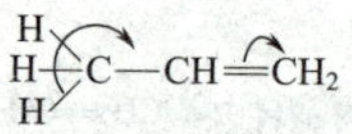

$$\underset{H}{\overset{H}{H}}C-CH=CH_2$$

不同共轭体系的共轭效应强度由不同的因素所决定：对于 π-π 共轭体系而言，电负性是决定共轭效应强度的主要因素。例如， -C 效应：C=O > C=S。

对于 p-π 共轭体系而言，是由电负性和轨道间的能级差共同决定共轭效应的强度。例如，+C效应：NH$_2$ > OH（氮的电负性弱于氧）；卤乙烯中的+C 效应：Cl > Br > I（Cl 与 C 属相邻元素周期，能级差最小；I 与 C 隔两个元素周期，能级差最大）。

至于 σ-π 体系中共轭效应的强度，则是由可发生离域的碳氢键的数目来决定。能发生离域的碳氢键数目越多，发生 σ-π 超共轭效应的几率越大，引起的超共轭效应就强度越强。例如，+C 效应：CH$_3$>CH$_2$CH$_3$>CH(CH$_3$)$_2$，这是因为 CH$_3$ 有三个碳氢 σ 键，而 CH（CH$_3$)$_2$ 只有一个这样的键。

共轭效应有着与诱导效应不同的传递特征，其主要特征为：

（1）共轭效应只在共轭体系中传递，不会超出范围传递。

（2）在传递过程中，共轭效应的强度不会因距离的延长而明显减弱。

（3）共轭效应在 π-π 共轭体系中传递时，会导致体系出现极性交替现象。例如：

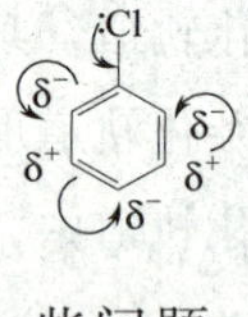

共轭效应可以用来解释有机反应中的一些问题。例如：氯乙烷分子中的氯原子比较活泼，容易发生亲核取代反应；而氯乙烯（CH$_2$=CH—Cl）分子中的氯原子则很不活泼，很难被取代。其中的原因就是氯原子和双键直接相连时，氯的 p 轨道与碳碳双键的 π 轨道相平行，可侧面重叠形成 p-π 共轭体系，电子云的密度发生平均化，电子由电子云密度较大的氯原子向电子云密度较小的碳原子方向转移，从而使 C—Cl 键电子云密度增大，键能增大，键长缩短，难以被取代。

氯乙烯：

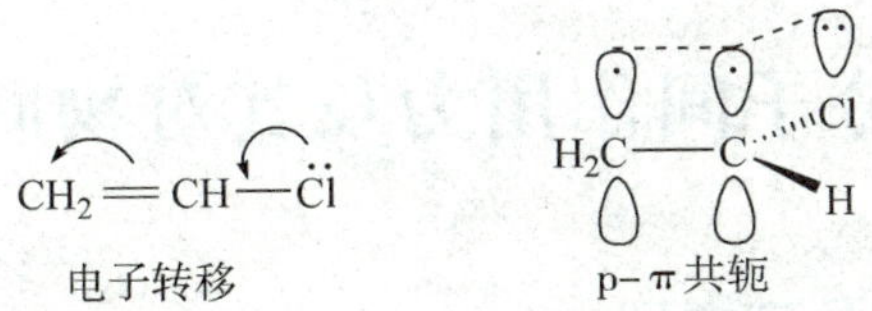

电子转移 $p-\pi$ 共轭

  诱导效应和共轭效应同属分子中原子间相互影响的电性效应，二者的不同之处在于：诱导效应是由于成键原子电负性的不同而产生的，通过静电诱导传递所体现的；而共轭效应则是在特殊的共轭体系中，通过电子的离域所体现的。

  在有机物分子中，诱导效应既可以单独存在，也可以与共轭效应同时存在。当一个原子（或基团）既有诱导效应又有共轭效应，且二者作用方向相反时，应注意判断其电子效应对分子性质的实际影响。例如，—NH$_2$、—OH、—OCH$_3$ 等不连接构成共轭体系时，都是仅具有−I 效应的基团，属于吸电子基；但当它们连接构成共轭体系时，则是同时具有−I 和+C 效应的基团，由于它们+C 效应的强度超过了−I 效应，实际电性效应的方向由共轭效应决定，所以三者同属斥电子基。—Cl 的情况与这三者相似，不同之处在于氯原子的电负性较强， −I 效应强度大，+C 效应不足以抵消−I 效应的影响，因而氯原子通常表现为吸电子基（决定反应活性），但其+C 效应在反应过程中也会体现出来（决定反应方向）。

三、场效应

  场效应（field effect）是一种作用距离超过两个 C—C 键长的长距离极性相互作用，是直接通过空间和溶剂分子传递的电性效应，其作用强度与距离的平方成反比，距离越远，作用越小。场效应通过空间的分子内静电作用，即某取代基在空间产生一个电场，它对另一处的反应中心发生影响。如丙二酸的羧酸负离子除对另一头羧基诱导效应外，还有场效应：

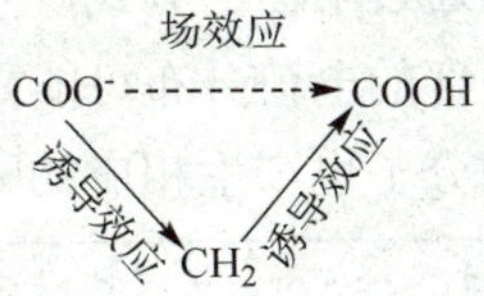

  又如：

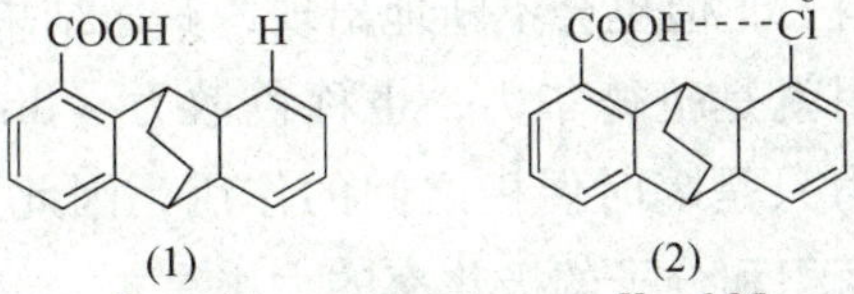

(1)   (2)

pK_a = 6.04   pK_a = 6.25

  由化合物（1）（2）的 pK_a 值可知，当氯原子取代氢原子后，化合物酸性减弱，这也可以用场效应来解释。在化合物（2）中，由于 C—Cl 键有极性，电负性大的氯原子与羧基中的质子距离较近，因此负电性的氯原子通过空间对羧基质子的静电引力（即场效应）而降低了氯代物（2）的酸性。如果只考虑诱导效应，则会得出化合物（2）酸性增强的错误结论。

第四节 分子间作用力及其对物质物理性质的影响

一、分子间作用力及其类型

如前所述，化学键是分子内部原子与原子间的作用力，这种作用较强，键能一般超过 100 kJ/mol，化学键决定分子的化学性质。

分子和分子之间也存在着一定的相互作用力，与化学键相比，这种作用较弱（一般要比化学键弱一个数量级），它主要决定分子的物理性质（如熔点、沸点、溶解度等）。分子间作用力从本质上而言都是静电作用，主要有以下三种情况：

（一）偶极-偶极作用力（dipole-dipole forces）

一个极性分子的偶极正端与另一个分子的偶极负端之间的吸引作用，称为偶极-偶极作用。以 HCl 分子为例，氯原子一端带有部分负电荷，而氢原子上则带有部分正电荷，则一个 HCl 分子的氢原子可吸引另一个 HCl 分子的氯原子：

$$\overset{\delta^+}{H}—\overset{\delta^-}{Cl} \quad \overset{\delta^+}{H}—\overset{\delta^-}{Cl} \quad 或简单表示为 \boxed{+ \quad -}\boxed{+ \quad -}$$

偶极-偶极作用只存在于具有永久偶极的极性分子之间，它的强弱与分子的偶极矩大小有关。

（二）范德华力（Van der Waals forces）

非极性的分子之间也存在一定的相互作用，称为范德华力。阐明范德华力需要量子力学方面的知识，但我们可以粗略的设想它们是通过下面的方式产生的。非极性分子虽然偶极矩为零，但其内部的电子在运动的某一瞬间分子内部的电荷分布可能是不均匀的，从而产生一个个很小的偶极。而这种瞬时偶极又可以诱导周围的分子也产生相应的瞬时偶极。

$$\boxed{+ \quad - \quad + \quad - \quad + \quad -}$$
$$\boxed{- \quad + \quad - \quad + \quad - \quad +}$$

这种瞬时偶极虽然会很快消失，但也会不断地出现，其净结果就是在两个非极性分子间产生了一种弱的相互作用，这种作用就是范德华力，也称色散力（dispersion forces）。它也同样存在于极性分子之间。由于范德华力只是瞬时偶极之间的作用，因此它比偶极-偶极作用要弱得多，它的强弱主要与分子间的接触面积和分子的极化率的大小有关。

（三）氢键（hydrogen bonds）

氢键属于偶极-偶极作用的一种，它是一种特别强的偶极-偶极作用。

当氢原子与电负性很强、原子半径很小且带有未共用电子对的原子 Y（Y 为 N、O、F）结合时，由于 Y 的极强的拉电子作用，使得 H-Y 间的电子云主要集中在 Y 原子端，而 H 原子几乎形成了裸露的原子核，故而具有较强的电正性。这样，带较强正电荷的 H 原子便可与另一分子中的电负性很强的 Y 原子的未共用电子对间产生较强的静电作用，这种作用即为氢键，氢键以虚线表示：

$$H-\ddot{\underset{..}{F}}\text{------}H-\ddot{\underset{..}{F}}\text{------}H-\ddot{\underset{..}{F}}$$

$$H-\underset{\underset{H}{|}}{\ddot{O}}\text{------}H-\underset{\underset{H}{|}}{\ddot{O}}\text{------}H-\underset{\underset{H}{|}}{\ddot{O}}$$

$$H-\underset{\underset{H}{|}}{\overset{}{N}}\text{------}H-\underset{\underset{H}{|}}{\overset{}{N}}\text{------}H-\underset{\underset{H}{|}}{\overset{}{N}}$$

　　由此可见，氢键并不是一种化学键，它的本质仍是一种静电作用。氢键的强度是分子间作用力中最强的，但最高不超过 25kJ/mol，仍比共价键要弱得多。在特定情况下，分子内也能形成氢键。

　　氢键不仅对物质的物理、化学性质有很大的影响，还对于蛋白质、核酸等生物大分子的分子形状、生理功能有着极为重要的作用。如脱氧核糖核酸（DNA）分子的双螺旋结构，就是在氢键的作用下形成并稳定的。

二、分子间作用力对物质物理性质的影响

（一）对物质熔点、沸点的影响

　　对于非离子型的有机化合物而言，由气体凝聚为液体，继而形成固体，是通过分子间的相互作用力完成的。因此，要将固态有机物液化，或将液态有机物气化，只需克服分子间的作用力即可，而无须破坏共价键。由于分子间作用力较弱，要克服分子作用力不需要很高的能量，因而一般的有机化合物的熔、沸点都比较低，很少有超过 300℃的。

　　对不同极性的有机分子而言，极性分子的沸点比非极性分子的高。如极性分子丙酮（CH_3COCH_3）比具有相同分子量的非极性分子正丁烷（$CH_3CH_2CH_2CH_3$）的沸点要高 57℃。这是由于极性分子之间具有较强的偶极-偶极作用，而非极性分子间仅具有较弱的范德华力。当两个分子的极性相同时，分子量较大的往往会具有较高的沸点，这主要是由于分子量较大的化合物具有较大的分子间接触面积，因而容易产生较大的范德华力的缘故。如溴乙烷（CH_3CH_2Br，沸点 38.4℃）比溴甲烷（CH_3Br，沸点 3.6℃）的沸点高就是这种情况。

　　特别需要注意的是氢键的存在。当化合物的分子间能形成氢键时，该物质的沸点会大大升高，这主要是由于氢键是最强的分子间作用力的缘故。如乙醇（CH_3CH_2OH，分子量 46）的沸点高达 78.5℃，比具有相似分子量的极性化合物氯甲烷（CH_3Cl，分子量 50.5）的沸点高 102.7℃，比非极性的丙烷（$CH_3CH_2CH_3$，分子量 44）高 120.7℃。

　　由此可见，有机化合物的沸点主要与分子的极性、分子量、范德华力和氢键等因素有关。对有机物的熔点而言，除了上述影响因素之外，分子的对称性也是一个重要的影响因素。

（二）对物质溶解度的影响

　　大量事实表明，极性相似的化合物可以相互溶解，即"相似相溶"原理。具体说，极性强的化合物易溶于极性强的溶剂中；极性弱的化合物易溶于极性弱的溶剂中。例如非极性的正己烷易溶于非极性的苯中，却不溶于极性的水中。

　　物质的溶解过程，可以看作是溶质分子间的作用力被溶质与溶剂间的作用力所取代，从而溶质分散、溶解在溶剂中。正己烷和苯的分子间作用力主要都是范德华力，因此正己烷和正己烷分子间的作用力可以被正己烷和苯间的作用力所取代，从而使正己烷分散溶解于苯中；反观水分

子，水是极性分子，分子间作用力主要是氢键这种强烈的相互作用，无法被水与正己烷间弱的范德华力所取代，因而正己烷无法溶于水中。

值得一提的是，如果溶质分子与溶剂分子之间能形成分子间氢键，将大大有助于溶质分子的溶解。如乙醇可以与水以任意比例互溶，主要原因就是乙醇与水分子能形成分子间氢键（参见第十章醇的物理性质）。

第五节　有机化合物中其他类型的键合

一、电荷转移络合物

电荷转移络合物（charge-transfer complex，简称 CTC）是电荷从一个化合物分子转移到另一个化合物分子所形成的一种键能很弱的络合物。组成电荷转移络合物的供给电荷的部分称为电荷供体（donor），接受电荷的部分称为电荷受体（acceptor），两者通常均为价态饱和的分子。

如碘溶解在丙酮中不显紫色，即是因为两者之间形成了以下电荷转移络合物：

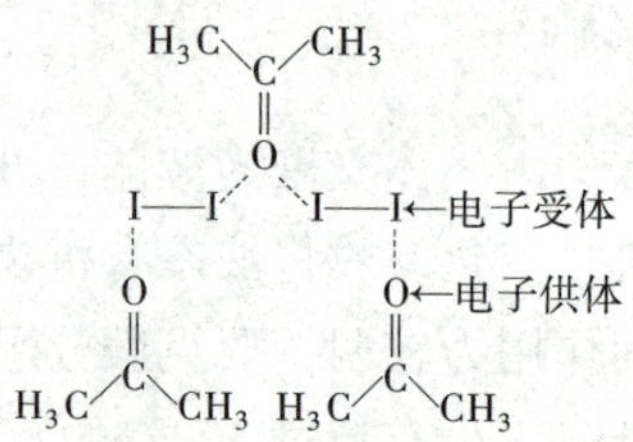

在此 CTC 中，丙酮分子中 O 原子上的未共用电子对转移到 I 原子上。

电荷转移络合理论的应用现在已扩展到有机化学、高分子化学、材料科学、生物化学以及药物学等众多领域，解释了许多过去难以解释的现象。

如苯佐卡因、普鲁卡因等分子内的酯基很易水解，但它们和咖啡因配伍之后就明显变得稳定，这是因为它们和咖啡因之间形成了 CTC。

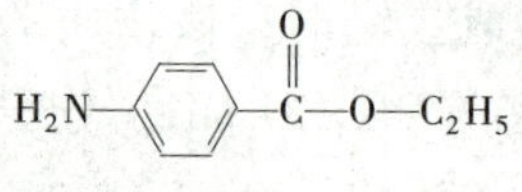

苯佐卡因 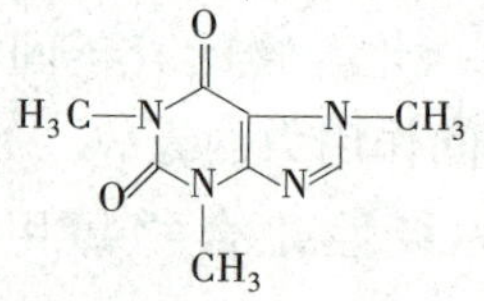　　　　　　　咖啡因 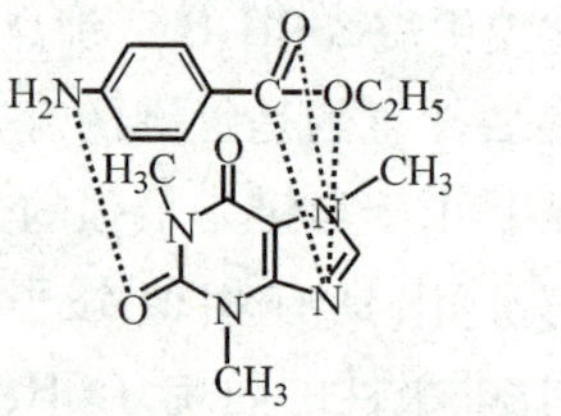　　　　　苯佐卡因-咖啡因电荷转移络合物

由于发生了电荷迁移作用，苯佐卡因羰基碳原子上的正电性和氧原子上的负电性都有所降低，因此难以水解。

二、包合物

包合物（inclusion compound）是一类用包合技术制备的独特形式的络合物，又称为包藏物、加合物或包含物等，近年来其在化学、医药等方面的广泛应用令人瞩目。

包合物中，一种分子在空间结构上全部或者部分包含另一种分子。具有包合作用的外层分子称为主体分子（host molecule）或主体，被包合到主分子空间中的小分子物质称为客体分子（guest molecule）或客体，故而包合物也称为分子胶囊。

（一）包合物的分类

常见的包合物分类方法有两种。

1. 按包合物的结构和性质分类

（1）多分子包合物 是若干主体分子由氢键连接，按一定方向松散地排列形成晶格空洞，客体分子嵌入空洞中而成。构成此类包合物的主体有硫脲、尿素、去氧胆酸、对苯二酚、苯酚等。

（2）单分子包合物 由单一的主体分子与单一的客体分子包合而成。单个主体分子的一个空洞包合一个客体分子，构成此类包合物的主体有具有管状空洞的环糊精。

（3）大分子包合物 天然或人工的大分子化合物可形成多孔的结构，容纳一定大小的分子。构成此类包合物的主体有葡聚糖凝胶、沸石、硅胶、纤维素、蛋白质等。

2. 按包合物的几何形状分类

（1）管状包合物 是由主体分子构成管形的空洞骨架，客体分子填充其中而成，如图 2-20（a）所示。此类包合物在溶液中较稳定，尿素、硫脲、环糊精、去氧胆酸等均可形成管状包合物。

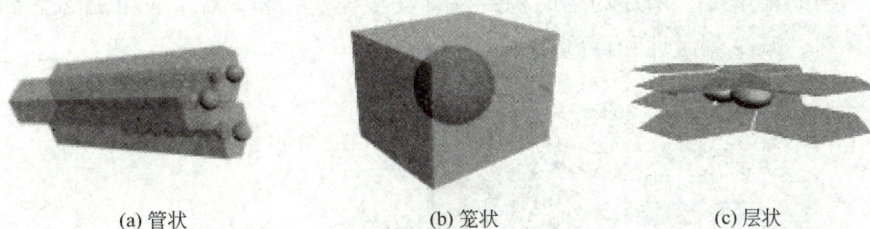

(a) 管状　　　　　　　(b) 笼状　　　　　　　(c) 层状

图 2-20 包合物的几何类型

（2）笼状包合物 是客体分子进入到几个主体分子构成的笼状晶格中而成，其空间完全闭合，如图 2-20（b）所示。对苯二酚即可形成笼状包合物。三分子的对苯二酚借 $O—H\cdots O$ 型氢键形成环状结构，两个环状结构一正一反结合，开口端互相交叉形成一个笼子，客体如甲醇、乙醇、甲酸、乙烯、二氧化硫、二氧化碳、氯化氢、溴化氢、硫化氢、氩、氪等合适大小的分子或原子填充其中形成晶格包合物，这种包合物在溶液中很不稳定，极易分解释放出客体。

（3）层状包合物 客体分子存在于主体分子所构成的层状结构间，如图 2-20（c）所示。黏土、石墨等易形成层状包合物，某些表面活性剂与药物形成的胶团也属于层状包合物。如用月桂酸钾增溶乙苯时，乙苯可存在于表面活性剂亲油基的层间，形成层状包合物。非离子型表面活性剂使维生素 A 棕榈酸酯增溶的原因也可认为是形成了此类包合物的结果。

（二）包合原理

包合作用主要是一种物理过程。主体分子和客体分子进行包合时，相互之间不发生化学反应，因而不存在离子键、共价键或配位键等化学键的作用。其稳定性依赖于两种分子间的分子间作用力，如色散力、偶极之间引力、氢键、电荷迁移力等，多数是几种作用力的协同，有时也可为单一作用力起作用。

包合物的稳定性，主要取决于主体分子和客体分子的立体结构和两者的极性。

1. 分子结构及大小

主体分子可以是单分子（如直链淀粉、环糊精等），也可以是以氢键结合的多分子聚合而成的晶格（如对苯二酚、尿素等），它们均需具有一定形状和大小的空洞（如特定的笼格、洞穴或沟道）以容纳客体分子。而客体分子的大小、分子形状应与主体分子所提供的空间相适应，若客体分子小，而主体分子较大，客体分子将自由出入洞穴，则包合力弱。若客体分子太大，嵌入空洞内困难或只有侧链进入，包合力也弱，上述两种情况均不易形成稳定的包合物。只有当主、客体分子大小适合时，主、客体分子间隙小，能产生足够强度的范德华力，则形成稳定的包合物。

2. 包合物中主、客体分子的比例

因包合物中客体分子不一定都在空穴内，也可以在晶体的晶格空隙中，所以包合物中主、客体分子之比不一定是整数。客体分子最大存在量取决于主体分子所提供的空洞数，由于并非所有空洞均被完全占领，因此主、客体分子的比例有较大的变动范围。

如大多数的环糊精（cyclodextrin，CD）包合物中的主、客体分子摩尔比为 1:1，形成稳定的单分子包合物。但当客体分子体积很大（如为甾体化合物）时，则情况较为复杂。当主体分子环糊精用量不合适时，也可使包合物不易形成，表现为客体分子含量很低。

环糊精是目前药物制剂行业中最常用的包合材料，它是将淀粉用碱性淀粉酶水解而得，常见的有 α-环糊精、β-环糊精、γ-环糊精三种，分别由 6 个、7 个、8 个葡萄糖通过 α-1,4-苷键合环而成，其中 β-环糊精最为常用（图 2-21）。环糊精外侧亲水，内腔疏水，用环糊精制备包合物，能够增加药物的溶解度，增加药物的稳定性，使液体药物粉末化，防止挥发性成分挥发，并可遮盖药物的臭味，减少刺激性和毒副作用。

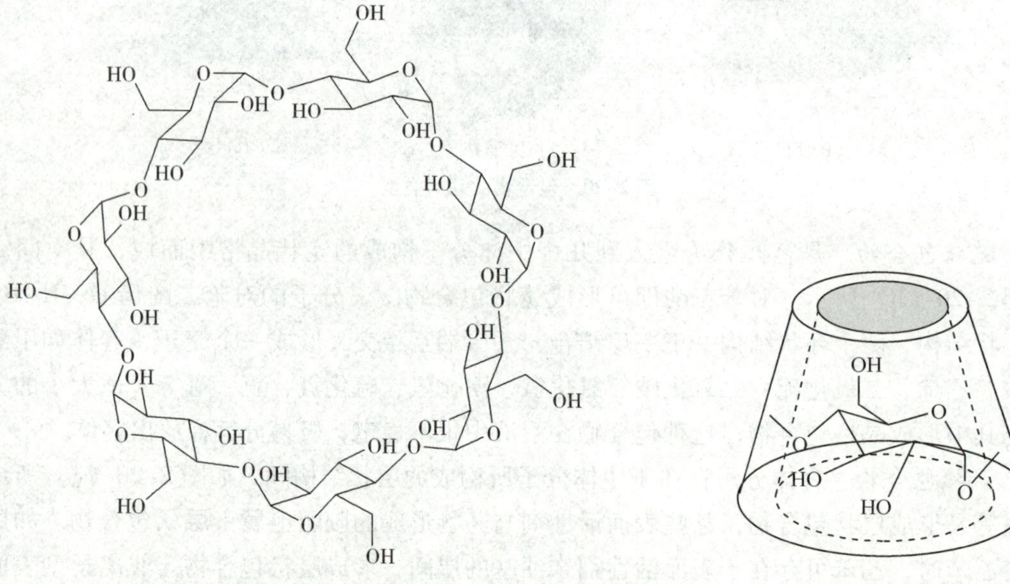

（a）β-环糊精的分子结构　　　　（b）β-环糊精的模型示意图

图 2-21　β-环糊精的结构

第三章

烷 烃

扫一扫，查阅本章数字资源，含PPT、音视频、图片等

由碳氢两种元素组成的化合物称为碳氢化合物，简称为烃。烃是有机化合物的母体，其他有机化合物可以看作是烃的衍生物。

根据分子是否饱和，烃可以分为饱和烃和不饱和烃：饱和烃即烷烃；不饱和烃包括烯烃、炔烃、二烯烃等。根据分子的碳架不同，烃也可分为链烃和环烃两大类，其中，环烃包括脂环烃和芳香烃。

烷烃（alkanes）是指开链的饱和脂肪烃，即分子中的碳原子都以单键相连，其余价键全部与氢原子结合而成。通式为 C_nH_{2n+2}。

一、烷烃的同系列和同分异构现象

最简单的烷烃是甲烷，其次是乙烷、丙烷、丁烷等，它们的分子式分别为 CH_4、C_2H_6、C_3H_8、C_4H_{10} 等。像烷烃这样一系列具有同一通式，分子结构相似，化学性质也相似，物理性质随着碳原子数目的增加而有规律地变化的化合物，叫作同系列。同系列中的化合物互称同系物。相邻的同系物在组成上只相差一个 CH_2，这个 CH_2 称为系列差。同系列是有机化学的普遍现象。

在甲烷和乙烷分子中，所有氢原子所处的化学环境相同，称之为等价氢。丙烷分子中的甲基和甲叉基所处化学环境不一样，当分别用另一个"—CH_3"（或其他取代基）取代这两种化学环境不同的氢时，可得到两种结构不同的化合物，一种叫作正丁烷（Ⅰ），另一种叫作异丁烷（Ⅱ）。由此可见，四个碳以上的烷烃就有异构体。

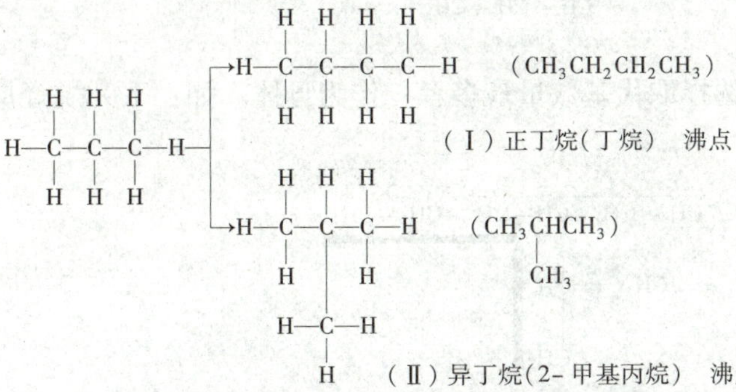

（Ⅰ）正丁烷（丁烷）　沸点 -0.5℃　熔点 -138℃

（Ⅱ）异丁烷（2-甲基丙烷）　沸点 -11.7℃　熔点 -159℃

（Ⅰ）和（Ⅱ）具有相同的分子式（C_4H_{10}），但结构不同。凡分子式相同而结构不同的化合物叫作同分异构体（isomer），这种现象称为同分异构现象。例如（Ⅰ）和（Ⅱ）就是由于碳原子的连接次序不同而引起的异构，（Ⅰ）为直链烷烃，（Ⅱ）则带有支链。它们的沸点、熔点均不同，它们是两种不同的化合物。

烷烃分子中的碳原子可分为四种类型：只与另外一个碳原子相连的碳原子称为伯碳原子或一

级碳原子（用 1°表示）；与另外二个碳原子相连的碳原子称为仲碳原子或二级（2°）碳原子；与另外三个碳原子相连的碳原子称为叔碳原子或三级（3°）碳原子；与另外四个碳原子相连的称为季碳原子或四级（4°）碳原子。与伯、仲、叔碳原子相连的氢原子，分别称为伯、仲、叔氢原子（用 1°、2°、3°表示）。例如：

$$
\begin{array}{ccccc}
& & \overset{1°}{CH_3} & \overset{1°}{CH_3} & \\
& & | & | & \\
\overset{1°}{H}-\overset{1°}{C}-\overset{2°}{C}-\overset{3°}{C}-\overset{4°}{C}-\overset{1°}{CH_3} \\
& | & | & | & \\
& H & H & \underset{1°}{CH_3} &
\end{array}
$$

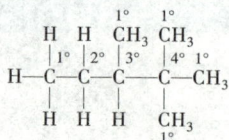

二、烷烃的命名

（一）系统命名法

系统命名法首次制定于 1892 年的日内瓦国际化学会议。这次会议成立了国际纯粹与应用化学联合会（International Union of Pure and Applied Chemistry, IUPAC）。此后，IUPAC 对系统命名法又进行了多次修改，故系统命名法也称为 IUPAC 命名法。中国化学会在此基础上，结合我国文字的特点，于 1960 年制定了《有机化学物质的系统命名原则》；1980 年、2017 年先后进行了两次修订。本书采用《有机化合物命名原则》（2017）。根据这个原则，烷烃的系统命名，由三个模块组成：

$$\boxed{取代基} + \boxed{母体} + \boxed{归类}$$

但是，在实施系统命名法时，宜首先分析并确定母体模块。在开链化合物中，母体也称为主链。

1. 母体

（1）烷烃母体（主链）的确定　对烷烃而言，应选择最长链作为母体。如：下列烷烃不应该以虚线者为母体，因为只有 6 个碳原子；而应该以粗实线者为母体，因为此链含有 7 个碳原子；相应地，粗实线者以外的支链 CH_3—CH_2—，就属于取代基。

$$CH_3-CH_2-CH-CH_2-CH_2-CH_2-CH_3$$
$$CH_2-CH_2-CH_3$$

如果最长链不只一条，就要选择取代基数量最多者，作为母体。如：下列烷烃应该选择粗黑线的链作为母体。

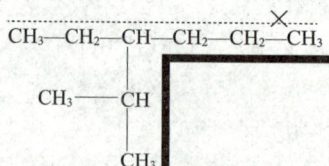

$$CH_3-CH_2-CH-CH_2-CH_2-CH_3$$
$$CH_3-CH$$
$$CH_3$$

母体确定后，用甲、乙、丙、丁、戊、己、庚、辛、壬、癸对应地表达碳原子数为 1、2、3、4、5、6、7、8、9、10 的母体；当碳原子数大于 10 时，就用"十一、十二"等，表达母体碳原子数。

（2）烷烃母体的编号　为了明确原子在母体中的相对位置，就要对母体编号。编号从靠近取代基的一端开始。如：

$$\overset{CH_2-CH_3}{\underset{1}{CH_3}-\underset{2}{CH_2}-\underset{3}{CH_2}-\underset{4}{CH}-\underset{5}{CH_2}-\underset{6}{CH_2}-\underset{7}{CH_2}-\underset{8}{CH_3}}$$

当两端与取代基等距离时，则遵从"最低位次"原则。以下列烷烃为例，左、右两端都离取代基一样近。如果由左端开始编号（即上行编号），五个甲基取代基的位次分别是：2，2，6，6，7-；如果由右端开始编号（即下行编号），五个甲基取代基的位次分别是：2，3，3，7，7-。然后逐个对比。先比较第一位：上行编号是"2"，下行编号也是"2"，无法比出大小。再比较第二位：上行编号是"2"，下行编号右端是"3"。所以，上行编号小于下行编号。所以，应该取左端的编号方法。

2. 取代基

（1）**常见取代基的名称**　碳原子总数在四个以内的取代基，有特定的中英文名称，见表3-1。

表3-1　常见取代基的中英文名称

取代基	中文名称	英文名称	取代基	中文名称	英文名称
CH_3-	甲基	methyl（Me）	CH_3CHCH_2- $\mid$ CH_3	异丁基 2-甲基丙基	isobutyl（i-Bu） 2-methylpropyl
CH_3CH_2-	乙基	ethyl（Et）	CH_3CH_2CH- $\mid$ CH_3	仲丁基 1-甲基丙基	sec-butyl（s-Bu） 1-methylpropyl
$CH_3CH_2CH_2-$	（正）丙基	propyl（Pr）	CH_3 $\mid$ CH_3C- $\mid$ CH_3	叔丁基 1,1-二甲基乙基	$tert$-butyl（t-Bu） 1,1-dimethylethyl
CH_3CH- $\mid$ CH_3	异丙基	isopropyl（i-Pr）	$-CH_2-$	甲叉基	methanediyl; methylene
$CH_3CH_2CH_2CH_2-$	（正）丁基	butyl（Bu）	NO_2-	硝基	nitro
$F-$	氟	fluoro	$Cl-$	氯	chloro
$Br-$	溴	bromo	$I-$	碘	iodo

注：①凡是列于表中的名称，本书都会采纳、使用；特别地，当一个取代基有两个名称被列入时，则这两种名称在本书中可能互用，不过，列在前面者优先。②按照新的命名规则，"异丙基"也称为"丙-2-基（prop-2-yl）"或"1-甲基乙基（1-methylethyl）"；但本书只保留"异丙基"一名。③"甲叉基"是新命名规则倡导的名称，旧称"亚甲基"。由于"亚甲基"易致混淆，所以，本书弃用之。④括号内为其英文缩写。⑤正丙基、正丁基，其英文全称为"*normal*-propyl""*normal*-butyl"，也可简单地表示为"*n*-propyl""*n*-butyl"。

（2）**取代基的合称**　如果有多个相同的取代基，连在同一个主链上，这些取代基要合称。比如，在下列结构式中，3号位和4号位的两个甲基，应该合称为"3,4-二甲基"；其相应的英文表述为"3,4-*di*methyl"。

$$\begin{array}{c} \overset{\quad\quad\overset{3}{CH_3}\quad\quad}{} \\ \overset{1}{CH_3}\overset{2}{CH_2}\overset{3}{CH}\overset{4}{CH}CH_2CH_2CH_2CH_2CH_2\cdots \\ \underset{CH_3}{|} \end{array}$$

（3）取代基的排序　在命名时，不同的取代基依据其英文字母的顺序进行排列。比如，乙基（ethyl）要排在甲基（methyl）之前；异丙基（isopropyl）要排在丙基（propyl）之前；环戊基（cyclopentyl）要排在甲基（methyl）之前。但是，在进行字母排序时，数量的词头二（di）、三（tri）、四（tetra）等是不计的。

（4）复杂取代基的名称　碳原子总数在五个以上的取代基，通常不设特定的名称；这些取代基可以根据其结构进行命名。比如正庚基（n-heptyl），由于正庚烷脱去一个末端氢原子即可得该取代基，故名。再如3-甲基丁基（3-methylbutyl），它可以看成是在丁基的基础上，其3号位又有一个甲基取代基。在这类取代基中，1号总是编在与主链直接相连的基碳原子上，除非取代基原有特定的编号；当这类取代基在正式命名时，其编号的数字要加撇号"'"，或写在括号内。

$CH_3CH_2CH_2CH_2CH_2CH_2CH_2-$　　　　　　正庚基（n-pentyl）

$$\underset{4}{CH_3}\underset{3}{CH}\underset{2}{CH}\underset{1}{CH_2}-$$
$$\underset{CH_3}{|}$$

基碳原子

3-甲基丁基（3-methylbutyl）

3. 归类

归类是指根据主链的官能团，将此化合物归类为某一类化合物。如果主链没有官能团，则归为烷烃，后缀以"烷"字。

采用"取代基+母体+归类"的模式，我们对以下数个烷烃进行命名：

$$\overset{1}{CH_3}-\overset{2}{CH_2}-\overset{3}{CH_2}-\overset{4}{CH}-\overset{5}{CH_2}-\overset{6}{CH_2}-\overset{7}{CH_2}-\overset{8}{CH_3}$$
$$\underset{CH_2CH_3}{|}$$

4-乙基辛烷　　4-ethyloctane

取代基　母体　归类

$$\overset{7}{CH_3}\overset{6}{CH_2}\overset{5}{CH}CH\overset{3}{CH_2}\overset{2}{CC}\overset{1}{CH_3}$$
$$\underset{CH_2CH_3}{|}\quad\underset{CH_3}{|}$$
$$\underset{CH_3}{|}$$

5-乙基-2,2-二甲基庚烷

5-ethyl-2,2-*di*methylheptane

$$\overset{11}{CH_3}\overset{10}{CH}\overset{9}{CH_2}\overset{8}{CH}\overset{7}{CH}\overset{6}{CH_2}\overset{5}{CH_2}\overset{4}{CH_2}\overset{3}{CH}\overset{2}{CH}\overset{1}{CH_3}$$
$$\underset{CH_3}{|}\quad\underset{CH_3}{|}\quad\underset{CH_3}{|}$$
$$\underset{CH_3}{|}$$

2,3,7,7,8,10-六甲基十一烷

2,3,7,7,8,10-*hexa*methylundecane

$$\overset{22}{CH_3}(CH_2)_{12}\overset{9}{C}\overset{8}{CH}\overset{7}{CH}\overset{6}{CH}\overset{5}{CH_2}\overset{4}{CH_2}\overset{3}{CH_2}\overset{2}{CH}\overset{1}{CH_3}$$
$$\underset{CH_3}{|}\quad\underset{CH_2CH_3}{|}\quad\underset{CH_3}{|}$$

CH(CH_3)_2 | F （9号位）

7-乙基-8-氟-9-异丙基-2,9-二甲基二十二烷

7-ethyl-8-fluoro-9-isopropyl-2,9-*di*methyldocosane

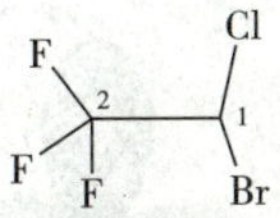

1-溴-1-氯-2,2,2-三氟乙烷（吸入式全身麻醉药），1-bromo-1-chloro-2,2,2-*tri*fluoroethane

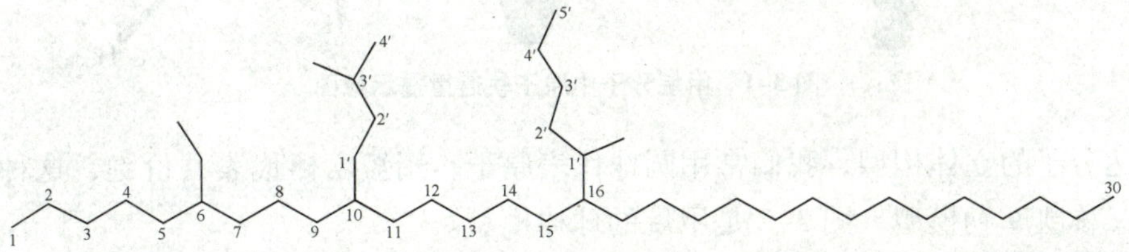

6-乙基-10-3′-甲基丁基-16-1′-甲基戊基三十烷 或：6-乙基-10-（3-甲基丁基）-16-（1-甲基戊基）三十烷
6-ethyl-10-3′-methylbutyl-16-1′-methylpentyltriacontane OR：6-ethyl-10-(3-methylbutyl)-16-(1-methylpentyl) triacontane

（二）俗名与药名

前述的系统命名法，由于系统化、模块化，因此，对所有的有机物都适用。也正因为这样，系统命名法在全世界被广泛采用。但是，在系统命名法诞生之前，有些有机物（甚至取代基），由于各种原因，已经形成一个特定的"俗名"。俗名不具备系统化、模块化的特点，因此，没有规律可循，这给学习者带来了困难，因此，应该尽量减少使用俗名。但是，有些俗名应用已经非常普遍，要想完全废弃俗名既不可能，也没有必要。本书酌情保留了少量俗名，比如：

CH₃CHCH₃
　　｜
　　CH₃

异丁烷　　系统名：2-甲基丙烷（2-methylpropane）
isobutane

CH₃CHCH₂CH₃
　　｜
　　CH₃

异戊烷　　系统名：2-甲基丁烷（2-methylbutane）
isopentane

　　CH₃
　　｜
CH₃CCH₃
　　｜
　　CH₃

新戊烷　　系统名：2,2-二甲基丙烷（2,2-*di*methylpropane）
neopentane

应该看到的一个事实是，许多有机物具有一定的活性，可以充当药物使用。为了使用的方便，临床使用这些有机物时，通常会给一个特定的"药名"。例如，前面提到的吸入式全身麻醉药1-溴-1-氯-2,2,2-三氟乙烷，其对应的药名就是"氟烷"。无疑，药名"氟烷"实际上是由其化学系统名压缩、变化而得的。药名的这种命名方法在其他药物中也很常见。

三、甲烷的结构与构型

在甲烷分子中，碳原子采取sp³杂化。4个氢原子的s轨道与碳原子的4个sp³杂化轨道正面重叠，形成4根C—H σ键。由于碳原子sp³杂化轨道呈正四面体构型，所以，甲烷分子也是正四面体构型。∠HCH为109°28′，C—H键的键长为110pm（图3-1）。

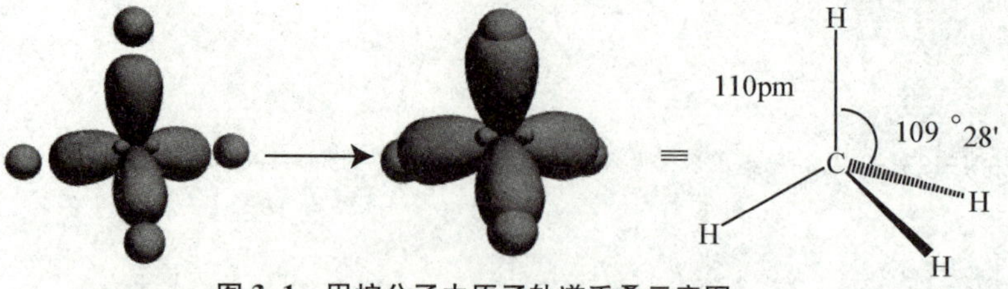

图 3-1　甲烷分子中原子轨道重叠示意图

为了表达分子的立体构型，我们常用圆球代表原子，用短木棒代表共价键，这种模型，称为球棒模型，又称凯库勒模型。图 3-2 是甲烷的球棒模型。

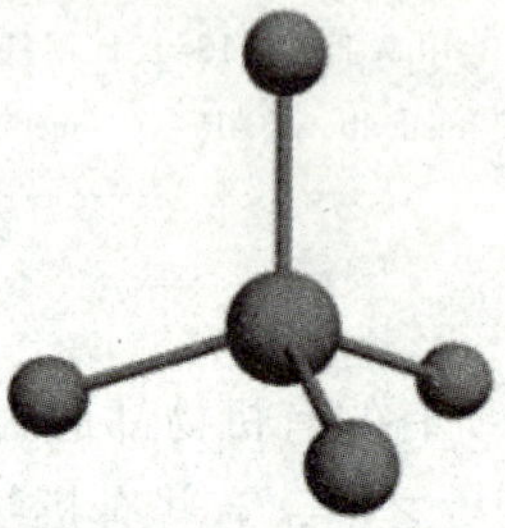

图 3-2　甲烷的球棒模型（彩图附后） 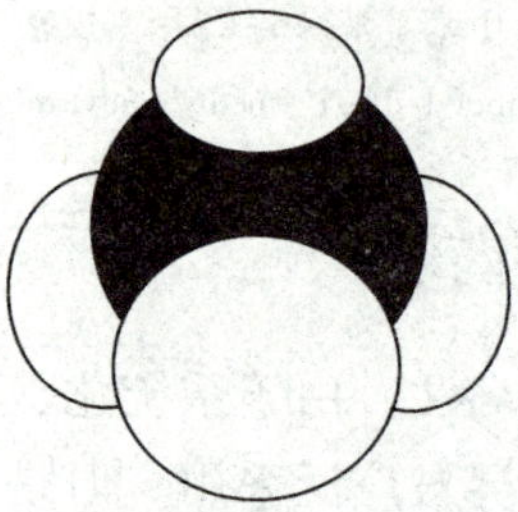　　　图 3-3　甲烷的斯陶特（Stuart）模型

球棒模型直观地表达分子的空间形状，但是，近代物理学的研究表明，甲烷分子中原子间的距离，并不像球棒模型所表示的那样远，而是原子间相互部分重叠的，价键也不是一根棒。为此，人们根据实际测得的原子大小和原子核间的距离，按比例制成模型，这种模型称为斯陶特（Stuart）模型，又称为比例模型。图 3-3 是甲烷的斯陶特模型。

四、乙烷与丁烷的构象

（一）乙烷分子的构象与构象表达式

与甲烷一样，乙烷分子也是通过 σ 单键连接在一起的，如图 3-4 所示。

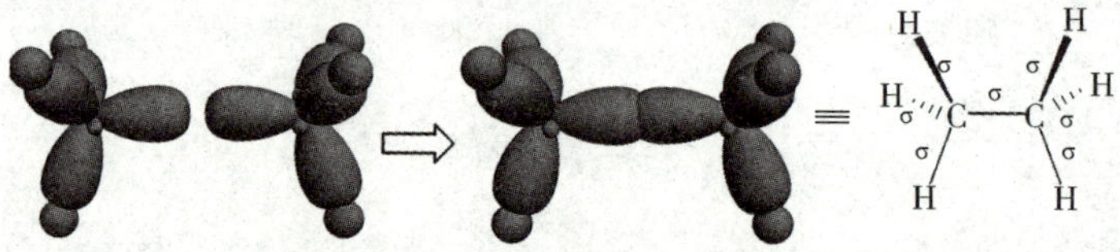

图 3-4　乙烷分子中原子轨道重叠示意图（彩图附后）

不过，由于乙烷分子中的 C—C σ 键绕轴自由旋转，氢原子之间的空间相对位置会发生改变。这种由 σ 键自由旋转所引起的原子（团）的不同相对空间位置关系，称为构象。对于乙烷而言，它有两种典型的构象，即重叠式和交叉式。

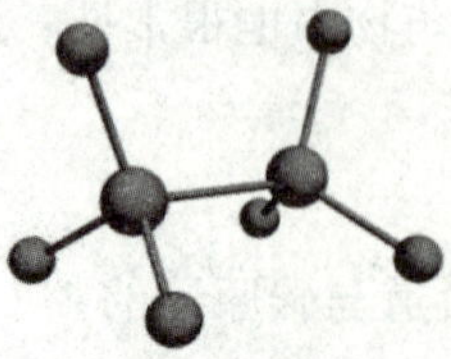

重叠式（彩图附后） 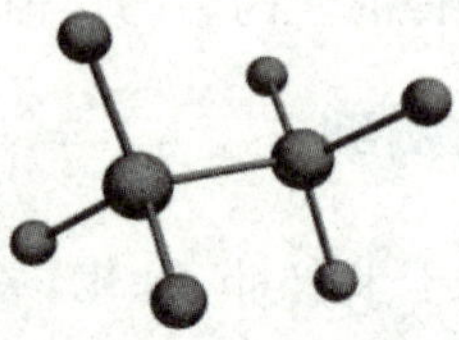　　　　　　　　　交叉式

图 3-5　乙烷的重叠式和交叉式构象

　　为了更方便地表达乙烷及其他分子的构象，人们通常使用锯架投影式（也称萨哈斯 Sawhares 式）。乙烷的两种构象用锯架式表示如下：

重叠式　　　　　　　　　　　交叉式

锯架式

　　此外，还可以用纽曼（Newman）投影式。书写纽曼投影式时，观察者的视线与 C—C σ 键方向一致。用一个点表示看到的前面那个碳原子，后面的碳原子虽然被挡住了，也要用一个圆圈表示。然后，在相应的碳原子上连接 H 原子。在重叠式构象中，即使后面的 H 原子被挡住了，也要在旁边画出。

重叠式　　　　　　　　　　　交叉式

纽曼式

　　乙烷的构象，既可以用锯架式也可用纽曼式表达，但纽曼式更清楚。从纽曼式中，我们不难发现，乙烷的交叉式构象中两个碳上的氢原子距离最远，相互间斥力最小，能量最低，是乙烷所有构象中最稳定的构象，称为优势构象。重叠式构象中两个碳上的氢原子距离最近，斥力最大，能量最高，是乙烷所有构象中最不稳定的构象。其他构象的能量介于二者之间。交叉式构象与重叠式构象的内能虽不同，但差别较小，约为 12.5kJ/mol。室温下分子的热运动就可使两种构象越过此能垒以极快的速度相互转换，因此，室温下乙烷分子处于重叠式、交叉式和介于二者之间的无数构象异构体的平衡混合物中，而不能进行分离。构象之间转化所需的能量叫作扭转能（torsional energy）。重叠式构象以及其他非交叉式构象之所以不稳定，是由于分子中存在着扭转张力（torsional strain）。不稳定构象有转化成稳定构象而消除张力的趋势。

　　乙烷分子中 C—C 键相对旋转时，分子内能的变化如图 3-6 所示。

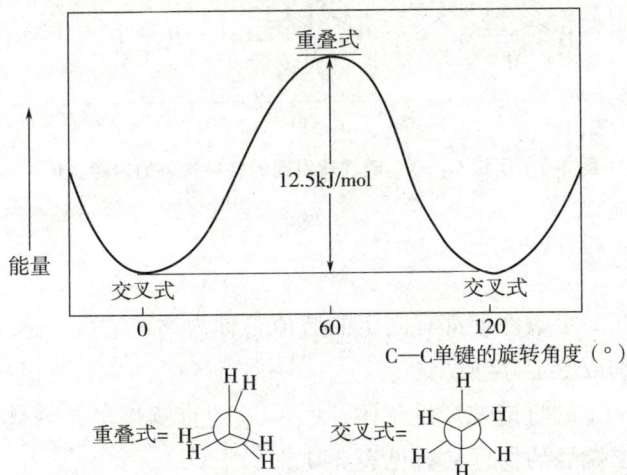

图 3-6　乙烷各种构象的内能变化

（二）丁烷的构象

丁烷可以看作是乙烷分子中每个碳原子上的一个氢原子被甲基取代而得。以丁烷的 C_2—C_3 键轴的旋转做丁烷的纽曼投影式，它有四种典型构象。

| 对位交叉式 | 部分重叠式 | 邻位交叉式 | 全重叠式 |

在对位交叉式中，两个甲基相距最远，彼此间的斥力最小，能量最低，是丁烷的优势构象；在邻位交叉式中两个甲基相距较近，能量较低，是较稳定的构象；部分重叠式的两个甲基虽比邻位交叉式远一点，但两个甲基都和另一碳原子上的氢原子处于相重叠的位置，距离较近，能量较高，属不稳定构象；全重叠式中两个甲基处于重叠位置，氢原子也处于重叠位置，距离最近，斥力最大，能量最高，是丁烷中最不稳定的构象。

丁烷各构象之间的能量差也不是太大（最大约 21kJ/mol），在室温下它们能相互转变，而不能分离，并且大多数丁烷分子以对位交叉式存在，全重叠式实际不存在。

从图 3-7 可以看出，由一种构象转变为另一种构象，需要提供一定的能量，因此所谓单键的自由旋转，并不是完全自由的。

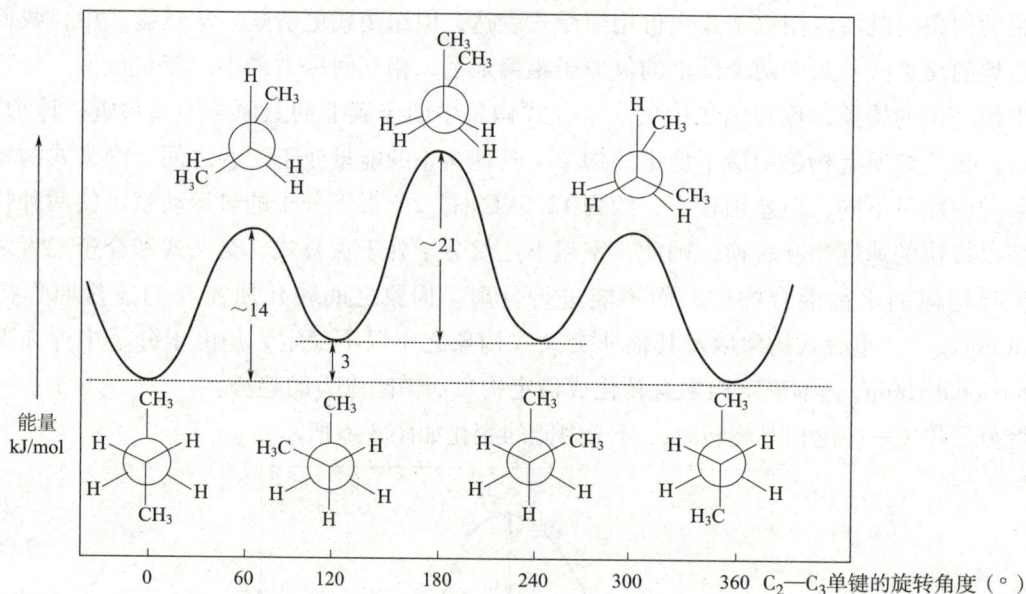

图 3-7　丁烷 C_2—C_3 键旋转引起的各种构象的内能变化

五、烷烃的物理性质

纯物质的物理性质在一定条件下都有固定的数值，称为物理常数。通常测定化合物的物理常数，可对化合物进行鉴别或鉴定其纯度。

在常温常压下，C_1~C_4 的直链烷烃是气体；C_5~C_{17} 的直链烷烃是液体；含 18 个碳原子以上的直链烷烃是固体。直链烷烃的物理常数见表 3-1。

表 3-2　直链烷烃的物理常数

名　称	结 构 简 式	m. p. (℃)	b. p. (℃)	d^{20}(液态时)	n_D^{20}
甲烷	CH_4	-182. 5	-161. 7	0. 424	
乙烷	CH_3CH_3	-183. 3	-88. 6	0. 456	
丙烷	$CH_3CH_2CH_3$	-187. 7	-42. 1	0. 501	
丁烷	$CH_3(CH_2)_2CH_3$	-138. 3	-0. 5	0. 579	
戊烷	$CH_3(CH_2)_3CH_3$	-129. 8	36. 1	0. 626	1. 3575
己烷	$CH_3(CH_2)_4CH_3$	-95. 3	68. 7	0. 659	1. 3749
庚烷	$CH_3(CH_2)_5CH_3$	-90. 6	98. 4	0. 684	1. 3876
辛烷	$CH_3(CH_2)_6CH_3$	-56. 8	125. 7	0. 703	1. 3974
壬烷	$CH_3(CH_2)_7CH_3$	-53. 5	150. 8	0. 718	1. 4054
癸烷	$CH_3(CH_2)_8CH_3$	-29. 7	174. 0	0. 73	1. 4119
十一烷	$CH_3(CH_2)_9CH_3$	-25. 6	195. 8	0. 74	1. 4176
十二烷	$CH_3(CH_2)_{10}CH_3$	-9. 6	216. 3	0. 749	1. 4216
十三烷	$CH_3(CH_2)_{11}CH_3$	-5. 5	235. 4	0. 756	1. 4233
十四烷	$CH_3(CH_2)_{12}CH_3$	5. 9	253. 7	0. 763	1. 4290
十五烷	$CH_3(CH_2)_{13}CH_3$	10	270. 6	0. 769	1. 4315
十六烷	$CH_3(CH_2)_{14}CH_3$	18. 2	287	0. 773	1. 4345
十七烷	$CH_3(CH_2)_{15}CH_3$	22	301. 8	0. 778	1. 4369
十八烷	$CH_3(CH_2)_{16}CH_3$	28. 2	316. 1	0. 777	1. 4349
十九烷	$CH_3(CH_2)_{17}CH_3$	32. 1	329	0. 777	1. 4409
二十烷	$CH_3(CH_2)_{18}CH_3$	36. 8	343	0. 786	1. 4425

　　烷烃几乎不溶于水，易溶于有机溶剂，如四氯化碳、乙醇、乙醚、氯仿等。

　　从表 3-2 可以看出：①正烷烃的沸点、熔点都随相对分子质量的增加而升高。因为相对分子质量越大，分子运动所需要的能量越高。另外，烷烃属弱极性或非极性物质，分子之间只有色散力，而色散力的强弱与分子间的接触面积有关，分子越大，其表面积越大，分子间的接触面积大，则色散力强，破坏其所需要的能量高。②相邻的低级烷烃之间沸点差较大，但随着相对分子质量的增加，相邻烷烃的沸点差逐渐减少。③含双数碳原子烷烃的熔点比含单数碳原子烷烃的熔点升高较多，但随相对分子质量的增加，这种差别越来越小。

　　在同数碳原子的烷烃异构体中，支链越多，沸点越低。因为当分子的分支增多时分子间的接触面积小，因而色散力小，沸点低。例如：

$$CH_3CH_2CH_2CH_2CH_3 \qquad CH_3\overset{\overset{\displaystyle CH_3}{|}}{C}HCH_2CH_3 \qquad CH_3\overset{\overset{\displaystyle CH_3}{|}}{\underset{\underset{\displaystyle CH_3}{|}}{C}}CH_3$$

沸点：	36.1℃	29.9℃	9.4℃
熔点：	-129.8℃	-160℃	-17℃

　　分子的熔点除了和相对分子质量以及分子间作用力有关外，还与分子在晶格中的排列有关。通常分子的对称性越高，在晶格中的排列越整齐规则，则分子间的作用力大，熔点高。所以在戊烷的三种异构体中以新戊烷熔点最高。

烷烃的相对密度也随相对分子质量的增加而增加，但都小于1。

六、烷烃的化学性质

烷烃分子中 C—C 键和 C—H 键强度都很大，同时碳和氢的电负性相差很小，故 C—H 键的极性小，所以，烷烃对离子型试剂有极大的化学稳定性。一般情况下与强酸、强碱、强氧化剂、强还原剂都不起反应。但在一定条件下，如适当的温度、压力以及催化剂的作用下烷烃也可以发生一些反应。

（一）卤代反应

在高温或光照条件下，烷烃与卤素（氯或溴）作用，烷烃中的氢原子能被卤原子取代生成卤代烷，这个反应称为烷烃的卤代反应。

1. 甲烷的氯代反应

甲烷与氯在强光照射下，反应非常剧烈，甚至引起爆炸，生成碳和氯化氢。

$$CH_4 + 2Cl_2 \xrightarrow{\text{强光}} C + 4HCl + \text{热量}$$

在漫射光、热或催化剂的作用下，甲烷分子中的氢原子可以被氯原子取代，生成一氯甲烷和氯化氢。

$$CH_4 + Cl_2 \xrightarrow{\text{漫射光}} CH_3Cl + HCl$$

生成的一氯甲烷容易继续氯代生成二氯甲烷、三氯甲烷和四氯甲烷。

$$CH_3Cl + Cl_2 \longrightarrow CH_2Cl_2 + HCl$$
$$CH_2Cl_2 + Cl_2 \longrightarrow CHCl_3 + HCl$$
$$CHCl_3 + Cl_2 \longrightarrow CCl_4 + HCl$$

甲烷的氯代反应得到的是四种氯代产物的混合物。但反应条件对反应产物的组成有很大的影响，所以，控制一定的反应条件，也可使其中一种氯代烷为主产物。

2. 其他烷烃的氯代反应

其他烷烃在相似条件下也可以发生氯代反应，但产物更复杂。例如丙烷氯代，可以得到两种一氯代产物。

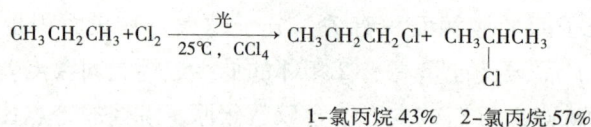

$$CH_3CH_2CH_3 + Cl_2 \xrightarrow[\text{25℃, CCl}_4]{\text{光}} CH_3CH_2CH_2Cl + CH_3\underset{\underset{Cl}{|}}{CH}CH_3$$

1-氯丙烷 43%　　2-氯丙烷 57%

在丙烷分子中一共有六个 1°H，二个 2°H，如果就氢原子被取代的几率而言，1°H 和 2°H 被取代几率应为 3:1，但实验得到的两种一氯丙烷产物分别为 43% 和 57%，这说明丙烷分子中两类氢的反应活性是不相同的。1°H 和 2°H 的相对反应活性比大致为（43/6）:（57/2）= 1:3.7。

2-甲基丙烷的一氯代反应：

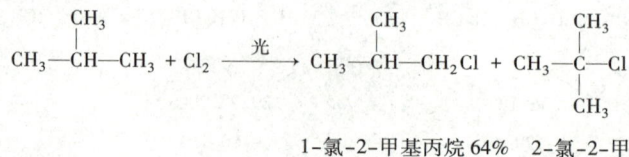

$$CH_3\overset{\overset{CH_3}{|}}{-}CH-CH_3 + Cl_2 \xrightarrow{\text{光}} CH_3\overset{\overset{CH_3}{|}}{-}CH-CH_2Cl + CH_3\overset{\overset{CH_3}{|}}{\underset{\underset{CH_3}{|}}{-}}C-Cl$$

1-氯-2-甲基丙烷 64%　　2-氯-2-甲基丙烷 36%

在 2-甲基丙烷分子中有九个 1°H 和一个 3°H，1°H 和 3°H 被取代的几率为 9:1。而实际上这两种产物分别为 64% 和 36%。1°H 和 3°H 相对反应活性大致为（64/9）:（36/1）= 1:5.1。通过大量烷烃氯代反应的实验表明，烷烃分子中氢原子的活性次序为：3°H > 2°H > 1°H > CH₃—H。

3. 烷烃和其他卤素的取代反应

烷烃也可以发生溴代反应，条件和氯代反应相似。由于溴代反应活性比氯代小，故反应比较缓慢，但溴代更具有选择性。例如 2-甲基丙烷与溴反应，叔氢原子几乎完全被溴取代。

$$CH_3-\underset{\underset{CH_3}{|}}{CH}-CH_3 + Br_2 \xrightarrow[127℃]{光} CH_3-\underset{\underset{Br}{|}}{\overset{\overset{CH_3}{|}}{C}}-CH_3 + CH_3-\underset{\underset{CH_3}{|}}{CH}-CH_2Br$$

$$\qquad\qquad\qquad\qquad\qquad\qquad\qquad\quad 99\% \qquad\qquad\qquad 痕量$$

溴原子的活性小于氯原子，溴原子只能取代烷烃中较活泼的氢原子（3°H 和 2°H）而氯原子有能力夺取烷烃中的各种氢原子。通常反应活性大的，选择性差，反应活性小的，选择性强。因此，溴代反应在有机合成中更有用。

氟很活泼，故烷烃与氟反应非常剧烈并放出大量热，不易控制，甚至会引起爆炸，所以往往采用惰性气体稀释并在低温下进行反应，因此烷烃氟代在实际应用中用途不大。

烷烃碘代是吸热反应，活化能也很大，同时反应中产生的 HI 是还原剂，可把生成的 RI 还原成原来的烷烃，若使反应顺利进行，需要加入氧化剂以破坏生成的 HI，因此碘代烷不易用此法制备。

由此可见，卤代反应中卤素的相对反应活性顺序是：氟＞氯＞溴＞碘，其中有实际意义的卤代反应只有氯代和溴代。

4. 甲烷卤代的反应历程

反应历程（reaction mechanism）又称反应机制或反应机理，是指由反应物到产物所经历的过程。一个反应历程是根据这一反应的大量实验事实，总结归纳作出的理论假设。这种假设必须符合并能说明已经发生的实验事实，到目前为止，有些反应历程已被证实，有些尚待完善，有些还不清楚。研究反应历程的目的在于理解和掌握反应本质，以便更好的控制反应和改进反应。

（1）甲烷氯代的反应历程 研究表明，甲烷的卤代反应历程是自由基取代反应历程。首先在光照或者高温条件下，氯分子吸收能量发生共价键均裂，形成两个氯自由基（Cl·）。

$$Cl:Cl \xrightarrow{光} Cl \cdot + \cdot Cl \qquad\qquad ①$$

氯自由基能量高，非常活泼，它的外围有七个电子，它有夺取一个电子形成八隅体结构的倾向。即它要通过形成新的化学键来释放能量，形成稳定体系，所以当氯自由基和甲烷碰撞时，它能夺取甲烷分子中的一个氢原子形成氯化氢和甲基自由基。

$$Cl \cdot + H:CH_3 \longrightarrow HCl + \cdot CH_3 \qquad\qquad ②$$

甲基自由基非常活泼，碳原子外围有七个电子，它也有夺取一个电子完成八隅体形成新的共价键从而释放能量的倾向。当它和氯分子碰撞时，它能夺取一个氯原子形成一氯甲烷和一个新的氯自由基。

$$\cdot CH_3 + Cl:Cl \longrightarrow CH_3Cl + \cdot Cl \qquad\qquad ③$$

这个新产生的氯自由基可以再和甲烷碰撞重复反应②和③，这样反复进行反应②和③就生成了大量的一氯甲烷。反应①为链的引发阶段，因为反应由此开始，反应②和③称为链增长阶段。

在链增长阶段中，当一氯甲烷达到一定浓度时，氯自由基也可以和一氯甲烷的作用，氯原子可夺取一氯甲烷分子中的一个氢原子生成一分子氯化氢和氯甲基自由基（·CH₂Cl），氯甲基自由基再和氯分子作用生成二氯甲烷和一个新的氯自由基，这个反应可以继续下去，直至生成三氯甲烷和四氯化碳。

$$\cdot Cl + CH_3Cl \longrightarrow \cdot CH_2Cl + HCl \qquad ④$$

$$\cdot CH_2Cl + Cl_2 \longrightarrow CH_2Cl_2 + \cdot Cl \qquad ⑤$$

反应④和⑤是链增长阶段的另一过程。

反应开始时甲烷大量存在，氯自由基主要与甲烷分子碰撞，但随着反应的进行，甲烷的量逐渐减少，氯自由基和甲烷的碰撞几率也随之减少，反应最后自由基之间的碰撞增多，自由基相互结合，整个反应就逐渐停止，这个阶段叫链的终止阶段。

$$Cl \cdot + \cdot Cl \longrightarrow Cl_2 \qquad ⑥$$

$$\cdot CH_3 + \cdot CH_3 \longrightarrow CH_3CH_3 \qquad ⑦$$

$$Cl \cdot + \cdot CH_3 \longrightarrow CH_3Cl \qquad ⑧$$

$$\cdot CH_2Cl + \cdot CH_2Cl \longrightarrow ClCH_2CH_2Cl \qquad ⑨$$

由以上历程可以看出，只要反应开始时有少量的氯自由基产生，反应就能像锁链一样一环扣一环连续不断进行下去，直至反应停止。所以，这种反应称为自由基链反应（free radical chain reaction）。

甲烷的卤代反应历程，也适用于甲烷的溴代和其他烷烃的卤代。

（2）甲烷卤代反应中的能量变化　断裂一个共价键要吸收能量，形成一个共价键要放出能量，旧键断裂所吸收的能量与新键形成所放出的能量之差称为反应热（又称热焓差），用 ΔH 表示，即在标准状态下反应物与生成物的焓之差。ΔH 可通过键离解能数据估算出来。ΔH 为正值表示吸热反应，负值则表示放热反应。一般来说，吸热反应比放热反应难进行。

在甲烷氯代反应的②、③中，断裂两个共价键，即 CH_3—H 和 Cl—Cl 键，共需要吸收能量 $435 + 243 = 678kJ/mol$。在反应中也生成了两个共价键，即 CH_3—Cl 和 H—Cl 键，总共放出能量 $349 + 431 = 780kJ/mol$。整个反应的反应热 ΔH 应是反应物的键离解能减去产物的键离解能，即 $678 - 780 = -102kJ/mol$。

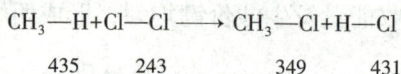

$$\underset{435}{CH_3—H} + \underset{243}{Cl—Cl} \longrightarrow \underset{349}{CH_3—Cl} + \underset{431}{H—Cl}$$

$$\Delta H = -102kJ/mol$$

用同样的方法计算甲烷的溴代反应：

$$\underset{435}{CH_3—H} + \underset{192}{Br—Br} \longrightarrow \underset{293}{CH_3—Br} + \underset{366}{H—Br}$$

$$\Delta H = -32kJ/mol$$

甲烷氟代和碘代的反应热分别为 $-426.9kJ/mol$ 和 $+54.3kJ/mol$。

显然，甲烷溴代所放热量（$-32kJ/mol$）比氯代（$-102kJ/mol$）小得多，所以，溴代比氯代反应慢；而氟代由于释放大量热而使反应无法控制，易引起爆炸；碘代反应是强吸热反应，所以一般情况下难以进行。

甲烷氯代反应中各步反应的反应热数值如下：

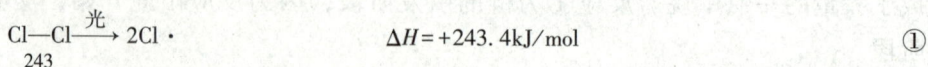

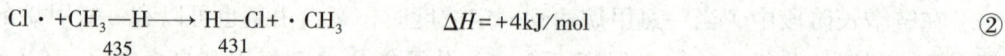

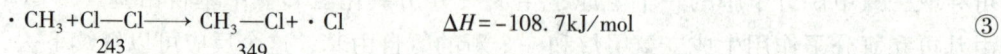

$$\underset{243}{Cl—Cl} \overset{光}{\longrightarrow} 2Cl\cdot \qquad \Delta H = +243.4kJ/mol \qquad ①$$

$$Cl\cdot + \underset{435}{CH_3—H} \longrightarrow \underset{431}{H—Cl} + \cdot CH_3 \qquad \Delta H = +4kJ/mol \qquad ②$$

$$\cdot CH_3 + \underset{243}{Cl—Cl} \longrightarrow \underset{349}{CH_3—Cl} + \cdot Cl \qquad \Delta H = -108.7kJ/mol \qquad ③$$

反应①链的引发阶段，它需要吸收较大的能量（243kJ/mol）才能产生自由基，这说明卤代反应虽然是放热反应，但在反应开始时必须提供必要的能量（光照或高温），否则，反应不能发生。

反应②经过了一个过渡状态，这是因为化学反应是一个由反应物逐渐变为产物的连续过程。在反应②中随着甲烷和氯自由基逐渐靠近，甲烷的 C—H 键逐渐伸长、变弱，但它并没有完全断裂。而 H—Cl 键逐渐加强，但也没有完全形成。体系的能量逐渐升高，能量最高点的结构称为过渡状态。

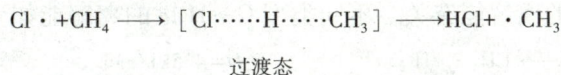

$$Cl·+CH_4 \longrightarrow [Cl\cdots\cdots H\cdots\cdots CH_3] \longrightarrow HCl+·CH_3$$
过渡态

然后，随着 C—H 键逐渐断裂，H—Cl 键逐渐形成，体系的能量不断降低，生成氯化氢和甲基自由基（图 3-8）。

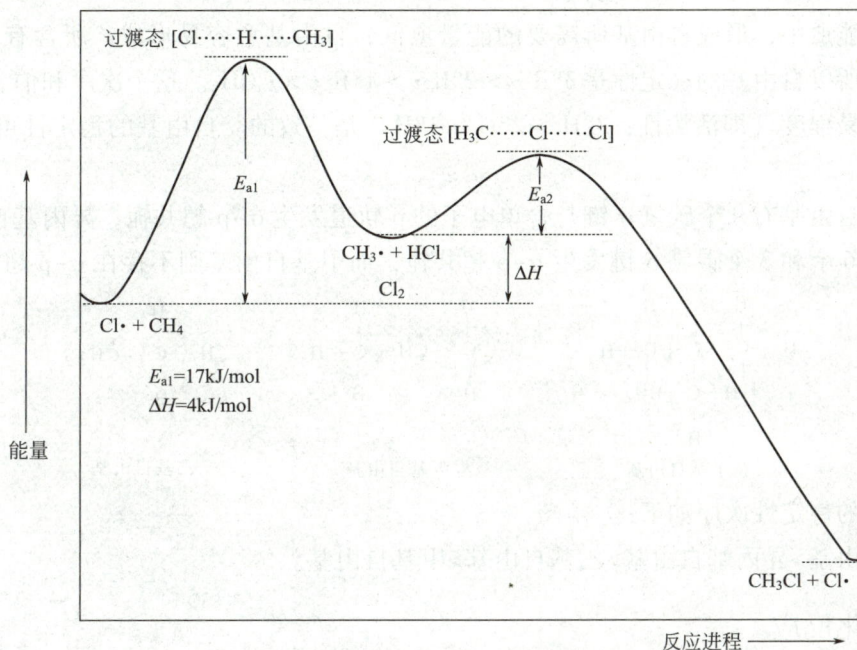

图 3-8 甲烷氯代生成一氯甲烷反应的能量变化图

由图 3-8 可以看出，反应物和产物之间的能量差就是反应热 ΔH。反应物和过渡状态之间的能量差称为活化能（energy of activation），用 E_{act} 或 E_a 表示。活化能是形成过渡状态所必需的最低能量，也是使这步反应进行所必需的最低能量。

通过计算完成反应②只需要 4kJ/mol 的能量，但实验证明，完成反应②至少需要提供 17kJ/mol 的能量，这是因为反应②需要越过一个活化能为 17kJ/mol 的能垒。

反应③是放热反应，但甲基自由基与氯分子的反应过程也经过一个过渡状态，所以也有一定的活化能。

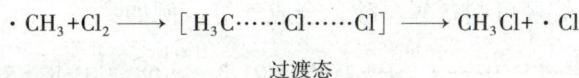

$$·CH_3+Cl_2 \longrightarrow [H_3C\cdots\cdots Cl\cdots\cdots Cl] \longrightarrow CH_3Cl+·Cl$$
过渡态

从图 3-8 可以看出，反应③的活化能比反应②小得多，又是高度放热反应，因此，这步反应容易进行。而其逆反应为高度吸热反应，活化能很高，所以，它的逆反应实际不发生。显然，活化能大反应不易进行，活化能小反应容易进行。

在一个多步反应中，整个反应的速率决定于其中最慢的一步。在生成 CH_3Cl 的反应中，反应②的活化能比反应③大，所以反应②速度慢，是决定速率的步骤。

如图 3-8 所示，甲基自由基处于两个过渡态之间的谷底，其能量比两个过渡态低，即比过渡态稳定，但比反应物甲烷能量高，它是个活性中间体，一经形成马上进行下一步反应。

关于自由基的结构，研究表明，可以认为是平面结构，其中心碳原子为 sp^2 杂化。

自由基的稳定性与键的离解能有关，不同类型 C—H 键的离解能如下：

$$CH_3—H \longrightarrow CH_3 \cdot + H \cdot \qquad D = 435kJ/mol$$

$$CH_3CH_2CH_2—H \longrightarrow CH_3CH_2CH_2 \cdot + H \cdot \qquad D = 410kJ/mol$$

$$(CH_3)_2CH—H \longrightarrow (CH_3)_2CH \cdot + H \cdot \qquad D = 395kJ/mol$$

$$(CH_3)_3C—H \longrightarrow (CH_3)_3C \cdot + H \cdot \qquad D = 380kJ/mol$$

键的离解能愈小，形成自由基所需要的能量愈低，自由基愈容易形成，所含有的能量就低，结构就稳定。所以自由基的稳定性是 $3°R \cdot > 2°R \cdot > 1°R \cdot > \cdot CH_3$。这个次序和伯、仲、叔氢原子被夺取的难易程度（即活泼性：$3°H > 2°H > 1°H$）是一致的。自由基的稳定性可用 σ-p 超共轭效应来解释。

如叔丁基自由基有 9 个碳氢 σ 键与含单电子的 p 轨道发生 σ-p 超共轭，异丙基自由基和乙基自由基分别有 6 个和 3 个碳氢 σ 键发生 σ-p 超共轭，而甲基自由基则不存在 σ-p 超共轭：

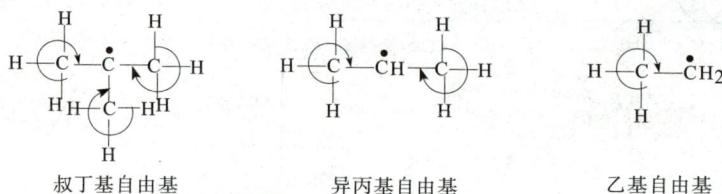

叔丁基自由基　　　　　异丙基自由基　　　　　乙基自由基

所以它们的稳定性次序如下：

叔丁基自由基>异丙基自由基>乙基自由基>甲基自由基。

（二）氧化反应

通常，在有机化学反应中把获得氧或脱去氢的反应叫氧化反应；获得氢或脱去氧的反应叫还原反应。

烷烃在室温和大气压力下，不与空气中的氧气反应，但如果点火引发，烷烃可以燃烧，生成二氧化碳和水，并放出大量热，烷烃的燃烧是剧烈的氧化反应。

$$C_nH_{2n+2} + \left(\frac{3n+1}{2}\right)O_2 \xrightarrow{点燃} nCO_2 + (n+1)H_2O + 热量$$

这就是汽油作为内燃机燃料的基本原理，反应的重要性不在于生成二氧化碳和水，而是反应中放出大量热，由于压力增加产生机械能。

如果控制条件氧化，烷烃可制备醇、酸、合成气等。例如：

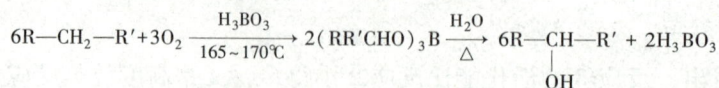

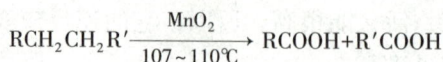

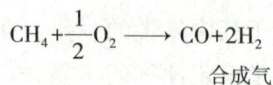

$$6R—CH_2—R' + 3O_2 \xrightarrow[165\sim170℃]{H_3BO_3} 2(RR'CHO)_3B \xrightarrow[\triangle]{H_2O} 6R—\underset{\underset{OH}{|}}{CH}—R' + 2H_3BO_3$$

$$RCH_2CH_2R' \xrightarrow[107\sim110℃]{MnO_2} RCOOH + R'COOH$$

$$CH_4 + \frac{1}{2}O_2 \longrightarrow CO + 2H_2$$

合成气

含 12~18 个碳的脂肪酸可代替动植物油脂制造肥皂,叫皂用酸。

七、烷烃的制备

石油中含有大量烷烃,但要从中分离出某一纯净的烷烃却十分困难,纯净的烷烃通常靠合成方法得到。

(一)武兹(A. Wurtz)反应

卤代烷与金属钠作用生成烷烃的反应称为武兹反应。常用的是溴代烷或碘代烷。

$$2R\text{—}Br + 2Na \longrightarrow R\text{—}R + 2NaBr$$

该反应特点是产物比反应物碳链增长一倍。在制备高级烷烃(40~60 个碳原子)时产率较高。但不适用于两种不同的卤代烷来制备 R-R′型烷烃,所用原料卤烃也只能是伯卤烷。

(二)科瑞(E. J. Cory)-郝思(H. House)反应

该反应由二烷基铜锂和卤代烷作用生成烷烃、烷基铜和卤化锂。

$$R_2CuLi + R'X \longrightarrow R\text{—}R' + RCu + LiX$$

其中 R 和 R′可以相同,也可以不同,并且可以是各种烃基,所以,这个反应不仅可以制备 R-R 型烷烃,也可制备 R-R′型烷烃,故广泛用于合成,是目前较为理想的制备烃类化合物的方法。

八、常用烷烃

(一)石油醚

石油醚是 C_5~C_8 低级烷烃的混合物,为无色透明易挥发的液体。主要用作有机溶剂,可用于提取和纯化某些中药的有效成分。由于极易燃烧,使用及存储时要特别注意防火。常用的有 30~60℃和 60~90℃馏分。

(二)液体石蜡

液体石蜡是 C_{18}~C_{24} 烷烃的混合物,透明液体,不溶于水和醇,能溶于醚和氯仿,医药上用作滴鼻或喷雾剂的溶剂或基质。实验室可作为测熔点的导热液体。

(三)凡士林

凡士林是 C_{18}~C_{34} 液体和固体石蜡的混合物,呈软膏状半固体,不溶于水,溶于醚和石油醚。医药上用作软膏基质。凡士林一般呈黄色,经漂白或用活性炭脱色,可得白色凡士林。

(四)石蜡

石蜡是 C_{25}~C_{34} 固体烷烃的混合物,医药上用作蜡疗和成药密封材料,也是制造蜡烛的原料。

第四章

烯　烃

分子中含有碳碳双键的烃称为烯烃（alkenes）。含一个双键的烯烃为单烯烃，含有两个或两个以上双键的烯烃为多烯烃。通常所说的烯烃是指单烯烃，它比同碳数的烷烃少两个氢原子，是不饱和烃，通式为 C_nH_{2n}。

第一节　乙烯的结构

乙烯分子中的双键碳原子为 sp^2 杂化，三个 sp^2 杂化轨道处于同一平面，两个双键碳原子各以一个 sp^2 杂化轨道通过轴向重叠形成 σ 键，未参与杂化的 p 轨道垂直于该平面，两个 p 轨道从侧面重叠形成 π 键。因此，烯烃分子中碳碳双键是由一个 σ 键和一个 π 键组成的。C═C键的键能为 610.9kJ/mol，其中 C—C σ 键的键能为 347.3kJ/mol，π 键键能大约是 263.6kJ/mol。乙烯的分子结构如图 4-1 和图 4-2 所示。

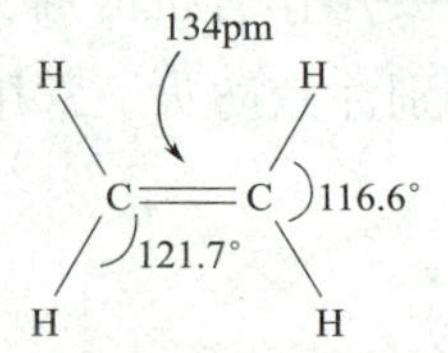

图 4-1　乙烯分子中的键长和键角

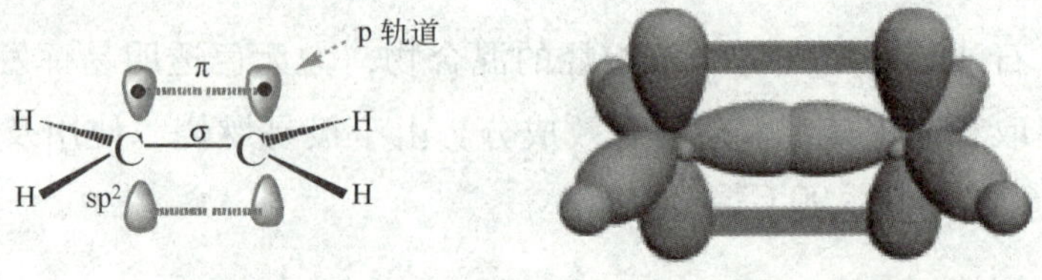

(a) 结构示意图　　(b) 分子模型图

图 4-2　乙烯分子结构示意图

π 键有以下特征：①它是由两个碳原子的 p 轨道侧面重叠而成，因此不具轴对称性。若两个碳原子绕轴旋转，则重叠会被破坏，所以碳碳双键不能自由旋转。②侧面重叠程度比轴向重叠程度要小，所以 π 键不如 σ 键牢固，容易断裂。③π 电子云不像 σ 电子云那样集中在两个原子核的连线上，而是分散在 σ 键所在平面的上、下方，离原子核较远，受核的束缚力较小，因此，流动性大，易受外界电场影响而极化。

根据分子轨道理论，两个 p 原子轨道可线性组合成两个 π 分子轨道，一个是能量比原子轨道低的成键轨道 π，另一个是能量比原子轨道高的反键轨道 π^*（图 4-3）。成键轨道没有节面，反键轨道有一个节面（图 4-3 中的虚线），在节面处电子云密度几乎为零。在基态时，两个电子填充在能量较低的成键轨道上，反键轨道不占有电子。

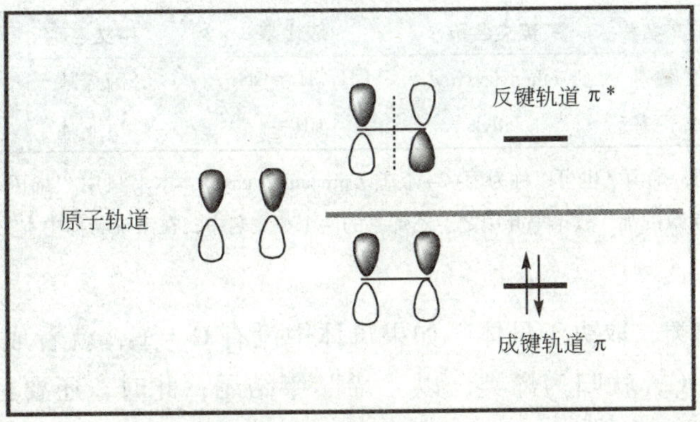

图 4-3 乙烯的 π 分子轨道

第二节 烯烃的命名

从结构上讲，烯烃之所以区别于烷烃，就是因为烯烃有碳碳双键（C＝C）。碳碳双键的引入，导致同样结构的烯烃可能产生不同的构型，因此，在对烯烃进行系统命名时，其构型特征应该添加在最前面，所以，烯烃的系统命名一般由四个模块组成：

$$\boxed{构型} + \boxed{取代基} + \boxed{母体} + \boxed{归类}$$

尽管这样，在对烯烃命名时，依然从分析母体开始。

1. 母体

（1）烯烃母体的确定　依据最新的命名规则，烯烃中的碳碳双键，不作为选择母体的首选因素。所以，在选择母体时，应选择最长链作为母体（主链）。如：下列烯烃就应该以粗实线的链作为母体。而左侧的 CH_2＝CH— 看成取代基。

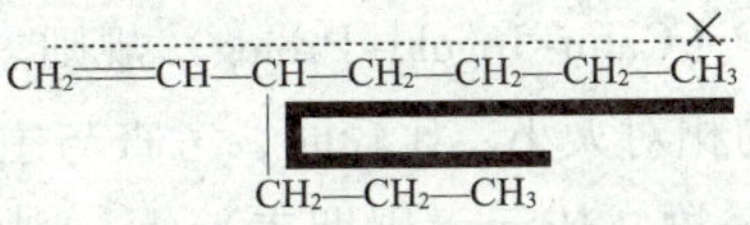

$$CH_2\!=\!CH\!-\!CH\!-\!CH_2\!-\!CH_2\!-\!CH_2\!-\!CH_3$$
$$CH_2\!-\!CH_2\!-\!CH_3$$

当然，如果有等长的链，就要选择 C＝C 数量最多者作为母体；如果 C＝C 数量也一样多，就要选择取代基最多者作为母体。如：下列烯烃就应该以粗实线链作为母体。

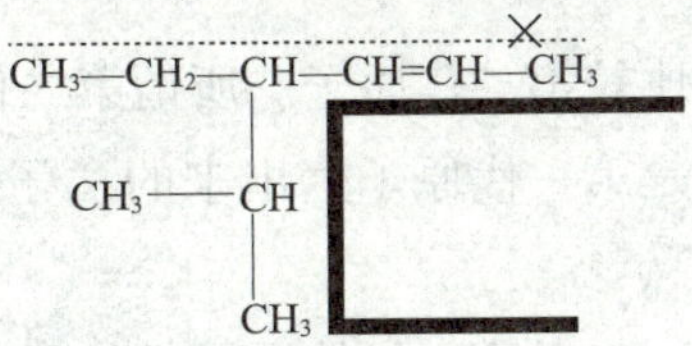

$$CH_3\!-\!CH_2\!-\!CH\!-\!CH\!=\!CH\!-\!CH_3$$
$$CH_3\!-\!CH$$
$$CH_3$$

（2）烯烃母体的编号　编号从靠近 C＝C 开始；如果没有 C＝C 就从靠近取代基的一端开始。当左、右两端与 C＝C（或取代基）等距离时，则遵从"最低位次"原则（参见烷烃的命名方法）。

2. 取代基

碳碳双键的引入，也会产生一些新的含 C＝C 的取代基，见表 4-1。

表4-1　常见的含 C＝C 的取代基的中英文名称

取代基	中文名称	英文名称	取代基	中文名称	英文名称
$CH_2\!=\!CH\!-\!$	乙烯基	ethenyl；vinyl	$CH_3CH\!=\!CH\!-\!$	丙烯基	propenyl
$CH_2\!=\!CHCH_2\!-\!$	烯丙基	allyl	$CH_2\!=\!$	甲亚基	methylidene

注：根据新的命名规则，烯丙基也可以称为丙-2-烯基（propan-2-enyl），本书只用"烯丙基（allyl）"。甲亚基的旧称也是"亚甲基"。因"亚甲基"易致混乱，故本书弃用之。乙烯基的两个英文名中，在系统名称中本书用 ethenyl；在俗名中则用 vinyl。

3. 归类

烯烃命名时的归类，取决于母体。如果母体中没有 C＝C，就看成是烷，以"烷"字结尾。如果母体中含有 C＝C，就归为烯类，以"烯"字结尾；此时，还要标出 C＝C 官能团所在的位置。

4. 构型及 Cahn-Ingold-Prelog 规则

如前述，C＝C 为平面构型，因此，连在 C＝C 的四个基团以及这两个双键碳原子，都处于同一平面，从而可能产生不同的构型。这种不同的构型，用 Z 或 E 表示，称为 Z/E 异构。此处，Z 为"同侧"之意，E 为"异侧""相反"之意。以（Z）-丁-2-烯为例。此处"Z"表示在该分子中，双键碳所连的大基团在同侧。如下图所示，在（Z）-丁-2-烯中，2 号碳是一个双键碳，其上连两个基团：CH_3 和 H 原子，显然，CH_3 大，H 原子小。3 号碳也是一个双键碳，其上也连两个基团：CH_3 和 H 原子，也是 CH_3 大、H 原子小。如果在分子中间划一个分界线，（Z）-丁-2-烯的两个大基团（即 CH_3），分别位于分界线的同侧，也就是位于分子的同侧，故称其为 Z 型。

在（E）-丁-2-烯，两个大甲基 CH_3，处于分子的两侧。

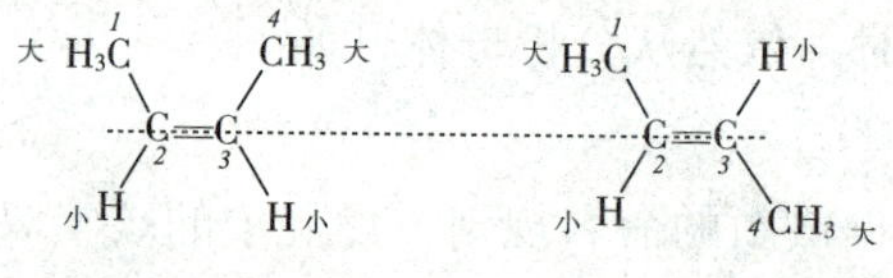

（Z）-丁-2-烯　　　　　（E）-丁-2-烯

CH_3 基团比 H 原子大，这是显而易见的。但是，对于一些复杂的基团，要比较它们的相对大小，并非易事。这需要借助于 CIP（Cahn-Ingold-Prelog）规则。

CIP 规则就是用于比较基团的相对大小。比较时，考查与主链直接相连的第一代的原子（基原子）。如果第一代原子的原子序数（依元素周期表）大，则相应的取代基亦大，如溴取代基（—Br）大于甲基取代基（—CH_3），因为就第一代原子而言溴的原子序数大于碳，所以，溴取代基大于整个甲基取代基。

如果第一代原子序数相同，则比较第二代原子。所谓第二代原子，就是与第一代直接相连的取代基上的原子。形象地说，它们是第一代原子生出来的"子女"。如果第二代原子又相同，则比较第三代，直到比出大小为止。

例如，正丙基与异丙基的对比。二者第一代的原子都是碳，相同；就继续比较第二代，正丙基是：C、H、H；而异丙基是：C、C、H；所以，异丙基大于正丙基。

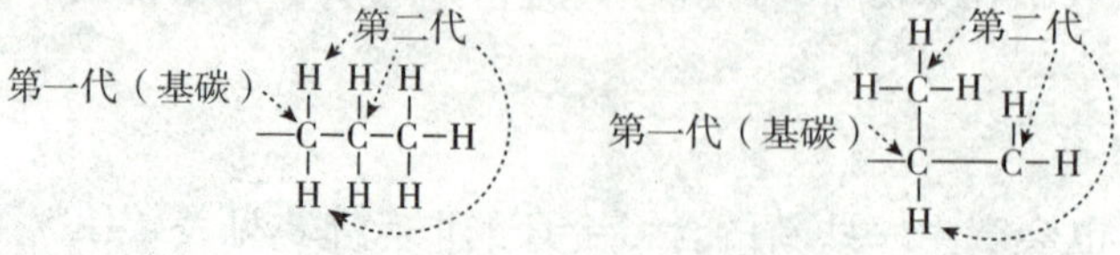

正丙基　　　　　　　　异丙基

如果含有双键或叁键，就把双键或叁键看成单键，分别看作连有两个或三个相同的原子。如：

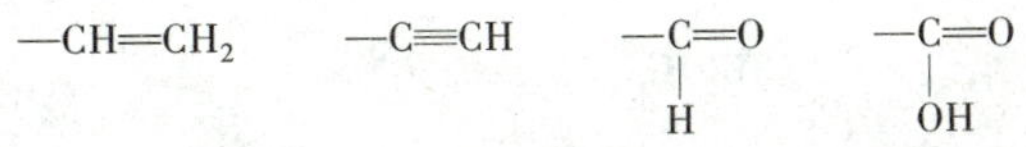

$$-CH=CH_2 \qquad -C\equiv CH \qquad \begin{matrix} -C=O \\ | \\ H \end{matrix} \qquad \begin{matrix} -C=O \\ | \\ OH \end{matrix}$$

可分别看成是以下方式连接的基团（在这些式子中，括号内的原子，表示复制的原子）：

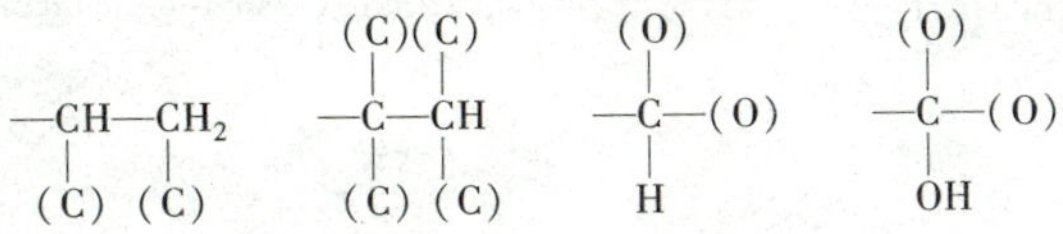

$$\begin{matrix} -CH-CH_2 \\ | \quad | \\ (C) \ (C) \end{matrix} \qquad \begin{matrix} (C)(C) \\ | \\ -C-C\cdot \\ | \\ (C)\ (C) \end{matrix} \qquad \begin{matrix} (O) \\ | \\ -C-(O) \\ | \\ H \end{matrix} \qquad \begin{matrix} (O) \\ | \\ -C-(O) \\ | \\ OH \end{matrix}$$

因此，$-C\equiv CH > -CH=CH_2$；$-COOH > -CHO$。

根据上述原则，常见的一些取代基的优先顺序如下：

$-I$、$-Br$、$-Cl$、$-SO_3H$（磺酸基）、$-SH$（巯基）、$-F$、$-OR$（烷氧基）、$-OH$、$-NO_2$、$-NHCOR$（酰胺基）、$-NH_2$、$-COX$（酰卤基）、$-COOR$（酯基）、$-COOH$、$-COR$（酰基）、$-CHO$（醛基）、$-CH_2OH$（羟甲基）、$-C_6H_5$（苯基）、$-C\equiv CR$（炔基）、$-C(CH_3)_3$（叔丁基）、$-CH=CH_2$（乙烯基）、$-CH(CH_3)_2$（异丙基）、$-CH_2C_6H_5$（苄基）、$-CH_2CH_2CH_2CH_3$、$-CH_2CH_2CH_3$、$-CH_2CH_3$、$-CH_3$、$-D$、$-H$。

此 CIP 规则只用于构型分析中基团大小的对比。这里所说构型分析，主要包括烯烃的 Z/E 构型、手性分子的 R/S 构型（见第八章）。它不能用于取代基模块中的前后排序。

如果分子中存在多个双键，而且每一个双键的都存在特定的构型，则这些构型都要清楚地表达出来。如，下式的构型应该表述为（$3E,5Z$）。

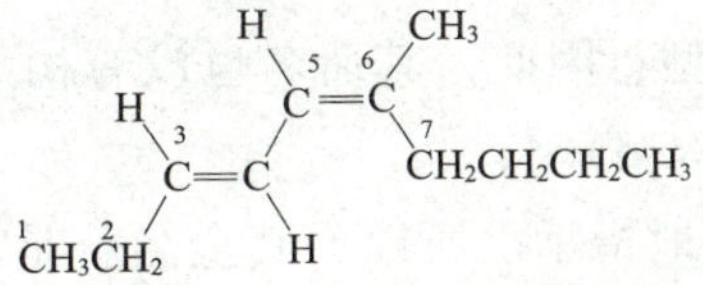

（$3E,5Z$）

当然，不是所有的烯烃都有顺反异构现象。当任何一个双键碳原子上连接的两个原子或基团相同时，就不存在 Z/E 异构现象。如，丁-1-烯，就没有 Z/E 异构，因为 1 号的双键碳上连有两个相同的 H 原子。

要说明的是，除"Z/E"外，有时也用"顺/反"表达烯烃中双键的构型。所谓顺式是指连在同一个双键碳上的两个相同基团在双键同一侧；反之，连在同一个双键上的两个相同基团在双键两侧，则称为反式。所以，前面提到的（Z）-丁-2-烯相当于顺-丁-2-烯；（E）-丁-2-烯相当于反-丁-2-烯。但是，顺/反异构是不严谨的，因为它是基于两个相同基团的相对位置而定义的；而同一个双键碳上未必能连两个相同的基团。所以，"Z/E 异构"比"顺/反异构"更严谨，使用更普遍。

总之，在对烯烃用系统命名法进行命名前，要分析母体、取代基、归类、构型四个模块，才能给出完整名称。以下列举 5 个烯烃的系统名称实例。

例1：

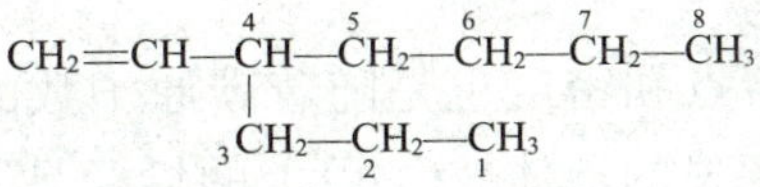

4-乙烯基辛烷

4-ethenyloctane

例2：

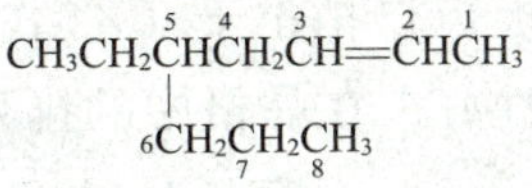

5-乙基辛-2-烯

5-ethyloct-2-ene

例3：

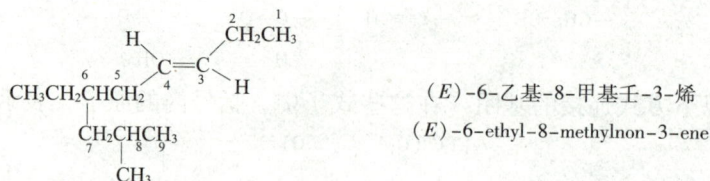

（E）-6-乙基-8-甲基壬-3-烯

（E）-6-ethyl-8-methylnon-3-ene

例4：

4-甲亚基-7-烯丙基十六烷

4-methylidene-7-allylhexadecane

例5：

7-甲基-3-甲亚基辛-1,6-二烯（俗名：月桂烯，存在于陈皮等中药中）

7-methyl-3-methylideneoct-1,6-diene（myrcene）

在例1中，由于最长链没有双键，因此，最终归类为烷，以"烷"字结尾。但这并不能改变其烯烃的属性，更不能改变 C ═ C 的固有性质。

在例2的表达式中，未见具体的双键构型，因此，其命名也没有构型的信息，所以，"5-乙基辛-2-烯"其实只是表达一种结构（而非构型）。

而在例3的表达式中，双键构型被明确地指示。所以，其全名就是"（E）-6-乙基-8-甲基壬-3-烯"。此名称完整地体现了系统命名法的模块化特点。"（E）"为构型模块，在确定构型时，需要比较基团大小，此时用 CIP 规则；"6-乙基-8-甲基"为取代基模块，取代基在排序时，依其英文字母；"壬"为母体模块，因为主链有九个碳；"3-烯"为归类模块，由于主链上有一个双键官能团，故归类为烯，以"烯"字结尾。当然，如果在主链上有多种官能团，则需依据官能团优先规则（图1-6），判定最优官能团，再归类命名。

当然，除了系统命名法外，一些结构简单或常用的烯烃往往还会有普通名或俗名。前面提到的月桂烯即是一例。再如，异丁烯、异戊二烯等。

CH_3C═CH_2 CH_2═C—CH═CH_2
    | |
    CH_3 CH_3

异丁烯   异戊二烯
（isobutylene）   （isoprene）

第三节　烯烃的物理性质

烯烃的物理性质与烷烃相似，沸点、熔点和密度也是随着碳原子数的增加而递增。常温下 C_2~C_4 的烯烃是气体，C_5~C_{18} 的烯烃是易挥发的液体，C_{19} 以上的烯烃是固体。与烷烃类似，烯烃也是难溶于水而易溶于非极性有机溶剂；不同于烷烃的是，烯烃可溶于浓硫酸。在烯烃的顺反异构体（Z/E 异构体）中，（E）式的极性（偶极矩）稍小于（Z）式，故分子间作用力比（Z）式弱，沸点较（Z）式低；但（E）式异构体对称性好，在晶格中的排列紧密，熔点较（Z）式高。例如，（Z）-丁-2-烯的偶极矩为 0.33D，沸点为 3.5℃，熔点为-138.9℃；（E）-丁-2-烯的偶极矩为 0D，沸点为 0.9℃，熔点为 -105.5℃。一些常见烯烃的物理常数见表 4-2。

表 4-2 常见烯烃的物理常数

名 称	分子式	熔点（℃）	沸点（℃）	相对密度*
乙烯	C_2H_4	-169	-103.7	0.566（-120℃）
丙烯	C_3H_6	-185.2	-47.4	0.5193
丁-1-烯	C_4H_8	-185.3	-6.3	0.5951
（Z）-丁-2-烯	C_4H_8	-138.9	3.7	0.6213
（E）-丁-2-烯	C_4H_8	-105.5	0.9	0.6042
2-甲基丙-1-烯	C_4H_8	-140.3	-6.9	0.5942
戊-1-烯	C_5H_{10}	-138	30	0.6405
己-1-烯	C_6H_{12}	-139.8	63.3	0.6731
庚-1-烯	C_7H_{14}	-119	93.6	0.6970

*除注明者外，其余物质的相对密度均为 20℃时的数据。

值得一提的是，顺反异构体在生物活性上也常有不同。如反-己烯雌酚因结构与雌二醇相似而具有雌激素样作用，顺-己烯雌酚则没有这样的活性。

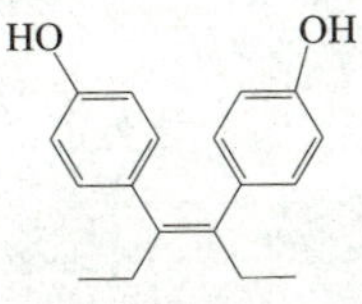

顺-己烯雌酚 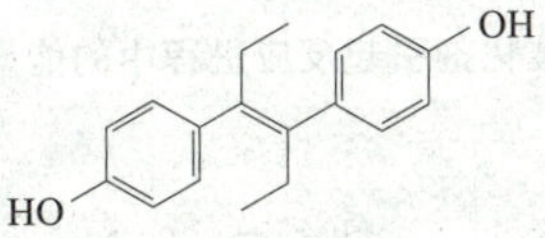　　　　　反-己烯雌酚 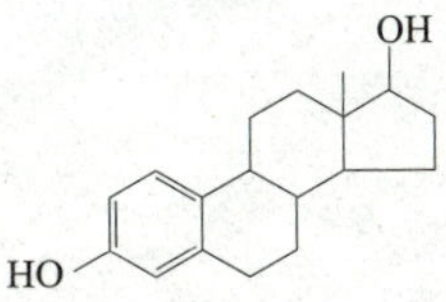　　　　　雌二醇

第四节　烯烃的化学性质

碳碳双键是烯烃的官能团，双键中的 π 键不稳定，易断裂，成为烯烃的反应中心，能发生催化氢化、亲电加成、氧化、聚合及 α-H 的卤代等多种化学反应。

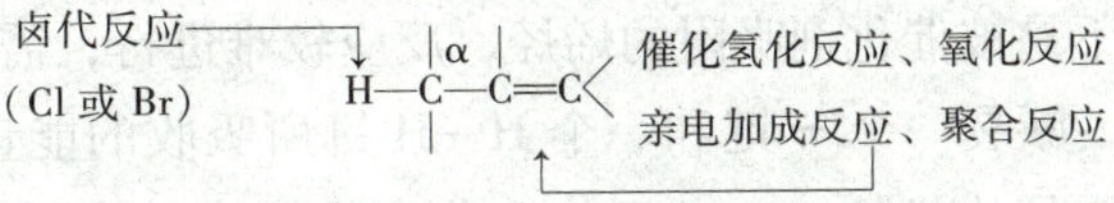

一、加成反应

两个分子相互作用生成一个加成产物，称为加成反应（addition reaction）。

（一）催化氢化反应

在催化剂作用下烯烃与氢发生加成反应，生成相同碳原子数的烷烃，该反应称为催化加氢或催化氢化反应（catalytic hydrogenation）。

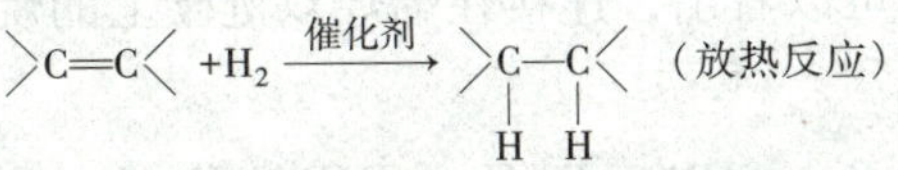

氢化反应是还原反应的一种重要形式。氢分子在常温常压下还原能力很弱，使用催化剂可以降低氢化反应的活化能，使反应易于进行。常用的催化剂是分散程度较高的铂（Pt）、钯（Pd）、镍（Ni）等金属细粉。工业上多使用活性较高的多孔催化剂兰尼镍（Raney Ni）。

催化加氢反应一般是在金属催化剂的表面进行。催化剂的作用是将氢和烯烃吸附在其分散得很细的巨大表面上，使 H—H 键断裂，同时烯烃中的 π 键松弛，从而大大降低反应的活化能（图4-4），提高反应速率。由于催化剂表面对烷烃的吸附能力小于烯烃，所以烷烃一旦生成，就立即从催化剂表面解吸下来（图4-5）。

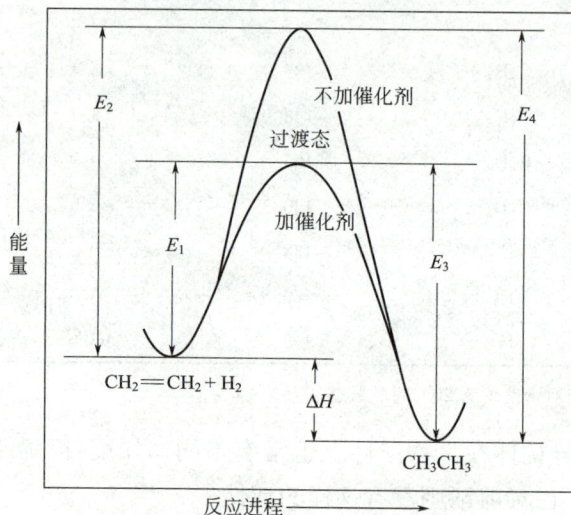

图 4-4　催化剂引起反应进程中的能量变化

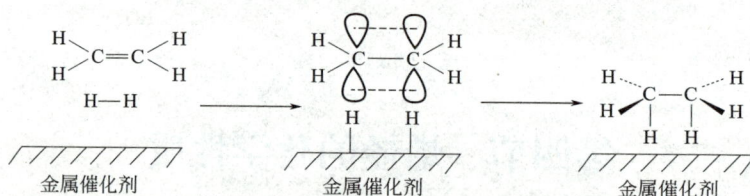

图 4-5　乙烯催化氢化过程示意图

从以上催化氢化过程可以看出，反应以顺式加成为主。通常反应在常温常压下进行，有些双键上取代基多、体积大、不易被催化剂吸附的烯烃，反应较难进行，需高温高压才能反应。

在烯烃的氢化反应中，断裂一个 π 键和一个 H—H 键所吸收的能量比形成两个 C—Hσ 键放出的能量小，所以氢化反应是放热的。1mol 不饱和化合物（含一个双键）氢化时所放出的热量称氢化热（heat of hydrogenation）。丁-1-烯、顺丁-2-烯和反丁-2-烯的氢化热分别为 127、120、116kJ/mol。这三种烯烃加氢生成的产物是同一烷烃，但氢化热数值有差别，这表明它们的内能不同。氢化热数值大，则分子的内能高，稳定性差。所以这三种烯烃的稳定性依次为：反丁-2-烯>顺丁-2-烯>丁-1-烯。从结构上看，顺丁-2-烯分子中两个甲基在双键同侧，比较拥挤，因而内能较反丁-2-烯高。利用氢化热可比较不同烯烃的相对稳定性。常见烯烃的氢化热数据见表4-3。

从表4-3中氢化热的数据可以看出，连接在烯烃双键碳上的烷基越多，烯烃就越稳定。故烯烃相对稳定性次序如下：

$$R_2C = CR_2 > R_2C = CHR > RCH = CHR > RCH = CH_2 > CH_2 = CH_2$$

四取代　　　三取代　　　二取代　　　单取代　　　乙烯

表 4-3　常见烯烃的氢化热

烯烃	氢化热（kJ/mol）	烯烃	氢化热（kJ/mol）
乙烯	137.2	（Z）-丁-2-烯	119.7
丙烯	125.9	（E）-丁-2-烯	115.5
丁-1-烯	126.8	（Z）-戊-2-烯	119.7
戊-1-烯	125.9	（E）-戊-2-烯	115.5
庚-1-烯	125.9	2-甲基丁-1-烯	119.2
3-甲基丁-1-烯	126.8	2,3-二甲基丁-1-烯	117.2
3,3-二甲基丁-1-烯	126.8	2-甲基丁-2-烯	112.5
4,4-二甲基戊-1-烯	123.4	2,3-二甲基丁-2-烯	111.3

　　由于催化加氢可定量完成，因此可根据氢化反应吸收氢气的体积推测结构中所含 C ═C 键的数目，可用于有机物的结构确证。催化加氢是无污染的反应，在工业上具有重要用途。

　　催化氢化反应中使用的金属催化剂不溶于水，反应在非均相体系中进行，称为异相催化剂。近几十年来发展了一些可溶于有机溶剂的催化剂如氯化铑、氯化钌与三苯基膦的配合物等。目前使用最广泛的是威尔克森（Wilkinson）催化剂，即三（三苯基膦）氯化铑〔Rh（PPh$_3$）$_3$Cl 或 RhCl（PPh$_3$）$_3$〕。使用这类催化剂可使反应在均相进行，称为均相催化剂。对不同环境中的碳碳双键的还原具有较高的选择性，并不会使烯烃发生重排、分解等副反应。

（二）亲电加成反应

　　烯烃的 π 键电子比较裸露，容易被缺电子试剂进攻引起加成反应。这些缺电子试剂称为亲电试剂（electrophile），由亲电试剂进攻引起的加成反应称为亲电加成反应（electrophilic addition）。常见有烯烃和卤素、卤化氢、硫酸、次卤酸等进行亲电加成反应。

1. 与卤化氢的加成

　　烯烃与卤化氢加成生成一卤代烷，反应一般在中等极性溶剂（如醋酸）中进行。

$$\underset{}{>}C{=}C\underset{}{<} \; +HX \longrightarrow \underset{\underset{H}{|}}{>}C{-}C\underset{\underset{X}{|}}{<} \quad (X=Cl、Br、I)$$

　　（1）反应历程　研究证明，碳碳双键的亲电加成是分两步完成的。第一步 H$^+$加到双键的一个碳原子上，使另一个碳原子带上正电荷，形成碳正离子（carbocation），第二步碳正离子与亲电试剂中的负电部分结合生成加成产物。

第一步：$>C{=}C< \; +HX \xrightarrow{慢} \; \underset{\underset{H}{|}}{>}C{-}C^+< \; +X^-$

第二步：$\underset{\underset{H}{|}}{>}C{-}C^+< \; +X^- \xrightarrow{快} \; \underset{\underset{H}{|}}{>}C{-}C\underset{\underset{X}{|}}{<}$

　　第一步中涉及共价键的断裂，第二步是离子间反应，因此第一步形成碳正离子所需的活化能比第二步高，反应较慢，是决定反应速率的步骤。反应历程表明，烯烃双键上的电子云密度越高、氢卤酸的酸性越强，反应越易进行。所以不同卤化氢的反应活性次序为：HI>HBr>HCl。氟化氢的性质特殊，与烯烃反应十分猛烈，易引起烯烃聚合等副反应，故应用较少。碘化氢与烯烃加成时，因碘化氢具有还原性，能将生成的碘代烷还原成烷烃，应用也较少。在有机合成中使用最多的是 HBr 和 HCl，其中，HBr 的加成可在室温下进行，HCl 的加成常需适当加热。

（2）马氏定则 不对称烯烃与 HX 加成时，理论上可得到两种产物，例如：

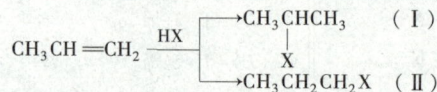

$$CH_3CH=CH_2 \xrightarrow{HX} \begin{cases} \longrightarrow CH_3\underset{X}{CH}CH_3 \quad（Ⅰ）\\ \longrightarrow CH_3CH_2CH_2X \quad（Ⅱ）\end{cases}$$

实验发现（Ⅰ）是主要产物，HX 分子中的氢原子主要加到含氢较多的双键碳原子上，这一经验规律是由俄国化学家马尔可夫尼可夫（Markovnikov）于 1868 年发现，称为马尔可夫尼可夫规则，简称马氏规则。在实际反应中，凡加成产物符合马氏规则的叫马氏加成，反之叫反马氏加成。

关于不对称烯烃与 HX 的加成取向，可以从反应物结构的电子效应和反应中间体碳正离子的稳定性两方面来解释。

在丙烯中甲基具有斥电子的诱导效应（+I 效应），所以，双键上的一对 p 电子向 C_1 流动，这样 C_1 上的电子云密度增多，C_2 上的电子云密度减少，当与氯化氢加成时，H^+ 自然首先加到 C_1（含氢较多的双键碳原子）上。

$$\underset{3}{CH_3}\underset{2}{CH}\overset{\delta^+}{=\!\!=}\underset{1}{CH_2}\overset{\delta^-}{}$$

烯烃和氯化氢加成的速控步骤是生成碳正离子的那一步，所以，碳正离子的稳定性对反应取向至关重要。碳正离子的稳定性顺序为：

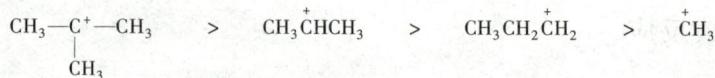

$$CH_3\underset{CH_3}{\overset{+}{C}}CH_3 \quad > \quad CH_3\overset{+}{CH}CH_3 \quad > \quad CH_3CH_2\overset{+}{CH_2} \quad > \quad \overset{+}{CH_3}$$

三级碳正离子（3°）　二级碳正离子（2°）　一级碳正离子（1°）　甲基碳正离子

丙烯与氯化氢加成时，H^+ 若加到 C_1 上形成碳正离子（Ⅲ），H^+ 若加到 C_2 上形成碳正离子（Ⅳ）。

$$\underset{3}{CH_3}\underset{2}{CH}=\underset{1}{CH_2} + H^+ \begin{cases} \longrightarrow CH_3\overset{+}{CH}CH_3（Ⅲ）\xrightarrow{X^-} CH_3\underset{X}{CH}CH_3 \\ \longrightarrow CH_3CH_2\overset{+}{CH_2}（Ⅳ）\end{cases}$$

（Ⅲ）式为 2°碳正离子，（Ⅳ）式为 1°碳正离子，所以，加成取向以（Ⅲ）为主（马氏加成）。

碳正离子的稳定性可用诱导效应和超共轭效应解释。根据静电学原理，带电体系的稳定性随着电荷的分散而增大。烷基是斥电子基，对带正电荷的碳原子可产生+I 效应，从而使正电荷得到分散，所以，碳正离子上连接的烷基越多，+I 效应越强，正电荷越分散，则体系越稳定。在碳正离子结构中，除了存在诱导效应外，还存在 σ-p 超共轭效应。例如：

叔丁基碳正离子（3°）　　异丙基碳正离子（2°）　　乙基碳正离子（1°）　　甲基碳正离子

在叔丁基碳正离子中有九个 α-C—Hσ 键可以和 p 轨道发生 σ-p 超共轭效应，异丙基碳正离子和乙基碳正离子分别有六个和三个 α-C—Hσ 键发生 σ-p 超共轭效应，而甲基碳正离子不存在超共轭效应。超共轭效应越大，正电荷分散程度越大，体系越稳定。因此，从诱导效应和超共轭效应的分析，都证明了碳正离子的稳定性顺序为：$3°C^+>2°C^+>1°C^+>CH_3^+$。

通过以上分析说明，亲电加成的取向与反应物的结构以及中间体碳正离子的稳定性有关。特殊结构的碳正离子的稳定性，也可据此加以分析。例如：

$$F_3\overset{3}{C}-\overset{2}{CH}=\overset{1}{CH_2} \xrightarrow{HCl}$$
3, 3, 3-三氟丙-1-烯

$$\rightarrow F_3C-\overset{+}{\underset{H}{C}}-CH_2 \xrightarrow{Cl^-} CF_3-\underset{Cl}{\overset{}{CH}}-\underset{H}{\overset{}{CH_2}}$$
(V)

$$\rightarrow F_3C-\underset{H}{\overset{H}{C}}-\overset{+}{C}H_2 \xrightarrow{Cl^-} CF_3-\underset{}{\overset{}{CH_2}}-\underset{Cl}{\overset{}{CH_2}}$$
(VI)较稳定　　　　主要产物

氟原子的电负性很强，使 F_3C— 成为强吸电子基，由于其强的 $-I$ 效应，使 3, 3, 3-三氟丙-1-烯中双键上的 p 电子向 C_2 转移，因此 C_2 上电子云密度增多，C_1 上电子云密度减少，当与氯化氢加成时，H^+ 首先加到 C_2（含氢较少的双键碳原子）上，得到碳正离子（VI），若 H^+ 加到 C_1 上，则得到碳正离子（V）。将（V）与（VI）进行比较，（V）虽为 2°碳正离子，但带正电荷的碳原子与强吸电子基团（F_3C—）相邻，其正电荷不能被分散，反而更集中；（VI）虽为 1°碳正离子，但带正电荷的碳原子与强吸电子基团（F_3C—）距离远，受其影响小，所以，（VI）比（V）稳定，得到反马式加成产物。

由此可将马氏规则扩展为：不对称烯烃与不对称试剂发生亲电加成反应时，试剂中正电部分主要加到电子云密度较大的双键碳原子上，以能形成最稳定的碳正离子为原则。

（3）**碳正离子的重排**　在烯烃的亲电加成中，常伴有重排反应发生。例如 HCl 与 3-甲基丁-1-烯的加成，不仅得到预期的产物 3-氯-2-甲基丁烷，而且还得到 2-氯-2-甲基丁烷，并且后者是主要产物。

$$(CH_3)_2CHCH=CH_2 \xrightarrow{HCl} (CH_3)_2\overset{H}{\underset{H}{C}}-\overset{+}{C}-CH_3 \xrightarrow{Cl^-} (CH_3)_2CHCHCH_3$$
正常产物

（氢迁移）↓

$$(CH_3)_2\overset{+}{C}-\underset{H}{\overset{}{CH}}-CH_3 \xrightarrow{Cl^-} (CH_3)_2\underset{Cl}{\overset{}{C}}CH_2CH_3$$
重排产物

重排是碳正离子的特征之一。不仅氢原子能发生迁移，烷基也能发生迁移，由一种碳正离子重排成更稳定的碳正离子，从而得到骨架发生改变的产物。例如：

$$(CH_3)_3CCH=CH_2 \xrightarrow{HCl} (CH_3)_2\overset{CH_3}{\underset{H}{C}}-\overset{+}{C}-CH_3 \xrightarrow{Cl^-} (CH_3)_3CCHCH_3$$
正常产物

（甲基迁移）↓

$$(CH_3)_2\overset{+}{C}-\underset{CH_3}{\overset{}{CH}}-CH_3 \xrightarrow{Cl^-} (CH_3)_2\underset{Cl}{\overset{}{C}}CH(CH_3)_2$$
重排产物

（4）**过氧化物效应**　烯烃与溴化氢的加成反应在过氧化物（peroxide）存在下，按自由基历程进行，得到反马氏加成产物。

$$CH_3CH=CH_2 + HBr \xrightarrow{过氧化物} CH_3-\underset{H}{\overset{}{CH}}-\underset{Br}{\overset{}{CH_2}}$$

反马氏加成产物的生成是由过氧化物引起的，称为过氧化物效应（peroxide effect）。过氧化物在反应中能诱发自由基，使 HBr 均裂产生溴自由基，然后溴自由基与烯烃作用发生自由基加成。

丙烯和溴化氢在过氧化苯甲酰催化下的反应机理如下：

烯烃和溴自由基反应，可以生成两种碳自由基，如 2°碳自由基（Ⅶ）和 1°碳自由基（Ⅷ）。其中，2°碳自由基由于其 σ-p 超共轭效应强因而为主要产物，再从溴化氢中夺取氢得到反马氏加成产物。

过氧化物效应仅 HBr 与烯烃加成时存在，HF、HCl 和 HI 都没有这种效应。

2. 与硫酸和水的加成

在低温（0℃左右）条件下，烯烃与浓硫酸加成先生成硫酸氢酯，然后加热水解生成醇。这是制备醇的方法之一，称为烯烃的间接水合法。

加成时首先酸中的 H^+ 加到双键的一个碳原子上，产生碳正离子中间体，然后碳正离子与硫酸氢根负离子结合得到硫酸氢酯。生成的硫酸氢酯能溶于浓硫酸，利用这一性质可除去烷烃或卤代烃中所含的少量烯烃杂质。

不对称烯烃与硫酸加成的取向符合马氏规则。工业上生产低级醇类就是将烯烃直接通入不同浓度的硫酸中，然后加水稀释，加热即可水解为醇。例如：

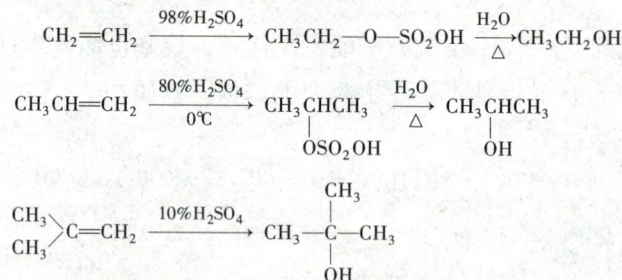

在酸催化下，烯烃与水也可直接加成生成醇，这也是工业上制备醇的重要方法，称为直接水合法。如乙烯在磷酸催化下，在300℃和7MPa压力下与水反应生成乙醇。

烯烃与有机酸、酚、醇也能发生类似的加成反应，分别生成酯和醚。由于有机酸、酚、醇的酸性都比较弱，所以加成反应一般在强酸、对甲基苯磺酸（TsOH）、氟硼酸（HBF_4）等催化下才能发生。

$$CH_3COOH + CH_2=CH_2 \xrightarrow[\triangle]{H^+} CH_3COOCH_2CH_3$$

$$CH_3CH=CH_2 + CH_3OH \xrightarrow[100℃]{HBF_4} (CH_3)_2CHOCH_3 (80\%)$$

$$CH_3CH=CH_2 + HO-\!\!\!\!\bigcirc\!\!\!\!-CH(CH_3)_2 \xrightarrow[\triangle]{HBF_4} (CH_3)_2CHO-\!\!\!\!\bigcirc\!\!\!\!-CH(CH_3)_2$$

3. 与卤素的加成

烯烃很容易与卤素进行加成反应，生成邻二卤代烷。

$$>\!C\!=\!C\!< + X_2 \longrightarrow \begin{array}{c} X \\ | \\ -C-C- \\ | \\ X \end{array}$$

卤素的活性次序为 $F_2 > Cl_2 > Br_2 > I_2$。氟与烯烃反应十分激烈，反应放出大量的热可使烯烃分解，同时也伴有其他副反应；碘不易与烯烃发生加成反应；只有氯和溴与烯烃的加成反应具有应用价值，可用于制备邻二氯代烷和邻二溴代烷。另外，将烯烃加入到溴的四氯化碳溶液，溴的红色很快褪去，此反应可用于不饱和烃的鉴别。

卤素与烯烃的亲电加成反应也是分两步完成的，下面以烯烃与溴的加成为例说明。

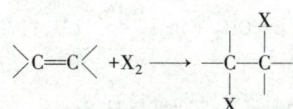

环状溴鎓离子

第一步 Br_2 分子受 π 电子的影响，发生极化，然后溴分子中带部分正电荷的一端向双键碳进攻形成环状溴鎓离子和 Br^- 离子；第二步 Br^- 从三元环的背面进攻，生成反式邻二溴代烷。两个溴原子从双键的两侧加到烯烃分子中，这种加成方式称反式加成。如环己烯与 Br_2 的加成产物主要为反-1,2-二溴环己烷，收率可达 80%。

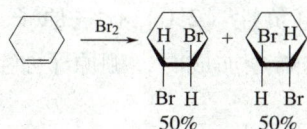

4. 与次卤酸的加成

烯烃与卤素（氯或溴）的水溶液作用，可生成邻卤代醇，相当于在双键上加了一分子次卤酸。

$$>\!C\!=\!C\!< + X_2 \xrightarrow{H_2O} \begin{array}{c} -C-C- \\ | \quad | \\ X \quad OH \end{array}$$

该反应也是分两步进行，第一步先生成卤鎓离子中间体，第二步 H_2O 分子从三元环的背面进攻形成质子化的醇，然后脱去质子，得到反式加成产物。这说明是 X^+ 和 OH^- 分别对双键进行加成，而不是先生成 HOX 再反应。

$$>C=C< + X_2 \longrightarrow \overset{\overset{+}{X}}{\underset{}{C-C}} + X^-$$

$$\overset{\overset{+}{X}}{\underset{H_2\ddot{O}}{C \longrightarrow C}} \longrightarrow \overset{X}{\underset{\overset{+}{O}H_2}{-C-C-}} \xrightarrow{-H^+} \overset{X}{\underset{OH}{-C-C-}}$$

不对称烯烃与次卤酸加成，卤原子加到含氢较多的双键碳原子上。例如：

$$(CH_3)_2C=CH_2 + Br_2 \xrightarrow{H_2O} (CH_3)_2\underset{OH}{C}-\underset{Br}{CH_2}$$

该反应可能的副产物是邻二卤化物，为了减少其生成，可采取控制卤素在水溶液中的浓度或加入银盐除去 X^- 的办法。

碘很难与烯烃加成，但氯化碘（ICl）和溴化碘（IBr）比较活泼，可以定量地与烯烃加成，这些化合物称为卤间化合物。

不对称烯烃与卤化碘（IX）加成，碘原子加到含氢较多的双键碳原子上。例如：

$$(CH_3)_2C=CH_2 + ICl \longrightarrow (CH_3)_2\underset{Cl}{C}-\underset{I}{CH_2} \qquad \overset{\delta^+}{I}-\overset{\delta^-}{Cl}$$

以氯化碘为例，由于氯原子的电负性大于碘原子，所以碘为不对称试剂中带有正电荷的部分，加到不对称烯烃中带有负电荷的双键碳上。

（三）硼氢化反应

甲硼烷（BH_3，borane）分子中的硼原子外层只有六个电子，很不稳定，通常以二聚体的形式存在，即乙硼烷（B_2H_6，diborane）。

$$H:\overset{H}{\underset{H}{B}}:H \qquad \overset{H}{\underset{H}{B}}\overset{H}{\underset{H}{B}}$$
$$\text{甲硼烷} \qquad\qquad \text{乙硼烷}$$

所以硼氢化反应实际所用的试剂是乙硼烷的醚溶液。在反应中乙硼烷迅速解离为甲硼烷参与反应。在甲硼烷分子中，硼原子的电负性（2.0）比氢原子（2.1）小，并且具有空的 p 轨道，因此硼原子具有亲电性，当和不对称烯烃加成时，硼原子加到电子云密度较大、空间位阻较小、含氢较多的双键碳原子上。

烯烃的硼氢化反应有三步，但由于反应过于迅速，通常只能得到最终的产物——三烷基硼，这样一个反应称为硼氢化反应（hydroboration）。反应过程如下：

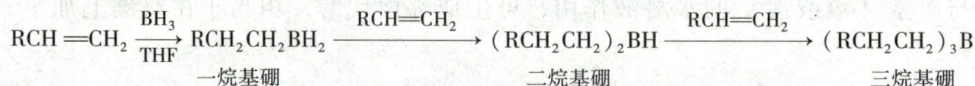

$$RCH=CH_2 \xrightarrow[THF]{BH_3} RCH_2CH_2BH_2 \xrightarrow{RCH=CH_2} (RCH_2CH_2)_2BH \xrightarrow{RCH=CH_2} (RCH_2CH_2)_3B$$
$$\qquad\qquad\qquad \text{一烷基硼} \qquad\qquad\qquad \text{二烷基硼} \qquad\qquad\qquad \text{三烷基硼}$$

若双键碳原子上取代基数目增多，位阻增大，通过调节试剂的用量比，也可使反应停止在一烷基硼或二烷基硼阶段。

研究证明，在烯烃的硼氢化反应中不产生碳正离子中间体，即 C—H 键并不首先断裂，而是一起加在双键的同一侧，形成一个四中心过渡态，反应一步完成，因此，这是一个顺式加成反应。

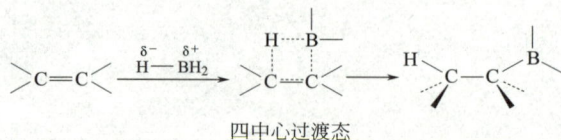

$$>C=C< \xrightarrow{\overset{\delta^-}{H}-\overset{\delta^+}{BH_2}} >\overset{H\cdots B}{C\cdots C}< \longrightarrow \overset{H}{\underset{}{C}}-\overset{B}{\underset{}{C}}$$
$$\text{四中心过渡态}$$

生成的三烷基硼在碱性溶液中与过氧化氢反应可生成醇。

$$(RCH_2CH_2)_3B + 3H_2O_2 \xrightarrow{OH^-} 3RCH_2CH_2OH + H_3BO_3$$

这步反应和硼氢化反应合称为硼氢化-氧化反应。

通过烯烃的硼氢化-氧化反应制备的醇，其结构特点相当于烯烃的反马氏加水。这一结果是烯烃在酸性溶液中加水所不能得到的。例如：

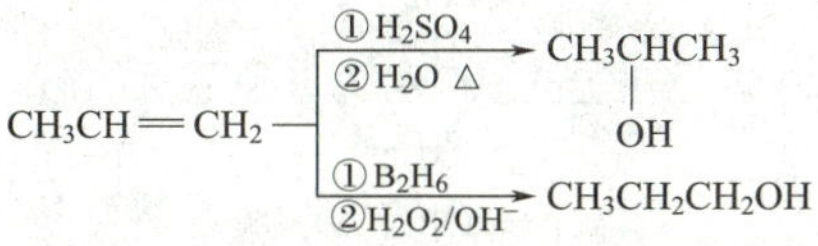

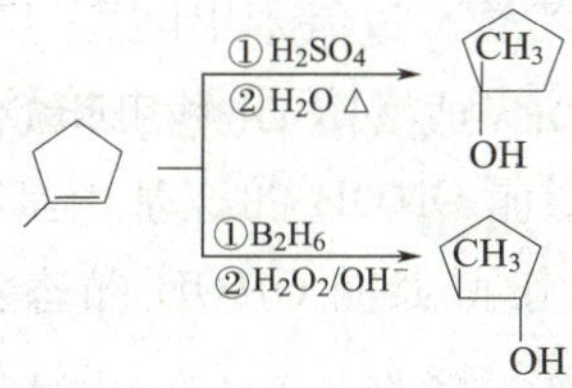

因此，这两个反应可作为由烯烃制备醇的互补。

二、氧化反应

烯烃分子中的双键易被氧化而发生断裂，产物与反应物的结构以及反应条件有关。

（一）与高锰酸钾的氧化反应

在酸性条件下，如果用 $KMnO_4$/浓 H_2SO_4（或 $K_2Cr_2O_7$/浓 H_2SO_4）溶液氧化，碳碳双键发生断裂，根据烯烃的结构不同可生成羧酸、酮、二氧化碳和水。

$$RCH = CH_2 \xrightarrow{[O]} RCOOH + CO_2 + H_2O$$

$$R_2C = CHR' \xrightarrow{[O]} R_2C = O + R'COOH$$

$$R_2C = CR'_2 \xrightarrow{[O]} R_2C = O + R'_2C = O$$

不同结构的烯烃氧化后所得的产物不同，所以，该反应可用于推测烯烃的结构。

在碱性或中性条件下，烯烃与稀、冷的 $KMnO_4$ 溶液反应，可生成顺式邻二醇，称为 Baeyer 试验。可用于检验化合物中是否含有碳碳双键。

$$3RCH = CHR' + 2KMnO_4 + 4H_2O \longrightarrow 3RCH-CHR' + 2MnO_2 \downarrow + 2KOH$$
$$\underset{OH\quad OH}{}$$

反应经过环状高锰酸酯中间体进行，故产物为顺式结构。

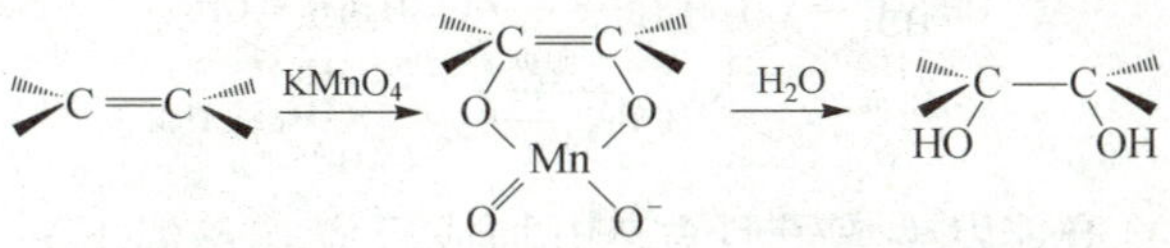

由于生成的邻二醇容易被进一步氧化，反应条件不易控制，产率也较低，故用此法制备邻二醇受到限制。若用 OsO_4 代替 $KMnO_4$ 收率可提高，但 OsO_4 价格贵且毒性较大。

（二）与过氧酸的氧化反应

烯烃在非水溶剂中可被有机过氧酸（RCOOOH，也称过酸）氧化形成 1,2-环氧化合物，该反应称为环氧化反应（epoxidation）。环氧化反应是顺式加成的反应。

$$>C=C< \ + \ R-\overset{O}{\underset{}{C}}-O-O-H \ \longrightarrow \ \overset{O}{\underset{}{>C-C<}} \ + \ RCOOH$$

1,2-环氧化合物有较大张力，在酸性水溶液中可水解生成反式邻二醇，这也是一个立体专一性反应，该反应可用于反式邻二醇类化合物的制备。例如：

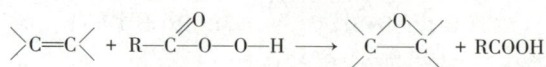

常用的过氧酸有过氧甲酸、过氧乙酸、过氧苯甲酸、过氧三氟乙酸等，其中过氧三氟乙酸最为有效；另外也可直接用 $H_2O_2+RCOOH$（或酸酐）进行环氧化反应。

（三）臭氧的氧化反应

将含有 6%~8% 臭氧的氧气通入液态烯烃或烯烃的非水溶液（如四氯化碳）中，臭氧迅速、定量地与烯烃加成，生成臭氧化合物。臭氧化合物不稳定，易爆炸，故通常不将其分离出，而是直接在还原剂（如锌粉）的存在下水解开环得到醛或酮。

$$>C=C< \ \xrightarrow{O_3} \ \overset{O-O}{\underset{O-O}{C \quad C}} \ \xrightarrow[Zn]{H_2O} \ >C=O \ + \ O=C<$$

臭氧化合物

还原剂 Zn 粉的作用是防止生成的醛、酮进一步被氧化。不同结构的烯烃经过臭氧氧化-还原条件下水解之后，可生成不同结构的醛、酮。例如：

$$\overset{CH_3CH_2}{\underset{H}{}}>C=C<\overset{H}{\underset{H}{}} \ \xrightarrow[② H_2O,Zn]{① O_3} \ \overset{CH_3CH_2}{\underset{H}{}}>C=O \ + \ O=C<\overset{H}{\underset{H}{}}$$

$$\overset{CH_3}{\underset{H}{}}>C=C<\overset{CH_3}{\underset{CH_3}{}} \ \xrightarrow[② H_2O,Zn]{① O_3} \ \overset{CH_3}{\underset{H}{}}>C=O \ + \ O=C<\overset{CH_3}{\underset{CH_3}{}}$$

因此利用这两步反应，可以推测原烯烃的结构。

三、α-H 的卤代反应

在有机化合物分子中，与官能团相连的碳原子称为 α-碳原子，其上所连的氢原子称为 α-氢原子（α-H）。烯烃分子中的 α 位也称烯丙位，在烯烃分子中 α-H 受双键的影响，较其他位置上的氢原子活泼，在高温或光照条件下，可发生自由基型卤代反应。例如：

$$CH_3CH=CH_2+Cl_2 \xrightarrow{500℃} ClCH_2CH=CH_2$$

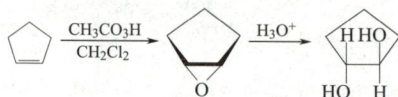

烯烃与卤素（如 Br_2）既能发生离子型的亲电加成反应（室温下）；又能发生自由基的 α-H 卤代反应（高温下），这说明有机反应的复杂性，即相同的原料在不同的条件下反应，其反应历程不同，所得的产物不同。因此，严格控制反应条件对于有机反应进行的方向十分重要。

N-溴代丁二酰亚胺（NBS）是实验室常用的针对烯烃分子中的 α-H 进行溴代的试剂（氯代则用 N-氯代丁二酰亚胺，NCS）。反应在光或引发剂（如过氧苯甲酰）作用下，在惰性溶剂中（如 CCl_4）中进行，选择性高，副反应（双键的加成）少。例如：

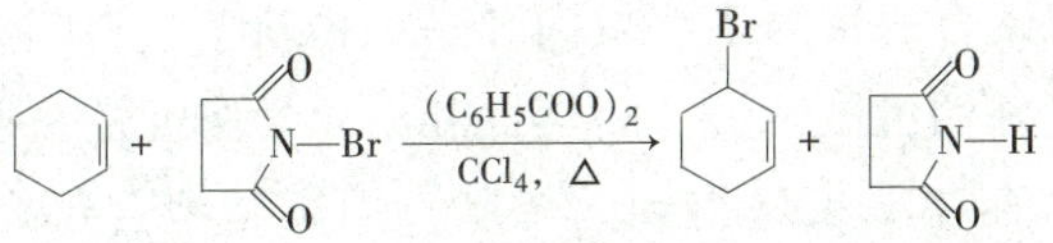

$$CH_3CH_2CH_2CH_2CH=CHCH_3 \xrightarrow[\text{CCl}_4, \triangle]{\text{NBS, RCOOOH}} CH_3CH_2CH_2\underset{\underset{Br}{|}}{C}HCH=CHCH_3$$

在反应中，首先 NBS 与体系中极少量的水汽或痕量酸作用，缓慢释放出溴，并使整个反应阶段始终保持低浓度的溴。引发剂的作用是引发溴产生自由基，然后按自由基机理发生溴代反应。

四、聚合反应

烯烃在一定条件下发生自身加成反应，生成分子量很大的聚合物（polymer）。这种反应称为聚合反应（polyreaction），参加反应的烯烃称为单体（monomer）。

$$n CH_2=CHR \longrightarrow \left[\begin{matrix} CH_2-CH \\ | \\ R \end{matrix} \right]_n$$

常用的烯烃单体有乙烯、丙烯、2-甲基-丁-1-烯、氯乙烯、苯乙烯、醋酸乙烯酯、丙烯腈等，这些单体聚合后形成各具特征的高聚物，已广泛用于国防、工业、农业、医药卫生等方面。如聚乙烯、聚丙烯、聚氯乙烯都是工农业生产和人们日常生活中广泛使用的塑料，但这些稳定性好、降解速度慢的高聚物的广泛使用已造成了严重的"白色污染"，成为一个广为关注的社会问题。

第五节　重要的烯烃

一、乙烯

乙烯是一种稍带甜味的无色气体，沸点-103.7℃，微溶于水，与空气能形成爆炸性混合物，其爆炸极限是 3%～29%。

乙烯是重要的有机合成原料，可以用来大规模生产许多化工产品和中间体，例如塑料、橡胶、树脂、涂料、溶剂等，所以乙烯的产量被认为是衡量一个国家石油化学工业发展水平的标志。

乙烯是植物的内源激素之一，许多植物器官中都含有微量的乙烯，它能抑制细胞的生长，促进果实成熟和促进叶片、花瓣、果实等器官脱落，所以乙烯可用作水果的催熟剂，当需要的时候，可以用乙烯人工加速果实成熟。另一方面，在运输和储存期间，则希望果实减缓成熟，可以使用一些能够吸收或氧化乙烯的药剂来控制乙烯的含量以延长储存期，保持果实的鲜度。

二、丙烯

常温下，丙烯是一种无色、无臭、稍带有甜味的气体。分子量 42.08，相对密度 0.5139，冰点-185.3℃，沸点-47.4℃。易燃，爆炸极限为 2%～11%。不溶于水，溶于有机溶剂，是一种属低毒类物质。

丙烯是三大合成材料的基本原料，主要用于生产丙烯腈、异丙烯、丙酮和环氧丙烷等。丙烯在特定的催化剂作用下可以聚合成聚丙烯。聚丙烯是一种新型塑料，为白色无臭无毒的固体，其透明度比聚乙烯好，具有良好的机械性能、耐热性和耐化学腐蚀性，已广泛用于国防、工业、农业和日常生活中。丙烯在氨存在下氧化得到丙烯腈，丙烯腈聚合可得到聚丙烯腈纤维（人造羊毛）。聚丙烯腈纤维的商品名为腈纶，外国商品名为奥纶（Orlon）。人造羊毛的问世及其产品的工业化，不仅基本解决了有史以来人类为穿衣发愁的困扰，而且节约了大量的耕地去用于粮食生产，从而间接地缓解了粮食的供求矛盾。

第五章

炔烃和二烯烃

扫一扫，查阅本章数字资源，含PPT、音视频、图片等

分子中含有碳碳叁键的烃称为炔烃（alkynes）。炔烃比同碳数的烯烃少两个氢原子，通式为 C_nH_{2n-2}。炔烃与同碳数的二烯烃是同分异构体。

第一节 炔 烃

一、炔烃的结构

在炔烃分子中，叁键碳原子为 sp 杂化方式。下面以乙炔为例说明炔烃的结构。在乙炔分子中，每个碳原子各以一个 sp 杂化轨道彼此轴向重叠形成一个 C—Cσ 键，每个碳原子上另一个 sp 杂化轨道与氢原子的 s 轨道形成 2 个 C—Hσ 键，这三个 σ 键处于同一直线上。每个碳原子上还各有两个互相垂直的 p 轨道，两个碳原子上的 p 轨道彼此侧面重叠形成两个互相垂直的 π 键。所以，炔烃的叁键是由一个 σ 键和两个 π 键组成。σ 电子云集于两个碳原子之间，π 电子云位于 σ 键键轴的上下和前后，形成一个以 σ 键为对称轴的圆筒状结构。乙炔的分子结构如图 5-1、图 5-2 所示。

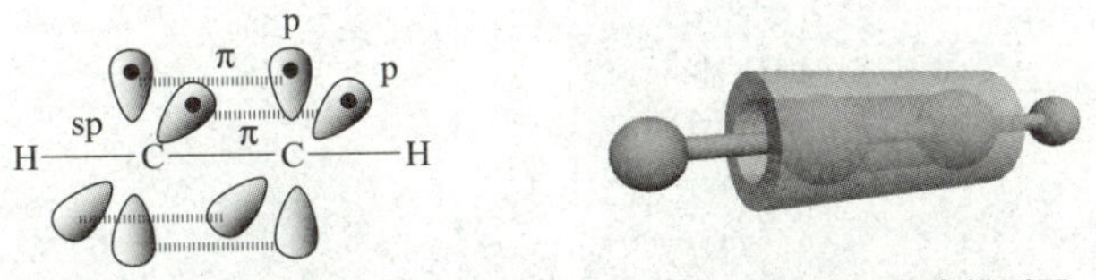

乙炔分子的形成及表达

乙炔分子的π电子分布模型图

图 5-1 乙炔分子结构示意图（彩图附后）

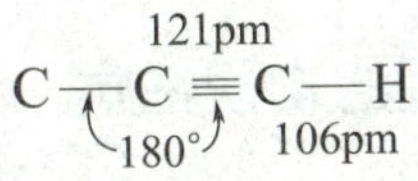

图 5-2 乙炔分子中的键长和键角

在有机化合物分子中，碳的不同杂化方式会影响化学键的键长、键能和键的极性。如表 5-1 所示。

表 5-1 不同类型碳碳键和碳氢键的键长、键能的比较

类型	键长（pm）	键能（kJ/mol）	类型	键长（pm）	类型	键长（pm）
C—C	153.4	347.4	C_{sp3}—C_{sp3}	152.6	C_{sp3}—H	110.2
C≡C	133.7	611.2	C_{sp3}—C_{sp2}	150.1	C_{sp2}—H	108.6
C≡C	120.7	837.2	C_{sp3}—C_{sp}	145.9	C_{sp}—H	105.9

上述数据表明，由于 π 键的存在，使碳碳双键间的距离缩短，叁键比双键更短。这是因为随

着不饱和程度的增大，两个碳原子间的电子云密度也增大，使两个碳原子核间的距离更近。从表 5-1 还可看出，同样都是 C—Cσ 键或 C—Hσ 键，但随着参与成键的碳原子的杂化轨道中 s 成分的增多，键长越来越短。键长越短则相互间的结合力强，键能大。同时碳原子的电负性也随 s 成分的增多而增大，这是因为 s 电子云更集中分布于碳原子核周围，所以，其电负性顺序为 $sp>sp^2>sp^3$。末端炔烃（ $RC{\equiv}CH$ ）表现出一定的酸性，正是由于末端炔碳原子的电负性较大的缘故。

二、炔烃的命名

炔烃的系统命名法，像烯烃一样，也可以模块化。不过，与烯烃相比，炔烃不存在 Z/E 异构（或顺反异构），因为碳碳叁键是直线的。所以，炔烃的系统名称大致上只由三个模块组成，即"取代基+母体+归类"。选择母体时，总是优先选择最长链作为母体。当最长的主链中只有碳碳叁键时，将其归类命名为炔。例如：

$$CH_3CH_2CHC{\equiv}CCH_2CH_3$$
$$\underset{CH_2CH_3}{|}$$

5-乙基庚-3-炔
（5-ethylhept-3-yne）

2,2,5-三甲基己-3-炔
（2,2,5-trimethylhex-3-yne）

但是，当主链同时含有双键和叁键时，归类为"烯炔"，烯炔相当一个复合的官能团。编号从靠近双键或叁键一端开始，给双键、叁键以尽可能低的编号；如果双键、三键处在相同的位次，则服从双键编号最小原则。例如：

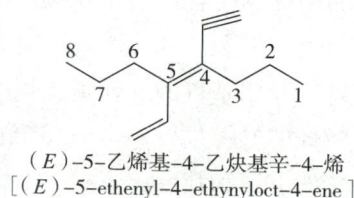

$$\overset{5}{C}H_3\overset{4}{C}H{=}\overset{3}{C}H{-}\overset{2}{C}{\equiv}\overset{1}{C}H$$

戊-3-烯-1-炔
（pent-3-ene-1-yne）

$$\overset{5}{H}C{\equiv}\overset{4}{C}{-}\overset{3}{C}H_2{-}\overset{2}{C}H{=}\overset{1}{C}H_2$$

戊-1-烯-4-炔（给双键以小的编号）
（pent-1-ene-4-yne）

（E）-5-乙烯基-4-乙炔基辛-4-烯
[（E）-5-ethenyl-4-ethynyloct-4-ene]

含碳碳叁键的取代基也较常见，例如：

$$HC{\equiv}C{-}$$

乙炔基
（ethynyl）

$$CH_3{-}C{\equiv}C{-}$$

丙炔基
（propynyl）

三、炔烃的物理性质

炔烃的物理性质与烷烃、烯烃有相似之处，在常温常压下 $C_2{\sim}C_4$ 的炔烃是气体。炔烃比水轻，不溶于水，易溶于石油醚、苯、醚、丙酮等有机溶剂。炔烃的沸点、熔点、密度比相应的烯烃略高。另外，在异构体中末端炔烃的沸点比非末端炔烃低。一些常见炔烃的物理常数见表 5-2。

表 5-2　常见炔烃的物理常数

名　称	分子式	m. p.（℃）	b. p.（℃）	d_4^{20}（液态时）
乙炔	C_2H_2	$-81.8^{118.7kPa}$	-83.4	0.6479
丙炔	C_3H_4	-102.7	-23.3	0.6714
丁-1-炔	C_4H_6	-125.8	8.7	0.6682

名　称	分子式	m. p.（℃）	b. p.（℃）	d_4^{20}（液态时）
丁-2-炔	C_4H_6	-32.2	27.0	0.6937
戊-1-炔	C_5H_8	-98	39.7	0.6950
戊-2-炔	C_5H_8	-101	55.5	0.7127
3-甲基丁-1-炔	C_5H_8	-89.7	29.4	0.6660
己-1-炔	C_6H_{10}	-132	71	0.7195
己-2-炔	C_6H_{10}	-89.6	84	0.7305
己-3-炔	C_6H_{10}	-105	82	0.7255
3,3-二甲基丁-1-炔	C_6H_{10}	-81	38	0.6686
庚-1-炔	C_7H_{12}	-81	99.7	0.7328
辛-1-炔	C_8H_{14}	-79.3	125.2	0.747
壬-1-炔	C_9H_{16}	-50.0	150.8	0.760
癸-1-炔	$C_{10}H_{18}$	-36	174.0	0.765
十八碳-1-炔	$C_{18}H_{34}$	28.0	$180^{12.7kPa}$	0.8025

四、炔烃的化学性质

炔烃分子中有 π 键，故和烯烃有相类似化学性质，例如，炔烃易发生催化加氢、亲电加成和氧化等反应。不同的是，炔烃还可发生亲核加成，炔氢（与炔碳相连的氢）还具有微弱酸性等。

（一）催化氢化反应

在铂、钯等催化剂的存在下，炔烃与氢加成，首先生成烯烃，进一步加成生成相应的烷烃。

$$R-C\equiv C-R' + H_2 \xrightarrow{\text{Pt 或 Pd}} \underset{H}{\overset{R}{>}}C=C\underset{H}{\overset{R'}{<}} \xrightarrow[\text{Pt 或 Pd}]{H_2} R-CH_2CH_2-R'$$

加氢是分步进行，但第二步烯烃的加氢非常快，采用一般的催化剂无法使反应停留在烯烃阶段。若采用特殊催化剂如林德拉（Lindlar）催化剂，则能使反应停留在烯烃阶段，得到收率较高的顺式加成产物。林德拉催化剂是将金属钯附着在碳酸钙（或硫酸钡）上，再用醋酸铅（或喹啉）处理。醋酸铅和喹啉的作用是降低钯的活性。例如：

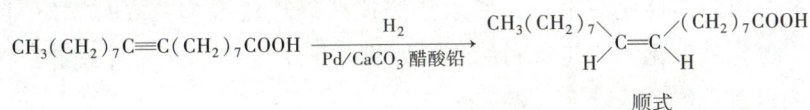

$$CH_3(CH_2)_7C\equiv C(CH_2)_7COOH \xrightarrow[\text{Pd/CaCO}_3\ \text{醋酸铅}]{H_2} \underset{H}{\overset{CH_3(CH_2)_7}{>}}C=C\underset{H}{\overset{(CH_2)_7COOH}{<}}$$

顺式

炔烃在液氨中用金属钠还原，只加一分子氢可得到反式烯烃。例如：

$$CH_3CH_2CH_2C\equiv CCH_3 + H_2 \xrightarrow[\text{液 NH}_3]{Na} \underset{H}{\overset{CH_3CH_2CH_2}{>}}C=C\underset{CH_3}{\overset{H}{<}}$$

反式

上述两种还原方法，可分别将炔烃还原成顺式和反式烯烃，在制备具有一定构型的烯烃时很有用。

（二）亲电加成反应

炔烃也可发生亲电加成反应。但由于 sp 杂化碳原子的电负性比 sp^2 杂化碳原子的电负性强，所以，不如烯烃那样容易给出电子与亲电试剂结合，亲电加成反应活性比烯烃小。

1. 与卤化氢的加成

炔烃与卤化氢加成，先生成单卤代烯烃，进一步加成得偕二卤化物（偕表示两个官能团连接在同一个碳原子上）。如乙炔与氯化氢加成，首先生成氯乙烯，控制一定的条件反应可停留在此阶段，这是工业上制备氯乙烯的方法。在较剧烈条件下进一步加成生成1,1-二氯乙烷。

$$CH \equiv CH + HCl \xrightarrow[150 \sim 160℃]{HgCl_2} CH_2 = CH-Cl \xrightarrow[HCl]{HgCl_2} CH_3CHCl_2$$

炔烃与卤化氢也是反式加成，不对称炔烃与卤化氢的加成取向亦遵循马氏规则。例如：

$$CH_3CH_2C \equiv CCH_2CH_3 + HCl \longrightarrow \begin{matrix} CH_3CH_2 \\ \\ H \end{matrix} C = C \begin{matrix} Cl \\ \\ CH_2CH_3 \end{matrix} \quad (97\%)$$

己-3-炔　　　　　　　　　　（Z）-3-氯己-3-烯

$$CH_3C \equiv CH \xrightarrow{HBr} CH_3-\underset{\underset{Br}{|}}{C}=CH_2 \xrightarrow{HBr} CH_3-\underset{\underset{Br}{|}}{\overset{\overset{Br}{|}}{C}}-CH_3$$

2-溴丙烯　　　　　2,2-二溴丙烷

炔烃与溴化氢加成也存在过氧化物效应，得到反马氏规则产物。例如：

$$CH_3CH_2CH_2CH_2C \equiv CH \xrightarrow[过氧化物]{HBr} CH_3CH_2CH_2CH_2CH = CHBr$$
$$\xrightarrow[过氧化物]{HBr} CH_3CH_2CH_2CH_2CH(Br)CH_2Br$$

1,2-二溴己烷

在第二步加成时，由于自由基 $CH_3CH_2CH_2CH_2CH(Br)\dot{C}HBr$ 较 $CH_3CH_2CH_2CH_2\dot{C}HCHBr_2$ 稳定，所以得到1,2-二溴己烷。

2. 与卤素的加成

炔烃与卤素发生亲电加成生成相应的邻二卤代物，进一步反应生成四卤代物。例如：

$$HC \equiv CH \xrightarrow{Br_2} \begin{matrix} H \\ \\ Br \end{matrix} C = C \begin{matrix} Br \\ \\ H \end{matrix} \xrightarrow{Br_2} H-\underset{\underset{Br}{|}}{\overset{\overset{Br}{|}}{C}}-\underset{\underset{Br}{|}}{\overset{\overset{Br}{|}}{C}}-H$$

乙炔　　　　1,2-二溴乙烯　　　1,1,2,2-四溴乙烷

控制一定的条件可使反应停留在第一步，得到反式加成产物。

碳碳叁键的亲电反应活性比双键小，所以炔烃比烯烃加成困难，有时需使用催化剂，例如，乙炔与氯则需在三氯化铁催化下才能顺利加成。如果分子中既有三键又有双键，在较低温度下并且细心操作，则卤素首先加到双键上。例如：

$$CH_2 = CH-CH_2-C \equiv CH \xrightarrow{Br_2} CH_2-CH-CH_2-C \equiv CH$$
$$\underset{\underset{Br}{|}\underset{Br}{|}}{}$$

90%

在室温下乙烯与溴水可立即加成使溴的红棕色迅速褪去，而乙炔反应较慢。

3. 与水的加成

炔烃在酸性条件下不能与水加成，需要汞盐催化。如乙炔与水加成是在10%硫酸和5%硫酸汞的水溶液中进行。首先水与叁键加成生成乙烯醇，然后再通过异构化转变为乙醛。

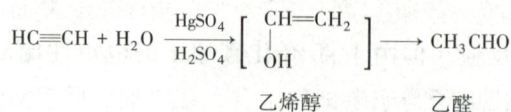

$$HC \equiv CH + H_2O \xrightarrow[H_2SO_4]{HgSO_4} \left[\begin{matrix} CH = CH_2 \\ \\ OH \end{matrix} \right] \longrightarrow CH_3CHO$$

乙烯醇　　　　　乙醛

羟基直接连在双键碳原子上的化合物称为烯醇（enol）。烯醇上羟基氢可以转移到相邻的双键碳上形成醛或酮，而醛、酮 α 碳的氢质子也可转移到羰基氧上形成烯醇，这种质子可逆的相互转移现象称为互变异构（tautomerism），两者互为互变异构体。该反应是一可逆反应，烯醇不稳定，一般平衡倾向于形成醛或酮。

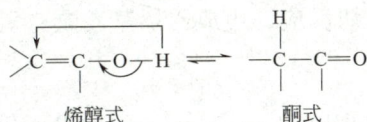

$$\underset{\text{烯醇式}}{>\!C\!=\!C\!-\!O\!-\!H} \rightleftharpoons \underset{\text{酮式}}{-\!\overset{H}{\underset{|}{C}}\!-\!C\!=\!O}$$

不对称炔烃与水的加成反应遵循马氏规则。除乙炔加水得到乙醛外，其他炔烃都生成相应的酮。例如：

$$CH_3(CH_2)_5C\!\equiv\!CH + H_2O \xrightarrow[H_2SO_4]{HgSO_4} CH_3(CH_2)_5\underset{\underset{O}{\parallel}}{C}CH_3 \ (91\%)$$

4. 硼氢化反应

炔烃也能发生硼氢化-氧化反应生成醛或酮。末端炔烃与硼烷加成时，硼原子加在含炔氢的碳原子，生成三烯基硼烷，再用碱性 H_2O_2 处理生成烯醇（这两步反应的总结果相当于炔键的反马式加水），然后通过互变异构得到醛。

$$n\text{-}C_4H_9C\!\equiv\!CH \xrightarrow[\text{醚}]{B_2H_6} \left[\underset{\text{三烯基硼烷}}{\underset{H}{n\text{-}C_4H_9}C\!=\!C\overset{H}{}} \right]_3 B$$

$$\xrightarrow[OH^-]{H_2O_2} \left[\underset{H}{n\text{-}C_4H_9}C\!=\!C\overset{H}{\underset{OH}{}} \right] \longrightarrow \underset{\text{己醛}}{n\text{-}C_4H_9CH_2\!-\!C\overset{O}{\underset{H}{}}}$$

炔烃在汞盐催化下与水加成，只有乙炔可以得到乙醛，其他炔烃都得到酮，而通过硼氢化-氧化反应，只要是末端炔烃都可以得到醛。

三烯基硼烷若用醋酸处理则得到顺式烯烃，该步反应是烯基硼烷的还原反应，总称硼氢化-还原反应。如：

$$CH_3CH_2C\!\equiv\!CCH_2CH_3 \xrightarrow[\text{醚}]{B_2H_6} \left[\underset{H}{CH_3CH_2}C\!=\!C\underset{H}{CH_2CH_3} \right]_3 B \xrightarrow{CH_3COOH} 3 \underset{\text{顺己-3-烯}}{\underset{H}{CH_3CH_2}C\!=\!C\underset{H}{CH_2CH_3}}$$

（三）氧化反应

炔烃在一般条件下能顺利地被酸性高锰酸钾、酸性重铬酸钾或臭氧等氧化剂氧化。例如：

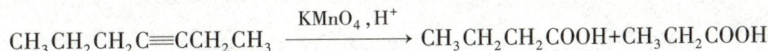

$$CH_3CH_2CH_2C\!\equiv\!CCH_2CH_3 \xrightarrow{KMnO_4,\,H^+} CH_3CH_2CH_2COOH + CH_3CH_2COOH$$

根据所得产物结构可推测原炔烃结构。

炔烃能使高锰酸钾的水溶液褪色，生成褐色的二氧化锰沉淀，故可作为炔烃的鉴别反应。

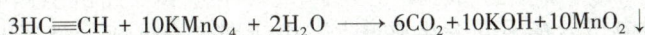

$$3HC\!\equiv\!CH + 10KMnO_4 + 2H_2O \longrightarrow 6CO_2 + 10KOH + 10MnO_2\downarrow$$

炔烃对于氧化剂的敏感性比烯烃小，若分子中既有双键又有叁键，选择适当的氧化剂（如三氧化铬）并仔细操作，可将双键氧化而保留叁键。

（四）亲核加成反应

ROH、HCN、NH_3 等试剂的活性中心是带负电荷部分或电子云密度较大的部位，因此这些试剂具有亲核性,称为亲核试剂(nucleophilic reagent)。由亲核试剂进攻引起的加成反应称亲核加成反应(nucleophilic addition)。

炔烃与烯烃的明显区别表现在炔烃能发生亲核加成反应,而烯烃不能,主要原因在于炔烃发生亲核加成反应产生的活性中间体稳定性大于烯烃发生亲核加成反应所产生的活性中间体。如乙醇用碱催化,在高温、高压下与乙炔反应,生成乙烯基乙醚;氢氰酸在氯化铵、氯化亚铜存在下与乙炔反应得到丙烯腈。

$$HC\equiv CH + CH_3CH_2OH \xrightarrow[\substack{150\sim180℃ \\ 0.1\sim1.5MPa}]{碱} CH_2=CH-OCH_2CH_3$$
乙烯基乙醚

$$HC\equiv CH + HCN \xrightarrow[20\sim25℃]{Cu_2Cl_2,NH_4Cl} CH_2=CHCN$$
丙烯腈

乙烯基乙醚聚合可得聚乙烯基乙醚,常作为黏合剂。丙烯腈聚合可得聚丙烯腈,是合成纤维(腈纶)、塑料、橡胶等的原料;丙烯腈也是制备某些药物的原料。

(五)炔氢的反应

由于 sp 杂化的叁键碳原子电负性较大,使炔氢具有微弱的酸性,可与金属钠或氨基钠(强碱)反应,生成金属炔化物。例如,乙炔或末端炔烃在液氨中与氨基钠作用,炔氢可被钠取代生成炔钠。

$$RC\equiv CH + NaNH_2 \xrightarrow{液氨} RC\equiv CNa + NH_3$$
炔钠

$$HC\equiv CH + NaNH_2 \xrightarrow{液氨} HC\equiv CNa + NH_3$$
乙炔钠

$$HC\equiv CH + 2NaNH_2 \xrightarrow{液氨} NaC\equiv CNa + 2NH_3$$
乙炔二钠

乙炔的酸性介于氨和水之间。

酸性:　　H_2O　　>　　$HC\equiv CH$　　>　　NH_3

pK_a　　15.7　　　　25　　　　　　35

所以炔氢的酸性很弱,既不能使石蕊试纸变红,又没有酸味,只是显示很小的失去氢质子的倾向。

乙炔的酸性大于乙烯(pK_a 45),更大于甲烷(pK_a 49)。原因有两方面:①炔碳原子电负性较大;②乙炔失去一个 H^+ 后的负离子更稳定。乙炔、乙烯和甲烷失去一个 H^+ 后的负离子(共轭碱)结构为:

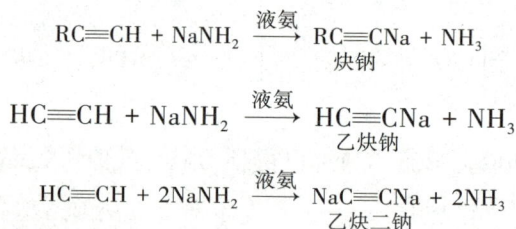

乙炔负离子　　　　乙烯负离子　　　　甲基负离子

这些负离子的一对电子处在不同杂化轨道上,电子对处在 s 成分越多的杂化轨道中,就越靠近原子核,受核束缚力越大,负离子就越稳定,它的碱性就越弱,相应酸的酸性就越强。因此酸性强弱次序为:乙炔>乙烯>乙烷。

炔钠是一个弱酸强碱盐,其碳负离子是很强的亲核试剂,在有机合成中是非常有用的中间体,若与伯卤代烃反应可生成高级的炔烃,这是制备高级的炔烃的方法。

$$RC \equiv CNa + R'X \longrightarrow RC \equiv CR'$$

$$NaC \equiv CNa + R'X \longrightarrow R'C \equiv CR'$$

炔氢也能与重金属（Ag 或 Cu）作用形成不溶于水的金属炔化物。常用试剂为硝酸银的氨溶液或氯化亚铜的氨溶液，该反应灵敏，现象明显可作为末端炔烃的鉴别反应。

$$HC \equiv CH + 2[Ag(NH_3)_2]^+ \longrightarrow AgC \equiv CAg \downarrow$$
白色

$$HC \equiv CH + 2[Cu(NH_3)_2]^+ \longrightarrow CuC \equiv CCu \downarrow$$
砖红色

这些重金属炔化物易被盐酸、硝酸分解生成原来的炔烃，所以可作为分离或纯化具有 "—C≡CH" 结构的炔烃。

重金属炔化物在干燥状态易爆炸，在反应完毕后应及时加入稀硝酸分解处理。

（六）聚合反应

乙炔在不同催化剂作用下，可选择性地聚合成链状或环状化合物。与烯烃不同，它一般不聚合成高聚物。例如：

$$HC \equiv CH \xrightarrow{Cu_2Cl_2, NH_4Cl} CH_2 = CH - C \equiv CH \xrightarrow{HC \equiv CH} CH_2 = C - C - CH = CH_2$$

$$3HC \equiv CH \xrightarrow{500℃} \bigcirc \quad (苯)$$

五、炔烃的制备

（一）乙炔的制备

乙炔是工业上最重要的炔烃，通常用电石水解法制备。

$$3C + CaO \xrightarrow{2200℃} CaC_2 + CO$$

$$CaC_2 + 2H_2O \longrightarrow HC \equiv CH + Ca(OH)_2$$

乙炔的另一个制备方法是由甲烷在高温条件下部分氧化而得。

$$6CH_4 + O_2 \xrightarrow{500℃} 2HC \equiv CH + 2CO + 10H_2$$

乙炔为无色无臭气体，燃烧时温度高达 3000℃ 以上，称为氧炔焰。广泛用来焊接和切割金属。乙炔是重要的有机合成原料，也是合成许多药物的基本原料之一。乙炔极易受震动、热或火花的作用而发生猛烈爆炸，故在使用和运输时必须注意安全。

（二）其他炔烃的制备

二卤代烷在强碱性条件下脱卤化氢是炔烃的常用制备方法。例如：

$$CH_3(CH_2)_7CHCH_2Br \xrightarrow[\triangle]{NaNH_2} CH_3(CH_2)_7C \equiv CNa \xrightarrow{H_2O} CH_3(CH_2)_7C \equiv CH$$
$$\underset{Br}{|} \qquad\qquad\qquad\qquad\qquad\qquad\qquad 54\%$$

$$(CH_3)_3CCH_2CHCl_2 \xrightarrow[\triangle]{NaNH_2} (CH_3)_3CC \equiv CNa \xrightarrow{H_2O} (CH_3)_3CC \equiv CH$$
$$50\% \sim 60\%$$

此外，炔钠与伯卤代烃的取代反应也是制备高级炔烃的常用方法。

第二节 二烯烃

分子中含有两个双键的烯烃称为二烯烃（dienes），开链二烯烃的通式为 C_nH_{2n-2}。

一、二烯烃的分类和命名

根据分子中两个双键的相对位置不同，二烯烃可分为以下三类：

1. 聚集二烯烃（cumulative diene）：两个双键连在同一个碳原子上。

2. 共轭二烯烃（conjugated diene）：两个双键被一个单键隔开（即单、双键交替排列）。

3. 孤立二烯烃（isolated diene）：两个双键被两个或多个单键隔开。

$$H_2C=C=CH_2 \qquad\qquad H_2C=CH-CH=CH_2 \qquad\qquad H_2C=CH-(CH_2)_2-CH=CH_2$$

丙二烯   丁-1,3-二烯   己-1,5-二烯

（聚集二烯烃）   （共轭二烯烃）   （孤立二烯烃）

聚集二烯烃比较少见，其结构不稳定，实际应用也不多；孤立二烯烃的结构和性质类似于普通烯烃；共轭二烯烃因两个双键之间相互影响表现出一些特殊的理化性质，本节主要讨论共轭二烯烃。

二烯烃一般采用系统命名法命名，即选择包含两个双键的最长碳链为主链，命名为"某二烯"；编号从靠近双键的一端开始，母体名称前标出两个双键的位次以及取代基的位置和名称。例如：

$$H_2C=C-CH=CH_2 \qquad\qquad H_2C=CH-CH-C-CH_3$$

         CH_3   CH_3 CH_2

2-甲基丁-1,3-二烯   2,3-二甲基戊-1,4-二烯

具有顺反异构体的二烯烃和多烯烃，需要逐个标明其构型。例如：

(2E,4E)-庚-2,4-二烯   (2Z,4E)-3-甲基庚-2,4-二烯

围绕共轭双键间的单键旋转，可产生两种构象。在命名时可用 s-顺及 s-反来表示。例如：

s-顺-丁-1,3-二烯   s-反-丁-1,3-二烯

名称中"s"取自英语"单键"（single bond）中的第一个字母。应注意它们不是双键的顺反异构，而是围绕单键旋转的构象异构。s-顺表示两个双键位于 C_2—C_3 单键的同侧，s-反表示两个双键位于 C_2—C_3 异侧。这两种构象异构体的能量差约为 9.6kJ/mol，室温下能量低的 s-反式构象占优势，但两种构象异构体不能分离。

二、共轭二烯烃的结构

最简单的共轭二烯烃是丁-1,3-二烯，近代研究结果表明，它分子中的四个烯碳原子均是 sp^2 杂化，三个 C—Cσ 键和六个 C—Hσ 键都在同一平面上，每个碳原子上各有一个 p 轨道，它们与该平面垂直。分子中的两个 π 键是由 C_1 和 C_2 的两个 p 轨道及 C_3 和 C_4 的两个 p 轨道分别侧面重叠形成的。这两个 π 键靠得很近，在 C_2 和 C_3 间也可发生一定程度的重叠，这样使两个 π 键不是孤立存在，而是相互结合成一个整体，称为π-π 共轭体系（conjugation system），通常也把这个整体称为大 π 键，见图 5-3。

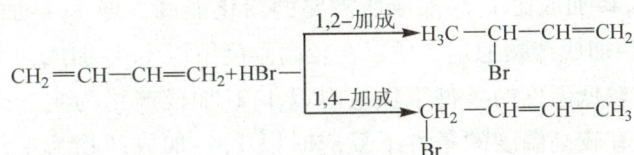

图 5-3　丁-1,3-二烯分子中的 π 键

从图 5-3 可看出，π 电子不再局限（定域）在 C_1 和 C_2 或 C_3 和 C_4 之间，而是在整个分子中运动，即 π 电子发生了离域（delocation），每个 π 电子不只受两个原子核而是受四个核的吸引，分子内能降低。由于电子离域使分子降低的能量叫作离域能（delocalization energy；delocalized energy），离域能的大小可通过测定分子氢化热来衡量。实验测得丁-1,3-二烯的氢化热为 239kJ/mol，比丁-1-烯的氢化热（126.6kJ/mol）的两倍低 14.2kJ/mol，说明了丁-1,3-二烯的能量较低，较稳定。同样，戊-1,3-二烯的氢化热为 226kJ/mol，比戊-1,4-二烯的氢化热 254kJ/mol 低 28kJ/mol。这都说明共轭体系能量较低，较稳定。在共轭体系中，由于电子的离域也使得单、双键键长出现平均化趋势，如丁-1,3-二烯分子中，C—C 键长（146pm）比乙烷的 C—C 键长（154pm）短；C＝C 双键键长（137pm）比乙烯分子中 C＝C（134pm）长。

三、共轭二烯烃的性质

（一）1，2-加成和 1，4-加成反应

共轭二烯烃可以与卤素、卤化氢等亲电试剂发生加成反应，与烯烃不同的是，共轭二烯烃可生成两种产物：

$$CH_2{=}CH{-}CH{=}CH_2 + Br_2 \quad \begin{array}{l} \xrightarrow{\text{1,2-加成}} CH_2{-}CH{-}CH{=}CH_2 \\ \qquad\quad\ \ \underset{Br}{|}\ \ \underset{Br}{|} \\ \xrightarrow{\text{1,4-加成}} CH_2{-}CH{=}CH{-}CH_2 \\ \qquad\quad\ \ \underset{Br}{|}\qquad\qquad\underset{Br}{|} \end{array}$$

3,4-二溴丁-1-烯的生成是溴加成到丁-1,3-二烯的同一双键上，称为 1,2-加成。1,4-二溴丁-2-烯的生成是丁-1,3-二烯的两个双键都打开，溴加成到 C_1 和 C_4 上，再在 C_2 和 C_3 间形成一个新的双键，称为 1,4-加成反应，也称共轭加成。1,2-加成和 1,4-加成常在反应中同时发生，这是共轭烯烃的共同特征。

丁-1,3-二烯与亲电试剂溴化氢的加成反应也可得到两种产物：

$$CH_2{=}CH{-}CH{=}CH_2 + HBr \quad \begin{array}{l} \xrightarrow{\text{1,2-加成}} H_3C{-}CH{-}CH{=}CH_2 \\ \qquad\qquad\qquad\ \ \underset{Br}{|} \\ \xrightarrow{\text{1,4-加成}} CH_2{-}CH{=}CH{-}CH_3 \\ \qquad\qquad\ \underset{Br}{|} \end{array}$$

（1）反应历程　共轭二烯烃与卤素、卤化氢的加成按亲电加成机理进行，反应分两步进行。以丁-1,3-二烯与氢溴酸的加成为例进行讨论。第一步先生成碳正离子中间体。H^+ 进攻 C_1 或 C_2，分别生成活性中间体烯丙基碳正离子（Ⅰ）和伯碳正离子（Ⅱ）：

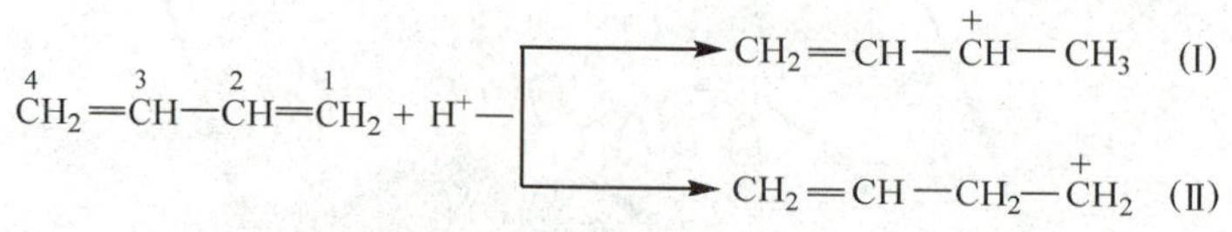

$$CH_2=CH-CH=CH_2 + H^+ \longrightarrow \begin{cases} CH_2=CH-\overset{+}{C}H-CH_3 \quad (\text{I}) \\ CH_2=CH-CH_2-\overset{+}{C}H_2 \quad (\text{II}) \end{cases}$$

（上式碳原子标号为 $\overset{4}{CH_2}=\overset{3}{CH}-\overset{2}{CH}=\overset{1}{CH_2}$）

烯丙基碳正离子（Ⅰ）因可以发生共振而稳定：

$$[H_3C-CH=\overset{+}{C}H_2 \longleftrightarrow H_3C-\overset{+}{C}H-CH=CH_2] \equiv H_3C-\overset{\delta^+}{C}H\cdots\overset{}{CH}\cdots\overset{\delta^+}{C}H_2$$

但伯碳正离子（Ⅱ）不能共振而不稳定。所以丁-1,3-二烯与 HBr 加成的第一步中，H^+ 总是加到末端碳原子上。第二步是 Br^- 进攻碳正离子，由极限式（Ⅲ）得到 1,2 加成产物；由极限式（Ⅳ）得到 1,4 加成产物：

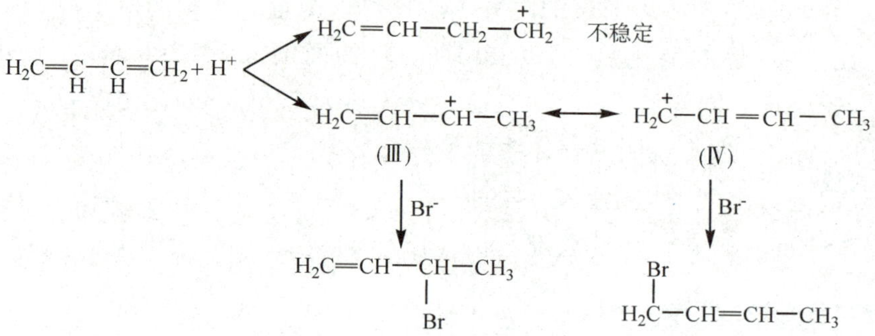

$$H_2C=CH-C=CH_2 + H^+ \longrightarrow \begin{cases} H_2C=CH-CH_2-\overset{+}{C}H_2 \quad \text{不稳定} \\ H_2C=CH-\overset{+}{C}H-CH_3 \longleftrightarrow H_2\overset{+}{C}-CH=CH-CH_3 \\ \qquad\qquad (\text{Ⅲ}) \qquad\qquad\qquad (\text{Ⅳ}) \end{cases}$$

（Ⅲ）$\xrightarrow{Br^-}$ $H_2C=CH-\underset{\overset{|}{Br}}{CH}-CH_3$

（Ⅳ）$\xrightarrow{Br^-}$ $H_2C-CH=CH-CH_3$ （末端带 Br）

（2）**两种加成产物的比率**　共轭二烯烃的 1,2-加成和 1,4-加成是同时发生的，在反应中产生的 1,2-加成物和 1,4-加成物的相对数量受共轭二烯烃的结构、试剂和反应温度等条件的影响，一般低温有利于 1,2-加成，高温有利于 1,4-加成：

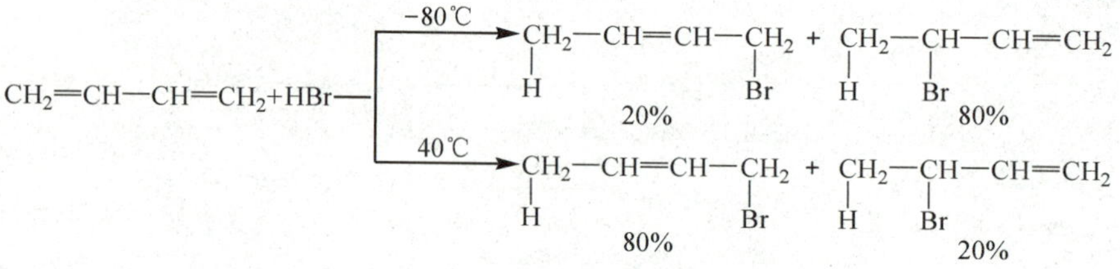

$$CH_2=CH-CH=CH_2 + HBr \longrightarrow \begin{cases} \overset{-80℃}{\longrightarrow} \quad 20\% \qquad + \qquad 80\% \\ \overset{40℃}{\longrightarrow} \quad 80\% \qquad + \qquad 20\% \end{cases}$$

如前所述，1,2-加成产物和 1,4-加成产物的生成都是经烯丙基碳正离子中间体，所以形成这两种产物的相对数量取决于第二步反应。

上式中（Ⅲ）为仲碳正离子，（Ⅳ）为伯碳正离子，（Ⅲ）比（Ⅳ）稳定，对共振杂化体贡献大。因此 C_2 比 C_4 容易接受 Br^- 进攻，1,2-加成所需的活化能较小，反应速率比 1,4-加成快。如图 5-4 所示。

由图 5-4 可看出 1,4-加成比 1,2-加成所需要的活化能高，即 1,4-加成需提供较多的能量。但 1,4-加成产物比 1,2-加成产物稳定，所以在较高温度下以 1,4-加成为主。

由上分析可知，在较低温度的条件下反应时以 1,2-加成产物为主，产物的比率由反应速率决定，称动力学控制；在较高温度的条件下反应时以 1,4-加成产物为主，产物的比率由产物的稳定性决定，称热力学控制。

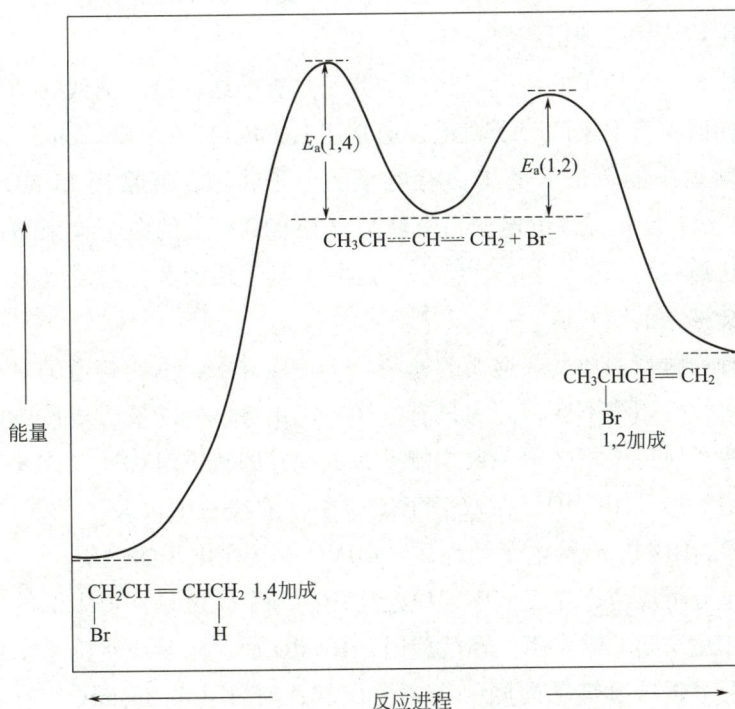

图 5-4　丁-1,3-二烯的 1,2-加成和 1,4-加成的势能变化图

（二）周环反应

在有机反应中，除共价键均裂的自由基型反应和共价键异裂的离子型反应外，还有一类反应只形成过渡态而不生成任何活性中间体的反应，这类反应称为协同反应（concerted reaction）。其中形成环状过渡态的协同反应，称为周环反应（pericyclic reaction）。

周环反应主要包括电环化反应（electrocyclic reaction）、环加成反应（cycloaddition reaction）及 σ 键迁移反应（sigmatropic reactions）。共轭二烯烃能发生其中的电环化反应和环加成反应。

1. 电环化反应

共轭二烯烃及其他共轭多烯烃在热或光的作用下，可以发生分子内的环合反应。反应中，分子在断裂 π 键的同时，在共轭双键的两端的碳原子相互以 σ 键结合，生成相应的环状化合物。这类反应及其逆反应称为电环化反应。

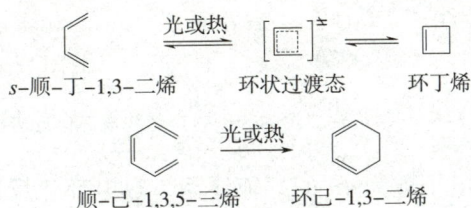

此类反应不经过游离基或碳正离子等活性中间体，而是在 π 键断裂的同时，共轭体系两端的碳原子由 sp^2 杂化逐渐转变为 sp^3 杂化，并相互轴向重叠形成 σ 键，反应经过一个电子离域的环状过渡态，因此称为电环化反应。电环化反应的显著特征是具有高度的立体专一性。如 (2E,4E)-己-2,4-二烯在光作用下，环化生成顺-3,4-二甲基环丁烯；在加热条件下则环化生成

反-3,4-二甲基环丁烯。但对于（2Z,4E）-己-2,4-二烯，其结果正好相反。这种在不同条件下的立体专一反应可用前线轨道理论解释。

前线轨道理论认为，与原子的价电子相似，分子具有前线轨道。前线轨道有两个，一个是分子轨道中能量最高的已占有电子的分子轨道，通常用 HOMO（highest occupied molecular orbital）表示；另一个是分子轨道中能量最低的未占有电子的分子轨道，通常用 LUMO（lowest unoccupied molecular orbital）表示。能量最高的电子占有轨道（HOMO）上的电子被束缚的松弛，容易被激发到能量最低的空轨道（LUMO）中去，所以，这两个轨道最活泼，对成键起关键性作用，它们处于反应前线，故被称为前线轨道。

应用前线轨道理论解释周环反应遵循的原则：①在反应中，前线轨道的对称性是守恒的，即由原料到产物轨道对称性始终不变，因为只有这样才能用最低的能量形成反应中的过渡态。前线轨道中参与成键的原子轨道位相必须一致才能重叠成键，即轨道对称性允许才可反应。②在单分子反应中，前线轨道只涉及 HOMO。在双分子反应中，前线轨道涉及一个反应物的 HOMO 和另一个反应物的 LUMO。HOMO 有给电子的性质，LUMO 有接受电子的性质。

电环化反应是单分子反应，在反应中起决定作用的分子轨道是共轭多烯的 HOMO。HOMO 的对称性对产物的立体化学起关键作用。在反应时，HOMO 通过顺旋或对旋来实现关环过程。顺旋（conrotatory）是指两个碳碳键键轴向同一个方向旋转；对旋（disrotatory）是指两个碳碳键键轴向相反方向旋转。例如，丁-1,3-二烯的电环化反应，在加热条件下，反应在基态时发生，此时的 φ_2 是 HOMO（图 5-5），φ_2 的 C_1 和 C_4 必须进行顺旋才能成环。在光照条件下，反应在激发态时发生，首先 φ_2 上的一个电子被激发到 φ_3，此时 φ_3 是 HOMO，φ_3 的 C_1 和 C_4 必须进行对旋才能成环。

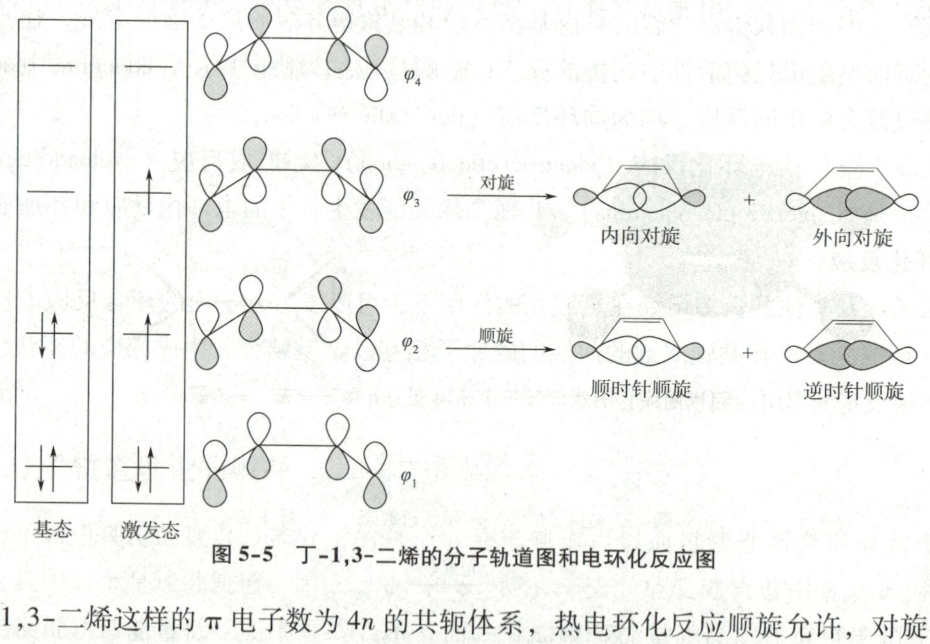

图 5-5　丁-1,3-二烯的分子轨道图和电环化反应图

像丁-1,3-二烯这样的 π 电子数为 $4n$ 的共轭体系，热电环化反应顺旋允许，对旋是禁阻的；而光电环化反应正好相反，对旋允许，顺旋则是禁阻的。前述的不同顺反异构体的己二烯在加热或光作用下的电环化的反应过程如下：

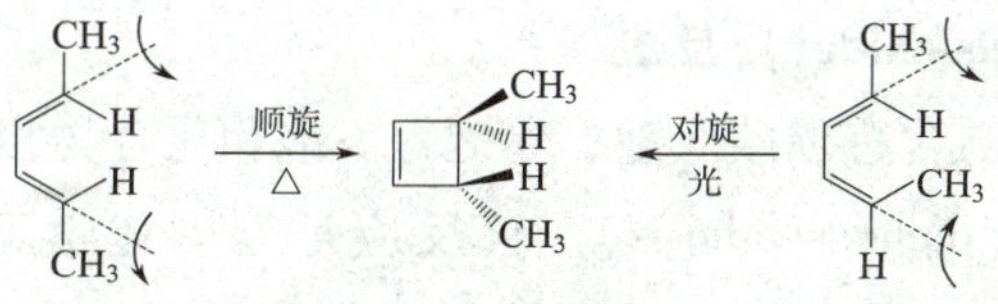

反-3,4-二甲基环丁烯

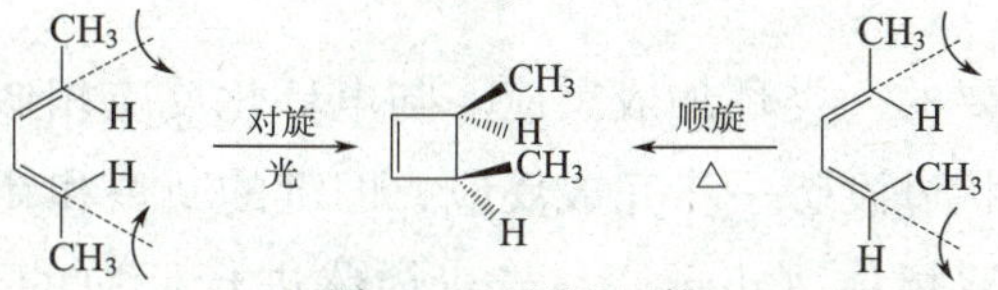

顺-3,4-二甲基环丁烯

(2E,4E)-己-2,4-二烯   (2Z,4E)-己-2,4-二烯

对于 π 电子数为 $4n+2$ 的共轭烯烃的电环化反应，以己-1,3,5-三烯为例，其 π 分子轨道如图 5-6 所示。该体系的热电环化反应是由基态的 HOMO 前线轨道 φ_3 控制，对旋允许，顺旋则是禁阻的；而光电环化反应，是由激发态的 HOMO 前线轨道 φ_4 控制，结果正好相反，顺旋允许，对旋是禁阻的。

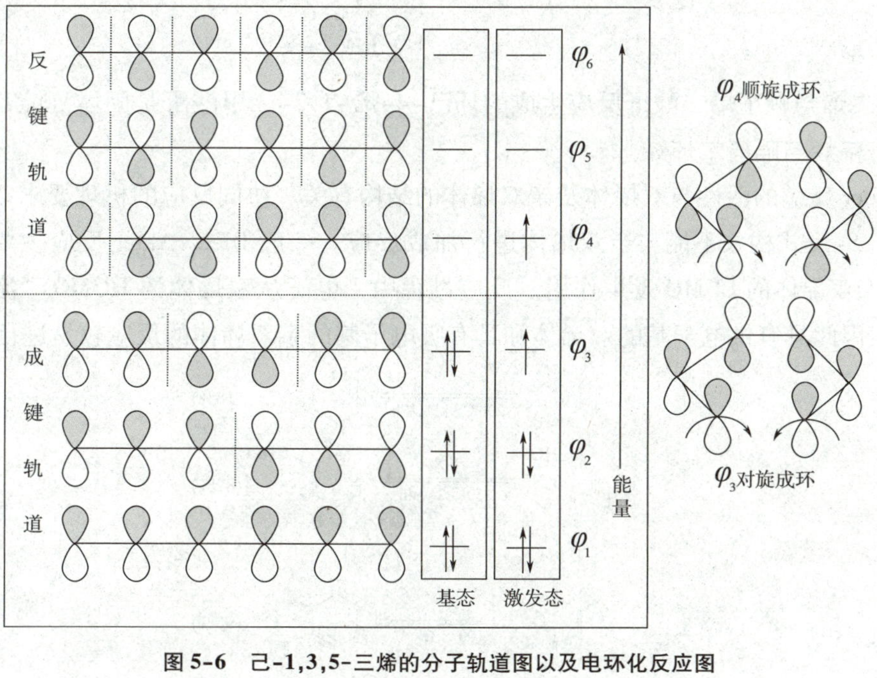

图 5-6 己-1,3,5-三烯的分子轨道图以及电环化反应图

π 电子数为 $4n+2$ 的共轭烯烃 (2E,4Z,6E)-辛-2,4,6-三烯，在加热条件下对旋生成顺-5,6-二甲基环己-1,3-二烯；在光照条件下则顺旋生成反-5,6-二甲基环己-1,3-二烯。

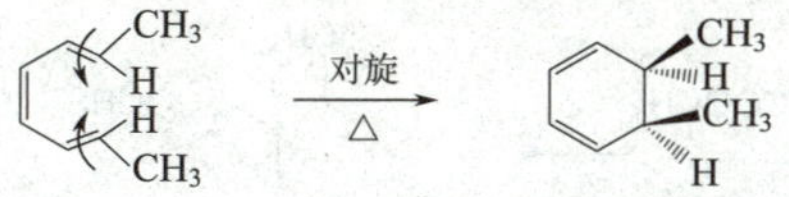

顺-5,6-二甲基环己-1,3-二烯

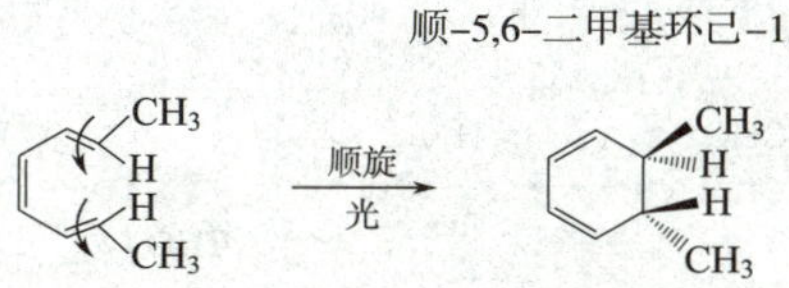

(2E,4Z,6E)-辛-2,4,6,-三烯   反-5,6-二甲基环己-1,3-二烯

2. 狄尔斯-阿尔德（Diels-Alder）反应

共轭二烯烃及其衍生物与含有碳碳双键、叁键等不饱和化合物相互作用，生成六元环状化合物的反应，称为双烯合成（diene synthesis）。该反应是德国化学家狄尔斯（Diels）和阿尔德（Alder）在研究丁-1,3-二烯和顺丁烯二酸酐的相互作用时首先发现的，因此这类反应也称为Diels-Alder反应。

Diels-Alder反应是最重要的一类环加成反应。与电环化反应相似，这种反应也是没有活性中间体生成，而是经过一个环状过渡态一步完成反应，旧键的断裂和新键的形成是同时进行。其中共轭二烯烃及其衍生物称为双烯体（diene），与双烯体进行反应的不饱和化合物称为亲双烯体（dienophile）。

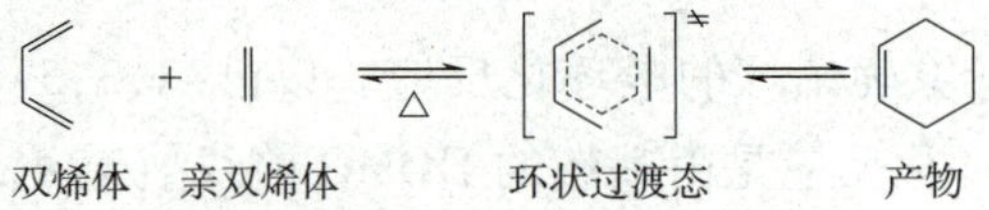

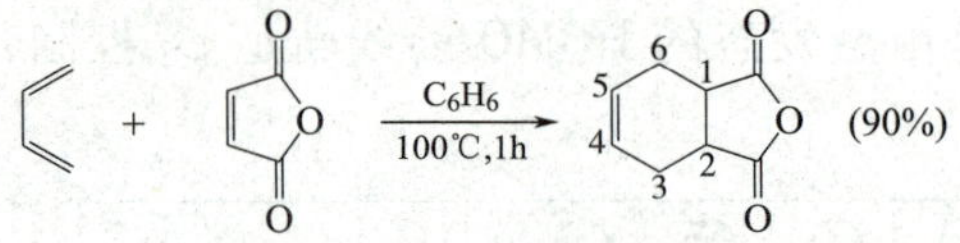

丁-1,3-二烯与顺丁烯二酸酐反应生成的环己-4-烯-1,2-二甲酸酐是固体沉淀，常用这一反应区别共轭二烯烃与隔离二烯烃。

Diels-Alder反应的活性与双烯体及亲双烯体的结构有关。协同反应的机理要求双烯体必须取S-顺式构象，S-反式构象不能与亲双烯体进行加成反应。一般Diels-Alder反应主要是由双烯体的HOMO与亲双烯体的LUMO发生作用。反应过程中，电子从双烯体的HOMO"流入"亲双烯体的LUMO。因此具有供电子基的双烯体和具有吸电子基的亲双烯体的反应较易进行。例如：

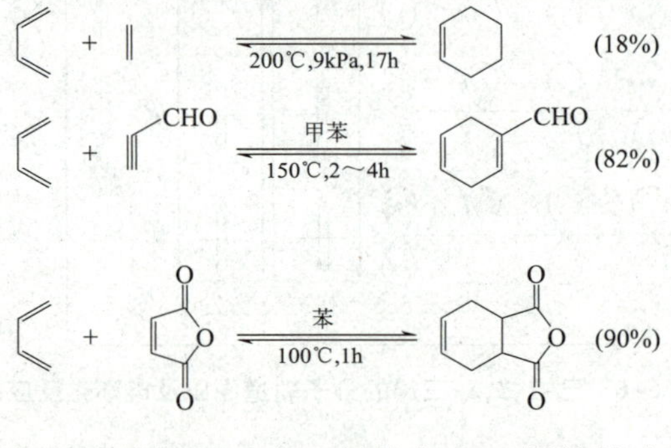

Diels-Alder反应有很强的区域选择性，当双烯体与亲双烯体均有取代基时，可能产生两种不同的反应产物。实验证明产物以两个取代基处于邻位或对位的占优势。例如：

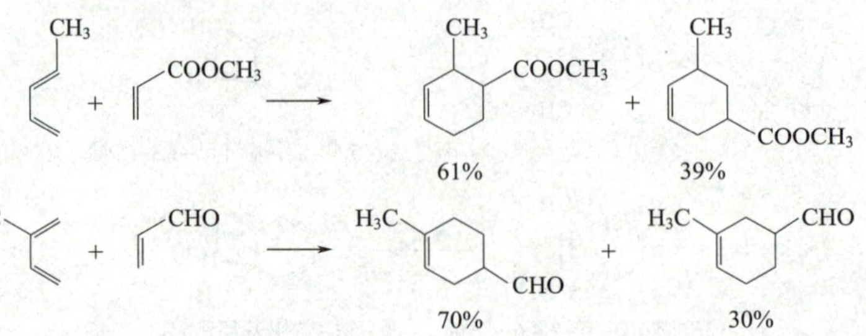

Diels-Alder反应是立体专一的顺式加成反应，参与反应的亲双烯体在反应过程中顺反关系保持不变，其构型保留在加成产物中，这也进一步佐证了反应是通过协同的方式一步完成的。

Diels–Alder 反应在合成特定构型的环状化合物上很有用，特别是对结构复杂的天然产物如维生素、胆固醇、斑蝥素等的合成更具有意义。

除含碳的双烯体和亲双烯体外，含有杂原子的共轭体系和不饱和化合物也可发生环加成反应。常见的双烯体系、亲双烯体系和一些应用实例如下：

双烯体：

亲双烯体：

应用实例：

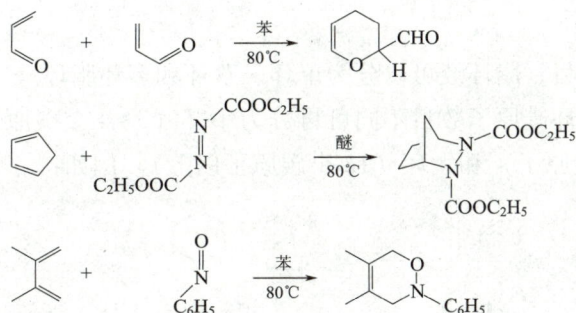

从电环化反应和 Diels–Alder 反应可以看出，周环反应不同于离子型和游离基型反应，其机理是一步完成的协同反应。这些反应具有以下共同特点：①反应过程中，旧键的断裂和新键的形成是相互协同，经过环状过渡状态一步完成的，没有自由基或离子这一类活性中间体生成；②反应不受溶剂的极性和酸、碱催化剂的影响，也不受自由基引发剂或抑制剂的影响；③反应条件一般只需要加热或光照，而且加热或光照所产生的结果也不同；④这类反应具有高度的立体专一性，即一定立体构型的反应物，在一定条件下，只生成特定立体构型的产物。

1956 年美国著名化学家伍德沃德（R. B. Woodward）及量子化学家霍夫曼（R. Hoffmann）携手合作，在总结了大量有机合成经验规律的基础上，特别是在合成维生素 B_{12} 的过程中，把分子轨道理论引入周环反应的反应机理的研究，运用前线轨道理论和能级相关理论来分析周环反应，提出了分子轨道对称性守恒（conservation of molecular orbital symmetry）理论。1971 年日本化学家福井谦一（K. Fukui）提出了完整的前线轨道（frontier orbital）理论。由于他们在化学领域的贡献，伍德沃德、霍夫曼和福井谦一先后分别荣获诺贝尔化学奖。

第六章
脂环烃

扫一扫，查阅本章数字资源，含PPT、音视频、图片等

具有环状结构，性质与链烃相同的烃类，称为脂环烃（alicyclic hydrocarbons）。环烷烃的通式为 C_nH_{2n}，与同碳数的烯烃互为同分异构体。脂环烃及其衍生物广泛存在于自然界。

一、脂环烃的分类及命名

（一）脂环烃的分类

通常地，依据环的数目，脂环烃可以分为单环、双环和多环脂环烃。

单环脂环烃，根据成环碳原子数目不同可再分为小环（3~4 个碳原子）、普通环（5~6 个碳原子）、中环（7~12 个碳原子）和大环（12 个碳原子以上）。例如：

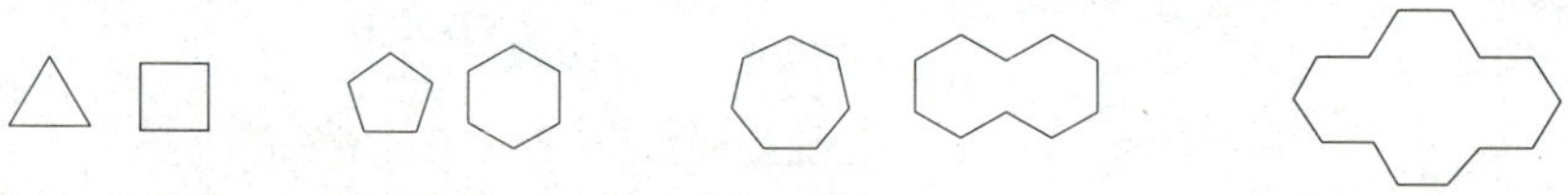

小环　　普通环　　中环　　大环

在双环和多环脂环烃中，根据分子内两个碳环共用的碳原子数目不同可再分为螺环烃、桥环烃和稠环烃。两个碳环共用一个碳原子的称为螺环烃（spiro hydrocarbon）；两个环共用两个碳原子的称为稠环烃（fused polycyclic hydrocarbon）；两个环共用两个以上碳原子的称为桥环烃（bridged hydrocarbon）。例如：

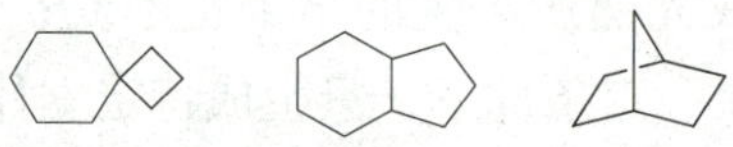

螺环烃　　稠环烃　　桥环烃

此外，依据饱和程度，脂环烃还可以分为饱和脂环烃和不饱和脂环烃。

（二）脂环烃的命名

1. 单环脂环烃的命名

单环脂环烃的系统命名与开链烃相似，也要进行模块化处理。不过，由于脂环烃的母体是环状的，所以，在母体前冠以“环”字，根据成环碳原子数目称为环某烃。例如：

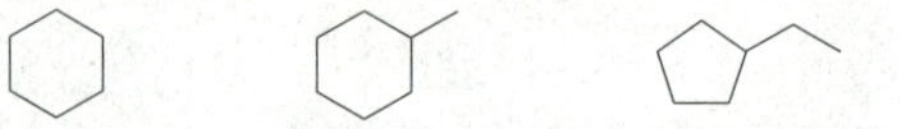

环己烷（cyclohexane）　　甲基环己烷（methylcyclohexane）　　乙基环戊烷（ethylcyclopentane）

环上有多个取代基时,环上碳原子的编号顺序一般从英文字母排序较前者开始,并使其他取代基编号较小。例如:

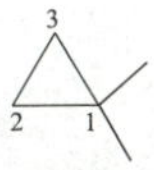

1,1-二甲基环丙烷
(1,1-dimethylcyclopropane)

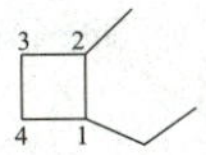

1-乙基-2-甲基环丁烷
(1-ethyl-2-methylcyclobutane)

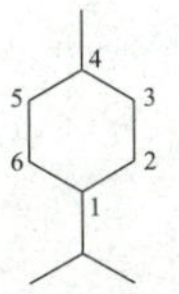

1-异丙基-4-甲基环己烷[注]
(1-isopropyl-4-methylcyclohexane)

脂环烃由于环的存在,限制了 C—Cσ 键的自由旋转,环上碳原子所连接的原子或基团在空间的排布被固定,和烯烃一样存在顺反异构。两个取代基在环的同侧为顺式(*cis-*),在两侧为反式(*trans-*)。例如:

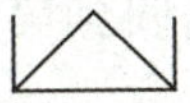

顺-1,2-二甲基环丙烷
(*cis*-1,2-dimethylcyclopropane)

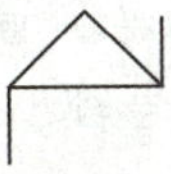

反-1,2-二甲基环丙烷
(*trans*-1,2-dimethylcyclopropane)

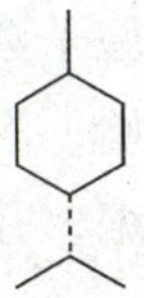

反-1-异丙基-4-甲基环己烷
(*trans*-1-isopropyl-4-methylcyclohexane)

环上有不饱和键时,环碳原子的编号从不饱和碳原子开始,并使取代基编号较小。最后,依据其官能团,归类称为"烯"或"炔"。例如:

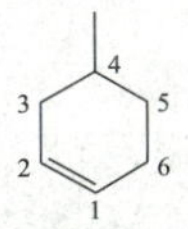

4-甲基环己烯
(4-methylcyclohexene)

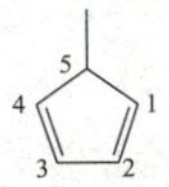

5-甲基环戊-1,3-二烯
(5-methylcyclopenta-1,3-diene)

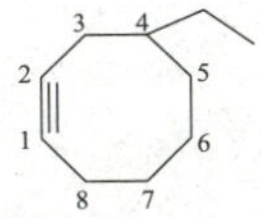

4-乙基环辛炔
(4-ethylcyclooctyne)

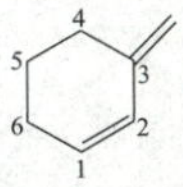

3-甲亚基环己烯
(3-methylidenecyclohexene)

环上取代基比较复杂时,环可作为取代基来命名,称之为"环某基"。例如:

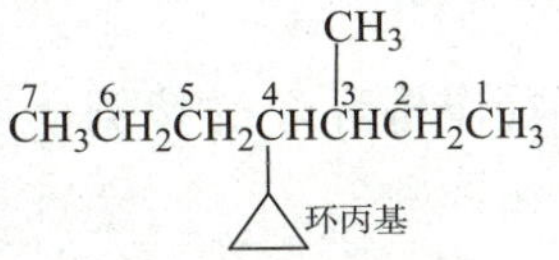

4-环丙基-3-甲基庚烷
(4-cyclopropyl-3-methylheptane)

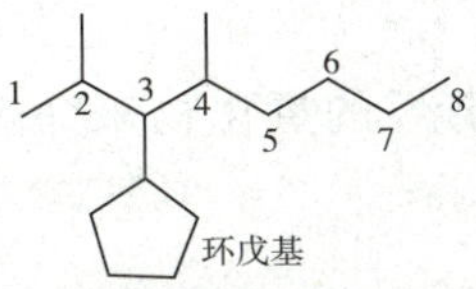

3-环戊基-2,4-二甲基辛烷
(3-cyclopentyl-2,4-dimethylpentane)

2. 螺环烃的命名

根据参与成环的碳原子总数称为"螺〔 〕某烃",方括号内用阿拉伯数字注明每个环上除螺原子以外的碳原子数,数字由小到大,数字之间用圆点隔开。例如:

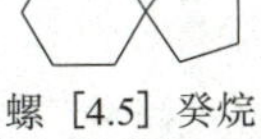

螺〔4.5〕癸烷
(spiro[4.5]decane)

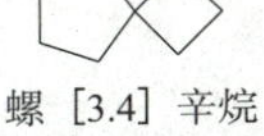

螺〔3.4〕辛烷
(spiro[3.4]octane)

若有双键或取代基时,需对整个环进行编号,编号从小环紧邻螺原子的一个碳原子开始,先编小环,然后通过螺原子再编到大环,并使官能团或取代基编号较小。例如:

[注] 该化合物也可命名为 1-甲基-4-异丙基环己烷。

CH₃

4-甲基螺[2.4]庚烷
(4-methylspiro[2.4]heptane)

螺[4.5]-癸-1,6-二烯
(spiro[4.5]-deca-1,6-diene)

3. 桥环烃的命名

在桥环烃中，桥碳链交汇点的碳原子称为桥头碳。根据桥环烃所含环的数目不同可分为二环烃、三环烃等。桥环化合物中环的数目是这样确定的：切断碳碳键使其转变为链烃，在此过程中所需切断的最少次数，即为该桥环化合物的环数目。例如，至少切断两个键才能成为链烃的叫二环烃，至少切断三个键成链烃的叫三环烃。

本章主要介绍二环烃的命名。根据参与成环的碳原子总数称为"二环〔　〕某烃"，方括号内注明各桥所含碳原子数（桥头碳原子除外），从大到小，数字之间用下角圆点隔开。编号是从一个桥头碳原子开始，沿最长的桥编到另一个桥头碳原子，再沿次长桥编回到第一个桥头碳原子，最短的桥最后编，并使官能团或取代基的编号较小。例如：

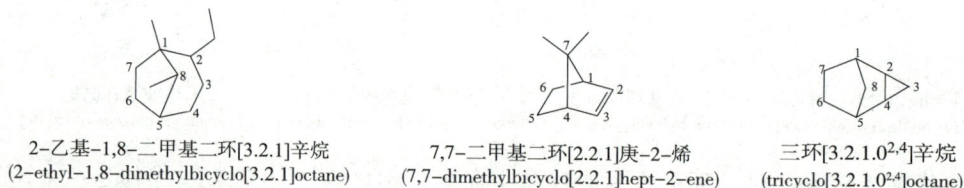

二环[2.2.1]庚烷
(bicyclo[2.2.1]heptane)

6,6-二甲基-2-甲亚基二环[3.1.1]庚烷
(6,6-dimethyl-2-methylidenebicyclo[3.1.1]heptane)
β-蒎烯（β-pinene，松节油的主要成分之一）

2-乙基-1,8-二甲基二环[3.2.1]辛烷
(2-ethyl-1,8-dimethylbicyclo[3.2.1]octane)

7,7-二甲基二环[2.2.1]庚-2-烯
(7,7-dimethylbicyclo[2.2.1]hept-2-ene)

三环[3.2.1.0^{2,4}]辛烷
(tricyclo[3.2.1.0^{2,4}]octane)

4. 稠环烃的命名

稠环烃可当作相应芳烃的氢化物来命名，或将其看作桥环烃的特例，按照桥环烃的方法命名。例如：

十氢化萘；二环[4.4.0]癸烷
(decahydronaphthalene; bicyclo[4.4.0]decane)

二环[4.1.0]庚烷
(bicyclo[4.1.0]heptane)

二、脂环烃的性质

（一）脂环烃的物理性质

脂环烃难溶于水，比水轻。环烷烃的熔点、沸点和相对密度均比含相同碳原子数的链烃高。其物理性质递变规律与烷烃相似，即随着成环碳原子数的增加，熔点和沸点升高。一般在常温下小环为气体，普通环为液体，中环、大环为固体。常见环烷烃的物理常数见表6-1。

表 6-1　常见环烷烃的物理常数

名称	分子式	m. p. (℃)	b. p. (℃)	d_4^{20}（液态时）
环丙烷	C_3H_6	-127.6	-32.9	0.720（-79℃）
环丁烷	C_4H_8	-80.0	11.0	0.703（0℃）
环戊烷	C_5H_{10}	-94.0	49.5	0.745
环己烷	C_6H_{12}	6.5	80.8	0.779
环庚烷	C_7H_{14}	-12.0	117.0	0.810
环辛烷	C_8H_{16}	11.5	147.0	0.830

（二）脂环烃的化学性质

普通环、中环和大环脂环烃的化学性质与链烃相似，即环烷烃与烷烃相似，易发生取代反应；环烯烃与烯烃相似，易发生加成、氧化等反应。小环的稳定性差，环容易破裂，可发生与烯烃相似的加成反应而转变成链烃，下面主要讨论环烷烃的化学性质。

1. 加成反应

（1）加氢　在催化剂存在下，环烷烃加氢生成烷烃。

$$\triangle + H_2 \xrightarrow[80℃]{Ni} CH_3CH_2CH_3$$

$$\square + H_2 \xrightarrow[200℃]{Ni} CH_3CH_2CH_2CH_3$$

$$\pentagon + H_2 \xrightarrow[300℃]{Ni} CH_3CH_2CH_2CH_2CH_3$$

环烷烃加氢反应的活性：环丙烷>环丁烷>环戊烷。环己烷及其以上很难加氢开环。

（2）加卤素　小环与烯烃相似，可与卤素发生加成反应而开环。

$$\triangle + Br_2 \xrightarrow[室温]{CCl_4} \underset{\underset{Br}{|}}{CH_2}CH_2\underset{\underset{Br}{|}}{CH_2}$$

$$\square + Br_2 \xrightarrow[\triangle]{CCl_4} \underset{\underset{Br}{|}}{CH_2}CH_2CH_2\underset{\underset{Br}{|}}{CH_2}$$

环戊烷及其以上的环烷烃与卤素加成非常困难，随着温度升高可发生自由基取代反应。

（3）加卤化氢　环丙烷及其衍生物在常温下易与卤化氢发生加成反应而开环，开环发生在含氢最多和最少的两个碳原子之间。加成取向遵循马氏规则，氢与含氢最多的碳原子结合，卤素与含氢最少的碳原子结合。

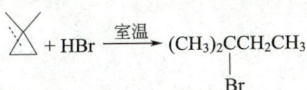

$$\triangle + HBr \xrightarrow{室温} CH_3CH_2CH_2Br$$

$$\bowtie + HBr \xrightarrow{室温} (CH_3)_2\underset{\underset{Br}{|}}{C}CH_2CH_3$$

2. 卤代反应

在高温或光照条件下，环烷烃与卤素发生自由基取代反应生成卤代环烷烃。

$$\triangleright + Cl_2 \xrightarrow{h\nu} \triangleright\!-\!Cl + HCl$$

$$\hexagon + Br_2 \xrightarrow{300℃} \hexagon\!-\!Br + HBr$$

3. 氧化反应

环烷烃与烷烃相似，在室温下不与高锰酸钾水溶液反应，可用于鉴别烯烃与环丙烷及其衍生物。但在高温和催化剂作用下环烷烃也可以被氧化，若在更强烈氧化条件下则发生开环反应。

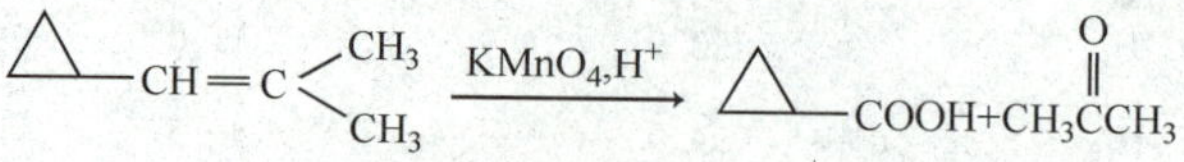

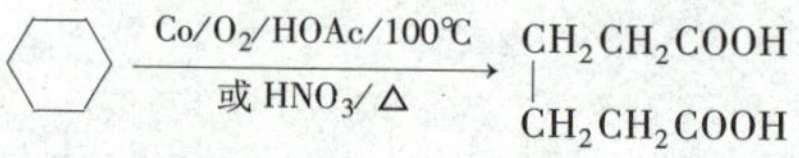

$$\triangle\text{--CH}=\text{C}\begin{matrix}\text{CH}_3\\\text{CH}_3\end{matrix} \xrightarrow{\text{KMnO}_4,\text{H}^+} \triangle\text{--COOH}+\text{CH}_3\overset{\overset{\text{O}}{\|}}{\text{C}}\text{CH}_3$$

$$\bigcirc \xrightarrow[\text{或 HNO}_3/\triangle]{\text{Co}/\text{O}_2/\text{HOAc}/100℃} \begin{matrix}\text{CH}_2\text{CH}_2\text{COOH}\\|\\\text{CH}_2\text{CH}_2\text{COOH}\end{matrix}$$

环烯烃的化学性质与烯烃相似，容易被氧化开环。

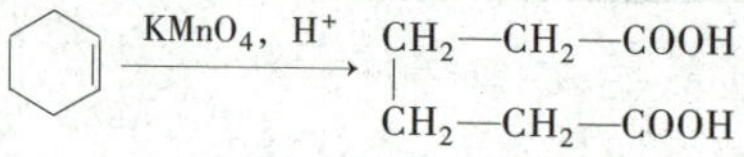

$$\bigcirc \xrightarrow{\text{KMnO}_4,\ \text{H}^+} \begin{matrix}\text{CH}_2\text{--CH}_2\text{--COOH}\\|\\\text{CH}_2\text{--CH}_2\text{--COOH}\end{matrix}$$

三、环烷烃的结构和稳定性

（一）环烷烃的燃烧热和环的稳定性

燃烧热是指 1mol 有机物完全燃烧所放出的热量，单位是 kJ/mol，常见环烷烃的燃烧热见表 6-2。

表 6-2　常见环烷烃的燃烧热（kJ/mol）

名称	成环碳原子数	燃烧热	每个 CH_2 的平均燃烧热
环丙烷	3	2091.3	697.1
环丁烷	4	2744.1	686.2
环戊烷	5	3320.1	664.0
环己烷	6	3951.7	658.6
环庚烷	7	4636.7	662.3
环辛烷	8	5313.9	664.2
环壬烷	9	5981.0	664.4
环癸烷	10	6635.8	663.6
环十五烷	15	9884.7	659.0
开链烷烃			658.6

从表 6-2 可以看出，从三元环到六元环随着环的增大，每个 CH_2 的平均燃烧热值下降。燃烧热高说明分子内能高，内能越高分子越不稳定，所以环烷烃的稳定性顺序为：六元环>五元环>四元环>三元环。从七元环开始，每个 CH_2 的平均燃烧热值趋于恒定，稳定性也相似，是比较稳定的无张力环。

（二）拜耳张力学说

经验说明，环的大小不同，化学稳定性就不同。为解释这一现象，1885 年德国化学家拜耳（Baeyer）提出"张力学说"。他假定成环碳原子都处在同一平面排成正多边形，这就使环烷烃的 C—C—C 键角与饱和碳的正四面体要求的键角 109°28′ 产生了偏差。如环丙烷向内偏转（109°28′-60°）/2＝24°44′，环丁烷向内偏转 9°44′，环戊烷向内偏转 0°44′，如图 6-1 所示。

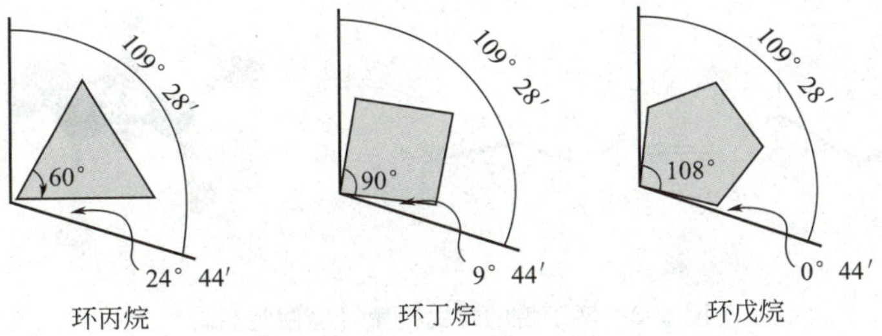

图 6-1　环丙烷、环丁烷和环戊烷的键角偏差

正常键角向内偏转的结果，使环烷烃分子产生了张力，即恢复正常键角的力，也称角张力（angle strain），或称拜耳张力。环烷烃的键角偏差越大，角张力越大，稳定性越差。所以脂环烃的稳定性顺序为：五元环>四元环>三元环。

按照拜耳"张力学说"，环己烷向外偏转了5°16′，大于环戊烷的键角偏差，环己烷应不如环戊烷稳定，并且随着环的增大，角张力增大，六元环以上的环烷烃应越来越不稳定。但事实上环己烷比环戊烷稳定，中环和大环亦比较稳定。造成这种矛盾的原因是由于拜耳把组成环的碳原子视为在同一平面上的错误假设。

（三）现代结构理论的解释

现代结构理论认为，共价键的形成是成键原子轨道相互重叠的结果，重叠程度越大，形成的共价键就越稳定。环丙烷分子处于同一平面（"三点共平面"），为正三角形构型，两个碳原子的 sp^3 杂化轨道不可能沿键轴方向重叠，只能偏离一定的角度形成弯曲键，其形状像香蕉，又称香蕉键，如图 6-2 所示。弯曲键使环丙烷分子中原子轨道重叠程度小，键的稳定性差。另外环丙烷中的碳氢键在空间处于重叠式位置，存在扭转张力。所以环丙烷不稳定。

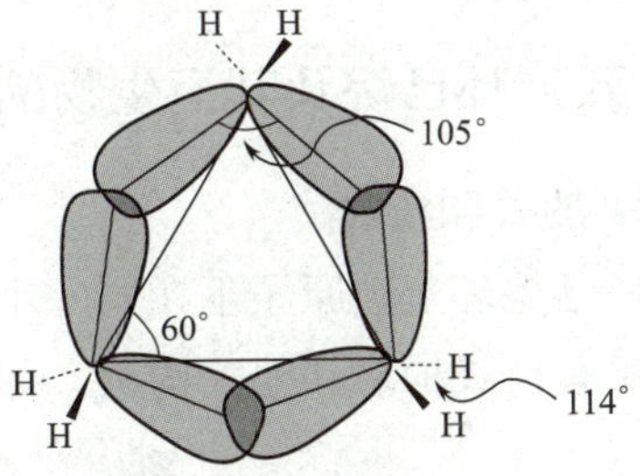

图 6-2　环丙烷原子轨道重叠图

除环丙烷外，其他环烷烃均可通过环内碳碳单键的旋转，采取非平面的构象存在。特别是环己烷可采取非平面的椅式构象和船式构象存在，成环碳原子保持了正常的键角109°28′，成键碳原子沿键轴方向重叠，保证了原子轨道的最大重叠，形成了稳定的共价键，不存在张力，所以环己烷非常稳定。

（四）环丁烷及环戊烷的构象

1. 环丁烷的构象

环丁烷的结构与环丙烷相似，分子中原子轨道也不是直线重叠，但弯曲程度不如环丙烷强烈，原子轨道重叠程度增大，键的稳定性增强。环丁烷的四个碳原子不在同一平面，为一种蝶式构象，如图 6-3 所示。环丁烷的环折叠后，因碳氢键重叠所引起的扭转张力有所减小，所以较环丙烷稳定。

图 6-3　环丁烷的蝶式构象（彩图附后）

2. 环戊烷的构象

环戊烷的碳原子如果在同一平面形成正五边形的结构时几乎没有角张力，但环中所有的碳氢键都是重叠式，有较大的扭转张力，通过环内 C—C 键的旋转，采取非平面信封式和半椅式构象，可使扭转张力降低，因此比平面结构较为稳定，且信封式构象比半椅式构象更稳定。如图6-4 所示。

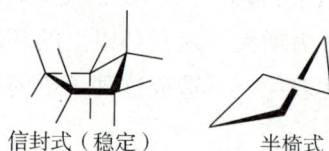

信封式（稳定）　　半椅式

图 6-4　环戊烷的半椅式和信封式构象

（五）环己烷及其衍生物的构象

1. 船式和椅式

环己烷环上碳原子不在同一平面，保持了碳碳键角为 109°28′，这种无角张力的环己烷的典型构象有椅式构象和船式构象，如图 6-5 所示。

图 6-5　环己烷的椅式构象（左）和船式构象（右）

环己烷的椅式构象不仅没有角张力，而且所有相邻碳原子上的氢原子都处于邻位交叉式，因而不存在重叠式所引起的扭转张力，此外，环上处于间位的两个碳上的同向平行氢原子间的距离最大（约 230pm）（图 6-6A），这些因素导致环己烷的椅式构象高度稳定。

A. 透视式　　　　　　　　B. 纽曼投影式

图 6-6　环己烷的椅式构象透视式及其纽曼投影式

环己烷的船式构象中 C_2 和 C_3、C_5 和 C_6 处于全重叠式，有较大的扭转张力。另外，船头（C_1 和 C_4）上的两个氢原子相距较近（约 183pm）（图 6-7A），远小于两个氢原子半径之和（250pm），因而存在由于空间拥挤所引起的斥力，亦称跨环张力，这两种张力的存在使船式构象能量升高，比椅式构象能量高 29.7kJ/mol。所以环己烷的船式构象极不稳定。

图 6-7 环己烷的船式构象透视式及其纽曼投影式

由此可见，椅式构象是环己烷的优势构象，虽然椅式和船式可以相互转变而处于动态平衡，但在室温条件下 99.9% 的环己烷以椅式构象存在。

2. 直立键和平伏键

在环己烷的椅式构象中，C_1、C_3、C_5 在同一环平面上，C_2、C_4、C_6 在另一环平面上，这两个环平面相互平行，其间距约 50pm。穿过环中心并垂直于环平面的轴叫对称轴。据此可将环己烷中 12 个 C—H 键分为两种类型：一类是 6 个 C—H 键垂直于环平面，即与对称轴平行，称为直立键，也称 a 键（axial bonds），其中 3 个竖直向上，3 个竖直向下，交替排列；另一类是 6 个 C—H 键略与环平面平行，即与对称轴大致垂直，伸出环外，形成角度为（109.5°-90°）≈19.5°的键，称为平伏键，也称 e 键（equatorial bonds），其中 3 个向上，3 个向下，交替排列。如图 6-8 所示。

图 6-8 环己烷椅式构象的直立键（a 键）和平伏键（e 键）

3. 转环作用

环己烷通过环内碳碳单键的旋转，可以从一种椅式构象转变成另一种椅式构象，称为转环作用。转环时大约需要克服 46kJ/mol 的能垒，室温下分子具有足够的动能克服此能垒，因此转环作用极其迅速。转环后，原来的 a 键变为 e 键，e 键变为 a 键，但其空间的相对位置不变，即向上和向下的取向并不改变。如图 6-9 所示。

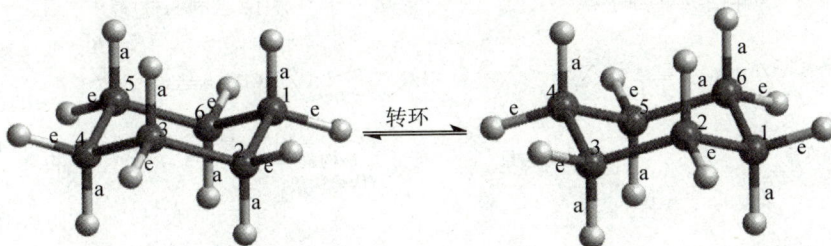

图 6-9 环己烷两种椅式构象的转化（转环作用）

4. 环己烷衍生物的构象

（1）单取代 一取代环己烷有两种可能构象，取代基在 a 键或在 e 键。一般情况下，以取代基在 e 键的构象占优势。因为取代基在 e 键时，与 3-位 CH_2 成对位交叉式，而取代基在 a 键时，与 3-位 CH_2 成邻位交叉式；同时，处于 a 键的取代基与 3-位及 5-位上的 a 键氢之间由于空间拥挤所引起的跨环张力较大，分子内能较高。甲基环己烷的两种构象如图 6-10 所示，甲基在 e 键的构象占 95%。随着取代基体积的增大，取代基在 e 键的构象优势更为明显，如叔丁基环己烷中的叔丁基几乎全部位于 e 键。

图 6-10 甲基环己烷的构象

（2）二取代 环己烷分子中有两个或两个以上氢原子被取代时，进行构象分析不仅要考虑取代基在 e 键或在 a 键，还要考虑顺反异构问题。如 1,2-二甲基环己烷有顺式和反式两种异构体，顺式的两种椅式构象均有一个甲基在 e 键，一个甲基在 a 键，它们能量相等，平衡混合物中各占 50%；反式的两种椅式构象能量不相等，一种是两个甲基都在 e 键，另一种是两个甲基都在 a 键，前者为优势构象。由于反式中有能量最低的 ee 构象，所以 1,2-二取代环己烷的反式异构体比顺式异构体稳定。

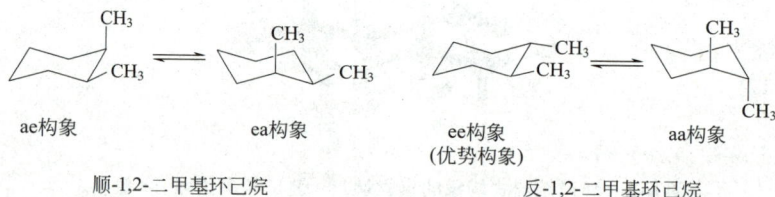

1,3-二取代环己烷顺式异构体有 ee 构象，比反式异构体稳定；1,4-二取代环己烷反式异构体有 ee 构象，比顺式异构体稳定。

根据构象分析得知：环上有相同取代基时，以取代基处于 ee 键者为优势构象；若不能都处于 ee 键，则以处于 ea 键者为优势构象。环上有不同取代基时，以体积最大的基团处于 e 键者为优势构象，如顺-1-甲基-2-叔丁基环己烷的优势构象就是叔丁基处于 e 键的构象。

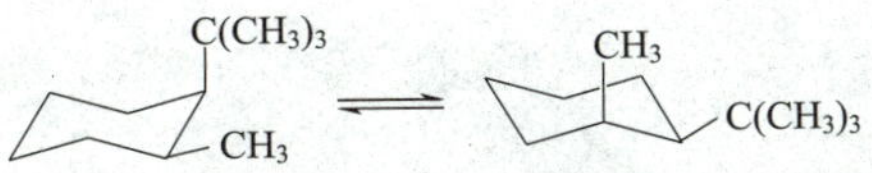

优势对象

（3）十氢化萘的构象　十氢化萘根据两个环己烷稠合方式的不同，有顺-十氢化萘和反-十氢化萘两种。

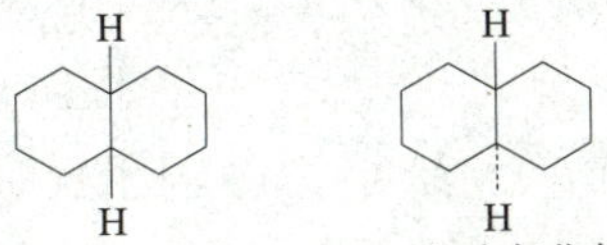

顺-十氢化萘　　反-十氢化萘

十氢化萘的构象可以看作是两个环己烷椅式构象的稠合，如图 6-11 所示。反-十氢化萘的两环以 ee 键稠合，而顺-十氢化萘的两环以 ea 键稠合，因此，反-十氢化萘构象比较稳定。

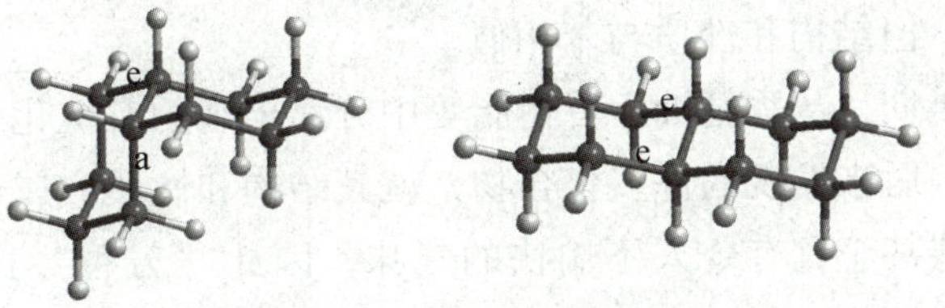

图 6-11　十氢化萘的构象

芳香族化合物简称为芳香烃或芳烃（aromatic hydrocarbons）。这类化合物大多数含有苯环结构，也有少数不含苯环，但结构和性质与苯相似。

在有机化学发展的早期，从香精油、香树脂等中分离出来的有机化合物，多数都具有芳香气味，称为芳香族化合物。后来发现的许多化合物，就其结构和性质应属于芳香族化合物，但它们并没有芳香的气味，有些甚至具有令人不愉快的气味，因此"芳香"这个词已失去了原来的含义。现在所说的芳香族化合物一般是指分子中含有苯环的化合物。

根据芳香烃分子中是否含有苯环以及所含苯环的数目，可把芳香烃分为单环芳烃、多环芳烃和非苯芳烃三类。

1. 单环芳烃

分子中只含有一个苯环。例如：

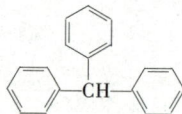

苯　　　甲苯　　　苯乙烯

2. 多环芳烃

分子中含有两个或两个以上的苯环。例如：

联苯　　　三苯甲烷　　　萘

3. 非苯芳烃

分子中不含苯环，但具有芳香族化合物的共同特征。例如：

环戊二烯负离子　　　环庚三烯正离子　　　薁

第一节 苯及其同系物

一、苯的结构

（一）苯结构的特殊性

苯的分子式 C_6H_6，从碳氢比例来看，高度不饱和，但苯的化学性质与烯烃、炔烃却完全不同。它不易被高锰酸钾氧化，不易发生加成。例如，苯不能使溴的四氯化碳溶液褪色；催化氢化在加压的条件下才能生成环己烷。

$$C_6H_6 + 3H_2 \xrightarrow[\text{加压}]{Ni} \bigcirc$$

但苯容易发生取代反应，例如，苯与溴在催化剂的作用下不发生加成，而得到取代产物。取代时苯环原有的结构不变。

$$C_6H_6 + Br_2 \xrightarrow{FeBr_3} C_6H_5Br + HBr$$

以上反应说明了苯的化学稳定性。苯不易加成，不易氧化，容易取代，且反应过程中能保持苯环的结构不变，苯环的这种特殊稳定性称为"芳香性"，芳香性是芳香族化合物的共同特性。

（二）苯的凯库勒（Kekulé）式

1865 年，德国化学家凯库勒，根据大量的科学研究和事实，以惊人的洞察力和想象力提出苯具有一个对称的六碳环结构，环上碳原子之间以单键、双键交替排列，每个碳原子上都连有一个氢原子，这个式子称为苯的凯库勒式。

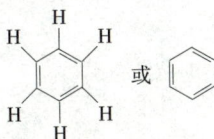

研究苯的取代反应，发现苯的一元取代产物只有一种，即无论哪个氢被取代都得到相同化合物，这说明苯分子中的六个碳原子和六个氢原子的地位完全等同。苯的氢化反应能生成环己烷，说明苯具有六碳环结构。凯库勒式的提出，成功地解释了苯的一元取代物只有一种，也符合苯的氢化反应得到环己烷的事实。

但是，凯库勒式不能说明苯分子中既然有双键，为什么还相当稳定；另外，按照凯库勒式，苯的邻位二元取代物应有两种异构体：

（Ⅰ）式和（Ⅱ）式之间的差别仅在于两个溴原子所连的两个碳原子之间是以单键还是双键相连，而实际上，苯的邻位二元取代物只有一种。关于这个问题，凯库勒假设苯环是下列两种结构式的平衡体系：

它们之间迅速互变，所以（Ⅰ）式和（Ⅱ）式不能分离，好像只有一种邻位二元取代物。但大量的实验事实证明，这种假设是不存在的。

在凯库勒式中苯分子有交替排列的单键和双键，而单键和双键的键长是不相等的，那么苯分子应是一个不规则的六边形结构，但事实上苯分子中的碳碳键长完全相等，所以凯库勒结构式并不能圆满地表达苯分子的真实结构。

（三）杂化轨道理论的解释

近代物理方法研究证明，苯分子是平面六边形结构，六个碳原子和六个氢原子都在同一平面上。碳碳键长完全相等，都是 139pm，所有的键角都是 120°。

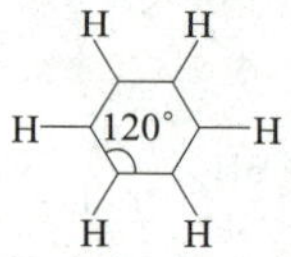

按照杂化轨道理论，苯分子中的碳原子都是 sp^2 杂化，每个碳原子以一个 sp^2 杂化轨道与氢原子的 s 轨道重叠形成 C—Hσ 键；以两个 sp^2 杂化轨道分别与相邻的两个碳形成 C—Cσ 键，由于三个 sp^2 杂化轨道处在同一平面上，相互之间的夹角是 120°，所以，苯分子中所有的原子都在同一平面。此外，每个碳原子上未参加杂化的 p 轨道都垂直于该平面，它们相互平行侧面重叠，这样就形成了一个包括六个碳原子在内的闭合的共轭体系，形成了一个环状的离域大 π 键，π 电子云均匀地分布在环平面的上方和下方，所有碳原子上的 p 轨道重叠程度完全相同，所以碳碳键长完全相等，它比烷烃中碳碳单键键长（154pm）短，比烯烃中碳碳双键键长（134pm）长，键长发生了完全平均化，体系内能降低，所以苯分子非常稳定。显然，苯分子不是凯库勒式表示的那样单、双键交替排列的结构。后来有人采用 ⬡ 表示苯的结构。在目前文献资料中，这两种表示方法都有。本书采用 ⌬ （或 ⬡）代表苯的结构。

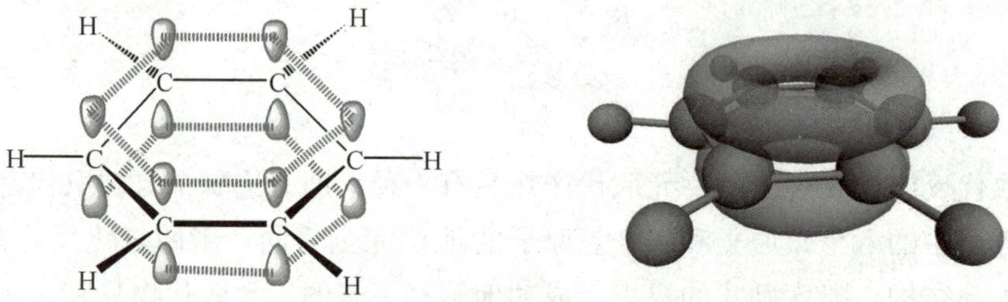

图 7-1 苯分子中 p 轨道和 π 电子云示意图（彩图附后）

（四）分子轨道理论的解释

按照分子轨道理论的观点，苯分子的六个 p 原子轨道可以通过线性组合形成六个分子轨道（图 7-2）。其中三个是成键轨道，用 φ_1、φ_2 和 φ_3 表示；三个是反键轨道用 φ_4、φ_5 和 φ_6 表示。成键轨道比反键轨道能量低。图中虚线表示节面，节面越多能量越高。在成键轨道中，φ_1 没有节面，能量最低。φ_2 和 φ_3 各有一个节面，它们能量相等（叫作简并轨道），但比 φ_1 高。在反键轨道中，φ_4 和 φ_5 各有二个节面，它们也是能量相等的简并轨道，能量比成键轨道高。φ_6 有三个节面，能量最高。苯分子在基态时，六个 π 电子分别成三对填充在三个能量低的成键轨道上，能量高的反键轨道上没有电子，所以体系能量低，结构稳定。

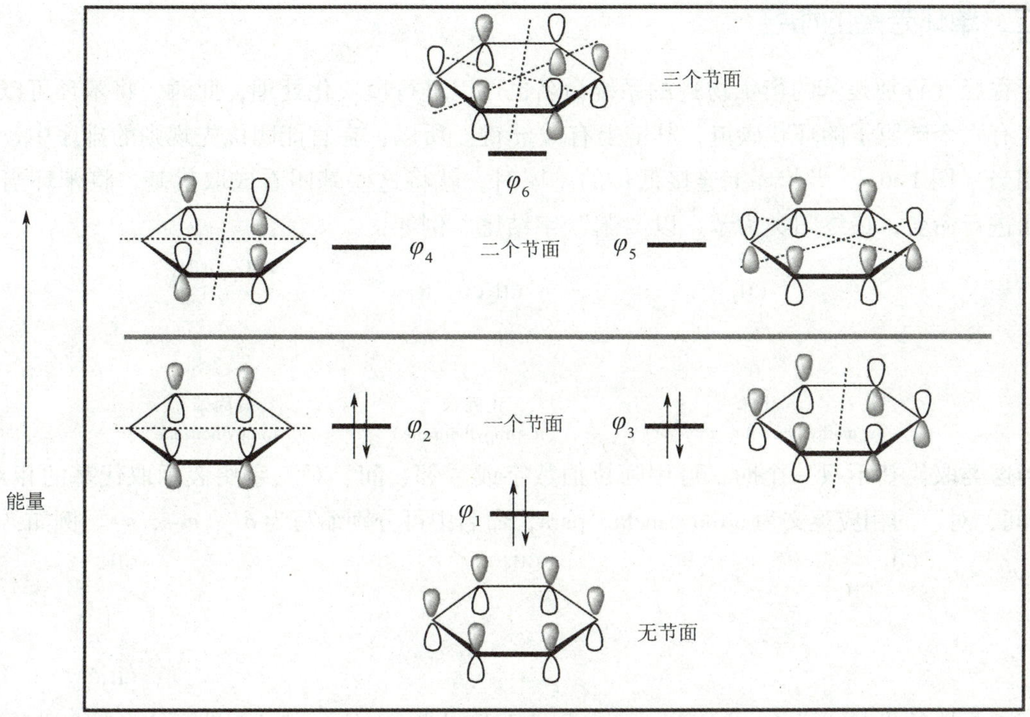

图7-2 苯的 π 分子轨道能级图

（五）共振论对苯分子结构的解释

根据共振论的观点，苯可以用下列两个最稳定的共振结构式表示：

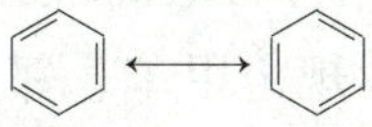

（Ⅰ）　　　（Ⅱ）

因为（Ⅰ）式和（Ⅱ）式结构相似，能量最低，对共振杂化体的贡献最大，所以苯主要是由（Ⅰ）式和（Ⅱ）式共振形成的共振杂化体，或者说（Ⅰ）式和（Ⅱ）式共振得到的共振杂化体最接近于苯的真实结构。

由于（Ⅰ）式和（Ⅱ）式的贡献，使苯分子中的碳–碳键没有单键和双键的区别，所以苯的邻位二元取代物只有一种。

按照共振论的观点，结构相似能量相同的共振式不仅是杂化体的主要共振式，而且由此共振而形成的共振杂化体也特别稳定，所以苯的结构很稳定。这可从苯具有低的氢化热值得到证明。例如，环己烯催化氢化形成环己烷，放出 119.5kJ/mol 的热量。

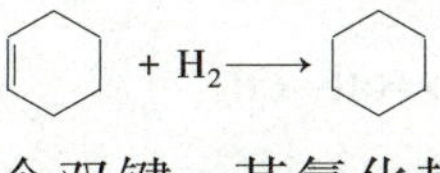

$\Delta H = -119.5\text{kJ/mol}$

如果把苯分子看作有三个双键，其氢化热数值理应是环己烯的三倍（$119.5 \times 3 = 358.5$kJ/mol）。而事实上苯加氢生成环己烷所放热量只有 208kJ/mol。

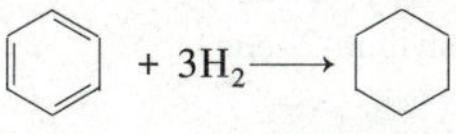

$\Delta H = -208\text{kJ/mol}$

比计算值少 150.5kJ/mol，这个差值叫共振能（resonance energy），也叫离域能。共振能越大，化合物越稳定，所以苯具有特殊的稳定性。

二、单环芳烃的命名

芳香烃（特别是苯的衍生物）的系统命名也可以进行模块化处理，此时，将苯环可以看成是一个含有六个碳原子的环状碳链，其链上有大 π 键。所以，在官能团优先规则的排序中，苯基与双键相当（图 1-6）。当苯环上连接低位的基团时，就将这些基团看成取代基，将苯环当作最优官能团进行命名，最终归类为苯，以"苯"字结尾。例如：

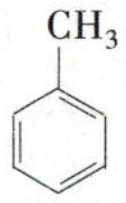

甲苯
（methylbenzene；toluene）

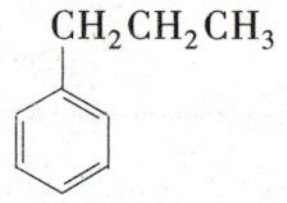

正丙苯
（n-propylbenzene）

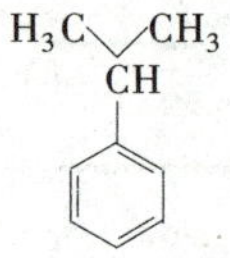

异丙苯
（i-propylbenzene）

当这类取代基不只一个时，可用阿拉伯数字或"邻、间、对"字头表示取代基的相对位置。"邻、间、对"的相应英文为 ortho、meta、para，命名中可分别缩写为 o-、m-、p-。例如：

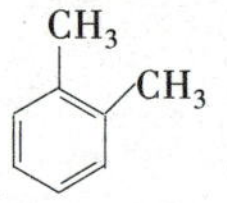

1,2-二甲苯（1,2-dimethylbenzene）
邻二甲苯（o-xylene）

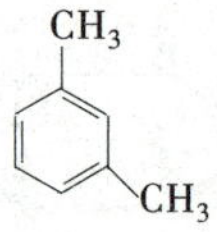

1,3-二甲苯（1,3-dimethylbenzene）
间二甲苯（m-xylene）

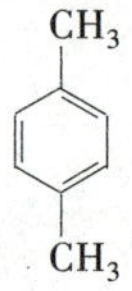

1,4-二甲苯（1,4-dimethylbenzene）
对二甲苯（p-xylene）

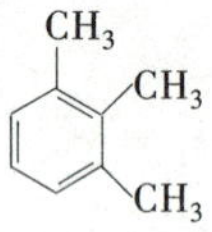

1,2,3-三甲苯
（1,2,3-trimethylbenzene）

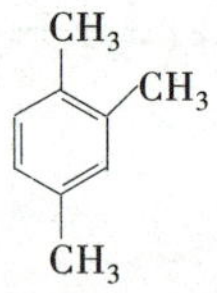

1,2,4-三甲苯
（1,2,4-trimethylbenzene）

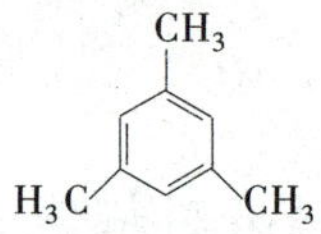

1,3,5-三甲苯
（1,3,5-trimethylbenzene）

IUPAC 命名原则中由于历史的原因，规定甲苯、邻二甲苯、异丙苯、苯乙烯亦可作为母体。例如：

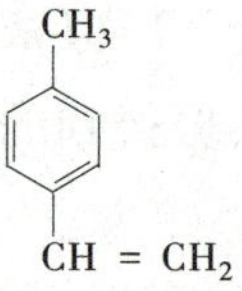

对乙烯基甲苯[注]
（p-ethenyltoluene）

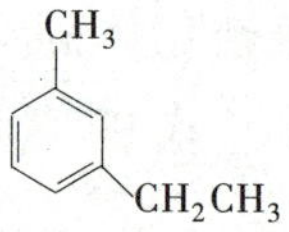

3-乙基甲苯
（3-ethyltoluene）

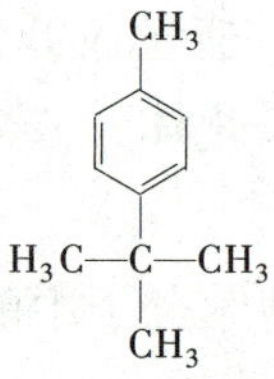

对叔丁基甲苯
（p-tert-butyltoluene）

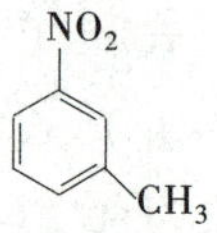

3-硝基甲苯
（3-nitromethylbenzene；3-nitrotoluene）

当然，若苯环上所连的烃基较长、较复杂；或有不饱和基团；或为多苯取代芳烃时，命名以苯环为取代基。例如：

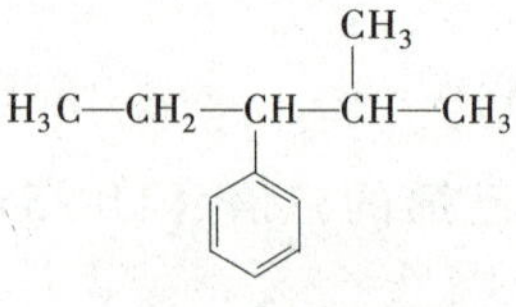

2-甲基-3-苯基戊烷
（2-methyl-3-phenylpentane）

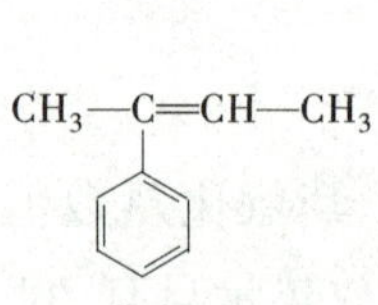

2-苯基丁-2-烯
（2-phenylbut-2-ene）

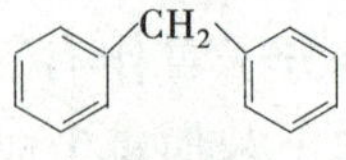

二苯甲烷
（diphenylmethane）

［注］该化合物还可以命名为：对甲基苯乙烯，对甲基乙烯基苯，1-甲基-4-乙烯基苯，1-乙烯基-4-甲基苯。其命名之所以如此多样，是因为乙烯基和苯基都可以充当最优官能团，二者在图 1-6 中的排位很接近。

另外，当苯环上连接的基团，在图1-6中的排序高于苯基时，也要将苯环当作取代基，将那些基团看成最优官能团，并将其连接的碳原子编为1号，然后，再依据确定的最优官能团进行归类、命名。此时，其最后的字可能不是"苯"字。例如：

苯胺
（phenylamine）

3-甲基苯酚
（3-methylphenol）

3-羟基苯磺酸
（3-hydroxybenzenesulfonic acid）

如果将苯环看成取代基，则称为苯基，用 Ph—（Phenyl 的缩写）表示，苯基属于芳香烃基。常见的芳香烃基主要有以下五种：

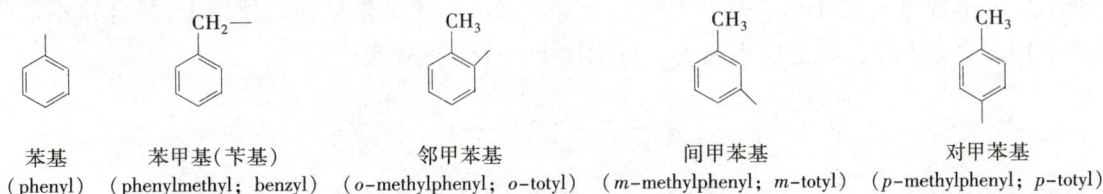

苯基
（phenyl）

苯甲基（苄基）
（phenylmethyl；benzyl）

邻甲苯基
（o-methylphenyl；o-totyl）

间甲苯基
（m-methylphenyl；m-totyl）

对甲苯基
（p-methylphenyl；p-totyl）

三、单环芳烃的物理性质

单环芳烃比重小于1。不溶于水，易溶于汽油、乙醚、四氯化碳和石油醚等有机溶剂。燃烧时火焰带有较浓的烟。沸点随分子量的增加而升高。熔点除与分子质量有关外，还与结构的对称性有关，通常对位异构体熔点较高。其蒸气有毒，长期吸入会损伤造血系统。

表 7-1　常见芳香烃的物理常数

化合物	结构简式	m. p. (℃)	b. p. (℃)	d_4^{20}
苯	C_6H_6	5.5	80.1	0.879
甲苯	$C_6H_5CH_3$	-95	111.6	0.867
邻二甲苯	$o\text{-}CH_3C_6H_4CH_3$	-25.2	144.4	0.880
间二甲苯	$m\text{-}CH_3C_6H_4CH_3$	-47.9	139.1	0.864
对二甲苯	$p\text{-}CH_3C_6H_4CH_3$	13.2	138.4	0.861
乙苯	$C_6H_5CH_2CH_3$	-95	136.2	0.867
正丙苯	$n\text{-}C_3H_7C_6H_5$	-99.6	159.3	0.862
异丙苯	$i\text{-}C_3H_7C_6H_5$	-96	152.4	0.862
苯乙烯	$C_6H_5CH{=}CH_2$	-33	145.8	0.906

四、单环芳烃的化学性质

苯环是一个平面结构，离域的 π 电子云分布在环平面的上方和下方，它像烯烃中的 π 电子一样，能够对亲电试剂提供电子，但是，苯环是一个较稳定的共轭体系，难以破坏，所以苯环很难进行亲电加成，易于亲电取代。亲电取代是苯环的典型反应。

（一）亲电取代反应

芳烃的重要亲电取代反应有卤代、硝化、磺化以及傅-克烷基化和酰基化反应等。这些反应都是由缺电子的试剂或带正电荷的基团首先进攻苯环上的 π 电子所引发的取代反应，故称亲电取代反应（electrophilic substitution）。

芳烃亲电取代反应历程分两步进行：首先亲电试剂 E⁺ 进攻苯环与离域的 π 电子作用形成 π-络合物，π-络合物仍保持着苯环结构。然后亲电试剂从苯环夺取二个电子，与苯环的一个碳原子形成一个 C—Eσ 键，称为 σ-络合物。

在 σ-络合物中，跟 E 相连的碳原子由 sp^2 杂化转变为 sp^3 杂化，苯环原有的六个 π 电子中给出了两个，剩下四个 π 电子离域在五个碳原子上，形成一个共轭体系，所以 σ-络合物不是原来的苯环结构，它是一个环状的碳正离子，可用以下三个共振式表示：

σ-络合物的能量比苯高因而不稳定，它迅速从 sp^3 杂化碳原子上失去一个质子转变为 sp^2 杂化碳原子，又恢复了稳定的苯环结构。

1. 卤代反应

在催化剂（$AlCl_3$、FeX_3、BF_3、$ZnCl_2$ 等路易斯酸）的存在下，苯较容易和氯或溴作用，生成氯苯或溴苯。这类反应称为卤代反应（halogenation）。

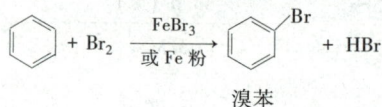

三卤化铁的作用是促使卤素分子极化而异裂，产生的卤素正离子 X⁺ 作为亲电试剂进攻苯环，得到卤苯。

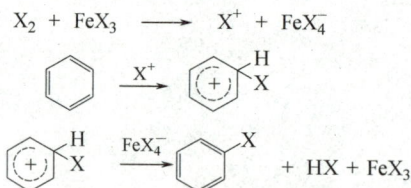

$$X_2 + FeX_3 \longrightarrow X^+ + FeX_4^-$$

在实际操作中也可用铁粉做催化剂，因为铁和溴反应可生成溴化铁。

用该反应合成氯苯或溴苯时，通常还得到少量的邻位和对位二卤代苯。因此，在剧烈条件下，卤苯继续卤代也主要生成邻、对位取代产物。

邻二溴苯　　对二溴苯

烷基苯也可发生卤代，反应比苯容易。例如甲苯氯代，主要生成邻位和对位取代产物。

$$\text{（甲苯）} + Cl_2 \xrightarrow{FeCl_3} \text{（邻氯甲苯）} + \text{（对氯甲苯）}$$

邻氯甲苯　对氯甲苯

卤素与苯发生取代反应的活性顺序是：氟>氯>溴>碘，氟代反应太激烈，碘代活性小，反应速度慢，并且反应中生成的碘化氢是一个还原剂，使反应可逆，所以氟代和碘代产物不能用此法制备。

烷基苯在光照条件下与卤素作用，发生自由基取代反应，与苯环直接相连的碳原子上的氢被卤素取代。例如：

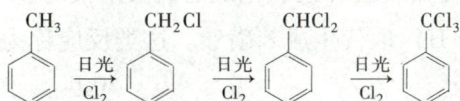

$$\text{CH}_3\text{-} \xrightarrow[Cl_2]{\text{日光}} \text{CH}_2Cl\text{-} \xrightarrow[Cl_2]{\text{日光}} \text{CHCl}_2\text{-} \xrightarrow[Cl_2]{\text{日光}} \text{CCl}_3\text{-}$$

2. 硝化反应

苯与浓硫酸和浓硝酸（也称混酸）共热，苯环上一个氢原子可被硝基（—NO_2）取代，生成硝基苯。这个反应称为硝化反应（nitration）。

$$\text{（苯）} + HNO_3 \xrightarrow[50\sim60℃]{\text{浓 } H_2SO_4} \text{（硝基苯 } NO_2\text{）} + H_2O$$

硝基苯不容易继续硝化，提高反应温度并且用发烟硝酸和发烟硫酸做硝化剂，才能在间位引入第二个硝基。

$$\text{（}NO_2\text{）} + HNO_3（发烟）\xrightarrow{H_2SO_4（发烟）} \text{（间二硝基苯）} + H_2O$$

间二硝基苯　93.3%

烷基苯硝化比苯容易，与混酸作用，反应温度30℃，便可生成邻硝基甲苯和对硝基甲苯。

$$\text{（}CH_3\text{）} + HNO_3 \xrightarrow[30℃]{H_2SO_4} \text{（}CH_3, NO_2\text{）} + \text{（}CH_3, NO_2\text{）} + H_2O$$

如果硝基甲苯继续硝化，可得到2,4,6-三硝基甲苯，即炸药 TNT。

硝化反应中的亲电试剂是硝酰正离子（NO_2^+）。硫酸的酸性比硝酸强，硝酸作为碱从硫酸中夺取一个 H^+，形成质子化的硝酸和酸式硫酸根离子，然后质子化的硝酸在硫酸存在下失水，产生硝酰正离子 NO_2^+。

$$HO-NO_2 + HOSO_3H \rightleftharpoons H-\underset{H}{\overset{+}{O}}-NO_2 + HSO_4^-$$

$$H-\underset{H}{\overset{+}{O}}-NO_2 + H_2SO_4 \rightleftharpoons NO_2^+ + H_3O^+ + HSO_4^-$$

上述两反应的总反应式为：

$$2H_2SO_4 + HONO_2 \Longrightarrow NO_2^+ + H_3O^+ + 2HSO_4^-$$

NO_2^+ 是一个强的亲电试剂,它进攻苯环生成硝基苯。

由以上反应可以看出,硝化反应中 NO_2^+ 是有效的亲电试剂,浓硫酸的作用是促使 NO_2^+ 的形成。若只用浓硝酸和苯反应,其速度很慢,因为在浓硝酸中仅存在少量的 NO_2^+。

3. 磺化反应

苯与浓硫酸反应很慢,与发烟硫酸(三氧化硫的硫酸溶液)反应较快,在室温下苯环上的一个氢原子即可被磺酸基(—SO_3H)取代生成苯磺酸。这类反应称为磺化反应(sulfonation)。

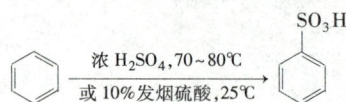

生成的苯磺酸需要在更高温度下才能继续磺化,生成间苯二磺酸。

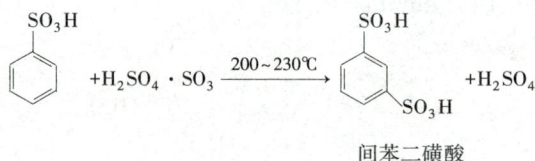

间苯二磺酸

烷基苯的磺化比苯容易,例如甲苯在室温下就可与浓硫酸反应。

邻甲苯磺酸 32%   对甲苯磺酸 62%

磺化反应中的亲电试剂可能是三氧化硫(也有认为是 $^+SO_3H$),在三氧化硫分子中,由于极化使硫原子上带部分正电荷,因而它可作为亲电试剂进攻苯环。

浓硫酸自身也会产生 SO_3。

$$2H_2SO_4 \Longrightarrow SO_3 + H_3O^+ + HSO_4^-$$

常用的磺化剂除浓硫酸、发烟硫酸外,还有三氧化硫和氯磺酸($ClSO_3H$)等。例如苯和氯磺酸反应,氯磺酸不过量时生成苯磺酸,氯磺酸过量时则生成苯磺酰氯。

$$\text{（苯）} + ClSO_3H \longrightarrow \text{（苯磺酸 SO}_3\text{H）} + HCl$$

$$\text{（苯）} + 2ClSO_3H \longrightarrow \text{（苯磺酰氯 SO}_2\text{Cl）}$$

苯磺酰氯

通过该反应在苯环上引入了氯磺酰基（—SO₂Cl），称氯磺化反应。

氯磺酰基很活泼，通过它可制取磺酰胺（ArSO₂NH₂）和芳磺酸酯（ArSO₂OR）等磺酰衍生物。

磺化反应是可逆的。如果将苯磺酸与稀硫酸或盐酸在一定压力下加热，或在磺化所得混合物中通入过热水蒸气，可脱去—SO₃H基得到苯，磺化的逆反应也叫水解反应。

在有机合成上，可利用磺酸基暂时占据环上某个位置，使这个位置不被其他基团取代，待反应完毕后，再通过水解脱去—SO₃H基。此性质已广泛应用于有机合成。

例如：由甲苯合成邻氯甲苯，先在回流条件下对位引入磺酸基，然后氯化反应在邻位引入氯原子，再在稀酸溶液中加热脱去占位的磺酸基，可以避免对氯甲苯的生成。

$$\text{甲苯} \xrightarrow{\text{浓 } H_2SO_4} \text{对甲苯磺酸} \xrightarrow[\text{Fe}]{Cl_2} \text{氯代物} \xrightarrow[\triangle]{\text{稀 } H_2SO_4} \text{邻氯甲苯}$$

苯磺酸是强酸，其酸性强度与硫酸相当，它极易溶于水，在难溶于水的芳香族化合物分子中引入—SO₃H基，可增加物质的水溶性。

4. 傅-克（Friedel-Crafts）反应

在无水三氯化铝等催化剂作用下，芳烃与卤代烷或酰卤反应，苯环上的氢原子可被烷基（R—）或酰基（RCO—）取代，分别称为傅-克烷基化反应（alkylation）和傅-克酰基化反应（acylation）。

$$\text{（苯）} + CH_3CH_2Cl \xrightarrow{\text{无水 } AlCl_3} \text{（乙苯 CH}_2\text{CH}_3\text{）} + HCl$$

$$\text{（苯）} + CH_3\overset{O}{\underset{\|}{C}}-Cl \xrightarrow{\text{无水 } AlCl_3} \text{（苯乙酮 C—CH}_3\text{）} + HCl$$

这两个反应是在苯环上引入烷基和酰基的重要方法。通过烷基化反应可制备烷基芳烃，通过酰基化反应可制备芳香酮。

傅-克反应常用的烷基化试剂有卤代烷、烯烃和醇；常用的酰基化试剂有酰卤、酸酐；常用的催化剂有 AlCl₃、FeCl₃、SnCl₄、BF₃、ZnCl₂ 等 Lewis 酸，其中以无水 AlCl₃ 活性最高。

催化剂的作用是产生亲电试剂烷基碳正离子和酰基碳正离子。

$$RCl + AlCl_3 \rightleftharpoons R^+ + AlCl_4^-$$

$$ROH + BF_3 \longrightarrow R\overset{+}{\underset{H}{O}}BF_3 \rightleftharpoons R^+ + HOBF_3^-$$

$$RCH{=}CH_2 + HF \longrightarrow R\overset{+}{C}HCH_3 + F^-$$

$$RCOCl + AlCl_3 \rightleftharpoons R-\overset{+}{C}{=}O + AlCl_4^-$$

$$R-\overset{O}{\underset{\|}{C}}-O-\overset{O}{\underset{\|}{C}}-R + AlCl_3 \longrightarrow R-\overset{+}{C}{=}O + RCO-AlCl_3^-$$

难以生成碳正离子的卤代烃不发生傅-克反应，如卤乙烯、卤苯。

烷基化反应和酰基化反应的比较：

（1）傅-克烷基化反应中的亲电试剂是烷基正离子 R^+，而碳正离子易发生重排，因此当卤代烷含有三个或三个以上碳原子时，烷基常发生异构化。例如，苯与1-氯丙烷反应主要产物是异丙苯。

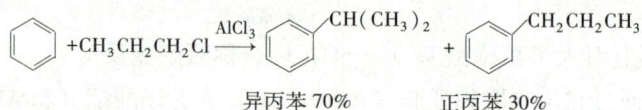

而酰基化反应不发生异构化。

（2）在烷基化反应中，当苯环上引入一个烷基后，由于烷基可使苯环电子云密度增加，生成的烷基苯比苯更容易进行亲电取代，所以烷基化反应中容易产生多烷基苯。

苯环上连有强吸电子基时，如—NO_2、—SO_3H、—CN、—COR 等，它们使苯环上电子云密度降低而不能发生傅-克反应。

（3）由于碳正离子易发生重排，故不能用傅-克烷基化反应制备直链烷基苯。酰基正离子不发生重排，可先通过傅-克酰基化反应制备芳酮，再用克莱门森（Clemmensen）还原法（Zn-Hg，HCl）将羰基还原为甲叉基（见第十一章"醛、酮的还原反应"），从而可制备直链烷基苯。例如：

5. 氯甲基化反应

在无水氯化锌的存在的条件下，苯与甲醛、氯化氢作用生成氯化苄，苯环上的氢原子被氯甲基（—CH_2Cl）取代，此反应称为氯甲基化反应。

由于—CH_2Cl 容易转变成 CH_2OH、CH_2CN、CH_2COOH、CH_2NH_2 等，因此通过氯甲基化反应，可以在苯环上引入这些基团。

（二）氧化反应

常用的氧化剂如酸性高锰酸钾、酸性重铬酸钾或稀硝酸都不能使苯环氧化。烷基苯在这些氧化剂作用下，烷基被氧化生成苯甲酸。例如：

上述反应说明苯环相当稳定，同时也说明由于苯环的影响，α-H（与苯环直接相连的碳原子上的氢原子）活性增加，所以氧化总是发生在 α 位上，导致不论烷基碳链长短如何都氧化为羧基。如果与苯环相连的碳原子上不含 α-H，如叔丁基，则烷基不能被氧化。

在较高温度及特殊催化剂作用下，苯可被空气氧化，苯环破裂生成顺丁烯二酸酐。

顺丁烯二酸酐

（三）加成反应

芳烃与烯烃、炔烃相比，在一般条件下不发生加成反应，其加成必须在特殊条件下进行。

1. 加氢

苯以镍为催化剂，高温、加压加氢，可生成环己烷。

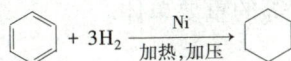

2. 加氯

在紫外光照射下，苯与氯加成生成六氯化苯，即杀虫剂"六六六"。

六六六曾经大量使用，由于化学性质稳定，残留毒性大，现已禁止使用。

五、重要的单环芳烃

（一）苯

苯（benzene）是无色透明液体，熔点 5.5℃，沸点 80.1℃，相对密度为 0.8765，折光率 n_D^{20} 为 1.5011，有芳香气味，易燃，有毒，不溶于水，可溶于乙醇、乙醚等有机溶剂。苯是重要的化工原料和溶剂，主要用于乙苯、异丙苯、环己烷等的合成。苯主要来源于石油馏分的铂重整，煤焦油的分离以及石油馏分热裂时的副产物。

（二）甲苯

甲苯（methylbenzene；toluene）是无色透明液体，熔点 -95℃，沸点 110.6℃，相对密度为 0.8669，折光率 n_D^{20} 为 1.4961，有似苯的芳香气味，易燃，有毒，不溶于水，可溶于乙醇、乙醚等有机溶剂。甲苯是重要的化工原料和溶剂，主要用于苄氯、苯、二苯甲烷、三苯甲烷和硝基甲苯等的合成。

（三）二甲苯

二甲苯（dimethylbenzene；xylene）通常是指三种异构体的混合物。对二甲苯是无色透明液体，熔点 13.2℃，沸点 138.5℃，相对密度为 0.8610，折光率 n_D^{20} 为 1.4958，不溶于水，溶于乙醇和乙醚。邻二甲苯是无色透明液体，熔点 -25℃，沸点 144℃，相对密度为 0.8969，折光率 n_D^{20} 为 1.5058，不溶于水，溶于乙醇和乙醚，用作生产邻苯二甲酸酐的原料。混合二甲苯主要用作溶剂和分离邻、对二甲苯的原料，对二甲苯可用重结晶法分离，邻二甲苯可直接用分馏法得到。

（四）异丙苯

异丙苯（isopropylbenzene；cumene）是无色透明液体，熔点 -96℃，沸点 152.4℃，相对密度为 0.8618，折光率 n_D^{20} 为 1.4915，易燃，有毒，不溶于水，可溶于乙醇、乙醚和苯等有机溶剂。异丙苯主要用作合成苯酚和丙酮的原料。异丙苯主要由苯和丙烯生产，少量也可由煤焦油分离获取。

（五）苯乙烯

苯乙烯（ethenylbenzene；styrene）是无色透明液体，熔点 -30.6℃，沸点 145.2℃，相对密度 0.9060，折光率 n_D^{20} 为 1.5468，不溶于水，可溶于乙醇、乙醚等有机溶剂。苯乙烯主要用作合成丁苯橡胶、聚苯乙烯和 ABS 树脂等的重要单体。

第二节　苯环上取代反应的定位规律

在芳烃的亲电取代反应中，甲苯比苯容易硝化，硝基主要进入甲基的邻、对位；硝基苯比苯难硝化，第二个硝基主要进入间位。可见，不同的取代基对苯环的亲电取代反应有不同的影响。

一、定位基的定义

如果仅从反应时原子之间相互碰撞的几率来看，苯环的邻位、间位和对位上的氢被取代的几率分别为 40%、40% 和 20%，但不同的定位基（G）对苯环的电子云分布的影响不同，因此苯环的某个位置上引入取代基（E）的几率就会发生变化。

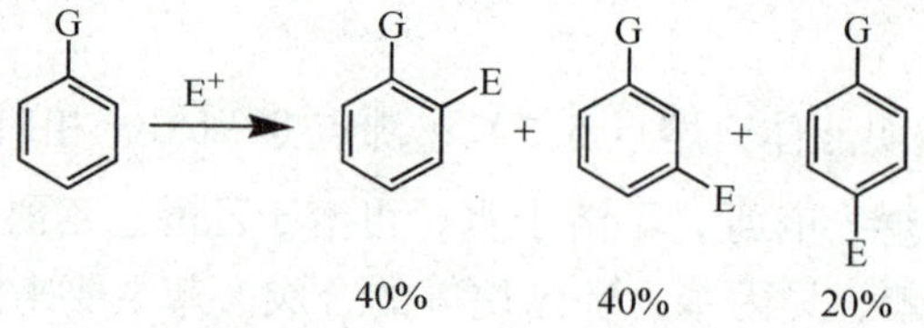

苯环上原有的取代基对新引入的取代基的位置（邻位、间位或对位），以及反应的难易程度起决定性影响，因此将苯环上原有的取代基称为定位基。

二、定位基的分类

大量的实验事实表明，某些定位基使第二个取代基主要进入其邻位和对位（邻位加对位的产量大于 60%），这类定位基称为邻、对位定位基；还有些定位基使第二个取代基主要进入其间位（间位的产量大于 40%），这类定位基称为间位定位基。

1. 邻、对位定位基
这类定位基的结构特征是，定位基中与苯环直接相连的原子多数具有未共用电子对。常见的邻、对位定位基及其反应活性（相对苯而言）如下：

强致活基团：—NR₂，—NHR，—NH₂，—OH

中致活基团：—OCH₃(—OR)，—NHCOCH₃(—NHCOR)，—OCOCH₃

弱致活基团：—Ph(—Ar)，—CH₃(—R)

弱致钝基团：—F，—Cl，—Br，—I

这类定位基除卤素外都使苯环活化，使亲电取代较苯容易进行，唯卤素例外，它使苯环钝化，使亲电取代较苯难进行。

2. 间位定位基

这类定位基的结构特征是，定位基中与苯环直接相连的原子一般都含有不饱和键（—CX₃ 例外）或带正电荷。常见的间位定位基及其定位效应从强到弱顺序如下：

$-\overset{+}{N}H_3$，$-\overset{+}{N}(CH_3)_3$，$-NO_2$，$-CX_3$，$-CN$，$-SO_3H$，$-CHO$，$-COR$，$-COOH$，$-COOR$，$-CONH_2$ 等。

这类定位基属致钝基团，通常使苯环上亲电取代反应较苯难进行，且排在越前面的定位基，定位效应越强，反应也越难进行。

三、定位效应的理论解释

在芳烃亲电取代反应的历程中，已知 σ-络合物（环状的碳正离子）是芳香烃亲电取代反应的中间体，这步反应速度慢，是决定整个反应速度的步骤。为此必须研究原有取代基在亲电取代反应中对中间体 σ-络合物的生成以及稳定性有何影响。如果能使 σ-络合物趋向稳定，那么 σ-络合物的生成就比较容易，反应所需要的活化能较小，反应速度就比苯快，这种取代基的影响是使苯环活化；反之，则使苯环钝化。下面以甲基、羟基、硝基和氯原子为例，说明两类定位基对苯环的影响及其定位效应。

1. 甲基

甲基与苯环相连时，可通过其诱导效应（+I）和超共轭效应（+C）对苯环供电子，使整个苯环的电子云密度增加。甲基的这种供电子性，可使中间体 σ-络合物上的正电荷得到分散，电荷越分散体系越稳定，因此，甲基能使苯环活化，甲苯比苯容易进行亲电取代反应。但亲电试剂进攻甲基的邻、对位与进攻间位相比，生成的 σ-络合物的稳定性是不同的。

进攻邻位所生成的 σ-络合物，从共振观点看，它是（Ⅰ）、（Ⅱ）、（Ⅲ）三种共振结构式共振形成的共振杂化体。

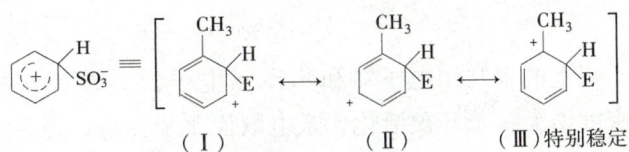

（Ⅰ）　　　（Ⅱ）　　　（Ⅲ）特别稳定

在三种共振结构式中，（Ⅲ）是叔碳正离子，并且带正电荷的碳原子直接和甲基相连，尽管甲基的供电子效应可以影响整个苯环，但和甲基直接相连的碳原子上的正电荷能够更好地被中和而分散，因此，这个共振式具有较低的能量，是一个特别稳定的共振式，由于它的贡献，使邻位取代物容易生成。

进攻对位所生成的 σ-络合物，可看作是（Ⅳ）、（Ⅴ）和（Ⅵ）三种共振结构式共振形成的共振杂化体。与进攻邻位的情况相似，（Ⅴ）是叔碳正离子，为一特别稳定共振式。由于（Ⅴ）的贡献，使对位取代物也比较容易生成。

（Ⅳ）　　　（Ⅴ）特别稳定　　　（Ⅵ）

进攻间位所生成的 σ-络合物，可用（Ⅶ）、（Ⅷ）和（Ⅸ）三种共振式表示，这三种共振式都是仲碳正离子，带正电荷的碳原子都不直接和甲基相连，因而正电荷的分散较差，能量较高，故间位取代物较难生成。

（Ⅶ）　　（Ⅷ）　　（Ⅸ）

因此，甲苯的邻、对位取代反应所需活化能小，反应速度快，而间位取代反应所需活化能大，反应速度慢，所以甲苯的亲电取代反应主要得到邻、对位产物。苯与甲苯发生亲电取代时，在邻、间、对不同位置上的能量比较如图 7-3 所示。

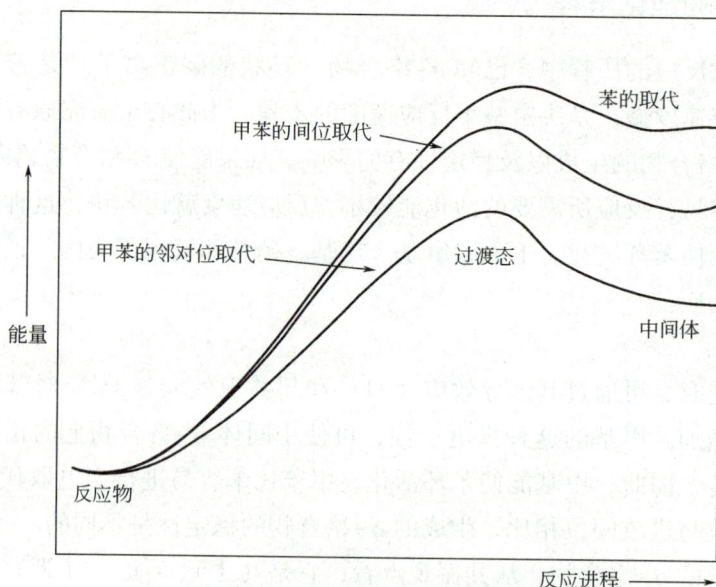

图 7-3　苯与甲苯的亲电取代反应能量曲线图

2. 羟基

羟基与苯环相连时，氧上的未共用电子对和苯环 π 电子云形成 p-π 共轭体系，电子离域的结果使苯环上的电子云密度增大，苯环被活化，亲电取代比苯容易。当亲电试剂进攻酚羟基的邻位、对位或间位时，所生成的 σ-络合物可分别用以下共振式表示：

进攻邻位：

（Ⅰ）特别稳定

进攻对位：

（Ⅱ）特别稳定

进攻间位：

从以上共振式可以看出，苯酚的邻、对位受亲电试剂进攻时，可以生成两个特别稳定的共振式（Ⅰ）和（Ⅱ），在（Ⅰ）和（Ⅱ）中，每个原子（除氢原子外）都有完整的八偶体结构，这样的共振式特别稳定，对杂化体的贡献最大，而进攻间位则得不到这种特别稳定的共振式，所以羟基的存在不仅使亲电反应比苯容易进行，而且反应主要发生在羟基的邻、对位上。

3. 硝基

硝基是间位定位基，这类定位基的特点是对苯环有吸电子效应，使苯环电子云密度降低，因此苯环被钝化，其亲电取代比苯难。但是间位定位基对苯环上不同位置的影响并不相同，例如，硝基对苯环有吸电子诱导效应（−I）和吸电子共轭效应（−C），当硝基苯受亲电试剂进攻时，亲电试剂进攻邻位、对位或间位所形成的 σ-络合物可用下列共振式表示：

进攻邻位：

进攻对位：

进攻间位：

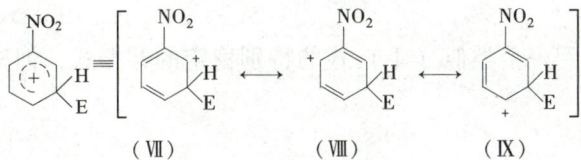

在上述共振式中，（Ⅲ）和（Ⅴ）带有正电荷的碳原子都直接和强吸电子的硝基相连，这样使得正电荷更加集中，能量特别高，体系不稳定，故不容易形成。但在亲电试剂进攻间位的共振结构式中，带正电荷的碳原子都不直接和硝基相连，因此进攻硝基间位生成的 σ-络合物中间体比进攻邻、对位生成的 σ-络合物中间体的能量低，相对稳定。所以，硝基苯的亲电取代主要发生在间位上，并且反应速度比苯慢。如图 7-4 所示。

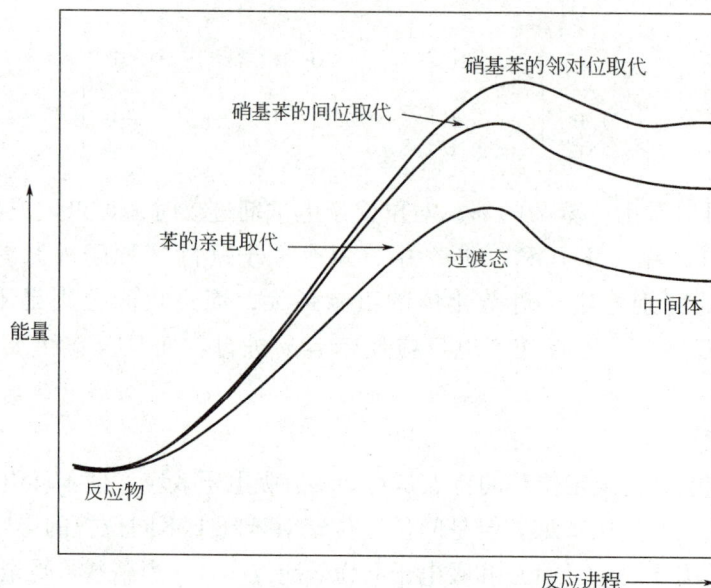

图 7-4　苯与硝基苯的亲电取代反应能量曲线图

4. 卤原子

卤原子的定位效应比较特殊，它能使苯环钝化，却又是邻、对位定位基。卤素是强吸电子基，通过吸电子诱导效应可增强中间体 σ-络合物的正电性，从而降低 σ-络合物的稳定性，使苯环钝化，反应变慢。但另一方面，卤原子上未共用电子对可以和苯环上的大 π 键发生 p-π 共轭，使电子云向苯环离域，但是此时的共轭效应（+C）较诱导效应（-I）弱。

当亲电试剂进攻卤原子的对位时，生成的中间体 σ-络合物可看作是由四种共振式共振形成的杂化体，其中（Ⅰ）式具有完整的八隅体结构，此式对杂化体贡献大，因此比较稳定，容易形成。

进攻对位：

（Ⅰ）比较稳定

进攻邻位时也可以得到一个类似（Ⅰ）式的特别稳定的共振式，但进攻间位则不能得到稳定的共振式。

进攻间位：

因此进攻邻、对位所形成的中间体 σ-络合物比较稳定，容易生成，所以取代反应主要发生在卤原子的邻位和对位上。由此可见，卤原子的较强吸电子诱导效应控制了反应活性，使苯环钝化，使亲电取代比苯难；而定位效应则是由共轭效应所控制，两种效应综合的结果使卤原子成为一个致钝的邻、对位定位基。

卤苯和苯在亲电取代反应时的能量变化如图 7-5 所示。

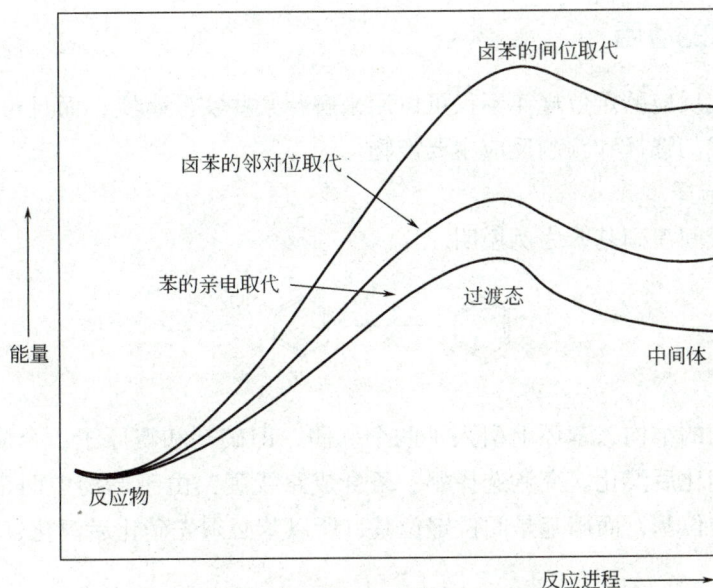

图7-5　苯与卤苯的亲电取代反应能量曲线图

四、二取代苯的定位规律

苯环上已有两个取代基时，第三个取代基进入苯环的位置取决于原有的两个取代基的性质。通常有以下几种情况：

1. 苯环上原有的两个取代基的定位作用一致，则仍按上述规则进行。例如，下列化合物引入第三个取代基时，取代基将进入箭头所示的位置。

2. 苯环上原有两个取代基为同类定位基，则第三个取代基进入苯环的位置取决于定位效应强的定位基。例如，下列化合物引入第三个取代基时，将主要进入箭头所示的位置。

3. 苯环上原有两个取代基为非同类定位基，则第三个取代基进入苯环的位置取决于邻、对位定位基。例如，下列化合物引入第三个取代基时，其进入位置如箭头所示。

总之，无论是一元取代苯或是二元取代苯，苯环上新引入基团进入的位置主要由原有定位基的性质决定。同时，也受原有取代基的空间效应影响。此外，新引入基团的性质、大小、溶剂、温度、催化剂等条件，也都会影响产物的比例。

五、定位规律的应用

苯环上亲电取代反应的定位规律不仅可以用来解释某些实验事实，而且可用于指导取代苯的合成，包括合成路线的选择和预测反应主要产物。

1. 合成路线的选择

以苯为原料合成间溴硝基苯为例说明。

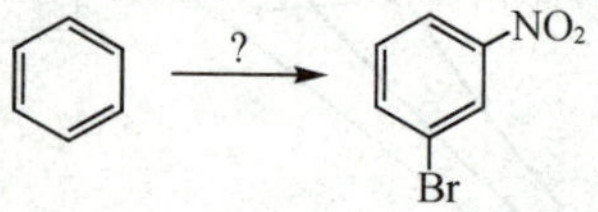

比较原料和产物的结构，苯环上引入了两个基团，即硝基和溴原子。合成路线有两种可能，先溴化后硝化或先硝化后溴化。究竟选择哪一条合成路线呢？由于产物中两个取代基处于间位，溴原子是邻、对位定位基，而硝基是间位定位基，所以苯必须先硝化后溴化，才能得到预期的产物。反应过程如下：

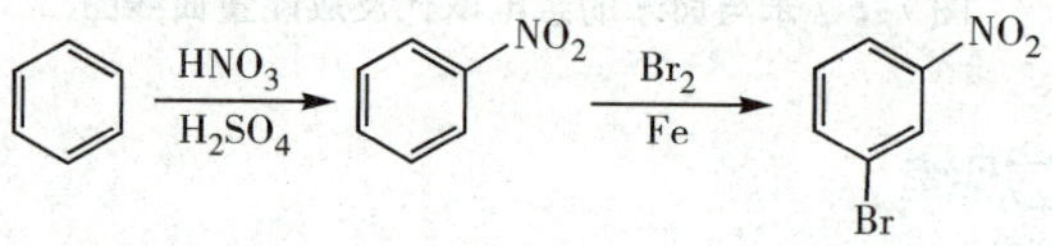

如果先溴化后硝化，只能得到邻位和对位的产物。

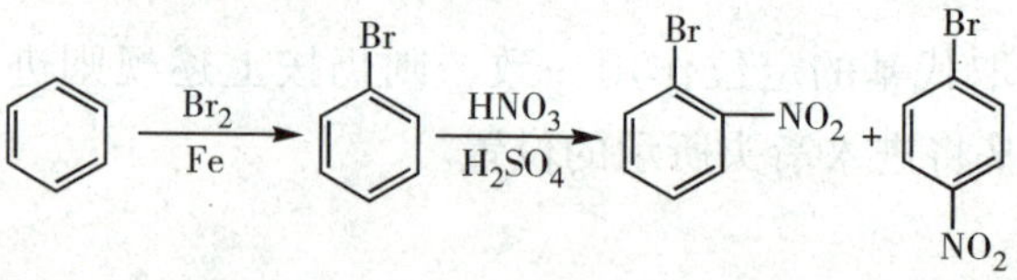

2. 预测反应的主要产物

在苯环上已有两个取代基的情况下，新取代基进入的位置也比较容易预测。例如，2-羟基苯甲酸（水杨酸）的硝化反应，主要产物是 5-硝基-2-羟基苯甲酸。硝基进入的位置是由苯环上的羟基和羧基共同决定的。羟基为邻对位定位基，羧基为间位定位基，两者定位效应也一致。5-硝基-2-羟基苯甲酸是抗溃疡药 5-氨基水杨酸（商品名美沙拉秦，Mesalazine）合成的中间体。

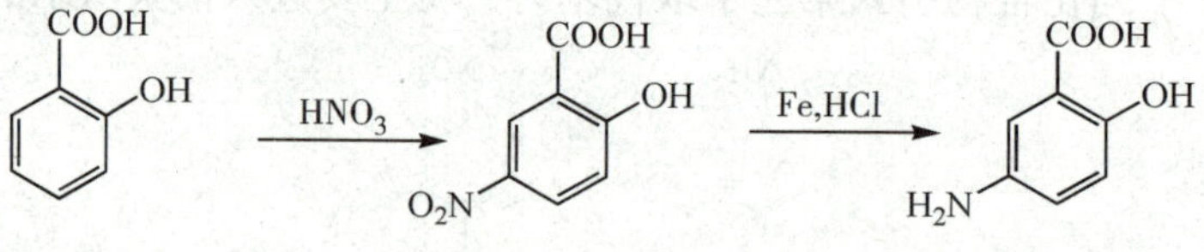

美沙拉秦

第三节　多环芳烃

一、多环芳烃的分类、命名与实例

由两个或两个以上苯环组成的芳烃称为多环芳烃。在多环芳烃中，根据苯环之间的连接方式不同，可分为以下三类。

（1）联苯类　苯环之间以单键相连。例如：

4,4′–二甲氧基–5,6,5′,6′–二甲叉二氧联苯–2,2′–二甲酸甲酯（药名：联苯双酯，我国首创的治疗肝炎的降酶药，在研究五味子过程中所发现。）

联苯
(biphenyl)

4,4′–二甲基联苯
(4,4′–dimethylbiphenyl)

（2）多苯代脂肪烃　脂肪烃分子中的氢原子被两个或多个苯环取代的产物。例如：

二苯甲烷
（diphenylmethane）

1,2–二苯乙烯（1,2-diphenylethene）
芪（音 zhǐ,stilbene）

（3）稠环芳烃　两个或两个以上的苯环彼此共用两个相邻的碳原子稠合而成。例如：

萘(naphthalene)　　蒽(anthracene)　　菲(phenanthrene)　　芘(pyrene)

二、萘

（一）萘的结构

萘（naphthalene）的分子式是 $C_{10}H_8$，结构与苯类似，也是一个平面状分子，分子中每个碳原子都以 sp^2 杂化轨道与相邻的碳原子及氢原子的轨道重叠形成 σ 键，分子中所有的碳原子和氢原子都位于同一平面，形成两个稠合的六元环，每个 sp^2 杂化碳原子上还有一个 p 轨道，这些 p 轨道相互平行并垂直于环平面，在苯平面的上下方相互侧面重叠，形成一个闭合的共轭体系。如图 7-6 所示。

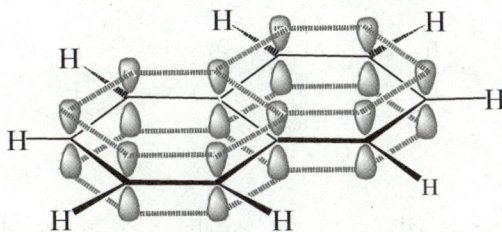

图 7-6　萘的 π 分子轨道示意图

在萘分子中电子发生了离域，但分子中碳碳键长并不完全相等，即电子云没有完全平均化，电子离域程度比苯低。萘的结构和键长表示如下：

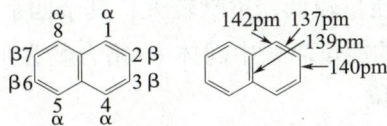

萘的共振能约为 255kJ/mol，比两个单独苯环的共振能（150.5kJ/mol）之和（300kJ/mol）低，这说明萘结构的稳定性比苯差，化学反应活性比苯高，所以萘比苯易发生氧化和加成反应，萘的亲电取代反应也比苯容易。

萘分子结构可用如下共振结构式表示：

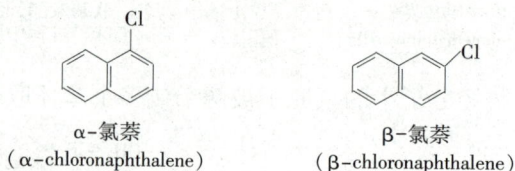

萘分子中碳原子的位置可按上例次序标示。其中 1，4，5，8 四个位置是等同的，称为 α 位；2，3，6，7 四个位置是等同的，称为 β 位。所以萘的一元取代物只有 α 和 β 两种异构体。例如：

α-氯萘　　　　　　　　　　　β-氯萘
（α-chloronaphthalene）　　　（β-chloronaphthalene）

萘的二元取代物的命名与苯相似，例如：

4-甲基萘磺酸　　　　　　　　　　　1,5-二硝基萘
（4-methylnaphthalenesulfonic acid）　　　（1,5-dinitronaphthalene）

（二）萘的性质

萘来自煤焦油，白色晶体，熔点 80.5℃，沸点 218℃，有特殊气味，易升华，不溶于水，易溶于乙醇、乙醚、苯等有机溶剂，是重要的有机化工原料。过去曾用它做卫生球以防衣物虫蛀，因毒性大现已禁止使用。

在亲电取代反应中，萘的 α 位活性大于 β 位，亲电取代反应一般发生在 α 位上，可以用中间体 σ-络合物的稳定性予以解释。从共振的观点看，萘的 α 位和 β 位被取代所形成的中间体 σ-络合物可用下列共振式表示。

取代 α 位：

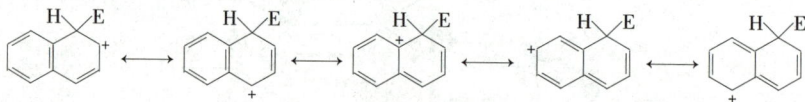

取代 β 位：

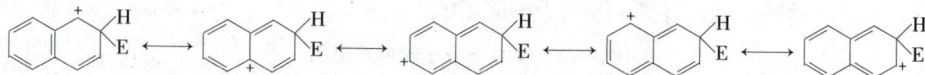

在 α 位取代所形成的共振结构式中，前面两个共振式仍保留有一个完整的苯环结构，它们的能量较低，对共振杂化体的贡献较大；在 β 位取代所形成的共振结构式中，只有第一个共振式保留了一个苯环结构，只有这一个能量较低，贡献较大，其余四个共振式的能量都比较高。所以就整个共振杂化体来说，β 位取代的能量高，中间体 σ-络合物在形成过渡状态时所需活化能也高，因此萘的亲电取代一般发生在 α 位。

1. 亲电取代

（1）卤代　萘与溴在四氯化碳溶液中加热回流，在不加催化剂的情况下，反应即可进行，主要得到 α-溴萘。

α-溴萘　72%～75%

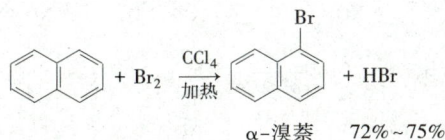

（2）**硝化**　萘用混酸硝化，主要得到 α-硝基萘，反应速度比苯的硝化快得多，室温即可进行。

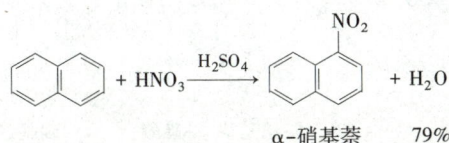

α-硝基萘　79%

α-硝基萘是黄色针状结晶，熔点 61℃，不溶于水，溶于有机溶剂，用于制备 α-萘胺。

（3）**磺化**　萘与浓硫酸在 80℃ 以下作用，主要得到 α-萘磺酸；在 165℃ 作用主要得到 β-萘磺酸。

磺化反应是个可逆反应。萘的 α 位活性比 β 位大，所以在低温下磺化主要生成 α-萘磺酸，它的生成速度快，并且低温下脱磺酸基的逆反应也不显著。但磺酸基体积大，当它处在 α 位时，与另一环 α 位上的氢原子距离较近，空间位阻较大，所以 α-萘磺酸虽然低温下容易生成，但结构稳定性差，当温度升高时，其脱磺酸基的逆反应速度加快，转变为萘。在 β-萘磺酸结构中，磺酸基和邻位氢原子之间的距离较远，空间位阻小，所以结构比较稳定。温度升高有利于提供 β 位磺化所需的活化能，使其反应速率加快。由于 β-萘磺酸结构稳定，所以其脱磺酸基的逆反应速度很慢，因此，在高温下 α-萘磺酸可逐渐变为 β-萘磺酸。

一元取代萘再进行取代反应时，第二个基团进入的位置决定于原有取代基的性质、位置以及反应条件。若环上有邻对位定位基，由于它能使与它直接相连的环活化，所以发生"同环取代"。若原取代基在 α 位，则第二个取代基主要进入同环另一 α 位；若原取代基在 β 位，则第二个取代基主要进入同环与它相邻的 α 位。例如：

主要产物

产物比例　10：1

若环上有一间位定位基，由于它能使与它直接相连的环钝化，所以发生"异环取代"。不论原有取代基在 α 位还是 β 位，第二个取代基一般进入另一环的 α 位。例如：

1,5-二硝基萘   1,8-二硝基萘

5-硝基萘-2-磺酸   8-硝基萘-2-磺酸

以上讨论仅为一般规律，实际上影响萘衍生物取代反应定位的因素很多，并不完全符合上述规律。例如：

80%

2. 氧化反应

萘比苯容易被氧化，在不同条件下氧化，可得到不同的产物。例如萘在醋酸溶液中用氧化铬进行氧化，其中一个环被氧化成醌，生成1,4-萘醌。

1,4-萘醌

在强烈条件下氧化，其中一个环破裂，生成邻苯二甲酸酐。

邻苯二甲酸酐是一种重要的化工原料，它是许多合成树脂、增塑剂、染料等的原料。

取代的萘氧化时，哪一个环被氧化，取决于环上取代基的性质。氧化是个失电子过程，因此，电子云密度比较大的环容易被氧化开环。例如：

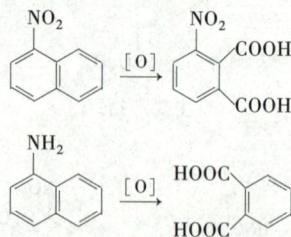

这是因为硝基是吸电子基，使苯环钝化，而氨基是斥电子基，能使苯环活化。

3. 加氢反应

萘比苯容易发生加成反应。萘在乙醇和金属钠的作用下，很容易被还原成1,4-二氢萘或1,2,3,4-四氢萘。

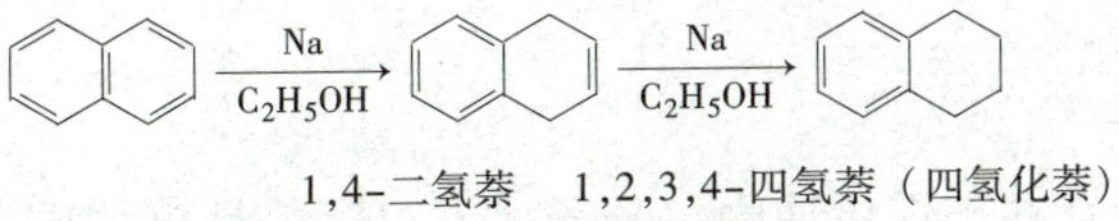

1,4-二氢萘　　1,2,3,4-四氢萘（四氢化萘）

若在加压条件下，用催化氢化法可直接得到十氢化萘。

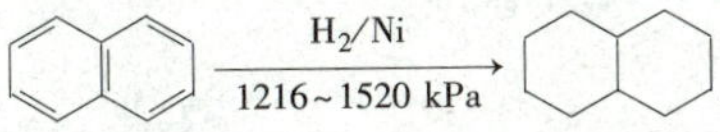

十氢化萘

三、蒽

（一）蒽的结构

蒽（anthracene）的分子式 $C_{14}H_{10}$，其结构为三个苯环以直线式稠合，分子中每一个碳原子都是 sp^2 杂化，所有的原子在同一平面上，相邻碳原子上的 p 轨道侧面重叠，形成了包括十四个碳原子的 π 分子轨道，蒽分子中的碳碳键长也不完全相等，蒽的结构和键长可表示如下：

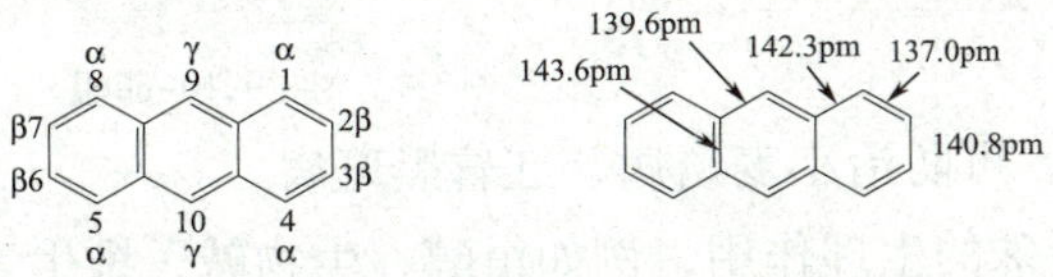

蒽分子中 1,4,5,8 位是等同的，称为 α 位；2,3,6,7 位是等同的，称为 β 位；9,10 位是等同的，称为 γ 位。因此蒽的一元取代物有 α、β、γ 三种异构体。

（二）蒽的性质

蒽比萘更容易发生化学反应，其中 γ 位最活泼。蒽的共振能是 351kJ/mol，将苯、萘、蒽的共振能做一对比：

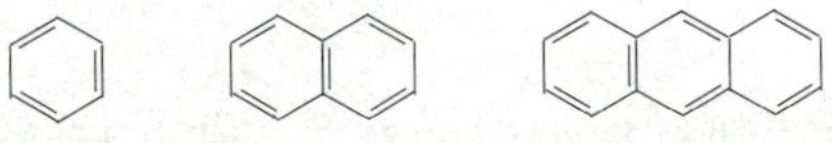

	苯	萘	蒽
共振能（kJ/mol）	152	255	351
每个环共振能（kJ/mol）	152	128	117

随着分子中稠合环数目的增加，每个环的共振能数值却在逐渐下降，所以稳定性也逐渐降低，而氢化和氧化反应越来越容易进行。例如：

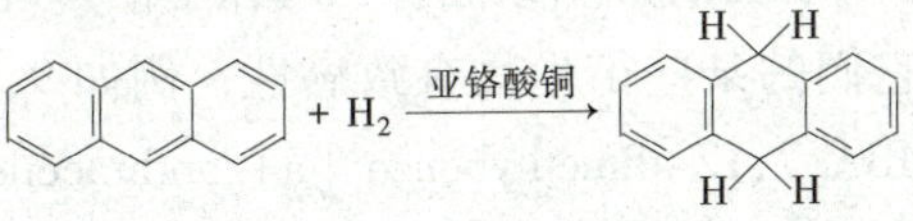

9,10-二氢蒽

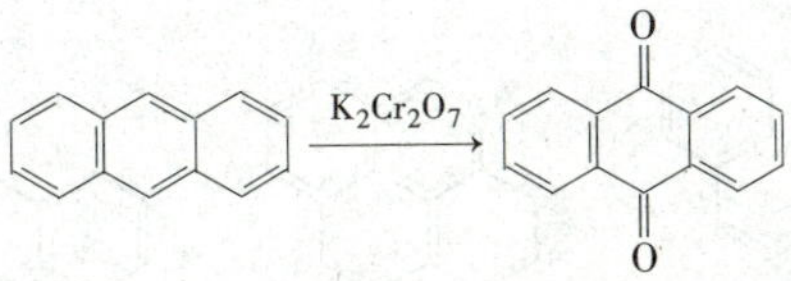

9,10-蒽醌

蒽存在于煤焦油中，为带有淡蓝色荧光的白色片状结晶，熔点 217℃，不溶于水，难溶于乙醇和乙醚，能溶于苯。它的衍生物非常重要，如蒽醌及其衍生物是一类重要的染料中间体，也是某些中药的重要活性成分，如大黄、番泻叶等的有效成分都属于蒽醌类衍生物。

四、菲

菲（phenanthrene）存在于煤焦油中，分子式 $C_{14}H_{10}$。是蒽的同分异构体，菲是由三个苯环以角式稠合而成。其结构和编号如下式所示：

在菲分子中，1,8、2,7、3,6、4,5、9,10 位分别等同，所以菲的一元取代物有五种异构体。

菲的稳定性大于蒽。菲为白色片状结晶，熔点 100~101℃，不溶于水，稍溶于乙醇，易溶于苯、乙醚等有机溶剂，溶液呈蓝色荧光。菲的共振能为 381.6kJ/mol，比蒽大，因此菲比蒽稳定。化学反应易发生在 9,10 位。例如，将菲氧化可得 9,10-菲醌。

9,10-菲醌

9,10-菲醌是一种农药，可防治小麦锈病、红薯黑斑病。

菲的某些衍生物具有特殊的生理作用，例如甾醇、生物碱、维生素、性激素等分子中都含有环戊烷（并）多氢菲的结构，如胆甾醇的结构中就含有这种结构。

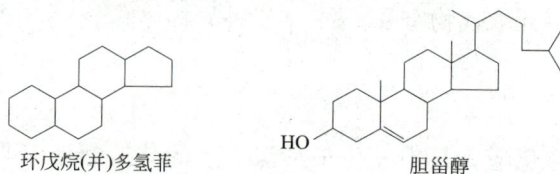

环戊烷(并)多氢菲   胆甾醇

五、致癌芳烃

1775 年，英国外科医生注意到打扫烟囱的童工，成年后多发阴囊癌，其原因就是燃煤烟尘颗粒穿过衣服擦入阴囊皮肤所致，也就是煤灰中的多环芳香烃所致。多环芳香烃也是最早在动物实验中获得证实的化学致癌物。

过去一直认为苯无致癌作用，近年来通过动物实验和临床观察，发现苯能抑制造血系统，长期接触高浓度的苯可引起白血病。二环芳香烃不致癌，三环以上的多环芳香烃才有致癌性。三环芳香烃的蒽和菲都没有致癌性，但它们的某些衍生物有致癌性，例如 9,10-二甲基蒽。四环芳香烃中，7,12-二甲基苯并［a］蒽（DMBA,7,12-dimethybenzo［a］anthracene）是一种强致癌物，在动物药理实验中常用来诱发皮肤癌、乳腺癌等。五环芳香烃中的苯并［a］芘为特强致癌物。

7,12-二甲基苯并[a]蒽   芘   苯并[a]芘

总的来说，多环芳香烃致癌物是数量最多的一类致癌物。在自然界中，它主要存在于煤、石油、焦油和沥青中，也可以由含碳氢元素的化合物不完全燃烧产生。汽车、飞机及各种机动车辆

所排出的废气中和香烟的烟雾中均含有多种致癌性多环芳香烃。露天焚烧（失火、烧荒）可以产生多种多环芳香烃致癌物。烟熏、烘烤及焙焦的食品均可产生大量的多环芳香烃，对人体产生较大的危害。

第四节　非苯芳烃

一、休克尔（E. Hückel）规则

1931 年，休克尔根据分子轨道理论解释了芳香性问题，认为芳香性必须符合一定的结构条件，即具有平面结构的环状共轭体系，其 π 电子数为 $4n+2$（n 为自然整数）时有芳香性，这条规则称为休克尔规则（Hückel rule）或休克尔 $4n+2$ 规则。

凡是符合休克尔规则的化合物就有芳香性，称为芳香性化合物；符合休克尔规则具有芳香性，但不含苯环的烃类化合物称为非苯芳烃（nonbenzenoid aromatic hydrocarbon）。非苯芳烃包括一些环多烯和芳香离子。

环多烯的通式为 C_nH_n。可以认为苯（C_6H_6）就是环多烯的一种。当一个环多烯分子所有的碳原子（n 个）处在（或接近）一个平面上时，由于每个碳原子都具有一个与平面垂直的 p 原子轨道，它们就可以组成 n 个分子轨道。3~8 个碳原子的各种环状共轭多烯烃的 π 分子轨道能级及其基态 π 电子构型，可用图 7-7 表示。

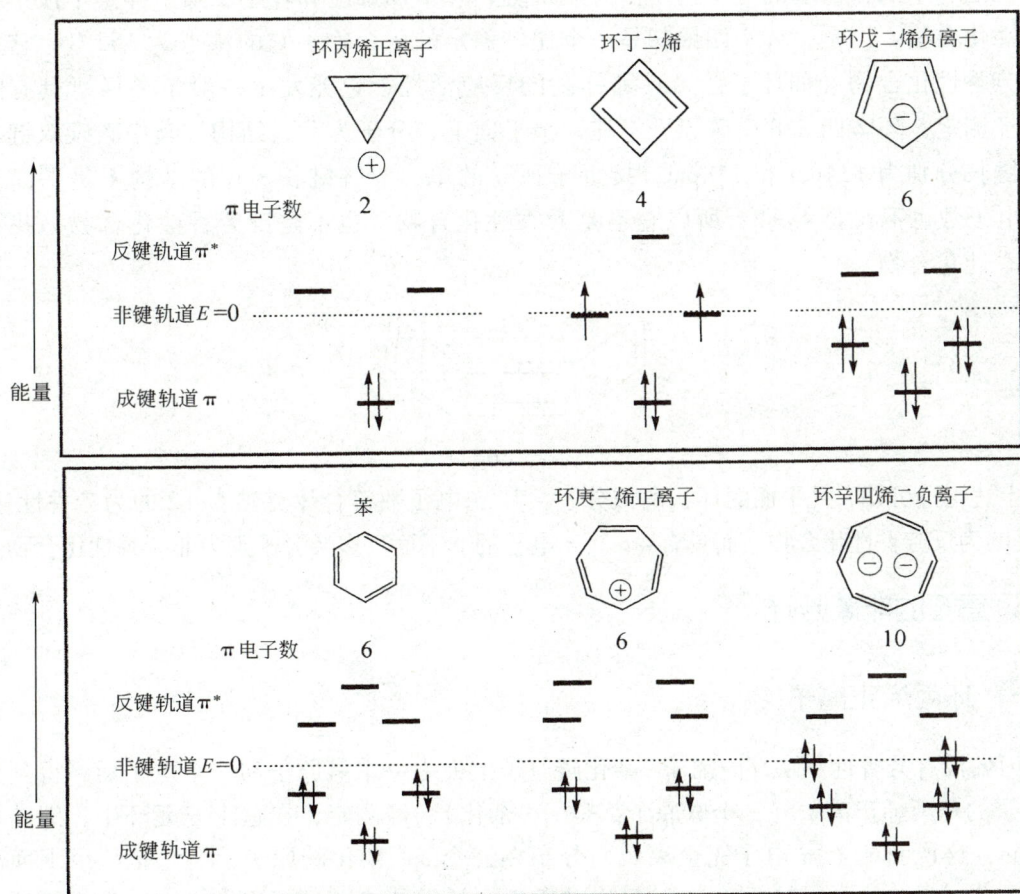

图 7-7　环多烯烃（C_nH_n）的 π 分子轨道能级和基态 π 电子构型

由图 7-7 可以看出，当环上的 π 电子数为 2，6，10，…（即 $4n+2$）时，π 电子正好填满成键轨道（有些也填满非键轨道）。例如，苯具有 6 个 π 电子，基态下两个 π 电子占据能量最低的成键轨道，另 4 个 π 电子分占两个简并的成键轨道。又如，环辛四烯二负离子有 10 个 π 电子，有一组简并的成键轨道和一组简并的非键轨道，其中 6 个电子按能量由低到高的次序优先填充在成键轨道中，另 4 个电子填充在两个简并的非键轨道。当成键轨道和非键轨道全部充满电子时，分子具有与惰性气体相类似的结构，所以体系内能低，结构稳定。因此这些环多烯或环多烯离子的能量都比相应的直链多烯烃低，它们都是相当稳定的。

环丁二烯分子只有 4 个 π 电子，不符合 $4n+2$ 规则，所以它没有芳香性。它有一个成键轨道、两个简并的非键轨道和一个反键轨道。基态下 4 个 π 电子中有两个占据成键轨道，另外两个分别占据两个非键轨道，即两个非键轨道是半充满的，所以环丁二烯是一个极不稳定的双自由基。实验证明，环丁二烯只有在极低的温度下才能存在。

环丁二烯的 π 电子数为 4，凡 π 电子数为 $4n$ 的环状平面离域体系，基态下它们的简并轨道都像环丁二烯那样缺少两个电子，具有半充满的电子构型（即双自由基），因此它们的能量都比相应的直链多烯高得多，即它们的稳定性很差，通常将它们叫作反芳香性化合物。

显然，对于芳香族化合物特有的稳定性，仅有离域作用是不够的，分子中还必须有一定的 π 电子数。

环辛四烯分子有 8 个 π 电子，其 π 电子数为 $4n$。它有三个成键轨道、两个非键轨道和三个反键轨道，基态下 8 个 π 电子中有 6 个填满成键轨道，还有两个各占一个简并的非键轨道，所以它也是一个双自由基的电子构型。照此推理，环辛四烯应和环丁二烯一样是个极不稳定的反芳香性化合物。但是，环辛四烯却是一个比较稳定的化合物，它的沸点为 152℃，它不显示一般反芳香性化合物（如环丁二烯）那样高的反应活性，它能发生一般单烯烃所具有的典型反应。经测定，环辛四烯 8 个碳原子不在一个平面上，分子为盆式结构。其中碳碳双键和碳碳单键的键长分别为 134pm 和 148pm，接近于孤立的单、双键键长。它的结构不是平面离域体系，π 电子数也不符合 $4n+2$，所以它不是芳香性化合物，也不是反芳香性化合物，我们称它为非芳香性化合物。

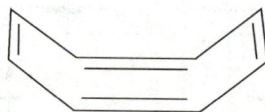

环辛四烯

从上述讨论可知，凡平面的环状离域分子，其 π 电子数符合休克尔 $4n+2$ 的为芳香性化合物；符合 $4n$ 的为反芳香性化合物；而具有 $4n$ 个 π 电子的非平面环多烯分子则为非芳香性化合物。

二、重要的非苯芳烃

（一）环丙烯正离子

环丙烯没有芳香性。从环丙烯 sp^3 杂化碳原子上失去一个氢原子和一个电子后，得到只有两个 π 电子的环丙烯正离子（三个碳原子都是 sp^2 杂化）。经测定，在这个三元环中，碳碳键长都是 140pm，这说明两个 π 电子完全离域而分布在三个 sp^2 杂化碳原子上。它是一个平面离域体系，其 π 电子数符合 $4n+2$（$n=0$），故具有芳香性。从图 7-7 可以看出，它有一个成键轨道和两个反键轨道，基态下这两个 π 电子正好填满成键轨道。

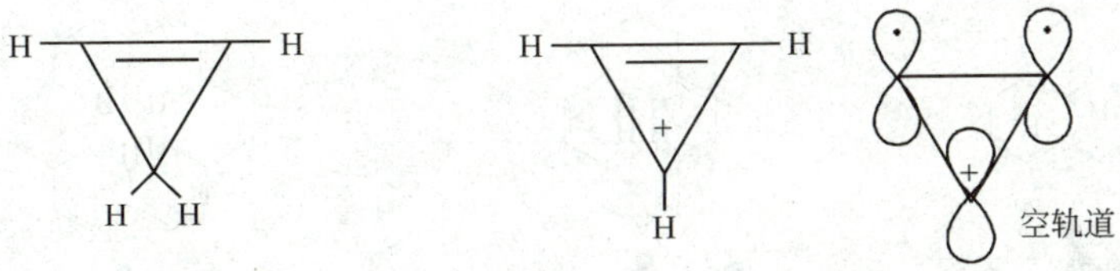

环丙烯　　　　　　　　　　环丙烯正离子　　空轨道

（二）环戊二烯负离子

环戊二烯没有芳香性。从环戊二烯 sp^3 杂化碳原子上失去一个 H^+，则转变为有 6 个 π 电子的环戊二烯负离子。这 6 个 π 电子离域而分布在五个 sp^2 杂化碳原子上，它是一个平面的离域体系。π 电子数符合 $4n+2$（$n=1$），所以它具有芳香性。从图 7-7 可以看出，它有三个成键轨道，两个反键轨道，基态下这 6 个 π 电子正好填满三个成键轨道。

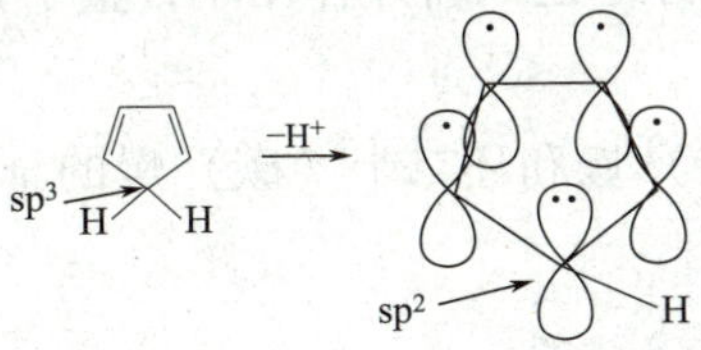

环戊二烯　　　　　　环戊二烯负离子

（三）环庚三烯正离子

环庚三烯没有芳香性。但转变为环庚三烯正离子（又称䓬正离子）后，6 个 π 电子离域而分布在七个 sp^2 杂化碳原子上，其 π 电子数符合 $4n+2$（$n=1$），故具有芳香性。从图 7-7 可以看出，它有三个成键轨道和四个反键轨道，基态下这 6 个 π 电子正好填满三个成键轨道。

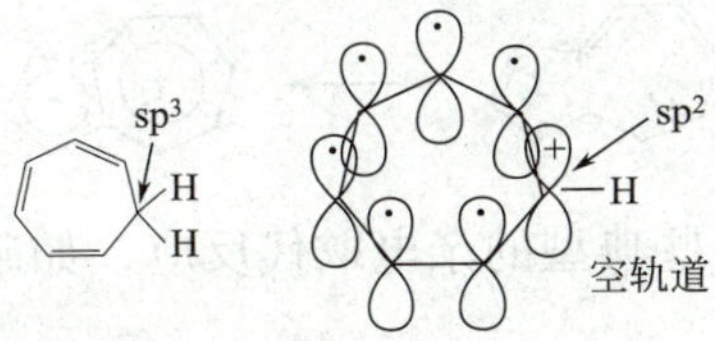

环庚三烯　　　　环庚三烯正离子

（四）环辛四烯二负离子

环辛四烯没有芳香性。如果环辛四烯得到二个电子转变为环辛四烯二负离子后，分子结构由盆形转变为平面正八边形，有 10 个 π 电子，其 π 电子数符合 $4n+2$，因此具有芳香性。从图 7-7 可以看出，在基态下这 10 个 π 电子正好填满三个成键轨道和两个非键轨道。

（五）轮烯（熳环）

含最大的非聚积双键数的单环不饱和烃，通式为 C_nH_n 或 C_nH_{n+1}（$n>6$），通称为轮烯（annulenes）。由于轮烯只适用于 6 个碳原子以上的环，因此，新的命名规则引入了熳环的概念。"熳"是英文 mancude（maximum number of noncumulated double bond）的音译。例如，环辛四烯可以称为［8］轮烯、环辛熳；环十八碳九烯可以称为［18］轮烯、环十八（碳）熳；而环丙烯只能称为环丙熳。

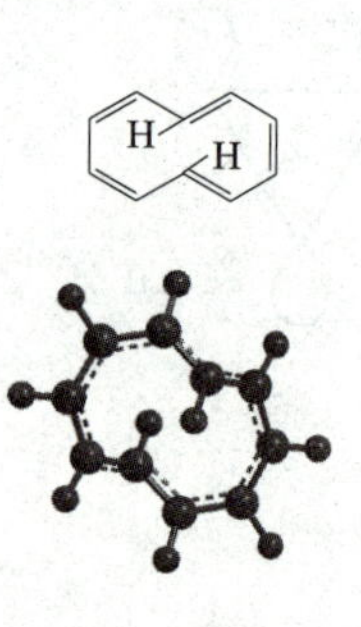

环癸熳（[10]轮烯） 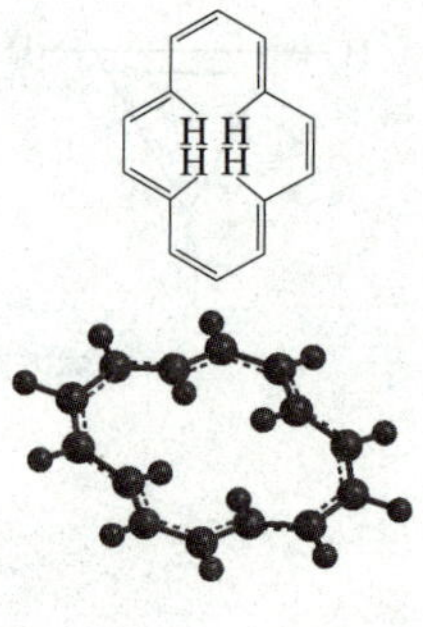　　　环十四（碳）熳（[14]轮烯） 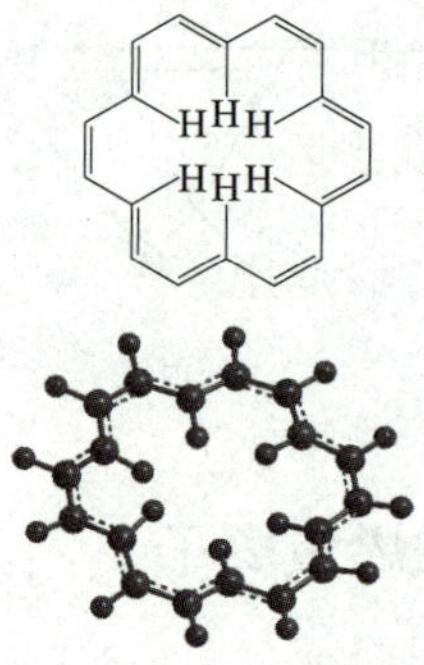　　　环十八（碳）熳（[18]轮烯）

　　环癸熳虽然符合 $4n+2$ 规则，但并不都具有芳香性。这是因为环癸熳较小，环内氢原子之间距离近，相互干扰作用大，这样就使环碳原子不能处于同一平面上，破坏了共轭体系。而环十四熳、环十八熳的环比较大，环内氢原子之间排斥作用小，整个分子基本上处于同一平面上，所以二者具有一定的芳香性。

　　和环辛四烯相似，环十六（碳）熳和环二十（碳）熳的 π 电子数也是 $4n$ 个，也是非平面分子，因而没有芳香性。

（六）薁

　　薁（azulene）具有芳香性，是一个青蓝色晶体，熔点 99℃，又称甘菊蓝。薁是由一个七元环和一个五元环稠合而成，具有 10 个 π 电子，如果不考虑桥键，它符合 $4n+2$ 规则。

　　薁具有极性，其偶极矩为 1.08D，七元环有把电子给予五元环的趋势，这样七元环带有一个正电荷，五元环上带有一个负电荷，每个环的 π 电子数都符合 $4n+2$ 规则。薁的核磁共振数据表明，它具有五元芳环和七元芳环的特征。因此在基态时，薁可用下式表达其结构。

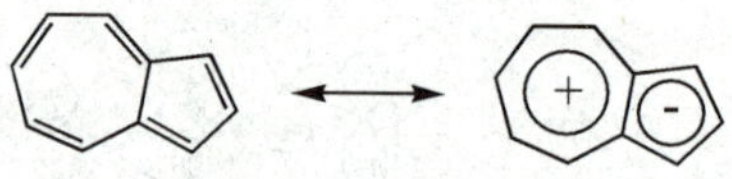

　　实验证明，薁确实可以发生某些典型的亲电取代反应，如硝化、烷基化、酰基化等反应。

第一节　旋光性与旋光度

一、平面偏振光与物质的旋光性

光是一种电磁波，光波的振动方向与其前进方向相互垂直（图8-1）。一束普通光或单色光是在与其传播方向垂直的平面内以任何方向振动的。

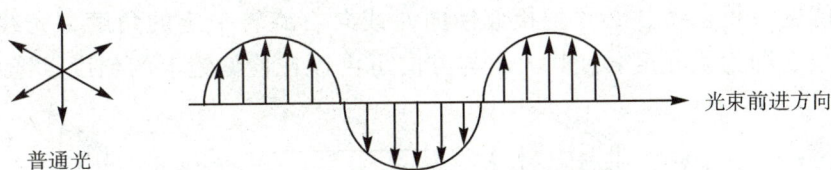

普通光

光束前进方向

图8-1　光波的振动方向与前进方向互相垂直

如果让普通光通过一个 Nicol 棱镜（优质的方解石晶片），只有与棱镜晶轴平行振动的光才能通过，其他方向上振动的光都被过滤掉。这种只在一个平面上振动的光称为平面偏振光（plane-polarized light），简称偏振光或偏光（图8-2）。

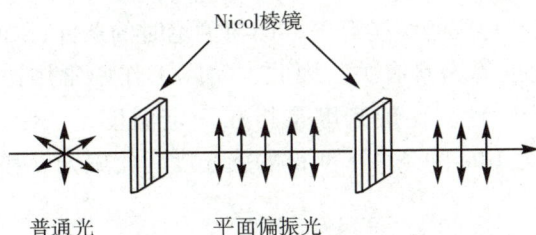

Nicol棱镜

普通光　　平面偏振光

图8-2　Nicol 棱镜与平面偏振光

当平面偏振光通过一些物质，如水、乙醇等，这些物质对偏振光的振动平面不发生任何影响。而有些物质，如葡萄糖、酒石酸等能使通过的平面偏振光振动平面旋转一定的角度。这种能使平面偏振光振动平面旋转的性质称为光学活性或旋光性（optical activity）。具有旋光性的物质称为旋光性物质或光学活性物质（optically active compounds）。

旋光性物质使平面偏振光振动平面旋转的角度称为旋光度（observed optical rotation），通常用 α 表示。不同的旋光性物质使平面偏振光振动平面旋转角度的大小和方向会有不同。从面对偏振光的传播方向观察，有的物质能使偏振光的振动平面向右旋转，称为右旋体（dextrorotatory），用符号（+）表示；有的物质能使偏振光的振动平面向左旋转，称为左旋体（levorotatory），用符号（-）表示（图8-3）。

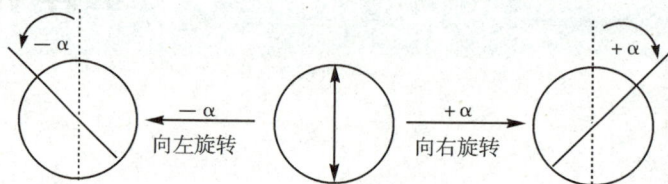

图8-3 旋光度示意图

二、旋光仪

旋光仪（polarimeter）是检测旋光性物质的旋光方向和旋光度大小的仪器，主要由一个单色光源、两个 Nicol 棱镜和一个样品管（也称为旋光管）组成。第一个棱镜轴是固定的，称为起偏镜，光源产生的光经过起偏镜变为平面偏振光；第二个棱镜可以旋转，称为检偏镜。当在样品管中放入非旋光性物质时，平面偏振光的振动平面不发生旋转，若两个棱镜是平行的，从起偏镜透出的偏振光可完全透过检偏镜。

当样品管中放入旋光性物质时，平面偏振光的振动平面会发生一定的旋转，从起偏镜透出的偏振光不能透过检偏镜，必须把检偏镜向左或向右旋转一定的角度，光线才能够通过。检偏镜旋转的角度即为旋光度 α，其大小与方向可由连在检偏镜上的刻度盘读出（图8-4）。

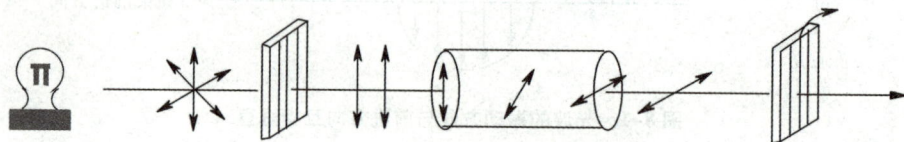

图8-4 旋光仪的工作原理示意图

三、比旋光度

物质的旋光度大小不仅与物质的结构有关，还与测定时的条件，如溶液的浓度、样品管的长度、单色光的波长、测定温度等因素有关。因此，实际工作中常用比旋光度（specific rotation）$[\alpha]_\lambda^t$ 来表示某一物质的旋光特性。比旋光度是指在一定温度、一定波长下，被测物质浓度为 1g/mL 的溶液在样品管长度为 1dm 的条件下测得的旋光度。比旋光度和旋光度之间的关系为：

$$[\alpha]_\lambda^t = \frac{\alpha}{c \cdot l}$$

式中，t 为测量时的温度，通常情况下为 20℃ 或 25℃，因此，$[\alpha]_\lambda^t$ 通常写成 $[\alpha]_\lambda^{20}$ 或 $[\alpha]_\lambda^{25}$；λ 为光波波长，一般使用的是钠光源，波长为 589.0nm，用 D 表示；α 为旋光度；l 为样品管长度，单位为 dm；c 为旋光性物质的浓度，单位为 g/mL，如果样品是纯液体，则以其密度 d 来代替浓度 c。

例如，将浓度为 0.05 g/mL 的果糖水溶液放在 1dm 长的样品管中，所测得的旋光度是 -4.64°。测定时的温度 20℃，光源是钠光。根据上式，果糖的比旋光度是：

$$[\alpha]_D^{20} = \frac{-4.64}{1 \times 0.05} = -92.8°$$

测定旋光度，可用来鉴定旋光性物质或测定旋光物质的纯度和含量。例如，测得一个葡萄糖溶液的旋光度为+3.4°，而葡萄糖的比旋光度为+52.5°，若样品管长度为 1dm，则可计算出葡萄糖的浓度为：

$$c = \frac{\alpha}{[\alpha] \times l} = \frac{+3.4}{+52.5 \times 1} = 0.0646 (\text{g/mL})$$

每一种旋光性物质，在特定条件下都有一定的比旋光度，就像物质的熔点或沸点一样，比旋光度是旋光性物质的一个特征物理常数。

第二节　分子的手性和结构的对称因素

自然界中有些物质具有旋光性，而有些物质却不具有旋光性，那么究竟什么样的物质才具有旋光性呢？它们有什么样的结构特征呢？

一、手性的概念

任何实物都有其镜像（mirror images），但实物与镜像间的关系却有两种，有的实物与其镜像是完全相同的，即该实物的任何一个部位都能与其镜像的相同部位完全重合，而有的实物与其镜像却不能够完全重合。例如，如果将我们的左、右手看成是实物与镜像，它们彼此就不能完全重合，即左右手不是完全相同的。

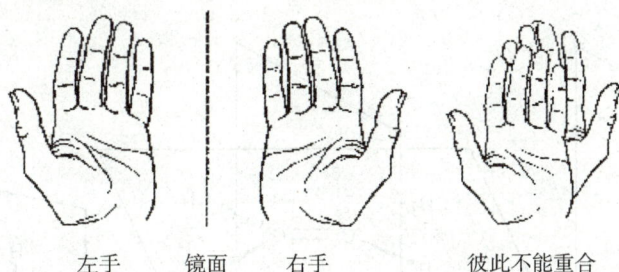

左手　　镜面　　右手　　　　　彼此不能重合

有机化合物与其他实物一样，有的有机物分子与其镜像能完全相互重合，即一个分子的任何一个原子或基团、化学键都能与其镜像的相同的部位重合，而有的分子则不能与其镜像完全重合。我们考察一下 CH_2XY 和 $CHXYZ$（X、Y、Z 分别代表三种不同于 H 的任何原子或基团）这两种有机分子与其镜像的关系。

实物　　镜面　　镜像　　　　彼此不能完全重合

图 8-5　有机分子 CH_2XY 和 $CHXYZ$ 的实物与镜像

可以看出，CH_2XY 与其镜像分子可以完全重合，二者代表的是同一种分子。但是 $CHXYZ$ 实物分子与其镜像分子是不能相互重合的，它们代表的是两种结构不同的分子。这种实物分子与其镜像分子具有对映而不能完全重合的性质与我们的左、右手具有的性质一样，因此这种性质常被称为手性（chirality）。具有手性的分子称为手性分子（chiral molecule）。手性分子都具有旋光性。相反，如果实物分子与其镜像能够完全重合，则它们代表的是同一种化合物，它们不具有手性，这样的分子被称为非手性分子（achiral molecule），无旋光性。

二、分子手性的判断依据

判断一个化合物是否为手性分子，可以根据其实物与镜像能否完全重叠，能完全重叠者为非手性分子，不能完全重叠者为手性分子。亦可以通过分子的对称因素来确定其是否具有手性。

判断一个分子的对称性，需要将分子进行某种对称操作，看结果是否与它原来的立体形象完全一致。如果通过某种对称操作后得到的立体形象与原来的立体形象完全一致，就说该分子具有某种对称因素，常见的对称因素有对称面、对称中心和对称轴等。

（一）对称面

假如一个分子能被一个假想的平面切分为具有实物与镜像关系的两半，此平面即为该分子的对称面（symmetric plane，符号 σ）。如图 8-6 中的几个分子都有对称面：

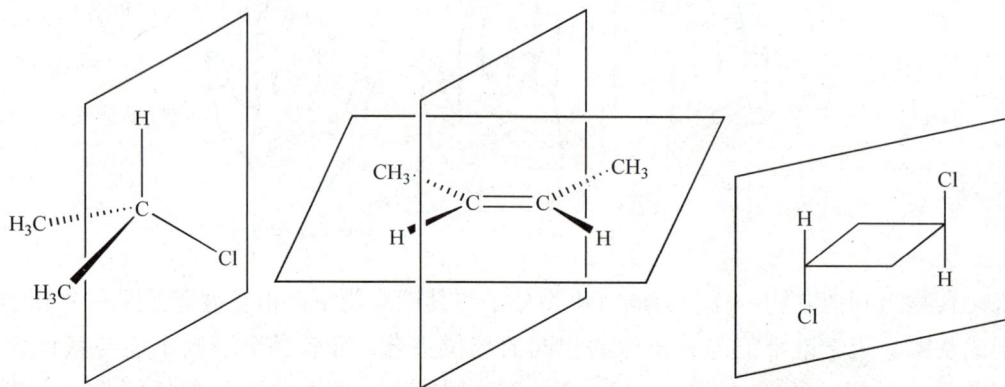

图 8-6　分子的对称面

凡具有对称面的分子，其实物与镜像一定可以完全重叠，是非手性分子，无旋光性。

（二）对称中心

若分子有一个点，将分子中任何一个原子或基团与它连线，如果在其延长线上等距离处都能遇到相同的原子或基团，则这个点为该分子的对称中心（symmetric center，符号 i）。如图 8-7 中的几个分子都有一个对称中心。

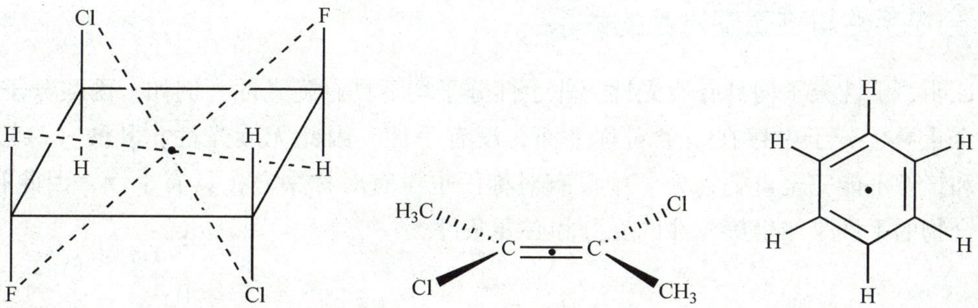

图 8-7　分子的对称中心

凡是具有对称中心的分子，其实物与镜像也一定可以完全重叠，是非手性分子，无旋光性。

（三）对称轴

如果通过分子画一直线，当分子以它为轴旋转一定角度后，可以得到和原来分子相同的形象，则这条直线就是分子的对称轴（symmetric axis，符号 C）。当分子绕轴旋转 $360/n$（$n = 1$，2，3，$4 \cdots$）度之后，得到的分子与原来的形象完全重叠，这个轴就是该分子的 n 重对称轴（C_n）。例如，环丁烷分子绕轴旋转 90° 后和原来分子的形象一样，由于 $360/90 = 4$，这是四重对称轴（C_4）。苯分子绕轴旋转 60°，即和原来分子形象相同，该轴为六重对称轴（$360/60 = 6$）。

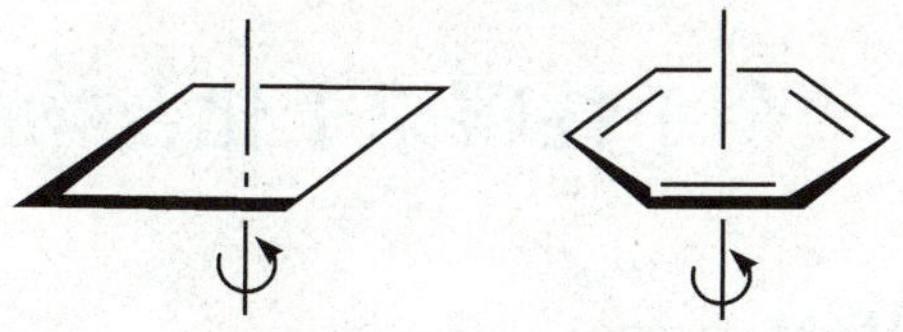

4-重轴　　　　6-重轴

图 8-8　分子的对称轴

对称轴不作为判别分子是否具有手性的判据。

三、手性碳原子

在 CHXYZ 分子中，碳原子与四个不同的原子或基团相连，这种连有四个不同原子或基团的碳原子称为手性碳原子（chiral carbon atom），常用 C^* 表示。手性碳原子及其所连的四个不同原子或基团在空间有两种不同的排列方式，即两种不同的构型，这两种不同构型代表的是两种不同的结构：

手性碳原子只是导致分子具有手性的因素之一，与其类似的还有手性氮、磷、硫原子等，它们统称为手性中心（chiral centers）。

手性碳原子是引起有机分子产生手性的最普遍最常见的因素，但不是唯一的因素（此外还有手性面、手性轴等），因此，不能将是否含有手性碳原子作为判断分子是否具有手性的绝对条件，导致分子具有手性的充分和必要条件是分子与其镜像不能重叠。

四、分子手性与物质旋光性的关系

实验证明，手性分子均具有旋光性，非手性分子均不具有旋光性。例如，丙酸分子实物与镜像可以完全重叠，分子中存在一个对称平面，没有手性，因此无旋光性。乳酸（2-羟基丙酸）分子实物和镜像不能完全重叠，分子中没有对称面也没有对称中心，具有手性，因此有旋光性。所以，化合物的手性是产生旋光性的充分和必要条件。

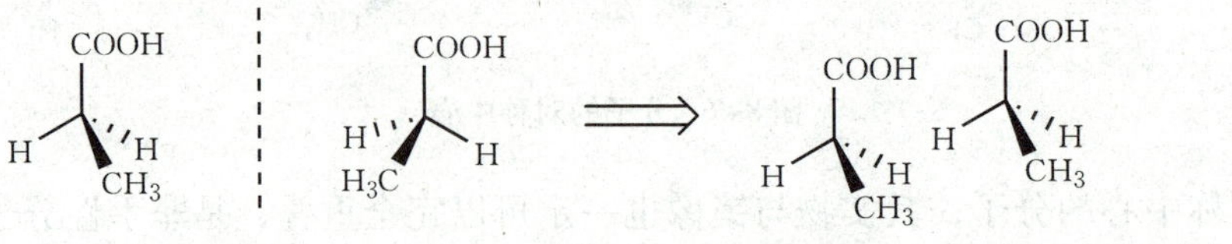

丙酸　　　　　　　　　　　　　　　（能完全重叠，无手性，无旋光性）

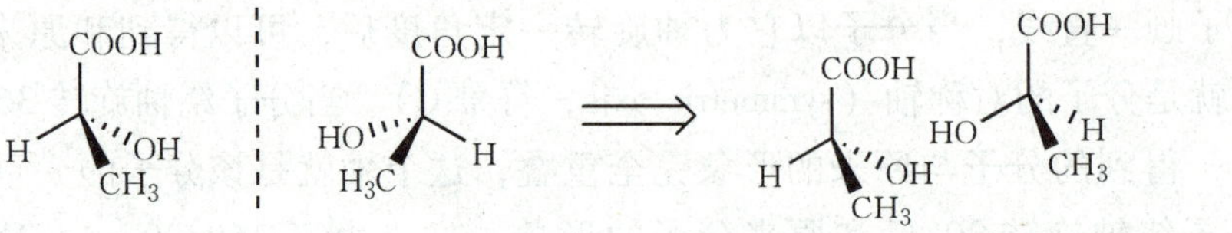

乳酸　　　　　　　　　　　　　　　（不能完全重叠，有手性，有旋光性）

第三节　含一个手性碳原子化合物的立体化学

一、对映异构与对映异构体

含一个手性碳原子的化合物，其实物与镜像不能重叠，是手性分子。其手性碳所连四个不同原子或基团存在两种不同的空间排列形象（即两种构型），二者互为实物与镜像的关系。如乳酸：

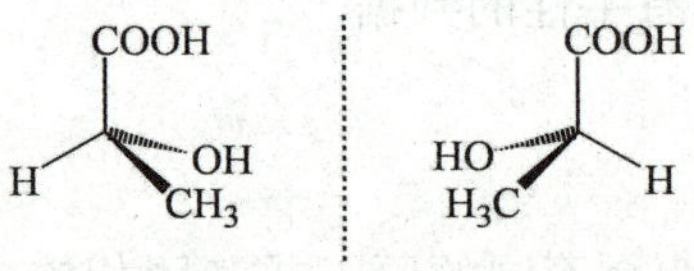

这种互为镜像对映却不能完全重叠的两种化合物彼此互称为对映异构体（enantiomers），简称对映体，这种现象称为对映异构现象（enantiomerism）。

二、对映异构体间理化性质的异同

一对对映体在非手性环境中的性质基本是相同的，如它们具有相同的熔点、沸点、折光率、相对密度、在非手性溶剂中的溶解度等；与非手性试剂反应时也具有相同的反应活性。它们对平面偏振光振动平面的影响能力大小也相等，但方向相反。表8-1列出了乳酸的部分物理性质。

表8-1　乳酸的物理性质

	m.p.（℃）	pK_a（25℃）	$[\alpha]_D^{20}$
（−）-乳酸	53	3.79	−3.82°
（＋）-乳酸	53	3.79	＋3.82°
（±）-乳酸	18	3.79	0

在手性环境的条件下，如手性试剂、手性溶剂和手性催化剂等的存在下，对映体常表现出不同的性质。最重要的是，某些具有手性的药物，在人体中表现出来的生理活性也不同。例如，（-）-多巴有抗震颤麻痹作用，可用于治疗帕金森病；而它的对映异构体（+）-多巴，则没有活性。

手性药物的生理活性之所以有如此之大的差别，是由于很多药物分子的生物活性是通过与受体大分子之间的严格匹配和手性识别而实现的，只有当手性分子完全符合于手性受体的靶点时，这些药物才能发挥其作用。因此，了解手性药物结构与药理活性之间的关系，在药物设计、合成及其临床应用等方面具有十分重要的意义。

三、外消旋体

由等量对映体构成的混合物称为外消旋体（racemate or racemic mixture），一般用符号（±）表示。由于外消旋体是由左旋体和右旋体等量混合而成，二者的旋光度数值相等，方向相反，因此没有旋光性。与其他任意两种物质混合构成的混合物不同，外消旋体往往具有固定的物理常数，其物理性质与纯净的对映体有差异（表8-1）。

第四节　立体构型的表达式与标记方法

在研究分子的立体化学行为时，虽然可以借助分子模型来描述分子的立体形象，但不可能在任何情况下总用分子模型来讨论立体化学问题。因此必须学会使用平面结构来表达分子的立体形象，并且能从平面结构中辨认出分子的立体构型。

一、立体构型的表达式（费歇尔投影式）

有机化学中常用费歇尔投影式（Fischer projection）来表达分子的立体构型。费歇尔投影式是德国化学家费歇尔（E. Fischer）于1891年提出的一种用简单的平面式子来表示分子立体构型的方法。

费歇尔投影式的书写方法，是将有机分子的立体模型，按照一定的投影规则，转变成平面式。其投影规则如下：①把分子主链放在垂直方向上。②把编号最小碳原子置于主链上方；其他基团置于水平方向上。③垂直方向碳链指向纸面后方，水平方向基团指向纸面前方。④将分子结构投影到纸面上，水平线和垂直线的交叉点表示碳原子。乳酸分子的费歇尔投影式如下：

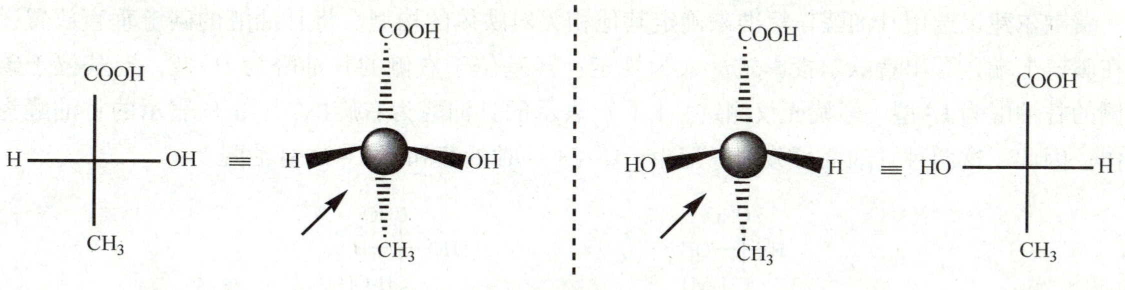

图 8-9　乳酸分子的费歇尔投影式

按照上述规则所得的费歇尔投影式不能随意翻转或转变，任何一种变化都有可能导致构型的改变。如要转变，须遵循如下规则：

（1）投影式中手性碳原子上任意两个原子（或基团）的位置交换奇数次，其构型改变；若交换偶数次，构型不变。下面费歇尔投影式（a）和（c）代表的是同一种化合物，而（a）或（c）与（b）则互为对映异构体。

$$H-\overset{CH_3}{\underset{C_2H_5}{|}}-Br \xrightarrow{基团互换} H-\overset{CH_3}{\underset{Br}{|}}-C_2H_5 \xrightarrow{基团互换} Br-\overset{CH_3}{\underset{C_2H_5}{|}}-C_2H_5$$

（a）   （b）   （c）

（2）投影式在纸平面上旋转180°或其整数倍，则构型不变，若在纸平面上旋转90°或其奇数倍，则构型改变。例如，下面的（a）和（d）代表同一化合物，而（a）和（e）则互为对映异构体。

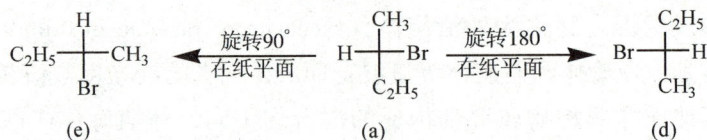

$$C_2H_5-\overset{H}{\underset{Br}{|}}-CH_3 \xleftarrow[在纸平面]{旋转90°} H-\overset{CH_3}{\underset{C_2H_5}{|}}-Br \xrightarrow[在纸平面]{旋转180°} Br-\overset{C_2H_5}{\underset{CH_3}{|}}-H$$

（e）   （a）   （d）

如果投影式离开纸平面翻转180°，构型改变。因为这样的操作改变了原子或基团的前后关系，违背了投影规则。（a）和（g）为对映异构体。

$$H-\overset{CH_3}{\underset{C_2H_5}{|}}-Br \xrightarrow[离开纸平面]{翻转180°} Br-\overset{CH_3}{\underset{C_2H_5}{|}}-H$$

（a）   （g）

（3）若固定投影式中的一个原子或基团不动，其余三个原子或基团按顺时针或逆时针方向轮换，构型保持不变。下面的（a）、（c）和（f）均代表同一构型。

$$Br-\overset{CH_3}{\underset{H}{|}}-C_2H_5 \xleftarrow[逆时针轮换]{固定甲基} H-\overset{CH_3}{\underset{C_2H_5}{|}}-Br \xrightarrow[顺时针轮换]{固定甲基} C_2H_5-\overset{CH_3}{\underset{Br}{|}}-H$$

（c）   （a）   （f）

二、立体构型的标记

（一）D/L-构型标记法

费歇尔建议选用甘油醛作标准来确定其他相关对映体的构型。将甘油醛的碳链垂直放置，醛基在碳链上端，写出费歇尔投影式。人为规定：羟基位于右侧的甘油醛为 D-型，羟基位于碳链左侧的甘油醛为 L-型。经旋光仪测定，（Ⅰ）表示的甘油醛为右旋体，（Ⅱ）表示的甘油醛为左旋体。因此，这两种甘油醛可分别标记为：D-（+）-甘油醛和 L-（-）-甘油醛。

$$H-\overset{CHO}{\underset{CH_2OH}{|}}-OH \qquad\qquad HO-\overset{CHO}{\underset{CH_2OH}{|}}-H$$

（Ⅰ）   （Ⅱ）
D-（+）-甘油醛   L-（-）-甘油醛

其他化合物的构型是以甘油醛的构型为参照，通过化学反应的关联性来确定。只要在反应过程中与手性碳原子直接相连的四个化学键没有变化，则生成的化合物的构型与原甘油醛的构型相同。

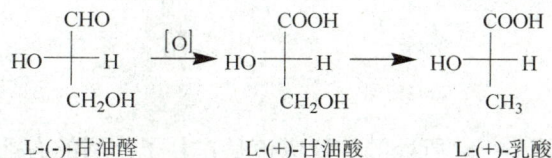

L-(-)-甘油醛　　　　L-(+)-甘油酸　　　　L-(+)-乳酸

这种方法是与人为规定的标准物质进行比较而得出的构型，因此称为相对构型（relative configuration）。D/L-相对构型标记法有很大的局限性，一般只适用于仅含一个手性碳原子的化合物，对于含有多个手性碳的化合物有时就不适用。但是，由于习惯，在糖类和氨基酸类化合物中仍沿用 D/L 构型标记法。

（二）R/S-绝对构型标记法

R 是拉丁文 Rectus（右）的意思，S 是拉丁文 Sinister（左）的意思。该方法是根据旋光性物质分子的真实立体结构来进行构型标记，表示的是绝对构型（absolute configuration）。其基本原则是：

1. 首先把手性碳上的四个原子或基团（a、b、c、d）按 CIP 规则（见第四章第二节）确定相对大小，假定为 a>b>c>d。

2. 把最小的原子或基团 d 放在距观察者较远的位置，其他三个原子或基团 a、b、c 则距观察者较近，如图 8-10 所示。

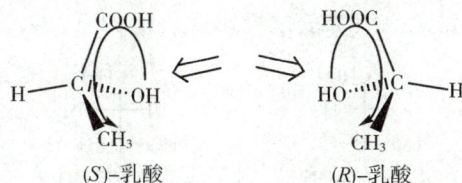

逆时针：(S)-型　　　　顺时针：(R)-型

图 8-10　由大到小边线的两种不同方向

3. 从最大的 a 开始，按 a→b→c 的顺序，如果是顺时针排列，称为（R）-构型；如果是逆时针排列，称为（S）-构型。

为了确保所有的取代基（基团）都能比出相对的大小，CIP 规则还进行了扩充。当两个取代基结构相同时，则比较其构型。规定：（Z）-构型>（E）-构型；（R）-构型>（S）-构型。根据这个扩展的 CIP 规则，与手性碳相连的所有基团都能比出相对大小。例如，乳酸分子中与手性碳相连的各基团大小排序为：—OH > —COOH > —CH$_3$ > —H。据此，可以将以下两种构型的乳酸分别确定为（S）-乳酸和（R）-乳酸。

(S)-乳酸　　　　(R)-乳酸

如果一个化合物是用费歇尔投影式表示的，可不需要改换成立体结构式而直接判别它的构型。例如，乳酸可以写出多种费歇尔投影式，但其构型只有两种：

I式中H原子的顺序最小，它所处的位置应该是在分子模型的右前方，应从分子模型的左后方对其他三个基团的顺序进行观察，可看到从—OH到—COOH再到—CH₃的连接顺序为逆时针方向，故I式为（S）-构型。II式和III式中H原子在分子模型的后下方，其他三个基团分别在前方和后上方，应从前上方向后下方观察，所以II式为（R）-构型，III式为（S）-构型。同理，IV式中的H原子在分子模型的后上方，其他三个基团分别在前方和后下方，应从前下方向后上方观察，IV式为（R）-构型。

也可以按以下规则进行判断：①当次序最低的d位于垂直方向（无论上下）时，a→b→c顺时针方向排列的为（R）-构型，逆时针方向排列的是（S）-构型。②当次序最低的d位于水平方向（无论左右）时，a→b→c顺时针方向排列的为（S）-构型，逆时针方向排列的是 R-构型。例如：

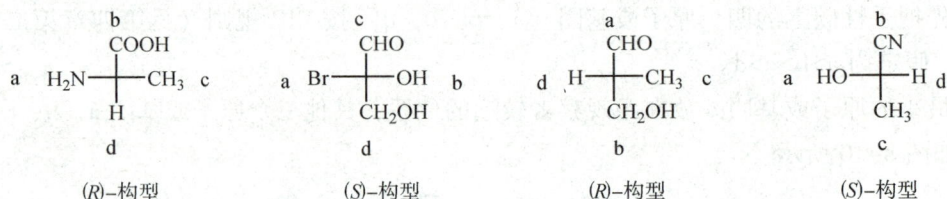

需要指出的是，对映体的构型与旋光方向之间没有必然关系，左旋或右旋必须靠实际测定才可以知道。

第五节　含两个手性碳的有机分子的立体化学

一、含两个不同手性碳的有机分子

丁醛糖（2,3,4-三羟基丁醛）分子含有两个手性碳原子，这两个手性碳原子所连接的四个原子或基团不完全相同。

该分子在空间有4种排列方式，用费歇尔投影式表示如下：

其中，Ⅰ与Ⅱ是一对对映体；Ⅲ与Ⅳ是一对对映体。Ⅰ与Ⅲ构成非对映体，Ⅰ与Ⅳ构成非对映体，Ⅱ与Ⅲ构成非对映体，Ⅱ与Ⅳ构成非对映体（diastereoisomer）。对映体以及非对映体，合称为立体异构体。

含一个手性碳原子的分子有一对对映体，如乳酸、甘油醛；丁醛糖含两个不同的手性碳，有 4 个立体异构体（2 对对映体）。若分子中含三个不同的手性碳时，则有 8 个立体异构体（4 对对映体）。分子中含 n 个不相同的手性碳时，则有 2^n 个立体异构体，可组成 2^{n-1} 对对映体。

二、含两个相同手性碳的有机分子

酒石酸（2,3-二羟基丁二酸）分子中含有两个手性碳原子，似乎应有 4 个立体异构体。

	(Ⅰ)	(Ⅱ)	(Ⅲ)	(Ⅳ)
	(2R, 3R)	(2S, 3S)	meso-(2R, 3S)	

但由于两个手性碳原子连接的四个基团完全相同，都是：—OH、—COOH、—H 和 —CH（OH）COOH，实际上只有 3 个立体异构体。不难看出，Ⅰ 和 Ⅱ 为一对对映体，Ⅲ 和 Ⅳ 可以完全重叠，为同一化合物。Ⅲ 和 Ⅳ 中都存在一个对称面，一个手性碳为 R-构型，另一个为 S-构型，它们所引起的旋光度大小相等而方向相反。像这种由于分子内含有相同的手性碳原子，分子的两个半部互为实物与镜像的关系，从而使分子内部旋光性相互抵消的非光学活性化合物称为内消旋体（mesomer），通常用 "meso" 或 "m" 表示。

内消旋体与其中任何一个对映体相比，性质都有很大的不同。以酒石酸为例，见表 8-2。

表 8-2 酒石酸异构体的物理性质

酒石酸	m. p.（℃）	溶解度	$[\alpha]_D^{20}$	pK_{a1}（25℃）
(+)	170	147	+12	2.93
(−)	170	147	−12	2.93
meso	140	125	0	3.20
(±)	206	20.6	0	2.96

需要注意的是，虽然内消旋体和外消旋体都没有旋光性，但它们却有着本质的差别。前者是纯净物，而后者是由等量左旋体和右旋体组成的混合物，可用特殊方法拆分成两个有光学活性的化合物。

从酒石酸可以看出，含两个或更多手性碳原子的化合物不一定都具有手性，所以不应将是否具有手性碳作为判断一个分子有无手性的唯一依据。

第六节　不含手性碳原子的手性分子

在有机化合物中，大部分的手性分子都是含一个或多个手性碳原子，但有无手性碳原子并不能作为判断分子有无手性的依据。有些有机物分子并不含有手性碳原子，却也具有手性，产生旋光，并存在对映异构体。

一、丙二烯型化合物

丙二烯分子中，两端碳原子为 sp^2 杂化，中间碳原子为 sp 杂化，分子中的两个 π 键互相垂直，两端碳原子所连基团所在的平面也互相垂直。

图 8-11　丙二烯分子的结构

在丙二烯的分子中，有两个互相垂直的对称面，因此丙二烯本身没有旋光性，没有手性。但是，当丙二烯分子两端碳原子上各连有不同的原子或基团时，它的对称面消失。如戊-2,3-二烯，分子中既无对称面，也无对称中心，是手性分子，因此具有旋光性，存在一对对映异构体。

二、联苯型化合物

联苯分子中的两个苯环可以围绕碳碳单键自由旋转，为非手性分子，没有旋光性。但当苯环邻位上连有较大的取代基时，苯环围绕单键的自由旋转将受到阻碍，导致两苯环不能处在同一平面上，必须互成一定的角度。当两苯环处于相互垂直状态时，基团间斥力最小，分子能量最低。

此时如果每个苯环上连的两个取代基不相同，整个分子具有手性，例如 6,6′-二硝基联苯-2,2′-二甲酸。分子中左环连的是 $-NO_2$ 和—COOH，这两个取代基是不同的；同时，右环连的是—NO_2 和—COOH，这两个取代基也是不同的。因此，整个分子具有手性。存在一对对映体：

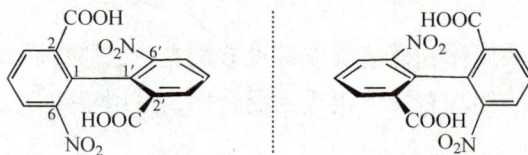

再如，下述的环外双键型化合物、螺环型化合物等，若两端碳原子上各自连有不同原子或基团时，分子无对称面无对称中心，具有手性，有对映异构体。

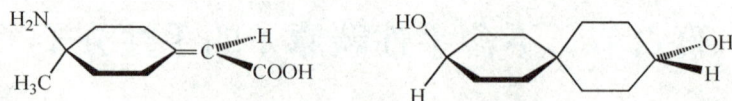

以上列举的手性化合物有一个共同特点，它们的分子中都含有一个由若干原子构成的轴状结构，分子中因某些原子或基团在此轴上的空间排列情况不同而产生了手性，此轴称作手性轴，如丙二烯型分子中的 C=C=C 即是手性轴。

三、把手型化合物

不对称取代的对苯二酚脂环醚，若脂肪烃的链比较短、苯环上的取代基又比较大时，芳环的转动便会受到阻碍，取代基的分布是不对称的。例如：

受环大小的限制，上述化合物分子中的—COOH 在 $O-(CH_2)_8-O$ 所决定的平面前后或者左右两侧的分布都是不对称的，因此产生手性，具有旋光性，我们把这个平面叫作手性面，上述化合物为具有手性面的化合物。

第七节　取代环烷烃的立体异构

在第六章"脂环烃的分类与命名"中，我们知道：当两个取代基处于环烷烃不同的环碳上时，就存在顺反异构。例如：1,2-二甲基环丙烷有顺-1,2-二甲基环丙烷和反-1,2-二甲基环丙烷。顺式异构体分子中存在一个对称平面，是内消旋体；反式异构体有两个，互为对映体。

顺-1,2-二甲基环丙烷　　　　(1R, 2S)-1,2-二甲基环丙烷(内消旋体)

所以，1,2-二甲基环丙烷就如同酒石酸分子一样，是含有两个相同手性碳的化合物，存在三种立体异构体。即：内消旋的顺-1,2-二甲基环丙烷［或称（1R,2S)-1,2-二甲基环丙烷］、（1R,2R)-1,2-二甲基环丙烷、（1S,2S)-1,2-二甲基环丙烷。想象中的（1S,2R）-1,2-二甲基环丙烷，等同于（1R,2S)-1,2-二甲基环丙烷。

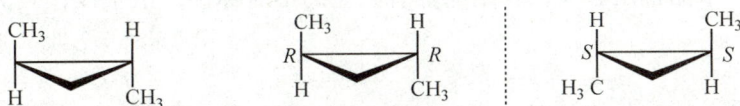

反-1,2-二甲基环丙烷　　　(1R, 2R)-1,2-二甲基环丙烷　　　(1S, 2S)-1,2-二甲基环丙烷

当环上的两个取代基不相同时，如 2-氯-1-甲基环丙烷，此时正如 2,3,4-三羟基丁醛一样，分子中含两个不同的手性碳原子，因此存在四种立体异构体，亦即无论是顺式还是反式异构体都是手性分子，都存在一对对映体。

(1R, 2S)　　　　　　(1S, 2R)　　　　　　(1R, 2R)　　　　　　(1S, 2S)

对于二取代环己烷，当取代基处于 1,2-位或 1,3-位时，情况与上面类似。例如，1,3-二甲基环己烷共有三个立体异构体，顺式的为内消旋体，反式的有两个，互为对映体。1-甲基-3-氯环己烷共有四个立体异构体，顺式的有两个，互为对映体，反式的也有两个，也是一对对映体。

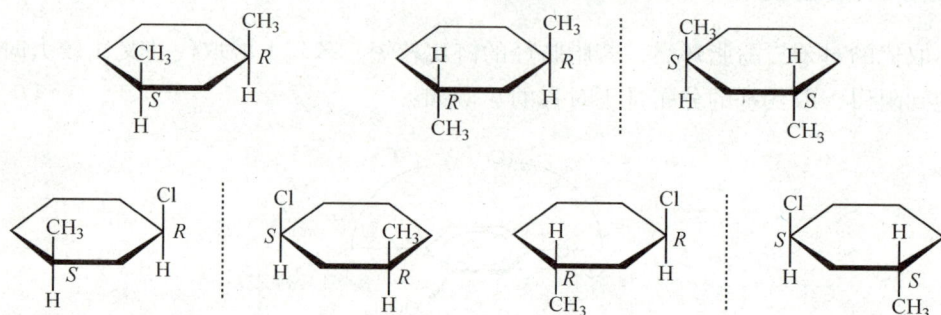

而 1,4-二取代环己烷的情况则有所不同，1,4-二取代环己烷只存在顺反异构，没有立体异构。因为无论是顺式还是反式，也无论取代基是否相同，它们都含有一个对称面，是非手性分子。

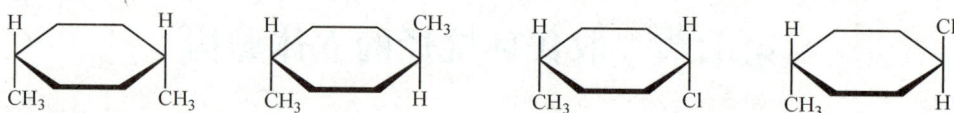

可见，取代环烷烃的构型异构较复杂，有时只有顺反异构，有时顺反异构和立体异构同时存在。

第八节 外消旋体的拆分

外消旋体是由一对对映体等量混合而成的，用蒸馏、重结晶等一般的物理方法不能把它们分离开来，必须采用特殊的方法才能把它们拆开。拆分的方法很多，一般有下列几种：

一、机械法

利用外消旋体中对映体在结晶形态上的差异直接辨认，或借助放大镜进行辨认，把两种结晶体挑拣出来。该法要求晶粒足够大，且结晶具有明显的不对称性。由于操作较为原始和麻烦，目前极少使用。

二、微生物法

某些微生物或酶对于对映体中的一种异构体有选择性的分解作用，利用它们的这种性质可以从外消旋体中把一种对映异构体拆分出来。例如，外消旋酒石酸铵在酵母或青霉的存在下进行发酵，天然的（+)-酒石酸铵逐渐被消耗，经过一段时间后，从发酵液中分离出（-）-酒石酸铵。该法的缺点是在分离过程中，外消旋体的另一半被消耗掉，而且只能用较稀的溶液进行分离，同时还需要额外加入微生物的营养物质，给产品的纯化带来困难。

三、诱导结晶法

在外消旋体热的过饱和溶液中，加入一定量的左旋体或右旋体作为晶种，当溶液冷却时，与晶种相同的异构体在晶种的诱导下优先析出。滤出结晶后，另一种立体异构体在滤液中相对较多，在加热条件下再加入一定量的外消旋体至过饱和，当溶液冷却时，另一种异构体优先析出。

如此反复操作，就可以把一对对映体完全拆分开。

四、选择吸附法

用某种旋光性物质做吸附剂，使之选择性地吸附外消旋体中的一种异构体，从而达到拆分的目的。

五、化学法

选择合适的手性试剂，利用简单的化学反应将外消旋体的一对对映体转变成非对映体，再利用非对映体物理性质的差异将二者分离，分离后再恢复原来的左旋体和右旋体。这种方法应用最广，所选用的手性试剂称为外消旋体的拆分剂（resolving reagent）。比如，要分离外消旋的有机酸，可以选用旋光性的有机碱使之生成非对映的盐，分离开之后再分别将其中和，便得到旋光性的左旋体和右旋体有机酸。

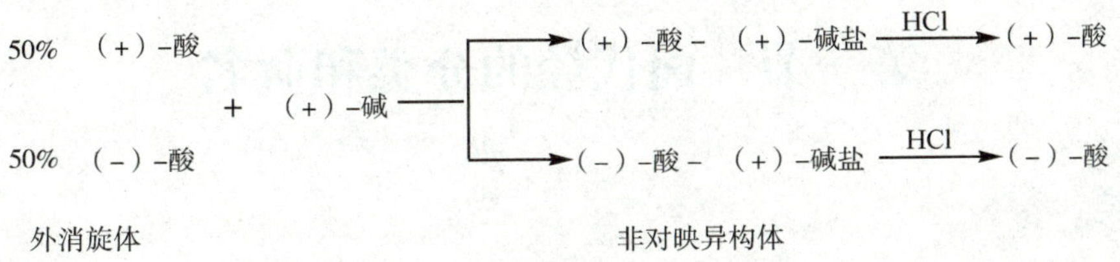

$$
\begin{array}{c}
50\% \quad (+)\text{-酸} \\
\\
50\% \quad (-)\text{-酸}
\end{array}
\; + \; (+)\text{-碱} \;\longrightarrow\;
\begin{array}{l}
(+)\text{-酸} - (+)\text{-碱盐} \xrightarrow{\;HCl\;} (+)\text{-酸} \\
\\
(-)\text{-酸} - (+)\text{-碱盐} \xrightarrow{\;HCl\;} (-)\text{-酸}
\end{array}
$$

外消旋体　　　　　　　　　　　　　非对映异构体

烃分子中的氢原子被卤素取代后所生成的化合物称卤代烃（halohydrocarbons），简称卤烃。可用 RX 表示，R 代表烃基，X 代表卤素（X=F、Cl、Br、I）。卤代烃的官能团为卤原子。

第一节 卤代烃的分类和命名

一、分类

1. 根据烃基结构的不同，可将卤代烃分为饱和卤代烃、不饱和卤代烃和卤代芳香烃三类。

饱和卤代烃： CH_3CH_2X

不饱和卤代烃： $CH_2\!=\!CHX$ $CH_3CH_2C\!=\!CH_2$

卤代芳香烃：

2. 根据卤素所连碳原子的类型不同，又将卤代烃分为伯、仲、叔三种卤代烃。

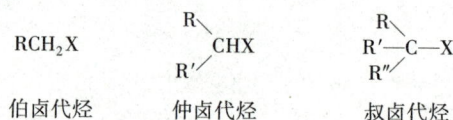

RCH_2X $\overset{R}{\underset{R'}{}}CHX$ $\overset{R}{\underset{R''}{R'-C-X}}$

伯卤代烃   仲卤代烃   叔卤代烃

此外，还可根据分子中所含卤原子的数目分为一卤代烃、二卤代烃和多卤代烃。

RCH_2X $RCHX_2$ RCX_3

一卤代烃   二卤代烃   多卤代烃

二、命名

按照系统命名法对卤代烃进行命名时，把卤素原子 F（fluoro）、Cl（chloro）、Br（bromo）、I（iodo）看成取代基，烃看成母体。当烃是烷烃时，依烷烃的方法进行系统命名；当烃是脂环烃、烯烃、炔烃、芳香烃时，依其相应的方法进行系统命名。例如：

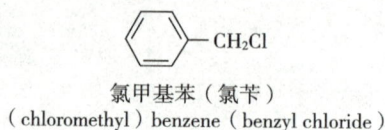

$CHCl_3$

三氯甲烷（氯仿）
trichloromethane（chloroform）

$-CH_2Cl$

氯甲基苯（氯苄）
（chloromethyl）benzene（benzyl chloride）

$$CH_2=CHCH_2Cl$$

3-氯丙烯
3-chloropropene

$$CH_3CH=CHCH_2Cl$$

1-氯丁-2-烯
1-chlorobut-2-ene

1-溴-4-乙基环己烯
1-bromo-4-ethylcyclohex-1-ene

$$CH_3CHCH_2CHCH_3$$
（Cl、CH₃）

2-氯-4-甲基戊烷
2-chloro-4-methylpentane

(3Z,6S)-6-溴-3,4-二甲基庚-3-烯
(3Z,6S)-6-bromo-3,4-dimethylhept-3-ene

(1S,2R)-1-溴-2-氯环己烷
(1S,2R)-1-bromo-2-chlorocyclohexane

对于简单卤代烃，有时也使用俗名，通常将烃基名称加在卤素名称前面。例如：

$$CH_3CH_2CH_2CH_2Br$$

正丁基溴
n-butylbromide

$$(CH_3)_2CHCH_2Br$$

异丁基溴
isobutylbromide

$$(CH_3)_3CCl$$

叔丁基氯
tert-butylchloride

第二节　卤代烃的物理性质

室温下，四个碳以下的氟代烃、两个碳以下的氯代烃以及溴甲烷为气体，其他常见的卤代烃为液体，十五个碳以上的卤代烃为固体。

卤代烃的沸点变化具有规律性。R 相同时，RX > RH，RCl 最低，RI 最高；X 相同时，其沸点随 R 的增大而增高，同分异构体中，支链愈多沸点愈低。RF 特殊，不少 RF 的沸点与相同 R 的烷烃相近。

卤代烃的密度与 R 的大小和 X 的类型有关。R 相同时，RCl 最小，RI 最大；X 相同时，其密度随 R 的增大而减小。大多数卤代烃的密度都大于水，但 RF 和某些一元 RCl 的密度比水小。

多数卤代烃难溶于水，易溶于乙醇、乙醚、乙酸乙酯和烃类等有机溶剂。卤代烃本身也可以溶解许多有机化合物，如氯仿、二氯甲烷等都是较好的有机溶剂，常用于从水溶液中提取各种有机化合物。

卤代烃有一定毒性，尤其是对肝脏。氯代烃和碘代烃的蒸气可通过皮肤吸收而对人体造成损害。所以应尽量避免这类化合物与人体直接接触。

如果将卤代烃放在铜丝上灼烧，会出现绿色的火焰，可作为鉴别卤代烃的简单方法。

一些常见卤代烃的物理性质见表 9-1。

表 9-1　常见卤代烃的物理常数

名　称	结构简式	m. p.（℃）	b. p.（℃）	d^{20}（g/mL）
氯甲烷	CH_3Cl	-97.6	-23.76	0.920
溴甲烷	CH_3Br	-93	3.59	1.732
碘甲烷	CH_3I	-66.1	42.5	2.279
氯乙烷	C_2H_5Cl	-138.7	13.1	0.9028
溴乙烷	C_2H_5Br	-119	38.4	1.4612

续表

名　称	结构简式	m. p. (℃)	b. p. (℃)	d^{20} (g/mL)
碘乙烷	C_2H_5I	−111	72.3	1.933
1-氯丙烷	$CH_3CH_2CH_2Cl$	−123	46.4	0.890
1-溴丙烷	$CH_3CH_2CH_2Br$	−110	71.0	1.353
1-碘丙烷	$CH_3CH_2CH_2I$	−101	102.5	1.747
2-氯丙烷	$CH_3CHClCH_3$	−117.6	34.8	0.8590
2-溴丙烷	$CH_3CHBrCH_3$	−	59.4	1.310
2-碘丙烷	CH_3CHICH_3	−	89.5	1.705
氯仿	$CHCl_3$	63.5	61.2	1.4916
溴仿	$CHBr_3$	8.3	149.5	2.8899
碘仿	CHI_3	119	在沸点升华	4.008
氯乙烯	$CH_2\!=\!CHCl$	−160	−13.9	0.9121
溴乙烯	$CH_2\!=\!CHBr$	−138	15.8	1.517
3-氯丙烯	$CH_2\!=\!CHCH_2Cl$	−134.5	45.0	0.9382
3-溴丙烯	$CH_2\!=\!CHCH_2Br$	−119	70.0	−
3-碘丙烯	$CH_2\!=\!CHCH_2I$	−99	102.0	1.848
氯苯	C_6H_5Cl	−45	132	1.1064
溴苯	C_6H_5Br	−30.6	155.5	1.499
碘苯	C_6H_5I	−29	188.5	1.832
邻氯甲苯	$o\text{-}CH_3\!-\!C_6H_4Cl$	−36	159	1.0817
邻溴甲苯	$o\text{-}CH_3\!-\!C_6H_4Br$	−26	182	1.422
邻碘甲苯	$o\text{-}CH_3\!-\!C_6H_4I$	−	211	1.697
间氯甲苯	$m\text{-}CH_3\!-\!C_6H_4Cl$	−48	162	1.0722
间溴甲苯	$m\text{-}CH_3\!-\!C_6H_4Br$	−40	184	1.4099
间碘甲苯	$m\text{-}CH_3\!-\!C_6H_4I$	−	204	1.698
对氯甲苯	$p\text{-}CH_3\!-\!C_6H_4Cl$	7	162	1.0697
对溴甲苯	$p\text{-}CH_3\!-\!C_6H_4Br$	28	184	1.3898
对碘甲苯	$p\text{-}CH_3\!-\!C_6H_4I$	35	211.5	−
氯化苄	$C_6H_5CH_2Cl$	−43	179.4	1.100

第三节　卤代烃的化学性质

　　卤代烃的化学性质主要取决于卤素官能团，在卤代烃分子中，C—X 键是极性共价键，性质活泼，可以发生亲核取代反应、消除反应，还可以与活泼金属发生反应。

一、亲核取代反应

当卤代烃与一些亲核试剂（Nu⁻）作用时，其分子中的卤原子被其他原子或原子团取代，这种由亲核试剂进攻所引起的取代反应称为亲核取代反应（nucleophilic substitution reaction），用 S_N 表示。

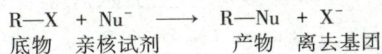

$$R—X + Nu^- \longrightarrow R—Nu + X^-$$
$$\text{底物} \quad \text{亲核试剂} \qquad \text{产物} \quad \text{离去基团}$$

由于 F 原子的原子半径很小，所以 C—F 键的可极化度很小，通常情况下难以发生 C—F 键断裂形成离去基团 F⁻。因此，卤代烷的亲核取代反应通常只有 Cl⁻、Br⁻ 和 I⁻ 可成为离去基团，并且其反应活性顺序为：RI > RBr > RCl。

卤代烃的亲核取代反应主要有下面几类：

1. 被羟基取代（水解反应）

卤代烃与水作用，卤原子被羟基所取代生成醇，称为卤代烃的水解反应（hydrolysis）。

$$R—X + H_2O \Longrightarrow R—OH + HX$$

该反应可逆，为使反应进行完全，通常用碱（NaOH 或 KOH）的水溶液代替水进行反应，可获得较好的效果。

$$R—X + NaOH \xrightarrow{H_2O} R—OH + NaX$$
$$\text{(醇)}$$

由于自然界少有卤代物存在，卤代烃大多从醇制备，因而，卤代烃的水解反应在合成上的应用不多。

2. 被烷氧基取代

卤代烃与醇钠作用，卤原子被烷氧基所取代生成醚。这是合成混合醚的常用方法，称为威廉森（Williamson）醚合成法。

$$R—X + NaOR' \longrightarrow R—O—R' + NaX$$
$$\text{(醚)}$$

该反应一般用伯卤代烃为原料进行制备，尽量避免使用叔卤代烃，因为后者在反应中容易发生消除反应生成烯烃。

3. 被氰基取代

卤代烃与氰化钠（或氰化钾）在醇溶液中反应，卤原子被氰基取代，生成腈。

$$R—X + NaCN \xrightarrow{醇} R—CN + NaX$$
$$\text{(腈)}$$

该反应可用于在有机物分子中引入氰基，亦是用于增长有机物碳链的重要反应。氰基性质活泼，可通过进一步反应转变成羧基、氨基等其他官能团。

4. 被硝酸根取代

卤代烃与硝酸银的醇溶液作用，生成硝酸酯和卤化银沉淀，此反应可用于鉴别卤代烃。

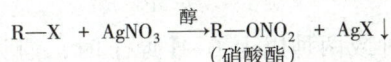

$$R—X + AgNO_3 \xrightarrow{醇} R—ONO_2 + AgX\downarrow$$
$$\text{(硝酸酯)}$$

不同卤代烃的反应活性不同，若烃基相同，卤原子不同的卤代烃的反应活性顺序为：RI > RBr > RCl；对卤原子相同而烃基结构不同的卤代烃，活性顺序为：叔卤代烃 > 仲卤代烃 > 伯卤代烃。因此，可根据反应中生成沉淀速度的快慢及沉淀颜色的不同，定性鉴别卤代烃。

5. 被氨基取代

卤代烃与氨反应，卤原子被氨基取代，生成胺。

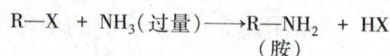

$$R\!-\!X \ + \ NH_3(过量)\longrightarrow R\!-\!NH_2 \ + \ HX$$
$$\qquad\qquad\qquad\qquad\qquad\qquad (胺)$$

6. 被炔基负离子取代

卤代烃可与炔基负离子反应，在炔键碳原子上引入烃基。该反应可用于炔烃的制备。

$$R\!-\!X \ + \ R'C\!\equiv\!CNa \longrightarrow R'\!-\!C\!\equiv\!C\!-\!R$$

除此之外，卤代烃还可以与巯基负离子、硫醇负离子、其他卤素负离子等发生亲核取代反应。常见的 RX 亲核取代反应见表 9-2。

表 9-2　常见的 RX 亲核取代反应

作用物	亲核试剂	生成物	用途
RX	OH^-	ROH	碱性水解，制醇
	OR'^-	ROR'	Williamson 醚合成
	SR'^-	RSR'	硫醚的合成
	CN^-	RCN	腈的合成
	NH_3	RNH_2	伯胺的合成
	X'^-	RX'	卤素互换反应
	$R'C\equiv C^-$	$RC\equiv CR'$	制炔，增长碳链
	O_2NO^-	$RONO_2$	鉴别卤代烃

二、消除反应

卤代烃与氢氧化钾或氢氧化钠的乙醇溶液共热时，消除一分子的卤化氢生成烯烃的反应称为消除反应（elimination reaction），用 E 表示。通过消除反应可以在分子中引入双键，这是制备烯烃的方法之一。

$$CH_3\!-\!\underset{\alpha}{CH}\!-\!\underset{\beta}{CH_2} \xrightarrow{\ NaOH/EtOH\ } CH_3CH\!=\!CH_2 \ +H_2O+NaBr$$

从卤代烃消除卤化氢时，消除的是卤素和 β-H，故称为 β-消除。

卤代烃发生消除反应的活性顺序是：叔卤代烃>仲卤代烃>伯卤代烃。当卤代烃中含有两种或两种以上的 β-H 时，有可能得到两种不同的消除反应产物。例如：

$$H_3CCH_2\!-\!\underset{\alpha}{CH}\!-\!\underset{\beta}{CH_3} \xrightarrow[\triangle]{NaOH/EtOH} CH_3\!-\!CH\!=\!CH\!-\!CH_3 \ + \ CH_3CH_2\!-\!CH\!=\!CH_2$$
$$\qquad\qquad\qquad\qquad\qquad\qquad\qquad 81\%\qquad\qquad\qquad 19\%$$

$$(H_3C)_2CH\!-\!\underset{\alpha}{CH}\!-\!\underset{\beta}{CH_3} \xrightarrow[\triangle]{NaOH/EtOH} (CH_3)_2C\!=\!CH\!-\!CH_3 \ + \ (CH_3)_2CH\!-\!CH\!=\!CH_2$$
$$\qquad\qquad\qquad\qquad\qquad\qquad\quad 71\%\qquad\qquad\qquad 29\%$$

实验证明，当卤代烃存在两种或两种以上 β-H 原子时，消除反应的优先产物是双键碳上连有较多烷基的烯烃。这种现象在 1875 年被俄国化学家查依采夫（Saytzeff）首先发现，因此称为查依采夫规则。此规则也可叙述为：当卤代烃存在两种以上 β-H 原子时，消除反应的主要产物是在连有氢原子较少的 β-碳原子消除一个氢原子。这种类型的反应称区域选择性（regioselectivity）反应。

消除反应与亲核取代反应是一对竞争反应，反应的取向与进攻试剂的碱性、溶剂的极性和分子结构等有关，具体内容将在本章的第四节详细介绍。

三、与金属的反应

金属直接与碳相连（C—M）的一类化合物称为有机金属化合物（organometallic compounds）。卤代烃能与金属镁、锂、钠反应生成相应的有机金属化合物。

（一）与金属镁的反应——生成格氏试剂

卤代烷与金属镁在无水乙醚中反应生成有机镁化合物，称为格林雅（Grignard）试剂，简称格氏试剂。格氏试剂是最重要的有机金属化合物之一。

$$RX + Mg \xrightarrow{\text{无水乙醚}} RMgX$$

不同类型的卤代烷制备格式试剂的产率为：伯卤烷>仲卤烷>叔卤烷。这是因为叔卤代烷在强碱条件下，主要发生消除反应，难以制成格氏试剂，因此制备格氏试剂以伯卤代烷较为合适。卤代烷的反应活性顺序是：$RI > RBr > RCl$。实际应用中，由于碘代烷价格较贵，除甲基格氏试剂（CH_3Br 和 CH_3Cl 是气体，使用不便）外，常用反应活性适中的溴代烷。

另外，乙烯型卤代烃和卤素直接连接在芳环上的芳香卤代烃不够活泼，在无水乙醚中不能与镁形成格氏试剂。但若改用四氢呋喃（THF）作溶剂则可得到相应的格氏试剂。例如：

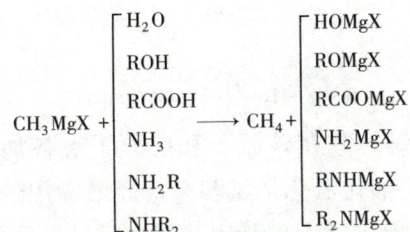

格氏试剂性质非常活泼，易与含活泼氢的化合物（H_2O、ROH、$RCOOH$、NH_3、RNH_2、R_2NH等）反应生成烃：

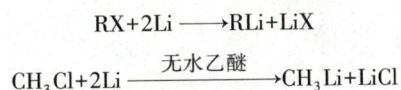

这些反应可以定量地进行，通过测定生成烷烃的体积，可以计算出所含活泼氢的数量。由于格氏试剂遇水分解，因此在制备过程中要保证绝对无水，并使反应系统免受潮气的影响。

格氏试剂是最重要的有机金属化合物，也是重要的有机合成试剂。实际应用时，在实验室制得的格氏试剂不需要分离，可直接用于合成醇、羧酸等一系列有机物。因此，格氏试剂在合成和分析上都有广泛的应用。

（二）与金属锂的反应

卤代烃与金属锂在非极性溶剂无水乙醚、苯、石油醚等中作用，得到金属有机锂化合物。例如：

$$RX + 2Li \longrightarrow RLi + LiX$$

$$CH_3Cl + 2Li \xrightarrow{\text{无水乙醚}} CH_3Li + LiCl$$

有机锂化合物比格氏试剂更加活泼，它的制法和反应性能与格氏试剂类似，但锂化物价格较贵。在有机锂化物的 C—Li 键中，碳上带有部分负电荷，与格氏试剂一样，可以与水、醇、氨等含活泼氢的化合物进行反应，生成相应的烃类化合物，例如：

$$CH_3Li+H_2O \longrightarrow CH_4+LiOH$$

锂有机化合物与碘化亚铜作用，生成二烃基铜锂，称之为铜锂试剂。

$$RLi+CuI \longrightarrow R_2CuLi+LiI$$

二烃基铜锂与卤代烃反应用于合成各种烃类化合物，称为科瑞–郝思（Cory–House）反应。

$$R_2CuLi+R'X \longrightarrow R—R'+RCu+LiX$$

以上反应中，卤代烃中的烃基可以是烷基、烯基、烯丙基或苯甲基。反应物中含有的 —C ≡O、—COOH、—COOR、—CONH$_2$ 都不受影响，而且产率比较高；尤其是乙烯型卤代烃与铜锂试剂反应，烃基取代了卤素位置而保持原有的几何构型，因此在有机合成中被广泛应用。例如：

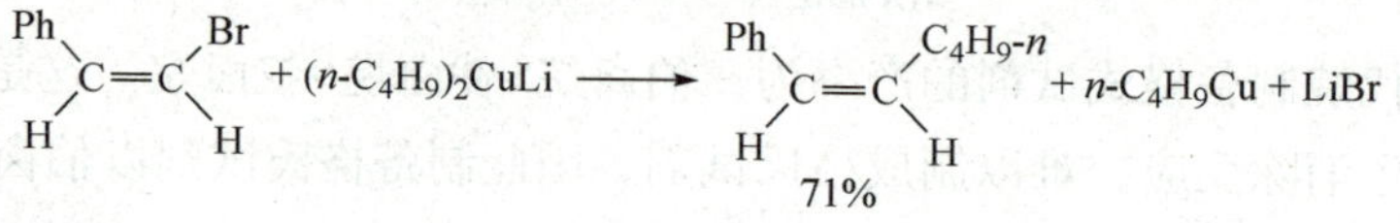

（三）与金属钠的反应

卤代烃在金属钠作用下合成烷烃的反应，称为武兹（Wurtz）反应。

$$2Na+2RX \longrightarrow R—R+2NaX$$

武兹反应用于 R—R 型烃类的制备，不适合 R—R′ 型烃类的合成。

四、还原反应

（一）催化氢化

$$R—X+H_2 \xrightarrow{\text{催化剂}} R—H+HX$$

由于反应中断裂的是 C—X 键，并在碳原子和卤原子上各加上一个氢原子，因此也称为氢解。常用的催化剂是 Pd、Ni 等。催化氢化是氢解卤代烃最常用的方法，Pd 为首选催化剂，相比之下，Ni 易受卤离子的毒化，一般需增大用量比，氟离子最易使催化剂中毒，故通常不用催化氢化的方法氢解氟代烃。例如：

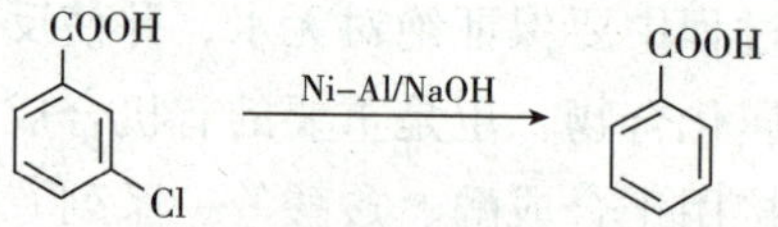

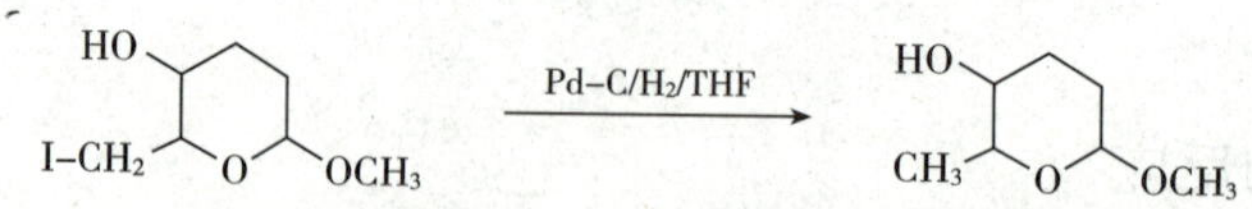

R 相同时，X 的活性顺序为：I>Br>Cl>F。烃基的结构对反应活性也有很大影响，烯丙基型和苯甲基型卤烃更易氢解，如 C—F 键较难氢解，但苯甲基型氟代烃可被氢解。

（二）氢化锂铝（LiAlH$_4$）还原

LiAlH$_4$ 是提供氢负离子的还原剂，还原性很强，能将卤素原子变成 H 原子。如：

$$n\text{-}C_8H_{17}\text{—Br}+LiAlH_4 \xrightarrow[\text{回流，1h}]{\text{四氢呋喃}} n\text{-}C_8H_{18}+AlH_3+LiBr$$

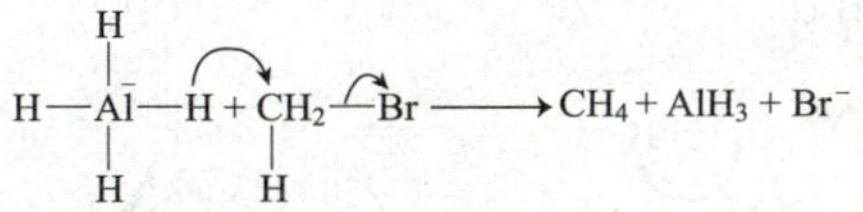

$$\underset{\underset{H}{|}}{\overset{\overset{H}{|}}{H\text{—Al}}}\text{—H} + \underset{\underset{H}{|}}{\overset{}{CH_2}}\text{—Br} \longrightarrow CH_4 + AlH_3 + Br^-$$

$LiAlH_4$是一种白色固体，对水特别敏感，遇水放出氢气，反应很剧烈：

$$LiAlH_4+H_2O \longrightarrow H_2\uparrow +Al(OH)_3+LiOH$$

所以用 $LiAlH_4$ 作还原剂只能在四氢呋喃（THF）、乙醚等非水介质中进行。贮藏时也必须密封防潮。尽管 $LiAlH_4$ 具有很强的还原性，但却不能还原 C≡C，所以，是一种选择性还原。

第四节　亲核取代反应与消除反应的历程

一、亲核取代反应历程

以一卤代烷的水解反应为例说明。卤代烷碱性水解反应式如下：

$$RX +OH^- \longrightarrow ROH + X^-$$

研究卤代烷水解反应的动力学数据表明，卤代烷碱性水解反应速度与反应物浓度的关系有两种不同的情况：

（1）水解反应速度只与底物（RX）浓度有关，与亲核试剂（OH^-）浓度无关，即 $v=k[RX]$。如 $(CH_3)_3C\text{—Br}$ 的碱性水解反应。

（2）水解反应速度不仅与底物（RX）浓度有关，也与亲核试剂（OH^-）浓度有关，即 $v=k[RX][OH^-]$。如 $CH_3\text{—Br}$ 的碱性水解反应。

第一种情况，v 只与 [RX] 成正比，而与 [OH^-] 无关。说明卤代烷碱性水解反应所经历的过程中，决定反应速度的一步，也即反应最慢的一步，只涉及 RX 分子中 C—X 键的断裂过程，而不涉及 C—OH 的形成过程。由于在决定反应速度的一步发生共价键变化的只有 R—X 一种分子，所以按这一方式进行的反应称为单分子亲核取代反应历程，用 S_N1 表示。

第二种情况，v 不仅与 [RX] 成正比，还与 [OH^-] 成正比，也即与 [RX][OH^-] 成正比。这说明卤代烷碱性水解反应所经历的过程中，决定反应速度的一步，与 C—X 的断裂及 C—OH 的形成有关，同时包含了 C—X 跟 C—OH 的变化过程。由于决定反应速度的一步，发生共价键变化的有 R—X 和 R—OH 两个分子，所以按此方式进行的反应称为双分子亲核取代反应历程，用 S_N2 表示。

（一）单分子亲核取代反应历程（S_N1）

如溴代叔丁烷的水解反应，反应速度只与溴代叔丁烷的浓度成正比。

$$(CH_3)_3CBr+OH^- \longrightarrow (CH_3)_3COH+Br^-$$

$$\text{反应速度}(v) = k[(CH_3)_3CBr]$$

其反应历程分两步进行：

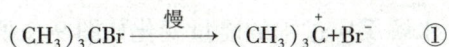

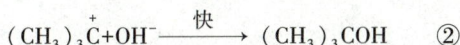

$$(CH_3)_3CBr \xrightarrow{\text{慢}} (CH_3)_3\overset{+}{C}+Br^- \quad ①$$

$$(CH_3)_3\overset{+}{C}+OH^- \xrightarrow{\text{快}} (CH_3)_3COH \quad ②$$

其中，生成碳正离子的第①步为决速步，反应中 α-C 的杂化轨道的变化如下：

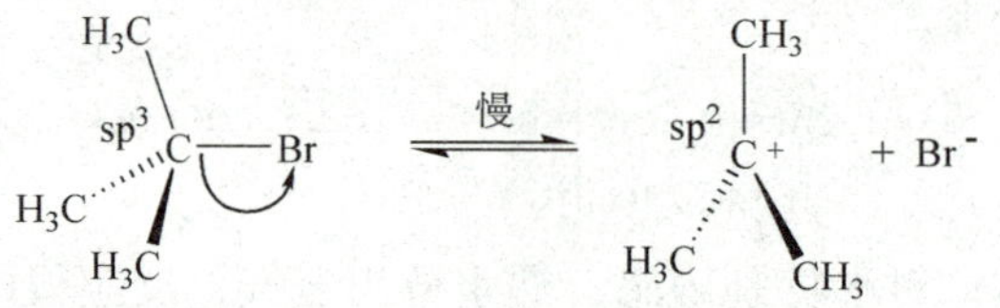

碳正离子是一平面结构，理论上说 OH⁻ 从平面的两边进攻 α-C 的几率相等，得到外消旋化产物。但实际上得到构型转化产物的比例大于构型保持产物的比例，这是因为离去基团 Br⁻ 对 Nu⁻（OH⁻）的进攻有一定的屏蔽作用，使 OH⁻ 从离去基团这一面进攻 α-C 的几率减小。

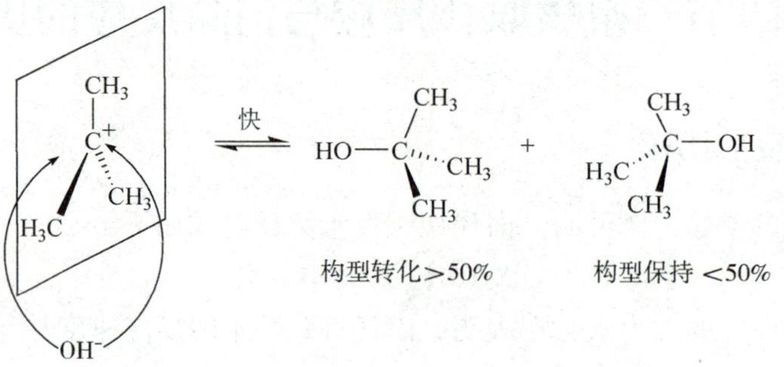

某些卤代烃在发生 S_N1 反应时有重排产物生成，例如，2-甲基-3-氯丁烷在水中发生反应时得到 93% 的 2-甲基-2-丁醇。

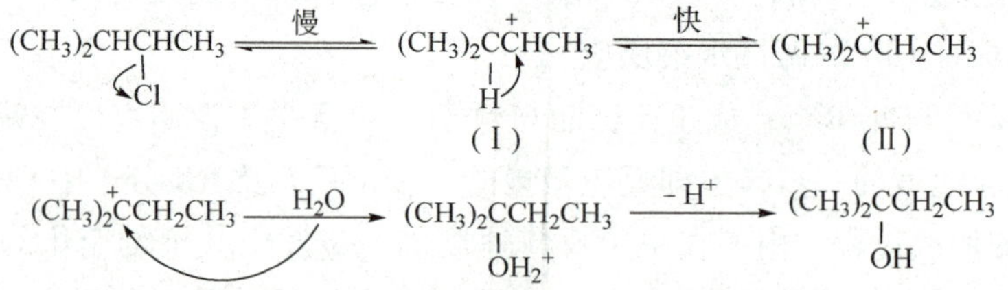

这一现象可以从 S_N1 反应历程得到合理的解释。在决定反应速度的步骤中先生成碳正离子（Ⅰ），然后（Ⅰ）中相邻的碳原子上的氢带着一对电子很快迁移到带正电荷的碳原子上，生成碳正离子（Ⅱ），（Ⅱ）与 H_2O 进一步反应转化为取代产物。

由上可知，S_N1 反应具有以下的特点：

（1）反应分两步进行，反应速度取决于生成碳正离子的第一步。

（2）反应速度只与底物的浓度有关，为单分子反应历程（动力学特征）。

（3）反应中有活性中间体碳正离子生成，可能发生碳正离子重排反应。

（4）反应有构型保持和构型转化两种产物（外消旋化），但实际上构型保持产物少于构型转化产物（立体化学特征）。

由于决定反应速度的一步为生成碳正离子的第一步，所以能够生产稳定碳正离子的卤代烃容易发生 S_N1 反应。因此，当 X 相同时，卤代烃发生 S_N1 反应的活性顺序为：3°>2°>1°>CH₃X。

卤代烃 (CH₃)₃CBr 的 S_N1 水解反应过程的能量变化如图 9-1 所示。

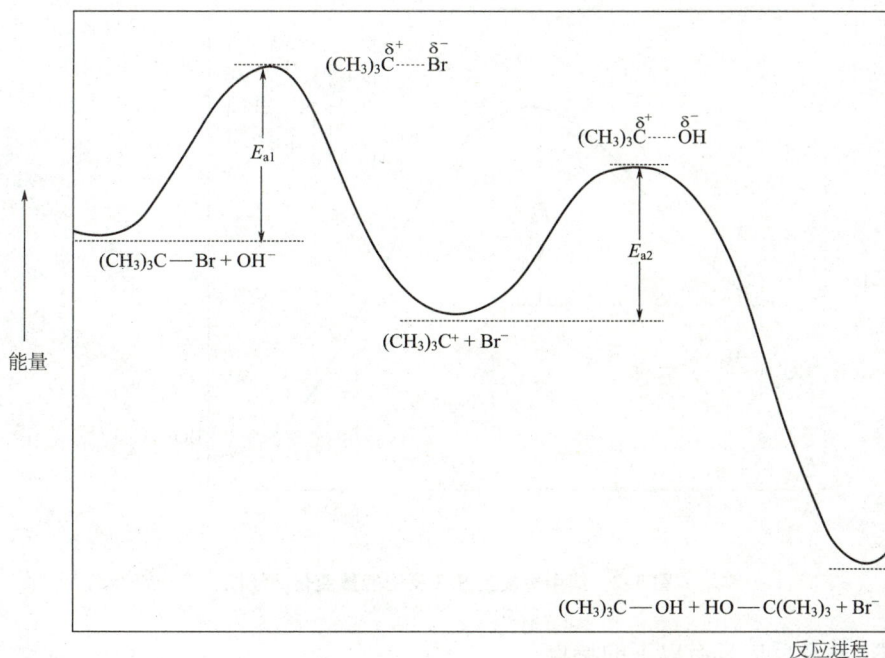

图 9-1　（CH₃）₃CBr 发生 Sₙ1 反应能量变化曲线图

（二）双分子亲核取代反应（Sₙ2）

如溴甲烷在 80% 乙醇水溶液中的反应，反应速度与溴甲烷和氢氧化钠的浓度成正比。

$$CH_3Br+OH^- \longrightarrow CH_3OH+Br^-$$

反应速度 $(v) = k\,[CH_3Br]\,[OH^-]$

目前认为溴甲烷的碱性水解按下列反应历程进行：

水解产物甲醇中的羟基（—OH）不在溴原子（—Br）原来的位置上，而是在溴原子背面，所得的构型与原来的正好相反，这种构型的翻转过程称为瓦尔登（Walden）转化。

整个反应过程是卤代烃和亲核试剂经过渡态转变为生成物的连续过程，α-C 的杂化形式经历了从 sp³→sp²→sp³ 的变化。由于形成过渡态需要一定的活化能 E_a，因而是一个慢反应过程。过渡态一旦形成，就很快转变为生成物并释放能量。因此，整个反应的速率取决于过渡态形成的速度。反应速度与 OH⁻ 进攻 α-C 时受到的空间位阻有关，空间位阻越小，过渡态越容易形成。Sₙ2 反应速度与卤代烃中烃基及卤原子的类型有关，当 X 相同时，不同卤代烃的反应活性顺序为：$CH_3X > 1° > 2° > 3°$。

溴甲烷在 80% 乙醇水溶液中发生 Sₙ2 反应时的能量变化见图 9-2。

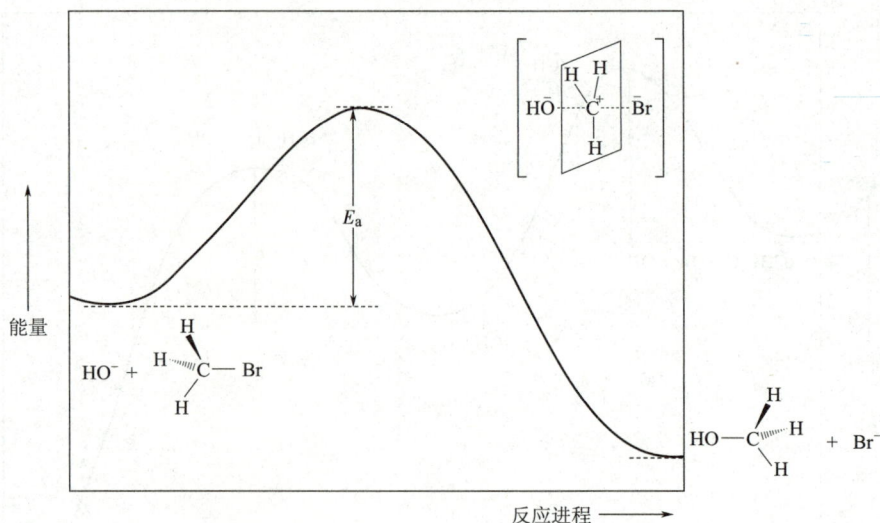

图 9-2 溴甲烷发生 S_N2 反应能量变化曲线图

综上所述，S_N2 反应具有以下的特点：

（1）反应一步完成，旧键的断裂和新键的形成同时进行。因此是一种协同反应，没有活性中间体，只有一个决定反应速度的过渡态。

（2）反应速度（v）与底物和亲核试剂的浓度有关，为双分子反应历程（动力学特征）。

（3）反应过程伴随构型的转化（立体化学特征）。

二、影响亲核取代反应的因素

影响亲核取代反应的因素主要包括：底物卤代烃的结构、亲核试剂 Nu^- 的结构以及溶剂的极性三个方面。

（一）卤代烃的结构

卤代烃的结构对亲核取代反应的影响，可从烃基结构和离去基团两方面讨论。

1. 烃基的结构

烃基结构对亲电取代反应的影响主要通过电子效应与空间效应来实现。

烃基结构对 S_N1 反应的影响主要体现为电子效应。如前所述，由于 S_N1 是单分子反应历程，反应快慢取决于碳正离子生成的速度，碳正离子越稳定，则越易生成，反应越倾向于 S_N1 历程。碳正离子的稳定性顺序如下：

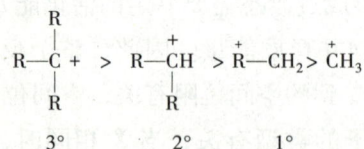

$$\overset{R}{\underset{R}{R-\overset{+}{C}}} > \overset{}{\underset{R}{R-\overset{+}{C}H}} > R-\overset{+}{C}H_2 > \overset{+}{C}H_3$$

$$3° \qquad\qquad 2° \qquad\qquad 1°$$

烃基结构对 S_N2 的影响主要体现为空间效应。在 S_N2 反应历程中，由于亲核试剂是从离去基团—X 的背面进攻 α-C，因此，α-C 原子上连接的基团越大越多，空间位阻越大，S_N2 反应越难进行。因此，当 X 相同时，不同类型卤代烃发生 S_N2 反应的活性次序为：3°<2°<1°<CH_3X。

总之，如果卤代烃 RX 的 X 相同，不同级数的卤代烃发生 S_N2 和 S_N1 的活性次序为：

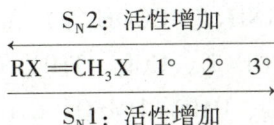

$$\begin{array}{c} S_N2：活性增加 \\ \xleftarrow{} \\ RX = CH_3X \quad 1° \quad 2° \quad 3° \\ \xrightarrow{} \\ S_N1：活性增加 \end{array}$$

2. 离去基团

卤代烃在发生亲核取代反应时，离去基团主要有 F^-、Cl^-、Br^-、I^- 四种，其离去倾向按 $I^- > Br^- > Cl^- > F^-$ 依次减弱，这可从 C—X 的离解能得到说明。离解能越小，表明此 C—X 越易异裂。以卤甲烷为例，各 C-X 发生异裂的离解能如下：

卤代烷	CH_3F	CH_3Cl	CH_3Br	CH_3I
离解能（kJ/mol）	460.2	355.6	297.1	238.5

由于亲核取代反应不论是 S_N1 还是 S_N2 都需要断裂 C—X 键，因此，离去基团的离去倾向越强，S_N1、S_N2 的反应活性也越强。但总的来说，有强离去基团的卤代烃，更趋向于发生 S_N1 反应，因为离去基团的快速离解，直接加快了 S_N1 的决速步；相反，有弱离去基团的卤代烃，则趋向于发生 S_N2 反应。

（二）亲核试剂

对 S_N1 的影响：亲核试剂 Nu^- 的浓度及亲核性强弱，对 S_N1 反应速度无影响，因为反应的决速步是卤代烃解离步，与 Nu^- 无关。

对 S_N2 的影响：在 S_N2 反应中，由于决速步是由 Nu^- 提供一对电子跟底物的 α-C 原子成键，所以，亲核试剂的浓度越高、亲核性越强，S_N2 反应速率越快。

试剂的亲核性强弱取决于试剂的碱性、可极化性和溶剂化效应。碱性是指试剂与质子（H^+）的结合能力，而亲核性是指试剂与带正电荷碳原子（$C^{+\delta}$）的结合能力，这是两个不同的概念。试剂的亲核能力与碱性强弱有时是一致的，有时是相反的，它们之间的一般规律如下：

（1）同种元素为反应中心的亲核试剂，其亲核性与碱性的强弱一致。如：

碱性及亲核性：$C_2H_5O^- > OH^- > PhO^- > CH_3COO^- > NO_3^- > C_2H_5OH > H_2O$。

所以中性分子 H_2O、C_2H_5OH 是弱亲核试剂，而相应的负离子 OH^-、$C_2H_5O^-$ 是强亲核试剂。

（2）同周期元素为反应中心的亲核试剂，其亲核性与碱性的强弱一致。如：

碱性及亲核性：$R_3C^- > R_2N^- > RO^- > F^-$

（3）对同族元素，如果处于质子溶剂中，其亲核性与碱性的强弱相反。如：

亲核性：$I^- > Br^- > Cl^- > F^-$

碱性：$I^- < Br^- < Cl^- < F^-$

而在非质子性溶剂中，其亲核性与碱性的强弱一致。如：

碱性及亲核性：$F^- > Cl^- > Br^- > I^-$

（4）一些常见的亲核试剂在质子性溶剂中的亲核性强弱顺序为：

$RS^- \approx ArS^- > CN^- > I^- > NH_3(RNH_2) > RO^- \approx OH^- > Br^- > PhO^- > Cl^- > H_2O > F^-$

另外，亲核试剂的体积也会影响到其亲核性与碱性，如 $C_2H_5O^-$ 的亲核性比 $(CH_3)_3CO^-$ 强，而碱性是 $(CH_3)_3CO^-$ 更强。这是因为空间位阻过大会妨碍亲核试剂对 α-C 原子的进攻，使 S_N2 反应速度变慢。

（三）溶剂的极性

在卤代烃的亲核取代反应中，溶剂起着重要的作用。溶剂根据是否含有可以形成氢键的氢原子分为质子性溶剂（如 H_2O、ROH、RNH_2、RCOOH 等）和非质子性溶剂；非质子性溶剂根据极性又可分为非极性溶剂（如 CH_2Cl_2、$CHCl_3$、CCl_4、THF、$C_2H_5OC_2H_5$、$CH_3COOC_2H_5$ 等）和极性溶剂（又称偶极溶剂，如 CH_3COCH_3、DMF、DMSO、C_5H_5N 等），其中偶极溶剂的偶极正端埋在分子内部，负端暴露在外部，其特点是可溶剂化正离子。

DMF（N,N-二甲基甲酰胺）   DMSO（二甲基亚砜）

对于亲核取代反应而言，增加溶剂极性，有利于 S_N1 反应，而不利于 S_N2 反应，如偶极溶剂就更利于 S_N2 反应。因为其可使正离子溶剂化，从而使亲核试剂处于"自由状态"，亲核试剂的亲核性比在质子性溶剂中强，有利于 S_N2 反应的进行。

S_N1 反应的决速步是形成碳正离子中间体的一步，在该步骤中，底物 RX 由一个中性分子，离解成一个带正电荷的碳正离子，是一个极性递增的过程，溶剂的强极性将有助于 RX 的离解。所以，强极性溶剂有利于 S_N1 反应。

在 S_N2 反应中，反应物 Nu^- 是一个电荷集中且极性很强的离子，生成过渡态后，电荷更分散，极性递减，因此，强极性的溶剂不利于 S_N2 反应。

例如：2-氯-2-甲基丙烷在不同溶剂中发生 S_N1 反应时，随着质子溶剂的极性增大，反应速度增加很快。

$$Nu^- + (CH_3)_3CCl \longrightarrow (CH_3)_3CNu + Cl^-$$

溶剂	乙醇	醋酸	乙醇/水=1:4	乙醇/水=1:3	水
相对速率	1	2	100	14000	10^5
Nu^-	$C_2H_5O^-$	CH_3COO^-	HO^-	HO^-	HO^-

反之，随着溶剂的极性减弱，对 S_N2 反应有利。例如，氯苄的水解反应，反应按 S_N1 历程进行，若将溶剂换成丙酮，反应则按 S_N2 历程进行。

三、消除反应历程

消除反应同样存在两种历程：单分子消除反应（E1）和双分子消除反应（E2）。

（一）单分子消除反应（E1）

与 S_N1 相似，叔卤代烃在碱性条件下发生消除反应时，反应速度也只与叔卤代烃的浓度有关，为单分子消除历程。如：

$$(CH_3)_3CBr + OH^- \longrightarrow (CH_3)_2C = CH_2 + H_2O + Br^-$$

该反应分两步进行：

$$(CH_3)_3C—Br \xrightarrow{\text{慢}} (CH_3)_3C^+ + Br^- \qquad ①$$

$$(CH_3)_2C^+—CH_2 + OH^- \xrightarrow{\text{快}} (CH_3)_2C = CH_2 + H_2O \qquad ②$$
$$\beta\ H$$

第一步是决定速度的一步，形成的碳正离子的稳定性决定了反应的速度和产物。

某些卤烃产生的碳正离子能重排成更稳定的碳正离子，所以反应产物往往是重排后的生成物，如：

$$(CH_3)_3CCH_2Cl \xrightarrow{NaOH/EtOH} (CH_3)_2C\!=\!CHCH_3$$

反应历程：

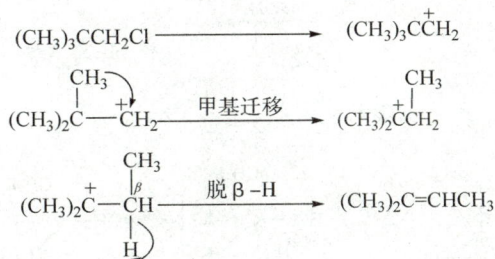

（二）双分子消除反应（E2）

与 S_N2 相似，卤代烃的消除反应速度与反应物和试剂的浓度都成正比。E2 反应也是一步完成。在反应中，碱性试剂进攻 β-位碳相连的氢原子而夺取氢原子，反应经过一个能量较高的过渡态，β-C—H 键的断裂和 α-C—X 键的断裂同时进行，并在 α-C 和 β-C 之间形成 π 键，生成烯烃。

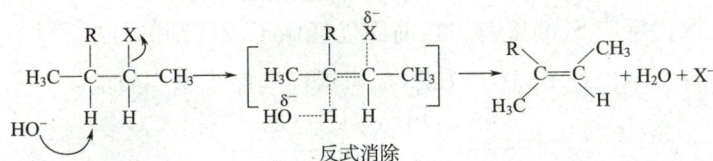

S_N2 与 E2 反应是一对竞争反应，反应产物与反应物、亲核试剂、溶剂以及温度等因素有关。

（三）消除反应的立体化学

在 E2 反应中，碱性试剂是从离去基团 α-C—X 的反面进攻 β-位碳上氢原子的，进攻基团与离去基团处于反式共平面状态，称之为反式共平面消除，因为这种消除方式空间位阻小，反应容易发生，最后形成双键。例如：

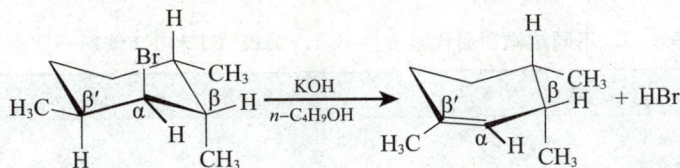

该化合物虽然有两种 β-H，即：右边的 β-H 和左边的 β′-H。但右边的 β-H 与溴原子不是处于反式共平面的位置。而左边的 β′-H 不仅与溴处于反式的位置，而且二者都是 a-键，所以，二者又共平面，因此，这个氢原子会与溴原子一起发生消除。最后，得到立体选择性的烯烃。

四、亲核取代与消除反应的竞争

由于 S_N 反应与 E 反应的反应物相同，并有相同的活性中间体，同时大多数情况下亲核试剂也是碱，只是发生 S_N 反应与 E 反应时试剂进攻卤代烃的部位不同，从而反应的产物不同而已。所以，S_N1 与 E1，S_N2 与 E2 互为竞争反应。

S_N1 与 E1 的竞争：

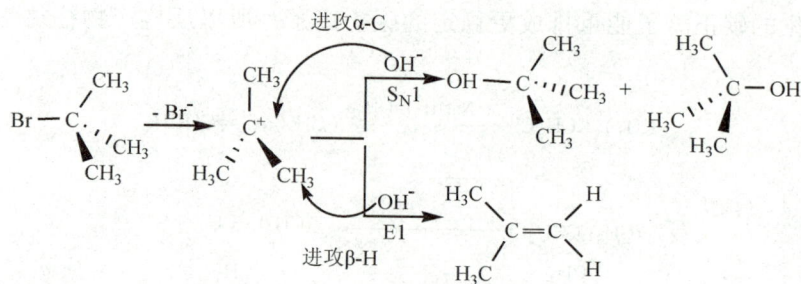

S_N2 与 E2 的竞争：

反应到底以哪一种形式为主，取决于卤代烃的结构、进攻试剂、溶剂及温度等因素。

（一）烃基结构的影响

烃基结构对亲核取代反应 S_N 的影响，在前面已经做了较详细的分析。

对于消除反应而言，不论是 E1 还是 E2，反应活性顺序都是一致的：

$$\underset{\text{E1 和 E2 活性增加}}{\xrightarrow{\hspace{4cm}}}$$

$$RX = CH_3X,\ 1°\quad 2°\quad 3°$$

3°RX 易发生 E1 反应，原因与 S_N1 类似，取决于碳正离子的稳定性。3°RX 易发生 E2 的原因是由于产物烯烃碳碳双键上支链越多，稳定性越高。而产物的结构与过渡态的结构相似，产物稳定，过渡态的能量也相应较低，反应所需的活化能（E_a）相应较低，反应较易发生。

总之，卤代烃的结构对亲核取代反应（S_N1、S_N2）和消除反应（E1、E2）的影响是复杂的。事实上，要准确预测某种结构的卤代烃到底按哪一种历程反应，是非常困难的。不过，大致上说会表现出一定的规律或趋势（表9-3）。

表9-3　不同结构的卤代烃发生 S_N1、S_N2、E1 和 E2 情况一览表

卤烃类型	S_N1	S_N2	E1	E2
RCH$_2$—X（1°）	不易发生	极可能	不发生	强碱作用时，反应
R$_2$CH—X（2°）	可能	与E2同时发生，竞争	可能	强碱作用时，易反应
R$_3$C—X（3°）	易发生	不反应	与S_N1同时发生，竞争	碱作用时，易反应

（二）进攻试剂的影响

进攻试剂的强亲核性有利于 S_N2 反应，进攻试剂的强碱性有利于 E2 反应。又由于进攻试剂往往具有亲核性和碱性两面性，因此增加进攻试剂的浓度对 S_N2 和 E2 都是有利的，相比之下，对 S_N1 和 E1 不利，这是因为 S_N1 和 E1 的反应速度跟进攻试剂无关。因此，在制备取代产物时，应尽量选择亲核性强、碱性弱的试剂；而制备消除产物时，选择碱性强、亲核性弱的试剂。例如：

$$CH_3CHCH_3 \xrightarrow[CH_3COOH]{CH_3COONa} CH_3CHCH_3$$

位于 Cl 下方，OCOCH_3 下方。100%

$$CH_3CHCH_3 \xrightarrow[C_2H_5OH]{C_2H_5ONa} CH_3CHCH_3 + CH_3CH{=}CH_2$$

Cl 下方；OC_2H_5 下方。　25%　　　75%

（三）溶剂的影响

如前所述，形成过渡态或中间体的一步往往是整个反应的决速步骤。

在四种反应历程中，E1、S_N1 的决速步骤是由中性分子离解为带正电荷的碳正离子中间体，这一过程的极性递增。因此，若增大溶剂的极性，对 E1 和 S_N1 均为有利，但溶剂极性对 E1 和 S_N1 之间的竞争没有太大影响。

在 E2 和 S_N2 历程中，由于从反应物形成过渡态的过程是极性递减的，因为生成的过渡态电荷比较分散。

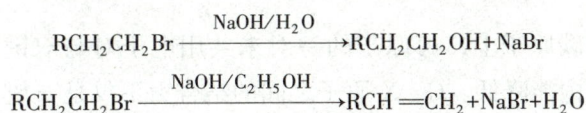

图 9-3　E2 和 S_N2 的极性递减示意图

因此，增大溶剂极性不利于 E2 和 S_N2，且对 E2 更不利，因为 E2 的过渡状态的电荷分散程度大于 S_N2。正因为这样，就 E 和 S_N 之间的竞争而言，溶剂的极性增加，对 S_N2 反应有利；溶剂的极性减弱，对 E2 有利。例如：

$$RCH_2CH_2Br \xrightarrow{NaOH/H_2O} RCH_2CH_2OH + NaBr$$

$$RCH_2CH_2Br \xrightarrow{NaOH/C_2H_5OH} RCH{=}CH_2 + NaBr + H_2O$$

（四）温度的影响

提高反应的温度往往可以增加消除产物的比例，而减少亲核取代反应产物的比例。因为在消除反应中，不仅有 C—X 键的断裂，还涉及 β-C—H 的断裂，所以需要的活化能比亲核取代反应的大，故高温有利于消除反应，低温有利于亲核取代反应。

总之，亲核取代反应与消除反应是共存并相互竞争的两类反应，且影响因素之间相互交织、错综复杂。反应按哪一种或主要按哪一种机理进行主要取决于卤代烃的结构、试剂的性质和反应的条件。

第五节　双键位置对卤代烯烃活泼性的影响

卤代烃分子中卤原子与烃基之间存在相互影响，烃基中 C＝C 对 X 原子活性的影响随二者的相对位置不同而截然不同。

一、分类

根据双键相对位置的不同，可将卤烯烃和卤芳烃分成三种类型：

（一）卤代乙烯型

卤原子直接连在双键上，通式为 R—CH＝CH—X，例如：

$$CH_2＝CH—Cl$$

氯乙烯　　　　　　　　　氯苯

（二）卤代烯丙型

卤原子与双键相隔一个碳原子，通式为 R—CH＝CH—CH₂—X，例如：

$$CH_2＝CH—CH_2—Cl$$

3-氯丙烯　　　　　　　　氯苄

（三）卤代烷型

卤原子与双键相隔两个或多个碳原子，通式为 RCH₂＝CH—(CH₂)ₙ—X（n≥1），例如：

$$CH_2＝CHCH_2CH_2—Cl$$

4-氯丁-1-烯　　　　　　4-溴环己烯

二、结构

（一）卤代乙烯型

卤原子直接连在双键碳原子上，卤原子的一对未共用电子对与双键形成 p-π 共轭，电子离域，键长平均化，分子的内能降低，C、X 原子之间的结合力不仅是 σ 键，还有 π 键，致使 X 原子难于解离，所以卤代乙烯型的卤原子性质极不活泼。

例如：氯乙烯 $CH_2＝CH—Cl$，其分子中 p-π 共轭效应如图 9-4 所示：

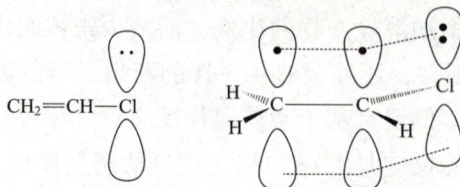

图 9-4　氯乙烯分子中 p-π 共轭示意图

结果是 Cl 原子上的 p 电子向乙烯基方向转移 $CH_2\!=\!CH\!-\!\ddot{C}l$。

卤代芳烃的情况与氯乙烯相似，如图 9-5 所示：

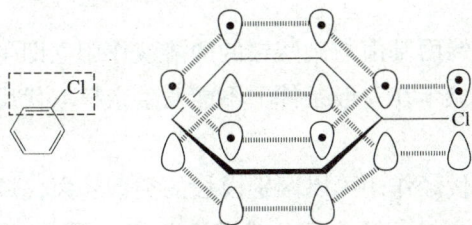

图 9-5 氯苯分子中 p-π 共轭示意图

（二）卤代烯丙型

分子中卤原子与双键相隔一个碳原子，X 原子与 C＝C 之间不能形成 p-π 共轭，但是 C—X 键异裂后生成的碳正离子存在 p-π 共轭，C＝C 上的电子云向带正电荷的 C 原子的 p 轨道转移，使正电荷离域（即正电荷分散），键长平均化，同时使内能降低，故非常稳定。因此，能形成稳定中间体的卤代烯丙型的卤原子性质十分活泼。

例如：3-氯丙烯 $CH_2\!=\!CH\!-\!CH_2\!-\!Cl$，其 C—X 键异裂生成碳正离子的情况如图 9-6 所示：

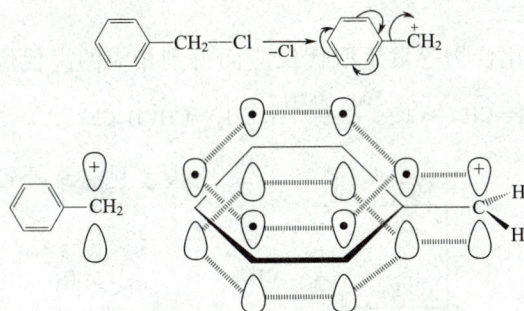

图 9-6 烯丙基碳正离子中电子离域示意图

氯苄的情况与烯丙基氯相似，如图 9-7 所示：

图 9-7 苄基碳正离子中电子离域示意图

（三）卤代烷型

分子中卤原子与双键相隔两个或多个碳原子，由于它们的距离较远，相互影响较小，卤原子的活泼性与卤代烷相类似。

三、性质

综上所述，卤代烃的活性次序为：

$$\left|\begin{array}{l} RCH{=}CH{-}CH_2X \\ Ar{-}CH_2X \\ 3^\circ RX \end{array}\right| > 2^\circ RX > 1^\circ RX > CH_3X > \left|\begin{array}{l} RCH{=}CH{-}X \\ Ar{-}X \end{array}\right|$$

例如，在室温下，苄卤或烯丙基卤与硝酸银的醇溶液作用立即生成卤化银沉淀，它们也易发生水解、醇解和氨解反应。而氯苯在一般条件下不能发生亲核取代反应，除非用非常强的碱才能发生取代反应。

利用硝酸银的醇溶液与卤代烃作用可以区别卤烃的类型。卤代烷型在室温一般不产生卤化银沉淀，要加热才慢慢发生作用；叔卤烃、苄卤或烯丙基卤代烃在室温下立即产生沉淀；卤代乙烯型虽加热也不产生沉淀，例如：

$$\left.\begin{array}{l} Ar{-}CH_2Cl \\ Ar{-}CH_2CH_2Cl \\ Ar{-}Cl \end{array}\right| \xrightarrow{\text{AgNO}_3/\text{EtOH}} \left|\begin{array}{l} \text{立即产生沉淀} \\ \text{室温下不反应，加热后产生沉淀} \\ \text{加热也不反应} \end{array}\right.$$

第六节　卤代烃的制备

卤代烃的制备可按反应类型分为加成、取代和互换反应三种。

一、加成反应

在不同条件下，卤素或卤化氢与不饱和烃发生加成反应，这是制备卤代烃的主要方法之一（见烯烃、炔烃和小环脂环烃的性质）。

此外，卤代烃也可由环醚来制备，例如：

$$\underset{O}{\bigcirc} \xrightarrow[100\sim110℃,6h]{\text{HBr,H}_2\text{SO}_4} \underset{(85\%\sim90\%)}{\text{Br(CH}_2)_4\text{Br}}$$

二、取代反应

卤素能与烃、醇、羰基化合物等发生取代反应而得到相应的卤代烃。例如：

$$CH_3CH{=}CH_2 + Cl_2 \xrightarrow{500\sim600℃} CH_2{=}CHCH_2Cl$$

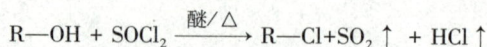

$$R{-}OH + HCl \rightleftharpoons R{-}Cl + H_2O$$

其中由醇制备卤代烃，常用 $SOCl_2$（氯化亚砜，又称亚硫酰氯，b. p. 77℃）作卤化剂合成 R—Cl，该反应的优点是产率高、易分离。因为副产物均为气体，试剂的沸点也不高，适合实验室制备和工业生产。

$$R{-}OH + SOCl_2 \xrightarrow{\text{醚}/\triangle} R{-}Cl + SO_2\uparrow + HCl\uparrow$$

由于溴化亚砜不稳定而难得，故此法不适合于相应溴代烃的制备。

使用 $SOCl_2$ 由醇制备氯代烃，在药物及其中间体合成中也应用广泛，主要用于制备高沸点的氯代烃。如血管扩张药酚苄明（phenoxybenzamine）中间体的合成：

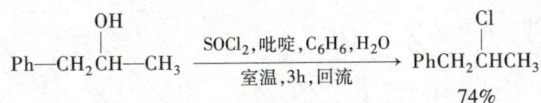

$$\underset{\text{Ph—CH}_2\text{CH—CH}_3}{\overset{\text{OH}}{|}} \xrightarrow[\text{室温,3h,回流}]{\text{SOCl}_2,\text{吡啶,C}_6\text{H}_6,\text{H}_2\text{O}} \underset{\text{PhCH}_2\text{CHCH}_3}{\overset{\text{Cl}}{|}}$$
$$74\%$$

三、互换反应

卤代烃与无机卤化物之间进行卤原子交换反应，在合成上常常用此类反应制备某些直接用卤化难以得到的碘代烃或氟代烃。

$$RCl + NaI \xrightarrow{\text{丙酮}} RI + NaCl\downarrow$$

例如地喹氯铵中间体的合成：

$$ClCH_2(CH_2)_8CH_2Cl + NaI \xrightarrow{\text{丙酮}} ICH_2(CH_2)_8CH_2I + NaCl\downarrow$$
$$100\%$$

因为 NaCl 和 NaBr 不溶于丙酮，所以反应能进行完全。各种卤代烃的反应活性为：
$1°RX > 2°RX > 3°RX$。

常见氟代烃的制备：

$$CHCl_3 + 2HF \longrightarrow CHClF_2 + 2HCl$$
$$CCl_4 + HF \longrightarrow CCl_3F + 2HCl$$

三氟甲苯既是合成抗炎药氟芬那酸（flufenamic acid）的中间体，又是减肥药芬氟拉明（fenfluramine）的合成原料，其制备如下：

$$C_6H_5—CCl_3 + SbF_3 \longrightarrow C_6H_5—CF_3$$

SbF_3 是经典的氟化剂，适用于处理同一碳原子上至少含有两个以上卤原子的多卤化物。根据不同条件，可将其中一个或多个其他卤原子置换成氟原子。此类反应在药物合成中应用较多。

第七节　重要的卤代烃

一、氯仿

氯仿（$CHCl_3$）学名三氯甲烷，是无色微甜液体。沸点61℃，不能燃烧，难溶于水。是重要的有机溶剂。曾用作麻醉剂，因其毒性大，已很少使用。

氯仿见光易氧化，生成剧毒的光气，宜密封于棕色瓶中保存。也可加入1%乙醇，以除去可能生成的光气。

二、四氯化碳

四氯化碳（CCl_4）是无色液体，沸点76.8℃，微溶于水，是重要的有机溶剂。不能燃烧，其蒸气比空气重，能使着火物与空气隔离，故用作灭火剂。有愉快的气味，但其蒸气有毒，使用时应防止吸入。医药上曾作为驱虫剂，因其毒性大，现只用作兽药。

三、四氯乙烯

四氯乙烯（$Cl_2C=CCl_2$）是无色透明易流动的液体，有特殊臭味。沸点121℃，比水重，微溶于水，溶于乙醇、乙醚等有机溶剂。医药上曾用作驱虫剂，因其毒性大，现只用作兽药。遇光、湿气、重金属，能分解成剧毒的光气，宜密封于避光容器中保存。也可加入1%乙醇或

0.002%的麝香草酚作稳定剂。

四、有机氟化物

1. 氟烷

氟烷（$CF_3CHClBr$）化学系统名为：1-溴-1-氯-2,2,2-三氟乙烷，是无色透明液体。沸点49~51℃，有焦甜味。不能燃烧。是一种毒性小、麻醉效果比乙醚高4倍的麻醉剂，停药后很短时间即可苏醒。氟烷对皮肤和黏膜无刺激作用，对肝肾机能无持续性损害，但对心血管系统有抑制作用，可降低血压。

2. 氟利昂

氟利昂（freon）是一类低级氯代烃和氟代烃的通称，包括CCl_3F、CCl_2F_2、$CClF_3$、CF_4等，是一种无色无臭、无腐蚀性不能燃烧的气体。临床用作局部麻醉剂。沸点-29.8℃，易压缩成液体，解压后立即气化，并吸收大量的热，曾用作冷冻剂。

氟利昂自20世纪30年代在美国杜邦公司问世的几十年内，被大量用于制冷业。直到20世纪70年代初才发现，地球上空的臭氧层不断耗减、南极上空臭氧层已被打开一个相当美国国土面积的大洞、温室效应上升等，都与大量使用氟利昂有直接关系。现在世界各国都明令限期禁用！

3. 四氟乙烯

四氟乙烯$F_2C＝CF_2$为无色气体，沸点-76℃。聚合得到的聚四氟乙烯（teflon），具有耐酸、耐碱、耐高温和不溶于任何有机溶剂中的特性，故有"塑料王"之称。因此有许多特殊用途，如作人造血管等医用材料、实验仪器和不粘锅的炊具内衬等。

扫一扫，查阅本章数字资源，含PPT、音视频、图片等

醇、酚、醚是烃的含氧衍生物，也可看成水分子中的氢原子被烃基或芳香基取代所形成的化合物。脂肪（环）烃分子中的氢被羟基（—OH）取代，生成的化合物叫醇（alcohols）；芳环上的氢被羟基取代，生成的化合物叫酚（phenols）；醇或酚分子中羟基上的氢被烃基取代，生成的化合物叫醚（ethers）。它们的通式可分别表示为：

$$R—OH \qquad Ar—OH \qquad R—O—R' \quad 或 \quad \begin{matrix} Ar—O—R \\ Ar—O—Ar' \end{matrix}$$

$\qquad$ 醇 $\qquad\qquad$ 酚 $\qquad\qquad$ 醚

第一节 醇

一、醇的结构、分类和命名

（一）醇的结构

醇（alcohols）的官能团是羟基（-OH）。羟基中的氧原子为 sp^3 杂化，其中，两个 sp^3 杂化轨道分别与 C、H 结合，另两个 sp^3 杂化轨道被两对未共用电子对占据。以甲醇为例，其分子结构如下：

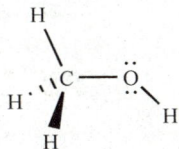

由于氧的电负性较强，所以，在醇分子中 C—O 和 O—H 键有较强的极性，这对醇的物理性质和化学性质有较大的影响。

（二）醇的分类

1. 根据羟基所连的碳原子的类型分类

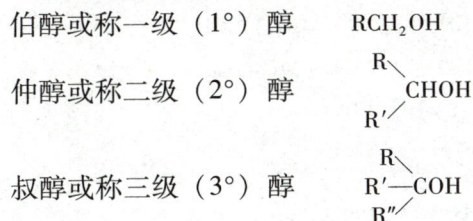

伯醇或称一级（1°）醇 $\qquad RCH_2OH$

仲醇或称二级（2°）醇 $\qquad \begin{matrix} R \\ CHOH \\ R' \end{matrix}$

叔醇或称三级（3°）醇 $\qquad \begin{matrix} R \\ R'—COH \\ R'' \end{matrix}$

2. 根据羟基所连的烃基的结构分类

饱和醇　$CH_3CH_2CH_2OH$

不饱和醇　$CH_2=CHCH_2OH$

芳醇　$ArCH_2OH$

3. 根据羟基的数目分类

一元醇　CH_3CH_2OH

二元醇
$$\begin{array}{c} CH_2-CH_2 \\ | \quad\quad | \\ OH \quad OH \end{array}$$

多元醇
$$\begin{array}{c} CH_2-CH-CH_2 \\ | \quad\quad | \quad\quad | \\ OH \quad OH \quad OH \end{array}$$

（三）醇的命名

1. 系统命名法

羟基（—OH）是醇的官能团，由于其排序很靠前（图1-6），因此，命名时羟基通常也充当优先官能团。正因为如此，在选择母体时，要求必须含有羟基；在此基础上，再选最长的碳链作为母体，根据主链的碳原子总数，归类称为"某醇"；当有不饱和键时，首先将含有—OH的最长碳链确定为主链。如果不饱和键在主链上，则依主链的碳原子总数，归类称为"某烯（炔）醇"；如果不饱和键不在主链上，则直接归类称为"某醇"，而将不饱和键作为取代基处理。对于多元醇，尽可能选择含有多个羟基的最长的碳链为母体，根据主链的碳原子总数，称为"某二（三）醇"。编号，从离羟基最近的一端开始。书写时，需要将羟基的位次，标明在母体之前。如果涉及立体化学，应将构型表达出来，置于名称的最前面。例如：

$(CH_3)_2CHCH(OH)CH_3$

3-甲基丁-2-醇
（3-methylbut-2-ol）

庚-5-烯-3-醇
（hept-5-ene-3-ol）

2,2-二羟甲基丙-1,3-二醇
（2,2-dihydoxymethylprop-1,3-diol）

3-甲基环己醇
（3-methylcyclohexanol）

环戊-2,4-二烯-1-醇
（cyclopenta-2,4-diene-1-ol）

(R)-1-对甲苯基丁-2-醇
（(R)-1-p-methylphenylbut-2-ol；(R)-1-p-totylbut-2-ol）

2. 俗名

部分结构简单的醇还有特定的俗名。例如：

$CH_3CH_2CH_2OH$　　$(CH_3)_2CHOH$　　$CH_3CH_2CH_2CH_2OH$

正丙醇（n-propanol）　　异丙醇（i-propanol）　　正丁醇（n-butanol）

$(CH_3)_2CHCH_2OH$　　$CH_3CH_2CH(OH)CH_3$　　$(CH_3)_3COH$

异丁醇（i-butanol）　　仲丁醇（s-butanol）　　叔丁醇（t-butanol）

$CH_2=CHCH_2OH$

烯丙醇（allyl alcohol）　　苄醇（benzyl alcohol）

二、醇的物理性质

低级饱和一元醇为无色透明液体，有特殊气味，醇分子中的—OH 能与水形成氢键，故能与水互溶；十二个碳原子以上的高级醇为蜡状固体，随着烷基的增大，阻碍了醇羟基与水分子形成氢键，故难溶于水。

低级醇的沸点都比相应的烷烃高，这是因为液态醇可通过形成分子间氢键而缔合，要使液态醇变为蒸气（单分子状态），不仅要克服分子间的范德华引力，还要消耗一定的能量破坏氢键，因此沸点较高。

低级醇还能与某些无机盐（$MgCl_2$、$CaCl_2$、$CuSO_4$ 等）形成结晶醇：$CaCl_2 \cdot 4C_2H_5OH$，$MgCl_2 \cdot 6CH_3OH$。因此，上述无机盐不能作为低级醇的干燥剂。醇的物理性质见表 10-1。

表 10-1 常见醇的物理常数

名称	结构简式	m.p. (℃)	b.p. (℃)	d^{20}	溶解度
甲醇	CH_3OH	-97.8	65.0	0.7914	∞
乙醇	C_2H_5OH	-114.7	78.5	0.7893	∞
正丙醇	$CH_3(CH_2)_2OH$	-126.5	97.4	0.8035	∞
异丙醇	$CH_3CHOHCH_3$	-89.5	82.4	0.7855	∞
正丁醇	$CH_3(CH_2)_3OH$	-89.5	117.3	0.8098	8.0
仲丁醇	$C_2H_5CHOHCH_3$	-114.7	99.5	0.8063	12.5
异丁醇	$(CH_3)_2CHCH_2OH$	-108	107.9	0.8021	11.1
叔丁醇	$(CH_3)_3C-OH$	25.5	82.2	0.7887	∞
正戊醇	$CH_3(CH_2)_4OH$	-79	138	0.8144	2.2
2-甲基丁-2-醇	$C_2H_5(CH_3)_2COH$	-8.4	102	0.8059	∞
戊-2-醇	$C_3H_7CHOHCH_3$		119.3	0.8090	4.9
戊-3-醇	$C_2H_5CHOHC_2H_5$		115.6	0.8150	5.6
2,2-二甲基丙-1-醇	$(CH_3)_3CCH_2OH$	53	114	0.8120	∞
正己醇	$CH_3(CH_2)_5OH$	-51.6	158	0.8082	0.7
环己醇	〔结构式〕—OH	25	161	0.9624	3.6
烯丙醇	$CH_2{=}CHCH_2OH$	-129	97	0.8555	∞
三苯甲醇	$(C_6H_5)_3COH$	164.2	380	1.1994	-
乙二醇	CH_2OHCH_2OH	-11.5	198	1.1088	∞
丙三醇	$(CH_2OH)_2CHOH$	18	290	1.2613	∞

三、醇的化学性质

醇的化学反应表现为由 O—H 键和 C—O 键断裂所引起的反应，此外，醇还可被氧化成氧化态更高的化合物。

（一）氧氢键断裂引起的反应

醇能与活泼金属（钠、钾、镁、铝等）反应，生成金属化合物，并放出氢气和热量。例如：

$$ROH+Na \longrightarrow RONa+1/2H_2+Q$$
醇钠

低级醇反应顺利，高级醇反应较慢，甚至难以反应。醇与金属的反应比水与金属的反应缓和得多，放出的热量也不至于使氢气燃烧。醇分子中烃基越大或醇—OH 所连的碳原子上烃基的数目越多，反应活性越低，即酸性越弱。其原因可用烷氧基负离子溶剂化的难易来说明。

$$ROH+H_2O \rightleftharpoons RO^-+H_3O^+$$

当醇分子在水溶液中解离成 RO^- 和 H_3O^+ 后，生成的正负离子可以发生溶剂化。溶剂化程度愈高，正负离子重新结合成 ROH 和水的可能性就愈小，就愈有利于反应向右进行。实际上溶剂化程度随着烷基的增大、支链的增多而变小，所以，水及各类醇与金属反应的活性顺序为：水>甲醇>伯醇>仲醇>叔醇，这个顺序与它们的酸性强弱顺序是一致的。

醇钠（sodium alcohols）是白色固体，能溶于醇，遇水迅速分解为醇和 NaOH，所以使用醇钠时必须采用无水操作。

$$RONa+H_2O \rightleftharpoons ROH+NaOH$$

醇钠的化学性质很活泼，它是一种强碱，在有机合成上可作为碱性缩合剂，也常用作分子中引入烷氧基的试剂。

此外，醇还可与镁、铝等活泼金属作用，生成醇镁、醇铝等。反应式如下：

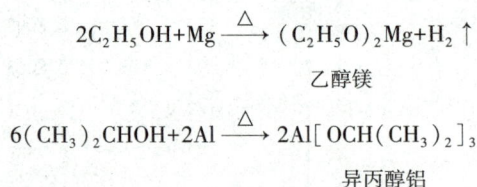

$$2C_2H_5OH+Mg \xrightarrow{\triangle} (C_2H_5O)_2Mg+H_2\uparrow$$
乙醇镁

$$6(CH_3)_2CHOH+2Al \xrightarrow{\triangle} 2Al[OCH(CH_3)_2]_3$$
异丙醇铝

（二）碳氧键断裂引起的反应

醇分子中的 C—O 键，在亲核试剂作用下易断裂，发生类似卤代烃的亲核取代反应和消除反应。

1. 取代反应

（1）与氢卤酸的反应　醇与氢卤酸反应，生成卤代烃和水，反应是可逆的。反应速率取决于 HX 的种类和醇的结构。

$$ROH+HX \rightleftharpoons RX+H_2O$$
X = Cl、Br 或 I

HX 的活性次序为：HI>HBr>HCl；醇的活性次序是：烯丙醇、苄醇>叔醇>仲醇>伯醇。为了提高反应速率，常用无水 $ZnCl_2$ 作为脱水剂，并加热促进反应进行。用浓盐酸与无水 $ZnCl_2$ 配成的试剂称卢卡斯（Lucas）试剂。伯、仲、叔醇与卢卡斯试剂的反应情况如下：

$$(CH_3)_3COH + HCl \xrightarrow[20℃]{ZnCl_2} (CH_3)_3CCl + H_2O$$

立即混浊

$$CH_3CH_2CH(OH)CH_3 + HCl \xrightarrow[20℃]{ZnCl_2} CH_3CH_2CHClCH_3 + H_2O$$

约 5 分钟混浊

$$CH_3CH_2CH_2CH_2OH + HCl \xrightarrow[20℃]{ZnCl_2} CH_3CH_2CH_2CH_2Cl + H_2O$$

数小时后混浊

由于反应生成的卤代烃难溶于盐酸而呈混浊，因此，可根据出现混浊时间的快慢，来区别含 6 个碳原子以下的伯、仲、叔醇。

醇与 HX 的反应是酸催化下的亲核取代反应。醇的结构不同，反应历程不同。一般烯丙型醇和叔醇按 S_N1 历程进行；伯醇按 S_N2 历程进行。可分别表示如下：

S_N1：
$$R_3COH + HX \rightleftharpoons R_3C\overset{+}{O}H_2 + X^-$$

质子化的醇

$$R_3C\overset{+}{O}H_2 \rightleftharpoons R_3\overset{+}{C} + H_2O$$

碳正离子

$$R_3\overset{+}{C} + X^- \rightleftharpoons R_3C—X$$

卤代烷

碳正离子的产生，常会导致碳架重排，有时重排产物占优势。如：

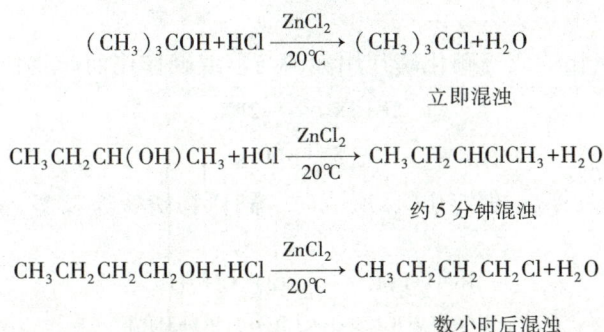

S_N2：
$$ROH \xrightarrow{HX} \overset{+}{R}OH_2 + X^- \rightleftharpoons [X\cdots R\cdots OH_2] \rightleftharpoons R—X + H_2O$$

大多数伯醇按 S_N2 历程进行，不发生碳架重排，但 β-碳原子上有侧链的伯醇例外。例如：

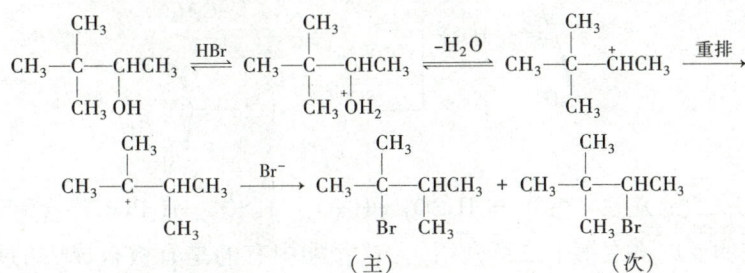

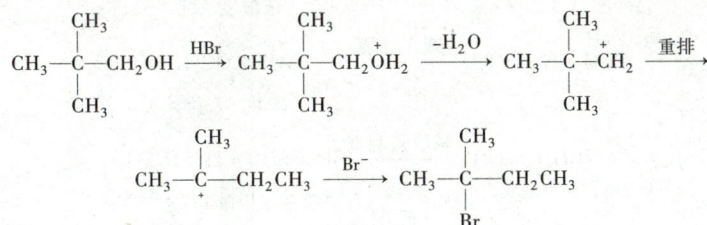

由于叔丁基的存在，使 $(CH_3)_3CCH_2\overset{+}{O}H_2$ 上的 α-C 位阻变大，难以形成 S_N2 历程的过渡态，而按 S_N1 历程进行，所以也发生了碳架重排。

醇与 HX 的反应，可作为制备卤代烷的方法之一，但从合成的观点看，并不十分理想。一方面是因为反应时常会发生重排，而且从一定构型的醇制备卤代烷要涉及 C—O 键断裂，所得卤代烷或是构型转化（S_N2）或是发生外消旋化（S_N1）；另一方面，此反应是可逆的。

（2）与卤化磷的反应 醇与卤化磷反应生成卤代烃，是制备卤代烃的常用方法。

$$3ROH+PX_3 \longrightarrow 3RX+H_3PO_3$$
亚磷酸

在实际操作中，三溴化磷或三碘化磷常用赤磷与溴或碘作用而产生：

$$2P+3X_2 \longrightarrow 2PX_3$$
X＝Br，I

醇与 PX_5 可发生类似反应，但与 PCl_5 反应时，副产物磷酸酯较多，不是制备卤代烃的理想方法。

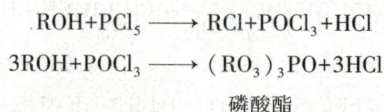

$$ROH+PCl_5 \longrightarrow RCl+POCl_3+HCl$$

$$3ROH+POCl_3 \longrightarrow (RO_3)_3PO+3HCl$$
磷酸酯

（3）醇与亚硫酰氯的反应　将醇转变为卤代烃的最常用的试剂是亚硫酰氯（$SOCl_2$，俗名氯化亚砜）。

$$ROH+SOCl_2 \xrightarrow[\triangle]{乙醚} RCl+SO_2\uparrow+HCl\uparrow$$

此反应产物中除氯代烃外，其余都是气体，因此，产品较易分离提纯。

醇与 $SOCl_2$ 反应的立体化学特征是：当与—OH 相连的碳原子有手性时，在醚等非极性溶剂中反应产物构型保持不变，在吡啶存在下反应产物构型反转。例如：

（4）与含氧无机酸的反应　醇可与 H_2SO_4、HNO_3、HNO_2、H_3PO_4 等含氧无机酸反应生成无机酸酯（与有机酸的反应将在第十二章介绍）。这些酯中有的是有机合成中的重要试剂，有的是药物。例如：

$$C_2H_5—OH+H—OSO_3H \rightleftharpoons CH_3CH_2OSO_3H+H_2O$$
硫酸氢乙酯

$$2CH_3CH_2OSO_3H \xrightarrow{减压蒸馏} C_2H_5OSO_2OC_2H_5+H_2SO_4$$
硫酸二乙酯

$$2CH_3OSO_3H \xrightarrow{减压蒸馏} CH_3OSO_2OCH_3+H_2SO_4$$
硫酸二甲酯

硫酸二甲酯和硫酸二乙酯是有机合成中常用的甲基化试剂和乙基化试剂。硫酸二甲酯对呼吸器官和皮肤有强烈的刺激作用，使用时应在通风橱中进行。

此外，醇还可与 HNO_3 发生酯化反应。如：

$$\begin{array}{l}CH_2OH \\ | \\ CHOH \\ | \\ CH_2OH\end{array} + 3HNO_3 \longrightarrow \begin{array}{l}CH_2ONO_2 \\ | \\ CHONO_2 \\ | \\ CH_2ONO_2\end{array} + 3H_2O$$
三硝酸甘油酯

同其他的硝酸酯一样，三硝酸甘油酯易爆炸，是一种烈性炸药。同时，也是一种临床上用作扩张血管和缓解心绞痛的药物。

2. 脱水反应

醇在脱水剂浓硫酸、氧化铝等存在下加热可发生脱水反应。分子内脱水生成烯，分子间脱水生成醚。主要以何种方式脱水，与醇的结构及反应条件有关。

（1）分子内脱水生成烯烃 醇在酸催化下，脱去一分子水生成烯的反应，属于 β-消除反应。

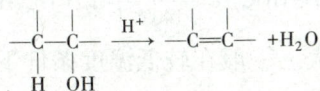

$$\underset{\underset{H}{|}\underset{OH}{|}}{-\overset{|}{C}-\overset{|}{C}-} \xrightarrow{H^+} -C=C- +H_2O$$

通常反应按 E1 机理进行。

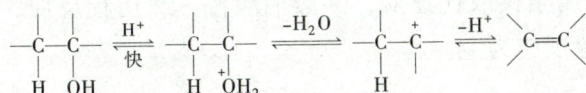

$$\underset{\underset{H}{|}\underset{OH}{|}}{-\overset{|}{C}-\overset{|}{C}-} \underset{快}{\overset{H^+}{\rightleftharpoons}} \underset{\underset{H}{|}\underset{\overset{+}{O}H_2}{|}}{-\overset{|}{C}-\overset{|}{C}-} \underset{}{\overset{-H_2O}{\rightleftharpoons}} \underset{\underset{H}{|}}{-\overset{|}{C}-\overset{|}{\overset{+}{C}}-} \overset{-H^+}{\rightleftharpoons} \underset{}{C=C}$$

反应的难易程度主要取决于中间体碳正离子的稳定性。因为碳正离子的稳定性是：叔碳正离子>仲碳正离子>伯碳正离子，所以醇的脱水活性次序是叔醇>仲醇>伯醇。例如：

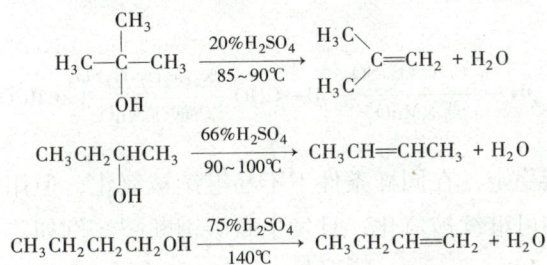

$$H_3C-\underset{\underset{OH}{|}}{\overset{\overset{CH_3}{|}}{C}}-CH_3 \xrightarrow[85\sim90℃]{20\%H_2SO_4} \underset{H_3C}{\overset{H_3C}{>}}C=CH_2 + H_2O$$

$$CH_3CH_2\underset{\underset{OH}{|}}{CH}CH_3 \xrightarrow[90\sim100℃]{66\%H_2SO_4} CH_3CH=CHCH_3 + H_2O$$

$$CH_3CH_2CH_2CH_2OH \xrightarrow[140℃]{75\%H_2SO_4} CH_3CH_2CH=CH_2 + H_2O$$

醇的分子内脱水反应，遵循查依采夫规则，主产物为双键碳上连有较多烃基的烯烃，即稳定的烯烃为主产物。

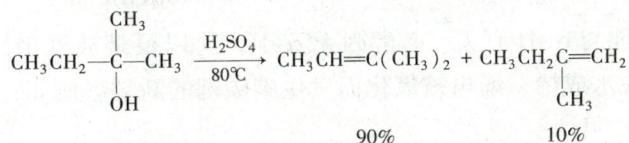

$$CH_3CH_2-\underset{\underset{OH}{|}}{\overset{\overset{CH_3}{|}}{C}}-CH_3 \xrightarrow[80℃]{H_2SO_4} CH_3CH=C(CH_3)_2 + CH_3CH_2\underset{\underset{CH_3}{|}}{C}=CH_2$$

$$ 90\% 10\%$$

烯丙型、苄型醇脱水时可形成稳定的共轭烯烃，因而反应活性较高。例如：

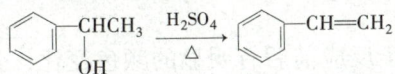

苯环—$\underset{\underset{OH}{|}}{CH}CH_3 \xrightarrow[\triangle]{H_2SO_4}$ 苯环—CH=CH_2

该反应速率很快。

当脱水后的产物有顺、反异构体时，一般以反式为主产物。例如：

$$CH_3CH_2CHCH_2CH_3 \xrightarrow{H_2SO_4} \underset{H}{\overset{H_3C}{>}}C=C\underset{CH_2CH_3}{\overset{H}{<}} + \underset{H}{\overset{H_3C}{>}}C=C\underset{H}{\overset{CH_2CH_3}{<}}$$
$$\underset{OH}{|}$$

$$ 75\% 25\%$$

由于醇的脱水反应经碳正离子中间体而完成，因此，可能有重排产物。例如：

$$H_3C-\underset{\underset{CH_3}{|}}{\overset{\overset{CH_3}{|}}{C}}-\underset{\underset{OH}{|}}{CH}-CH_3 \xrightarrow[\triangle]{H_2SO_4} \underset{H_3C}{\overset{H_3C}{>}}C=C\underset{CH_3}{\overset{CH_3}{<}} + H_3C-\underset{\underset{CH_3}{|}}{\overset{\overset{CH_3}{|}}{C}}-CH=CH_2$$

$$ （主） （次）$$

醇在 Al_2O_3 催化下脱水，不易发生重排。例如：

$$CH_3CH_2CH_2CH_2OH \begin{cases} \xrightarrow[\triangle]{H_2SO_4} CH_3CH=CHCH_3 \quad（主） \\ \xrightarrow[\triangle]{Al_2O_3} CH_3CH_2CH=CH_2 \quad（主） \end{cases}$$

（2）分子间脱水生成醚　如乙醇在酸存在下加热到 140℃，则发生分子间脱水生成乙醚。

$$C_2H_5OH+HOC_2H_5 \xrightarrow[140℃]{H_2SO_4} C_2H_5OC_2H_5+H_2O$$

温度对脱水反应的方式影响较大。一般在较低温度条件下，有利于分子间脱水成醚；在较高温度条件下，有利于分子内脱水成烯。

醇的分子间脱水反应属亲核取代反应，一般伯醇按 S_N2 历程反应，仲醇的反应历程可能为 S_N1 或 S_N2，而叔醇以消除反应为主。

3. 氧化和脱氢反应

醇可被多种氧化剂氧化。醇的结构不同，氧化剂不同，氧化产物也各异。

（1）被 $K_2Cr_2O_7\text{-}H_2SO_4$ 或 $KMnO_4$ 氧化　伯醇首先被氧化成醛，醛比醇更容易被氧化，最后生成羧酸。例如：

$$RCH_2OH \xrightarrow[或 KMnO_4]{K_2Cr_2O_7\text{-}H_2SO_4} R—CHO \xrightarrow[或 KMnO_4]{K_2Cr_2O_7\text{-}H_2SO_4} RCOOH$$

仲醇被氧化成酮。酮较稳定，在同样条件下不易继续被氧化，但用氧化性更强的氧化剂，在更高的反应的条件下，酮亦可继续被氧化，且发生碳碳键断裂。例如：

$$\text{环己醇} \xrightarrow[\triangle]{Na_2Cr_2O_7,H_2SO_4} \text{环己酮} \xrightarrow[\triangle]{KMnO_4,H^+} \begin{matrix}CH_2CH_2COOH \\ | \\ CH_2CH_2COOH\end{matrix}$$

醇的氧化反应，可能与 α-H 有关。叔醇因无 α-H，所以很难被氧化，但用强氧化剂（如酸性高锰酸钾等），则先脱水成烯，烯再被氧化而发生碳碳键的断裂。例如：

$$\begin{matrix}CH_3\\|\\H_3C—C—OH\\|\\CH_3\end{matrix} \xrightarrow{KMnO_4}{H^+} \left[\begin{matrix}CH_3C=CH_2\\|\\CH_3\end{matrix}\right] \xrightarrow{KMnO_4}{H^+} \begin{matrix}H_3C—C=O\\|\\CH_3\end{matrix} +CO_2\uparrow+H_2O$$

用上述氧化剂氧化醇时，由于反应前后有明显的颜色变化，且叔醇不反应，故可将伯醇、仲醇与叔醇区别开来。

（2）选择性氧化　醇分子中同时还存在其他可被氧化的基团（如：C=C，C≡C）时，若只要醇—OH 被氧化而其他基团不被氧化，则可采用选择性氧化剂氧化。

① 欧芬脑尔（Oppenauer）氧化：是指在异丙醇铝或叔丁醇铝的存在下，仲醇和丙酮的反应，醇被氧化成酮，丙酮被还原成异丙醇。可用通式表示为：

$$\begin{matrix}OH\\|\\R—CH—R'\end{matrix} + CH_3\overset{O}{\overset{||}{C}}CH_3 \xrightarrow[或 Al[OC(CH_3)_3]_3]{Al[OCH(CH_3)_2]_3} R—\overset{O}{\overset{||}{C}}—R' + \begin{matrix}OH\\|\\CH_3CHCH_3\end{matrix}$$

由于醇分子中的不饱和键不受影响，故可用于不饱和酮的制备。例如：

$$\begin{matrix}CH_3CHCH=CHCH=CH_2\\|\\OH\end{matrix} + \begin{matrix}CH_3CCH_3\\（过量）\end{matrix} \xrightarrow[苯]{Al[OCH(CH_3)_2]_3} CH_3—\overset{O}{\overset{||}{C}}—CH=CHCH=CH_2$$

② 沙瑞特（Sarrett）试剂：为铬酐和吡啶形成的配合物，可表示为 $CrO_3 \cdot (C_5H_5N)_2$。它可将伯醇氧化成醛，也能将仲醇氧化成酮，不影响分子中的不饱和键。

例如：

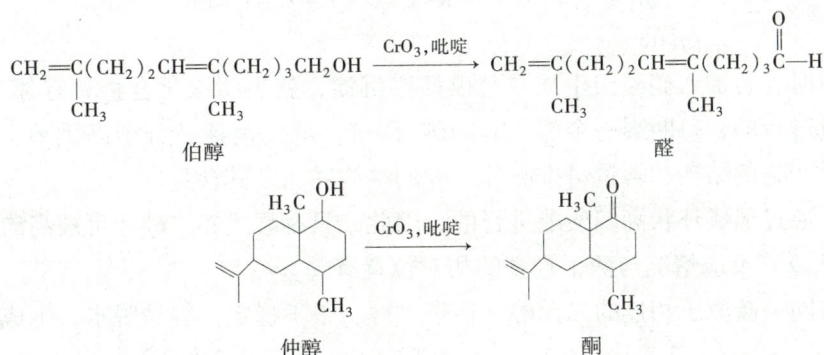

伯醇   醛

仲醇   酮

③ 琼斯（Jones）试剂：是 CrO_3 的稀硫酸溶液，可表示为 CrO_3-稀H_2SO_4。反应时，将其滴加到被氧化醇的丙酮溶液中，同样不影响分子中的不饱和键。例如：

$\xrightarrow[\text{丙酮}]{Cr_2O_3\text{-稀}H_2SO_4}$

④ 活性二氧化锰（MnO_2）试剂：为新鲜制备的 MnO_2。它可选择性地将烯丙位的伯醇、仲醇氧化成相应的不饱和醛和酮，收率较好。例如：

$$CH_2{=}CH{-}CH_2OH \xrightarrow{\text{活性}MnO_2} CH_2{=}CH{-}CHO$$

丙烯醛

醇的氧化是合成醛、酮和羧酸的一种重要方法。

⑤ 醇的脱氢反应：将伯醇或仲醇的蒸气在高温下通过催化剂活性铜（或银、镍等），可发生脱氢反应，分别生成醛或酮。

$$CH_3CH_2OH \underset{}{\overset{Cu,325℃}{\rightleftharpoons}} CH_3CHO + H_2$$

$$\underset{OH}{CH_3CHCH_3} \xrightarrow{Cu,325℃} CH_3\overset{O}{\overset{\|}{C}}CH_3 + H_2$$

叔醇无 α-H，在一般条件下不发生反应。

4. 二元醇的特殊反应

根据二元醇分子中两个羟基的位置不同，有 1,2-二醇、1,3-二醇和 1,4-二醇等。例如：

$\underset{OH\ \ \ OH}{CH_2{-}CH_2}$ $\underset{OH\ \ \ \ \ \ \ OH}{CH_2{-}CH_2{-}CH_2}$ $\underset{OH\ \ \ \ \ \ \ \ \ \ \ \ OH}{CH_2{-}CH_2CH_2{-}CH_2}$

乙二醇   丙-1,3-二醇   丁-1,4-二醇

（α-二醇，邻二醇）   （β-二醇）   （γ-二醇）

二元醇具有一元醇的一般性质，现介绍二元醇的一些特殊性质。

（1）氧化反应 用高碘酸或四醋酸铅氧化邻二醇，可使两个—OH 之间的碳-碳键断裂，生成两分子羰基化合物。

$$RCH{-}CHR' + HIO_4 \longrightarrow RCHO + R'CHO + HIO_3 + H_2O$$
（OH OH）

$$R{-}C{-}CH{-}R'' + HIO_4 \longrightarrow R{-}C{=}O + R''{-}C{-}H + HIO_3 + H_2O$$

在定性分析时，若加入硝酸银生成白色碘酸银沉淀，就表明该化合物具有邻二醇结构单位。由于反应是定量进行的，每断裂一个邻二醇的碳-碳键，就要消耗一分子高碘酸，因此，根据高碘酸的消耗量及产物的结构、含量可推测邻二醇的结构并测定其含量。

反应可能是通过形成环状高碘酸酯进行的，因此，只有顺式邻二醇才可被高碘酸氧化。

（2）脱水反应　反应情况与两个羟基的相对位置有关。

两个羟基与同一碳原子相连的二元醇，称偕二醇，很不稳定，容易脱水，生成醛或酮。

$$\underset{OH}{\overset{OH}{\diagup}}C \xrightarrow{-H_2O} C{=}O$$

邻二醇脱水，生成醛或酮如乙二醇脱水，生成乙醛。

$$\underset{OH}{CH_2}{-}\underset{OH}{CH_2} \xrightarrow[H^+,\triangle]{-H_2O} [CH_2{=}CHOH] \xrightarrow{重排} CH_3CHO$$

1,4-或1,5-二醇脱水生成环醚。

$$\xrightarrow{-H_2O} 四氢呋喃（THF）$$

四烃基乙二醇（片呐醇，pinacol）在硫酸存在下，脱水生成片呐酮。

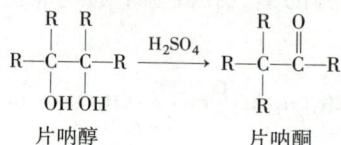

$$R{-}\underset{OH}{\overset{R}{C}}{-}\underset{OH}{\overset{R}{C}}{-}R \xrightarrow{H_2SO_4} R{-}\underset{R}{\overset{R}{C}}{-}\overset{O}{C}{-}R$$
片呐醇　　　　　片呐酮

在反应过程中，烃基转移，碳链发生变化，故又称片呐醇重排。其反应历程可能为：

（反应历程图示）

当片呐醇的碳上所连的烃基各不相同时，哪个羟基优先离去，哪个烃基迁移，它们所遵循的一般规律是：①优先形成较稳定的碳正离子；②基团迁移能力是芳基>烷基>氢。例如：

（反应图示）

结构不对称的邻二醇的重排应先判定哪个羟基为离去羟基团，哪个基团容易迁移。

（3）酸性　多元醇随着-OH的增多，较一元醇有较大的酸性，例如：乙二醇和丙三醇能和氢氧化铜生成蓝色溶液，这个反应可用于鉴别邻二醇。

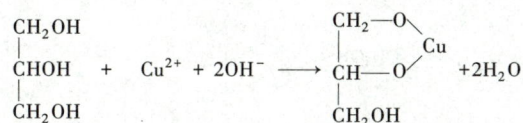

$$
\begin{array}{c}
CH_2OH \\
| \\
CHOH \\
| \\
CH_2OH
\end{array}
+ \ Cu^{2+} + 2OH^- \longrightarrow
\begin{array}{c}
CH_2-O \\
| \quad\quad \diagdown \\
CH-O \quad Cu \\
| \quad\quad \diagup \\
CH_2OH
\end{array}
+ 2H_2O
$$

四、醇的制备

醇可以通过多种方法制备，包括：烯烃与硫酸/水的加成、硼氢化反应（见第四章）、卤代烃的水解反应（见第九章）、醛酮的还原反应、醛酮与格氏试剂的加成反应（见第十一章）。

五、个别化合物

（一）丙三醇

$$
\begin{array}{c}
CH_2-CH-CH_2 \\
| \quad\ \ | \quad\ \ | \\
OH \ \ OH \ \ OH
\end{array}
$$

丙三醇俗称甘油。常温下为无色黏稠的液体，b. p. 为290℃，能与水或乙醇互溶。由于甘油和水之间能形成强的氢键，所以它的吸湿性很强，对皮肤有刺激性，不能直接使用，用于护肤时要按一定比例稀释。在医药上可用作溶剂，如酚甘油、碘甘油等，也可用于治疗便秘。

（二）甘露醇（己六醇）

$$
\begin{array}{c}
\quad\ OH\ OH\ H\quad H \\
\quad\ |\quad |\quad |\quad | \\
HOCH_2-C-C-C-C-CH_2OH \\
\quad\ |\quad |\quad |\quad | \\
\quad\ H\quad H\ \ OH\ OH
\end{array}
$$

甘露醇为白色结晶性粉末，有甜味。存在于蔬菜、果实及许多植物中。易溶于水，临床上用20%的溶液以产生血液的高渗作用，使周围组织及脑实质脱水并随尿液排出，以降低颅内压，消除水肿。

（三）肌醇（环己六醇）

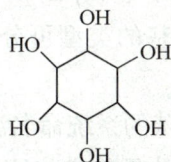

$$
\begin{array}{c}
\quad\quad OH \\
HO \quad\quad\quad OH \\
\\
HO \quad\quad\quad OH \\
\quad\quad OH
\end{array}
$$

肌醇为白色结晶性粉末，味甜易溶于水。肌醇是某些酵母生长的必须营养素，它参与体内蛋白质的合成，二氧化碳的固定和氨基酸的转移等过程。促进肝及其他组织中的脂肪代谢，降低血脂，可作为肝炎的辅助治疗药物。

（四）苯甲醇（苄醇）

苯甲醇为无色液体，有芳香气味，能溶于水，极易溶于乙醇等有机溶剂。它因有微弱的麻痹作用，常用作注射剂中的止痛剂，如其20%注射液曾用作青霉素的溶剂，但由于有溶血作用并对肌肉有刺激性，已不用。

此外，许多存在于自然界的较复杂的醇，都具有重要的生理作用。如：

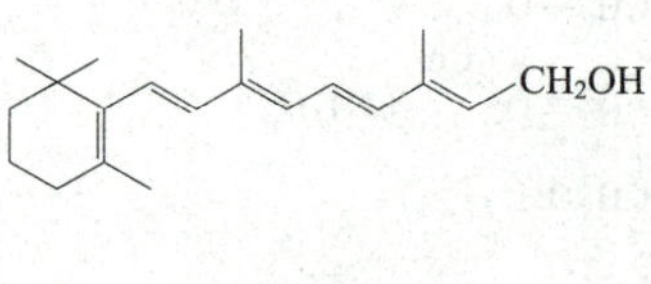

维生素A 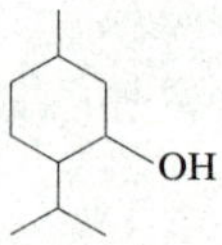   薄荷醇 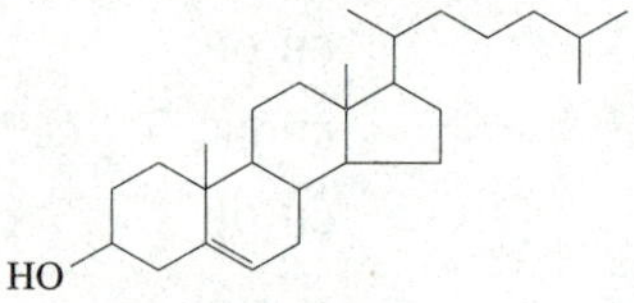   胆固醇

第二节 酚

一、酚的结构、分类与命名

（一）酚的结构

羟基直接连接在芳环上的化合物称为酚（phenols），酚的官能团（—OH）称为酚羟基。酚羟基上未共用电子对所在的 p 轨道与芳环的 π 电子轨道构成 p-π 共轭体系，氧的 p 电子向芳环方向转移，使芳环上的电子云密度提高，同时 C—O 键的强度增强，O—H 键强度削弱，酚羟基中氢原子的解离倾向增大，酸性增强。

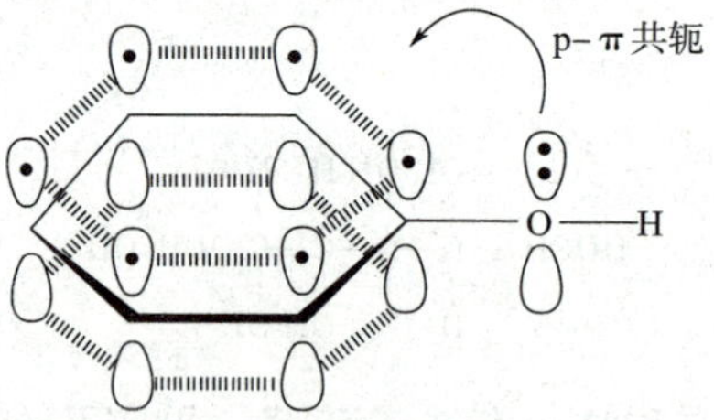

图 10-1 苯酚中的 p-π 共轭示意图

（二）酚的分类与命名

根据分子中酚羟基数目可分为：一元酚（如苯酚）、二元酚（如苯-1,2-二酚）、多元酚（如苯-1,2,3-三酚）；根据酚羟基所连的芳烃基的类型可分为苯酚、萘酚（如萘-1-酚）、蒽酚（如蒽-9-酚）、菲酚（如菲-4-酚）。

苯酚的系统命名法，从本质上讲就是苯的系统命名法，因为苯酚可以看成是在苯的环状碳链上引入了官能团—OH。当—OH 充当命名的最优官能团时，苯酚即成为母体，编号从—OH 相连的碳原子开始，多元酚的命名也是如此。不过，多元酚要依据所含的官能团数目，称其为"二酚"或"三酚"。例如：

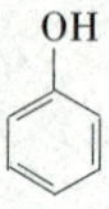

苯酚（hydroxybenzene；phenol）   邻甲苯酚（o-cresol）   间溴苯酚（m-bromophenol）   对硝基苯酚（p-nitrophenol）
石炭酸（carbolic acid）   2-甲基苯酚（2-methylphenol）   3-溴苯酚（3-bromophenol）   4-硝基苯酚（4-nitrophenol）

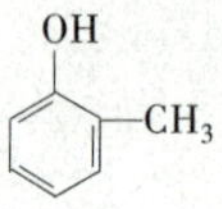

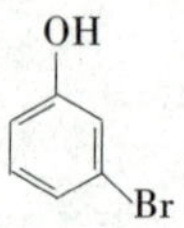

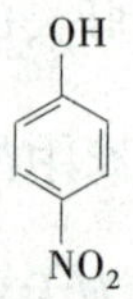

苯-1,2-二酚(benzene-1,2-diol)

邻苯二酚(*o*-benzenediol)

苯-1,2,3-三酚(benzene-1,2,3-triol)

儿茶酚(catechol)

苯-1,2,4-三酚(benzene-1,2,4-triol)

连苯三酚(pyrogallol)

苯-1,3,5-三酚(benzene-1,3,5-triol)

但是，当分子中含有多个官能团时，则根据官能团优先次序确定最优官能团（图1-6）。此时，—OH 可能不是最优官能团，只能算取代基。然后，再依据确定的最优官能团，将其归类命名，其结尾的字可能不是"酚"。

例如：

2-羟基苯甲酸(2-hydroxyl benzoic acid)

水杨酸(salicylic acid)

2-羟基-4-甲氧基苯甲醛

（2-hydroxy-4-methoxy benzaldehyde）

当环上连有较复杂的取代基时，也可将酚羟基当作取代基命名。例如：

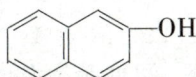

2-间羟基苯基丙-1-醇(2-*m*-hydroxyphenylpropan-1-ol)

2-(3-羟基苯基)丙-1-醇[2-(3-hydroxyphenyl)propan-1-ol]

萘酚、蒽酚、菲酚的命名，与苯酚相似。如：

萘-1-酚(naphth-1-ol)

α-萘酚(α-naphthol)

萘-2-酚(naphth-2-ol)

β-萘酚(β-naphthol)

菲-4-酚(phenanthren-4-ol)

像醇一样，酚类也保留了少量的俗名，如：

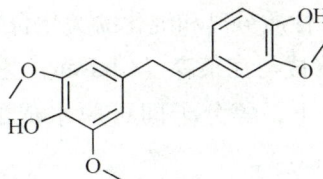

芝麻酚（sesamol）

3,4-甲叉二氧苯酚(3,4-methylenedioxyphenol)

石斛酚(dendrophenol)

二、酚的物理性质

酚大多数为晶性固体，少数为液体。由于酚可通过酚羟基形成分子间氢键，使其具有较高的沸点，同时，酚羟基也能与水形成氢键，所以在水中有一定的溶解度。常见酚的物理常数见表10-2。

表 10-2　常见酚的物理常数

名　称	m. p. （℃）	b. p. （℃）	溶解度 （25℃）	pK_a （25℃）
苯酚	41	182	9	9.96
邻甲苯酚	31	191	2.5	9.92
间甲苯酚	11	201	2.6	9.90
对甲苯酚	35	202	2.3	9.92
邻硝基苯酚	45	217	0.2	7.21
间硝基苯酚	96	分解	1.4	8.30
对硝基苯酚	114	分解	1.7	7.16
2,4-二硝基苯酚	113	分解	0.6	4.00
2,4,6-三硝基苯酚	122	分解	1.4	0.71

三、酚的化学性质

（一）酚羟基的化学反应

1. 酸性

苯酚能与氢氧化钠等强碱的水溶液作用形成盐，说明其具有酸性。

$$\text{OH} \quad + NaOH \rightleftharpoons \text{ONa} \quad + H_2O$$

从以下 pK_a 值可以看出，苯酚的酸性比水、醇强，但比碳酸弱。

	H_2CO_3	C_6H_5OH	H_2O	ROH
pK_a	~6.35	10	15.7	16~19

因此，将二氧化碳通入苯酚钠的水溶液，可使苯酚游离出来。

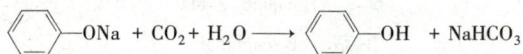

$$\text{—ONa} + CO_2 + H_2O \longrightarrow \text{—OH} + NaHCO_3$$

大部分酚类化合物在水中的溶解度有限，但更易溶于碱性溶液，又能被酸从碱液中析出。因此，可利用这一性质分离和纯化酚类化合物。

2. 酚醚的形成与克莱森（Claisen）重排

在酸性条件下，醇分子间可脱水成醚。而酚分子间的脱水反应较困难，反应条件较高。例如：

$$\text{—OH} + HO\text{—} \xrightarrow[450℃]{ThO_2} \text{—O—} + H_2O$$

酚钠可与卤烃作用得到酚醚，也能与 $(CH_3)_2SO_4$、$(C_2H_5)_2SO_4$ 作用生成醚。

$$ArOH \xrightarrow{NaOH} ArONa \xrightarrow{RX} Ar\text{—}O\text{—}R$$

例如：

酚的稳定性较差，易被氧化，成醚后稳定性增强，这是保护酚羟基的一种方法。

苯基烯丙基醚在高温下会发生重排，烯丙基转移到酚羟基的邻位，若邻位被占则转移到对位，此反应称 Claisen 重排。

克莱森重排是经过六元环过渡态进行的协同反应。

克莱森重排反应的特点是：

（1）重排总是烯丙基中的 γ-碳连到苯环上，即使是取代的烯丙基也是如此。

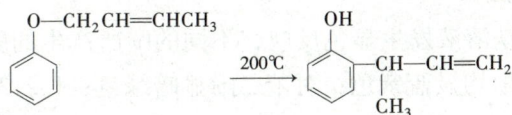

（2）只有当酚羟基的两个邻位都被占据时，重排才会发生在对位。此时，重排实际上是经历了两次环状过渡态而完成的，即先排在邻位，再重排到对位。

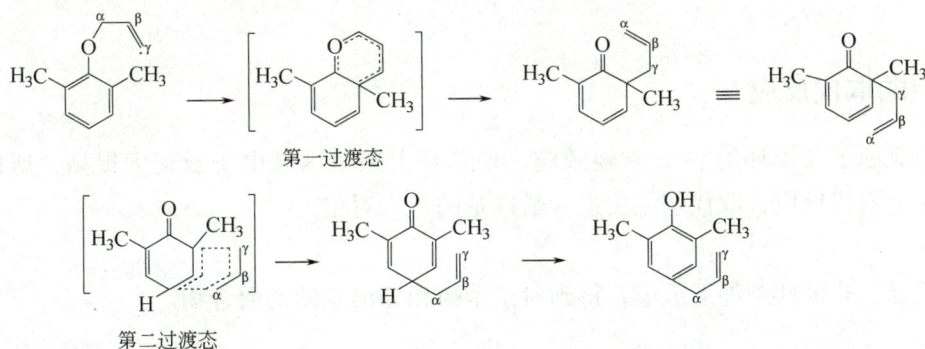

可以看出，经过第二次重排后是原烯丙基中的 α-碳与苯环相连。

（3）当邻、对位都被占据时，重排不会发生。

3. 酚酯的形成与傅瑞斯（K. Fries）重排

酚类化合物的成酯反应比醇难。这是因为酚中存在 p-π 共轭效应，降低了氧周围的电子云密度，使其亲核性比醇弱。所以酚不能直接与酸成酯，而要与更活泼的酰氯或酸酐作用才能形成酯。例如：

$$PhOH \xrightarrow[\text{或 } CH_3COCl]{(CH_3CO)_2O} PhO-\overset{\displaystyle O}{\overset{\|}{C}}-CH_3 + CH_3COOH \quad (\text{或 } HCl)$$

酚酯（乙酸苯酯）

生成的酚酯在三氯化铝存在下加热，酰基可重排到羟基的邻位或对位，得到酚酮，此重排称傅瑞斯（K. Fries）重排。

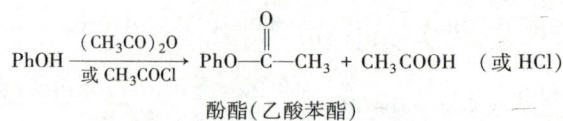

邻、对位异构体可用水蒸气蒸馏法分离。邻、对位异构体的比例与温度有关，通常低温以对位异构体为主，高温以邻位异构体为主。例如：

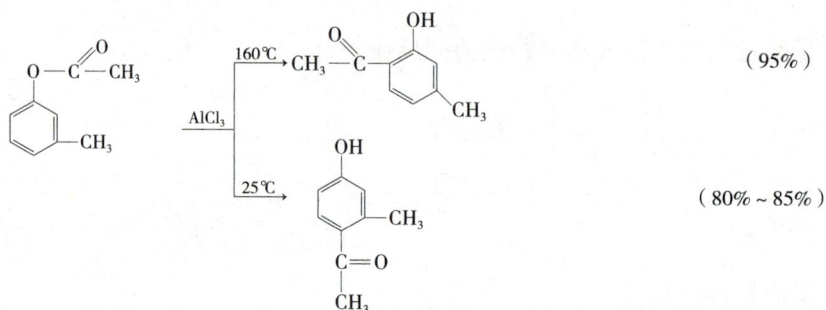

4. 与三氯化铁的显色反应

大多数酚都能与三氯化铁溶液发生显色反应，不同的酚所产生的颜色也有所不同。例如：苯酚、间苯二酚、1,3,5-苯三酚均显蓝紫色；对苯二酚显暗绿色；1,2,3-苯三酚显红棕色。

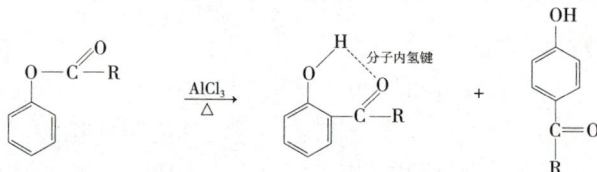

此反应可用作酚的定性鉴别，但具有烯醇式结构（—C＝C—OH）的化合物也能与三氯化铁发生类似反应。

（二）苯环上的取代反应

由于酚羟基中氧原子与苯环的 p-π 共轭效应，使苯环上某些区域电子云密度提高，所以酚比苯更容易发生亲电取代反应，取代基主要进入酚羟基的邻、对位。

1. 卤代反应

苯酚与溴在低温、非极性条件下反应，得到对溴苯酚和邻溴苯酚的混合物。

苯酚与溴水在室温下即可反应生成 2,4,6-三溴苯酚的白色沉淀。由于反应灵敏、现象明显、且定量进行，可用于酚类化合物的定性和定量分析。

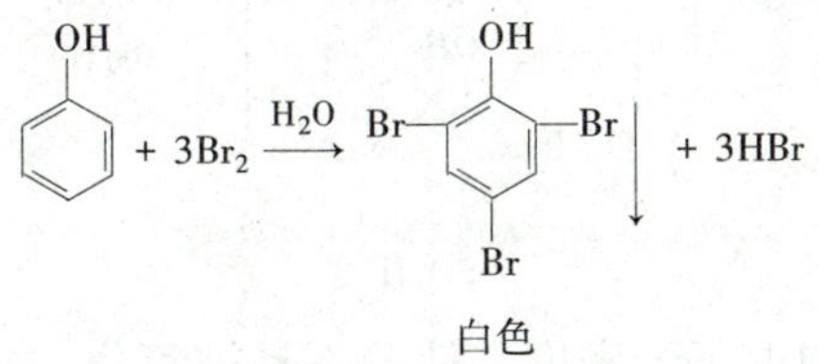

白色

若溴水过量，则生成四溴化合物的沉淀。

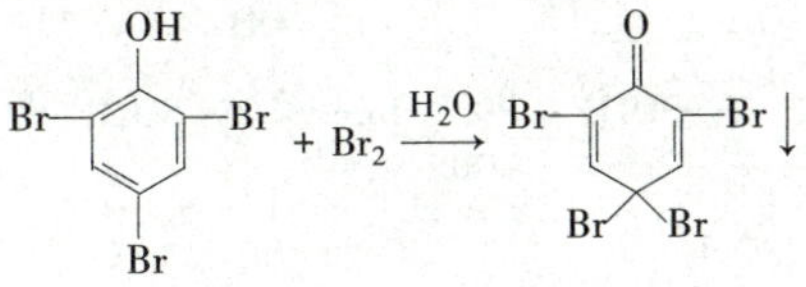

2. 硝化反应

苯酚在室温条件下即可被稀硝酸硝化，生成邻硝基酚和对硝基酚的混合物。

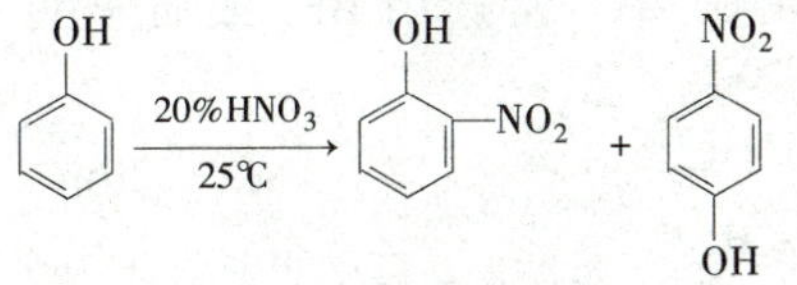

邻硝基苯酚可形成分子内氢键而不再与水形成氢键，故水溶性小，沸点低，挥发性大，可随水蒸气蒸出；而对位异构体可通过分子间氢键形成缔合体，故沸点高，挥发性小，不随水蒸气挥发。二者可用水蒸气蒸馏法分离。

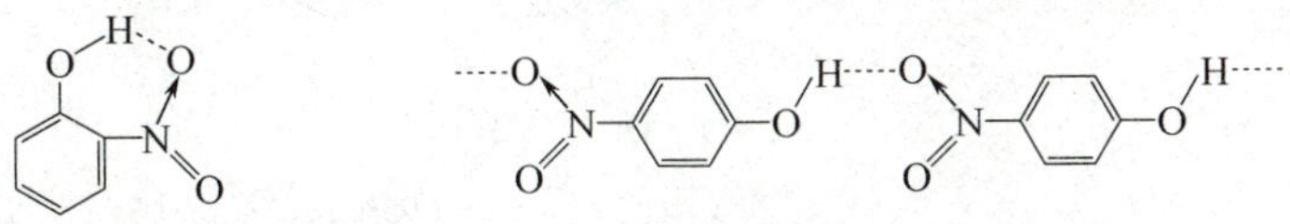

邻硝基酚形成分子内氢键　　　　　对硝基酚形成分子间氢键

因浓硝酸具有氧化性，所以，只能用间接的方法制备多硝基酚。例如：

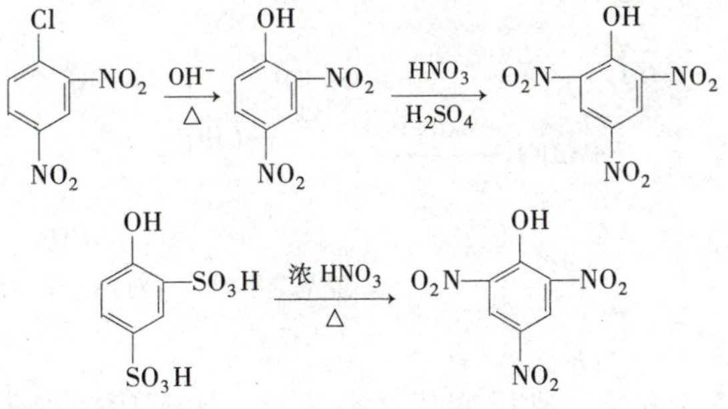

2,4,6-三硝基苯酚

2,4,6-三硝基苯酚又称苦味酸，为黄色晶体，m. p. 123℃，300℃时爆炸。它的 $pK_a = 0.25$，酸性与盐酸相当。

3. 磺化反应

苯酚磺化反应的产物与反应的温度密切相关。一般较低温度下（15~25℃）主要得到邻位产物；较高温度下（80~100℃）主要得到对位产物。

磺酸基的引入降低了环上的电子云密度，使酚不易被氧化。磺化反应是可逆的，产物与稀酸共热可除去磺酸基，利用这一性质，可对芳环上某位置进行保护。例如：

4. 傅-克（Friedel-crafts）反应

酚类化合物的傅-克反应一般不采用 $AlCl_3$ 催化剂，因为 $AlCl_3$ 可与酚羟基形成酚盐（$PhOAlCl_2$）而失去催化活性，影响产率。常选用 BF_3 或质子酸（如 HF、H_3PO_4 等）为催化剂进行反应。

（95%）

5. 瑞穆尔-蒂曼（Reimer-Timann）反应

酚的碱性水溶液与氯仿共热，苯环上的氢被醛基取代，醛基主要进入酚羟基的邻位，邻位已有取代基时，则进入对位。

邻羟基苯甲醛　　　　对羟基苯甲醛

（水杨醛）

这是工业上生产水杨醛的方法。常用调味品香兰素，也可用瑞穆尔-蒂曼反应合成。

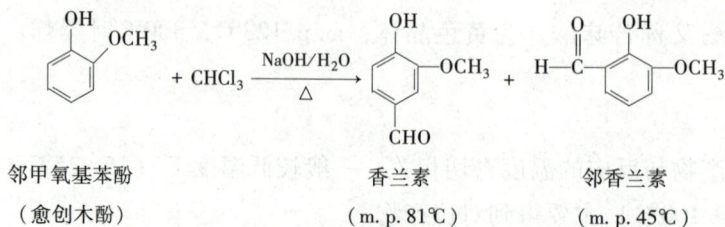

邻甲氧基苯酚　　　　　　香兰素　　　　　邻香兰素

（愈创木酚）　　　　　（m. p. 81℃）　　（m. p. 45℃）

瑞穆尔-蒂曼反应的收率不高，一般不超过 50%；且苯环上有吸电子基时，对反应不利。

6. 与甲醛的缩合反应

酚与甲醛在酸或碱的催化下反应，先生成邻位或对位的羟基苯甲醇，进一步反应生成二元取代物，二元取代物通过一系列的脱水缩合反应，最后得到酚醛树脂。

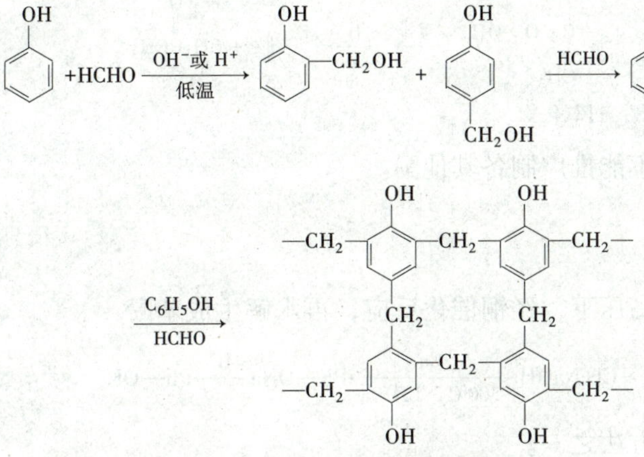

酚醛树脂

酚醛树脂是具有网状结构的聚合物，俗称电木。这种材料具有良好的绝缘性和热塑性，用途广泛。

（三）氧化反应

酚类化合物很容易被氧化，不仅能被重铬酸钾等强氧化剂所氧化，甚至空气中的氧也能将其氧化成苯醌，这就是原本无色的酚接触空气后常带有颜色的原因。

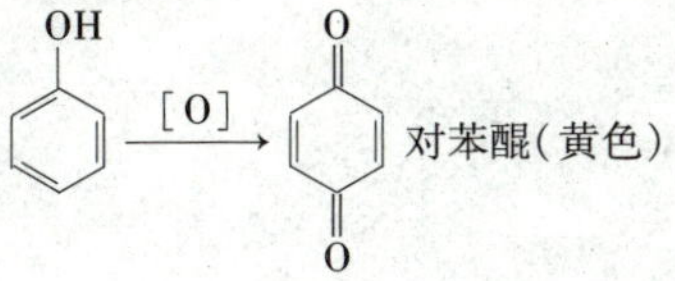

多元酚更容易被氧化。例如：

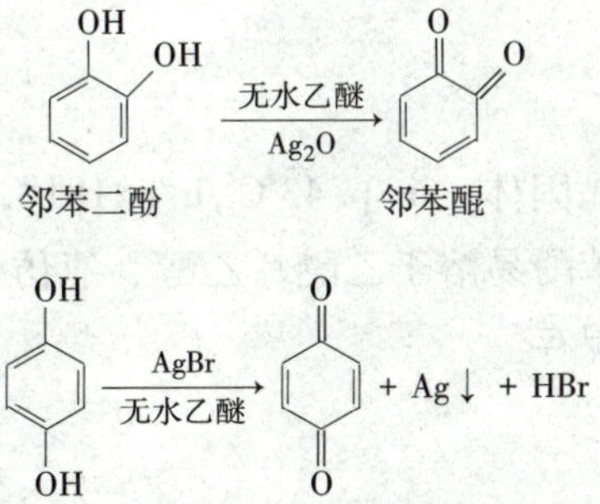

邻苯二酚   邻苯醌

对苯二酚作为显影剂，就是利用其可将溴化银还原成金属银的性质。利用酚易被氧化的特性，可作为食品、塑料、橡胶的抗氧剂，即酚类化合物先被氧化，从而使食品等因氧化而变质的反应得以延缓。

四、酚的制备

（一）异丙苯法

这是工业上制备大量苯酚的较好方法。利用石油裂解时的产品丙烯与苯发生烃基化反应，生产异丙苯，然后用空气氧化，生成异丙苯过氧化物，再经酸催化分解为苯酚和丙酮。

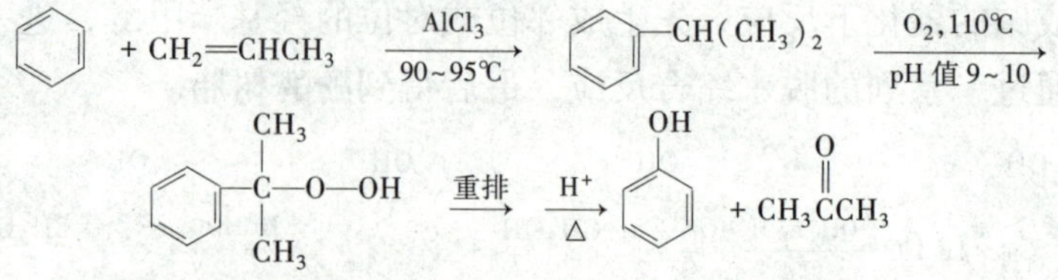

$$\text{苯} + CH_2{=}CHCH_3 \xrightarrow[90\sim95℃]{AlCl_3} \text{异丙苯} \xrightarrow[\text{pH 值}9\sim10]{O_2,110℃}$$

$$\text{过氧化物} \xrightarrow{\text{重排}} \xrightarrow[\triangle]{H^+} \text{苯酚} + CH_3\overset{O}{C}CH_3$$

过氧化物

本法仅限于制备苯酚，不能推广制备其他酚。

（二）氯苯水解法

氯苯和氢氧化钠在高温高压下，经铜催化反应，再水解生成苯酚。

$$Ph{-}Cl + NaOH \xrightarrow[300℃，15MPa]{Cu} Ph{-}ONa \xrightarrow{H^+} Ph{-}OH$$

这是工业上制备苯酚的方法之一。

（三）磺酸盐碱熔法

芳磺酸的钠盐与固体氢氧化钠共熔，磺酸基可被羟基取代得到酚，这是最早的制备酚类化合物的方法。

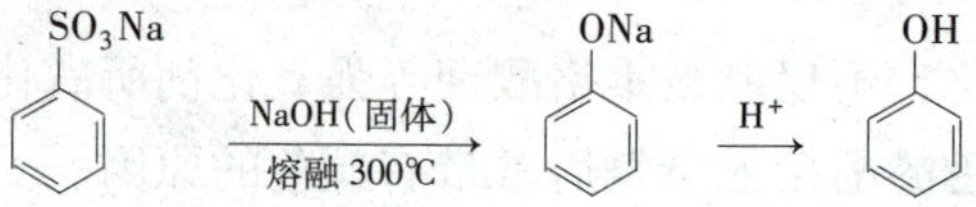

$$\text{ArSO}_3Na \xrightarrow[\text{熔融}300℃]{NaOH(\text{固体})} \text{ArONa} \xrightarrow{H^+} \text{ArOH}$$

（四）重氮盐水解法

见第十四章第三节。

五、重要的酚

（一）苯酚

苯酚又称石炭酸。是无色结晶固体，m. p. 43℃，b. p. 181℃。在25℃时，100g水可溶解9.3g苯酚，68℃以上可完全溶于水，苯酚易溶于乙醚、乙醇、氯仿、苯等有机溶剂。苯酚有毒，易氧化，应贮于棕色瓶内并注意避光保存。

（二）甲酚

甲酚是甲基酚的简称，存在于煤焦油中，又称为煤酚。它有邻、间、对三种异构体，煤酚有较强的抗菌力，通常用的"来苏儿"药水就是由这三种异构体混合物配制成的50%的肥皂水溶液。可供外用消毒，临用时加水稀释至3%~5%。

（三）苯二酚

苯二酚的三种异构体均为无色结晶。邻苯二酚和间苯二酚易溶于水，对苯二酚在水中的溶解度相对较小。间苯二酚具有抗菌作用，刺激性较小，其2%~10%的油膏和洗剂可用于治疗皮肤病。对苯二酚的还原能力较强，常用作显影剂。

（四）麝香草酚（百里酚）

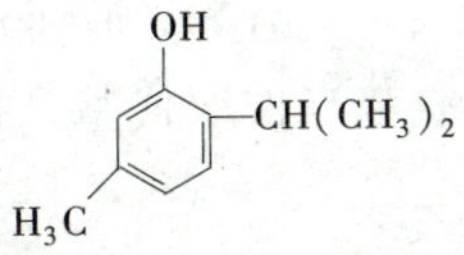

麝香草酚是百里草和麝香草中的香气成分。为无色晶体，微溶于水，m. p. 51℃，在医药上用作防腐剂、消毒剂和驱虫剂。

（五）萘酚

萘酚有 α-萘酚和 β-萘酚两种异构体。α-萘酚为黄色结晶，m. p. 96℃。β-萘酚为无色片状结晶，m. p. 122℃。α-萘酚与三氯化铁反应生成紫色沉淀，β-萘酚与三氯化铁反应生成绿色沉淀，由此可加以区别。萘酚是制备偶氮染料的重要原料，β-萘酚还可用作杀菌剂和抗氧剂。

第三节 醚

一、醚的结构、分类与命名

（一）醚的结构

醚（ethers）是由氧原子通过两个单键分别与两个烃基结合的分子。醚的官能团为醚键，（—O—）醚键中氧为 sp^3 杂化（酚醚除外），两个未共用电子对分别处在两个 sp^3 杂化轨道中，分子为"V"字形，分子中无活泼氢原子，性质较稳定。

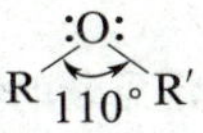

（二）醚的分类

根据醚分子中烃基的结构可分为：

简单醚（simple ether）：两个烃基相同　　R—O—R，Ar—O—Ar

混合醚（mixed ether）：两个烃基不同　　R—O—R′，R—O—Ar

环醚（epoxide）：醚中氧原子在环上

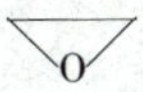

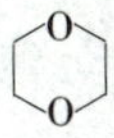

（三）醚的命名

简单醚的命名：先写"二"表示两个相同的烃基，加上烃基名，再加上"醚"字即可。"二"字及"基"字常可省略。例如：

CH₃—O—CH₃　　C₂H₅—O—C₂H₅　　CH₂=CH—O—CH=CH₂　　Ph—O—Ph

二甲醚（dimethyl ether）　二乙醚（diethyl ether）　二乙烯基醚（diethenyl ether; divinyl ether）　二苯醚（diphenyl ether）

混合醚的命名，分别写出两个烃基的名称，再加"醚"字即可。一般将次序较小的烃基或芳烃基放在前面。例如：

180 有机化学

CH₃—O—C₂H₅   C₂H₅—O—CH₂CH=CH₂   CH₃—O—Ph

乙甲醚   烯丙基乙基醚   苯甲醚（methoxybenzene）
（ethyl methyl ether）   （allyl ethyl ether）   茴香醚（anisole）

4-甲基二苯醚（4-methyldi phenyl ether）
苯基对甲苯基醚（phenyl p-tolyl ether）

烃基结构比较复杂的醚，也可将烷氧基当作取代基，按烃类或其他类别化合物命名。例如：

CH₃CH₂CH₂CHCH₃
　　　　　|
　　　　 OCH₃

2-甲氧基戊烷
（2-methoxypentane）

CH₃O—CH₂CH₂—OC₂H₅

1-乙氧基-2-甲氧基乙烷
（1-ethoxy-2-methoxyethane）

2-甲氧基-4-丙烯基甲苯（2-methoxy-4-propenyl toluene）
2-甲氧基-1-甲基-4-丙烯基苯
（2-methoxy-1-methyl-4-prenylbenzene）

环醚的命名：可按环氧化合物命名，也常用俗名。含较大环的环醚，习惯上按杂环规则命名。例如：

CH₂—CH₂

环氧乙烷（epoxyethane；ethylene oxide）

CH₃—CH—CH₂

1,2-环氧丙烷（1,2-epoxypropane；1,2-propylene oxide）

1,4-环氧丁烷（1,4-epoxybutane）
四氢呋喃（tetrahydrofuran）

1,4-二氧杂环己烷（1,4-dioxacyclohexane）
1,4-二氧六环（1,4-dioxane）

醚类的命名之所以如此多变，是由于醚基在官能团优先序列中居于低位（图1-6）。所以，既可以充当最优官能团，但很多时候又看成取代基。

二、醚的物理性质

多数醚为易挥发、易燃液体。因醚不能形成分子间氢键，故其沸点比同碳数的醇要低得多。但醚分子中的氧仍可与水分子中羟基上的氢形成氢键，故其在水中仍有一定的溶解度。常见醚的物理性质见表10-3。

表10-3　常见醚的物理常数

名称	结构简式	m. p. (℃)	b. p. (℃)	d_4^{20}
甲醚	CH₃OCH₃	-138.5	-23	—
乙醚	(C₂H₅)₂O	-116.6	34.5	0.7137
正丙醚	(CH₃CH₂CH₂)₂O	-122	90.1	0.7360
异丙醚	[(CH₃)₂CH]₂O	-85.9	68	0.7241
正丁醚	[CH₃(CH₂)₃]₂O	-95.3	142	0.7689
苯甲醚	Ph—O—CH₃	-37.5	155	0.9961
二苯醚	Ph—O—Ph	26.8	257.9	1.0748
1,4-环氧丁烷（四氢呋喃）		-108.5	67	0.8892
1,4-二氧杂环己烷（1,4-二氧六环）		11.8	101	1.0337

三、醚的化学性质

醚是相当不活泼的一类化合物（环醚除外），常温下与许多化学试剂都不发生反应，但在一定条件下，能发生如下化学反应。

（一）锌盐的形成

由于醚的氧原子上带有未共用电子对，作为一种碱能与热、浓强酸或路易斯酸（如：BF_3、$AlCl_3$ 等）形成锌盐（oxonium salt）。例如：

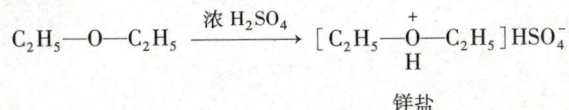

$$C_2H_5{-}O{-}C_2H_5 \xrightarrow{\text{浓 } H_2SO_4} [C_2H_5\overset{+}{\underset{H}{-}O}{-}C_2H_5]HSO_4^-$$

锌盐

锌盐很不稳定，遇水立即分解成醚和酸，利用此性质可将醚与烷烃、卤代烷等分离开。

（二）醚键的断裂

醚与浓强酸（如：氢碘酸）共热，醚键发生断裂，生成卤代烃和醇，如果氢卤酸过量，醇将继续转变为卤代烃。如：

$$R{-}O{-}R' + HX \xrightarrow{\triangle} RX + R'{-}OH \xrightarrow{HX} R'X + H_2O$$

氢卤酸使醚键断裂的能力为 $HI>HBr>HCl$。

混合醚断裂时，若两个烃基均为脂肪烃基，一般是较小的烃基先形成卤代烃；若一个为脂肪烃基，而另一个为芳烃基，则脂肪烃基先形成卤代烃。例如：

$$CH_3{-}O{-}C_2H_5 \xrightarrow[\triangle]{HI} CH_3I + C_2H_5{-}OH \xrightarrow[\triangle]{HI} C_2H_5I + H_2O$$

$$Ph{-}O{-}CH_3 \xrightarrow[\triangle]{HI} CH_3I + PhOH$$

$$CH_3I+AgNO_3 \xrightarrow{C_2H_5OH} CH_3ONO_2+AgI\downarrow$$

上述反应是定量进行的，将形成的 CH_3I 蒸出用 $AgNO_3$-乙醇溶液吸收，再称量 AgI 的量，即可推算分子中甲氧基的含量。这个方法称蔡塞尔（S. Zeisel）法，可用于测定某些含有甲氧基的天然产物的结构。

甲基、叔丁基、苄基醚易形成也易被酸分解。有机合成中常用生成醚的方法来保护羟基。

例如：由 $CH_3{-}\langle\rangle{-}OH$ 制备 $OH{-}\langle\rangle{-}COOH$ 时，就要先保护羟基。

$$CH_3{-}\langle\rangle{-}OH \xrightarrow[NaOH]{(CH_3)_2SO_4} CH_3O{-}\langle\rangle{-}CH_3 \xrightarrow{KMnO_4}$$

$$CH_3O{-}\langle\rangle{-}COOK \xrightarrow[\triangle]{HBr} HO{-}\langle\rangle{-}COOH$$

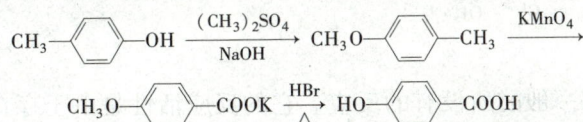

若不先保护羟基，用 $KMnO_4$ 氧化时，羟基也会被氧化而得不到所需的产物。

（三）过氧化物的形成

醚对一般氧化剂是稳定的，但长时间与空气中的氧接触，也会被氧化，形成过氧化物，反应通常发生在 α-C 的 C—H 键上。例如：

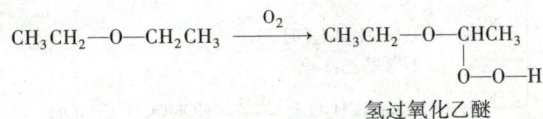

$$CH_3CH_2{-}O{-}CH_2CH_3 \xrightarrow{O_2} CH_3CH_2{-}O{-}\underset{\underset{H}{\overset{|}{O}}}{CHCH_3}$$

氢过氧化乙醚

过氧化醚的沸点较高，受热易分解易爆炸，因此醚类化合物应避免暴露于空气中，在蒸馏久贮乙醚前应检查是否含过氧化物。若待查的醚能使湿淀粉–KI 试纸变蓝或能使 $FeSO_4$-KCNS混合液变红，说明醚中含过氧化物。将醚用 $FeSO_4$ 溶液洗涤，可破坏其中的过氧化物。此外，在蒸馏乙醚时不能蒸干，以避免因浓缩使过氧化物浓度增高而引起的爆炸。

四、醚的制备

（一）醇分子间脱水

例如：

$$2C_2H_5OH \xrightarrow[140℃]{H_2SO_4} C_2H_5OC_2H_5 + H_2O$$

此法只适合于用伯醇、仲醇制备简单醚。

（二）威廉森（Williamson）合成法

$$RONa + R'X \longrightarrow R—O—R' + NaX$$

此法既可用于制备混合醚，亦可用于制备简单醚。采用威廉森法制备醚时，为提高产率最好选择伯卤代烃、仲卤代烃，尽量不用乙烯型卤代烃或卤代芳烃。

五、重要的醚

（一）环氧乙烷

环氧乙烷为最简单的环醚，是重要的化工和制药工业原料，b. p. 11℃，一般用钢瓶压缩保存。环氧乙烷可溶于水，酸和醚，可与空气混合形成爆炸性混合物，使用时应注意安全。

1. 环氧乙烷的制备

工业上在催化剂存在下，用空气氧化乙烯可制备环氧乙烷：

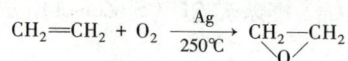

$$CH_2{=}CH_2 + O_2 \xrightarrow[250℃]{Ag} \underset{O}{CH_2{-}CH_2}$$

也可用碱处理氯乙醇来制备环氧乙烷：

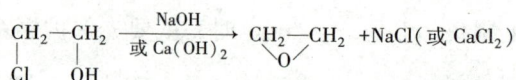

$$\underset{\overset{|}{Cl} \quad \overset{|}{OH}}{CH_2{-}CH_2} \xrightarrow[\text{或 Ca(OH)}_2]{NaOH} \underset{O}{CH_2{-}CH_2} + NaCl（或 CaCl_2）$$

2. 开环反应

环氧乙烷能发生许多一般醚所没有的反应。它的反应活性是由于存在环张力，因此，极易与多种试剂反应而开环，这些开环反应在有机合成中很有用，可以合成多种化合物。例如：

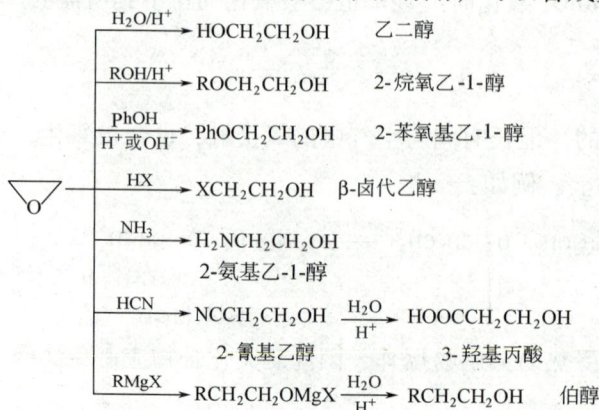

$$\begin{aligned}
&\xrightarrow{H_2O/H^+} HOCH_2CH_2OH \qquad 乙二醇 \\
&\xrightarrow{ROH/H^+} ROCH_2CH_2OH \qquad 2\text{-}烷氧乙\text{-}1\text{-}醇 \\
&\xrightarrow[H^+或OH^-]{PhOH} PhOCH_2CH_2OH \qquad 2\text{-}苯氧基乙\text{-}1\text{-}醇 \\
&\xrightarrow{HX} XCH_2CH_2OH \qquad β\text{-}卤代乙醇 \\
&\xrightarrow{NH_3} H_2NCH_2CH_2OH \\
&\qquad\qquad\quad 2\text{-}氨基乙\text{-}1\text{-}醇 \\
&\xrightarrow{HCN} NCCH_2CH_2OH \xrightarrow[H^+]{H_2O} HOOCCH_2CH_2OH \\
&\qquad\quad 2\text{-}氰基乙醇 \qquad\qquad\quad 3\text{-}羟基丙酸 \\
&\xrightarrow{RMgX} RCH_2CH_2OMgX \xrightarrow[H^+]{H_2O} RCH_2CH_2OH \qquad 伯醇
\end{aligned}$$

（二）冠醚

冠醚为分子中具有 $-(OCH_2CH_2)_n-$ 重复单位的大环醚。由于其形状像皇冠，故称冠醚。冠醚类化合物有一定毒性，对皮肤和眼睛有刺激性，使用时要加以注意。

冠醚有其特定的命名法：可表示为 x-冠-y。x 表示环上原子总数，y 表示环上氧原子总数。例如：

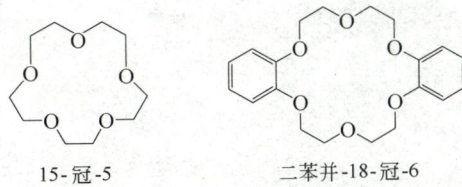

15-冠-5　　　　　　二苯并-18-冠-6

冠醚的一个重要特点是分子中具有空穴。不同的冠醚，分子中空穴的大小不同，可以与不同的金属离子形成配合物。只有与空穴孔径相当的金属离子才能进入空穴而被络合，这种选择性的络合特性可用于金属离子的分离和测定。冠醚还可用作相转移催化剂（phasetrasfer catalyst）。因为它的内层有多个氧原子，可与水形成氢键，有亲水性；而它的外层都是碳和氢原子，有亲脂性。这样，它可将水相中的化合物包在内层带到有机相（即相转移），从而起到加快非均相有机反应速度的作用。

天然产物中存在一些被称为转运抗生素的物质，它的结构和功能类似于冠醚。例如无活菌素。它能使钾离子转移透入细菌体内，破坏细胞膜内外钾离子浓度的平衡，干扰细胞的正常生理功能，达到抗菌的目的。

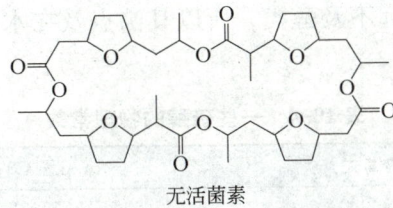

无活菌素

美国化学家 C. J. Gram 将冠醚的化学选择性引入到生物体酶的研究中，提出了"主-客体化学"的新概念。Gram 认为酶的催化反应是酶为主体，与酶作用的特定物质（底物）为客体，只有主客体相互适应才能起催化作用。这种主-客体关系的催化作用概念，对合成具有酶功能的化合物可起指导作用。现在，科学家已经合成了一系列结构更加复杂和具有光学活性的冠醚。这类化合物的最大特点是具有显著的"分子识别"能力，可选择性地与作为客体的底物分子发生配合作用，可辨别客体分子及其对映体。主-客体配合物成为一种酶模型，可以模拟生物体系中酶和底物的某些过程。酶模拟和细胞模拟对深入探讨生命过程有着极为重要的作用。主-客体化学在立体化学和配合作用方面有重要的理论意义，在手性拆分、分子识别、药物设计和合成等方面具有广阔的应用前景。美国化学家 C. J. Gram，C. J. Pednsen 和法国化学家 J. M. Lehn 也因为在冠醚化合物研究方面的突出成就而共同获得 1987 年 Nobel 化学奖。

第四节　硫醇与硫醚

硫和氧为同族元素，因此，有机含硫化合物和有机含氧化合物有相似的性质，分别称作硫醇（thiols）和硫醚（sulfides）。它们是烃的含硫衍生物，也可看成硫化氢的衍生物。用分子通式可分别表示为：

$$R—SH \qquad R—S—R'$$
$$\text{硫醇} \qquad\qquad \text{硫醚}$$

一、硫醇

（一）命名

硫醇的命名与醇相似，只需在醇字前加一个"硫"字即可。部分采用系统名称，部分用俗名。例如：

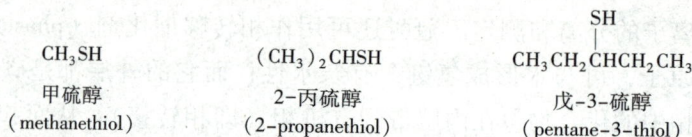

$$CH_3SH \qquad\qquad (CH_3)_2CHSH \qquad\qquad \overset{\displaystyle SH}{CH_3CH_2\overset{|}{C}HCH_2CH_3}$$

甲硫醇　　　　　　　　2-丙硫醇　　　　　　　　戊-3-硫醇
（methanethiol）　　　　（2-propanethiol）　　　　（pentane-3-thiol）

（二）硫醇的物理性质

低级硫醇多为易挥发且有特殊臭味的气体或液体。硫醇在空气中的浓度达 10^{-11} g/L 时，即可被人察觉。因此，可作为臭味剂加入有毒或易燃、易爆气体中，以起到预警作用。硫醇的臭味随分子量增大而减小，含九个碳以上的硫醇已无不愉快的气味。

硫醇形成氢键的能力极弱，远不及醇类，所以其沸点及在水中的溶解度比相应的醇低得多。一些硫醇的物理常数见表10-4。

表 10-4　一些硫醇的物理常数

名　称	结构简式	m. p.（℃）	b. p.（℃）
甲硫醇	CH_3SH	-123	6
乙硫醇	CH_3CH_2SH	-144	37
丙硫醇	$CH_3CH_2CH_2SH$	-113	67
丙-2-硫醇	$(CH_3)_2CHSH$	-131	58
丁硫醇	$CH_3(CH_2)_2CH_2SH$	-116	98

（三）硫醇的化学性质

硫醇的官能团是巯基（—SH）。

1. 酸性

硫醇与醇一样具有酸性，但硫醇的酸性比相应的醇强得多。例如，C_2H_5SH 的 $pK_a = 10.5$ 而 C_2H_5OH 的 $pK_a = 17$。其原因可能是由于硫原子半径比氧大，因而较易极化，易离解出氢离子。所以，硫醇能与 NaOH 形成稳定的钠盐而溶解。

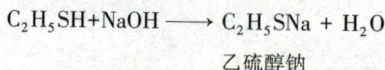

$$C_2H_5SH + NaOH \longrightarrow C_2H_5SNa + H_2O$$

乙硫醇钠

2. 与重金属的反应

硫醇不仅能与碱金属成盐，还能与汞、银、铅、砷、铬、铜等重金属或其氧化物、配合物反应，生成不溶于水的硫醇盐。例如：

$$2C_2H_5SH+HgO \longrightarrow (C_2H_5)_2Hg\downarrow +H_2O$$
$$（白色）$$

$$2C_2H_5SH+(CH_3COO)_2Pb \longrightarrow (C_2H_5)_2Pb\downarrow +H_2O$$
$$（黄色）$$

此类反应不仅可用于鉴定硫醇，更重要的是可作为重金属中毒的解毒剂。所谓重金属中毒，是体内的某些生物功能分子（如：蛋白质、酶）上的巯基与重金属结合，使其变性失活而丧失正常的生理功能。医疗上常用的重金属中毒解毒剂如：2,3-二巯基丙醇，商品名称"巴尔"（British Anti-Lewisite，简写为 BAL），它可以夺取已与机体内蛋白质或酶结合的重金属，形成稳定的配合物随尿液排出，从而达到解毒的目的。其过程示意如下：

$$酶{<}^{SH}_{SH} + Me^{2+} \longrightarrow 酶{<}^{S}_{S}Me + 2H^+$$
$$活性酶 \qquad 金属离子 \qquad 中毒酶$$

$$酶{<}^{S}_{S}Me + {}^{HS-CH_2}_{HS-CH} \longrightarrow 酶{<}^{SH}_{SH} + Me{<}^{S-CH_2}_{S-CH}$$
$$\qquad\qquad\qquad CH_2OH \qquad\qquad\qquad\qquad CH_2OH$$

$$中毒酶 \qquad\qquad\qquad 活性酶 \qquad\qquad 由尿排出$$

3. 氧化反应

硫醇比醇容易氧化，而且与醇不同的是反应常发生在硫原子上。

弱的氧化剂如次碘酸钠、过氧化氢甚至空气中的氧都能将硫醇氧化成二硫化物。

$$2RSH \xrightarrow[{[H]}]{[O]} R-S-S-R$$
$$二硫化物$$

二硫化物的结构类似于过氧化物，但是它更稳定。分子中的"—S—S—"称二硫键（disulfide bond）。二硫化物在亚硫酸氢钠、锌和醋酸、金属锂和液氨等还原剂的作用下，可还原为硫醇。硫醇与二硫化物间的这种相互转化也是生物体内常见的重要生化反应。

二硫化物可进一步被氧化成较高价的化合物。例如：大蒜素和合成抗菌剂 401、402 均为二硫化合物的氧化物。

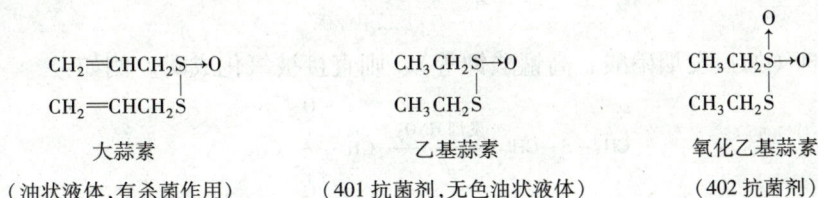

$$\begin{array}{l} CH_2{=}CHCH_2S{\to}O \\ | \\ CH_2{=}CHCH_2S \end{array} \qquad \begin{array}{l} CH_3CH_2S{\to}O \\ | \\ CH_3CH_2S \end{array} \qquad \begin{array}{l} \qquad O \\ \qquad \| \\ CH_3CH_2S{\to}O \\ | \\ CH_3CH_2S \end{array}$$

$$大蒜素 \qquad\qquad\qquad 乙基蒜素 \qquad\qquad\qquad 氧化乙基蒜素$$
$$（油状液体,有杀菌作用） \qquad （401 抗菌剂,无色油状液体） \qquad （402 抗菌剂）$$

硫醇在强氧化剂如硝酸、高锰酸钾等作用下，可被氧化成磺酸，这也是制备脂肪族磺酸的一种方法。

$$RSH \xrightarrow[{H^+}]{KMnO_4} RSO_3H$$

二、硫醚

硫醚的官能团是硫醚键（—S—）。

（一）命名

硫醚的命名与醚类似，只需在醚字前加一个"硫"字即可。例如：

$$CH_3SCH_3 \qquad\qquad CH_3SC_2H_5 \qquad\qquad ClCH_2CH_2SCH_2CH_2Cl$$

二甲硫醚 　　　　　　　　乙甲硫醚　　　　　　　二（β-氯乙基）硫醚
（dimethyl sulfide） 　　（ethylmethyl sulfide）　　bis（β-chloroethyl）sulfide
　　　　　　　　　　　　　　　　　　　　　　　　（芥子气 mustard gas，糜烂性毒剂）

（二）硫醚的性质

低级硫醚为油状液体，难溶于水，易溶于醇和醚等有机溶剂，具有极不愉快的气味。硫醚的沸点比相应的醚高，性质与醚相似，较稳定，能发生下列反应。

1. 锍盐的生成

硫醚与浓硫酸可形成锍盐，锍盐遇水又可分解为硫醚。

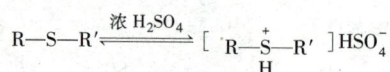

$$R\text{—}S\text{—}R' \overset{\text{浓 } H_2SO_4}{\rightleftharpoons} [\ R\overset{+}{\underset{H}{S}}R'\ ]HSO_4^-$$

硫醚与卤代烷反应，也能生成锍盐。

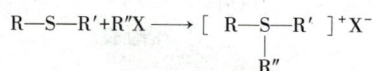

$$R\text{—}S\text{—}R'+R''X \longrightarrow [\ R\underset{R''}{S}R'\ ]^+X^-$$

2. 氧化反应

硫醚可被氧化，随氧化条件不同，氧化产物各异。

在缓和条件下，如：室温下用过氧化氢或三氧化铬等氧化，生成亚砜（sulfoxide），亚砜若进一步氧化，则生成砜（sulfone）。

$$R\text{—}S\text{—}R \xrightarrow{[O]} R\overset{O}{\underset{}{\text{—}S\text{—}}}R \xrightarrow{[O]} R\overset{O}{\underset{O}{\text{—}S\text{—}}}R$$

　　　　　　　　　　　　　　亚砜　　　　　　砜

例如：

$$CH_3\text{—}S\text{—}CH_3 \xrightarrow{H_2O_2} CH_3\overset{O}{\text{—}S\text{—}}CH_3$$

二甲亚砜

若遇强氧化剂（如：发烟硝酸、高锰酸钾等），则直接被氧化成砜。例如：

$$CH_3\text{—}S\text{—}CH_3 \xrightarrow{\text{发烟 } HNO_3} CH_3\overset{O}{\underset{O}{\text{—}S\text{—}}}CH_3$$

二甲砜

二甲亚砜（dimethyl sulfoxide）简称 DMSO，为无色液体，b. p. 189℃，能与水、乙醇、丙酮、苯、氯仿任意混溶。是非常好的非质子极性溶剂，俗称"万能溶媒"。同时，DMSO 还有很强的穿透能力，可促使药物渗入皮肤，因此可用作透皮吸收药物的促渗剂。

碳原子以双键和氧原子相连的官能团称为羰基（ $\diagup$ C=O ）。醛、酮、醌的分子结构中都含有羰基，所以又称为羰基化合物。羰基的碳分别和烃基及氢原子相连的化合物称为醛（aldehydes）（甲醛例外，其羰基碳与两个氢原子相连），醛的官能团（—CHO）专称为醛基；羰基碳与两个烃基相连的化合物称为酮（ketones），酮的羰基又专称为酮基，烃基可以是烷基、烯基、环烷基或芳基等。

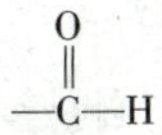

$$
\begin{array}{cc}
\overset{\displaystyle O}{\underset{}{-\text{C}-\text{H}}} & \overset{\displaystyle O}{\underset{}{-\text{C}-}} \\
\text{醛基} & \text{酮基}
\end{array}
$$

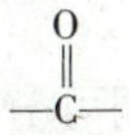

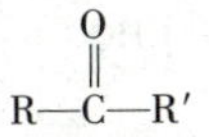

$$
\begin{array}{cc}
\overset{\displaystyle O}{\text{R}-\text{C}-\text{H}} & \overset{\displaystyle O}{\text{R}-\text{C}-\text{R}'} \\
\text{醛（R=H,甲醛）} & \text{酮（R'也可与R相同）}
\end{array}
$$

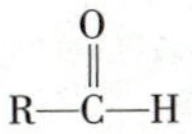

醌（quinones）是一类含共轭环己二烯二酮结构的化合物。例如：

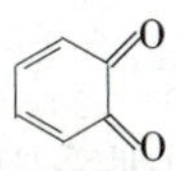

邻苯醌 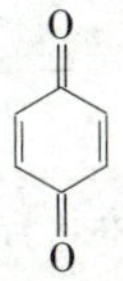　　　　　对苯醌

醛、酮、醌广泛分布于自然界中，在生物体内起重要作用。更重要的是含羰基的化合物具有较强的反应活性，在有机合成中是极为重要的原料和中间体。

第一节　醛和酮

一、醛、酮的结构、分类和命名

（一）醛、酮的结构

醛、酮分子中的羰基碳原子是 sp^2 杂化，它的三个 sp^2 杂化轨道形成的三个 σ 键在同一平面上，键角 120°，实际上当碳上连有不同基团时，其键角略有出入，如丙酮的 C—C = O 键角为121.5°。碳原子剩下的 p 轨道和氧原子的 p 轨道平行，并垂直于 σ 键所在的平面，两个 p 轨道相互重叠形成 π 键。因此 C = O 双键是由一个 σ 键和一个 π 键组成，如图 11-1 所示。

图 11-1 羰基的结构

羰基中氧的电负性大于碳，成键电子对偏向于氧，因此羰基是一个极性基团，如丙酮的偶极矩 μ 为 2.85D。

（二）醛、酮的分类

根据烃基结构的不同，醛、酮可分为脂肪醛、酮，芳香醛、酮及脂环酮等。例如：

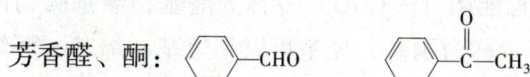

脂肪醛、酮：CH_3CH_2—CHO

芳香醛、酮：

脂环酮：

根据烃基的饱和与否，脂肪醛、酮可分为饱和醛、酮与不饱和醛、酮。例如：

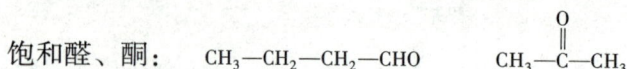

饱和醛、酮：

不饱和醛、酮：

根据羰基的数目，醛、酮可分为一元醛、酮与多元醛、酮。

（三）醛、酮的命名

简单的醛、酮可以采用普通命名法，结构复杂的则采用系统命名法。

1. 系统命名法

如果分子中只有一个醛基（或一个酮基），进行系统命名时，醛的编号从羰基的碳原子开始，酮则从离羰基最近一端的碳原子开始编号。编号通常用阿拉伯数字，也可以用希腊字母表示。此时，直接与羰基碳相连的碳原子表示为 α，紧接着的依次表示为 β、γ、δ 等。例如：

2-甲基丙醛（2-methylpropionaldehyde）

α-甲基丙醛（α-methylpropionaldehyde）

4,5-二甲基己-3-酮（4,5-dimethylhexan-3-one）

α,β-二甲基己-3-酮（α,β-dimethylhexan-3-one）

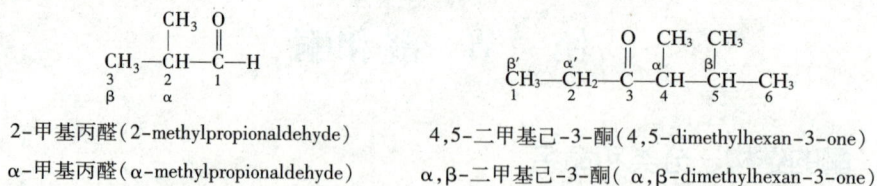

如果分子中有多个酮基，进行系统命名时，可选择含酮基最多的最长碳链为主链，编号时使酮基位次尽可能小，再以中文数字标明羰基的数目。如果分子中既有醛基又有酮基时，依据图1-6的优先顺序，要将醛基看作最优官能团；编号从醛基开始，"=O"作为取代基，称为"氧亚基"。例如：

$$CH_3-CH_2-\underset{\underset{1}{}}{\overset{\overset{O}{\parallel}}{C}}-CH_2-\underset{5}{\overset{\overset{O}{\parallel}}{C}}-CH_2-CH_2-CH_3$$

辛-3,5-二酮（octan-3,5-dione）

$$CH_3\overset{\overset{O}{\parallel}}{C}\underset{\underset{OCH_3}{|}}{C}CHCH_3$$

4-甲基戊-2,3-二酮
（4-methylpentane-2,3-dione）

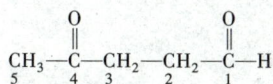

$$CH_3-\underset{5}{\overset{\overset{O}{\parallel}}{C}}-CH_2-CH_2-\overset{\overset{O}{\parallel}}{C}-H$$

4-氧亚基戊醛
（4-oxopentanal）

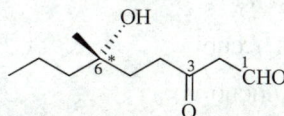

$$S\text{-6-羟基-6-甲基-3-氧亚基壬醛}$$
（S-6-hydroxy-6-methyl-3-oxononyl aldehyde）

在不饱和醛酮中，应使醛基（或酮基）的编号最小。如：

$$CH_2=CH-\overset{\overset{O}{\parallel}}{C}-CH_3$$

丁-3-烯-2-酮（but-3-ene-2-one）

脂环酮的命名与脂肪酮相似，仅在主链名称前加一个"环"字，编号从羰基碳开始。例如：

3-甲基环戊酮
（3-methylcyclopentanone）

环己酮
（cyclohexanone）

环己-1,3-二酮
（cyclohexan-1,3-dione）

含芳环的醛、酮将芳基作为取代基。例如：

2-苯基丙醛
（2-phenylpropanal）

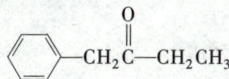

1-苯基丁-2-酮
（1-phenylbutan-2-one）

2. 普通命名法

醛类按分子中碳原子数称为某醛，含芳环的醛则将芳基作为取代基。例如：

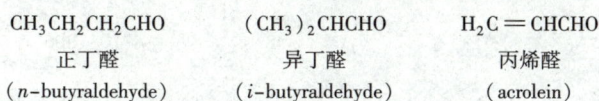

$CH_3CH_2CH_2CHO$　　$(CH_3)_2CHCHO$　　$H_2C=CHCHO$

正丁醛　　　　　　异丁醛　　　　　　丙烯醛
（n-butyraldehyde）　　（i-butyraldehyde）　　（acrolein）

苯(基)甲醛
（benzaldehyde）

苯(基)乙醛
（phenylacetaldehyde）

酮类按羰基所连的两个烃基来命名，或者用固定的习用名称。例如：

二甲(基)酮
（dimethyl ketone）
习称：丙酮（acetone）

苯(基)甲(基)酮
（phenyl methyl ketone）
习称：苯乙酮（acetophenone）

二、醛、酮的物理性质

甲醛在室温下为气体，其他的醛、酮为液体或固体。常见醛、酮的物理常数见表11-1。

表 11-1　常见醛、酮的物理常数

名　称	结构式	m. p. (℃)	b. p. (℃)	d_4^{20}
甲醛	HCHO	−92	−21	0.815
乙醛	CH_3CHO	−121	20	0.781
丙醛	CH_3CH_2CHO	−81	49	0.807
正丁醛	$CH_3(CH_2)_2CHO$	−99	76	0.817
异丁醛	$(CH_3)_2CHCHO$	−66	61	0.794
正戊醛	$CH_3(CH_2)_3CHO$	−91	103	0.819
正己醛	$CH_3(CH_2)_4CHO$		131	0.834
正庚醛	$CH_3(CH_2)_5CHO$	−42	155	0.850
丙烯醛	$CH_2=CHCHO$	−88	52.5	0.841
苯甲醛	⬡—CHO	−56	178	1.046
丙酮	$CH_3\overset{\text{O}}{\underset{\text{‖}}{C}}CH_3$	−94	56	0.788
丁-2-酮	$CH_3\overset{\text{O}}{\underset{\text{‖}}{C}}CH_2CH_3$	−86	80	0.805
戊-2-酮	$CH_3\overset{\text{O}}{\underset{\text{‖}}{C}}CH_2CH_2CH_3$	−78	102	0.812
戊-3-酮	$CH_3CH_2\overset{\text{O}}{\underset{\text{‖}}{C}}CH_2CH_3$	−42	101	0.814
己-2-酮	$CH_3\overset{\text{O}}{\underset{\text{‖}}{C}}CH_2CH_2CH_2CH_3$	−35	150	0.830
苯乙酮	⬡—$\overset{\text{O}}{\underset{\text{‖}}{C}}$—$CH_3$	21	202	1.033
二苯酮	⬡—$\overset{\text{O}}{\underset{\text{‖}}{C}}$—⬡	48	306	1.803
环己酮	⬡=O	−31	156	0.947

　　因为羰基的极性，醛、酮是极性化合物，分子间产生偶极-偶极作用力。

$$\begin{matrix} \delta^- O \cdots C \delta^+ \\ \overset{\|}{\underset{\delta^+ C \cdots O \delta^-}{}} \end{matrix}$$

　　所以醛、酮的沸点比分子量相当的烷烃要高。但是偶极-偶极作用力没有氢键强，因此醛、酮的沸点比分子量相当的醇要低。例如：

	$CH_3CH_2CH_2CH_3$	CH_3CH_2CHO	CH_3COCH_3	$CH_3CH_2CH_2OH$
分子量	58	58	58	60
沸点（℃）	−0.5	48.8	56.1	97.2

较低级的醛、酮与水互溶，因为醛、酮与水分子之间形成了氢键。

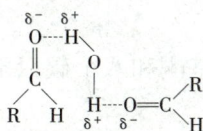

三、醛、酮的化学性质

醛、酮与烯烃在结构上有相似之处，它们都含有双键，因此醛、酮能发生一系列加成反应。但羰基（ $\diagdown$ C=O ）不像 C = C 双键，它是强极性基团，在其碳原子上带有部分正电荷，氧原子上带有部分负电荷。

带正电荷的碳比带负电荷的氧更不稳定，即前者具有较大的化学活性，因此发生加成反应时，首先是富电子试剂即亲核试剂（ Nu^- ）进攻带正电荷的羰基碳，这步反应是速率决定步骤，然后缺电子试剂即亲电试剂（ A^+ ，常是 H^+ ）很快加到羰基氧上，按这种方式进行的加成反应称为亲核加成（nucleophilic addition）反应，这是醛、酮一类很重要的反应。醛、酮亲核加成反应通式表示如下：

对于 α-碳上连有氢的醛、酮来说，由于羰基的影响增强了 α-碳上氢的活性，一般称之为 α-活泼氢。醛、酮的另一类重要反应就是 α-活泼氢的反应。此外，醛、酮还能够发生氧化还原反应及其他反应。

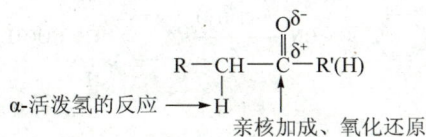

（一）亲核加成反应

醛、酮亲核加成反应的难易取决于羰基碳原子的正电性强弱。例如醛比酮容易进行亲核加成反应，是因为酮羰基连有两个供电子的烷基，降低了羰基碳原子的正电性，因而不利于亲核加成反应的进行。不同结构的醛、酮进行亲核加成反应按下列顺序由易到难：

亲核加成反应的难易还与烷基的结构有关，烷基越大或分支越多，羰基的空间位阻越大，亲核试剂越难以接近羰基，从而影响了反应速度，其由易到难顺序如下：

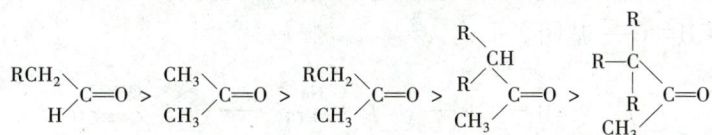

此外，试剂亲核能力的强弱对反应也有影响，亲核能力越强，反应越易进行。亲核试剂的种

类很多，通常含有 C、O、S、N 等原子且带负电性的极性试剂。

1. 与含碳亲核试剂加成

（1）与氢氰酸加成　醛、脂肪族甲基酮和八个碳以下的环酮与氢氰酸加成所产生的 α-氰醇也叫 α-羟基腈。其反应式如下：

$$\begin{matrix} R \\ (CH_3)H \end{matrix}C{=}O\ +HCN \longrightarrow \begin{matrix} R & OH \\ (CH_3)H & CN \end{matrix}C$$

反应在碱性介质中能迅速进行，产率也高。由于氢氰酸为一弱酸，加酸可使起决定性作用的 CN^- 浓度降低，反应速度也随之减慢；而加碱则可增加 CN^- 浓度，有利于亲核加成反应的进行。

$$HCN+OH^- \rightleftharpoons H_2O+CN^-$$

$$\overset{\delta^+ \ \delta^-}{C{=}O}\ +CN^- \xrightarrow[\text{（或 HCN）}]{H_2O} \begin{matrix} OH \\ CN \end{matrix}C$$

氢氰酸极易挥发（b. p. 26.5℃）且有剧毒，为了操作的安全，一般不直接用氢氰酸进行反应，通常是将醛、酮和氰化钾（钠）的水溶液混合，再加入无机酸。即使这样，操作仍需在通风橱中进行。例如：

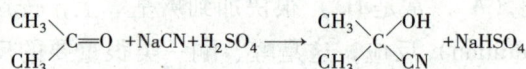

$$\begin{matrix} CH_3 \\ CH_3 \end{matrix}C{=}O\ +NaCN+H_2SO_4 \longrightarrow \begin{matrix} CH_3 & OH \\ CH_3 & CN \end{matrix}C\ +NaHSO_4$$

也可将醛、酮制成亚硫酸氢钠加成物，然后再与氰化钠反应制备 α-羟基腈，此操作较为安全。例如：

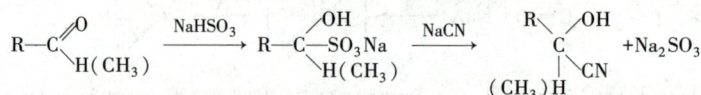

$$R{-}\overset{O}{\underset{H(CH_3)}{C}} \xrightarrow{NaHSO_3} R{-}\overset{OH}{\underset{H(CH_3)}{C}}{-}SO_3Na \xrightarrow{NaCN} \begin{matrix} R & OH \\ (CH_3)H & CN \end{matrix}C\ +Na_2SO_3$$

产物 α-羟基腈在不同反应条件下可水解转变成 α-羟基酸或 α,β-不饱和酸，这就是本反应的应用。例如：

$$C_6H_5{-}\overset{OH}{\underset{H}{C}}{-}CN \xrightarrow[\triangle]{HCl, H_2O} C_6H_5{-}\overset{OH}{\underset{H}{C}}{-}COOH$$

α-羟基酸

$$\begin{matrix} CH_3CH_2 & OH \\ CH_3 & CN \end{matrix}C \xrightarrow{\text{浓} H_2SO_4} \left[\begin{matrix} CH_3CH_2 & OH \\ CH_3 & COOH \end{matrix}C \right] \xrightarrow[\triangle]{-H_2O} CH_3{-}CH{=}\overset{CH_3}{\underset{}{C}}{-}COOH$$

α,β-不饱和酸

（2）与炔化物加成　金属炔化物（$R{-}C{\equiv}C^-M^+$）是一种很强的含碳亲核试剂，它与醛、酮的亲核加成反应表示如下：

$$C{=}O\ +RC{\equiv}C^-Na^+ \longrightarrow \overset{}{\underset{O^-Na^+}{C}}{-}C{\equiv}CR \xrightarrow{H_2O} \overset{}{\underset{OH}{C}}{-}C{\equiv}CR$$

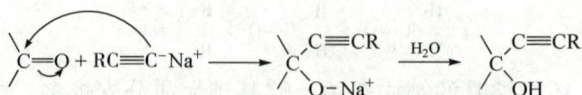

常用的炔化物有炔化锂、炔化钾、炔化钠等。例如乙炔化钠和环戊酮加成，然后水解，则在羰基碳上引入一个 $CH{\equiv}C{-}$ 基团。

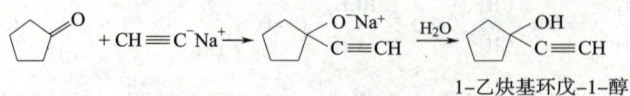

$$\text{环戊酮} {=}O\ +CH{\equiv}C^-Na^+ \longrightarrow \overset{O^-Na^+}{\underset{C{\equiv}CH}{}} \xrightarrow{H_2O} \overset{OH}{\underset{C{\equiv}CH}{}}$$

1-乙炔基环戊-1-醇

（3）与格氏试剂加成　格氏试剂 RMgX 等有机金属化合物中的碳-金属键是极性很强的键，

与金属相连的碳原子具有很强的亲核性，极易与醛、酮发生亲核加成反应。

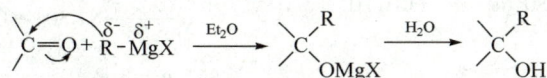

$$\text{C=O} + \text{R—MgX} \xrightarrow{\text{Et}_2\text{O}} \underset{\text{OMgX}}{\overset{\text{R}}{\text{C}}} \xrightarrow{\text{H}_2\text{O}} \underset{\text{OH}}{\overset{\text{R}}{\text{C}}}$$

利用格氏试剂与甲醛、其他醛或酮反应，可以分别制备一级、二级或三级醇。因此，是制备醇类化合物的常用方法。

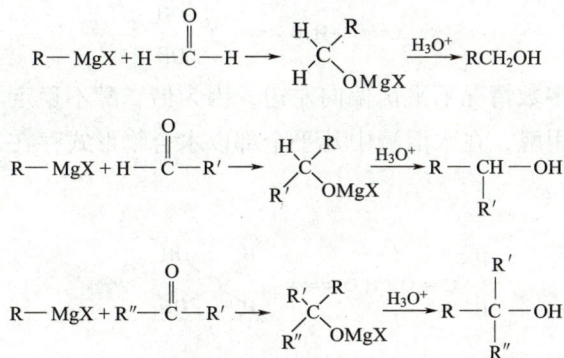

$$\text{R—MgX} + \text{H—}\underset{\parallel}{\overset{\text{O}}{\text{C}}}\text{—H} \longrightarrow \underset{\text{H}}{\overset{\text{H}}{\underset{\text{OMgX}}{\text{C}}}}\text{R} \xrightarrow{\text{H}_3\text{O}^+} \text{RCH}_2\text{OH}$$

$$\text{R—MgX} + \text{H—}\underset{\parallel}{\overset{\text{O}}{\text{C}}}\text{—R}' \longrightarrow \underset{\text{R}'}{\overset{\text{H}}{\underset{\text{OMgX}}{\text{C}}}}\text{R} \xrightarrow{\text{H}_3\text{O}^+} \text{R—CH—OH} \atop \text{R}'$$

$$\text{R—MgX} + \text{R}''\text{—}\underset{\parallel}{\overset{\text{O}}{\text{C}}}\text{—R}' \longrightarrow \underset{\text{R}''}{\overset{\text{R}'}{\underset{\text{OMgX}}{\text{C}}}}\text{R} \xrightarrow{\text{H}_3\text{O}^+} \text{R—C—OH} \atop \text{R}''$$

例如：

$$\bigcirc\text{—MgCl} + \text{H—}\underset{\parallel}{\overset{\text{O}}{\text{C}}}\text{—H} \xrightarrow[\text{②NH}_4\text{Cl, H}_2\text{O}]{\text{①无水乙醚}} \bigcirc\text{—CH}_2\text{OH}$$

$$\underset{\text{H}_3\text{C}}{\overset{\text{H}_3\text{C}}{\text{CH—MgBr}}} + \text{H—}\underset{\parallel}{\overset{\text{O}}{\text{C}}}\text{—CH}_3 \xrightarrow[\text{②H}_2\text{O}]{\text{①无水乙醚}} \underset{\text{H}_3\text{C}}{\overset{\text{H}_3\text{C}}{\text{CH}}}\text{—}\underset{\overset{\text{OH}}{|}}{\text{CH}}\text{—CH}_3$$

利用格氏试剂进行合成时，试剂或羰基化合物不能有含活泼氢的基团（如—OH、—SH、—NH$_2$等），否则格氏试剂被分解。

有机锂化合物比格氏试剂更活泼，与醛酮反应分别得到二级醇或三级醇，其优点是产率较高，而且产物较易分离。

$$\underset{(\text{R}')\text{H}}{\overset{\text{R}}{\text{C=O}}} + \text{R}''\text{—Li} \longrightarrow \text{R—}\underset{\text{R}''}{\overset{\text{H}(\text{R}')}{\underset{\text{OLi}}{\text{C}}}} \xrightarrow{\text{H}^+} \text{R—}\underset{\text{R}''}{\overset{\text{H}(\text{R}')}{\underset{\text{OH}}{\text{C}}}}$$

2. 与含硫亲核试剂加成

醛、脂肪族甲基酮和八个碳以下的环酮都能与饱和亚硫酸氢钠水溶液（约40%）发生亲核加成反应，生成醛、酮的亚硫酸氢钠加成物。反应是由亚硫酸氢根中的硫原子向羰基碳作亲核进攻，由于硫的强亲核性，反应不需要加催化剂便可进行。

$$\text{C=O} + \text{HO—}\underset{\underset{\text{O}^-\text{Na}^+}{\parallel}}{\overset{\overset{\text{O}}{\parallel}}{\text{S}}}\text{—O}^-\text{Na}^+ \rightleftharpoons \text{—C—SO}_3\text{H} \atop \text{O}^-\text{Na}^+ \rightleftharpoons \underset{\text{OH}}{\text{—C—SO}_3\text{Na}} \downarrow \text{白色}$$

醛、酮的亚硫酸氢钠加成物可溶于水，但不溶于饱和的 NaHSO$_3$ 水溶液和乙醚等有机溶剂，因而呈白色结晶状固体析出。所以该反应可用于鉴别醛、脂肪族甲基酮和八个碳以下的环酮。

该反应又是可逆的，若加入酸或碱，可以不断除去存在于体系中的 NaHSO$_3$，结果使反应逆转，加成物分解为原来的醛、酮。因此利用此性质可以分离提纯醛、脂肪族甲基酮和八个碳以下的环酮。

$$
\begin{array}{c}
R \\
(CH_3)H
\end{array}\!\!\!\!\!\!\!\begin{array}{c}OH\\C\\SO_3Na\end{array} \rightleftharpoons \begin{array}{c}R\\(CH_3)H\end{array}\!\!\!\!C=O + NaHSO_3 \begin{array}{c}\xrightarrow{HCl} NaCl + SO_2\uparrow + H_2O\\[1em]\xrightarrow{Na_2CO_3} Na_2SO_4 + CO_2\uparrow + H_2O\end{array}
$$

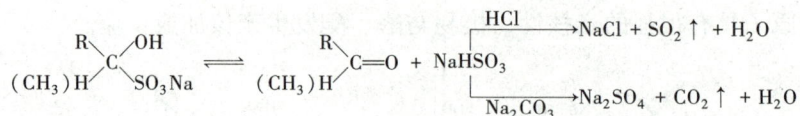

3. 与含氧亲核试剂加成

水和醇都是含氧的亲核试剂，但其亲核能力远不及含碳亲核试剂和含硫亲核试剂。

（1）与水加成 醛、酮与水形成的水合物为偕二醇。

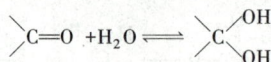

$$
\begin{array}{c}\\[-0.5em]\end{array}\!\! C=O + H_2O \rightleftharpoons \begin{array}{c}OH\\C\\OH\end{array}
$$

反应是可逆的，在大多数情况下平衡偏向左边，因为偕二醇不稳定。

然而个别的醛，例如甲醛，在水溶液中几乎全部以水合物形式存在，但分离过程中很易失水而分离不出来。

$$
\begin{array}{c}H\\H\end{array}\!\!C=O + H_2O \rightleftharpoons \begin{array}{c}H\\H\end{array}\!\!C\begin{array}{c}OH\\OH\end{array} \quad >99\%
$$

如果羰基与很强的吸电子基团（如—COOH、—CHO、—COR、—CCl$_3$等）相连，由于羰基碳的正电性增强，可以形成较稳定的水合物。例如具有催眠作用的水合氯醛就是三氯乙醛的水合物。

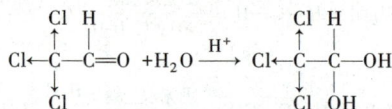

$$
\begin{array}{c}Cl\\Cl\leftarrow C\\Cl\end{array}\!\!\!\begin{array}{c}H\\C=O\end{array} + H_2O \xrightarrow{H^+} \begin{array}{c}Cl\\Cl-C\\Cl\end{array}\!\!\!\begin{array}{c}H\\C-OH\\OH\end{array}
$$

再如茚三酮是一个不稳定的化合物（分子中三个带正电荷的碳原子连在一起，正电荷相互排斥而不稳定），但与水反应生成水合茚三酮时，电荷间的斥力减小，还能形成分子内氢键，因此平衡偏向水合物一边而使之稳定。

茚三酮, 红色, m.p.=255℃   水合茚三酮, 白色, 125℃分解

水合茚三酮广泛用于氨基酸和蛋白质的鉴别（见第十五章第一节"氨基酸的化学性质"）。

（2）与醇加成 在干燥氯化氢作用下，醛与一分子醇反应，生成半缩醛，半缩醛分子中的羟基称半缩醛羟基，比一般的醇羟基活泼，可继续与另一分子醇反应，生成缩醛。

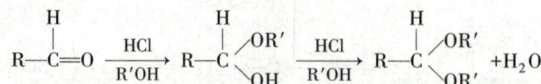

$$
R-\!\!\begin{array}{c}H\\C=O\end{array} \xrightarrow[R'OH]{HCl} R-\!\!\begin{array}{c}H\\C\\OH\end{array}\!\!\!OR' \xrightarrow[R'OH]{HCl} R-\!\!\begin{array}{c}H\\C\\OR'\end{array}\!\!\!OR' + H_2O
$$

反应历程是羰基氧先和催化剂 H$^+$ 结合，从而增加了羰基碳的正电性，即增强了羰基的活性，然后由一分子醇与羰基进行亲核加成，最后失去 H$^+$ 形成半缩醛。

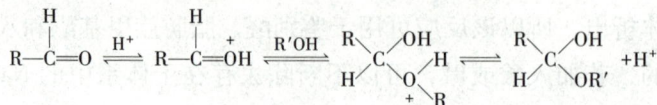

$$
R-\!\!\begin{array}{c}H\\C=O\end{array} \rightleftharpoons R-\!\!\begin{array}{c}H\\C-\!\!\overset{+}{O}H\end{array} \xrightarrow{R'OH} \begin{array}{c}R\\H\end{array}\!\!C\begin{array}{c}OH\\\overset{+}{O}\!-\!H\\R\end{array} \rightleftharpoons \begin{array}{c}R\\H\end{array}\!\!C\begin{array}{c}OH\\OR'\end{array} + H^+
$$

半缩醛不稳定，再与 H⁺ 结合后失去水形成氧正离子，可进一步与另一分子醇作用，失去 H⁺ 形成缩醛。

$$R-\underset{\underset{OR'}{|}}{\overset{\overset{OH}{|}}{C}}H \underset{H^+}{\rightleftharpoons} \cdots -H_2O \rightleftharpoons \cdots \underset{R'OH}{\rightleftharpoons} \cdots \underset{-H^+}{\rightleftharpoons} R-\underset{\underset{OR'}{|}}{\overset{\overset{OR'}{|}}{C}}H$$

链状半缩醛不太稳定，但通过分子内羟基对醛的加成所形成的环状半缩醛是稳定的，可以把它们分离出来。例如 5-羟基戊醛的环状半缩醛表示如下：

(稳定的半缩醛)

环状半缩醛的稳定性在糖类化学中极为重要，将在第十七章进一步讨论。

从结构上看，缩醛是同碳二元醇的醚，对碱、氧化剂和还原剂都十分稳定。但形成缩醛的反应是可逆的，无水酸催化形成缩醛，而形成的缩醛在稀酸中易水解成原来的醛，因此在有机合成中常用来保护醛基。

例如下列反应，醛基与烯键同时被氧化。

$$CH_3-CH=CH-C\overset{O}{\underset{}{\parallel}}H \xrightarrow[\textcircled{2}H_3O^+]{\textcircled{1}稀 KMnO_4, OH^-} CH_3-\underset{\underset{HO}{|}}{C}H-\underset{\underset{OH}{|}}{C}H-C\overset{O}{\underset{}{\parallel}}OH$$

如果先将醛基转化为缩醛将醛基保护起来，然后用 $KMnO_4$ 氧化烯键，最后再以稀酸处理，就可避免醛基被氧化。例如：

$$CH_3-CH=CH-CHO+2C_2H_5OH \underset{}{\overset{干 HCl}{\rightleftharpoons}} CH_3-CH=CH-CH\overset{OC_2H_5}{\underset{OC_2H_5}{\big<}}$$

$$\xrightarrow[OH^-]{稀 KMnO_4} CH_3-\underset{\underset{HO}{|}}{C}H-\underset{\underset{OH}{|}}{C}H-CH\overset{OC_2H_5}{\underset{OC_2H_5}{\big<}} \xrightarrow{H_2O/H^+} CH_3-\underset{\underset{HO}{|}}{C}H-\underset{\underset{OH}{|}}{C}H-CHO$$

酮在上述条件下很难生成半缩酮和缩酮，因为反应平衡偏向于反应物，反应也极为缓慢。但若采用特殊装置以除去反应产生的水，使平衡移向生成物方向，也可制得缩酮。例如在对甲苯磺酸催化下，用苯或甲苯作带水剂，可使酮的羰基与乙二醇形成环状缩酮。

$$\underset{R}{\overset{R}{\big>}}C=O + \underset{HO-CH_2}{\overset{HO-CH_2}{\big|}} \underset{}{\overset{H^+}{\rightleftharpoons}} \underset{R}{\overset{R}{\big>}}C\underset{O-CH_2}{\overset{O-CH_2}{\big<}} +H_2O$$

由于缩酮经稀酸水解又可恢复成酮，所以在有机合成中也常采用此法来保护酮的羰基。

硫醇比相应的醇具有更强的亲核能力，在室温下即可与酮反应生成硫缩酮。但硫缩酮很难再复原成酮，因此不能用来保护酮羰基，但能被催化氢解，使羰基间接还原为甲叉基，此性质也常应用于有机合成。

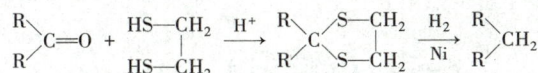

$$\underset{R}{\overset{R}{\big>}}C=O + \underset{HS-CH_2}{\overset{HS-CH_2}{\big|}} \xrightarrow{H^+} \underset{R}{\overset{R}{\big>}}C\underset{S-CH_2}{\overset{S-CH_2}{\big<}} \xrightarrow[Ni]{H_2} \underset{R}{\overset{R}{\big>}}CH_2$$

4. 与含氮亲核试剂加成

含氮的亲核试剂，例如氨 NH_3 和氨的衍生物 NH_2-Y 都能和醛、酮的羰基发生亲核加成反应。反应是在酸催化下进行的，H⁺ 与羰基氧结合可以增强羰基的活性。反应的第一步是羰基的亲核加成，但加成的产物醇胺一般不稳定（类似于偕二醇的结构），立即进行第二步反应，即分子内失去一分子水生成含有 $\diagdown C\!=\!N\!-\!Y$ 结构的产物。

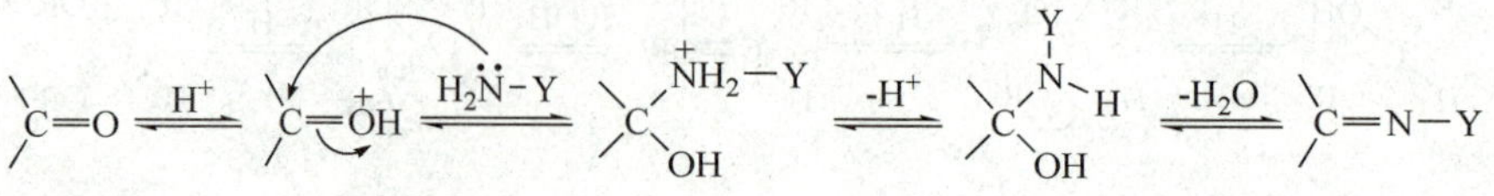

$$\diagdown C\!=\!O \xrightarrow{H^+} \diagup \overset{+}{C}\!-\!OH \xrightarrow{H_2\ddot{N}\!-\!Y} \diagup \overset{+}{C}\!-\!\overset{NH_2-Y}{\underset{OH}{|}} \xrightarrow{-H^+} \diagup C\!-\!\overset{\overset{Y}{|}}{\underset{OH}{\overset{N}{|}}H} \xrightarrow{-H_2O} \diagup C\!=\!N\!-\!Y$$

反应经历了亲核加成-消除过程，总反应式可表示为：

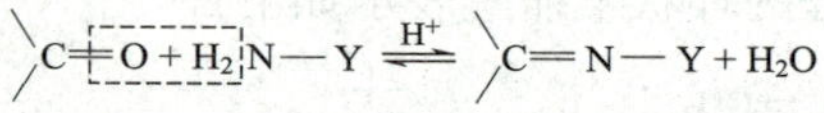

$$\diagdown C\!=\!O + H_2N\!-\!Y \xrightleftharpoons{H^+} \diagdown C\!=\!N\!-\!Y + H_2O$$

最终结果是 $\diagdown C\!=\!O$ 转化为 $\diagdown C\!=\!N\!-\!Y$。反应中使用的弱酸催化剂一般是乙酸，若使用酸性太强的酸，会将氨基转变为不活泼的铵离子而不利于反应的进行。例如羟胺与丙酮的反应，实验证明，在 pH=5 时，反应速度最快。以下是醛、酮与常见氨衍生物的反应：

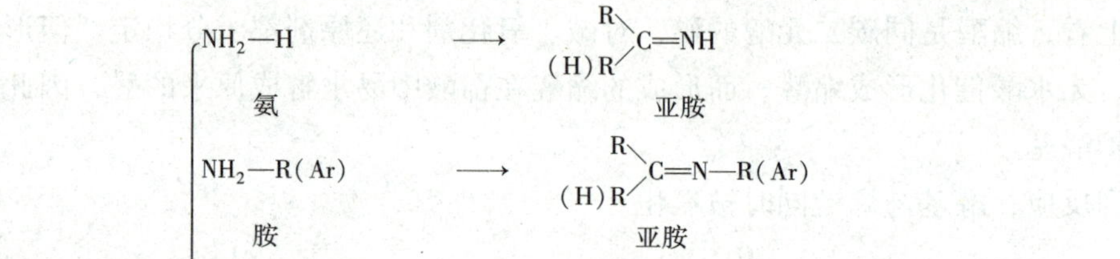

醛、酮和一级胺[NH₂—R(Ar)]的加成物——亚胺，又叫希夫碱（Schiff's base）。一般芳香族亚胺比较稳定，而脂肪族亚胺不稳定。希夫碱是一个有用的试剂，极易被稀酸水解，重新生成醛、酮及一级胺，所以常用来保护醛基。此外，将希夫碱还原可得二级胺，这是制备二级胺的一种好方法：

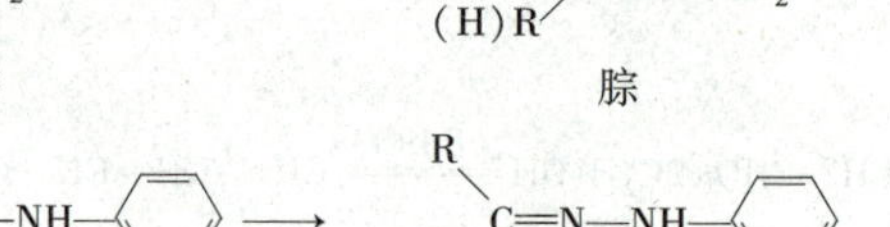

$$\underset{R'}{\overset{R}{\diagup}} C\!=\!N\!-\!R(Ar) \xrightarrow{H_2,Pt} R\!-\!\overset{\overset{H}{|}}{\underset{\underset{R'}{|}}{C}}\!-\!NH\!-\!R(Ar)$$

醛、酮和氨反应很难得到稳定的产物。但是甲醛和 NH_3 的反应是一个例外，它首先生成极不稳定的甲醛氨，然后脱水聚合，生成一个特殊的笼状化合物乌洛托品（urotropine），具有尿路消毒作用。

$$HCHO + NH_3 \rightleftharpoons \left[H-\overset{\overset{\displaystyle OH}{|}}{\underset{\underset{\displaystyle H}{|}}{C}}-NH_2 \right] \xrightarrow{-H_2O} H_2C=NH$$

乌洛托品

这种亚胺在人体内生物合成氨基酸以及氨基酸的转化中是一个有用的中间体。

醛、酮和羟胺、肼、苯肼、2,4-二硝基苯肼、氨基脲等氨的衍生物反应产物一般都是很好的黄色结晶，并具有一定的熔点。尤其是 2,4-二硝基苯肼，它可与大多数醛、酮形成橙黄色结晶，从而可用于醛、酮的鉴别。所以这些试剂专称为羰基试剂。此外，醛、酮与氨的衍生物反应产物在酸性条件下又可水解得到原来的醛、酮，因此上述反应还可以用于醛、酮的分离提纯。

（二）α-活泼氢的反应

醛、酮的 α-氢因受羰基的影响而具有较大的活泼性，呈现较强的酸性。例如丙酮（$pK_a = 20$）的酸性大于乙烷（$pK_a = 50$）。因为醛、酮的 α-氢解离后形成的负离子可以通过电子离域作用而稳定，即负电荷分散在 α-碳原子和羰基氧原子上。

醛、酮的 α-氢解离是可逆的，当碳负离子接受质子时形成醛、酮，氧负离子接受质子时形成烯醇。由于烯醇式能量较高，在一般条件下，对于大多数醛、酮而言，酮式-烯醇式互变平衡主要偏向于酮式。

具有 α-H 的醛、酮与相应的烯醇互变可以被酸或碱催化而迅速达到平衡。

酸催化：

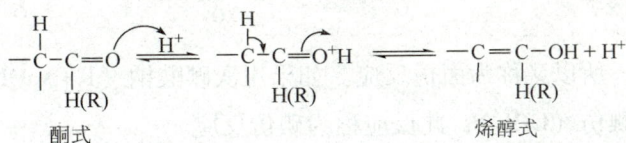

碱催化：

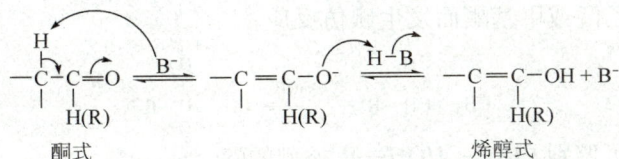

1. 卤代反应

醛、酮的 α-H 在酸或碱催化下容易被卤素取代，生成 α-卤代醛、酮。

$$\bigcirc=O \xrightarrow[\text{H}_2\text{O}]{\text{+Cl}_2} \overset{\text{Cl}}{\bigcirc}=O \text{ +HCl}$$

$$\text{Br}-\bigcirc-\overset{\text{O}}{\overset{\|}{\text{C}}}-\text{CH}_3 \text{ +Br}_2 \xrightarrow[20℃]{\text{CH}_3\text{COOH}} \text{Br}-\bigcirc-\overset{\text{O}}{\overset{\|}{\text{C}}}-\text{CH}_2\text{Br+HBr}$$

酸催化的卤代反应历程：

$$-\overset{\text{H}}{\underset{\text{O}}{\text{C}}}\overset{\text{H}}{\text{C}}- \underset{\text{H}^+}{\rightleftharpoons} -\overset{\text{H}}{\underset{\text{OH}}{\text{C}}}\overset{\text{H}}{\text{C}}- \xrightarrow{\text{慢}} -\overset{}{\underset{\text{OH}}{\text{C}}}=\overset{}{\text{C}}- \xrightarrow[\text{快}]{\text{X—X}} -\overset{\text{X}}{\underset{\text{OH}}{\text{C}}}\overset{\text{X}}{\text{C}}- \underset{-\text{H}^+}{\rightleftharpoons} -\overset{\text{X}}{\underset{\text{O}}{\text{C}}}\overset{\text{X}}{\text{C}}-$$

酸催化的卤代反应是通过烯醇进行的，生成烯醇的这一步是速率决定步骤，当引入一个卤原子后，由于卤原子的吸电子诱导效应降低了羰基氧原子上的电子云密度，再质子化形成烯醇更困难，从而可以控制反应条件停留在一卤代阶段。

碱催化的卤代反应历程：

$$-\overset{\text{H}}{\underset{\text{O}}{\text{C}}}\overset{\text{H}}{\text{C}}- \xrightarrow[\text{慢}]{\text{OH}^-} \left[-\overset{}{\underset{\text{O}}{\text{C}}}=\overset{}{\text{C}}- \longleftrightarrow -\overset{}{\underset{\text{O}}{\text{C}}}\overset{}{\text{C}}- \right] \xrightarrow[\text{快}]{\text{X—X}} -\overset{\text{X}}{\underset{\text{O}}{\text{C}}}\overset{\text{X}}{\text{C}}-$$

碱催化的卤代反应是通过烯醇负离子进行的，由于卤原子的吸电子诱导效应，使得 α-卤代醛、酮的 α-氢原子更加活泼，从而使反应难以控制在一卤代阶段，而是容易生成多卤代物。

凡具有 $\overset{\text{O}}{\overset{\|}{\underset{\text{CH}_3 \quad \text{H(R)}}{\text{C}}}}$ 结构的醛、酮与卤素的碱溶液（或次卤酸盐）作用时，甲基上的三个 α-H 都被卤原子取代，生成三卤代物。

$$(\text{R})\text{H}-\overset{\text{O}}{\overset{\|}{\text{C}}}-\text{CH}_3 \xrightarrow[\text{或 NaOX}]{\text{X}_2+\text{NaOH}} (\text{R})\text{H}-\overset{\text{O}}{\overset{\|}{\text{C}}}-\text{CX}_3$$

生成的三卤代物中由于卤原子的强吸电子作用，使羰基碳原子的正电性大大增强，在碱性条件下容易发生 C—C 键的断裂，生成三卤甲烷（俗称卤仿）和羧酸盐。

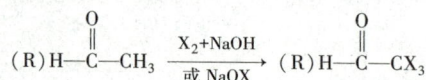

由于反应生成卤仿，所以又称为卤仿反应。如果用次碘酸钠（I$_2$+NaOH）作试剂，则生成具有特殊臭味的黄色结晶碘仿（CHI$_3$），此反应称为碘仿反应。

碘仿反应可用于鉴别甲基酮和乙醛。此外，具有 CH$_3$—CHOH—R 结构的醇，也能被次碘酸钠（I$_2$+NaOH）氧化为乙醛或甲基酮而发生碘仿反应。

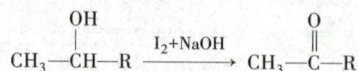

所以，碘仿反应还可鉴别 CH$_3$—CHOH—R 类型的醇。

此外，卤仿反应还可用于由甲基酮合成少一个碳原子的羧酸，此时一般使用比较便宜的次氯酸盐。例如：

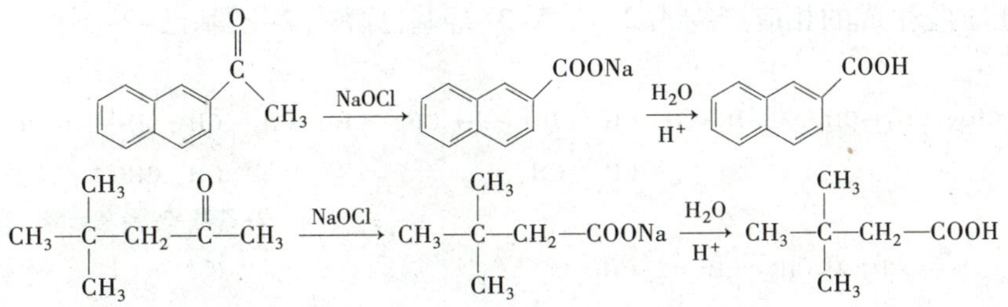

2. 羟醛缩合反应

含有 α-氢的醛在稀酸或稀碱（最常用的是稀碱）的催化下发生自身的加成，生成 β-羟基醛的反应称为羟醛缩合（aldol condensation）反应。例如两分子乙醛在稀碱催化下发生羟醛缩合反应生成 β-羟基丁醛。

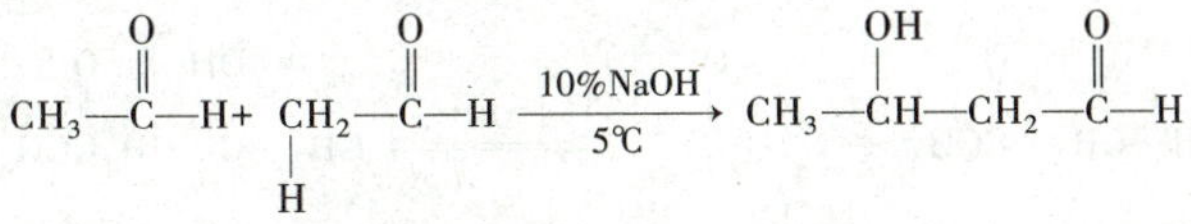

碱催化的反应历程是一分子醛在碱的作用下失去 α-H，形成的碳负离子作为亲核试剂对另一分子醛的羰基碳原子进行亲核加成，生成的氧负离子再从水中夺取 H⁺生成 β-羟基醛。

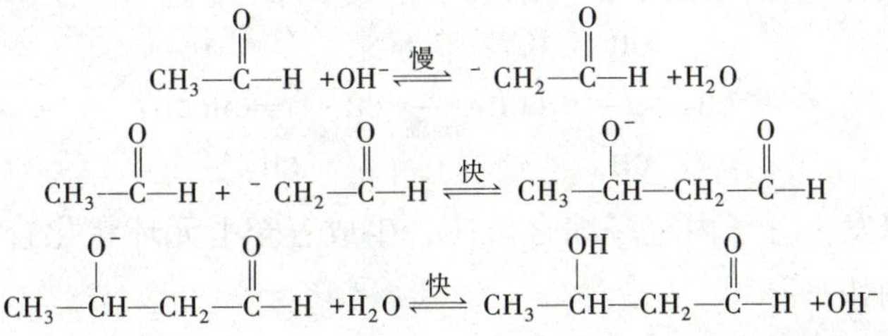

产物 β-羟基醛的 α-H 同时被羰基和 β-碳上的羟基所活化，在加热或用稀酸处理时，很容易脱水变成 α,β-不饱和醛。例如：

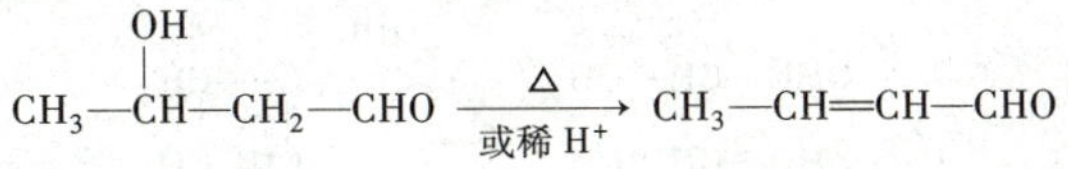

丁-2-烯醛（α,β-不饱和醛）

容易发生脱水反应是因为 α-H 较活泼，且脱水后产物中的碳碳双键和羰基之间存在共轭，这是一种稳定的结构。

在酸性溶液中，反应按下述历程进行：

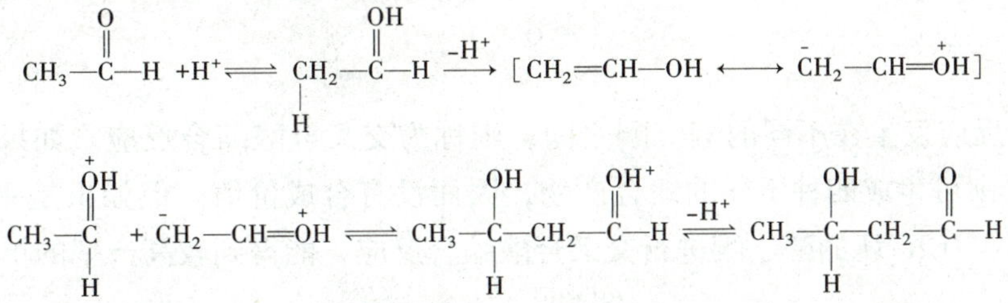

酸催化的历程是醛的烯醇式作为亲核试剂对质子化的醛羰基进行亲核加成。酸的作用不仅促进了醛的稀醇化，还增强了羰基的活性。此外，酸催化下的产物 β-羟基醛更容易脱水生成 α,β-不饱和醛。

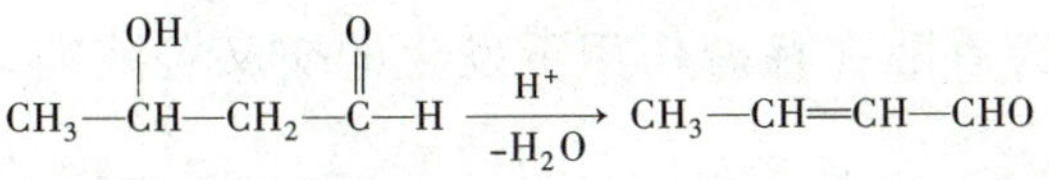

由其他含 α-氢的脂肪醛所得的羟醛缩合物，都是 α-碳上连有支链的 β-羟基醛或 α,β-不饱

和醛。例如由正丁醛生成的相应产物为2-乙基-3-羟基己醛或2-乙基己-2-烯醛。

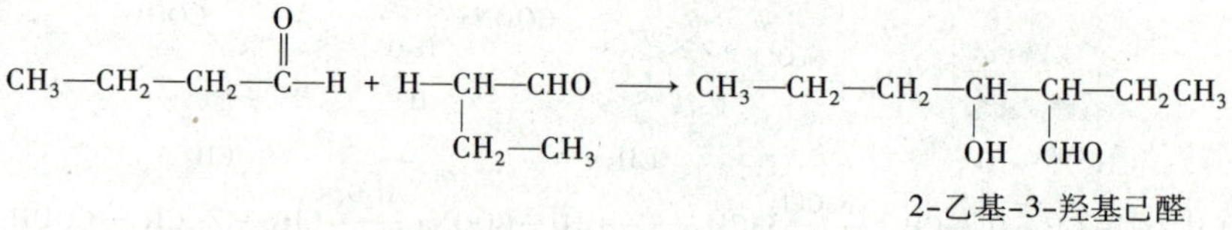

$$CH_3-CH_2-CH_2-\overset{\overset{O}{\|}}{C}-H + H-\underset{\underset{CH_2-CH_3}{|}}{C}H-CHO \longrightarrow CH_3-CH_2-CH_2-\underset{\underset{OH}{|}}{C}H-\underset{\underset{CHO}{|}}{C}H-CH_2-CH_3$$

2-乙基-3-羟基己醛

$$\overset{\triangle}{\longrightarrow} CH_3CH_2CH_2-CH=\underset{\underset{CH_2CH_3}{|}}{C}-CHO$$

2-乙基己-2-烯醛

含有 α-H 的酮在稀碱作用下也能发生这类缩合反应得到 β-羟基酮，但由于电子效应和空间效应的影响，反应比较困难，平衡偏向于反应物一边，如丙酮在稀碱作用下平衡混合物中只有 5% 的缩合产物。

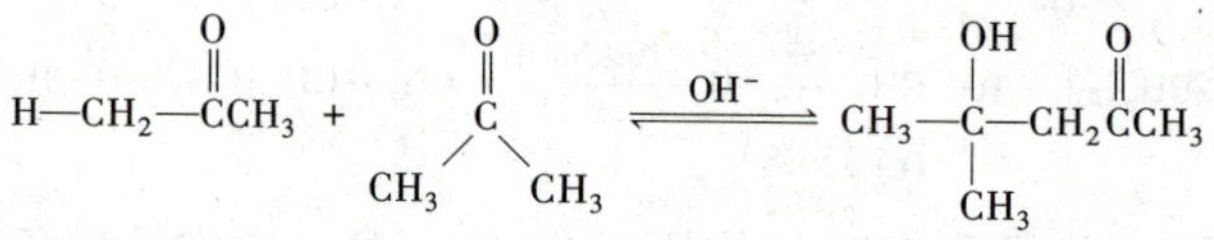

$$H-CH_2-\overset{\overset{O}{\|}}{C}CH_3 + \overset{\overset{O}{\|}}{\underset{\underset{CH_3}{}}{C}}_{CH_3} \underset{}{\overset{OH^-}{\rightleftharpoons}} CH_3-\underset{\underset{CH_3}{|}}{\overset{\overset{OH}{|}}{C}}-CH_2-\overset{\overset{O}{\|}}{C}CH_3$$

如果在特殊操作条件下使产物不断离开平衡体系，可以使反应向右进行而促进该类缩合反应。生成的 β-羟基酮在少量碘催化下，蒸馏脱水生成 α,β-不饱和酮。

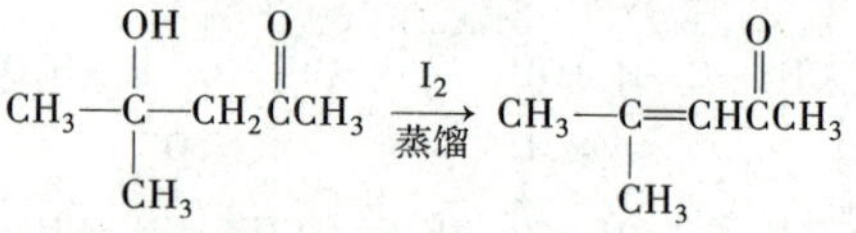

$$CH_3-\underset{\underset{CH_3}{|}}{\overset{\overset{OH}{|}}{C}}-CH_2-\overset{\overset{O}{\|}}{C}CH_3 \xrightarrow[\text{蒸馏}]{I_2} CH_3-\underset{\underset{CH_3}{|}}{C}=CHCCH_3$$

二元醛、酮还可以发生分子内羟醛缩合反应，生成五至七元环状化合物，这是合成环状化合物的重要方法之一。例如：

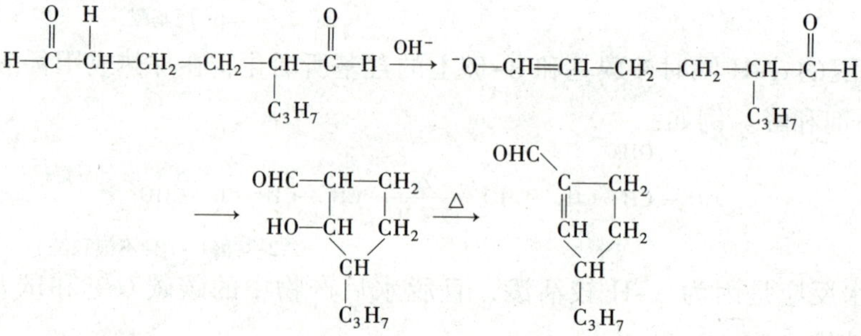

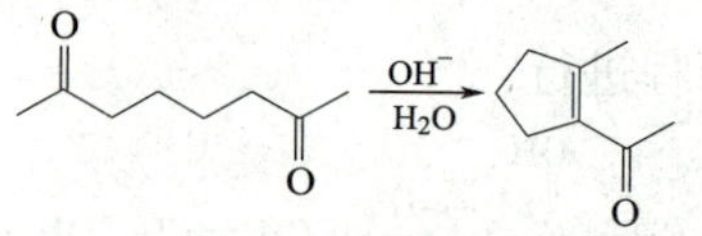

若羟醛缩合反应发生在不同的醛、酮之间，则称为交叉羟醛缩合反应。如果两种不同的醛、酮均含有 α-H，则可生成四种不同的缩合产物，因而没有合成价值。但如果是一种含有 α-H 的醛、酮和一种不含有 α-H 的醛、酮进行交叉羟醛缩合反应，能得到较高产率的单一产物。例如：

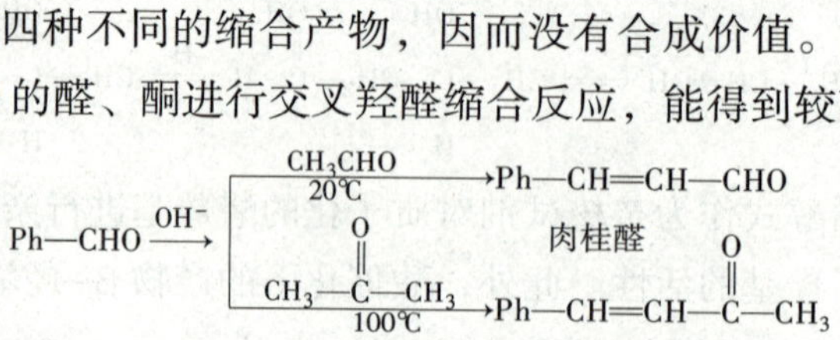

4-苯基丁-3-烯-2-酮

含有 α-H 的醛、酮与芳香醛在稀碱作用下发生的交叉羟醛缩合反应称为克莱森-斯密特（Claisen-Schmidt）反应。

同理，如以甲醛作受体也可发生交叉缩合反应。

$$H-\overset{\displaystyle O}{\overset{\|}{C}}-H \ +\ H\overset{\displaystyle O}{\underset{}{C}}H_2-\overset{\displaystyle O}{\overset{\|}{C}}-H\ \xrightarrow[300℃]{硅酸钠}\ CH_2-CH_2-\overset{\displaystyle OH}{\underset{}{C}}-H\ \xrightarrow{\triangle}\ CH_2=CH-\overset{\displaystyle O}{\overset{\|}{C}}-H\ +\ H_2O$$

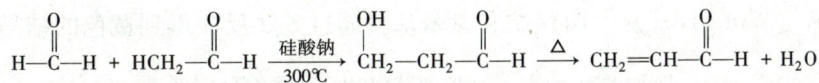

三分子甲醛与乙醛在氧化钙或氢氧化钠作用下，经下列反应生成三羟甲基乙醛。

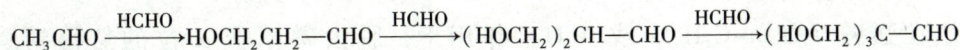

$$CH_3CHO \xrightarrow{HCHO} HOCH_2CH_2-CHO \xrightarrow{HCHO} (HOCH_2)_2CH-CHO \xrightarrow{HCHO} (HOCH_2)_3C-CHO$$

3. 与其他碳负离子的反应

（1）**羟醛缩合型反应**　有些含碳负离子的亲核试剂，与醛、酮的羰基进行加成，然后脱水生成 α,β-不饱和化合物。其历程与羟醛缩合反应相似，故总称羟醛缩合型反应。在这些反应中，碳负离子生成的方式相同，即用氢氧化钠、乙醇钠、醋酸钠或有机胺等碱使含 α-氢的羰基化合物（醛、酮、酸酐或酯）脱去 H⁺ 而得。可用通式表示为：

$$\rangle C=O\ +\ H_2C\overset{\displaystyle Z'}{\underset{\displaystyle Z}{<}}\ \xrightarrow{碱}\ \overset{\displaystyle O^-}{\underset{\displaystyle CH_2-Z'}{\overset{\displaystyle |}{\underset{\displaystyle |}{C}}}}\overset{}{\underset{\displaystyle Z}{}}\ \xrightarrow{H^+}\ \overset{\displaystyle OH}{\underset{\displaystyle CH_2-Z'}{\overset{\displaystyle |}{\underset{\displaystyle |}{C}}}}\overset{}{\underset{\displaystyle Z}{}}\ \xrightarrow{-H_2O}\ \rangle C=C\overset{\displaystyle Z'}{\underset{\displaystyle Z}{<}}$$

（注：Z、Z′一般为吸电子基）

例如：

①柏金（Perkin）反应：芳醛和酸酐在相应羧酸盐存在下反应，最终得到 α,β-不饱和芳香酸。

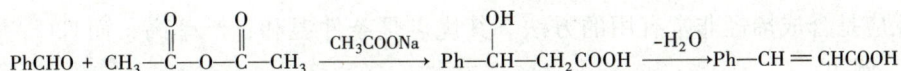

$$PhCHO\ +\ CH_3-\overset{\displaystyle O}{\overset{\|}{C}}-O-\overset{\displaystyle O}{\overset{\|}{C}}-CH_3\ \xrightarrow{CH_3COONa}\ Ph-\overset{\displaystyle OH}{\underset{}{C}}H-CH_2COOH\ \xrightarrow{-H_2O}\ Ph-CH=CHCOOH$$

②克脑文格尔（Knoevenagel）反应：醛、酮在弱碱（胺、吡啶等）催化下与具有活泼 α-氢的化合物进行缩合反应，最终得到 α,β-不饱和化合物。

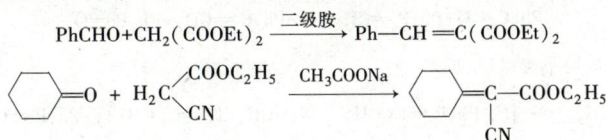

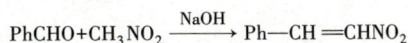

$$PhCHO+CH_2(COOEt)_2\ \xrightarrow{二级胺}\ Ph-CH=C(COOEt)_2$$

$$\bigcirc\!=O\ +\ H_2C\overset{\displaystyle COOC_2H_5}{\underset{\displaystyle CN}{<}}\ \xrightarrow{CH_3COONa}\ \bigcirc\!=C\overset{\displaystyle COOC_2H_5}{\underset{\displaystyle CN}{<}}$$

$$PhCHO+CH_3NO_2\ \xrightarrow{NaOH}\ Ph-CH=CHNO_2$$

（2）**安息香（Benzoin）缩合反应**　苯甲醛在氰基负离子的催化下加热，发生双分子缩合，生成的 α-羟基酮叫安息香，所以该反应称为安息香缩合反应。

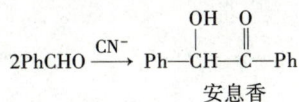

$$2PhCHO\ \xrightarrow{CN^-}\ Ph-\overset{\displaystyle OH}{\underset{}{C}}H-\overset{\displaystyle O}{\overset{\|}{C}}-Ph$$

安息香

其反应历程如下：

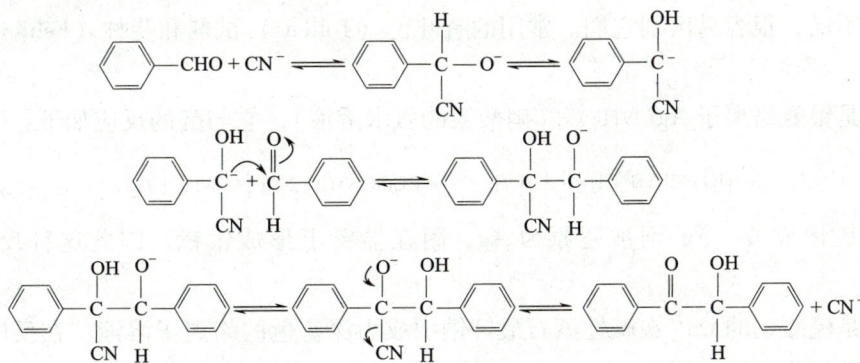

（3） 维蒂希（Wittig）反应　卤代烷和三苯基膦通过 S_N2 反应得到黄色的结晶季鏻盐。

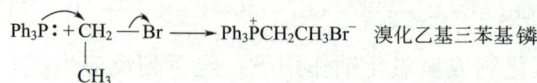

$$Ph_3P: + CH_2 \frown Br \longrightarrow Ph_3\overset{+}{P}CH_2CH_3Br^- \quad 溴化乙基三苯基鏻$$
$$\overset{|}{CH_3}$$

季鏻盐在强碱（如 $n\text{-}C_4H_9Li$ 或 NaH）作用下，脱去磷原子 α 位的氢得到膦叶立德（Phosphous Ylid），其结构可用共振结构式表示：

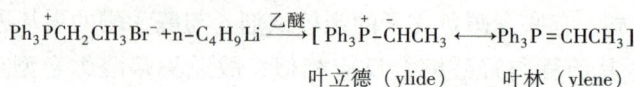

$$Ph_3\overset{+}{P}CH_2CH_3Br^- + n\text{-}C_4H_9Li \xrightarrow{\text{乙醚}} [\ Ph_3\overset{+}{P}-\overset{-}{C}HCH_3 \longleftrightarrow Ph_3P=CHCH_3\ ]$$

叶立德（ylide）　　叶林（ylene）

膦叶立德与醛、酮迅速反应，直接合成烯烃，此反应称为维蒂希（Wittig）反应，膦叶立德也称为 Wittig 试剂。

$$Ph_3P = C \overset{R}{\underset{R'}{\Big\langle}} + \overset{R''}{\underset{R'''}{\Big\rangle} C = O} \longrightarrow \overset{R}{\underset{R'}{\Big\rangle} C = C \overset{R''}{\underset{R'''}{\Big\langle}}} + Ph_3P = O$$

Wittig 反应首先是 Wittig 试剂的碳负离子进攻羰基碳，形成内盐后往往自动消除 $Ph_3P = O$ 而生成烯烃。

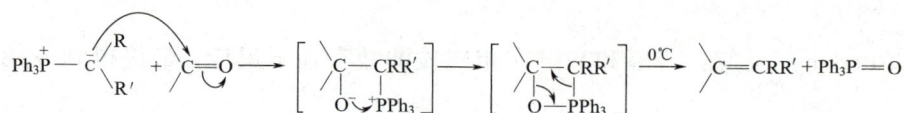

$$Ph_3\overset{+}{P}-\overset{-}{C}\overset{R}{\underset{R'}{\Big\langle}} + C = O \longrightarrow \left[\overset{\displaystyle C - CRR'}{\underset{\displaystyle O - PPh_3}{|\quad\quad\ \ |}} \right] \longrightarrow \left[\overset{\displaystyle C - CRR'}{\underset{\displaystyle O - PPh_3}{|\quad\quad\ \ |}} \right] \xrightarrow{0℃} C = CRR' + Ph_3P = O$$

Wittig 反应是合成烯烃非常有用的方法。其优点是条件温和，产率高，而且 $C = C$ 双键的位置是固定的。例如：

$$\bigcirc = O + \overset{-}{C}H_2 - \overset{+}{P}Ph_3 \longrightarrow \bigcirc = CH_2 + Ph_3P = O$$

$$Ph_2C = O + Ph_3P = CH_2 \longrightarrow Ph_2C = CH_2 + Ph_3P = O$$

$$\overset{\displaystyle O}{\overset{\displaystyle \|}{CH_3 - C - H}} + Ph_3P = C(CH_3)_2 \longrightarrow CH_3CH = C(CH_3)_2 + Ph_3P = O$$

（三）氧化还原反应

1. 氧化反应

醛极易氧化，甚至空气中的氧在室温下都可将其氧化为羧酸，而酮则不易被氧化。利用醛、酮氧化性能的不同，很容易区别它们。常用的有吐伦（Tollens）试剂和斐林（Fehling）试剂两种碱性氧化剂。

吐伦试剂是银氨络离子 $Ag(NH_3)_2^+$（硝酸银的氨水溶液），它与醛的反应如下：

$$RCHO + 2[Ag(NH_3)_2]^+ + 2OH^- \xrightarrow{\triangle} RCOONH_4 + 2Ag\downarrow + 3NH_3 + H_2O$$

反应时，醛被氧化成酸，Ag^+ 则被还原为 Ag，附在器壁上形成银镜，因此这种反应又叫银镜反应。

斐林试剂是硫酸铜的 Cu^{2+} 在碱性酒石酸钾钠中成为深蓝色的络离子溶液。在反应时，Cu^{2+} 被还原成暗红色的氧化亚铜沉淀（部分 Cu^{2+} 可能被还原成 Cu，附在器壁上形成铜镜），蓝色消失，脂肪醛被氧化成羧酸，而芳香醛不与斐林试剂作用。

$$RCHO + 2Cu(OH)_2 + NaOH \xrightarrow{\triangle} RCOONa + Cu_2O\downarrow + 3H_2O$$
$$暗红色$$

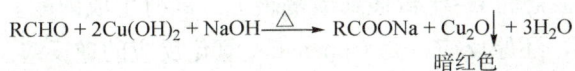

C＝C 双键可被 $KMnO_4$ 氧化，但不受吐伦试剂和斐林试剂的影响，因此，不饱和醛可被选择性地氧化为不饱和酸。例如：

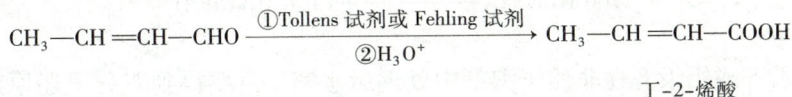

$$CH_3-CH=CH-CHO \xrightarrow[\text{②}H_3O^+]{\text{①Tollens 试剂或 Fehling 试剂}} CH_3-CH=CH-COOH$$
$$丁-2-烯酸$$

醛与 $KMnO_4$、$K_2Cr_2O_7$-H_2SO_4 等强氧化剂作用，很容易生成羧酸。例如：

$$n\text{-}C_6H_{13}CHO \xrightarrow[H_2SO_4 \cdot H_2O]{KMnO_4} n\text{-}C_6H_{13}COOH \ (78\%)$$

酮不被吐伦试剂和斐林试剂氧化，但与强氧化剂（如 $KMnO_4$ 酸性溶液或浓硝酸）作用发生 C—C 键的断裂，断裂发生在羰基碳与 α-碳之间，生成较低级的羧酸混合物，因而没有合成价值。但结构对称的环酮（如环己酮）进行氧化，只得单一的产物，可用于制备二元羧酸。

$$\text{环己酮} \xrightarrow{\text{浓 }HNO_3} HO-\overset{\overset{\displaystyle O}{\|}}{C}-(CH_2)_4-\overset{\overset{\displaystyle O}{\|}}{C}-OH$$
$$己二酸（制备尼龙-66 的原料）$$

2. 还原反应

（1）还原成醇　醛催化加氢生成一级醇，酮生成二级醇。

$$R-\overset{\overset{\displaystyle O}{\|}}{C}-H + H_2 \xrightarrow[\triangle, \text{加压}]{Pt} R-CH_2-OH$$

$$R-\overset{\overset{\displaystyle O}{\|}}{C}-R' + H_2 \xrightarrow[\triangle, \text{加压}]{Pt} \overset{R}{\underset{R'}{}}CH-OH$$

与烯烃的双键相比，羰基催化氢化的活性是：

$$醛基 > C=C > 酮基$$

使用化学还原剂，例如氢化锂铝（$LiAlH_4$）、硼氢化钠（$NaBH_4$），同样得到上述结果。但化学还原剂选择性好，主要还原羰基为醇羟基，一般不影响分子中的 C＝C 双键，例如：

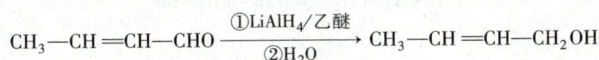

$$CH_3-CH=CH-CHO \xrightarrow[\text{②}H_2O]{\text{①}LiAlH_4/乙醚} CH_3-CH=CH-CH_2OH$$

因为还原反应是通过亲核试剂（H^-）加到羰基碳上实现的。如下式表示：

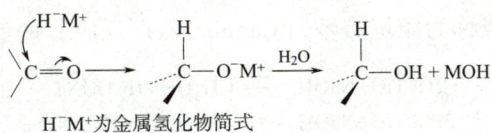

$$\underset{}{C}=O \longrightarrow \underset{}{C}-O^-M^+ \xrightarrow{H_2O} \underset{}{C}-OH + MOH$$
$$H^-M^+ 为金属氢化物简式$$

异丙醇铝亦只还原醛、酮中的羰基而不影响其他不饱和基团。

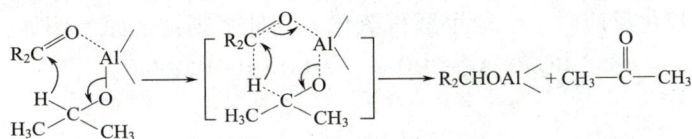

$$\overset{R}{\underset{R'}{}}C=O + (CH_3-\underset{\underset{\displaystyle CH_3}{|}}{CH}-O)_3Al \longrightarrow \left(\overset{R}{\underset{R'}{}}CHO\right)_3 Al + CH_3-\overset{\overset{\displaystyle O}{\|}}{C}-CH_3$$
$$\downarrow H^+$$
$$\overset{R}{\underset{R'}{}}CH-OH$$

反应通过六元环状过渡态将 α-H 转移到羰基碳上，同时生成丙酮。此反应称为麦尔外英-彭多夫（Meerwein-Poundorf）还原反应，是 Oppenauer 氧化反应的逆反应。

许多金属在一定条件（如 Na/C₂H₅OH、Fe/ CH₃COOH）下可将醛、酮还原成醇。如：

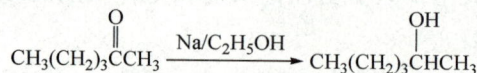

酮用镁、镁汞齐或铝汞齐在非质子溶剂中处理后水解，主要得到双分子还原产物片呐醇，称为酮的双分子还原。如：

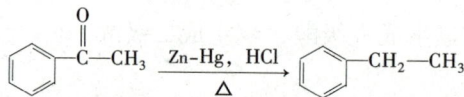

（2）**还原成甲叉基**　一般有两种方法可将羰基还原为甲叉基，即克莱门森（Clemmensen）还原和乌尔夫-凯惜纳（Wolff-Kishner）-黄鸣龙还原。前者以 Zn-Hg 及浓盐酸为还原剂，适用于对酸稳定的化合物还原。

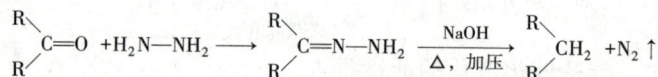

例如：

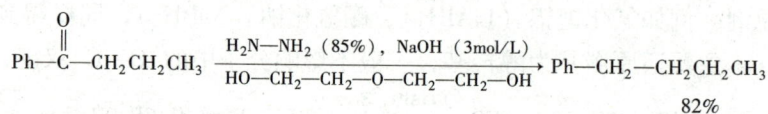

后者是利用醛（酮）与水合肼先生成腙，再和强碱一起加热放出氮气而生成烃类，此法适用于对碱稳定的化合物还原。

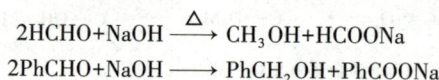

例如：

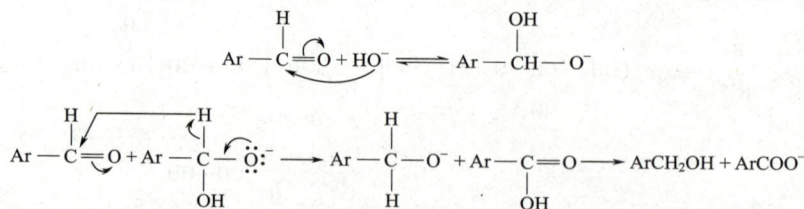

3. 歧化反应

不含 α-H 的醛与浓碱共热，发生自身氧化-还原反应，即一分子醛被氧化为酸，另一分子醛还原为醇，这叫歧化反应，或称为康尼查罗（Cannizzaro）反应。例如：

$$2HCHO+NaOH \xrightarrow{\triangle} CH_3OH+HCOONa$$

$$2PhCHO+NaOH \longrightarrow PhCH_2OH+PhCOONa$$

歧化反应历程以苯甲醛为例表示如下：

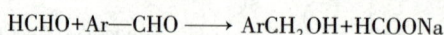

当不同的醛发生歧化反应时，一般甲醛被氧化，其他醛则被还原。例如：

$$HCHO+Ar—CHO \longrightarrow ArCH_2OH+HCOONa$$

（四）其他反应

1. 醛的聚合反应

醛羰基自身加成可聚合成链状或环状化合物。例如三分子甲醛、乙醛聚合成环状三聚甲醛或三聚乙醛。

三聚甲醛的熔点 64℃，沸点 114～115℃；三聚乙醛沸点 124℃，因此一般多用这种环状三聚体保存甲醛或乙醛。使用时稍加硫酸并加热，即可解聚成单体。

甲醛的水溶液在贮存过程中，容易聚合成链长不等的多聚甲醛白色沉淀物。

$$H_2C{=}O + H_2O \longrightarrow HO{-}CH_2{-}OH \xrightarrow{nH_2C{=}O} HO{-}CH_2{-}(O{-}CH_2)_{\overline{n}}OH$$
$$n \approx 100$$

多聚甲醛对热不稳定，在 100℃时很快分解为甲醛，常被用来制备甲醛。

2. 曼尼希（Mannich）反应

具有 α-活泼氢的酮与甲醛及伯胺或仲胺的盐酸盐在乙醇溶液中回流，α-氢被氨甲基取代，这样的反应称为曼尼希反应，又称 α-胺甲基化反应。

$$\text{Ph-C(=O)-CH}_3 + \text{HCHO} + (CH_3)_2NH \cdot HCl \longrightarrow \text{Ph-C(=O)-CH}_2CH_2N(CH_3)_2 \cdot HCl$$

反应在酸性条件下进行，其反应历程如下：

$$CH_3{-}\overset{O}{\overset{\|}{C}}{-}R' \rightleftharpoons \underset{H}{CH_2}{-}\overset{\overset{+}{OH}}{\overset{\|}{C}}{-}R' \overset{-H^+}{\rightleftharpoons} CH_2{=}\underset{R'}{C}{-}OH$$

$$H{-}\overset{O}{\overset{\|}{C}}{=}O + R{-}NH_2 \rightleftharpoons H{-}\underset{OH}{\overset{R}{\overset{|}{C}}}{-}NH \rightleftharpoons H{-}\overset{:NR_2}{\underset{H}{\overset{|}{C}}}{-}H \overset{H^+}{\rightleftharpoons} H{-}\overset{\overset{+}{NR_2}}{\overset{|}{C}}{-}H + H_2O$$

$$H{-}\overset{\overset{+}{NR_2}}{\overset{|}{C}}{-}H + CH_2{=}\underset{OH}{\overset{R'}{\overset{|}{C}}} \rightleftharpoons \underset{CH_2{-}C{-}R}{CH_2}{\overset{+}{OH}} \rightleftharpoons \underset{CH_2{-}C{-}R}{CH_2}O + H^+$$

3. 醛的显色反应

品红是一种桃红色的三苯甲烷染料，在其水溶液中通入二氧化硫，生成的亚硫酸可使桃红色褪去。品红的亚硫酸无色溶液称为希夫（Schiff）试剂，与醛作用显紫红色，此反应可用于醛的鉴定。

四、醛、酮的制备

醛、酮的制备方法可分为两类，一类是由其他官能团转化，另一类是在分子中直接引入。

（一）烯烃的氧化反应

烯烃经臭氧氧化、还原、水解，生成醛或酮。例如：

$$RCH{=}CH_2 \xrightarrow[\text{②Zn/H}_2O]{\text{①O}_3} RCHO + H_2C{=}O$$

乙醛在工业上是由乙烯经空气氧化制备。

$$H_2C{=}CH_2 + O_2 \xrightarrow{CuCl_2\text{-}PdCl_2} CH_3CHO$$

（二）炔烃的水合反应

例如工业上利用乙炔水合法来制备乙醛。

$$HC\!\equiv\!CH + H_2O \xrightarrow[H_2SO_4]{HgSO_4} CH_3CHO$$

炔烃用硼氢化–氧化法也可制得醛、酮。例如：

$$R\!-\!C\!\equiv\!CH \xrightarrow{B_2H_6} \xrightarrow[OH^-]{H_2O_2} RCH_2CHO$$

（三）芳烃侧链的控制氧化反应

芳烃氧化法是制备芳醛、酮的重要方法，例如：

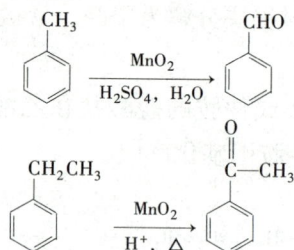

同碳二卤代物水解也可以得到醛、酮。例如：

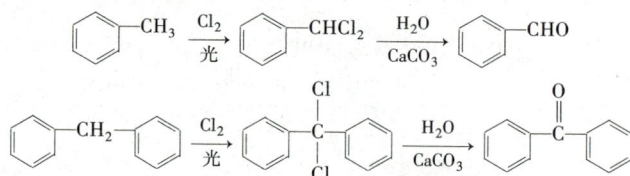

（四）醇的氧化或脱氢反应

由伯醇、仲醇氧化或脱氢可以制备醛或酮。例如：

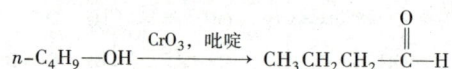

$$n\text{-}C_4H_9\!-\!OH \xrightarrow{CrO_3,\ 吡啶} CH_3CH_2CH_2\!-\!\overset{\displaystyle O}{\overset{\|}{C}}\!-\!H$$

（五）傅–克（Friedel-Crafts）酰基化反应

傅–克酰基化反应是制备芳酮的重要方法，该反应的优点是不发生重排、产率高。

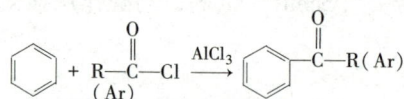

若发生分子内酰基化则可得到环酮。例如：

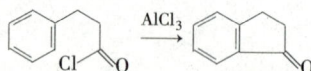

（六）盖特曼–科赫（Gattermann-Koch）反应

在无水三氯化铝催化下，芳烃与一氧化碳和氯化氢混合气体作用生成芳醛的反应称为盖特曼–科赫反应。

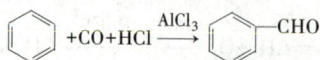

（七）瑞穆尔-蒂曼（Reimer-Tiemann）反应

苯酚在 NaOH 存在下和 CHCl₃ 作用生成酚醛。

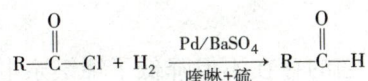

（八）酰卤的还原反应

用活性较低的 Pd 催化剂（如 Pd-BaSO₄）进行催化氢化，可使酰氯还原为醛，不会再进一步还原成醇。这种还原法称为罗森孟德（Rosenmund）还原法。

$$R-\overset{O}{\overset{\|}{C}}-Cl + H_2 \xrightarrow[\text{喹啉+硫}]{Pd/BaSO_4} R-\overset{O}{\overset{\|}{C}}-H$$

将酰氯转化成醛的另一种选择性还原剂是三叔丁氧氢化锂铝〔LiAlH(t-C₄H₉O)₃〕。

$$NC-\!\!\left\langle\bigcirc\right\rangle\!\!-\overset{O}{\overset{\|}{C}}-Cl \xrightarrow[\text{乙醚}]{[LiAlH\,(t\text{-}C_4H_9O)_3]} NC-\!\!\left\langle\bigcirc\right\rangle\!\!-\overset{O}{\overset{\|}{C}}-H$$
（80%）

LiAlH₄ 是强还原剂，其中的氢被三个叔丁氧基取代成 LiAlH（t-C₄H₉O）₃，则还原能力减弱，只能还原酰氯，而与醛、酮和氰基等不反应。

五、α,β-不饱和醛、酮

（一）概述

醛、酮分子中含有碳碳双键或叁键者称为不饱和醛、酮。根据碳碳双键或叁键与羰基的相对位置分为烯酮，α,β-不饱和醛、酮和 β,γ-、γ,δ- 等不饱和醛、酮。其中最重要的是 α,β-不饱和醛、酮。例如：

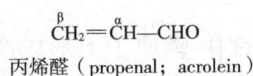
丙烯醛（propenal；acrolein）

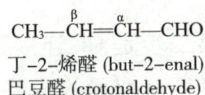
丁-2-烯醛（but-2-enal）
巴豆醛（crotonaldehyde）

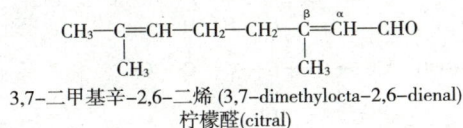
3,7-二甲基辛-2,6-二烯（3,7-dimethylocta-2,6-dienal）
柠檬醛(citral)

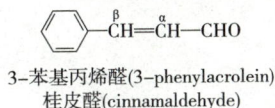
3-苯基丙烯醛（3-phenylacrolein）
桂皮醛（cinnamaldehyde）

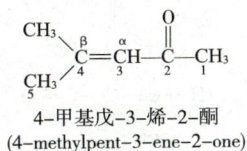
4-甲基戊-3-烯-2-酮
(4-methylpent-3-ene-2-one)

醛、酮经羟醛缩合所得产物脱水后得到 α,β-不饱和醛、酮，这是制备 α,β-不饱和醛、酮的常用方法。β-碳上连有烯键的不饱和醇也可选用活性二氧化锰作氧化剂氧化成相应的 α,β-不饱和醛、酮。例如：

在 α,β-不饱和醛、酮分子中，烯键与羰基形成了共轭体系，丙烯醛分子中的共轭体系如图

11-2 所示。

$$CH_2=CH-CH=O$$
sp² sp² sp²

图 11-2 丙烯醛分子中的共轭体系

这种结构上的特殊性，使它们具有一些特殊的化学性质。

（二）α, β-不饱和醛、酮的化学性质

1. 亲电加成反应

由于羰基是一强吸电子基团，它的存在不但降低了烯键亲电加成的活性，而且还影响加成反应的取向。例如：

$$\overset{\beta}{CH_2}=\overset{\alpha}{CH}-CHO +HCl(气) \xrightarrow{-10℃} CH_2-CH-CHO$$
$$ Cl \quad H$$

在反应过程中，H⁺优先加成在共轭体系的一端产生碳正离子。加到羰基氧的一端产生碳正离子（Ⅰ），加到 β-碳的一端则产生碳正离子（Ⅱ）。

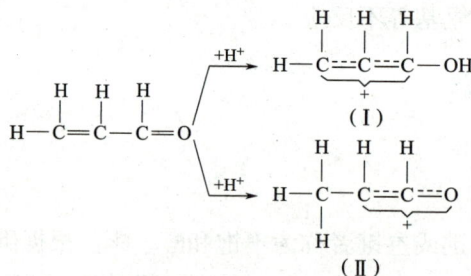

（Ⅰ）是比较稳定的碳正离子，因其正电荷只分布在碳原子上，而不是部分地让强电负性的氧原子来分担。

加成反应的第二步是 Cl⁻ 连接到碳正离子（Ⅰ）的 β-碳原子上形成产物（Ⅲ），它是羰基化合物的烯醇式，然后互变异构成醛式（Ⅳ）。这是因为电子离域导致了 1,4-加成反应。

α,β-不饱和醛、酮与卤素、次卤酸不发生 1,4-共轭加成，只在双键碳上发生亲电加成，例如：

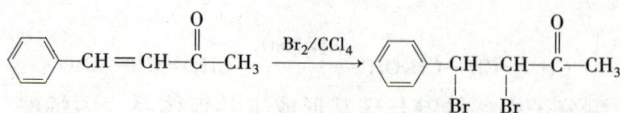

2. 亲核加成反应

α,β-不饱和醛、酮中的羰基与碳碳双键处于共轭状态，亲核试剂既可以加在羰基碳原子上发生 1,2-加成，又可以加在 β-碳原子上发生 1,4-共轭加成。

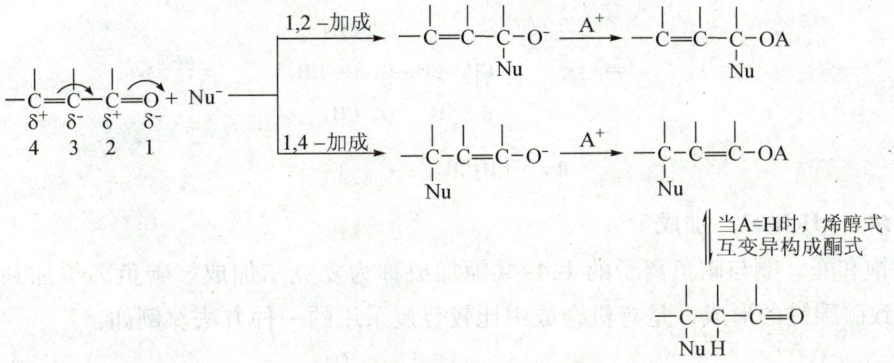
1,2-加成
A⁺
1,4-加成
当A=H时，烯醇式
互变异构成酮式

α,β-不饱和醛、酮与氢氰酸、醇、亚硫酸氢钠等较弱亲核试剂反应时，一般发生 1,4-共轭加成。例如：

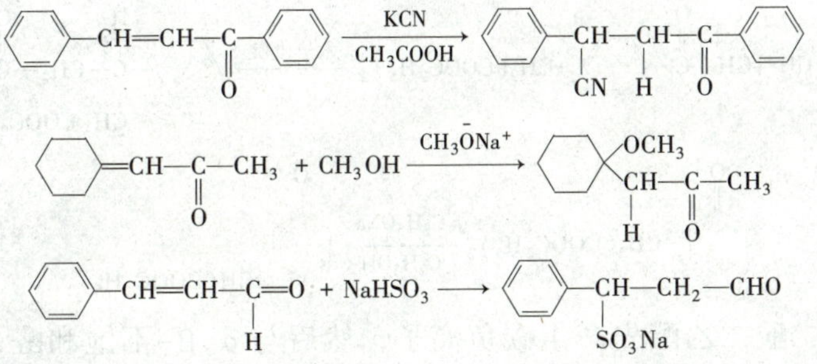

α,β-不饱和醛、酮与有机钠、有机锂等较强亲核试剂反应时，一般发生 1,2-加成。而与格氏试剂反应时，有的发生 1,2-加成，有的发生 1,4-共轭加成，主要与 α,β-不饱和醛、酮的结构有关。

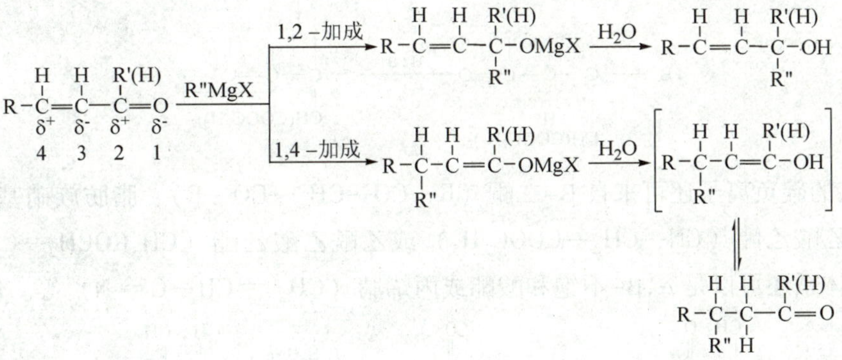
1,2-加成
1,4-加成

一般 R 很大时，主要发生 1,2-加成；R′很大时，主要发生 1,4-加成。例如：

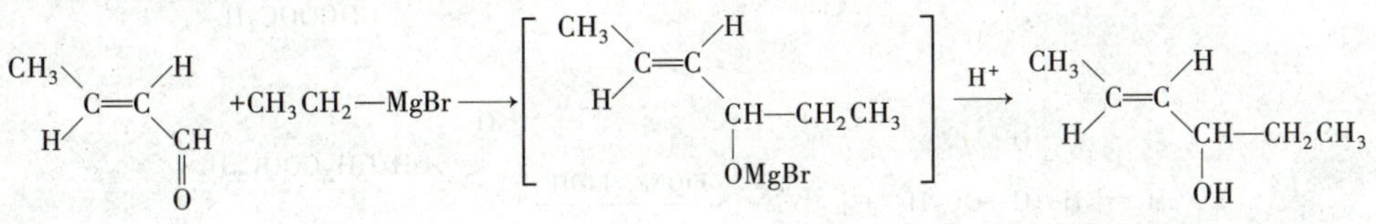

1,2-加成产物

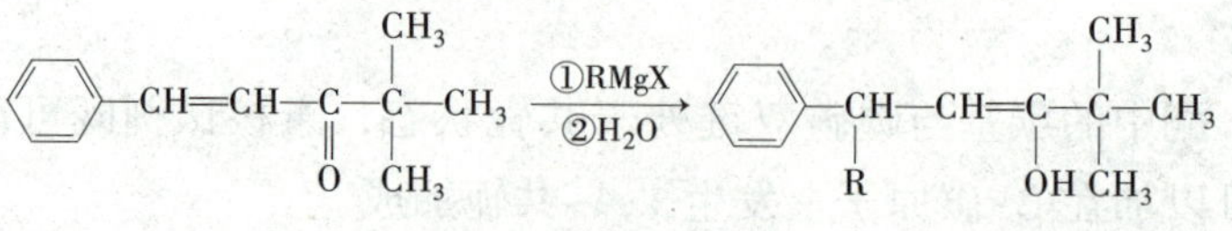

1,4-加成产物

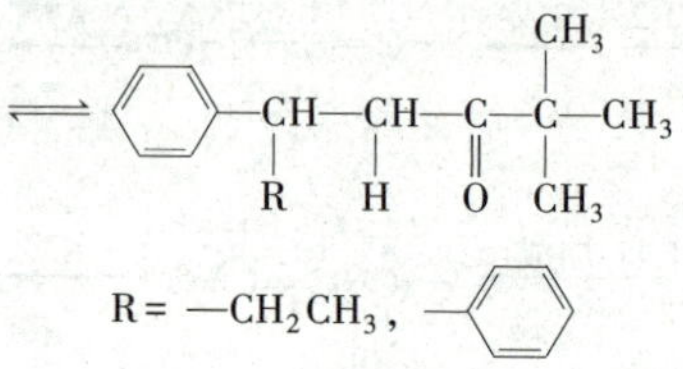

$$R = -CH_2CH_3,\ \langle\ \rangle$$

3. 麦克尔（Michael）加成

α,β-不饱和醛、酮与碳负离子的 1,4-共轭加成称为麦克尔加成。碳负离子加到共轭体系的 β-碳上，导致碳碳键的形成，是有机合成中比较普遍采用的一种方法。例如：

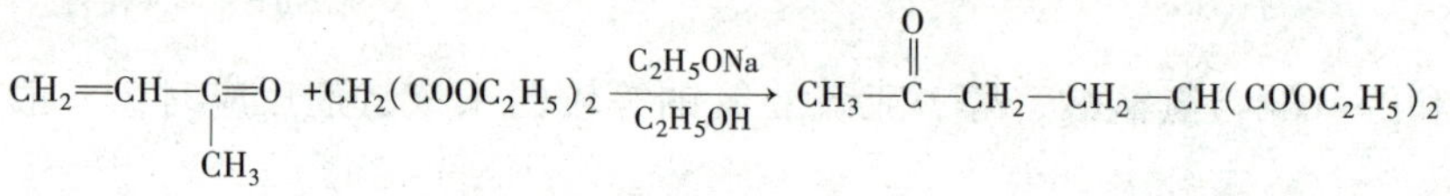

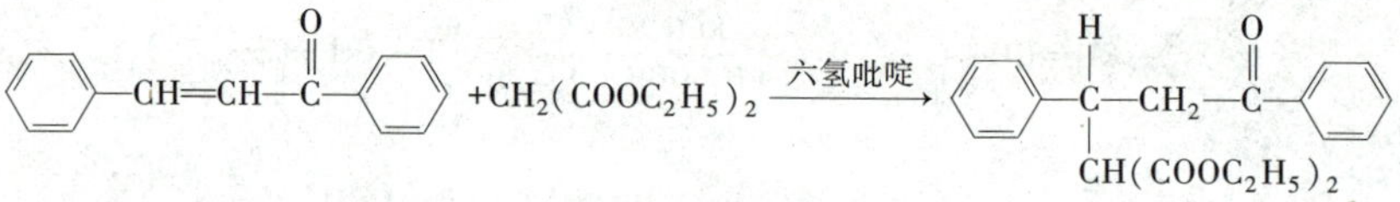

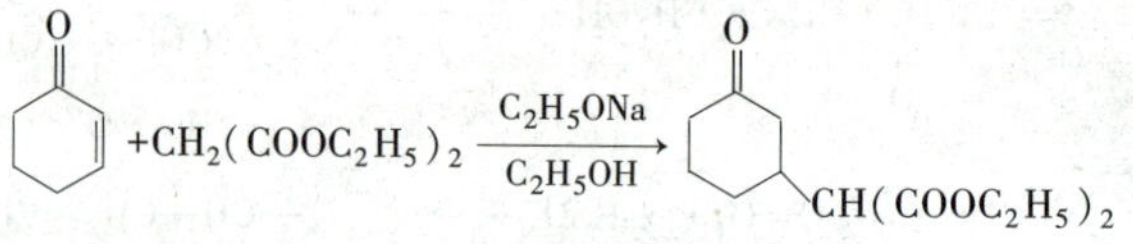

在碱催化下，丙二酸二乙酯先产生碳负离子，然后与 α,β-不饱和醛、酮发生 1,4-共轭加成，其历程如下：

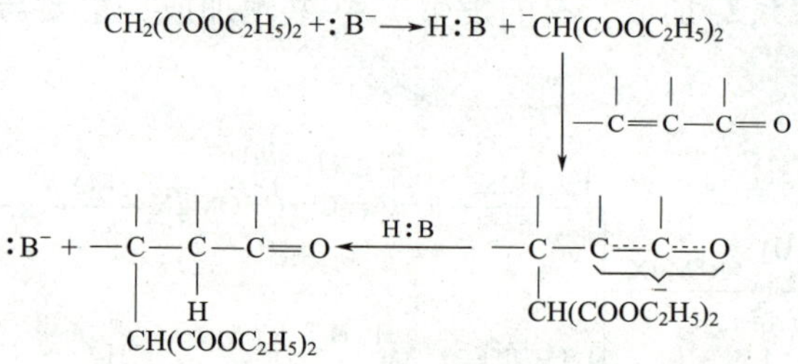

进攻 β-碳的碳负离子还可来自 β-二酮（R—CO—CH$_2$—CO—R）、脂肪族硝基化合物（R—CH$_2$NO$_2$）、氰乙酸乙酯（CN—CH$_2$—COOC$_2$H$_5$）或乙酰乙酸乙酯（CH$_3$COCH$_2$—COOC$_2$H$_5$）。作为受体的共轭体系还可以是 α,β-不饱和酸酯或丙烯腈（CH$_2$=CH—C≡N）等。例如：

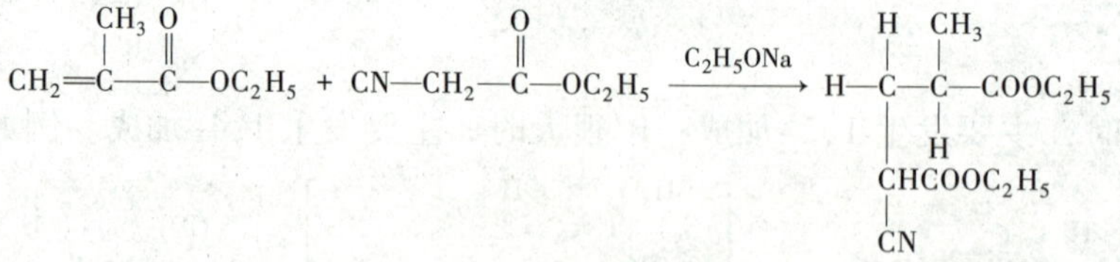

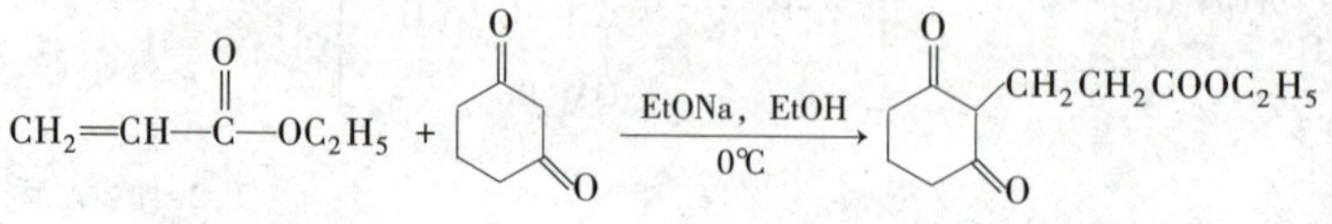

4. 还原反应

还原反应产物视所采用的还原方法而异。例如以氢化铝锂（LiAlH$_4$）为还原剂，主要是羰基还原生成不饱和醇。

$$\text{（环己烯酮）} \xrightarrow[\text{乙醚}]{\text{LiAlH}_4} \xrightarrow{\text{H}_2\text{O}} \text{（环己烯醇）}$$

在低温下以锂/氨为还原剂，或用钯/碳催化氢化，主要还原烯键。

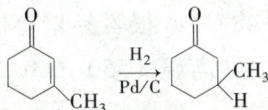

$$\xrightarrow[\text{Pd/C}]{\text{H}_2}$$

如以硼氢化钠（$NaBH_4$）为还原剂，则主要还原羰基，但也可能生成烯键与羰基同时被还原的产物。

$$\xrightarrow[\text{C}_2\text{H}_5\text{OH}]{\text{NaBH}_4} \quad + \quad$$

生成饱和醇的原因可解释为：BH_4^- 提供的 H^- 对 α,β-不饱和醛、酮进行亲核性的 1,4-加成形成饱和酮，后者再被 BH_4^- 还原为相应的醇，其反应过程如下：

$$+BH_4^- \xrightarrow{-BH_3} \left[\quad \longleftrightarrow \quad \right] \xrightarrow{\text{C}_2\text{H}_5\text{OH}}$$

$$\xrightarrow{BH_4^-} \xrightarrow{\text{C}_2\text{H}_5\text{OH}}$$

5. 插烯规律

在羰基与 α-碳之间插入一个或一个以上的碳碳双键（—CH＝CH—），随着共轭体系的延长，不但加成反应可在共轭体系的两端发生，而且与共轭体系相连的两个基团（A 和 B）也保持着和没有插入—CH＝CH—时同样的相互影响。例如在下列通式中，n 任取自然整数，A 与 B 的相互影响是一样的。这种称作插烯规律的普遍现象，是由共轭效应导致电子离域而引起。

$$A\text{（CH＝CH）}_n B$$

丁-2-烯醛中的甲基极为活泼，与乙醛中的甲基很相似，可以在碱催化下形成碳负离子。这是由于在甲基与醛基间插入一个（—CH＝CH—）后，羰基吸电子的影响可以通过共轭体系传到另一端的甲基上，羰基对氢原子的致活作用并不被削弱，与乙醛中 α-碳上的原子所受的活化影响相同。

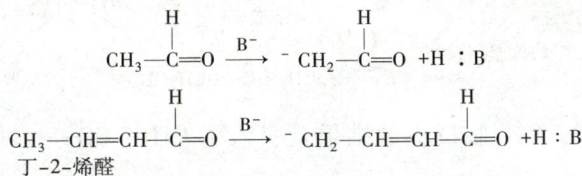

$$CH_3-\overset{H}{C}=O \xrightarrow{B^-} {}^-CH_2-\overset{H}{C}=O + H:B$$

$$CH_3-CH=CH-\overset{H}{C}=O \xrightarrow{B^-} {}^-CH_2-CH=CH-\overset{H}{C}=O + H:B$$
丁-2-烯醛

因此丁-2-烯醛在碱催化下也可作为亲核试剂对另一分子的羰基发生羟醛缩合反应。

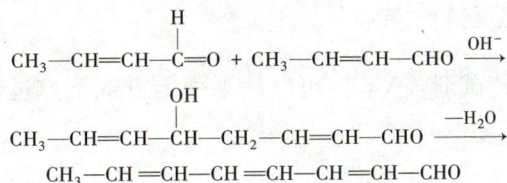

$$CH_3-CH=CH-\overset{H}{C}=O + CH_3-CH=CH-CHO \xrightarrow{OH^-}$$

$$CH_3-CH=CH-\overset{OH}{CH}-CH_2-CH=CH-CHO \xrightarrow{-H_2O}$$

$$CH_3-CH=CH-CH=CH-CH=CH-CHO$$

（三）乙烯酮

烯酮是一类具有聚集双键体系的不饱和酮，其中最简单的是乙烯酮。

$$CH_2=C=O$$
乙烯酮

乙烯酮是一种有毒的气体（沸点-48℃），很容易聚合成二乙烯酮。二乙烯酮是具有刺激性的液体（沸点127℃），具有内酯结构，在高温（550~600℃）时可解聚为乙烯酮。

乙烯酮的结构与丙二烯很相似，两个 π 键不在同一平面，不能形成共轭体系，见图11-3。

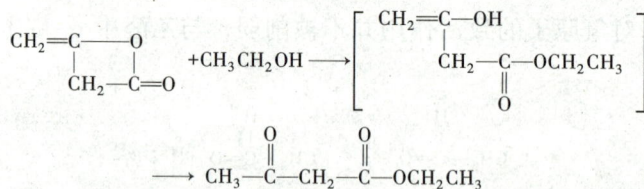

图 11-3　乙烯酮分子中的 π 键

乙烯酮的化学性质非常活泼，易与水、氨或乙醇等亲核性试剂加成，生成烯醇式中间体，互变成羧酸或其衍生物。

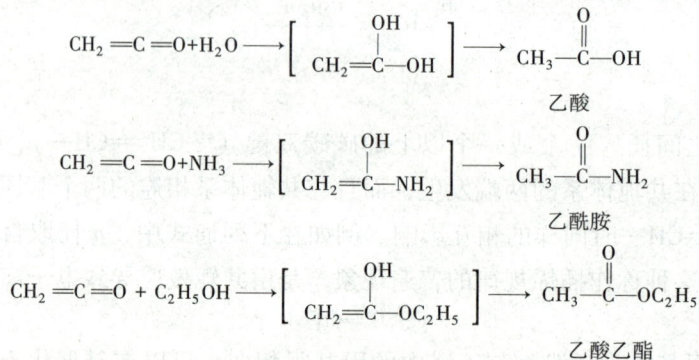

二乙烯酮与乙醇作用生成烯醇，互变成乙酰乙酸乙酯。

乙烯酮与亲核试剂水、醇、胺反应的结果是引入了 $CH_3—CO—$，所以乙烯酮又称为乙酰化试剂。

六、羰基加成反应的立体化学

羰基具有平面结构，亲核试剂（Nu^-）可以从平面上方或下方进攻羰基碳原子发生亲核加成反应。

当 R 与 R′相同时，加成产物只有一种。例如：

同一种产物

当 R 与 R′不相同时，则在产物中引入一个手性中心，由于亲核试剂（Nu⁻）从羰基所在平面的上方或下方进攻的机会理论上是均等的，所以得到外消旋体。

外消旋体

若醛、酮分子中羰基直接与手性碳原子相连时，亲核试剂从平面上方或下方进攻的机会不再相等，所以生成不等量的非对映体，克拉姆（Cram）规则可以预测哪一种非对映体占优势。

克拉姆根据大量实验事实提出：羰基直接与手性碳原子相连的化合物发生亲核加成反应时，过渡态最有利的构象是羰基氧原子处在两个较小的基团之间，亲核试剂主要从立体位阻最小的一边进攻羰基碳原子。

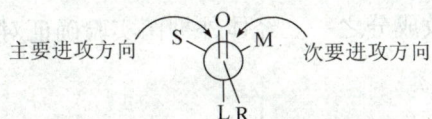

主要进攻方向　次要进攻方向

式中 S、M、L 分别代表与羰基直接相连的手性碳原子所连接的小、中、大三个基团。

例如：（R）-3-苯基丁-2-酮与 C₂H₅MgX 的加成反应及（S）-2-甲基丁醛和 HCN 的加成反应。

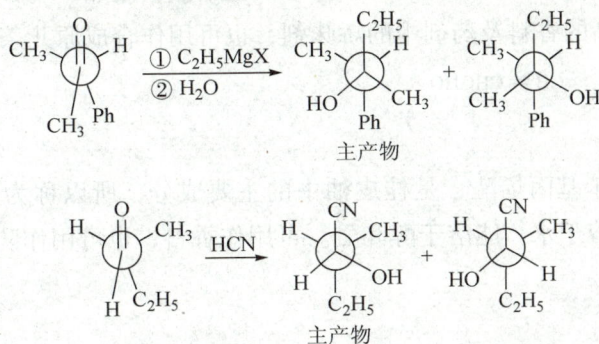

主产物

主产物

对于同一种醛、酮而言，进攻试剂体积越大，产物混合物中主要产物的比例就越高。例如：

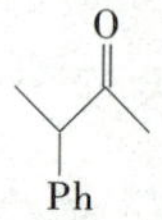

$$\underset{\underset{Ph}{|}}{C}=O \ +RMgX \longrightarrow 生产物+副产物$$

R=CH₃   2 : 1
R=C₂H₅   3 : 1
R=Ph   5 : 1

七、重要的醛、酮

（一）甲醛

甲醛又称蚁醛，是无色且具有强烈刺激性气味的气体，沸点-21℃，易溶于水。甲醛能使蛋白质凝结，所以可用作消毒剂和防腐剂。40%的甲醛水溶液称为福尔马林（Formalin），可用作消毒剂、防腐剂，常用于农作物种子的消毒及标本的保存。

甲醛是重要的有机合成原料，特别是应用于合成高分子工业中。目前工业上甲醛是由甲醇经催化氧化制备的，即将甲醇蒸气与空气的混合物通过加热的铜、银等催化剂层即生成甲醛。

（二）鱼腥草素

鱼腥草素又称癸酰乙醛，是鱼腥草主要抗菌成分，对卡他球菌、流感杆菌、肺炎球菌、金黄色葡萄球菌等有明显抑制作用。由于癸酰乙醛不仅不溶于水，而且不稳定，常常转化为既有一定水溶性又稳定、而且抗菌活性不变的癸酰乙醛亚硫酸盐使用，称之为合成鱼腥草素。

合成鱼腥草素为白色鳞片状或针状结晶或晶末，能溶于水，易溶于乙醇。对流感杆菌、耐药金黄色葡萄球菌、结核杆菌等有一定抑制作用，并能增强体内白细胞吞噬能力，提高机体免疫力，对慢性支气管炎、小儿肺炎和其他呼吸道炎症及宫颈炎、附件炎等均有一定的疗效。

（三）原儿茶醛

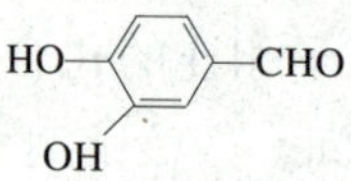

原儿茶醛化学名为3,4-二羟基苯甲醛，为无色片状结晶，熔点154℃，微溶于水，能溶于醇和醚，是中药四季青叶中的有效成分之一。经体外抑菌实验确证对金黄色葡萄球菌、大肠杆菌和绿脓杆菌的生长有抑制作用。

（四）香草醛

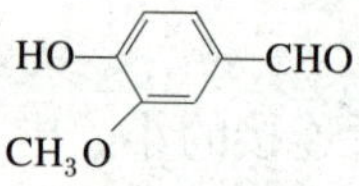

香草醛又称香草素、香荚兰醛、香荚兰素，为白色结晶，熔点80~81℃。香草醛因有特殊的香味，可以作饮料、食品的香料及药剂中的矫味剂，也可用作合成原儿茶酸的原料。

（五）肉桂醛

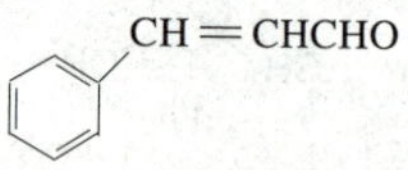

肉桂醛化学名为3-苯基丙烯醛，是桂皮油中的主要成分，所以称为肉桂醛。它是黄色的油状液体，沸点25℃，微溶于水，能溶于醇和醚。可用作香料，也可用作防腐剂。

（六）丙酮

丙酮是具有愉快香味的无色液体，沸点56℃，相对密度0.7899，能与水、乙醇、乙醚、氯仿等混溶。丙酮主要用作溶剂及有机合成原料，如可用于制备有机玻璃，还可以用来生产环氧树脂、橡胶、氯仿、碘仿、乙烯酮等。

（七）对羟基苯乙酮

对羟基苯乙酮为白色结晶体，易溶于热水、甲醇、乙醚、丙酮，难溶于石油醚，是从滨蒿中提取的一种利胆有效成分。对羟基苯乙酮是一种利胆药，适用于胆囊炎和急、慢性黄疸型肝炎的辅助治疗，具有安全、无副作用、剂量小、易合成、价廉等优点。

第二节　醌类化合物

一、醌的结构、分类与命名

具有共轭环己二烯二酮结构的一类化合物叫作醌（quinones）。醌都是有颜色的化合物，这是因为醌类是高度共轭的体系。

醌类可分为苯醌、萘醌、蒽醌和菲醌等。

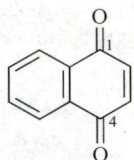

1,4-苯醌（对苯醌）
（1,4-benzoquinone；p-benzoquinone）
（黄色结晶）

1,2-苯醌（邻苯醌）
（1,2-benzoquinone；o-benzoquinone）
（红色结晶）

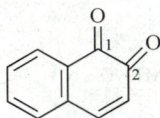

1,4-萘醌（黄色结晶）
（1,4-naphthoquinone）

1,2-萘醌（橙黄色结晶）
（1,2-naphthoquinone）

2,6-萘醌（橙色结晶）
（2,6-naphthoquinone）

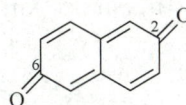

1,2-蒽醌
（1,2-anthraquinone）

1,4-蒽醌
（1,4-anthraquinone）

9,10-蒽醌
（9,10-anthraquinone）

二、苯醌的化学性质

由于醌类化合物同时含有烯键和羰基的结构，因此可以发生亲电加成和亲核加成反应。此外，还可以发生一些醌类化合物的特殊反应。

（一）烯键的特征反应

在醋酸溶液中，溴与烯键加成，生成二溴或四溴化物。

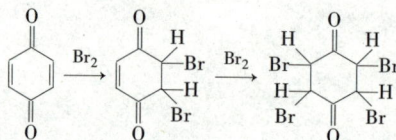

对苯醌的烯键受相邻两个羰基的影响，成为一个典型的亲双烯试剂，可与共轭二烯烃发生狄尔斯-阿尔德（Diels-Alder）反应。例如：

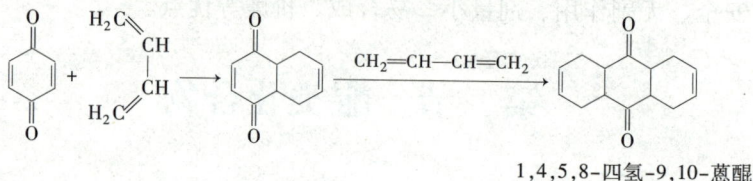

1,4,5,8-四氢-9,10-蒽醌

（二）羰基的特征反应

对苯醌能与二分子羟胺反应，生成双肟，这也说明了醌类具有二元羰基化合物的特性。

单肟　　　　双肟

对苯醌与氨基脲反应生成双缩氨脲。

双缩氨脲

（三）1,4-加成反应

1. 与 HCl 加成

对苯醌先与 H^+ 形成锌盐，异构化后的碳正离子与 Cl^- 结合，得到 1,4-加成产物，消除一个 H^+ 后得到 2-氯苯-1,4-二酚。

生成物经氧化生成 2-氯-1,4-苯醌，可再和 HCl 进行 1,4-加成，产物再经氧化可生成 2,3-二氯-1,4-苯醌。

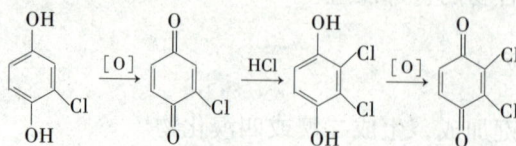

2. 与 HCN 加成

将氰化钾水溶液滴加到含有硫酸的对苯醌乙醇溶液中，发生如下 1,4-加成反应：

产物 2,5-二羟基苯甲腈是合成 2,3-二氯-5,6-二氰基-1,4-苯醌（简称 DDQ）的原料，DDQ 是有机合成中常用的脱氢剂。

（四）1,6-加氢反应（还原反应）

对苯醌在亚硫酸水溶液中，经 1,6-加氢反应被还原为对苯二酚（又称氢醌），是工业上制备对苯二酚的一种方法。

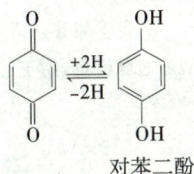

对苯二酚

对苯醌与对苯二酚能形成 1:1 难溶于水的分子配合物，是一深绿色带闪光的晶体，叫醌氢醌。这是由于氢醌分子富有 π 电子，而对苯醌缺少 π 电子，它们相互作用的结果，使二者形成了授受电子配合物（电荷转移配合物）。此外，分子间形成的氢键对配合物的稳定性也有一定作用。

醌氢醌

利用醌-氢醌的氧化-还原性质，可以制成氢醌电极，在分析化学中用来测定 H^+ 的浓度。

三、重要的醌类化合物

自然界中含有许多醌的重要衍生物，如苯醌的衍生物——辅酶 Q_{10}，它在生物体内的氧化还原过程中起运输电子的作用。

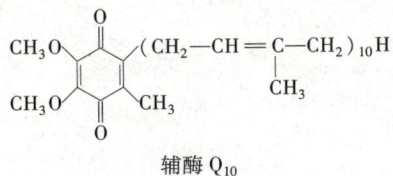

辅酶 Q_{10}

α-萘醌的衍生物——维生素 K_1 和 K_2 具有凝血作用。

维生素 K_1

此外，醌类化合物还广泛存在于中药中。如大黄中含有的大黄素、大黄酸和大黄酚都属于醌类化合物，含有蒽醌结构。

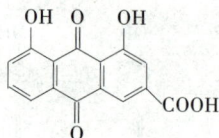

大黄素
（具有抗菌、抗癌作用）

大黄酸

大黄酚

再如，丹参中所含的多种菲醌类化合物，是中药丹参的主要有效成分，如丹参醌Ⅱ_A。

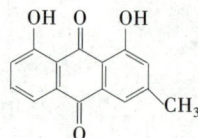

丹参醌Ⅱ_A
（其磺酸钠注射液，可增加冠脉流量，用于治疗冠心病、心肌梗死等）

【阅读材料】

黄鸣龙与黄鸣龙还原法

黄鸣龙，1898 年 8 月 6 日出生于江苏省扬州市。1920 年，浙江医药专科学校毕业。后赴瑞士苏黎世大学、德国柏林大学深造。于 1924 年获哲学博士学位。1945 年，黄鸣龙应美国著名甾体化学家 L. F. Fieser 教授邀请，前往美国哈佛大学做研究工作。

一次，当黄鸣龙利用 Kishner-Wolff 还原反应，对萘醌中间体进行还原时，发生了意外，但是，实验结果甚至比按部就班的 Kishner-Wolff 还原反应还要好。于是，他拿出自己的实验记录本，仔细地分析原因。通过改变一系列的实验条件，改良 Kishner-Wolff 还原反应的条件，形成了一种安全简便、经济、产率高的新还原方法。其法既不需要贵重的无水肼试剂，也不需要易爆的金属钠；而反应时间从原来的 3~4 天缩短为 2~3 个小时，产率高达 90%。此法现简称黄鸣龙还原法。

黄鸣龙还原法有效地改善了原方法原料昂贵、操作危险而且反应条件苛刻的种种弊端，给当时化学工业带来前所未有的改变。在国际上已广泛采用，并被写入各国有机化学教科书中。此方法的发现虽有其偶然性，但与黄鸣龙一贯严谨的治学精神是分不开的。

扫一扫，查阅本章数字资源，含PPT、音视频、图片等

第一节 羧 酸

分子中含有羧基(—COOH) 的有机化合物叫作羧酸（carboxylic acids）。羧酸的通式可表示为 R—COOH（甲酸R=H）。羧基是羧酸的官能团。

一、羧酸的分类和命名

羧酸的种类繁多，根据分子中与羧基所连接的烃基不同可以分为脂肪酸（如乙酸）、脂环酸（如环己基丁酸）和芳香酸（如苯甲酸）。

$$CH_3-\overset{\overset{\displaystyle O}{\|}}{C}-OH$$

乙酸
（ethanoic acid；acetic acid）

环己基甲酸
（cyclohexylmethanoic acid）

苯甲酸
（benzoic acid）

根据烃基是否饱和分为饱和羧酸（如丙酸）和不饱和羧酸（如油酸）。

$$CH_3CH_2COOH \qquad\qquad CH_3(CH_2)_7CH=\!\!=CH(CH_2)_7COOH$$

丙酸
（propionic acid）

十八碳-9-烯酸（octadec-9-enoic acid）
油酸（oleic acid）

根据分子中所含羧基的数目又可分为一元酸（如丙酸）、二元酸（如草酸）和多元酸（如柠檬酸）等。

$$CH_3CH_2COOH \qquad HOOC-COOH$$

$$\begin{array}{c} CH_2COOH \\ | \\ HO-C-COOH \\ | \\ CH_2COOH \end{array}$$

丙酸
（propionic acid）

乙二酸（ethanedioic acid）
草酸（oxalic acid）

2-羟基丙烷-1,2,3-三甲酸
（2-hydroxypropane-1,2,3-tricarboxylic acid）
柠檬酸（citric acid）

许多羧酸是从天然产物中得到的，因此常根据来源命名。例如甲酸（HCOOH）最初是由蒸馏蚂蚁而得到，所以又叫作蚁酸。乙酸是食醋的主要成分（约含5%的乙酸），所以又叫作醋酸。乙二酸又叫作草酸，因为大部分草本植物中都含有乙二酸的盐。其他如柠檬酸、苹果酸、琥珀酸、安息香酸等都是根据它们的最初来源命名。高级一元羧酸是由脂肪中得到的，因此开链的一元羧酸又叫作脂肪酸。

羧酸主要采用系统命名法。由于羧基在官能团优先规则中处于高位（图1-6）。所以，在大

多数情况下，羧酸的羧基就是"最优官能团"，据此，将其归类命名为"酸"。具体而言，命名时选择分子中含羧基的最长碳链做主链，根据主链上碳原子的数目称为某酸，自羧基开始给主链碳原子编号，侧链与双键的表示方法与烃类化合物相同。例如：

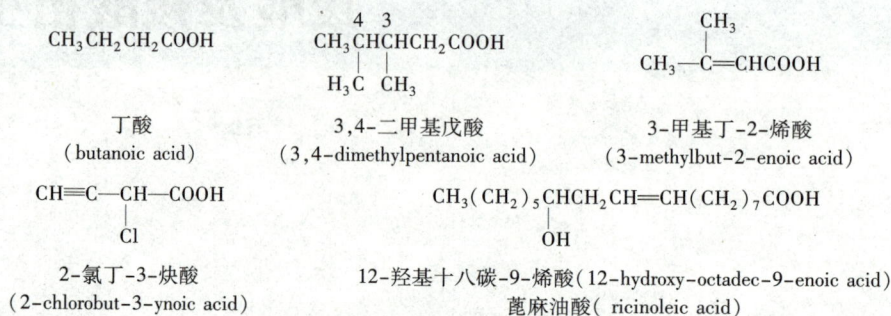

$$CH_3CH_2CH_2COOH$$

丁酸
（butanoic acid）

$$\overset{4}{CH_3}\overset{3}{CH}CHCH_2COOH$$
$$\underset{H_3C\ \ CH_3}{}$$

3,4-二甲基戊酸
（3,4-dimethylpentanoic acid）

$$CH_3-\overset{CH_3}{\underset{}{C}}=CHCOOH$$

3-甲基丁-2-烯酸
（3-methylbut-2-enoic acid）

$$CH\equiv C-\underset{Cl}{\overset{}{CH}}-COOH$$

2-氯丁-3-炔酸
（2-chlorobut-3-ynoic acid）

$$CH_3(CH_2)_5\underset{OH}{\overset{}{CH}}CH_2CH=CH(CH_2)_7COOH$$

12-羟基十八碳-9-烯酸（12-hydroxy-octadec-9-enoic acid）
蓖麻油酸（ricinoleic acid）

羧酸常用希腊字母来标明位次。与羧基直接相连的碳原子为 α-碳，其余依次为 β、γ、δ……应注意 α 位相当于第 2 位，β 位相当于第 3 位，距羧基最远的为 ω 位。另外对于较长碳链的烯酸，常用符号"Δ"表示烯键的位次，把双键碳原子的位次写在"Δ"的右上角。例如，油酸可写为 Δ^9-十八碳烯酸。

脂肪族二元羧酸的命名是取分子中含有两个羧基的最长碳链做主链，称为某二酸。例如：

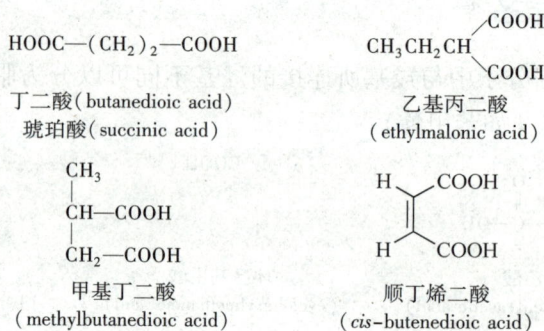

$$HOOC-(CH_2)_2-COOH$$

丁二酸（butanedioic acid）
琥珀酸（succinic acid）

$$CH_3CH_2CH\overset{COOH}{\underset{COOH}{}}$$

乙基丙二酸
（ethylmalonic acid）

$$\underset{CH_2-COOH}{\overset{CH_3}{\underset{|}{CH}-COOH}}$$

甲基丁二酸
（methylbutanedioic acid）

$$\underset{H}{\overset{H}{}}C=C\overset{COOH}{\underset{COOH}{}}$$

顺丁烯二酸
（cis-butenedioic acid）

脂环族羧酸和芳香族羧酸，可看作是脂肪酸的脂环或芳环取代物来命名。例如：

苯甲酸
（benzoic acid）

α-萘乙酸
（α-naphthalene acetic acid）

$C_6H_5-CH=CHCOOH$

3-苯基丙烯酸（3-phenylpropenoic acid）
肉桂酸（cinnamic acid）

$-CH_2-CH_2-COOH$

3-环戊基丙酸（β-环戊基丙酸）
（3-cyclopentylpropionic acid；β-cyclopentylpropionic acid）

二、羧酸的物理性质

饱和一元脂肪酸中，甲酸、乙酸和丙酸具有强烈酸味和刺激性。含有四至九个碳原子直链脂肪酸的是具有腐败恶臭的油状液体，动物的汗液和奶油发酸变坏的气味就是因为存在游离正丁酸的缘故。含十个以上碳原子的高级脂肪酸是蜡状固体，挥发性很低，无气味。多元酸和芳香酸在常温下都是结晶固体。

饱和一元羧酸的沸点随分子量的增加而升高，沸点甚至比分子量相近的醇还高。例如，甲酸与乙醇的分子量相同，但甲酸的沸点为 100.7℃，而乙醇的沸点为 78.5℃。这是因为羧酸分子间可以形成两个比较稳定的氢键而相互缔合，形成双分子缔合的二聚体。根据电子衍射等方法，测得甲酸分子的二聚体结构如下：

由于氢键的存在，低级羧酸在蒸气中仍以双分子缔合状态存在。

羧酸分子中羧基是亲水基团，与水可以形成氢键。低级羧酸（甲酸、乙酸、丙酸）能与水以任意比例互溶；随分子量的增加，憎水性烃基体积愈来愈大，在水中的溶解度迅速减小，最后与烷烃的溶解度相近。癸酸以上的高级脂肪酸都不溶于水，而溶于有机溶剂。低级二元酸也可溶于水，随碳链的增长，溶解度降低。芳香酸在水中的溶解度甚微。

高级脂肪酸具有润滑性。通过对长链的脂肪酸的 X 射线研究，证明了这些分子中碳链按锯齿形排列，两个分子间羧基以氢键缔合，缔合的双分子有规则地一层一层排列，每一层中间是相互缔合的羧基，吸引力很强，而层与层之间是以引力微弱的烃基相毗邻，相互之间容易滑动。常见羧酸的物理常数见表 12-1。

表 12-1　一些羧酸的物理常数（含 pK_a 值）

名　称	结构简式	m.p.(℃)	b.p.(℃)	溶解度	pK_{a1}	pK_{a2}
甲酸（蚁酸）	$HCOOH$	8.4	100.7	∞	3.75	
乙酸（醋酸）	CH_3COOH	16.6	117.9	∞	4.76	
丙酸（初油酸）	CH_3CH_2COOH	−20.8	140.99	∞	4.87	
正丁酸（酪酸）	$CH_3(CH_2)_2COOH$	−4.26	163.5	∞	4.81	
异丁酸	$(CH_3)_2CHCOOH$	−46.1	153.2	2.0	4.85	
戊酸（缬草酸）	$CH_3(CH_2)_3COOH$	−35	186.05	4.47	4.82	
2,2-二甲基丙酸	$(CH_3)_3CCOOH$	−51	174		5.02	
正己酸	$CH_3(CH_2)_4COOH$	−2	205	1.08	4.84	
正辛酸	$CH_3(CH_2)_6COOH$	16.5	239	0.07	4.89	
正癸酸	$CH_3(CH_2)_8COOH$	31.5	270	0.015	4.84	
十六酸（软脂酸）	$CH_3(CH_2)_{14}COOH$	63		不溶		
十八酸（硬脂酸）	$CH_3(CH_2)_{16}COOH$	72	360(分解)	不溶	6.46	
丙烯酸	$CH_2=CHCOOH$	13	141.6		4.26	
丁-3-烯酸	$CH_2=CHCH_2COOH$	−89	163		4.35	
肉桂酸	$C_6H_5CH=CHCOOH$	133			4.44	
乙二酸（草酸）	$HOOC-COOH$	189		8.6	1.27	4.27
丙二酸	$HOOC-CH_2-COOH$	136		73.5	2.85	5.70
丁二酸（琥珀酸）	$HOOC-(CH_2)_2-COOH$	185	235(脱水)	5.8	4.21	5.64
戊二酸	$HOOC-(CH_2)_3-COOH$	97.5		63.9	4.34	5.34

续表

名　称	结构简式	m.p.(℃)	b.p.(℃)	溶 解 度	pK_{a1}	pK_{a2}
己二酸	HOOC—(CH$_2$)$_4$—COOH	151		1.5	4.48	5.52
苯甲酸	苯环—COOH	121.7	249	0.34	4.19	
邻羟基苯甲酸（水杨酸）	苯环—COOH —OH	159	211	0.22	3.00	
间甲基苯甲酸	COOH 苯环 —CH$_3$	112	263	0.10	4.28	
邻苯二甲酸	苯环—COOH —COOH	231		0.7	3.82	5.39

三、羧酸的化学性质

（一）羧基的结构

羧基由羰基(—CO—)和羟基(—OH)构成，从羧酸的结构来看，似乎应表现出羰基和羟基的性质，但实际上，羧基与羰基试剂（如 H$_2$NOH 等）不发生反应，羧酸的酸性也比醇强得多。

因此，对于羧基的结构必须从羰基和羟基的相互影响来考虑。

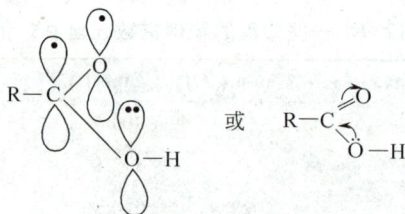

在羧酸分子中，由于 p-π 共轭效应的影响，使得键长趋向平均化。用物理方法测定甲酸中 C=O 和 C—OH 的键长表明，羧酸中 C=O 键的键长为 123pm，比普通羰基的键长（120pm）略长；C—OH 键中碳氧键长 136pm，比醇分子中的 C—O 单键键长（143pm）短。这既说明羧酸分子中两个碳氧键是不同的，同时也说明羧酸中羰基与羟基之间产生了相互影响，使 C=O 基团失去了典型的羰基性质，—OH 基团上的氧原子的电子云向羰基移动，使氧原子上电子出现的几率降低，O—H 间电子云更靠近氧原子，增加了 O—H 键的极性，有利于—OH 基团中氢原子的离解，使羧酸的酸性比醇强得多。

通过对甲酸钠的 X 射线衍射分析表明，当羧酸离解为羧酸根离子时，碳氧键的键长是均等的，都等于 127pm，这说明氢原子以质子形式脱离羧基同 p-π 共轭作用更完全，键长发生了完全平均化，—COO$^-$ 基团上负电荷不再集中在一个氧原子上，而是产生了电子云的离域分布，负电荷分散于两个氧原子上。

按共振论羧酸根负离子可用下列两共振极限式表示：

共振理论认为相似极限式共振得到的杂化体最稳定。羧酸根负离子的两个极限式相似，其共振杂化能大，比羧酸稳定，因此羧酸易于离解生成更稳定的羧酸根负离子而显示出酸性。

从羧酸的结构来看，它可以发生如下反应：

脱羧反应

释放H$^+$
呈酸性

亲核试剂进攻
发生酯化等反应

α-氢的反应

（二）酸性

羧酸是弱酸，能与碱或金属氧化物等反应生成盐和水。

$$RCOOH+NaOH \longrightarrow RCOONa+H_2O$$
$$2RCOOH+CaO \longrightarrow (RCOO)_2Ca+H_2O$$

高级脂肪酸盐，在工业上和生活上均有广泛应用。例如，高级脂肪酸的钠盐和钾盐是肥皂的主要成分，镁盐用于医药工业。

除了甲酸的 pK_a 值为 3.75 外，大多数无取代基的羧酸的 pK_a 值一般在 4.76~5 的范围内。因此，羧酸是弱酸。但比碳酸（pK_a=6.38）和苯酚（pK_a=10）的酸性强些。羧酸可以和碳酸盐反应，而苯酚不能，利用这一性质可以区别羧酸和苯酚。

羧酸酸性的强弱与其分子结构密切相关。表 12-1 给出了常见羧酸的 pK_a 值。

二元羧酸分子中有两个羧基，分两步离解：

$$\begin{matrix} COOH \\ | \\ (CH_2)_n \\ | \\ COOH \end{matrix} \underset{}{\overset{K_{a1}}{\rightleftharpoons}} \begin{matrix} COO^- \\ | \\ (CH_2)_n \\ | \\ COOH \end{matrix} +H^+ \qquad \begin{matrix} COO^- \\ | \\ (CH_2)_n \\ | \\ COOH \end{matrix} \underset{}{\overset{K_{a2}}{\rightleftharpoons}} \begin{matrix} COO^- \\ | \\ (CH_2)_n \\ | \\ COO^- \end{matrix} +H^+$$

例如：　　　草酸(COOH)$_2$ 　　　　　　pK_{a1}=1.27　pK_{a2}=4.27

丙二酸 HOOCCH$_2$COOH　　　pK_{a1}=2.85　pK_{a2}=5.70

可见，$K_{a1}>K_{a2}$，这是因为羧基（—COOH）的作用和卤素类似，也是吸电子基团（-I 效应），能使另一个羧基的离解增强。但当一个羧基离解后转化成—COO$^-$，它是供电子的取代基（+I 效应），使第二个羧基离解比较困难，因此 K_{a2} 比 K_{a1} 小得多。若两个羧基相距较远，则 K_{a1} 与 K_{a2} 相差不大。例如，戊二酸：pK_{a1}=4.34，pK_{a2}=5.41。

（三）羧基上羟基的取代反应

羧基上的—OH 可以被卤原子(X)、酰氧基（RCOO—）、烷氧基（—OR）以及氨基（—NH$_2$）等一系列原子或基团取代，生成羧酸的衍生物。

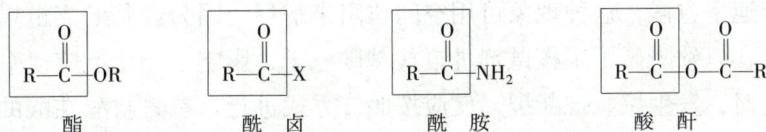

酯　　　　　　　酰卤　　　　　　酰胺　　　　　　酸酐

羧酸分子中除去—OH 后的剩余部分称为酰基（R—CO—）。

1. 成酯反应

羧酸与醇在酸的催化作用下，加热脱水生成酯，此类反应称为酯化。

$$R-\overset{O}{\underset{}{C}}-OH + R'OH \underset{\triangle}{\overset{H^+}{\rightleftharpoons}} R-\overset{O}{\underset{}{C}}-OR' + H_2O$$

酯化反应是可逆的（逆反应称为水解反应）。酯化反应的速率很慢，如果没有催化剂存在，即使在加热回流的情况下，也需要很长时间才能达到平衡。为了提高酯的产率，使平衡向生成物的方向移动，可采取以下措施：

（1）增加反应物的浓度 例如，加入过量的醇或酸。在乙醇和乙酸的酯化反应中，当乙酸和乙醇的摩尔比为 1∶10 时，反应达到平衡后，将有 97% 的乙酸转化为酯。

（2）除去反应体系中的生成物 在酯化过程中采用蒸馏等方法，随时将生成的水蒸出除去，使平衡不断向成酯的方向移动，可以提高产率。

从产物的结构来看，酯化反应可能有两种脱水方式：

$$①\quad R-\overset{O}{\underset{}{C}}-\boxed{OH + H}-OR'$$
$$②\quad R-\overset{O}{\underset{}{C}}-\boxed{H + HO}-R' \longrightarrow R-\overset{O}{\underset{}{C}}-O-R' + H_2O$$

在①中脱去的是羧酸分子中的—OH，而在②中脱去的是醇分子中的—OH。反应到底是按①方式还是按②方式进行呢？同位素追踪法的结果表明，大多数情况下反应是按①方式进行的，例如，用含有 ^{18}O 同位素的醇与酸作用，生成含有 ^{18}O 的酯，这说明脱水时羧酸提供羟基，醇提供氢原子。

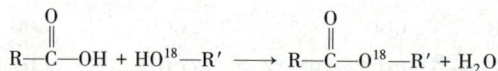

$$R-\overset{O}{\underset{}{C}}-OH + HO^{18}-R' \longrightarrow R-\overset{O}{\underset{}{C}}-O^{18}-R' + H_2O$$

多数酯化反应按如下历程进行：

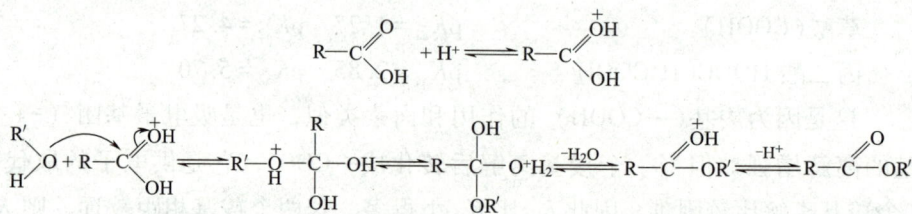

$$R-\overset{O}{\underset{OH}{C}} + H^+ \rightleftharpoons R-\overset{\overset{+}{O}H}{\underset{OH}{C}}$$

酸的催化作用是羧基质子化形成锌盐，使羧基碳原子的正电性增加，有利于亲核试剂——醇（ROH）的进攻，然后失去一分子水，质子离去即得到酯。

决定反应速率的一步与酸和醇的浓度有关，因此属于 S_N2 反应。

酯化反应的速率与羧酸和醇的结构有关。一般说来，羧酸与一级、二级醇的酯化反应按反应历程进行，α-碳原子上没有支链的羧酸与伯醇发生酯化反应的速率最快。羧酸分子中，烃基的结构愈大，酯化反应速率愈慢，这种现象可用空间位阻来解释。因为烃基的支链增多，烃基在空间占据的位置也愈大，以致阻碍了亲核试剂进攻羧基碳原子，影响了酯化反应速率。

叔醇进行酯化时，发生烷氧键断裂，反应按照②方式进行。首先叔醇在酸的催化下生成稳定的碳正离子。

$$R_3C-OH + H^+ \rightleftharpoons R_3C^+ + H_2O$$

碳正离子与羧酸生成锌盐，再脱去质子生成酯。

$$R'-C \overset{O}{\underset{OH}{}} +R_3C^+ \rightleftharpoons R'-C \overset{O}{\underset{\overset{+}{O}-H}{}} $$

$$R'-C \overset{O}{\underset{\overset{+}{O}-H}{}} \rightleftharpoons R'-C-O-CR_3 + H^+$$

2. 成酰卤反应

羧酸与三卤化磷（PX_3）、五卤化磷（PX_5）或亚硫酰氯（$SOCl_2$，二氯亚砜）作用，羧酸分子中的羟基可被卤素取代而生成酰卤。与醇不同，HX 不能使羧酸生成酰卤。

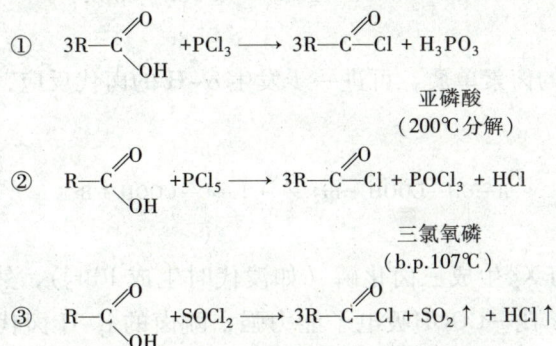

① $3R-C\overset{O}{\underset{OH}{}} +PCl_3 \longrightarrow 3R-C\overset{O}{\underset{Cl}{}} + H_3PO_3$

亚磷酸
（200℃分解）

② $R-C\overset{O}{\underset{OH}{}} +PCl_5 \longrightarrow 3R-C\overset{O}{\underset{Cl}{}} + POCl_3 + HCl$

三氯氧磷
（b.p.107℃）

③ $R-C\overset{O}{\underset{OH}{}} +SOCl_2 \longrightarrow 3R-C\overset{O}{\underset{Cl}{}} + SO_2\uparrow + HCl\uparrow$

酰氯很活泼，容易水解，因此通常用蒸馏法将产物分离。如制备低沸点酰氯（如乙酰氯，沸点52℃），可用①法合成，用蒸馏法可与亚磷酸分离。如制备高沸点酰氯（如苯甲酰氯，沸点197℃），则用②法合成，可先蒸去三氯氧磷。亚硫酰氯法副产物是气体，便于产物的分离提纯，对上述两种情况都适用，而且适合在实验室制备和工业生产。

3. 成酸酐反应

羧酸在脱水剂（如五氧化二磷）或加热条件下失水而生成酸酐（甲酸失水生成一氧化碳）。

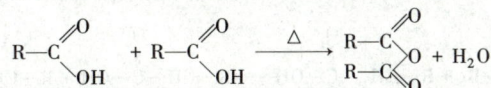

$$R-C\overset{O}{\underset{OH}{}} + R-C\overset{O}{\underset{OH}{}} \xrightarrow{\triangle} \underset{R-C \overset{O}{}}{R-C\overset{O}{}} O + H_2O$$

这个反应的产率很低，一般是将羧酸与乙酸酐共热，生成较高级的酸酐。

$$2RCOOH+(CH_3CO)_2O \xrightarrow{\triangle} (RCO)_2O+2CH_3COOH$$

具有五元环或六元环的酸酐，可由二元羧酸加热，分子内失水而得。例如，邻苯二甲酸酐可由邻苯二甲酸加热得到。

邻苯二甲酸酐

酸酐还可以通过酰卤与羧酸盐共热制备，通常用来制备混合酸酐。

$$RCOONa+R'COCl \xrightarrow{\triangle} R-\overset{O}{C}-O-\overset{O}{C}-R' + NaCl$$

4. 成酰胺反应

向羧酸中通入氨气或加入碳酸铵，可以得到羧酸的铵盐，铵盐受热失水便生成酰胺。

$$CH_3COOH+NH_3 \longrightarrow CH_3COONH_4$$

$$CH_3COONH_4 \xrightarrow{\triangle} CH_3CONH_2+H_2O$$

（四）α-氢原子的取代反应

羧基和羰基一样，能使 α-氢活化。但羧基的致活作用比羰基小得多，这是因为羧基中的羟基与羰基形成 p-π 共轭体系后，羧基碳原子的正电性可从羟基氧原子上的孤对电子得到部分补偿，从而减弱了 α-氢原子的活泼性。羧酸 α-H 的卤代要在光、碘、硫或红磷等催化剂存在下进行。

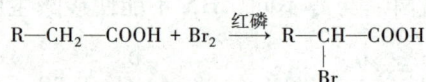

$$R-CH_2-COOH + Br_2 \xrightarrow{红磷} \underset{Br}{R-CH-COOH}$$

若仍存在 α-H 和过量的卤素单质，可进一步发生 α-H 的卤代反应，直至所有的 α-H 都被卤素原子取代。

$$\underset{Br}{R-CH-COOH} + Br_2 \xrightarrow{红磷} \underset{Br}{R-C-COOH} + Br$$

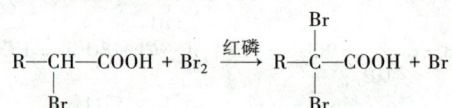

红磷的作用是：首先与 X₂ 生成三卤化磷（如溴代时生成 PBr₃），然后三卤化磷再与羧酸作用生成酰卤，由于—CO—X 比—COOH 吸电子能力强，酰卤的 α-H 卤代要比羧酸容易得多，α-卤代酰卤再与过量的羧酸反应生成 α-卤代酸。例如羧酸的溴代：

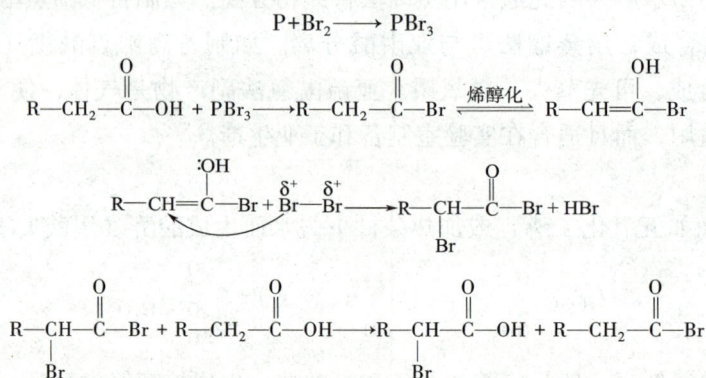

$$P+Br_2 \longrightarrow PBr_3$$

这个总反应称为赫尔-佛尔哈德-泽林斯基（Hell-Volhard-Zelinsky）反应，由于这个反应具有专一性，只在 α 位卤代，并且容易发生，在合成上相当重要。

（五）还原反应

羧基中羰基由于受到羟基的影响，很难被一般的还原剂或催化氢化法还原，但可被强还原剂氢化铝锂（LiAlH₄）还原成醇。

$$\underset{}{R-C-OH} \xrightarrow{LiAlH_4} R-CH_2-OH$$

用氢化铝锂还原羧酸，不但产量高，还原条件温和（室温下就能进行），而且还原不饱和羧酸时，不会影响双键，属于选择性还原。

$$CH_2=CHCH_2-COOH \xrightarrow[H^+,H_2O]{LiAlH_4} CH_2=CHCH_2CH_2-OH$$

（六）脱羧反应

羧酸分子脱去羧基放出 CO_2 的反应叫作脱羧反应。一般情况下，羧酸较难脱羧，当一元羧酸的 α-碳原子上有强吸电子基团如硝基、卤素、氰基、羰基等时，使羧基变得不稳定，当加热到 $100\sim200℃$时，很容易发生脱羧反应。

$$HOOCCH_2COOH \xrightarrow{\triangle} CH_3COOH + CO_2 \uparrow$$

$$CH_3\overset{O}{\overset{\|}{C}}CH_2COOH \xrightarrow{\triangle} CH_3\overset{O}{\overset{\|}{C}}CH_3 + CO_2 \uparrow$$

脱羧机理如下：

芳香酸脱羧较脂肪酸容易，因为—Ph 可以作为一个吸电子基，有利于 C—C 键的断裂：

$$C_6H_5\overset{O}{\overset{\|}{C}}\overset{\frown}{O^-} \longrightarrow C_6H_5^- + CO_2$$

（七）二元酸的热解反应

二元羧酸具有羧酸的通性，但加热时易发生分解，这种特殊的分解反应可分为以下三类：

1. 1,2-和1,3-二元羧酸受热，脱羧。例如：

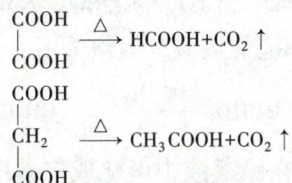

$$\begin{matrix} COOH \\ | \\ COOH \end{matrix} \xrightarrow{\triangle} HCOOH + CO_2 \uparrow$$

$$\begin{matrix} COOH \\ | \\ CH_2 \\ | \\ COOH \end{matrix} \xrightarrow{\triangle} CH_3COOH + CO_2 \uparrow$$

羧基的吸电子效应使得另一个羧基的脱羧反应容易进行。

2. 1,4-和1,5-二元羧酸受热，脱水。产物为稳定的五元或六元环状酸酐。例如：

丁二酸　　　　　　丁二酸酐

戊二酸　　　　　　戊二酸酐

3. 1,6-和1,7-二元羧酸受热，既脱羧又脱水。产物为环酮。例如：

己二酸　　　　　　　　环戊酮

$$CH_2 \begin{matrix} CH_2-CH_2-COOH \\ CH_2-CH_2-COOH \end{matrix} \xrightarrow[-CO_2,-H_2O]{\Delta} CH_2 \begin{matrix} CH_2-CH_2 \\ CH_2-CH_2 \end{matrix} C=O$$

庚二酸   环己酮

由以上反应可知，反应中有成环可能时，一般形成五元或六元环，称布朗克（Blanc）规则。

四、羧酸的制备

羧酸在工业化生产和实验室中可以通过以下方法制得：

（一）氧化法

1. 烃的氧化

脂肪烃氧化成脂肪酸，由于产物复杂而意义不大。常用烷基苯氧化制取苯甲酸。

$$\xrightarrow[② H^+]{① KMnO_4/OH^-,回流}$$

发生以上反应的条件是与芳环连接的碳至少有一个 α-氢。氧化剂通常用高锰酸钾、硝酸、重铬酸钾等。芳环上有羟基、氨基等取代基时，取代基易被氧化。

2. 伯醇或醛的氧化

伯醇或醛氧化可得相应的酸。

$$RCH_2OH \xrightarrow{[O]} RCHO \xrightarrow{[O]} RCOOH$$

常用的氧化剂有：$K_2Cr_2O_7+H_2SO_4$、CrO_3+冰醋酸、$KMnO_4$、HNO_3 等。

不饱和醇或醛也可以氧化生成相应的羧酸，但须选用适当弱的氧化剂，以防止氧化不饱和键。

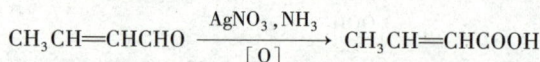

$$CH_3CH=CHCHO \xrightarrow[{[O]}]{AgNO_3,NH_3} CH_3CH=CHCOOH$$

另外，甲基酮（或甲基仲醇）在碱溶液中卤化成三卤甲酮，后者在碱液中很快分解成卤仿和羧酸盐，即醛酮一章中介绍的卤仿反应。这一方法用于合成不饱和酸很成功，未观察到卤素与烯键的竞争反应。此反应的意义在于减少一个碳原子。

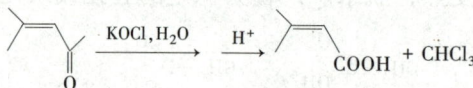

$$\xrightarrow{KOCl,H_2O} \xrightarrow{H^+} COOH + CHCl_3$$

（二）腈的水解

腈由一级或二级卤代烷和氰化钠反应制得。腈类化合物在酸或碱催化下可水解生成羧酸。

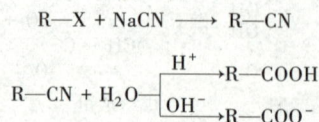

$$R-X + NaCN \longrightarrow R-CN$$

$$R-CN + H_2O \begin{cases} \xrightarrow{H^+} R-COOH \\ \xrightarrow{OH^-} R-COO^- \end{cases}$$

1. 酸催化的反应历程

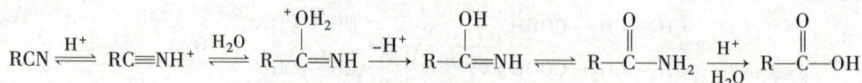

$$RCN \xrightleftharpoons{H^+} RC\equiv NH^+ \xrightleftharpoons{H_2O} R-\overset{+OH_2}{\underset{}{C}}=NH \xrightarrow{-H^+} R-\overset{OH}{\underset{}{C}}=NH \rightleftharpoons R-\overset{O}{\underset{}{C}}-NH_2 \xrightarrow[H_2O]{H^+} R-\overset{O}{\underset{}{C}}-OH$$

氰基与羰基相似，也能质子化。氰基质子化后，氰基碳原子很容易和水发生亲核加成，然后再消除质子，通过烯醇式重排生成酰胺；酰胺水解得到羧酸。

2. 碱催化反应历程

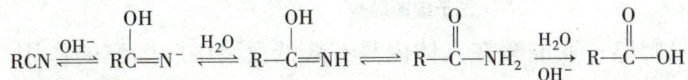

$$RCN \xrightarrow{OH^-} \underset{\underset{N^-}{\|}}{RC} \xrightarrow{H_2O} \underset{\underset{NH}{\|}}{R-\overset{OH}{\underset{|}{C}}} \xrightarrow{} \underset{\underset{NH_2}{\|}}{R-\overset{O}{\underset{\|}{C}}} \xrightarrow[OH^-]{H_2O} R-\overset{O}{\underset{\|}{C}}-OH$$

氢氧根离子进攻氰基碳原子，生成负氮离子，然后夺取质子，通过重排生成酰胺，最后水解得到羧酸。

五、重要的羧酸

（一）甲酸

甲酸俗称蚁酸，存在于蜂类、某些蚁类的分泌物中，同时也广泛存在于植物界，如荨麻、松叶中。甲酸是无色而有强烈刺激性气味的液体，沸点 100.7℃，它的腐蚀性极强，使用时要避免与皮肤接触。

甲酸是最简单的羧酸，它的结构比较特殊，分子中的羧基和氢原子相连。它既具有羧基的结构，同时又具有醛基的结构，因而表现出与它的同系物不同的一些特性。

$$H-\overset{\overset{\displaystyle O}{\|}}{C}-OH$$

甲酸具有还原性，能发生银镜反应，也能使高锰酸钾溶液褪色；它的酸性明显比其他饱和一元羧酸强。

甲酸在工业上用作还原剂和橡胶的凝聚剂，也用来合成染料及酯类、精制织物和纸张。

（二）乙酸

乙酸俗名醋酸，是食醋的主要成分，普通的醋含 6%~8% 乙酸。乙酸为无色有刺激性气味液体，沸点 118℃，熔点 16.6℃，易冻结成冰状固体，故称为冰醋酸。乙酸能与水以任意比混溶。普通的醋酸是 36%~37% 的醋酸的水溶液。

目前工业上采用乙烯或乙炔合成乙醛，乙醛在二氧化锰催化下，用空气或氧气氧化成乙酸的方法来大规模生产乙酸。

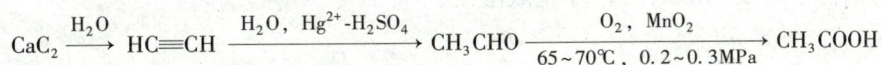

$$CaC_2 \xrightarrow{H_2O} HC \equiv CH \xrightarrow{H_2O,\ Hg^{2+}-H_2SO_4} CH_3CHO \xrightarrow[65~70℃,\ 0.2~0.3MPa]{O_2,\ MnO_2} CH_3COOH$$

乙酸是重要的化工原料，可以合成许多有机物，例如，醋酸纤维、乙酸酐、乙酸酯是染料工业、香料工业、制药业、塑料工业等不可缺少的原料。

（三）高级一元羧酸

它们都以甘油酯的形式存在于动、植物的油脂中，常见的高级饱和一元羧酸和高级不饱和一元羧酸有以下几种：

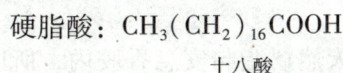

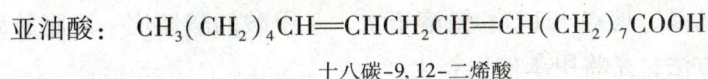

硬脂酸：$CH_3(CH_2)_{16}COOH$

十八酸

亚油酸：$CH_3(CH_2)_4CH=CHCH_2CH=CH(CH_2)_7COOH$

十八碳-9,12-二烯酸

花生四烯酸：

$$CH_3(CH_2)_4CH=CHCH_2CH=CHCH_2CH=CHCH_2CH=CH(CH_2)_3COOH$$

二十碳四烯酸

硬脂酸的钠盐就是肥皂；亚油酸在人体内具有降低血浆中胆固醇的作用，在医学上可以防治高脂血症，因此，亚油酸的复方制剂益寿宁、脉通等在临床上用来治疗冠心病；花生四烯酸在人体内氧化，环合成前列腺素 PGE_2，反应如下：

前列腺素 PGE$_2$

（四）乙二酸

乙二酸俗称草酸，常以钾盐或钙盐的形式存在于多种植物中。草酸是无色结晶。常见的草酸含有两分子的结晶水，当加热到 $100\sim105℃$ 时会失去结晶水得到无水草酸，熔点为 $189.5℃$。草酸易溶于水，不溶于乙醚等有机溶剂。

草酸很容易被氧化成二氧化碳和水。在定量分析中常用草酸来标定高锰酸钾溶液。

$$5(COOH)_2+2KMnO_4+3H_2SO_4\longrightarrow K_2SO_4+2MnSO_4+10CO_2+8H_2O$$

草酸可以与许多金属生成可溶性的配离子，因此草酸可用来除去铁锈或蓝墨水的痕迹。

（五）丁烯二酸

丁烯二酸具有 Z（顺）、E（反）两种异构体：（Z）-丁烯二酸 m. p. $139\sim140℃$，燃烧热为 $1364kJ/mol$；（E）-丁烯二酸 m. p. $300\sim302℃$，燃烧热为 $1339kJ/mol$。Z 式比 E 式的燃烧热高 $25kJ/mol$，说明（E）-丁烯二酸比（Z）-丁烯二酸更稳定。

（Z）-丁烯二酸　　　　　　（E）-丁烯二酸

（Z）-丁烯二酸和（E）-丁烯二酸具有不同的物理性质，但它们的化学性质基本相同，只有在与分子空间排列有关的反应中才显出不同。例如：Z 式容易脱水生成顺丁烯二酸酐；而 E 式只有在较激烈的条件下转变为顺式后，才生成酸酐。

顺丁烯二酸酐的最大用途是合成增强塑料及涂料的重要原料，它在工业上是由苯催化氧化或由石油裂解气中 C_4 馏分氧化而制得的。

（六）苯甲酸

苯甲酸是最简单的芳香酸。苯甲酸与苄醇形成的酯类存在于天然树脂与安息香胶内，所以苯甲酸俗称安息香酸。苯甲酸是白色结晶，熔点 $121℃$，微溶于水，苯甲酸的酸性比一般脂肪族羧酸的酸性强。工业上制取苯甲酸的方法，是将甲苯催化氧化。

苯甲酸是有机合成的原料，可以制取染料、香料、药物等。其钠盐是温和的防腐剂，可用于药剂或食品的防腐，现因其有毒性，已逐渐被无毒的山梨酸和植酸等取代。

（七）苯二甲酸

苯二甲酸有邻、间和对位三种异构体，其中以邻位和对位在工业上最为重要。

邻苯二甲酸是白色晶体，不溶于水，加热至 231℃ 就熔融分解，失去一分子水而生成邻苯二甲酸酐。

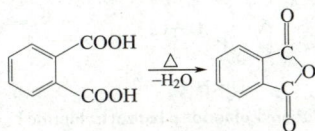

邻苯二甲酸酐（白色结晶，熔点 131℃）

邻苯二甲酸及其酸酐用于制造染料、树脂、药物和增塑剂。如邻苯二甲酸二甲酯（ ）有驱蚊作用，是防蚊油的主要成分。邻苯二甲酸氢钾（ ）是标定碱标准溶液的基准试剂，常用于无机定量分析。

对苯二甲酸为白色晶体，微溶于水，是合成聚酯树脂（涤纶）的主要原料。

第二节　羧酸衍生物

一、羧酸衍生物的结构、分类和命名

（一）结构和分类

羧酸分子中羧基上的羟基被其他原子或原子团取代后生成的化合物称为羧酸衍生物。本节仅讨论重要的羧酸衍生物——酰卤（acyl halide）、酸酐（acid anhydride）、酯（ester）和酰胺（amide）。

酰卤是羧酸分子中羟基被卤原子取代后的生成物。酰卤的通式为：$R-\overset{O}{\underset{}{C}}-X$ 。

酸酐是两个羧基间脱水后的生成物。羧酸酐的通式为：$R-\overset{O}{\underset{}{C}}-O-\overset{O}{\underset{}{C}}-R'$ 。

两个相同的羧酸分子脱水后生成单纯的酸酐（烃基 R 相同），两个不同的羧酸分子脱水后生成混酐（烃基 R 不同）。某些二元羧酸脱水后生成环状的酸酐，如丁二酸酐、邻苯二甲酸酐。

酯分无机酸酯和有机酸酯两类：前者如硫酸氢乙酯、三硝酸甘油酯等，它们均可看作是无机酸和醇之间脱水后的生成物；有机酸酯是羧酸和醇的脱水产物，它的通式为：

$$R-\overset{O}{\underset{}{C}}-OR'$$

酰胺是羧酸分子中的羟基被氨基（—NH_2）或烃氨基（—NHR，—NR_2）取代后的生成物。酰胺的通式为：

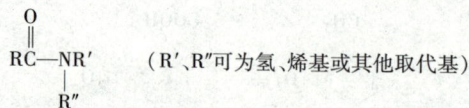

$$RC\!-\!NR'$$

（R'、R"可为氢、烯基或其他取代基）

（二）命名

四种羧酸衍生物所对应的官能团在"官能团优先规则"中，都处于高位（图1-6）。所以，命名时，各自所含的官能团即是"最优官能团"，依此进行归类，则有酰卤、酰胺、酯和酸酐。当然，主链部分要依据系统命名法进行模块化处理。具体的方法如下：

酰卤命名时，将酰基的名称放在前面，卤素的名称放在后面，并将酰基的"基"字省略。

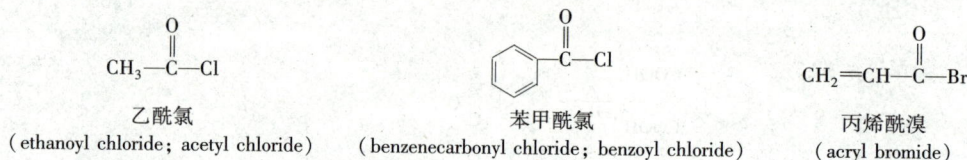

乙酰氯
（ethanoyl chloride；acetyl chloride）

苯甲酰氯
（benzenecarbonyl chloride；benzoyl chloride）

丙烯酰溴
（acryl bromide）

酰胺的命名法与酰卤相似，如果分子为含有 —CO—NH— 基团的环状结构的酰胺，称为内酰胺。例如：

乙酰胺
（ethanimide；acetamide）

苯甲酰胺
（benzamide）

丙烯酰胺
（acrylamide）

俗名：己二酰胺
（adipamide）

俗名：邻苯二甲酰亚胺
（phthalimide）

俗名：己内酰胺
（caprolactam）

若氮原子上有取代基，则在名称前面加"N-某基"，例如：

N,N-二甲基甲酰胺
（N, N-dimethylformamide）

N-异丙基-2-甲基己酰胺
（N-isopropyl-2-methylhexanamide）

命名酸酐时常将相应的羧酸的名称之后加上"酐"字。

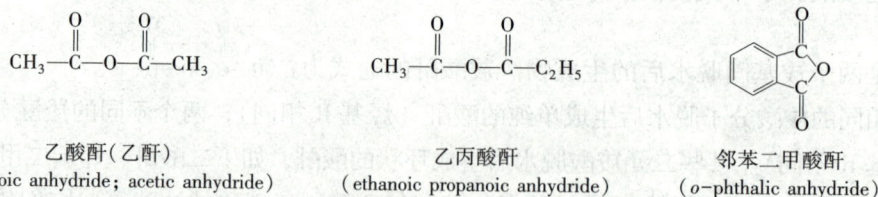

乙酸酐（乙酐）
（ethanoic anhydride；acetic anhydride）

乙丙酸酐
（ethanoic propanoic anhydride）

邻苯二甲酸酐
（o-phthalic anhydride）

酯是按照它水解后得到的酸和醇来命名而称为某酸某（醇）酯，一般将"醇"字省略。

乙酸乙酯
（ethyl ethanoate；ethyl acetate）

乙酸乙烯酯
（ethenyl ethanoate；vinyl acetate）

苯甲酸甲酯（methyl benzoate）

命名多元醇的酯时，通常将多元醇的名称放在前面，酸的名称放在后面，称为某醇某酸酯。例如：

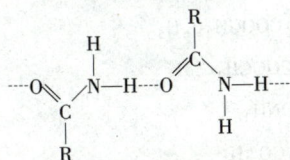

丙三醇三乙酸酯（或甘油三乙酸酯）
（1,2,3-propanetriol triacetate；glycerol triacetate）

二、羧酸衍生物的物理性质

低级的酰氯和酸酐都是具有刺激性气味的液体，高级酸酐为固体，没有气味。而低级酯却具有芳香气味，广泛存在于植物的花、果中，例如乙酸异戊酯有香蕉的香味，戊酸异戊酯有苹果香味。十四碳以下的甲酯和乙酯都为液体。油脂是高级脂肪酸的甘油酯，是生命不可缺少的物质。除甲酰胺外，酰胺大部分为白色结晶固体。

酰卤和酯的沸点较相应的羧酸低，这是由于酰卤和酯分子中没有羟基，不能形成氢键的缘故。酸酐的沸点比相对分子质量相当的羧酸低，但常较相应的羧酸高。酰胺分子之间由于存在氢键，达到高度的缔合作用，使酰胺的沸点比相应的羧酸为高，氨基上的氢原子被烃基取代后，由于缔合程度减小，因而使沸点降低，两个氢原子都被取代时，沸点降低更多。

酯在水中的溶解度较小，但能溶于一般的有机溶剂。低级酰胺能溶于水，随着相对分子质量的增大而溶解度逐渐减小。液体的酰胺是有机物及无机物的优良非质子性溶剂，最常用的是 N,N-二甲基甲酰胺（DMF），它能与水以任意比混溶，不但可以溶解有机物，也可以溶解无机物，是一种性能极为优良的非质子极性溶剂。

表 12-2 羧酸衍生物的物理常数

类 别	名 称	结构简式	m.p.(℃)	b.p.(℃)
酰卤	乙酰氟	CH_3COF		20.5
	乙酰氯	CH_3COCl	-112	52
	乙酰溴	CH_3COBr	-96	76.7
	乙酰碘	CH_3COI		108
	丙酰氯	CH_3CH_2COCl	-94	80
	丁酰氯	$CH_3(CH_2)_2COCl$	-89	102
	戊酰氯	$CH_3(CH_2)_3COCl$		120
	苯甲酰氯	⟨benzene⟩—COCl	-1	197.2

类 别	名 称	结 构 简 式	m.p.(℃)	b.p.(℃)
酸酐	乙酸酐	$(CH_3CO)_2O$	-73	140
	丙酸酐	$(CH_3CH_2CO)_2O$	-45	168
	丁酸酐	$(CH_3CH_2CH_2CO)_2O$	-75	198
	戊酸酐	$(CH_3CH_2CH_2CH_2CO)_2O$		228
	丁二酸酐		119.6	261
	顺-丁烯二酸酐		53	202
	苯甲酸酐	$(C_6H_5CO)_2O$	42	360
	邻苯二甲酸酐		130.8	295
酯	甲酸甲酯	$HCOOCH_3$	-99	32
	甲酸乙酯	$HCOOCH_2CH_3$	-81	54
	乙酸甲酯	CH_3COOCH_3	-98	57
	乙酸乙酯	$CH_3COOCH_2CH_3$	-83	77
	乙酸丙酯	$CH_3COOCH_2CH_3$	-95	101.7
	乙酸戊酯	$CH_3COO(CH_2)_4CH_3$	-78	147.6
	乙酸异戊酯	$CH_3COOCH_2CH_2CH(CH_3)_2$		142
	甲基丙烯酸甲酯	$CH_2{=}CCOOCH_3$ 　　　$\|$ 　　CH_3	-50	100
	苯甲酸乙酯	$C_6H_5COOC_2H_5$	-34	213
	苯甲酸苄酯	$C_6H_5COOCH_2C_6H_5$	21	324
	乙酸苄酯	$CH_3COOCH_2C_6H_5$	-52	215
酰胺	甲酰胺	$HCONH_2$	2.5	211
	乙酰胺	CH_3CONH_2	81	222
	丙酰胺	$CH_3CH_2CONH_2$	79	222
	丁酰胺	$CH_3CH_2CH_2CONH_2$	116	216
	己酰胺	$CH_3(CH_2)_4CONH_2$	101	255
	十八酰胺	$CH_3(CH_2)_{16}CONH_2$	109	251
	苯甲酰胺		130	290
	N,N-二甲基甲酰胺		-61	153
	邻苯二甲酰亚胺		238	升华

三、羧酸衍生物的化学性质

羧酸衍生物可以看成是羰基与取代基 L 直接相连的结构：

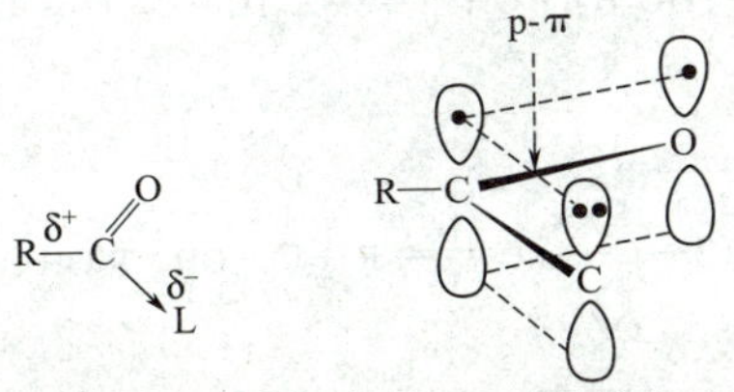

在该结构中，羰基的 π 键与取代基 L 的孤对电子可以形成 p-π 共轭，类似于羧基的结构。羰基碳带 δ⁺，易受到亲核试剂的进攻，然后，L 以 L^- 形式离去，发生亲核取代反应，常见的亲核试剂有 H_2O、ROH、NH_3 等。四种羧酸衍生物的亲核取代反应活性顺序大致为：酰卤≈酸酐>酯>酰胺。

（一）水解

酰卤、酸酐、酯和酰胺都能与水发生亲核取代反应，称水解反应，产物为羧酸。

$$R-\overset{\overset{\large O}{\|}}{C}-X + H_2O \longrightarrow R-\overset{\overset{\large O}{\|}}{C}-OH + HX$$

$$R-\overset{\overset{\large O}{\|}}{C}-O-\overset{\overset{\large O}{\|}}{C}-R' + H_2O \longrightarrow R-\overset{\overset{\large O}{\|}}{C}-OH + HO-\overset{\overset{\large O}{\|}}{C}-R'$$

$$RCOOR'+H_2O \underset{\text{酯化}}{\overset{\text{水解}}{\rightleftharpoons}} R-\overset{\overset{\large O}{\|}}{C}-OH + R'-OH$$

$$RCONH_2+H_2O \longrightarrow R-\overset{\overset{\large O}{\|}}{C}-OH + NH_3$$

羧酸衍生物的水解反应分两步进行，首先是亲核试剂（H_2O）在羰基碳上发生亲核加成，形成一个四面体（中间体），然后再消除一个负离子。总的结果是亲核取代。以酰氯为例，反应历程如下：

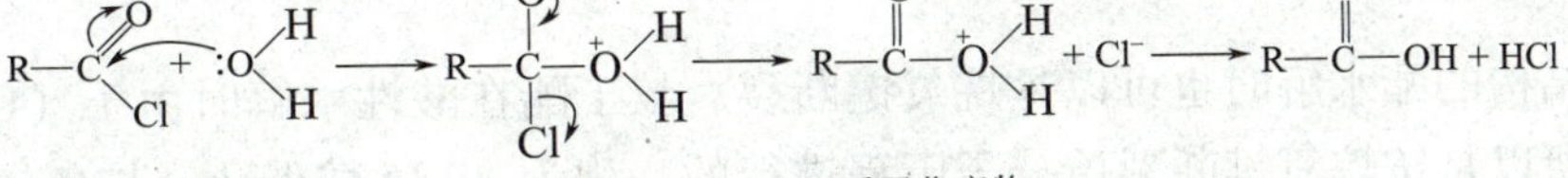

酰卤的水解速度最快。乙酰氯与水剧烈反应，并放出大量的热。乙酸酐则与热水较易作用。

酯的水解反应是酯化反应的逆反应，在没有催化剂（H^+ 或 OH^-）存在时进行得很慢，酸或碱可以加速水解反应的进行。下面介绍酯的水解历程。

1. 碱催化水解

酯在碱存在下，水解反应变为不可逆，这是由于水解产物与碱作用生成羧酸盐，使反应进行到底。酯的碱性水解反应称为皂化反应。

$$RCOOR'+H_2O \underset{\text{酯化}}{\overset{\text{水解}}{\rightleftharpoons}} R-\overset{\overset{\large O}{\|}}{C}-OH + R'-OH$$
$$R-\overset{\overset{\large O}{\|}}{C}-OH \xrightarrow{NaOH} RCOONa$$

酯的碱性水解是由亲核试剂（OH^-）进攻酯基上带有部分正电荷的碳原子。水解速度依赖于

酯的浓度和 OH^- 的浓度。

用含有同位素 ^{18}O 的酯水解证明反应是按酰氧键断裂的方式进行的。

$$C_2H_5-\overset{O}{\overset{\|}{C}}-^{18}OC_2H_5 + OH^- \longrightarrow C_2H_5-\overset{O}{\overset{\|}{C}}-O^- + C_2H_5-^{18}OH$$

酯的碱性水解机理可表示为：

$$HO^- + \overset{R}{\underset{O}{\overset{\|}{C}}}-OR' \underset{快}{\overset{慢}{\rightleftharpoons}} HO-\overset{R}{\underset{O^-}{\overset{|}{C}}}-OR' \underset{慢}{\overset{快}{\rightleftharpoons}} R-\overset{O}{\overset{\|}{C}}-OH + R'OH \longrightarrow R-\overset{O}{\overset{\|}{C}}-O^- + R'OH$$

亲核性强的 OH^- 首先进攻羰基碳原子，形成四面体负离子中间体，然后消除 R'O— 基团变为羧酸。所以酯的水解反应，表面上是一个羰基碳上的亲核取代反应，实际上是一个加成–消除过程。酯的碱性水解历程称为 $B_{AC}2$（碱催化，酰氧键断裂，双分子历程）。反应的最后一步是不可逆的，因为生成的羧酸根（ $RCOO^-$ ）有较强的 p–π 共轭效应，其碱性比烷氧负离子要弱得多，不可能夺取醇中的质子，从而使反应变为不可逆，得到的产物是羧酸盐。酯的碱性水解可以进行到底，因此，酯的水解常用碱催化。

2. 酸催化水解

在酸性条件下，酯的水解反应为：

$$RCOOR' + H_2O \underset{}{\overset{HCl}{\rightleftharpoons}} R-\overset{O}{\overset{\|}{C}}-OH + R'-OH$$

酯的酸性水解绝大多数是双分子反应，并且是酰氧键断裂。这样的历程称为 $A_{AC}2$（酸催化，酰氧键断裂，双分子历程）。水解历程如下：

$$R-\overset{O}{\overset{\|}{C}}-OR' + H^+ \underset{快}{\overset{快}{\rightleftharpoons}} R-\overset{+OH}{\overset{\|}{C}}-OR' \underset{快}{\overset{慢+H_2O}{\rightleftharpoons}} R-\overset{OH}{\underset{OR'}{\overset{|}{C}}}-\overset{+}{O}H_2 \underset{快}{\overset{快}{\rightleftharpoons}} R-\overset{OH}{\underset{\overset{|}{O}R'\atop H}{\overset{|}{C}}}-OH$$

$$\underset{慢}{\overset{快-R'OH}{\rightleftharpoons}} R-\overset{+OH}{\overset{\|}{C}}-OH \underset{快}{\overset{快}{\rightleftharpoons}} R-\overset{O}{\overset{\|}{C}}-OH + H^+$$

在酸催化下，酯中羰基氧原子质子化，质子化后的羰基碳原子的亲电性增强，使羰基碳原子更容易受到水分子的进攻，形成四面体正离子中间体，再通过质子转移，最后消除醇和质子便得到羧酸。

一些特殊结构的酯水解时也可以是烷氧键断裂。叔丁酯在酸性水解时由于 $(CH_3)_3C^+$ 离子比较容易生成，所以是按烷氧键断裂单分子历程进行的，称为 $A_{Al}1$（酸催化，烷氧键断裂，单分子历程）。

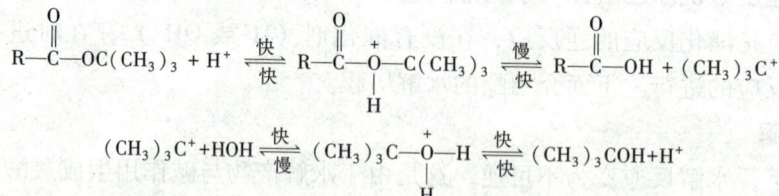

$$R-\overset{O}{\overset{\|}{C}}-OC(CH_3)_3 + H^+ \underset{快}{\overset{快}{\rightleftharpoons}} R-\overset{O}{\overset{\|}{C}}-\overset{+}{\underset{H}{O}}-C(CH_3)_3 \underset{快}{\overset{慢}{\rightleftharpoons}} R-\overset{O}{\overset{\|}{C}}-OH + (CH_3)_3C^+$$

$$(CH_3)_3C^+ + HOH \underset{慢}{\overset{快}{\rightleftharpoons}} (CH_3)_3C-\overset{+}{\underset{H}{O}}-H \underset{快}{\overset{快}{\rightleftharpoons}} (CH_3)_3COH + H^+$$

酰胺由于 π 电子沿 O—C—N 键离域，羰基的亲电性明显减弱，所以酰胺的羰基被亲核试剂进攻较酯难。酰胺的水解条件比其他羧酸衍生物的要求高，有空间位阻的酰胺比较难以水解。

（二）醇解

酰卤、酸酐和酯都能与醇发生亲核取代反应，称为醇解，产物为酯。

$$R-\overset{O}{\overset{\|}{C}}-X + R'OH \longrightarrow R-\overset{O}{\overset{\|}{C}}-O-R' + HX$$

$$R-\overset{O}{\overset{\|}{C}}-O-\overset{O}{\overset{\|}{C}}-R + R'OH \longrightarrow R-\overset{O}{\overset{\|}{C}}-O-R' + R-\overset{O}{\overset{\|}{C}}-OH$$

$$R-\overset{O}{\overset{\|}{C}}-OR + R'OH \longrightarrow R-\overset{O}{\overset{\|}{C}}-O-R' + R-OH$$

酰卤和酸酐可直接与醇作用。一般用其他方法难以制备的酯（例如酚酯不能直接由羧酸和酚反应制备），就可以通过酰卤来制备。

酯的醇解需在酸或醇钠的催化下才能进行，生成新的酯和醇，这种反应称为酯交换反应。酯交换反应也是可逆的。

$$R-\overset{O}{\overset{\|}{C}}-OCH_3 + C_2H_5OH \overset{H^+}{\rightleftharpoons} R-\overset{O}{\overset{\|}{C}}-OC_2H_5 + CH_3OH$$

用过量的乙醇可使反应大部分向右进行，相反，若用乙酯和过量的甲醇作用，则可使反应向左进行。在有机合成中，当一个结构复杂的醇与某种羧酸很难直接酯化时，往往先把羧酸制成甲酯或乙酯，然后再与复杂的醇进行酯交换反应，然后将低级醇蒸馏出来，生成所需的酯。例如，普鲁卡因合成就是利用酯交换方法：

$$H_2N-\!\!\!\!\!\!\!\!\bigcirc\!\!\!\!\!\!\!\!-COOH + C_2H_5OH \overset{H^+}{\rightleftharpoons} H_2N-\!\!\!\!\!\!\!\!\bigcirc\!\!\!\!\!\!\!\!-COOC_2H_5 + H_2O$$

$$H_2N-\!\!\!\!\!\!\!\!\bigcirc\!\!\!\!\!\!\!\!-COOC_2H_5 + HOCH_2CH_2N(C_2H_5)_2 \rightleftharpoons H_2N-\!\!\!\!\!\!\!\!\bigcirc\!\!\!\!\!\!\!\!-COOCH_2CH_2N(C_2H_5)_2 + C_2H_5OH$$

β-二乙胺基乙醇　　　　　　普鲁卡因

酰胺的醇解比较困难，在醇过量并且有酸催化的条件下才能生成酯。所以酰胺醇解的合成意义更小。

$$\bigcirc\!\!\!\!\!\!-\overset{O}{\overset{\|}{C}}-NH_2 + C_2H_5OH \xrightarrow[75℃,28小时]{HCl} \bigcirc\!\!\!\!\!\!-\overset{O}{\overset{\|}{C}}-OC_2H_5 + NH_4Cl$$

（三）氨解

酰卤、酸酐、酯及酰胺与氨作用，都生成酰胺。

$$R-\overset{O}{\overset{\|}{C}}-X + NH_3 \longrightarrow R-\overset{O}{\overset{\|}{C}}-NH_2 + HX$$

$$R-\overset{O}{\overset{\|}{C}}-O-\overset{O}{\overset{\|}{C}}-R + NH_3 \longrightarrow R-\overset{O}{\overset{\|}{C}}-NH_2 + R-\overset{O}{\overset{\|}{C}}-OH$$

$$R-\overset{O}{\overset{\|}{C}}-OR' + NH_3 \longrightarrow R-\overset{O}{\overset{\|}{C}}-NH_2 + R'OH$$

$$R-\overset{O}{\overset{\|}{C}}-NH_2 + CH_3NH_2 \cdot HCl \longrightarrow R-\overset{O}{\overset{\|}{C}}-NHCH_3 + NH_4Cl$$

酯的氨解不需加入酸碱等催化剂，因为氨本身就是碱，其亲核性比水强，反应在室温条件下即可进行，这是与水解、醇解不同之处，也可用于制备酰胺。有些芳胺的亲核性比较弱，可加入醇钠等强碱，使芳胺变为强亲核性的芳胺负离子，这样就能与酯顺利进行反应。

$$CH_3CH_2-C(=O)-OCH_2CH_3 + C_6H_5-NH_2 \xrightarrow{C_2H_5ONa} CH_3CH_2-C(=O)-NH-C_6H_5 + C_2H_5OH$$

77.2%

（四）羧酸衍生物亲核取代与结构的关系

羧酸衍生物醇解和氨解反应的结果，相当于在这些化合物分子中引入了酰基，这样的反应称为酰化反应。在四种羧酸衍生物，酰卤和酸酐由于反应活性很强，所以，是最常用的酰基化试剂。

酰卤、酸酐、酯、酰胺的水解、醇解、氨解，都是通过亲核加成-消除历程来完成的，羰基碳原子相连接的基团被取代。反应历程可用通式表示如下：

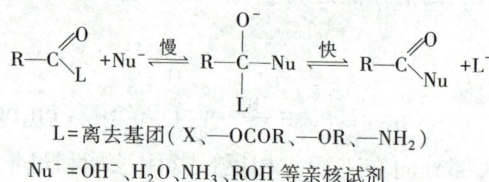

$$R-C(=O)L + Nu^- \underset{慢}{\rightleftharpoons} R-C(O^-)(L)(Nu) \underset{快}{\rightleftharpoons} R-C(=O)Nu + L^-$$

L=离去基团（X、—OCOR、—OR、—NH₂）
Nu⁻=OH⁻、H₂O、NH₃、ROH 等亲核试剂

反应首先是在亲核试剂进攻下羰基碳发生亲核加成，在加成过程中，羰基碳原子由 sp² 杂化变为 sp³ 杂化形成四面体中间体。然后再失去离去基团 L⁻，碳原子的杂化态重新回到 sp² 杂化态。从整个反应过程来看，反应的难易主要决定于羰基碳与亲核试剂的反应能力，以及离去基团 L⁻的稳定性。第一步亲核加成反应最慢，是决定整个反应速度的一步。如果离去基团的吸电子性能愈强，则使形成的中间体负离子愈稳定，而有利于加成。而第二步消除反应的难易，决定于离去基团离去的难易，这又与离去基团的碱性强弱有关，碱性愈弱，愈稳定，愈容易离去。

若羧酸衍生物的酰基部分相同，则反应活性的差异，主要决定于离去基团的性质。离去基团 L⁻的吸电子诱导效应（-I），会使羰基碳的正电性增加，有利于亲核试剂的加成；离去基团的斥电子共轭效应（+C），将不利于加成。从下表可以看出各种不同的基团 L 对反应性能的影响。

表 12-3　羧酸衍生物中 L 对反应性能的影响

L	诱导效应(-I)	p-π 共轭效应(+C)	L⁻的稳定性	反应活性
—Cl 或—OCOR	大	小	大	大
—OR	中	中	中	中
—NR₂	小	大	小	小

对酰氯来说，氯原子具有强的吸电子作用和较弱的 p-π 共轭效应，使羰基碳的正电性加强而易于被亲核试剂进攻，同时 Cl⁻稳定性高易于离去，因此 RCOCl 表现出很高的反应活性。相反，酰胺分子中，氮的吸电子作用较弱，而 p-π 共轭效应较强，以及 NH₂⁻的不稳定性，使酰胺反应能力减弱。因此羧酸衍生物进行羰基碳的亲核取代的能力次序为：

$$R-C(=O)-Cl > R-C(=O)-O-C(=O)-R' > R-C(=O)-O-R' > R-C(=O)-NH_2$$

（五）还原反应

羧酸衍生物比羧酸容易被还原。

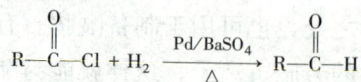

$$R-C(=O)-Cl + H_2 \xrightarrow[\triangle]{Pd/BaSO_4} R-C(=O)-H$$

使用活性较低的钯催化剂（Pd-BaSO₄）进行催化加氢，可将酰氯还原成醛，这种比较典型的方法叫作罗森孟德（Rosenmund）还原法，具有选择性，如硝基、卤素、酯基不被还原。

酯可用催化加氢还原，在 250℃ 左右和 10～33MPa 的条件下，用铜铬催化剂使酯类加氢，能达到很高的转化率。

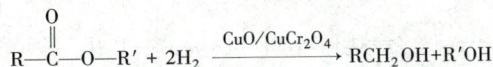

$$R-\overset{\overset{O}{\|}}{C}-O-R' + 2H_2 \xrightarrow{CuO/CuCr_2O_4} RCH_2OH + R'OH$$

酰胺很不容易还原，用催化加氢法在高温高压下才还原为胺。

若使用强还原剂氢化铝锂（LiAlH₄），酰氯、酸酐被还原成伯醇，酰胺被还原为胺。

$$R-\overset{\overset{O}{\|}}{C}-Cl \xrightarrow[\text{② } H_3O^+]{\text{① } LiAlH_4} RCH_2OH$$

$$R-\overset{\overset{O}{\|}}{C}-O-\overset{\overset{O}{\|}}{C}-R' \xrightarrow[\text{② } H_3O^+]{\text{① } LiAlH_4} RCH_2OH + R'CH_2OH$$

$$R-\overset{\overset{O}{\|}}{C}-NH_2 \xrightarrow[\text{② } H_3O^+]{\text{① } LiAlH_4} RCH_2NH_2$$

氢化铝锂或金属钠-醇也可以还原酯，而且对 C=C 及 C≡C 无影响，可还原 α,β-不饱和酯。

$$\diagup\!\!\diagdown\!\!\diagup COOC_2H_5 \xrightarrow[THF]{LiAlH_4} \diagup\!\!\diagdown\!\!\diagup CH_2OH$$

（六）与格氏试剂反应

格氏试剂是一个亲核试剂，羧酸衍生物都能与格氏试剂发生反应。

酰氯与格氏试剂作用生成酮或叔醇。

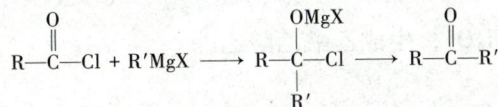

$$R-\overset{\overset{O}{\|}}{C}-Cl + R'MgX \longrightarrow R-\overset{\overset{OMgX}{|}}{\underset{R'}{C}}-Cl \longrightarrow R-\overset{\overset{O}{\|}}{C}-R'$$

若格氏试剂过量，则很容易和酮继续反应，生成叔醇。

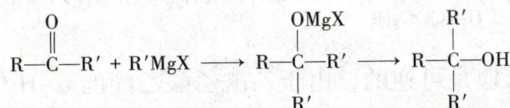

$$R-\overset{\overset{O}{\|}}{C}-R' + R'MgX \longrightarrow R-\overset{\overset{OMgX}{|}}{\underset{R'}{C}}-R' \longrightarrow R-\overset{\overset{R'}{|}}{\underset{R'}{C}}-OH$$

低温下，用 1mol 的格氏试剂，慢慢滴入含有 1mol 酰氯的溶液中，可使反应停留在酮的一步，但产率不高。

酸酐与格氏试剂在室温下也可以得到酮。例如：

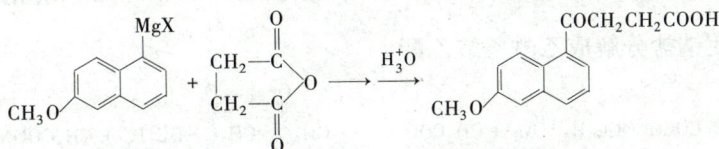

酯与格氏试剂反应生成酮，由于格氏试剂与酮反应比酯还快，反应很难停留在酮阶段，最终产物为叔醇。这是制备叔醇的一个很好的方法，具有合成上的意义。

$$R-\overset{\overset{O}{\|}}{C}-OCH_3 \xrightarrow{R'MgX} R-\overset{\overset{OMgX}{|}}{\underset{R'}{C}}-OCH_3 \longrightarrow \overset{R}{\underset{R'}{>}}C=O \xrightarrow[\quad]{R'MgX} \xrightarrow{H_3^+O} R-\overset{\overset{R'}{|}}{\underset{R'}{C}}-OH$$

α-或 β-碳上取代基多的酯，位阻大，可以停留在生成酮阶段。例如：

$$(CH_3)_3CCOOCH_3 + C_3H_7MgCl \longrightarrow \xrightarrow{H_3^+O} (CH_3)_3C-\overset{O}{\underset{\|}{C}}-C_3H_7$$

内酯则得到叔醇。

$$C_5H_{11}\text{——环内酯} O + CH_3MgCl \longrightarrow \xrightarrow{H_3^+O} C_5H_{11}\text{——}\overset{CH_3}{\underset{HO\ CH_3}{\overset{|}{\underset{|}{C}}}}\text{——OH}$$

（七）酯缩合反应

与醛、酮的羟醛缩合类似，酯分子 α-碳上的氢被酯基活化，在某些碱性试剂存在下，与另一分子酯反应得到 β-酮酯，称为酯缩合反应。例如，乙酸乙酯在醇钠的催化下，发生酯缩合反应，生成乙酰乙酸乙酯。这个反应称为克莱森（Claisen）缩合反应。

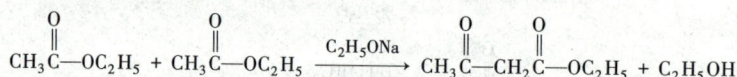

$$CH_3\overset{O}{\underset{\|}{C}}-OC_2H_5 + CH_3\overset{O}{\underset{\|}{C}}-OC_2H_5 \xrightarrow{C_2H_5ONa} CH_3\overset{O}{\underset{\|}{C}}-CH_2\overset{O}{\underset{\|}{C}}-OC_2H_5 + C_2H_5OH$$

反应历程为：首先是强碱（$C_2H_5O^-$）进攻乙酸乙酯的 α-H，形成碳负离子。

$$C_2H_5O^- + H-CH_2\overset{O}{\underset{\|}{C}}-OC_2H_5 \longrightarrow C_2H_5OH + {}^-CH_2\overset{O}{\underset{\|}{C}}-OC_2H_5$$

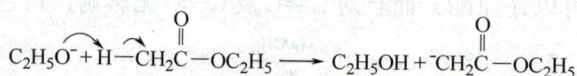

然后强亲核性的碳负离子进攻乙酸乙酯带有部分正电荷的羰基碳原子，发生亲核加成反应，生成一个四面体负离子中间产物。

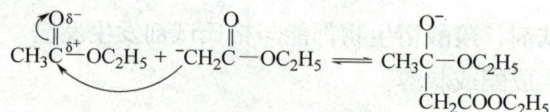

$$CH_3\overset{O^{\delta-}}{\underset{\delta+}{C}}-OC_2H_5 + {}^-CH_2\overset{O}{\underset{\|}{C}}-OC_2H_5 \Longleftrightarrow CH_3\overset{O^-}{\underset{CH_2COOC_2H_5}{\overset{|}{\underset{|}{C}}}}-OC_2H_5$$

最后，中间产物失去 $C_2H_5O^-$，生成乙酰乙酸乙酯。

$$CH_3\overset{O}{\underset{CH_2COOC_2H_5}{\overset{\|}{\underset{|}{C}}}}-OC_2H_5 \Longleftrightarrow CH_3\overset{O}{\underset{\|}{C}}-CH_2\overset{O}{\underset{\|}{C}}-OC_2H_5 + C_2H_5O^-$$

克莱森（Claisen）缩合反应是可逆的，由于乙酰乙酸乙酯的 α-H 位于羰基和酯基之间，受到两个吸电子基的影响，乙酰乙酸乙酯的 pK_a 值为 11，酸性比乙醇强（乙醇 pK_a 值为 17），$C_2H_5O^-$ 可以夺取乙酰乙酸乙酯中甲叉基上的氢，而使平衡向生成乙酰乙酸乙酯钠盐的方向移动。

$$CH_3\overset{O}{\underset{\|}{C}}-CH_2-\overset{O}{\underset{\|}{C}}-OC_2H_5 + C_2H_5O^- \Longleftrightarrow CH_3\overset{O^-}{\underset{\|}{C}}=CH-\overset{O}{\underset{\|}{C}}-OC_2H_5 + C_2H_5OH$$

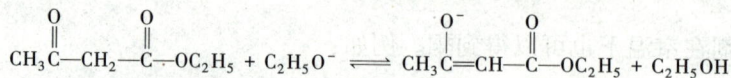

最后加入醋酸使钠盐分解成乙酰乙酸乙酯。

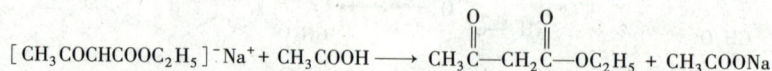

$$[CH_3COCHCOOC_2H_5]^-Na^+ + CH_3COOH \longrightarrow CH_3\overset{O}{\underset{\|}{C}}-CH_2-\overset{O}{\underset{\|}{C}}-OC_2H_5 + CH_3COONa$$

实际上，酯缩合反应相当于一个酯的 α-H 被另一个酯的酰基所取代。凡是含有 α-H 的酯，在强碱条件下都有类似的反应。因此，酯缩合反应本质上是 α-活泼氢的一个反应类型。如果用含有 α-活泼氢的醛或者酮代替一部分酯，用酰氯、酸酐代替另一部分提供酰基的酯，结果发生相同的反应。

$$\underset{\substack{\text{酯、酰氯或酸酐}\\(\text{提供酰基})}}{R-\overset{O}{\overset{\|}{C}}-Y} + \underset{\substack{\text{酯、醛或酮}\\(\text{提供}\alpha\text{-H})}}{H-\overset{O}{\overset{\|}{C}}-\overset{O}{\overset{\|}{C}}} \longrightarrow \underset{\substack{\beta\text{-二羰基化合物}}}{R-\overset{O}{\overset{\|}{C}}-\overset{}{C}-\overset{O}{\overset{\|}{C}}} + HY$$

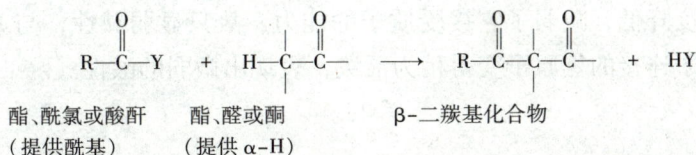

这是广义上的克莱森（Claisen）缩合反应，用于合成 β-羰基酸酯或 β-二酮类化合物。

当用两种含有 α-H 的酯进行克莱森缩合反应时，理论上可以得到四个产物，由于分离的困难，在有机合成上意义不大。但如果两种酯中，只有一种酯含有 α-H，两者相互缩合就能得到较单一的缩合产物。常用的不含 α-H 的酯有苯甲酸酯、甲酸酯和草酸酯。它们可以向其他具有 α-H 的酯的 α 位引入苯甲酰基、酯基和醛基。例如：

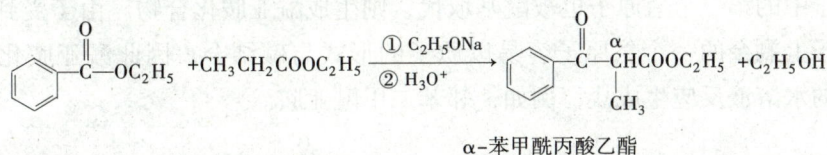

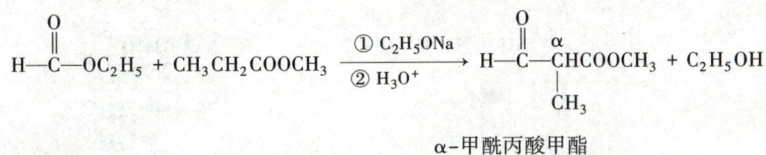

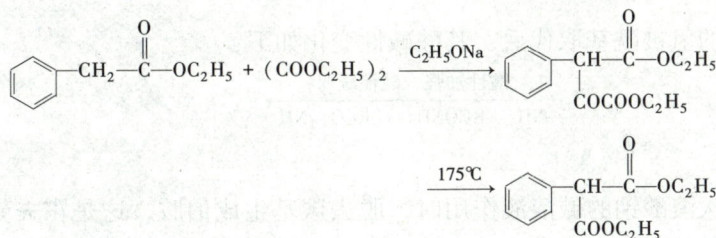

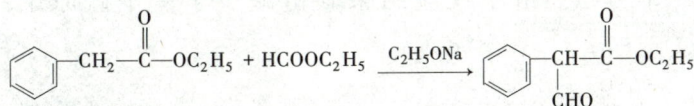

α-苯甲酰丙酸乙酯

α-甲酰丙酸甲酯

这是在酯的 α 位引入酯基、醛基的重要方法之一。

酮的 α-H 比酯的 α-H 活泼，因此当酮与酯进行缩合时得到 β-羰基酮。

$$CH_3COOC_2H_5 + CH_3-\overset{O}{\overset{\|}{C}}-CH_3 \xrightarrow{C_2H_5ONa} CH_3-\overset{O}{\overset{\|}{C}}-CH_2-\overset{O}{\overset{\|}{C}}-CH_3 + C_2H_5OH$$

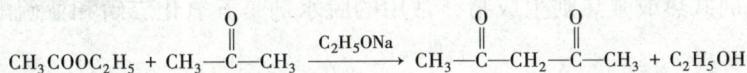

酯缩合也可以在分子内进行，形成环状 β-羰基酯，这种环化酯缩合反应称为迪克曼（Dieckman）反应，是合成五元、六元碳环的一种方法。

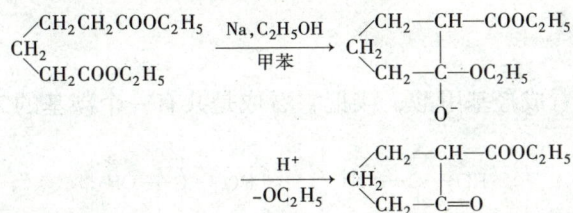

（八）酰胺的特征反应

1. 酰胺的酸碱性

当氨分子中的氢原子被酰基取代后，由于氮原子上的孤对电子与碳氧双键形成 p-π 共轭，使氮原子上的电子云密度降低，减弱了它接受质子的能力，故只显弱碱性，与 Na 作用，放出氢气。另一方面，与氮原子连接的氢原子变得稍为活泼，表现出微弱的酸性。

$$R-\overset{\overset{O}{\parallel}}{C}\overset{}{-NH_2}$$

酰胺由于碱性很弱，只能与强酸作用生成盐。例如，将氯化氢气体通入乙酰胺的乙醚溶液中，则生成不溶于乙醚的盐。

$$CH_3CONH_2 + HCl \longrightarrow CH_3CONH_2 \cdot HCl$$

生成的盐不稳定，遇水即分解成乙酰胺和盐酸。

如果氨分子中的第二个氢原子也被酰基取代，则生成酰亚胺化合物。由于受到两个酰基的影响，使得氮原子上剩余的一个氢原子容易以质子的形式与碱结合，因此酰亚胺化合物具有弱酸性，能与强碱的水溶液反应生成盐，例如，邻苯二甲酰亚胺。

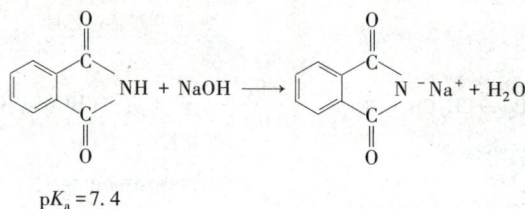

$$pK_a = 7.4$$

因此，当氨分子中的氢被酰基取代后，其酸碱性变化如下：

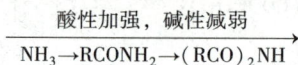

$$\xrightarrow{\text{酸性加强，碱性减弱}}$$
$$NH_3 \rightarrow RCONH_2 \rightarrow (RCO)_2NH$$

2. 霍夫曼降解反应

酰胺与次氯酸钠或次溴酸钠的碱溶液作用时，脱去羰基生成伯胺，这是霍夫曼（1818~1892年）发现制备胺的一个方法。由于反应结果碳链减少了一个碳原子，所以称为霍夫曼（Hofmann）降解反应。

$$R-\overset{\overset{O}{\parallel}}{C}-NH_2 + NaOX + 2NaOH \longrightarrow R-NH_2 + Na_2CO_3 + NaX + H_2O$$

3. 脱水反应

酰胺与强脱水剂共热或强热则生成腈，常用的脱水剂是五氧化二磷和亚硫酰氯。

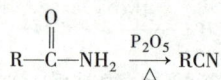

$$R-\overset{\overset{O}{\parallel}}{C}-NH_2 \xrightarrow[\triangle]{P_2O_5} RCN$$

这是实验室合成腈的一种方法。

四、碳酸衍生物

在结构上可以把碳酸看成羟基甲酸，或把它看成是共有一个羰基的二元酸。

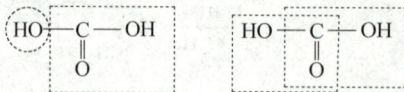

碳酸分子中的羟基被其他基团取代后的生成物称为碳酸衍生物。碳酸是二元酸，应有酸性及中性两种衍生物，但是碳及其酸性衍生物都不稳定，易分解成 CO_2。下面介绍几个有代表性的化合物。

（一）碳酰氯

碳酰氯又名光气（phosgene），因为碳酰氯最初由一氧化碳和氯气在日光作用下得到。目前工业上是在活性炭催化下，加热至 200℃制得：

$$CO + Cl_2 \xrightarrow[200℃]{活性炭} \begin{array}{c} Cl \\ Cl \end{array}C=O$$

碳酰氯在常温下为气体，沸点 8.3℃，熔点 –118℃，易溶于苯及甲苯。碳酰氯是一个在有机合成上有广泛应用的重要试剂，但其毒性很强。

碳酰氯具有酰氯的典型性质，容易发生水解、氨解和醇解。例如，它遇到潮湿的空气，即渐渐水解生成二氧化碳和氯化氢，与氨作用生成尿素。

$$\begin{array}{c} Cl \\ Cl \end{array}C=O + H_2O \longrightarrow CO_2 + 2HCl$$

$$\begin{array}{c} Cl \\ Cl \end{array}C=O + 2NH_3 \longrightarrow \begin{array}{c} NH_2 \\ NH_2 \end{array}C=O + 2HCl$$

碳酰氯与等摩尔的醇在低温时作用，生成氯甲酸酯，用过量的醇则得到碳酸酯。

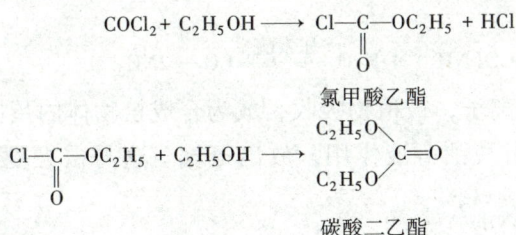

$$COCl_2 + C_2H_5OH \longrightarrow Cl-\overset{O}{\underset{}{C}}-OC_2H_5 + HCl$$

氯甲酸乙酯

$$Cl-\overset{}{\underset{O}{C}}-OC_2H_5 + C_2H_5OH \longrightarrow \begin{array}{c} C_2H_5O \\ C_2H_5O \end{array}C=O$$

碳酸二乙酯

碳酰氯是一种活泼试剂，是有机合成的重要原料。它和芳烃发生傅氏反应，水解得到芳香酸。若形成的芳酰氯再和一分子的芳烃反应，则生成二芳基酮。

碳酰氯与二元醇反应，能生成五元或六元环状化合物。

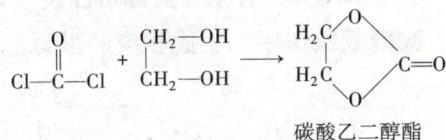

碳酸乙二醇酯

（二）碳酸的酰胺

碳酸能生成两种酰胺。

$$H_2N-\overset{}{\underset{}{C}}-OH \qquad\qquad H_2N-\overset{}{\underset{}{C}}-NH_2$$

氨基甲酸　　　　　　　　　脲（尿素）

1. 脲

脲即尿素，是碳酸的二元酰胺，是碳酸最重要的衍生物。尿素最初在 1773 年从尿中取得，成人每人每天排泄的尿液中约含 30g 尿素。

工业上用二氧化碳和过量的氨在加压（14～20MPa）加热（180℃左右）下生产尿素。

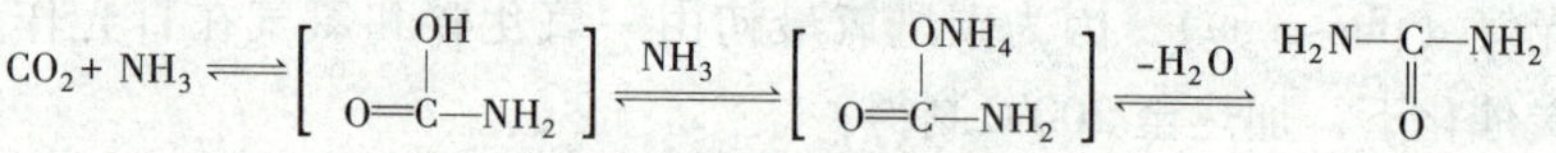

$$CO_2 + NH_3 \rightleftharpoons \left[\begin{array}{c} OH \\ O=C-NH_2 \end{array} \right] \xrightarrow{NH_3} \left[\begin{array}{c} ONH_4 \\ O=C-NH_2 \end{array} \right] \xrightarrow{-H_2O} \begin{array}{c} H_2N-C-NH_2 \\ \| \\ O \end{array}$$

尿素为菱状或针状结晶，熔点 132.7℃，易溶于水及醇而不溶于乙醚。

尿素的化学性质主要有以下几点：

（1）**弱碱性**　尿素的碱性比普通酰胺强。它的水溶液不能使石蕊试液变色，只能和强酸反应生成盐。向尿素的水溶液中加入浓硝酸，生成的硝酸脲不溶于浓硝酸，微溶于水。

$$CO(NH_2)_2 + HNO_3 \longrightarrow CO(NH_2)_2 \cdot HNO_3 \downarrow$$

（2）**水解**　在酸或碱的影响下，加热时发生水解。

$$CO(NH_2)_2 + H_2O + HCl \xrightarrow{\triangle} CO_2 + 2NH_4Cl$$

$$CO(NH_2)_2 + 2NaOH \xrightarrow{\triangle} 2NH_3 + Na_2CO_3$$

在尿素酶的催化下，能在常温下进行水解，生成 CO_2 与 NH_3。除人尿外，大豆中也含有大量的尿素酶。

$$CO(NH_2)_2 + H_2O \xrightarrow{\text{尿素酶}} CO_2 + 2NH_3$$

尿素在土壤中逐渐水解成铵离子，被植物吸收，成为合成植物体内蛋白质的原料。

（3）**放氮反应**　尿素与次卤酸钠溶液作用，放出氮气。这与霍夫曼（Hofmann）降解反应相似。

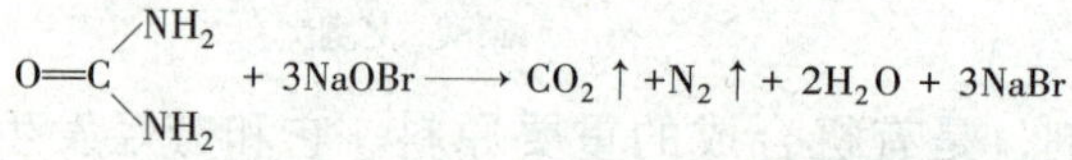

$$\begin{array}{c} O=C \begin{array}{c} NH_2 \\ NH_2 \end{array} + 3NaOBr \longrightarrow CO_2\uparrow + N_2\uparrow + 2H_2O + 3NaBr \end{array}$$

测量所生成的氮气的体积即可定量地测定尿液中尿素的含量。

（4）**缩二脲反应**　将固体尿素小心加热至 150～160℃，则两分子间脱去一分子氨，生成缩二脲。

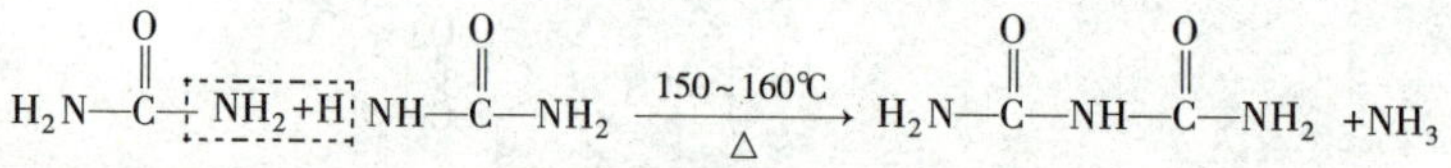

$$\begin{array}{c} O \\ \| \\ H_2N-C-\overline{NH_2 + H} \end{array} \begin{array}{c} O \\ \| \\ NH-C-NH_2 \end{array} \xrightarrow[\triangle]{150\sim160℃} \begin{array}{c} O \\ \| \\ H_2N-C-NH-C-NH_2 \\ \| \\ O \end{array} + NH_3$$

缩二脲在碱性溶液中与硫酸铜溶液作用显紫红色，这个颜色反应称为缩二脲反应。凡是含有一个以上的酰胺键（即肽键：—CO—NH—）的化合物都可以发生该颜色反应。

（5）**酰基化**　尿素和酰氯、酸酐或酯作用，生成相应的酰脲。例如，尿素与乙酰氯反应可生成乙酰脲或二乙酰脲。

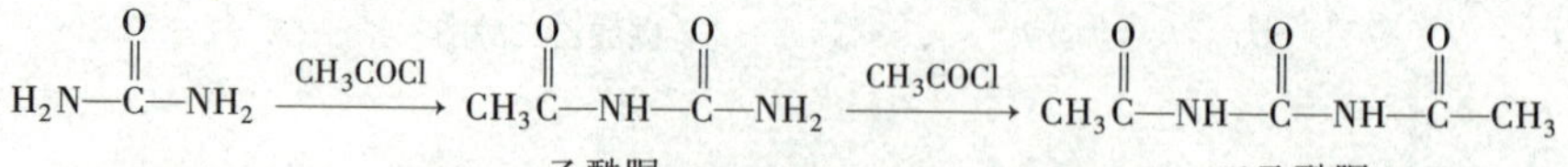

$$\begin{array}{c} O \\ \| \\ H_2N-C-NH_2 \end{array} \xrightarrow{CH_3COCl} \begin{array}{c} O \\ \| \\ CH_3C-NH-C-NH_2 \\ \| \\ O \end{array} \xrightarrow{CH_3COCl} \begin{array}{c} O \\ \| \\ CH_3C-NH-C-NH-C-CH_3 \\ \| \quad\quad \| \\ O \quad\quad O \end{array}$$
$$\text{乙酰脲} \qquad\qquad\qquad \text{二乙酰脲}$$

尿素和丙二酸酯在乙醇钠的催化下，生成环状的丙二酰脲。

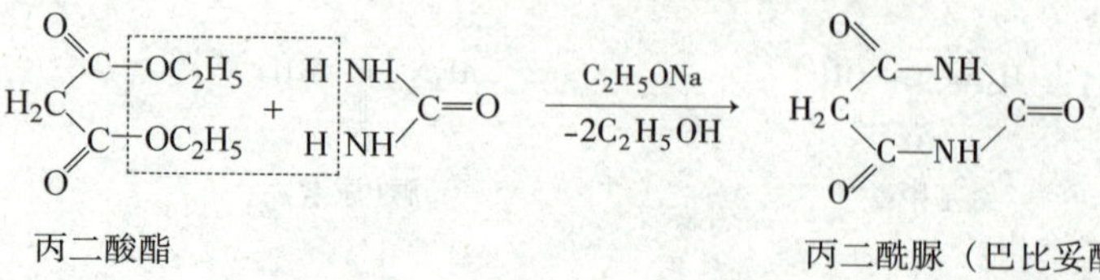

$$\begin{array}{c} O \\ \| \\ H_2C \begin{array}{c} C-OC_2H_5 \\ C-OC_2H_5 \\ \| \\ O \end{array} + \begin{array}{c} H \\ NH \\ C=O \\ NH \\ H \end{array} \end{array} \xrightarrow[-2C_2H_5OH]{C_2H_5ONa} \begin{array}{c} O \\ \| \\ H_2C \begin{array}{c} C-NH \\ C-NH \\ \| \\ O \end{array} C=O \end{array}$$
$$\text{丙二酸酯} \qquad\qquad\qquad\qquad \text{丙二酰脲（巴比妥酸）}$$

丙二酰脲具有比醋酸（$pK_a = 4.76$）还要强的酸性（$pK_a = 3.99$），因此又称之为"巴比妥酸"。其甲叉基上的两个氢原子被烃基取代的衍生物是一类常用的镇静安眠药，总称为巴比妥类药物，如二乙基丙二酰脲（巴比妥）、乙基苯基丙二酰脲（苯巴比妥）是两种最常用的安眠药。

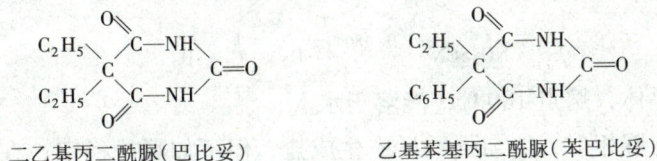

二乙基丙二酰脲（巴比妥）　　　　乙基苯基丙二酰脲（苯巴比妥）

2. 氨基甲酸酯

当碳酸分子中两个羟基分别被氨基和烷氧基取代，即得到氨基甲酸酯。

氨基甲酸酯　　　　　　*N*-取代氨基甲酸酯

氨基甲酸酯不能直接从碳酸制备，是以光气为原料，先部分醇解再氨解，或者先部分氨解再醇解。

方法1：

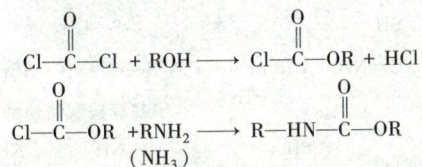

方法2：

$$Cl-\overset{O}{\underset{}{C}}-Cl + R'-NH_2 \longrightarrow R'N{=}C{=}O + 2HCl$$

$$R'N{=}C{=}O + ROH \longrightarrow R'-NH-\overset{O}{\underset{}{C}}-OR$$

其中 R—N=C=O 是异氰酸（HNCO）形成的酯，所以称为异氰酸酯。它是一类很活泼的化合物，遇水立即反应生成氨基甲酸，与醇作用生成氨基甲酸酯，与氨作用生成取代脲，可用于醇和胺类化合物的鉴定。

$$RNCO + H_2O \longrightarrow RNHCOOH$$

$$RNCO + R'NH_2 \longrightarrow RNHCONHR'$$

氨基甲酸酯是一类具有镇静和轻度催眠作用的药物。例如，常用的催眠药——眠尔通的结构如下：

2-甲基-2-丙基丙-1,3-二醇-双-氨基甲酸酯（简称甲丙氨酯）

（三）硫脲和胍

$$H_2N-\overset{S}{\underset{}{C}}-NH_2 \qquad\qquad H_2N-\overset{NH}{\underset{}{C}}-NH_2$$

硫脲　　　　　　　　　　　　　胍

1. 硫脲

硫脲可以看成是脲分子中的氧原子被硫原子取代的化合物。它可通过硫氰酸铵加热制得：

$$NH_4SCN \xrightarrow{170\sim180℃} H_2N-\overset{\displaystyle S}{\overset{\|}{C}}-NH_2$$

硫脲为白色菱形晶体，熔点 180℃，能溶于水。

硫脲的化学性质与脲相似，能与强酸反应生成盐，但不如脲盐稳定；在酸或碱存在下，硫脲容易发生水解。

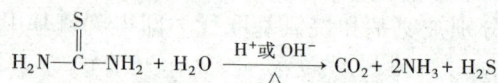

$$H_2N-\overset{\displaystyle S}{\overset{\|}{C}}-NH_2 + H_2O \xrightarrow[\triangle]{H^+或OH^-} CO_2 + 2NH_3 + H_2S$$

硫脲可发生互变异构成为烯醇式的异硫脲。异硫脲的化学性质比较活泼，易生成 S-烷基衍生物，也易氧化形成二硫键。

$$H_2N-\overset{\displaystyle S}{\overset{\|}{C}}-NH_2 \rightleftharpoons H_2N-\overset{\displaystyle SH}{\overset{|}{C}}=NH$$
异硫脲

$$H_2N-\overset{\displaystyle SH}{\overset{|}{C}}=NH + CH_3Br \longrightarrow H_2N-\overset{\displaystyle S-CH_3}{\overset{|}{C}}=NH \cdot HBr$$
S-甲基异硫脲氢溴酸盐

$$2H_2N-\overset{\displaystyle SH}{\overset{|}{C}}=NH \xrightarrow{[O]} H_2N-\overset{\displaystyle NH}{\overset{\|}{C}}-S-S-\overset{\displaystyle NH}{\overset{\|}{C}}-NH_2$$

硫脲是一个重要的化工原料，可用来生产甲硫氧嘧啶等药物，在药剂上可用作抗氧化剂。

2. 胍

胍可以看作是脲分子中的氧被亚氨基(=NH) 取代的衍生物，故又称为亚氨基脲。胍分子中氨基上除去一个氢原子后剩余的基团称为胍基；除去一个氨基后的基团称为脒基。

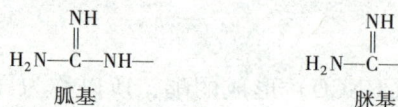

$$H_2N-\overset{\displaystyle NH}{\overset{\|}{C}}-NH- \qquad\qquad H_2N-\overset{\displaystyle NH}{\overset{\|}{C}}$$
胍基 $\qquad\qquad\qquad$ 脒基

胍为吸湿性很强的无色结晶，熔点 50℃，易溶于水。

胍是一个有机强碱，碱性与氢氧化钠相当，在空气中能吸收二氧化碳，生成稳定的碳酸胍。

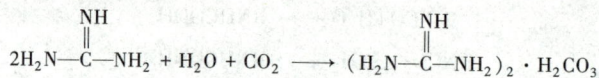

$$2H_2N-\overset{\displaystyle NH}{\overset{\|}{C}}-NH_2 + H_2O + CO_2 \longrightarrow (H_2N-\overset{\displaystyle NH}{\overset{\|}{C}}-NH_2)_2 \cdot H_2CO_3$$

胍的强碱性不仅由于 $\diagdown C=NH$ 的碱性比 $\diagdown C=O$ 强，而且主要是接受 H^+ 后能形成稳定的胍阳离子：

$$H_2N-\overset{\displaystyle NH}{\overset{\|}{C}}-NH_2 + H^+ \longrightarrow \left[H_2\overset{\cdot\cdot}{N}-\overset{\displaystyle NH_2}{\overset{\|}{C}}-\overset{\cdot\cdot}{N}H_2 \right]^+$$
胍阳离子

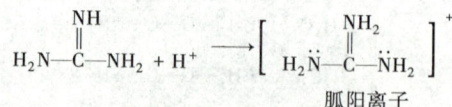

在胍阳离子中存在着共轭效应，三个氮原子均匀地分布在碳原子周围，三个碳氮键完全平均化（键长均为 118pm），比一般的 C—N（147pm）和 C=N（128pm）都短，体系能量降低而稳定。

胍容易水解成脲和氨：

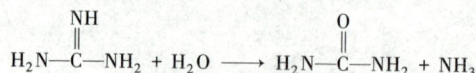

$$H_2N-\overset{\displaystyle NH}{\overset{\|}{C}}-NH_2 + H_2O \longrightarrow H_2N-\overset{\displaystyle O}{\overset{\|}{C}}-NH_2 + NH_3$$

胍的衍生物在生理上很重要，如链霉素、精氨酸、肌酸等分子中都含有胍基。特别是肌酸在动物体内分布很广，其结构为：

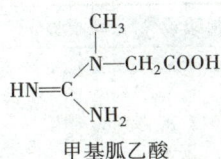

$$\underset{\text{甲基胍乙酸}}{\underset{HN=\overset{\displaystyle CH_3}{\overset{|}{\underset{|}{N}}}-CH_2COOH}{\overset{|}{\underset{NH_2}{C}}}}$$

五、油脂、蜡和表面活性剂

油脂和蜡广泛存在于动、植物中，它们都是直链高级脂肪酸的酯，是生物体维持正常生命活动不可缺少的物质。

（一）油脂

油脂普遍存在于动物的脂肪组织和植物的种子中。习惯上，我们将在室温下呈液态的称为油，呈固态的称为脂。从化学结构上看，油脂是直链高级脂肪酸和甘油生成的酯，其通式为：

$$\begin{array}{l} CH_2-O-CO-R \\ CH-O-CO-R' \\ CH_2-O-CO-R'' \end{array}$$

如果 R、R′、R″相同，称为单纯甘油酯，R、R′、R″不同，则称为混合甘油酯。天然的油脂大多为混合甘油酯。

组成甘油酯的脂肪酸的种类很多，但绝大多数都是含有偶数碳原子的直链羧酸，其中有饱和的，也有不饱和的。现已从油脂水解得到的有 $C_4 \sim C_{26}$ 的各种饱和脂肪酸和 $C_{10} \sim C_{24}$ 的各种不饱和脂肪酸。常见的饱和脂肪酸以十六碳酸（软脂酸）分布最广，几乎所有的油脂中都含有；而在动物脂肪中十八碳酸（硬脂酸）含量最多。不饱和脂肪酸以油酸、亚油酸分布最广。油脂中常见的重要脂肪酸见表 12-4。

表 12-4　几种重要的高级脂肪酸

名　称		系 统 命 名	结 构 简 式	m.p.(℃)
饱和脂肪酸	月桂酸	十二碳酸	$CH_3(CH_2)_{10}COOH$	44
	肉豆蔻酸	十四碳酸	$CH_3(CH_2)_{12}COOH$	54
	软脂酸	十六碳酸	$CH_3(CH_2)_{14}COOH$	63
	硬脂酸	十八碳酸	$CH_3(CH_2)_{16}COOH$	70
不饱和脂肪酸	油酸	Δ^9-十八碳烯酸	$CH_3(CH_2)_7CH=CH(CH_2)_7COOH$	13
	亚油酸	$\Delta^{9,12}$-十八碳二烯酸	$CH_3(CH_2)_4CH=CHCH_2CH=CH(CH_2)_7COOH$	−5
	蓖麻油酸	12-羟基-Δ^9-十八碳烯酸	$CH_3(CH_2)_5CHOHCH_2CH=CH(CH_2)_7COOH$	50
	亚麻油酸	$\Delta^{9,12,15}$-十八碳三烯酸	$CH_3(CH_2CH=CH)_3(CH_2)_7COOH$	−11
	桐油酸	$\Delta^{9,11,13}$-十八碳三烯酸	$CH_3(CH_2)_3(CH=CH)_3(CH_2)_7COOH$	49
	花生四烯酸	$\Delta^{5,8,11,14}$-二十碳四烯酸	$CH_3(CH_2)_4(CH=CHCH_2)_4(CH_2)_2COOH$	−49.5

注：Δ 为希腊字母，与其右上角的数字一同标明烯键的位次。

不饱和脂肪酸的熔点比饱和脂肪酸要低。脂肪酸不饱和度愈高，由它所组成的油脂的熔点也愈低。因此固体的脂含有较多的饱和脂肪酸甘油酯，而液态的油则含有较多的不饱和脂肪酸甘油酯。不饱和脂肪酸的 C=C 键多数为顺式构型。一些常见的油脂见表 12-5。

表 12-5　一些常见油脂的性能及其高级脂肪酸的含量

油脂名称	皂化值	碘 值	软脂酸%	硬脂酸%	油酸%	亚油酸%	其他%
大豆油	189~194	124~136	6~10	2~4	21~29	50~59	
花生油	185~195	84~100	6~9	2~6	50~70	13~26	
棉籽油	191~196	103~115	19~24	1~2	23~33	40~48	
蓖麻油	176~187	81~90	0~2	—	0~9	3~7	蓖麻油酸 80~92
桐　油	190~197	160~180	—	2~6	4~16	0~1	桐油酸 74~91
亚麻油	189~196	170~204	4~7	2~5	9~38	3~43	亚麻油酸 25~58
猪　油	193~203	46~66	28~30	12~18	41~48	6~7	
牛　油	193~200	31~47	24~32	14~32	35~48	2~4	

1. 油脂的性质

油脂的密度在 0.9~0.98 之间，不溶于水，易溶于乙醚、汽油、苯、石油醚、四氯化碳及热乙醇等有机溶剂。油脂一般为混合物，没有明显的沸点和熔点。

油脂的化学性质与其主要成分脂肪酸甘油酯的结构密切相关，重要的化学性质为水解、加成、氧化等反应。

（1）水解　像羧酸酯一样，油脂在酸、碱或酶的催化下，易水解，生成甘油和羧酸（或羧酸盐）。例如，油脂在硫酸存在下与水共沸，则水解生成甘油和高级脂肪酸。

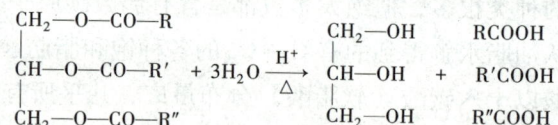

$$\begin{array}{l}CH_2-O-CO-R \\ | \\ CH-O-CO-R' \\ | \\ CH_2-O-CO-R''\end{array} + 3H_2O \xrightarrow[\triangle]{H^+} \begin{array}{l}CH_2-OH \\ | \\ CH-OH \\ | \\ CH_2-OH\end{array} + \begin{array}{l}RCOOH \\ R'COOH \\ R''COOH\end{array}$$

这是工业上制取高级脂肪酸和甘油的重要方法。

当油脂在碱性条件下（NaOH 或 KOH）进行水解时，得到甘油和高级脂肪酸钠（或钾盐）的混合物。高级脂肪酸盐就是肥皂，所以油脂的碱性水解叫作皂化反应。

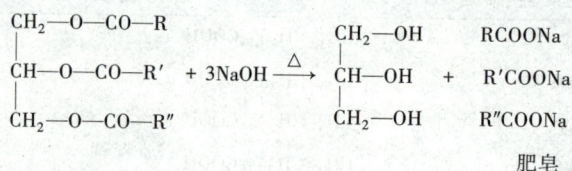

$$\begin{array}{l}CH_2-O-CO-R \\ | \\ CH-O-CO-R' \\ | \\ CH_2-O-CO-R''\end{array} + 3NaOH \xrightarrow{\triangle} \begin{array}{l}CH_2-OH \\ | \\ CH-OH \\ | \\ CH_2-OH\end{array} + \begin{array}{l}RCOONa \\ R'COONa \\ R''COONa\end{array}$$

肥皂

油脂在人体内消化时，在脂肪酶的催化作用下，也可以水解。

（2）加成　油脂的羧酸部分有的含有不饱和键，可以发生加成反应。下列两个加成反应最重要。

① 氢化：含有不饱和脂肪酸的油脂以镍为催化剂，在 110~190℃，催化加氢后可以转化为饱和程度较高的固态或半固态的脂。这种加氢后的油脂，称为氢化油或硬化油。

② 加碘：不饱和脂肪酸甘油酯的碳碳双键可以和碘发生加成反应。工业上将 100g 油脂所吸收的碘的质量（以 g 计）称为碘值。碘值是油脂的重要参数。碘值愈大，表示油脂的不饱和程度愈高。

（3）干性　某些油（如桐油）涂成薄层，在空气中逐渐变成有韧性的固态薄膜。油的这种结膜特性称为干性（或干化）。

油的干化是一个很复杂的过程，主要是一系列氧化、聚合反应的结果。实践证明，油的干性强弱（即干结成膜的快慢）和油分子中所含双键的数目及双键的结构体系有关：含双键数目多的，结膜快；有共轭双键结构体系的比孤立双键结构体系的结膜快。成膜是由于双键聚合的结果。根据碘值的大小可分为干性油（碘值大于 130）、半干性油（碘值为 100~130）和不干性油（碘值小于 100）三大类。

油漆用油以干性油和半干性油为主，而桐油是最好的干性油。

（4）酸败　油脂在空气中长期储存，逐渐变质，产生异味、异臭，这种变化称为酸败。引起油脂酸败的主要原因是由于空气中的氧气、水以及细菌的作用，使油脂的不饱和键被氧化、分解，产生具有特殊气味的低级醛、酮、羧酸等。因此贮存油脂时，应保存在干燥、避光的密闭容器中。

油脂酸败后有游离脂肪酸产生。油脂中脂肪酸的含量可用氢氧化钾中和进行测定。中和 1g 油脂中游离脂肪酸所需氢氧化钾的质量（以 mg 计），称为酸值。一般情况下，酸值大于 6 的油脂不宜食用。

2. 油脂的用途

油脂和蛋白质、碳水化合物一样，是动、植物体的重要成分，也是人类生命活动所必需的营养物质。油脂通过氧化可以供给人类生命过程所需要的热能。1g 脂肪在人体内氧化时，可以放出 39.3kJ 的热能，比 1g 蛋白质和 1g 碳水化合物所放出热能的总和还多。

此外，油脂还可以用来制造肥皂、油漆、润滑油等。

（二）蜡

蜡广泛分布于动、植物界，是高级脂肪酸和高级一元醇所形成的酯。

在工业上使用较多的有巴西蜡（来自巴西棕榈叶），其主要成分是 $C_{25}H_{51}COOC_{30}H_{61}$。重要的动物蜡有蜂蜡，又称为"黄蜡"，其主要成分是 $C_{15}H_{31}COOC_{30}H_{61}$，制药工业上用作软膏的基质和制蜡丸；鲸蜡的主要成分是 $C_{25}H_{51}COOC_{16}H_{33}$。虫蜡是我国西南特产，由寄生在女贞树及木蜡树上的白蜡虫分泌物加工而成，其主要成分是 $C_{25}H_{51}COOC_{26}H_{53}$。

蜡都是具有低熔点的固体，不溶于水，可溶于有机溶剂。在人体内不能被脂肪酶所水解，因此蜡没有营养价值。蜡在工业上用来制作蜡纸、软膏、蜡模、化妆品等。

（三）肥皂和表面活性剂

1. 肥皂

肥皂是高级脂肪酸的钠盐或钾盐。日常所用的肥皂是高级脂肪酸的钠盐；高级脂肪酸的钾盐称为钾肥皂，质软，多用作洗发水。

肥皂为什么能去污？

高级脂肪酸钠（或钾盐）结构上一头是羧基，具有极性，称为亲水基；另一头是链状的、非极性的烃基，称为憎水基（亲油基）。

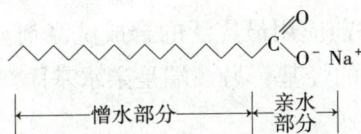

当肥皂溶于水后，亲水的羧基倾向于进入水中，而憎水的烃基则被排斥在水的外面。在水面的脂肪酸钠分子其亲水部分插入水中，憎水部分则伸向水表面外，形成定向排列，从而削弱了水

表面上水分子间的吸引力,所以肥皂具有强烈降低水表面张力的性质,是一种表面活性剂。当水中肥皂的浓度逐渐增大时,水表面上的肥皂分子逐渐增多,形成单分子层。继续增大肥皂的浓度,由于水表面已被占满,溶液内肥皂分子上的憎水烃基依靠范德华力聚集在一起,而亲水的羧基则包在外边,形成胶体大小的聚集粒子,称为胶束(图 12-1)。胶束外面带有相同的

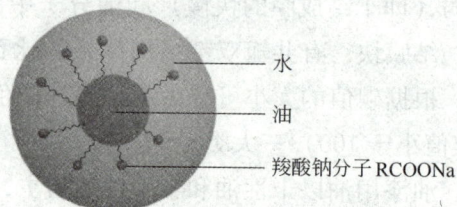

图 12-1 胶束示意图(彩图附后)

电荷,使得它们之间有一定的排斥力,使胶束稳定。如果遇到油污,肥皂的憎水部分(亲油基)就会进入油滴内,而亲水部分伸向油滴外的水中,形成稳定的乳浊液。

由于降低了水的表面张力,使油质较易被润湿。油污在机械揉搓和水的冲刷下与附着物(如纤维)逐渐脱离,分散成细小的乳浊液滴进入水中,随水漂流而去。这就是肥皂去污的原理(图 12-2)。

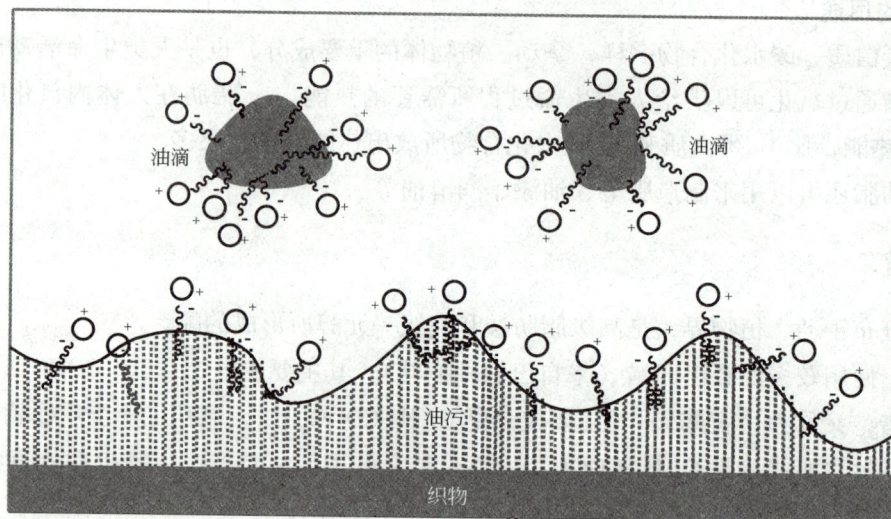

图 12-2 肥皂去污原理示意图

肥皂具有优良的洗涤作用,但也有一些缺点。例如,肥皂不宜在硬水或酸性水中使用。因为在硬水中使用时,生成难溶于水的脂肪酸镁和脂肪酸钙,而在酸性水中肥皂会游离出难溶于水的脂肪酸,去污能力大大降低。用人工合成的具有表面活性作用的表面活性剂来代替肥皂,基本上克服了上述缺点。

2. 表面活性剂

表面活性剂是能显著降低液体表面张力的物质。在结构上与肥皂分子相类似——同时具有亲水基团(如—COOH、—SO_3H、—OH、—OSO_3H、—NH_2)和憎水基团(一般为含十个碳原子以上的直链烷烃)。根据其用途不同,可分为洗涤剂、乳化剂、润湿剂、杀菌剂、起泡剂等。按照其分子结构的特点,表面活性剂分为阴离子型、阳离子型和非离子型三大类。

(1)**阴离子表面活性剂** 是目前应用最广泛的合成洗涤剂。像肥皂分子一样,是具有表面活性作用的阴离子,其中一端是憎水的烃基,另一端是亲水基团。这类洗涤剂中,最常见的是烷基硫酸盐、烷基苯基磺酸盐等。

表 12-6　几种类型的阴离子洗涤剂

洗　涤　剂	憎水基团	亲水基团	洗　涤　剂	憎水基团　　亲水基团
肥皂	$R-COO^-Na^+$		烷基苯基磺酸盐	$R-\langle\!\!\!\bigcirc\!\!\!\rangle-SO_3^-Na^+$
烷基硫酸酯盐	$R-O-SO_3^-Na^+$			

烃基含碳原子数一般在 C_{12} 左右为好，过大使油溶性太强，水溶性相应减弱；太小又使油溶性减弱，水溶性增强，都直接影响洗涤剂的去污效果。

现在国内外使用最广泛的洗涤剂是十二烷基苯磺酸钠，一般是以煤油（180～280℃ 的馏分）或丙烯的四聚体（丙烯聚合时的副产物）为原料，经过氯化、烷基化、磺化、中和等工序而制得。

（2）阳离子表面活性剂　它与阴离子表面活性剂相反，溶于水时起作用的有效部分是阳离子。属于这一类的主要是季铵盐，其中必定含一个长链烷基。

阳离子表面活性剂去污能力较差，但它们都具有杀灭细菌和霉菌的能力，所以一般多用作杀菌剂和消毒剂。

（3）非离子型表面活性剂　这类表面活性剂在水溶液中不离解，是中性化合物。它可由醇或酚与环氧乙烷反应制得。例如：

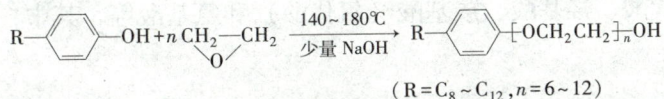

$$R-\langle\!\!\!\bigcirc\!\!\!\rangle-OH + n\,CH_2\!-\!CH_2 \xrightarrow[\text{少量 NaOH}]{140\sim180℃} R-\langle\!\!\!\bigcirc\!\!\!\rangle-\!\!\left[OCH_2CH_2\right]_{n}\!OH$$

$$(R=C_8\sim C_{12}, n=6\sim12)$$

其中羟基和聚醚部分 $\left[OCH_2CH_2\right]_n$ 是亲水基团。当 n 在 10 左右时，是一种很好的乳化剂。

非离子型表面活性剂在工业上常用作乳化剂、润湿剂、洗涤剂。

第十三章
取代羧酸

第一节　取代羧酸的结构、分类和命名

一、结构和分类

羧酸分子中烃基上的氢原子被其他原子或基团取代生成的化合物叫作取代羧酸。取代羧酸按取代基的种类分为卤代酸、羟基酸、羰基酸（氧代酸）和氨基酸等，其中，羟基酸又可以分为醇酸和酚酸。如：

$$
\begin{array}{ccccc}
CH_2COOH & CH_3CCOOH & CH_2COOH & OH & COOH \\
| & \parallel & | & | & | \\
X & O & NH_2 & CH_3CHCOOH & OH \\
\text{卤代酸} & \text{羰基酸} & \text{氨基酸} & \text{醇酸} & \text{酚酸}
\end{array}
$$

取代酸是同时具有两种或两种以上官能团的化合物，属于复合官能团化合物。它们不仅具有羧基和其他官能团的一些化学性质，并且还有这些官能团之间相互作用和相互影响而产生的一些特殊性质。这也说明了分子中各基团不是孤立的，在一定的化学结构中相互联系、相互影响。

二、命名

羧基在"官能团优先规则"中处于高位（图1-6），当它与卤素、羟基、氨基、羰基共存时，总是充当最优官能团。因此，这类含有复合官能团的化合物，被认为是取代的羧酸。进行系统命名时，以羧酸为母体，分子中的卤素、羟基、氨基、羰基等基团作为取代基。取代基在分子主链上的位置以阿拉伯数字或希腊字母（当处于最末端时，用 ω 表示）标明。有些取代羧酸也可以使用俗名。

卤代酸：

$$
\begin{array}{c}
Br \\
| \\
CH_2CH_2COOH
\end{array}
$$

3-溴代丙酸（β-溴丙酸）
（3-bromopropanoic acid；β-bromopropanoic acid）

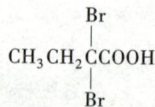

$$
\begin{array}{c}
Br \\
| \\
CH_3CH_2CCOOH \\
| \\
Br
\end{array}
$$

2,2-二溴丁酸（α,α-二溴丁酸）
（2,2-dibromobutanoic acid；α,α-dibromobutanoic acid）

$$ClCH_2CH_2CH_2COOH$$

γ-氯丁酸
（γ-chlorobutanoic acid）

间溴苯甲酸（3-溴苯甲酸）
（m-bromobenzoic acid；3-bromobenzoic acid）

羟基酸：

$$CH_3CHCOOH$$
（上方标 OH）

α-羟基丙酸（α-hydroxypropanoic acid）
2-羟基丙酸（2-hydroxypropanoic acid）
乳酸（lactic acid）

$$\overset{5}{C}H_3\overset{4}{C}H_2\overset{3}{C}H_2\overset{2}{C}H_2\overset{1}{C}OOH$$
（δ γ β α；上方标 OH）

δ-羟基戊酸（δ-hydroxypentanoic acid）
5-羟基戊酸（5-hydroxypentanoic acid）

（结构式：苯环 COOH、OH 邻位）

2-羟基苯甲酸（2-hydroxybenzoic acid）
邻羟基苯甲酸（o-hydroxybenzoic acid）
水杨酸（salicylic acid）

（结构式：苯环 COOH，3,4 位 OH）

3,4-二羟基苯甲酸（3,4-dihydroxybenzoic acid）
原儿茶酸（protocatechuic acid）

在脂肪族取代二元羧酸中，碳链用希腊字母编号时，可以从两端开始，同时进行，直到相遇为止。例如：

$$
\begin{array}{c}
COOH \\
CHOH \\
CHOH \\
COOH
\end{array}
$$

2,3-二羟基丁二酸
（2,3-dihydroxybutanedioic acid）
α,α′-二羟基丁二酸
（α,α′-dihydroxybutanedioic acid）
酒石酸（tartaric acid）

$$
\begin{array}{c}
COOH \\
CHOH \\
CH_2 \\
COOH
\end{array}
$$

2-羟基丁二酸
（2-hydroxybutanedioic acid）
α-羟基丁二酸
（α-hydroxybutanedioic acid）
苹果酸（malic acid）

$$
\begin{array}{c}
CH_2COOH \\
HO-C-COOH \\
CH_2COOH
\end{array}
$$

2-羟基丙烷-1,2,3-三羧酸
（2-hydroxypropane-1,2,3-tricarboxylic acid）
柠檬酸
（citric acid）

羰基酸： 命名时取含羰基和羧基的最长碳链为主链，依主链的碳原子数，称为"某酸"。羰基（包括醛基和酮基）视作取代基，称为"氧亚基"。例如：

$$HCCOOH$$（上方 O）

乙醛酸（glyoxylic acid）
2-氧亚乙酸（2-oxoethanoic acid）

$$HCCH_2COOH$$（上方 O）

3-氧亚丙酸（3-oxypropanoic acid）
丙醛酸（malonaldehydic acid）

$$CH_3CCOOH$$（上方 O）

2-氧亚丙酸（2-oxopropoinic aicd）
丙酮酸（pyruvic acid）

$$CH_3CCH_2COOH$$（上方 O）

3-氧亚丁酸（3-oxobutanoic acid）
乙酰乙酸（acetoxyacetic acid）

$$CH_3CCH_2CH_2COOH$$（上方 O）

4-氧亚戊酸（4-oxopentanoic acid）

氨基酸： 见第十五章第一节中"氨基酸的命名"。

第二节　取代基对酸性的影响

取代羧酸的酸性强弱与其分子结构密切相关。在取代羧酸分子中与羧基直接或间接相连的取代基，对羧酸的酸性都有不同程度的影响。但总的说来，若分子中含有降低羧基中羟基氧原子的电子云密度，从而增强氧氢键极性，使羧酸负离子稳定性增强的因素，则酸性增强；反之，则酸性减弱。

从卤代羧酸的酸性可以归纳出这种原子间的相互影响（表 13-1）。

表 13-1　几种卤代酸的 pK_a 值

名　称	结构简式	pK_a	名　称	结构简式	pK_a
乙　酸	CH_3COOH	4.76	三氯乙酸	$Cl_3CHCOOH$	0.66
一氟乙酸	FCH_2COOH	2.57	丁　酸	$CH_3CH_2CH_2COOH$	4.82
一氯乙酸	$ClCH_2COOH$	2.87	α-氯丁酸	$CH_3CH_2CHClCOOH$	2.86
一溴乙酸	$BrCH_2COOH$	2.90	β-氯丁酸	$CH_3CHClCH_2COOH$	4.41
一碘乙酸	ICH_2COOH	3.16	γ-氯丁酸	$ClCH_2CH_2CH_2COOH$	4.70
二氯乙酸	$Cl_2CHCOOH$	1.25			

1. 卤素的位置。羧酸分子中的 α-碳原子上的氢原子被取代后，则酸性明显增强，而 β，γ-碳原子上的氢原子被卤素取代后，酸性虽有所增强，但与没有取代的羧酸相比较，差别不太大，主要是因为诱导效应在碳链上传递时，随着距离的增大而很快减弱或消失。

2. 卤素的数目。由于诱导效应的加和性，同一碳原子上，卤素的数目越多，吸电子的诱导效应就越强，酸性就越强。

3. 卤素的种类。卤素不同，其电负性大小不同，诱导效应的影响不同，导致酸性强度不同。氟代酸的酸性最强，氯代酸和溴代酸次之，碘代酸最弱。即各种卤素原子对酸性影响的大小次序为 F>Cl>Br>I。

在饱和一元取代羧酸分子中，烃基上的氢原子被卤素、氰基、硝基等电负性大的基团取代后，由于这些基团具有吸电子诱导效应（-I），通过碳链上的传递，使羧基上 O—H 键的电子云更靠近氧原子，氢容易以质子的形式脱去。同时，也使形成的羧基负离子的负电荷更为分散，稳定性增加，酸性也增强。取代基的电负性愈强，吸电子诱导效应愈强；取代基的数目愈多，对羧酸的酸性影响愈大。

羧基直接与芳香环相连的取代芳香酸，由于苯环与羧基形成共轭体系，苯环上的取代基对羧基的影响和在饱和碳链中传递的情况有所不同。苯环上的取代基对芳香酸酸性的影响，除了取代基的结构因素外，还随着取代基与羧基的相对位置不同而变化。

共轭效应常与诱导效应同时存在，反映出来的物质性质是两种影响共同作用的结果，这可由下列化合物的 pK_a 值看出（表 13-2）。

表 13-2　对位和间位取代苯甲酸的 pK_a 值

基团	间位	对位	基团	间位	对位
—NH_2	4.36	4.86	—Cl	3.83	3.97
—OH	4.10	4.57	—Br	3.85	4.18
—OCH_3	4.08	4.47	—I	3.85	4.02
—H	4.20	4.20	—CN	3.64	3.54
—$N^+(CH_3)_3$	3.32	3.38	—NO_2	3.50	3.42
—F	3.86	4.84			

当对位取代基为—CN、—NO_2 时，诱导效应和共轭效应都是吸电子的，—I 和—C 效应一致，所以使取代苯甲酸的酸性明显增强。当苯甲酸的对位取代基为—OH、—OCH_3、—NH_2 时，诱导效应为-I 效应，共轭效应（p-π 共轭）是+C 效应，由于+C 效应与-I 效应的不一致，+C 效应大于-I 效应，两种效应的综合结果，使取代苯甲酸的酸性减弱。当对位取代基为—Cl、—Br、—I 时，则-I 效应大于+C 效应，结果使羧基的酸性增强。例如：

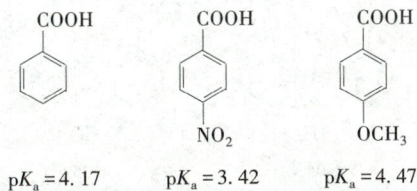

$pK_a = 4.17$ $pK_a = 3.42$ $pK_a = 4.47$

对硝基苯甲酸的酸性比对甲氧基苯甲酸强些，这是由于苯甲酸的对位连有硝基或甲氧基时，因距离羧基较远，诱导效应很弱，主要为共轭效应。结果硝基的-C效应使羧酸的酸性增强，而甲氧基的+C效应使羧酸的酸性减弱。

当取代基处在间位时，取代基对羧基的共轭效应受到阻碍，共轭效应作用较小，对羧基的电子效应主要表现为诱导效应，但因取代基与羧基之间隔了三个碳原子，影响随之减弱。

例如，间甲氧基苯甲酸的酸性比对甲氧基苯甲酸强：

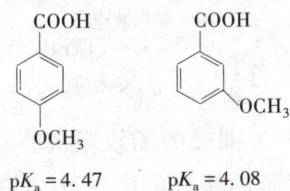

$pK_a = 4.47$ $pK_a = 4.08$

对邻位取代基来说，共轭效应和诱导效应都发挥作用，同时由于取代基团之间的距离很近，还要考虑空间立体效应，情况要复杂一些。一般说来，邻位取代的苯甲酸，除氨基以外，不论是—X、—CH$_3$、—OH或—NO$_2$等，其酸性都比间位或对位取代的苯甲酸强。例如：邻、间、对位的硝基苯甲酸，pK$_a$值分别为：

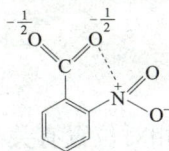

$pK_a = 2.21$ $pK_a = 3.42$ $pK_a = 3.50$

其中，邻位异构体的酸性最强。这是因为在苯甲酸分子中羧基与苯环在同一平面上，形成共轭体系。当取代基位于羧基邻位时，由于取代基占据一定的空间，在一定程度上排挤了羧基，使它偏离苯环的平面，这就削弱了苯环与羧基的共轭作用，并减少了苯环的π键电子云向羧基偏移，从而使羧基氢原子更易离解；同时由于离解后羧酸根负离子上带负电荷的氧原子与硝基上显正电性的氮原子在空间相互作用，使羧酸根负离子更为稳定。因此，邻硝基苯甲酸比间位或对位硝基苯甲酸酸性强。

邻位上的取代基所占的空间愈大，影响也愈大。同时电性效应也仍显示作用，吸电性愈强的取代基，使酸性增强愈多。

一般有吸电子基团会增强酸性，但在某些情况却有例外。例如：化合物（Ⅰ）和（Ⅱ），按一般诱导效应与酸性的关系判断，较强的酸性应是具有吸电子氯的酸，即化合物（Ⅱ），但实际结果却相反，这是场效应影响所致。

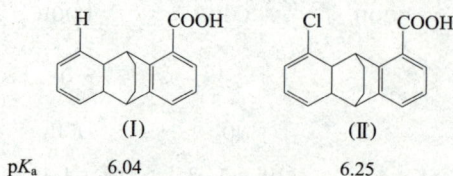

$$\begin{array}{cc} \text{(I)} & \text{(II)} \\ pK_a \quad 6.04 & 6.25 \end{array}$$

极性键电场影响，除了通过碳链传递，还可以通过空间或溶剂分子传递。这种影响方式称为场效应，也是诱导效应的一种形式。一个带电粒子（包括极性共价键和极性分子）在其周围空间都存在静电场，在这个静电场中的任意一个带电体都要受到其静电力的作用，这就是场效应的本质。例如：丙二酸的羧酸根负离子对另一端的羧基除有诱导效应外，还存在场效应（见第二章第三节"场效应"）。

又如，邻卤代苯丙炔酸：

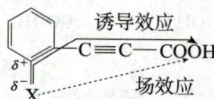

卤素的-I 效应使酸性增强，而 C—X 偶极的场效应将使酸性减弱（即卤原子的负电荷阻止了羧基氢原子以质子形式离解）。邻卤代苯丙炔酸的酸性比卤原子在间位及对位的酸性弱，这显然是由于场效应所致。

场效应的大小与距离的平方成反比，距离愈远，作用愈小。

第三节 卤代酸

羧酸烃基上的氢被卤素取代所成的化合物称卤代酸。它们并不存在于自然界，通常都由人工合成。这类化合物主要用于有机合成原料或中间体。

一、性质

卤代酸分子中含有羧基和卤素，所以卤代酸具有羧酸和卤烃的一般反应，还由于卤素和羧基在分子内的相互影响，表现出一些特有的性质。

（一）酸性

卤原子的存在使卤代酸的酸性比相应的羧酸强。酸性的强弱与卤原子取代的位置、卤原子的种类和数目有关。详见本章第二节。

（二）与碱的反应

卤代酸与碱的反应与卤原子和羧基的相对位置有关。

1. α-卤代酸

α-卤代酸与水或稀碱溶液共煮，水解成羟基酸。其水解能力大于单纯的卤烷。

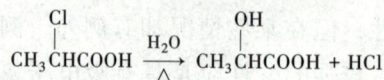

2. β-卤代酸

β-卤代酸与氢氧化钠水溶液反应，大多数情况下失去一分子卤化氢，而产生 α,β-不饱和羧酸。

$$\underset{\underset{Cl}{|}}{CH_2}\underset{\underset{H}{|}}{CHCOOH} + NaOH \longrightarrow CH_2{=}CHCOOH + NaCl + H_2O$$

这是因为在 β-卤代酸中 α-氢原子受两个吸电子基的影响而变得比较活泼，容易进行消除反应，形成的 C=C 可与羧基共轭，形成较稳定的 α,β-不饱和酸。

3. γ-与 δ-卤代酸

γ-卤代酸与水或碳酸钠溶液一起共煮时，生成不稳定的 γ-或 δ-羟基酸，γ-或 δ-羟基酸中的羧基和羟基立即发生分子内的酯化作用，生成稳定的五元环或六元环内酯。

$$\underset{\underset{Cl}{|}}{CH_2}CH_2CH_2COOH \xrightarrow{Na_2CO_3} \xrightarrow{H^+} \underset{\underset{OH}{|}}{CH_2}CH_2CH_2COOH \xrightarrow{-H_2O}$$

γ-羟基丁酸　　　　　　　γ-丁内酯(丁-1,4-内酯)

$$\underset{\underset{Cl}{|}}{CH_2}CH_2CH_2CH_2COOH \xrightarrow{Na_2CO_3} \xrightarrow{H^+} \underset{\underset{OH}{|}}{CH_2}CH_2CH_2CH_2COOH \xrightarrow{-H_2O}$$

δ-羟基戊酸　　　　　　　δ-戊内酯(戊-1,5-内酯)

（三）达尔森（Darzens）反应

含有 α-氢原子的 α-卤代酸酯在碱作用下形成的碳负离子（一般用醇钠或钠氨），与醛、酮加成，形成氧负离子中间体，该氧负离子迅速按 S_N2 反应历程将邻近的卤原子取代，生成 α,β-环氧羧酸酯，该反应称为 Darzens 反应。

$$ClCH_2COOC_2H_5 + C_6H_5COCH_3 \xrightarrow[\text{或 } NaNH_2]{C_2H_5ONa} C_6H_5\underset{\underset{O}{\diagdown}}{\overset{\overset{CH_3}{|}}{C}}CHCOOC_2H_5$$

反应历程为：

$$ClCH_2COOC_2H_5 + C_2H_5ONa \rightleftharpoons {}^-\!CHClCOOC_2H_5 + C_2H_5OH$$

$${}^-\!CHClCOOC_2H_5 + C_6H_5COCH_3 \rightleftharpoons \left[C_6H_5\underset{\underset{O^-}{|}}{\overset{\overset{CH_3}{|}}{C}}\overset{\overset{Cl}{|}}{\underset{}{C}}HCOOC_2H_5 \right]$$

$$\longrightarrow C_6H_5\underset{\underset{O}{\diagdown}}{\overset{\overset{CH_3}{|}}{C}}CHCOOC_2H_5 + Cl^-$$

3-苯基-2,3-环氧丁酸乙酯或 β-苯基-α,β-环氧丁酸乙酯

反应生成的 α,β-环氧丁酸乙酯经皂化便得 α,β-环氧酸盐，然后再酸化加热可脱去二氧化碳生成比原有反应物醛、酮多一个碳原子的醛、酮。

$$C_6H_5\underset{\underset{O}{\diagdown}}{\overset{\overset{CH_3}{|}}{C}}CHCOOC_2H_5 \xrightarrow{OH^-/H_2O} C_6H_5\underset{\underset{O}{\diagdown}}{\overset{\overset{CH_3}{|}}{C}}CHCOO^- + C_2H_5OH$$

$$C_6H_5\underset{\underset{O}{\diagdown}}{\overset{\overset{CH_3}{|}}{C}}CHCOO^- + H^+ \rightleftharpoons C_6H_5\underset{\underset{\overset{O^+}{|}}{}}{\overset{\overset{CH_3}{|}}{C}}CHCOO^-$$

$$C_6H_5\underset{\underset{OH}{|}}{\overset{\overset{CH_3}{|}}{\overset{+}{C}}}CHCOO^- \xrightarrow[\triangle]{-CO_2} C_6H_5\overset{\overset{CH_3}{|}}{C}{=}\overset{\overset{H}{|}}{C}OH \xrightarrow{\text{重排}} C_6H_5\underset{\underset{CH_3}{|}}{\overset{}{C}}H{-}CHO$$

例如：在生产维生素 A 时，用 β-紫罗兰酮和氯乙酸甲酯进行该反应，得到一个十四碳醛。

（四）雷福尔马斯基（Reformatsky）反应

α-卤代酸酯在锌粉作用下与羰基化合物（醛、酮）发生反应，产物经水解后生成 β-羟基酸酯的反应称为雷福尔马斯基反应。反应是通过有机锌化合物进行的，例如：

$$BrCH_2COOC_2H_5 + Zn \xrightarrow{\text{乙醚}} BrZnCH_2COOC_2H_5$$

$$BrZnCH_2COOC_2H_5 + C_6H_5CHO \longrightarrow C_6H_5-\underset{OZnBr}{\overset{}{CH}}CH_2COOC_2H_5$$

$$C_6H_5-\underset{OZnBr}{\overset{}{CH}}CH_2COOC_2H_5 \xrightarrow[H^+]{H_2O} C_6H_5-\underset{OH}{\overset{}{CH}}CH_2COOC_2H_5 + Zn\underset{Br}{\overset{OH}{<}}$$

61%~64%

有机锌化合物没有格氏试剂活泼，比较稳定，只能与醛、酮发生反应，与酯反应缓慢（格氏试剂与酯反应很快）。因此反应试剂锌不能用镁代替。

$$C_6H_5COCH_3 + BrCH_2COOC_2H_5 \xrightarrow{Zn} C_6H_5-\underset{OH}{\overset{CH_3}{\underset{|}{\overset{|}{C}}}}-CH_2COOC_2H_5$$

β-羟基酸酯经过水解得到 β-羟基酸，如果 β-羟基酸酯的 α-碳原子上具有氢原子，则在较高温度或有脱水剂存在下脱水而变成 α,β-不饱和酸酯，均可用于制备。

在雷福尔马斯基反应中，不同的 α-卤代酸酯的活性次序为：

碘代酸酯>溴代酸酯>氯代酸酯>氟代酸酯

因氟和氯代酸酯活性小，而碘代酸酯较难制备，故常用溴代酸酯。

有机锌试剂与羰基化合物反应的活性次序为：

醛>酮>酯

雷福尔马斯基反应的溶剂为经钠丝处理过的绝对无水有机溶剂，最常用的溶剂有乙醚、苯、甲苯、二甲苯等。最适宜的反应温度为 90~105℃（回流条件下进行）。

二、卤代酸的制备

卤代酸中由于卤素和羧基的相对位置不同，它们的制法也各有不同。

（一）α-卤代酸的制备

脂肪族羧酸在少量红磷（或卤代磷）存在下可以直接溴化或氯化，生成 α-卤代酸。

$$RCH_2COOH + Br_2 \xrightarrow{PBr_3} R\underset{Br}{\overset{}{CH}}COOH + HBr$$

α-溴代酸

α-碳的氢原子可以逐步被取代，如 α-碳原子无氢原子时，便不能发生反应。

α-碘代酸一般不能用直接的碘化法制备，但可以由碘化钾与 α-氯代酸或 α-溴代酸发生置换反应制得：

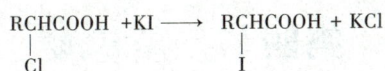

$$RCHCOOH + KI \longrightarrow RCHCOOH + KCl$$

其中左侧羧酸连 Cl，右侧羧酸连 I。

（二）β-卤代酸的制备

β-卤代酸可用 α,β-不饱和酸和卤化氢发生加成反应而制得。加成时，卤原子总是加在 β-碳原子上。

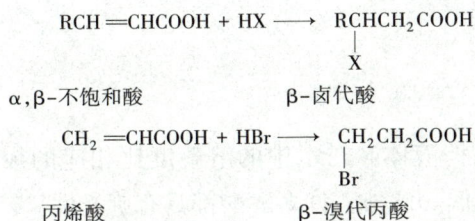

$$RCH=CHCOOH + HX \longrightarrow RCHCH_2COOH$$
$$\underset{X}{|}$$

α,β-不饱和酸　　　　　β-卤代酸

$$CH_2=CHCOOH + HBr \longrightarrow CH_2CH_2COOH$$
$$\underset{Br}{|}$$

丙烯酸　　　　　　　β-溴代丙酸

另外，用 β-羟基酸与氢卤酸或卤化磷作用，也可制得 β-卤代酸。

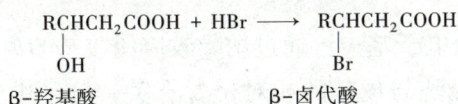

$$RCHCH_2COOH + HBr \longrightarrow RCHCH_2COOH$$
$$\underset{OH}{|} \qquad\qquad\qquad \underset{Br}{|}$$

β-羟基酸　　　　　　β-卤代酸

（三）γ,δ-卤代酸的制备

γ,δ-或卤素离羧基更远的卤代酸，可由相应的二元酸单酯在硝酸银的作用下转化成单酯银盐，再和溴加热反应，经脱羧、卤化，水解则生成相应类型的卤代酸。例如：δ-卤代酸可以由己二酸单甲酯制得。

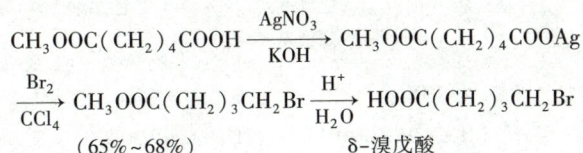

$$CH_3OOC(CH_2)_4COOH \xrightarrow[\text{KOH}]{\text{AgNO}_3} CH_3OOC(CH_2)_4COOAg$$

$$\xrightarrow[\text{CCl}_4]{\text{Br}_2} CH_3OOC(CH_2)_3CH_2Br \xrightarrow[\text{H}_2\text{O}]{\text{H}^+} HOOC(CH_2)_3CH_2Br$$

$$(65\%\sim68\%)\qquad\qquad δ\text{-溴戊酸}$$

三、个别化合物

（一）氟乙酸

氟乙酸（FCH_2COOH）工业上由一氧化碳与甲醛及氟化氢作用而制得：

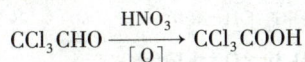

$$CO+HCHO+HF \xrightarrow[\text{75.994kPa}]{160℃} CH_2COOH$$
$$\underset{F}{|}$$

氟乙酸对哺乳动物的毒性很强，它的钠盐可用作杀鼠剂和扑灭其他啮齿动物的药剂。

（二）三氯乙酸

三氯乙酸（Cl_3CCOOH）为无色结晶，熔点 57.5℃，易潮解，具有强腐蚀性，极易溶于水、乙醇、乙醚。可由三氯乙醛经硝酸氧化制取：

$$CCl_3CHO \xrightarrow[[O]]{\text{HNO}_3} CCl_3COOH$$

三氯乙酸和水共煮时，失去二氧化碳而生成氯仿：

$$CCl_3COOH+H_2O \xrightarrow{\triangle} CO_2+CHCl_3$$

三氯乙酸可以作除锈剂，在医药上用作腐蚀剂，其 20% 溶液可用于治疗疣。

第四节 羟基酸

羧酸分子中，烃基上的氢原子被羟基取代而生成的化合物，叫羟基酸。依羟基的结构，又可分为醇酸和酚酸。

一、醇酸

（一）性质

醇酸一般为固体或糖浆状黏稠液体。在水中的溶解度比相应的羧酸大，低级的醇酸易溶于水，难溶于有机溶剂，挥发性较低。此外，许多醇酸都具有旋光性。

醇酸具有醇和酸的典型化学性质，但由于两个官能团的相互影响而具有一些特殊性质。

1. 酸性

醇酸分子中，羟基是一个吸电子基，可通过诱导效应使羧基的离解度增加，酸性增强。醇酸的酸性与分子中羟基的数目、羟基与羧基的相对位置有关，分子中羟基越多、羟基距离羧基越近，酸性就越强。

2. 氧化反应

醇酸中羟基可以被氧化生成醛酸或酮酸。特别是 α-羟基酸中的羟基比醇中的羟基更易被氧化。

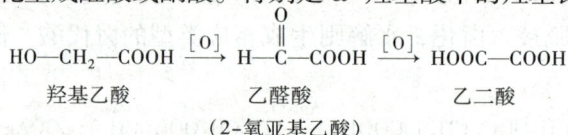

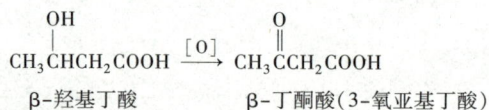

$$HO—CH_2—COOH \xrightarrow{[O]} H—\overset{\overset{O}{\|}}{C}—COOH \xrightarrow{[O]} HOOC—COOH$$

羟基乙酸　　　　乙醛酸　　　　　乙二酸
（2-氧亚基乙酸）

$$CH_3—\overset{\overset{OH}{|}}{C}H—COOH \xrightarrow{[O]} CH_3—\overset{\overset{O}{\|}}{C}—COOH$$

丙酮酸（2-氧亚基丙酸）

$$CH_3\overset{\overset{OH}{|}}{C}HCH_2COOH \xrightarrow{[O]} CH_3\overset{\overset{O}{\|}}{C}CH_2COOH$$

β-羟基丁酸　　　　β-丁酮酸（3-氧亚基丁酸）

生成的 α- 和 β-酮酸不稳定，容易脱羧生成醛或酮。

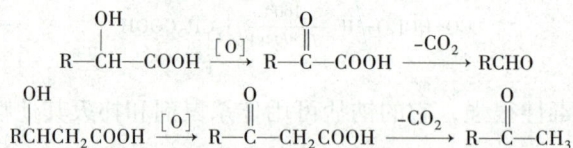

$$R—\overset{\overset{OH}{|}}{C}H—COOH \xrightarrow{[O]} R—\overset{\overset{O}{\|}}{C}—COOH \xrightarrow{-CO_2} RCHO$$

$$R\overset{\overset{OH}{|}}{C}HCH_2COOH \xrightarrow{[O]} R—\overset{\overset{O}{\|}}{C}—CH_2COOH \xrightarrow{-CO_2} R—\overset{\overset{O}{\|}}{C}—CH_3$$

3. 脱水反应

醇酸受热后能发生脱水反应，随着羧基和羟基的相对位置的不同而生成不同的产物。

α-醇酸受热时发生两个分子间脱水，生成六元环的交酯。

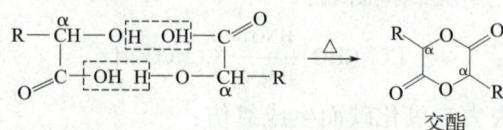

交酯

交酯多为结晶物质，和其他酯类一样，与酸或碱溶液共热时，容易发生水解又变成原来的醇酸：

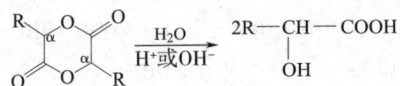

β-醇酸受热时，非常容易发生分子内脱水反应，生成 α,β-不饱和酸。

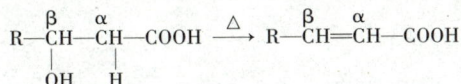

γ-醇酸或 δ-醇酸容易发生分子内脱水，形成环状内酯。

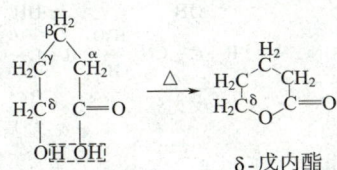

γ-丁内酯

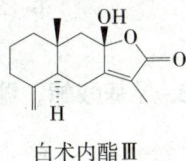 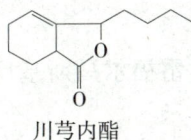

δ-戊内酯

一般情况下，γ-醇酸在室温即可反应；而 δ-醇酸则需要在加热条件下方可进行。形成的内酯对酸较稳定，但是，在碱性条件下易水解开环。如：

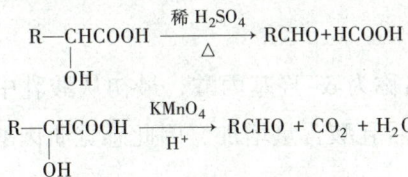

一些中药的有效成分中常含有内酯的结构。例如存在于中药白术中的白术内酯和存在于川芎中的川芎内酯。

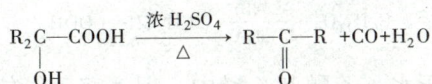

白术内酯Ⅲ   川芎内酯

4. 分解反应

α-醇酸与稀硫酸或酸性高锰酸钾溶液加热，分解为醛（酮）和甲酸：

$$R-\underset{\underset{OH}{|}}{C}HCOOH \xrightarrow[\triangle]{稀 H_2SO_4} RCHO+HCOOH$$

$$R-\underset{\underset{OH}{|}}{C}HCOOH \xrightarrow[H^+]{KMnO_4} RCHO + CO_2 + H_2O$$

用浓硫酸处理，则分解为醛（酮）、一氧化碳及水。

$$R_2C-\underset{\underset{OH}{|}}{}COOH \xrightarrow[\triangle]{浓 H_2SO_4} R-\underset{\underset{O}{\parallel}}{C}-R +CO+H_2O$$

此反应在有机合成上可用来使羧酸降解，也可用于区别 α-醇酸和其他类型的醇酸。

（二）醇酸的制备

1. 卤代酸水解

卤代酸水解得相应的醇酸，但只有 α-卤代酸水解生成 α-羟基酸，产率较高。例如：

$$\underset{\underset{\text{Cl}}{|}}{\text{CH}_2\text{COOH}} + \text{H}_2\text{O} \xrightarrow{\triangle} \underset{\underset{\text{OH}}{|}}{\text{CH}_2\text{COOH}} + \text{HCl}$$
α-羟基乙酸

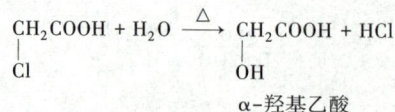

β-、γ-、δ-等卤代酸水解后，主要产物往往不是羟基酸，因此这个方法只适宜于制取 α-羟基酸。

2. 羟基腈水解

醛或酮与氢氰酸发生加成反应，生成的羟基腈，再经水解，就得 α-羟基酸。

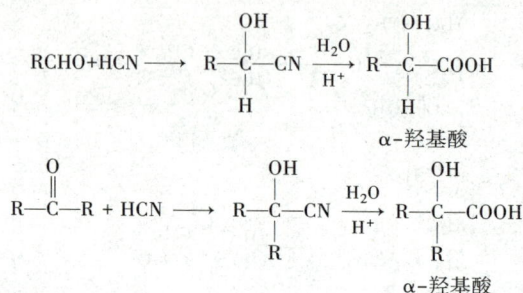

$$\text{RCHO}+\text{HCN} \longrightarrow \underset{\underset{\text{H}}{|}}{\overset{\overset{\text{OH}}{|}}{\text{R}-\text{C}-\text{CN}}} \xrightarrow[\text{H}^+]{\text{H}_2\text{O}} \underset{\underset{\text{H}}{|}}{\overset{\overset{\text{OH}}{|}}{\text{R}-\text{C}-\text{COOH}}}$$
α-羟基酸

$$\underset{}{\overset{\overset{\text{O}}{\|}}{\text{R}-\text{C}-\text{R}}} + \text{HCN} \longrightarrow \underset{\underset{\text{R}}{|}}{\overset{\overset{\text{OH}}{|}}{\text{R}-\text{C}-\text{CN}}} \xrightarrow[\text{H}^+]{\text{H}_2\text{O}} \underset{\underset{\text{R}}{|}}{\overset{\overset{\text{OH}}{|}}{\text{R}-\text{C}-\text{COOH}}}$$
α-羟基酸

芳香族羟基酸也可由羟基腈制得。例如：

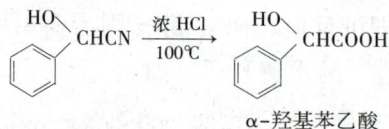

$$\text{HO}-\text{CHCN} \xrightarrow[100℃]{\text{浓 HCl}} \text{HO}-\text{CHCOOH}$$
α-羟基苯乙酸

用烯烃与次氯酸加成后再与氰化钾作用制得 β-羟基腈，β-羟基腈经水解得到了 β-羟基酸。

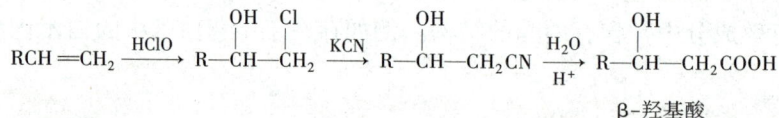

$$\text{RCH}=\text{CH}_2 \xrightarrow{\text{HClO}} \underset{}{\overset{\overset{\text{OH Cl}}{|\ \ |}}{\text{R}-\text{CH}-\text{CH}_2}} \xrightarrow{\text{KCN}} \underset{}{\overset{\overset{\text{OH}}{|}}{\text{R}-\text{CH}-\text{CH}_2\text{CN}}} \xrightarrow[\text{H}^+]{\text{H}_2\text{O}} \underset{}{\overset{\overset{\text{OH}}{|}}{\text{R}-\text{CH}-\text{CH}_2\text{COOH}}}$$
β-羟基酸

3. 雷福尔马斯基反应

由 α-卤代酸酯与醛通过雷福尔马斯基反应，得到 β-羟基酸酯，酯再经水解，也可用来制 β-羟基酸（详见本章第三节）。

（三）个别化合物

1. 乳酸

乳酸（$\underset{}{\overset{\overset{\text{OH}}{|}}{\text{CH}_3\text{CHCOOH}}}$）化学名称为 α-羟基丙酸，最初从酸乳中得到，所以俗名叫乳酸。也存在于动物的肌肉中，在剧烈活动后乳酸含量增加，因此感觉肌肉酸胀。乳酸在工业上是由糖经乳酸菌发酵而制得。

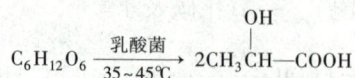

$$\text{C}_6\text{H}_{12}\text{O}_6 \xrightarrow[35\sim45℃]{\text{乳酸菌}} 2\text{CH}_3\underset{}{\overset{\overset{\text{OH}}{|}}{\text{CH}}}-\text{COOH}$$

乳酸是无色黏稠液体，溶于水、乙醇和乙醚中，但不溶于氯仿和油脂，吸湿性强。乳酸具有旋光性。由酸牛奶得到的乳酸是外消旋的，由糖发酵制得的乳酸是左旋的，而肌肉中的乳酸是右旋的。

乳酸有消毒防腐作用，它的蒸气用于空气消毒。

2. 苹果酸

苹果酸（$\underset{\text{HO}-\text{CH}-\text{COOH}}{\overset{\text{CH}_2-\text{COOH}}{|}}$）化学名称为 α-羟基丁二酸，广泛存在于植物中，尤其是在未成熟

的苹果中含量最多，所以称为苹果酸。其他果实如山楂、杨梅、葡萄、番茄等都含有苹果酸。

苹果酸受热后，易脱水生成丁烯二酸：

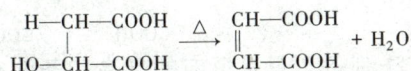

$$H-CH-COOH \atop HO-CH-COOH \xrightarrow{\triangle} {CH-COOH \atop \parallel \atop CH-COOH} + H_2O$$

天然苹果酸为左旋体，熔点 100℃，合成的苹果酸熔点为 133℃，无旋光性。苹果酸的钠盐为白色粉末，易溶于水。用于制药及食品工业，也可作为食盐的代用品。

3. 枸橼酸

枸橼酸（ ${CH_2-COOH \atop OH-C-COOH \atop CH_2-COOH}$ ）存在于柑橘、山楂、乌梅等的果实中，尤以柠檬中含量最多，占 6%~10%，因此俗名又叫柠檬酸。枸橼酸为无色结晶或结晶性粉末，无臭、味酸，易溶于水和醇，内服有清凉解渴作用，常用作调味剂、清凉剂，用来配制汽水和酸性饮料。

枸橼酸的钾盐（$C_6H_5O_7K \cdot 6H_2O$）为白色结晶，易溶于水，用作祛痰剂和利尿剂。

枸橼酸的钠盐（$C_6H_5O_7Na \cdot 2H_2O$）也是白色易溶于水的结晶，有防止血液凝固的作用。

枸橼酸的铁铵盐为易溶于水的棕红色固体，常用作贫血患者的补血药。

二、酚酸

酚酸多以盐、酯或苷的形式存在于自然界中。比较重要的酚酸化合物是水杨酸和五倍子酸。

（一）性质

酚酸为结晶固体，具有酚和羧酸的一般性质。例如，加入三氯化铁溶液时能显色（酚的特性），羧基和醇作用成酯（羧酸的特性）等。

当酚酸中的羟基与羧基处于邻位或对位时，受热容易脱羧，这是它们的一个特性。例如：

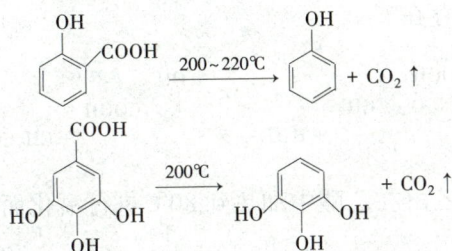

（二）制备

许多酚酸是从天然产物中提取出来的。合成酚酸一般采用柯尔贝-施密特（Kolbe-Schmidt）反应，此法是将干燥的苯酚钠与二氧化碳在 405~709kPa 和 120~140℃ 的条件下作用，得到水杨酸钠，再经酸化，即可得水杨酸。

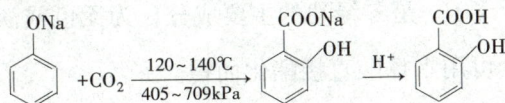

产物中含有少量对位异构体。如果反应温度在 140℃ 以上，或用酚的钾盐为原料，则主要是对羟基苯甲酸：

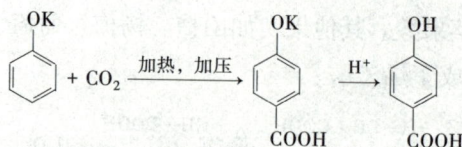

其他的酚酸也可以用上述方法制备，只是反应的难易和条件有所不同。

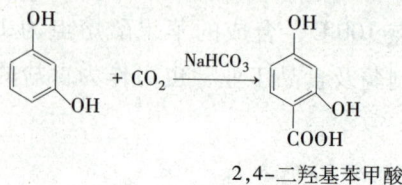

2,4-二羟基苯甲酸

（三）个别化合物

1. 水杨酸及其衍生物

（1）水杨酸()　为白色晶体，熔点159℃，能溶于水、乙醇和乙醚，加热可升华，并能随水蒸气一同挥发，但加热到它的熔点以上时，脱羧而变成苯酚。

水杨酸分子中含有羟基和羧基，因此它具有酚和羧酸的一般性质，例如酚羟基可成盐、酰化，容易氧化，遇三氯化铁溶液产生紫色；羧基可以形成各种羧酸衍生物。

水杨酸是合成药物、染料、香料的原料。同时具有杀菌、解热镇痛和抗风湿作用，由于它对胃肠有刺激作用，不能内服，只作外用治疗某些皮肤病。

（2）乙酰水杨酸()　俗称阿司匹林，为白色结晶，熔点135℃，味微酸，无臭，难溶于水，溶于乙醇、乙醚、氯仿。在干燥空气中稳定，但在湿空气中易水解为水杨酸和醋酸，所以应密闭在干燥处贮存。水解后产生水杨酸，可以与三氯化铁溶液作用呈紫色，常用此法检查阿司匹林中游离水杨酸的存在。

乙酰水杨酸可由水杨酸与乙酐在乙酸中加热到80℃进行酰化而制得：

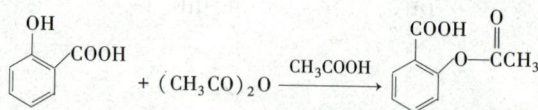

阿司匹林有退热、镇痛和抗风湿痛的作用，而且对胃的刺激作用小，故常用于治疗发烧、头痛、关节痛、活动性风湿病等。与非那西丁、咖啡因等合用称为复方阿司匹林，简称APC。

（3）水杨酸甲酯()　是冬绿油的主要成分，为无色或淡黄色具有香味的油状液体，沸点为223.3℃，微溶于水。可用水杨酸直接酯化而得。

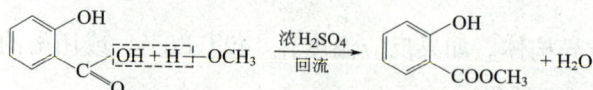

外用为局部镇痛剂或抗风湿药物。

（4）对氨基水杨酸(NH_2 结构)　简称 PAS，为白色粉末，熔点 146~147℃，微溶于水，能溶于乙醇，是一种抗结核病药物。PAS 呈酸性，能和碱作用生成盐，它与碳酸氢钠作用生成对氨基水杨酸钠简称 PAS-Na：

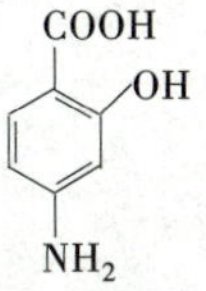

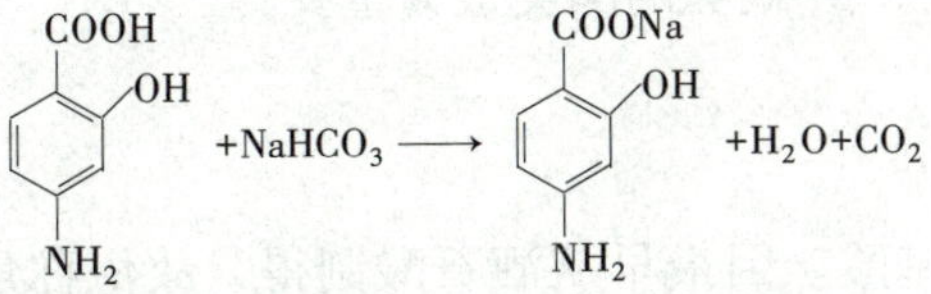

$$+NaHCO_3 \longrightarrow +H_2O+CO_2$$

PAS-Na 为白色和淡黄色结晶粉末，微溶于乙醇，易溶于水。

PAS-Na 的水溶性大，刺激性小，故常作为注射剂使用。PAS-Na 用于治疗各种结核病，对肠结核、胃结核以及渗透性肺结核的效果较好。

PAS 和 PAS-Na 的水溶液都不稳定，遇光、热或露置在空气中颜色变深，颜色变深后，不能供药用。

2. 对羟基苯甲酸

对羟基苯甲酸（结构）是一种优良的防腐剂，商品名称尼泊金（Nipagin）。它有抑制细菌、真菌和酶的作用，毒性较小。因此广泛用于食品和药品的防腐剂。常用的尼泊金类防腐剂有以下几种：

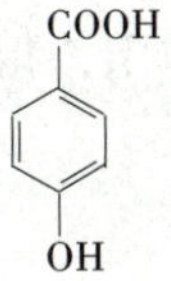

学　名	结构式	商品名称
对羟基苯甲酸甲酯	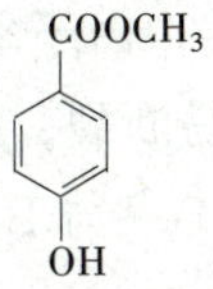 $COOCH_3$ ... OH	尼泊金或尼泊金 M
对羟基苯甲酸乙酯	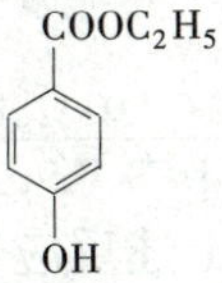 $COOC_2H_5$ ... OH	尼泊金 A
对羟基苯甲酸丙酯	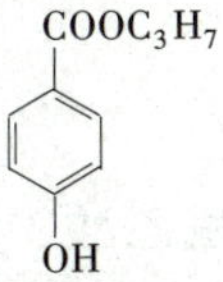 $COOC_3H_7$ ... OH	尼泊索（Nipasol）

尼泊金类防腐剂在酸性溶液中比在碱性溶液中效果好。对羟基苯甲酸甲酯、乙酯、丙酯合并使用，可因协同作用，而增加效果。

3. 香豆酸

香豆酸（结构 COOH）化学名称为 p-羟基桂皮酸（p-hydroxy cinnamic acid），分布极广。主要存在于番荔科植物刺果番荔枝（*Annona muricata*）；茄科马铃薯（*Solanum tuberosum*）浆

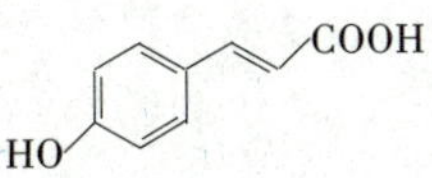

果等植物中。具有抑菌，抗真菌和抗肝毒活性。动物实验证明，本品还具有降低血脂和抑制肿瘤生长的作用。

第五节 羰基酸

在分子中同时含有羧基和羰基的化合物叫羰基酸。羰基酸分子中羰基是醛基的叫醛酸，是酮基的叫酮酸。在醛酸和酮酸中，β-酮酸的酯类最为重要。

一、α-羰基酸

丙酮酸是最简单的 α-羰基酸。因最早从酒石酸制得，故俗称焦性酒石酸。它是动植物体内碳水化合物和蛋白质代谢的中间产物，因此也是生化过程重要的中间产物。乳酸氧化可制得丙酮酸。

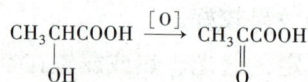

丙酮酸是无色、有刺激性臭味的液体，沸点 105℃（分解），易溶于水、乙醇和醚，除有一般羧酸和酮的典型性质外，还具有 α-酮酸的特殊性质。在一定条件下，丙酮酸可以脱羧或脱去一氧化碳（即脱羰）分别生成乙醛或乙酸。和稀硫酸共热发生脱羧作用，得到乙醛和二氧化碳。

$$
\underset{\substack{\| \\ O}}{CH_3C}-COOH \xrightarrow[\triangle]{稀 H_2SO_4} CH_3CHO+CO_2
$$

但是与浓硫酸共热则发生脱羰作用，得到乙酸和一氧化碳。

$$
\underset{\substack{\| \\ O}}{CH_3C}-COOH \xrightarrow[\triangle]{浓 H_2SO_4} CH_3COOH+CO
$$

这是因为 α-酮酸中羰基和羧基直接相连，由于氧原子具有较强的电负性，使得羰基和羧基碳原子间的电子云密度较低，这使碳碳键容易断裂，所以丙酮酸可脱羧或脱羰。

丙酮酸极易被氧化，使用弱氧化剂（如 Fe^{2+} 与 H_2O_2）也能使丙酮酸氧化分解成乙酸，并放出二氧化碳。

$$
\underset{\substack{\| \\ O}}{CH_3C}-COOH \xrightarrow[Fe^{2+}, H_2O_2]{[O]} CH_3COOH+CO_2
$$

在同样的条件下，酮和羧酸都难以发生上述反应，这是 α-酮酸的特有反应。

二、β-羰基酸

β-丁酮酸（ $\underset{\substack{\| \\ O}}{CH_3-C}-CH_2COOH$ ）又叫乙酰乙酸，是最简单的 β-酮酸。乙酰乙酸为无色黏稠的液体。由于羰基和羧基的相互影响，β-丁酮酸很不稳定，受热时容易脱羧生成丙酮。这是 β-酮酸共同具有的一种反应。

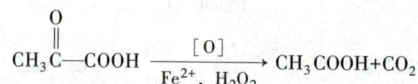

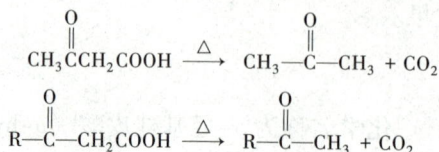

β-丁酮酸被还原则生成 β-羟基丁酸：

$$CH_3CCH_2COOH \xrightarrow{[H]} CH_3CHCH_2COOH$$

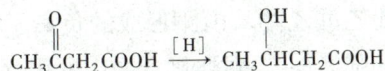

丙酮、β-丁酮酸和β-羟基丁酸统称为酮体。酮体存在于糖尿病患者的小便和血液中，并能引起患者的昏迷和死亡。临床上对于进入昏迷状态的糖尿病患者，除检查小便中含葡萄糖外，还需要检查是否有酮体的存在。

三、乙酰乙酸乙酯

乙酰乙酸乙酯$\left(CH_3\overset{O}{\underset{}{C}}-CH_2\overset{O}{\underset{}{C}}-OC_2H_5 \right)$又叫3-丁酮酸乙酯，简称三乙酯。它是一种具有清香气的无色透明液体，熔点45℃，沸点181℃，稍溶于水，易溶于乙醇、乙醚、氯仿等有机溶剂。

（一）制备

1. 二乙烯酮与醇作用

二乙烯酮（乙烯酮二聚体）与乙醇作用生成的烯醇，经1,3-重排而制得乙酰乙酸乙酯：

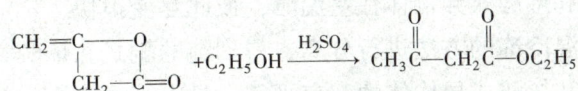

$$CH_2=C-O \atop CH_2-C=O \quad +C_2H_5OH \xrightarrow{H_2SO_4} CH_3\overset{O}{C}-CH_2\overset{O}{C}-OC_2H_5$$

反应历程可能如下：

2. 克莱森（Claisen）酯缩合反应

乙酸乙酯在乙醇钠或金属钠等碱性试剂的作用下，发生酯缩合反应，生成乙酰乙酸乙酯。

$$CH_3\overset{O}{C}-OCH_2CH_3 + CH_3\overset{O}{C}-OCH_2CH_3 \underset{}{\overset{C_2H_5ONa}{\rightleftharpoons}} CH_3\overset{O}{C}CH_2\overset{O}{C}OC_2H_5 + CH_3CH_2OH$$

（二）乙酰乙酸乙酯的酸性和互变异构现象

1. 活泼甲叉基上 α-氢的酸性

乙酰乙酸乙酯及β-二羰基化合物中的甲叉基，由于受两个羰基的影响，使得α-氢原子的酸性比一般的醛、酮、酯的酸性强。其产生的原因是失去α-氢形成的负碳离子，其负电荷可以分散到两个羰基氧上，使其稳定性比一般的醛、酮、酯形成的负碳离子更加稳定。乙酰乙酸乙酯失去α-氢的负离子可用三个共振式表示：

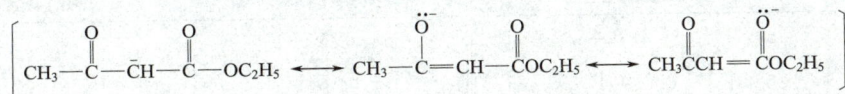

而乙酸乙酯负离子和丙酮负离子都只有两个共振式：

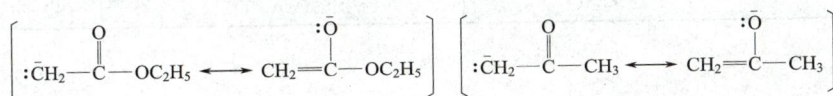

所以，乙酰乙酸乙酯负离子比乙酸乙酯、丙酮形成的负离子稳定，即负电荷分得更散。故乙酰乙酸乙酯的酸性比醛、酮、酯的强。β-二酮类化合物中的甲叉基又称为活泼甲叉基。

2. 乙酰乙酸乙酯的互变异构

在通常情况下，乙酰乙酸乙酯显示双重反应性能，如加入羰基试剂 2,4-二硝基苯肼溶液，可生成橙色的苯腙沉淀，表明含有酮式结构；加入溴的四氯化碳溶液，可使溴的颜色消失，说明分子中有碳碳双键存在；可以与金属钠反应放出氢气，生成钠的衍生物，这说明分子中含有活泼氢；与乙酰氯作用生成酯，说明分子中有醇羟基；乙酰乙酸乙酯还能与三氯化铁水溶液作用呈紫红色，说明分子中具有烯醇式结构。根据上述实验事实，说明乙酰乙酸乙酯分子中不仅有酮式结构，也存在烯醇式结构，它是一个平衡混合物。

$$CH_3-\overset{O}{\overset{\|}{C}}-CH_2-\overset{O}{\overset{\|}{C}}-OC_2H_5 \rightleftharpoons CH_3-\overset{OH}{\overset{|}{C}}=CH-\overset{O}{\overset{\|}{C}}-OC_2H_5$$

酮式（93%）　　　　　　　烯醇式（7%）

凡是两种或两种以上的异构体可以互相转变并以动态平衡而存在的现象就称为互变异构现象（tautomerism）。

乙酰乙酸乙酯的酮式和烯醇式异构体在室温时，彼此互变很快，不能分离，但在低温时互变速度很慢，因此可以用低温冷冻的方法进行分离，得到纯的酮式和烯醇式化合物。

乙酰乙酸乙酯的酮式和烯醇式异构体的互变平衡，是由于在两个羰基的影响下，活泼甲叉基上的氢原子被一定程度的质子化，质子在 α-碳原子和羰基氧原子之间进行可逆的重排所导致。活泼甲叉基上的氢原子，主要转移到乙酰基的氧原子上，而不能转移到羧基中羰基的氧原子上。这是因为羰基氧原子的电负性更强，而羧基中羰基上氧原子由于 O—C—O 之间形成共轭而使电负性减弱。

乙酰乙酸乙酯的烯醇式含量较高，一方面是由于通过分子内氢键形成一个较稳定的六元环，另一方面烯醇式中的碳氧双键与碳碳双键形成一个较大的共轭体系，发生电子的离域，从而降低了分子的能量，使得烯醇式的稳定性增大，到达动态平衡时烯醇式的含量增加。

乙酰乙酸乙酯在达到平衡状态的混合物中，其烯醇式异构体含量随溶剂、浓度、温度等条件差异而有所不同。在水或其他含质子的极性溶剂中，烯醇式的含量较少；而在非极性溶剂中，烯醇式的含量较多。表 13-3 中列出了 18℃时在不同溶剂的稀溶液中烯醇式异构体的含量。

表 13-3　乙酰乙酸乙酯烯醇式异构体在各种溶剂中的百分含量

溶剂	烯醇式含量(%)	溶剂	烯醇式含量(%)
水	0.4	戊醇	13.3
乙酸	6.0	乙醚	27.1
甲醇	6.9	二硫化碳	32.4
乙醇	12.0	正己烷	46.4

（三）乙酰乙酸乙酯的酸式分解和酮式分解

1. 酸式分解

乙酰乙酸乙酯在浓碱（40%）作用下加热，α-和 β-碳原子之间的键发生断裂，生成两分子羧酸盐，经酸化后得羧酸。这种反应称为酸式分解。

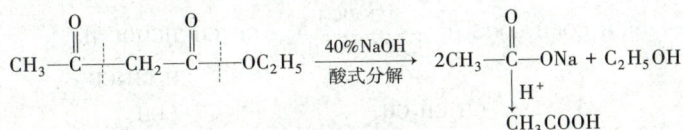

2. 酮式分解

乙酰乙酸乙酯在稀碱（5%）存在下加热，则酯基水解，生成乙酰乙酸钠。加酸酸化，生成乙酰乙酸。乙酰乙酸不稳定，在加热下立即脱羧生成酮，这种反应称为酮式分解。

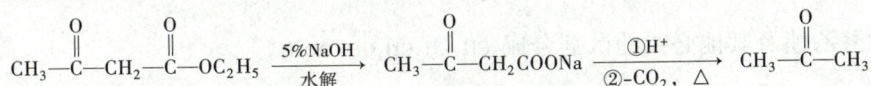

（四）α-甲叉基上的取代反应

乙酰乙酸乙酯分子中活泼甲叉基上的氢原子因受相邻两个羰基的影响，特别活泼，也就是说活泼甲叉基上的氢原子具有较强的酸性，容易以质子的形式离去。所以乙酰乙酸乙酯在乙醇钠或金属钠的作用下，活泼甲叉基上的氢原子可以被钠取代生成乙酰乙酸乙酯的钠盐，这个盐可以和卤代烷发生取代反应，生成烷基取代的乙酰乙酸乙酯。酰卤、α-卤代酮、卤代酸酯也可以和乙酰乙酸乙酯甲叉基上的氢发生类似卤代烷的反应，生成 α-酰基乙酰乙酸乙酯。这些 α-甲叉基上的取代反应产物再通过酮式分解和酸式分解可制备各种结构的酮和羧酸。

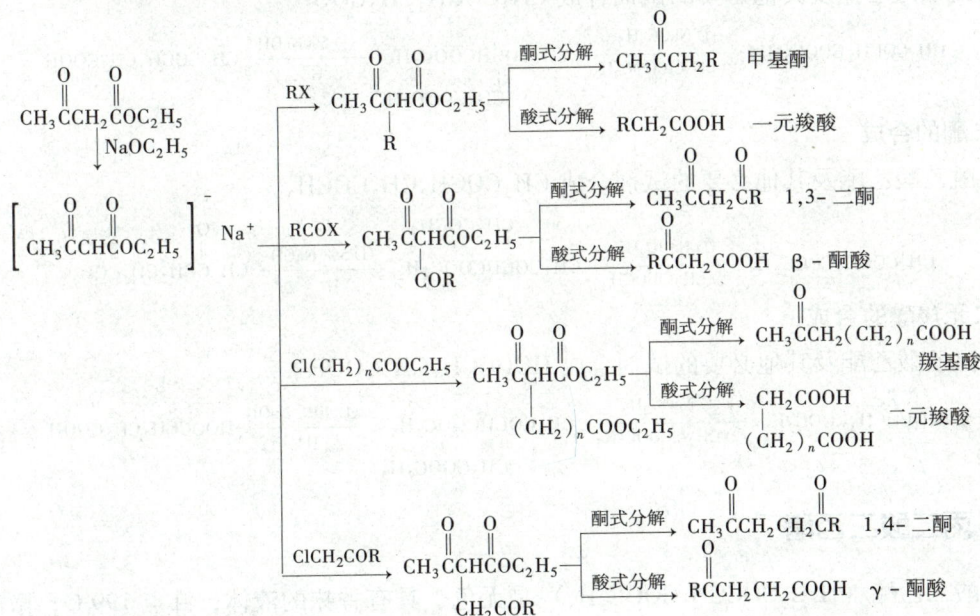

（五）乙酰乙酸乙酯在合成上的应用

由于乙酰乙酸乙酯在结构上的特点，使它成为有机合成上的重要试剂。在有机合成中，首先与金属钠或乙醇钠反应，甲叉基上的氢被钠取代生成钠盐，此盐作为亲核试剂可以与卤代烃或酰卤反应，将烃基或酰基引入乙酰乙酸乙酯分子中，再经过酮式分解或酸式分解就可以得到不同的酸或酮。常以此法来制备：甲基酮、二酮、一元或二元羧酸、酮酸或环状化合物，故称乙酰乙酸乙酯合成法。

1. 甲基酮的合成

用乙酰乙酸乙酯及其他必要的试剂合成 $CH_3\overset{\underset{\displaystyle O}{\|}}{C}-\overset{\underset{\displaystyle}{}}{C}HCH_2CH_2CH_3$。

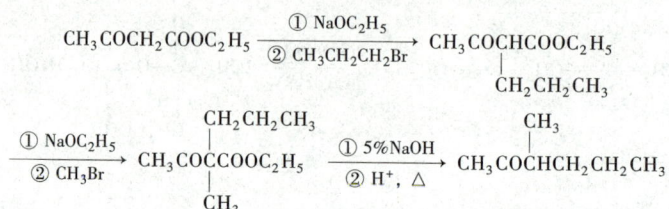

$$CH_3COCH_2COOC_2H_5 \xrightarrow[②\ CH_3CH_2CH_2Br]{①\ NaOC_2H_5} CH_3CO\underset{\underset{\displaystyle CH_2CH_2CH_3}{|}}{C}HCOOC_2H_5$$

$$\xrightarrow[②\ CH_3Br]{①\ NaOC_2H_5} CH_3CO\underset{\underset{\displaystyle CH_3}{|}}{\overset{\overset{\displaystyle CH_2CH_2CH_3}{|}}{C}}COOC_2H_5 \xrightarrow[②\ H^+,\ \triangle]{①\ 5\%NaOH} CH_3CO\underset{\underset{\displaystyle CH_3}{|}}{C}HCH_2CH_3$$

2. 羧酸的合成

用乙酰乙酸乙酯及其他必要的试剂合成 $CH_3CH_2CH_2\overset{\overset{\displaystyle CH_3}{|}}{C}HCOOH$。

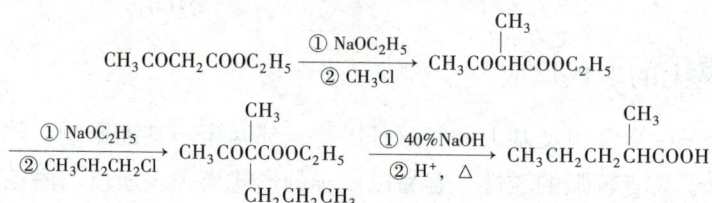

$$CH_3COCH_2COOC_2H_5 \xrightarrow[②\ CH_3Cl]{①\ NaOC_2H_5} CH_3CO\overset{\overset{\displaystyle CH_3}{|}}{C}HCOOC_2H_5$$

$$\xrightarrow[②\ CH_3CH_2CH_2Cl]{①\ NaOC_2H_5} CH_3CO\underset{\underset{\displaystyle CH_2CH_2CH_3}{|}}{\overset{\overset{\displaystyle CH_3}{|}}{C}}COOC_2H_5 \xrightarrow[②\ H^+,\ \triangle]{①\ 40\%NaOH} CH_3CH_2CH_2\overset{\overset{\displaystyle CH_3}{|}}{C}HCOOH$$

用乙酰乙酸乙酯合成羧酸时，在酸式分解过程中常伴有酮式产物生成，产率不高，所以，制备羧酸时一般采用丙二酸二乙酯合成法。

3. 酮酸的合成

用乙酰乙酸乙酯及其他必要的试剂合成 $CH_3COCH_2CH_2COOH$。

$$CH_3COCH_2COOC_2H_5 \xrightarrow[②\ CH_2ClCOOC_2H_5]{①\ NaOC_2H_5} CH_3CO\underset{\underset{\displaystyle CH_2COOC_2H_5}{|}}{C}HCOOC_2H_5 \xrightarrow[②\ H^+,\ \triangle]{①\ 5\%NaOH} CH_3COCH_2CH_2COOH$$

4. 二酮的合成

用乙酰乙酸乙酯及其他必要的试剂合成 $CH_3COCH_2CH_2COCH_3$。

$$CH_3COCH_2COOC_2H_5 \xrightarrow[②\ CH_2ClCOCH_3]{①\ NaOC_2H_5} CH_3CO\underset{\underset{\displaystyle CH_2COCH_3}{|}}{C}HCOOC_2H_5 \xrightarrow[②\ H^+,\ \triangle]{①\ 5\%\ NaOH} CH_3\overset{\overset{\displaystyle O}{\|}}{C}CH_2CH_2\overset{\overset{\displaystyle O}{\|}}{C}CH_3$$

5. 二元羧酸的合成

用乙酰乙酸乙酯及其他必要的试剂合成 $HOOCCH_2CH_2COOH$。

$$CH_3COCH_2COOC_2H_5 \xrightarrow[②\ CH_2ClCOOC_2H_5]{①\ NaOC_2H_5} CH_3CO\underset{\underset{\displaystyle CH_2COOC_2H_5}{|}}{C}HCOOC_2H_5 \xrightarrow[②\ H^+,\ \triangle]{①\ 40\%\ NaOH} HOOCCH_2CH_2COOH$$

四、丙二酸二乙酯

丙二酸二乙酯（$H_5C_2OOCCH_2COOC_2H_5$）是无色、具有香味的液体，沸点199℃，微溶于水，溶于乙醇、乙醚、氯仿及苯等有机溶剂，在有机合成中应用很广，与乙酰乙酸乙酯具有同等重要性。

（一）制备

丙二酸二乙酯是以醋酸为原料而制得：

$$CH_3COOH \xrightarrow[\text{红磷}]{Cl_2} ClCH_2COOH \xrightarrow{NaOH} ClCH_2COONa \xrightarrow{NaCN} CNCH_2COONa \xrightarrow[H^+]{C_2H_5OH} H_2C \begin{array}{c} COOC_2H_5 \\ \\ COOC_2H_5 \end{array}$$

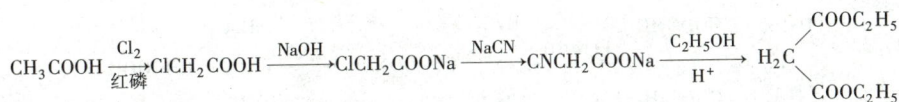

（二）丙二酸二乙酯在合成上的应用

丙二酸二乙酯在结构上与乙酰乙酸乙酯相似，甲叉基上的氢原子受邻近两个羰基的影响，比较活泼，与醇钠作用生成盐，能与卤代烷作用，可在分子中引入烷基，烷基丙二酸二乙酯水解得到烷基丙二酸，它和丙二酸一样，受热易脱羧生成烷基取代乙酸。

$$H_2C \begin{array}{c} COOC_2H_5 \\ \\ COOC_2H_5 \end{array} \xrightarrow{C_2H_5ONa} [CH(COOC_2H_5)_2]^- Na^+ \xrightarrow{RX} RCH(COOC_2H_5)_2$$

$$RCH(COOC_2H_5)_2 \xrightarrow[NaOH]{H_2O} RCH(COONa)_2 \xrightarrow[\triangle]{H^+} RCH_2COOH$$

如果一烷基丙二酸酯不水解，在甲叉基上可引入第二个烷基。

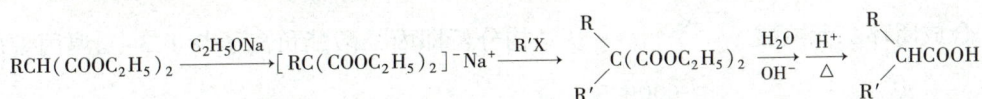

$$RCH(COOC_2H_5)_2 \xrightarrow{C_2H_5ONa} [RC(COOC_2H_5)_2]^- Na^+ \xrightarrow{R'X} \begin{array}{c} R \\ | \\ C(COOC_2H_5)_2 \\ | \\ R' \end{array} \xrightarrow[OH^-]{H_2O} \xrightarrow[\triangle]{H^+} \begin{array}{c} R \\ | \\ CHCOOH \\ | \\ R' \end{array}$$

使用不同的卤代烷，可得到不同的 α-取代乙酸，从反应的产物来看，丙二酸二乙酯比乙酰乙酸乙酯更有利于合成取代乙酸。

与乙酰乙酸乙酯的应用相似，用 α-卤代酮、卤代酸酯、酰卤等代替卤代烃与丙二酸二乙酯发生反应，就能制备各种产物。

1. 合成脂环类化合物（一般用于制备小环取代乙酸）

在强碱的作用下，丙二酸酯与一分子二卤代烷反应生成脂环类化合物。用碘代烷与取代丙二酸酯负离子的反应，也可得到脂环类化合物。

$$H_2C \begin{array}{c} COOC_2H_5 \\ \\ COOC_2H_5 \end{array} \xrightarrow{C_2H_5ONa} [CH(COOC_2H_5)_2]^- Na^+ \xrightarrow{BrCH_2CH_2Br} \begin{array}{c} CH(COOC_2H_5)_2 \\ | \\ Br \end{array} \xrightarrow{C_2H_5ONa}$$

$$\triangleright CH(COOC_2H_5)_2 \xrightarrow[OH^-]{H_2O} \xrightarrow[\triangle]{H^+} \triangleright COOH$$

又如合成 ◇—COOH，需用 $BrCH_2CH_2CH_2Br$ 作烃化剂：

$$H_2C \begin{array}{c} COOC_2H_5 \\ \\ COOC_2H_5 \end{array} + BrCH_2CH_2CH_2Br \xrightarrow{C_2H_5ONa} \begin{array}{c} \diamondsuit \end{array} \begin{array}{c} COOC_2H_5 \\ \\ COOC_2H_5 \end{array} \xrightarrow[OH^-]{H_2O} \xrightarrow[\triangle]{H^+} \begin{array}{c} \diamondsuit \end{array} COOH$$

二卤代物 $Br(CH_2)_nBr$ 中的 n 一般在 3~7 之间，合成的三元羧酸易开环，故反应条件要温和。

2. 取代乙酸的合成

合成 $\begin{array}{c} H_3CCH_2 \\ \\ H_3C \end{array} CH{-}COOH$ ，这类一元羧酸化合物可用一分子或二分子卤代烃与丙二酸酯负离子反应来合成。从结构分析可认为需要在丙二酸酯甲叉基上引入一个甲基和一个乙基。

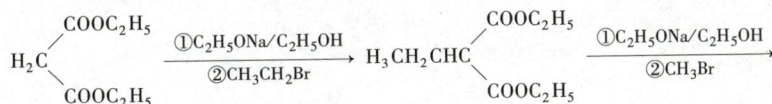

$$H_2C \begin{array}{c} COOC_2H_5 \\ \\ COOC_2H_5 \end{array} \xrightarrow[\text{②}CH_3CH_2Br]{\text{①}C_2H_5ONa/C_2H_5OH} H_3CH_2CHC \begin{array}{c} COOC_2H_5 \\ \\ COOC_2H_5 \end{array} \xrightarrow[\text{②}CH_3Br]{\text{①}C_2H_5ONa/C_2H_5OH}$$

$$\underset{\substack{H_5C_2 \\ H_3C}}{C}\underset{COOC_2H_5}{\overset{COOC_2H_5}{\big|}} \xrightarrow{\text{稀 NaOH}} \underset{\substack{H_5C_2 \\ H_3C}}{C(COONa)_2} \xrightarrow[\triangle]{H^+} \underset{\substack{H_5C_2 \\ H_3C}}{CHCOOH}$$

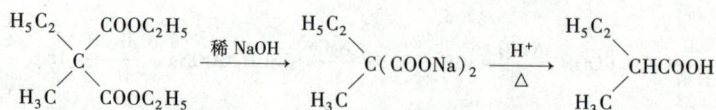

3. 二元羧酸类化合物的合成

（1）合成开链二元羧酸 $\underset{\substack{CH_2COOH \\ CH_2COOH}}{H_2C}$ ，即二分子的丙二酸酯负离子与二碘甲烷分子的反应可得。

$$\underset{COOC_2H_5}{\overset{COOC_2H_5}{H_2C}} \xrightarrow{C_2H_5ONa} \left[\underset{COOC_2H_5}{\overset{COOC_2H_5}{HC}}\right]^- Na^+ \xrightarrow{CH_2I_2} H_2C \begin{array}{c} CH(COOC_2H_5)_2 \\ CH(COOC_2H_5)_2 \end{array} \xrightarrow[\text{②}H^+]{\text{①}NaOH} \xrightarrow{\triangle} \underset{CH_2COOH}{\overset{CH_2COOH}{H_2C}}$$

用丙二酸酯负离子与 α-卤代甲基酮的反应、α-卤代酸酯的反应均可合成开链二元羧酸。

（2）合成闭环二元羧酸 $\left(\text{环己烷-1,3-二羧酸}\right)$ ，从结构分析即丙二酸酯负离子与 1,3-二溴丙烷的反应，取代丙二酸酯负离子再与二碘甲烷反应即得。

$$2[CH(COOC_2H_5)_2]^-Na^+ \xrightarrow{BrCH_2CH_2CH_2Br} (CH_2)_3 \begin{array}{c} CH(COOC_2H_5)_2 \\ CH(COOC_2H_5)_2 \end{array} \xrightarrow{C_2H_5ONa}$$

$$\xrightarrow{CH_2I_2} \xrightarrow{OH^-} \xrightarrow[\triangle]{H^+}$$

4. 合成酮类化合物

合成酮类化合物 （邻硝基苯乙酮）可先认为是合成 $R-\overset{O}{\overset{\|}{C}}-CH\underset{COOC_2H_5}{\overset{COOC_2H_5}{<}}$ ，即酰氯与丙二酸酯负离子反应生成酮酸，酮酸受热易分解脱羧生成酮。

$$\xrightarrow[\triangle]{+H_2SO_4(\text{浓})} \xrightarrow{H_2SO_4, HNO_3} \xrightarrow{\text{水蒸气}} \xrightarrow[\triangle]{KMnO_4}$$

$$\xrightarrow{SOCl_2} \xrightarrow{[CH(COOC_2H_5)_2]^-Na^+} \xrightarrow{\text{稀 NaOH}} \xrightarrow[\triangle]{H^+}$$

组成有机化合物的元素除了碳、氢之外，还含有氮原子的有机化合物称为含氮有机化合物。主要包括硝基化合物、胺类、重氮和偶氮化合物。

第一节　硝基化合物

一、硝基化合物的分类、命名和结构

烃（R—H）分子中的氢原子被硝基（—NO_2）取代后所形成的化合物（R—NO_2）称为硝基化合物（nitro compounds），硝基化合物的官能团为硝基。

根据硝基所连接的烃基类型，可分为脂肪族硝基化合物和芳香族硝基化合物；根据与硝基所连接烃基上的碳原子的类型可分为伯、仲、叔硝基化合物；根据分子中所含有的硝基数目可分为一元、二元和多元硝基化合物。

由于硝基在官能团优先规则的排序处于最低位（表 1-6），因此，在系统命名时，硝基化合物可看成烃类的衍生物，以烃为母体，硝基为取代基。例如：

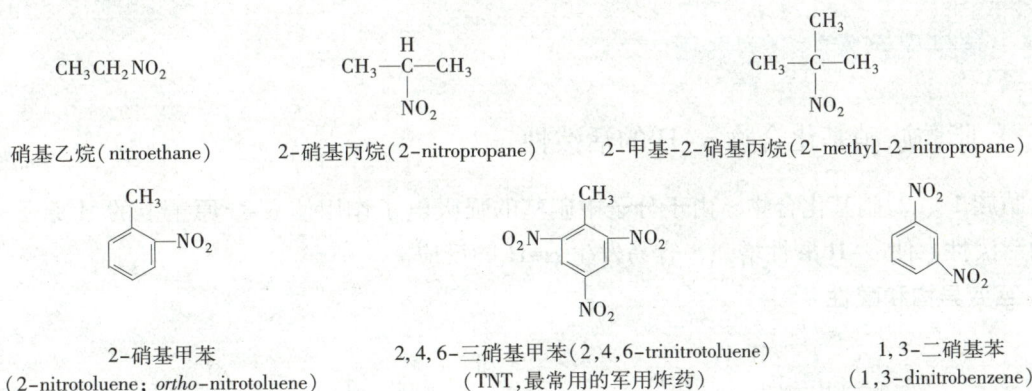

$CH_3CH_2NO_2$

硝基乙烷（nitroethane）

2-硝基丙烷（2-nitropropane）

2-甲基-2-硝基丙烷（2-methyl-2-nitropropane）

2-硝基甲苯
（2-nitrotoluene；*ortho*-nitrotoluene）

2,4,6-三硝基甲苯（2,4,6-trinitrotoluene）
（TNT，最常用的军用炸药）

1,3-二硝基苯
（1,3-dinitrobenzene）

硝基化合物可用以下结构表示：

硝基化合物分子中正负电荷重心偏移，从而使分子具有较大的极性；硝基氮原子带正电荷使硝基成为一个强的吸电子基。

二、硝基化合物的物理性质

硝基化合物分子中含有强极性的硝基，所以一般都具有较大的偶极矩，其沸点和熔点明显高于相应的烃类，也高于相应的卤烃。脂肪族硝基化合物一般为无色液体。芳香族硝基化合物除了单环一硝基化合物为高沸点的液体外，其他多为淡黄色固体。硝基化合物不溶于水，但能与大多数有机物互溶，并能溶解大多数无机盐（形成络合物），故液体硝基化合物常用作某些有机反应（如傅-克反应）的溶剂。硝基化合物大多具有特殊气味，个别有香味，可用作香料（如人造麝香），但大多硝基化合物具有毒性，使用时要注意防护。多硝基化合物不稳定，遇光、热或振动易爆炸分解，可用作炸药（如三硝基甲苯）。常见硝基化合物的物理常数见表14-1。

表14-1 常见硝基化合物的物理常数

名 称	结 构 简 式	m.p.($℃$)	b.p.($℃$)	d_4^{20}
硝基甲烷	CH_3NO_2	-28.5	100.8	1.381
硝基乙烷	$C_2H_5NO_2$	-50	115	1.004
1-硝基丙烷	$CH_3(CH_2)_2NO_2$	-108	131.5	1.0221
2-硝基丙烷	$(CH_3)_2CHNO_2$	-93	120.3	1.024(0℃)
硝基苯	$C_6H_5NO_2$	5.7	210.8	1.203
邻二硝基苯	$1,2\text{-}C_6H_4(NO_2)_2$	118	319(744mmHg)	1.565(17℃)
间二硝基苯	$1,3\text{-}C_6H_4(NO_2)_2$	89.8	303(770mmHg)	1.571(0℃)
对二硝基苯	$1,4\text{-}C_6H_4(NO_2)_2$	174	299(777mmHg)	1.625
1,3,5-三硝基苯	$1,3,5\text{-}C_6H_3(NO_2)_3$	122	分解	1.688
邻硝基甲苯	$1,2\text{-}CH_3C_6H_4NO_2$	-9.3(α),-4(β)	222	1.163
间硝基甲苯	$1,3\text{-}CH_3C_6H_4NO_2$	16	231	1.157
对硝基甲苯	$1,4\text{-}CH_3C_6H_4NO_2$	52	238.5	1.286
2,4-二硝基甲苯	$2,4\text{-}CH_3C_6H_3(NO_2)_2$	70	300	1.521(15℃)
α-硝基甲苯	$\alpha\text{-}C_6H_5CH_2NO_2$	61	300.4	1.32

三、硝基化合物的化学性质

（一）脂肪族硝基化合物 α-H 的活泼性

脂肪族 1°、2°硝基化合物，由于分子中硝基的强吸电子作用使 α-C 原子上的 H 原子表现出一定的活泼性，使 α-H 酸性增强，容易发生 α-H 的反应。

1. 互变异构和酸性

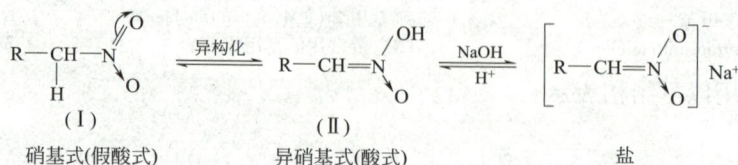

α-H 易转移到硝基的双键 O 原子上，而使（Ⅰ）式互变异构成（Ⅱ）式；（Ⅱ）式 N 上连接的—OH 氢原子具有酸性，能与碱成盐，故含有 α-H 的脂肪族硝基化合物能缓慢地［由（Ⅰ）式异构化成（Ⅱ）式需要时间］溶解于 NaOH 溶液形成盐。

以上反应为可逆反应，形成的盐经酸化后又可回复为原来的硝基化合物，可利用这一性质分离和提纯含有 α–H 的脂肪族硝基化合物。

2. 与羰基化合物缩合

β-羟基硝基化合物　　　　　不饱和硝基化合物

硝基化合物的 α–H 被碱夺取后，形成碳负离子进攻羰基碳原子，并与羰基进行亲核加成反应生成 β–羟基硝基化合物。β–羟基硝基化合物不稳定，受热脱水生成不饱和硝基化合物。

（二）硝基对芳环影响

1. 硝基对芳环的钝化作用

硝基对芳环的吸电子诱导效应（–I）及 π–π 共轭效应（–C）都使芳环上的电子云密度下降，故硝基对芳环起钝化作用，邻、对位比间位表现更为明显，间位的电子云密度比邻对位高，所以芳香族硝基化合物的亲电取代反应发生在间位，硝基为间位定位基：

硝基对芳环的钝化作用使硝基苯不能发生傅–克反应。

芳香族硝基化合物芳环上可发生亲核取代反应，在硝基的邻、对位进行取代。例如：

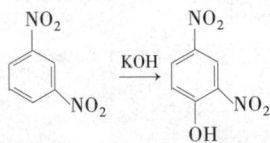

2. 硝基对芳环上取代基的活化作用

芳环上硝基的强吸电子作用使连接于芳环上的其他取代基表现出一定的活泼性，如增强了芳环上卤原子的活泼性、甲基氢原子的活性、酚羟基的酸性等。

卤代苯中卤原子的活泼性很差，一般不能发生水解反应，但若在氯苯邻、对位引入硝基，由于硝基的吸电子作用，与卤原子相连的碳原子的正电性增大，有利于亲核试剂的进攻，从而能够发生水解反应。

硝基的吸电子作用使芳环甲基上的氢原子活性增大，在碱的作用下形成活泼的碳负离子，与羰基化合物发生加成、缩合反应（类似于羟醛缩合反应）。

硝基的吸电子作用也增强了芳环上酚羟基的酸性。邻、对位硝基对羟基酸性的影响比间位显著，苯环上引入的硝基越多，酚羟基酸性增强也越大。

（三）硝基的还原反应

1. 脂肪族硝基化合物

脂肪族硝基化合物在强还原条件下（常用还原剂：Fe、Sn、Zn+HCl、$SnCl_2$+HCl、H_2/Ni）硝基还原成伯氨基。

$$R-NO_2 \xrightarrow{[H]} R-NH_2 \quad 伯胺$$

2. 芳香族硝基化合物

芳香族硝基化合物在不同的条件下还原得到不同的产物。如硝基苯在酸性、中性介质中发生单分子还原，还原强度不同得到产物不同。

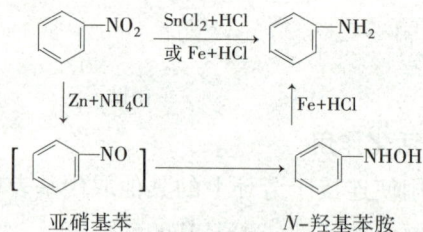

在碱性介质中发生双分子还原（反应发生在两个分子之间），生成 N-氧化偶氮苯。

N-氧化偶氮苯可能是由硝基苯还原过程中产生的亚硝基苯与 N-羟基苯胺在碱作用下缩合而成。

硝基苯在不同介质中还原生成的各种中间体，在酸性或中性介质中用较强的还原剂还原，最终都得到苯胺。

第二节　胺　类

一、胺的分类

胺类（amines）是指氨分子中的氢原子被烃基取代后所形成的一类化合物，可看成氨的烃基衍生物。胺类化合物与生命活动有着密切的关系，构成生命的基本物质——蛋白质，是含有氨基的一类高分子化合物。一些胺的衍生物具有生理活性，可用作药物，许多中药的有效成分及合成药物分子中含有氨基或取代氨基。

根据胺分子中氮原子所连接的烃基数目不同，可将胺类分为伯胺（1°胺）、仲胺（2°胺）、叔胺（3°胺）和季铵（包括季铵盐与季铵碱）。它们的通式为：

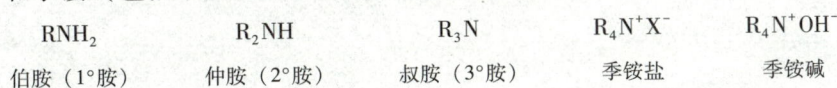

$$RNH_2 \qquad R_2NH \qquad R_3N \qquad R_4N^+X^- \qquad R_4N^+OH^-$$

伯胺（1°胺）　　仲胺（2°胺）　　叔胺（3°胺）　　季铵盐　　　季铵碱

根据胺分子中氮原子所连接的烃基类型不同，可将胺分为脂肪胺和芳香胺。例如：

$$CH_3CH_2NH_2$$

脂肪胺　　　　脂肪胺　　　　芳香胺　　　　芳香胺

根据胺分子中所含氨基数目的多少，可将胺分为一元、二元和多元胺。例如：

$$CH_3CH_2CH_2NH_2 \qquad H_2NCH_2CH_2NH_2 \qquad H_2NCH_2CHCH_2NH_2$$

一元胺　　　　　　二元胺　　　　　　　多元胺

二、胺的命名

胺类的官能团是氨基或亚氨基，二者在官能团优先规则中排序很低，所以，二者既可作官能团又可作取代基。对结构较简单的脂肪胺，以胺为母体，烃基为取代基称为"某胺"。例如：

$$CH_3NH_2 \qquad (CH_3)_2NH \qquad (CH_3)_3N \qquad \qquad (C_6H_5)_2NH$$

甲胺　　　　　二甲胺　　　　　三甲胺　　　　　环己胺　　　　　二苯胺
（methylamine）　（dimethylamine）　（trimethylamine）　（cyclohexylamine）　（diphenylamine）

芳胺命名则以苯胺为母体，将取代基的位次及名称放在母体名称前面。例如：

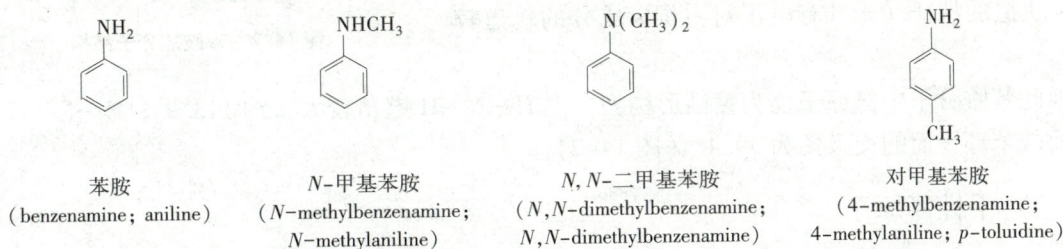

苯胺　　　　　　N-甲基苯胺　　　　　　N,N-二甲基苯胺　　　　　　对甲基苯胺
（benzenamine；aniline）　（N-methylbenzenamine；　（N,N-dimethylbenzenamine；　（4-methylbenzenamine；
　　　　　　　　　N-methylaniline）　　N,N-dimethylbenzenamine）　4-methylaniline；p-toluidine）

多元胺可根据所含烃基名称及氨基数目进行命名，例如：

$$H_2NCH_2CH_2NH_2 \qquad H_2N(CH_2)_6NH_2$$

乙二胺（ethylenediamine）　　己二胺（hexa-1,6-diamine）

结构较复杂的胺可看成烃的氨基衍生物，以烃基为母体，氨基为取代基命名。此时，需要进

行系统命名的模块化处理。例如：

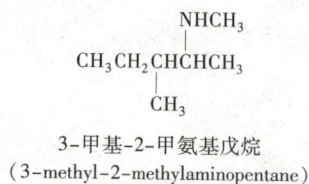

$$
\begin{array}{c}
\text{NHCH}_3 \\
\text{CH}_3\text{CH}_2\text{CHCHCH}_3 \\
\text{CH}_3
\end{array}
$$

3-甲基-2-甲氨基戊烷
（3-methyl-2-methylaminopentane）

$$
\begin{array}{c}
\text{N}(\text{CH}_3)_2 \\
\text{CH}_3\text{CHCH}_2\text{CHCH}_3 \\
\text{CH}_3
\end{array}
$$

4-甲基-2-（N,N-二甲氨基）戊烷
4-methyl-2-(N,N-dimethylaminopentane)

当仲胺或叔胺上含有长短不一的烃基时，也可以最长的烃基所对应的伯胺为母体，其他的烃基看成伯胺氮原子上的取代基进行命名。如：

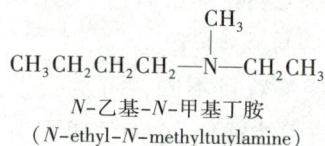

$$
\begin{array}{c}
\text{CH}_3 \\
\text{CH}_3\text{CH}_2\text{CH}_2\text{CH}_2\text{—N—CH}_2\text{CH}_3
\end{array}
$$

N-乙基-N-甲基丁胺
（N-ethyl-N-methyltutylamine）

三、胺的结构

（一）氨和脂肪胺的分子结构

胺可看成氨的烃基衍生物，因此有机胺分子的结构与氨分子的结构类似，氮原子以不等性的 sp^3 杂化轨道成键，其中三个 sp^3 杂化轨道与氢原子的 s 轨道或烃基碳原子的 sp^3 杂化轨道相互重叠形成三个 σ 键，而另一个 sp^3 杂化轨道占有一对电子，起到类似于第四个基团的作用，整个分子成棱锥形结构，分子中三个 σ 键之间的键角约为 109°（图 14-1）。

图 14-1　氨和脂肪胺的分子结构

（二）芳胺的结构

苯胺分子中，氮原子仍以不等性的 sp^3 杂化轨道成键，未共有电子对所占据的轨道具有较多的 p 轨道成分（以便与苯环的大 π 轨道尽可能形成共轭），但仍保留一定 s 轨道的特征（未共有电子对占据 s 成分的轨道较稳定）。

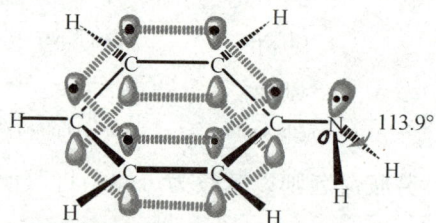

图 14-2　苯胺的分子结构

因此苯胺分子中氮原子仍为棱锥形构型，但 H—N—H 键角较大，约 113.9°，H—N—H 所处的平面与苯环平面的交叉角为 39.4°（图 14-2）。

（三）手性氮原子

1. 胺分子的氮

当氮上连接的三个基团不同时，氮原子为手性氮原子，理论上应存在两个对映体。例如：

但由于两者相互之间转化的能量很低（25.1kJ/mol），在室温下通过分子的热运动就足以克服这种能量差而使两种构型很快地相互转化（$10^3 \sim 10^5$ 次/秒），所以它们的对映体通常无法分离开来。

$$H_5C_2 \overset{\cdot\cdot}{\underset{H}{N}} CH_3 \ \rightleftharpoons \ H_5C_2 \overset{CH_3}{\underset{\cdot\cdot}{N}} H$$

胺分子对映体相互之间的转化，就像一把雨伞在大风中由里向外翻转一样，称为"伞效应"。

2. 季铵盐的氮

季铵盐中的氮为 sp^3 杂化，所以季铵为四面体结构，当氮上所连接的四个基团不同时，存在对映体。例如甲基乙基烯丙基苯基铵离子存在如下两种对映体：

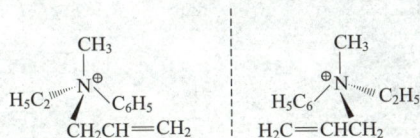

$$\begin{array}{c} CH_3 \\ H_5C_2 {-} \overset{+}{N} {-} C_6H_5 \\ CH_2CH{=}CH_2 \end{array} \qquad \begin{array}{c} CH_3 \\ H_5C_6 {-} \overset{+}{N} {-} C_2H_5 \\ H_2C{=}CHCH_2 \end{array}$$

四、胺的物理性质

（一）脂肪胺

低级脂肪胺中的甲胺、二甲胺、三甲胺和乙胺等是气体，其余低级胺是易挥发的液体，十二胺以上为固体。低级胺的气味与氨相似，三甲胺有鱼腥味。丁-1,4-二胺称腐肉胺，戊-1,5-二胺称尸胺，均具有恶臭味且有毒。

具有 N—H 键的伯胺、仲胺分子间能形成氢键缔合，故其沸点比分子量相近的烷烃高，但形成氢键强度不如醇，沸点比相应的醇低，叔胺不含 N—H 键而不能形成分子间氢键，其沸点与分子量相近的烷烃相近。对碳原子数相同的胺，沸点按伯胺、仲胺、叔胺顺序依次降低（空间位阻对分子间作用力的影响）。

低级胺均能溶于水（与水形成氢键），但随分子量的升高，水溶性下降；高级胺不溶于水。胺的水溶性比醇大（胺与水分子之间产生氢键缔合的能力强于醇与水分子之间的缔合）。

（二）芳胺

芳胺为无色、高沸点的液体或低熔点的固体，固体的苯胺取代物中，以对位异构体的熔点最高。芳胺一般难溶于水，易溶于有机溶剂。芳胺能随水蒸气挥发，可用水蒸气蒸馏法分离和提纯。芳胺有特殊气味，且毒性很大，液体芳胺能透过皮肤被吸收，β-萘胺及联苯胺具有强烈的致癌作用。常见胺的物理常数见表14-2。

表 14-2　常见胺的物理常数

名　称	结 构 简 式	m.p.(℃)	b.p.(℃)	pK_a(20~25℃)
氨	NH_3	-77.7	-33	9.3
甲胺	CH_3NH_2	-92.5	-6.5	10.6
二甲胺	$(CH_3)_2NH$	-96.0	7.4	10.7
三甲胺	$(CH_3)_3N$	-124.0	2.9	9.8
乙胺	$CH_3CH_2NH_2$	-80.6	16.6	10.7

续表

名　称	结构简式	m.p.(℃)	b.p.(℃)	pK_a(20~25℃)
二乙胺	$(CH_3CH_2)_2NH$	-50	55.5	11.1
三乙胺	$(CH_3CH_2)_3N$	-115	89.5	10.6
乙二胺	$H_2NCH_2CH_2NH_2$	8.5	117	10.0,7.0
苯胺	$C_6H_5NH_2$	-6	184	4.6
N-甲基苯胺	$C_6H_5NHCH_3$	-57	194	4.8
N,N-二甲基苯胺	$C_6H_5N(CH_3)_2$	2.0	193	5.1
邻甲基苯胺	$o\text{-}CH_3C_6H_4NH_2$	24.4	197	4.4
间甲基苯胺	$m\text{-}CH_3C_6H_4NH_2$	31.5	203	4.7
对甲基苯胺	$p\text{-}CH_3C_6H_4NH_2$	44	200	5.1
苯甲胺(苄胺)	$C_6H_5CH_2NH_2$		184.5	9.4
邻硝基苯胺	$o\text{-}NO_2C_6H_4NH_2$	71.5	284	0.3
间硝基苯胺	$m\text{-}NO_2C_6H_4NH_2$	114	305	2.4
对硝基苯胺	$p\text{-}NO_2C_6H_4NH_2$	148	331.7	1.1
邻苯二胺	$o\text{-}C_6H_4(NH_2)_2$	103	257	4.5,1.3
间苯二胺	$m\text{-}C_6H_4(NH_2)_2$	63	284	4.7,2.6
对苯二胺	$p\text{-}C_6H_4(NH_2)_2$	140	267	5.1,3.3
二苯胺	$(C_6H_5)_2NH$	54	302	1.0
α-萘胺		49	301	3.9
β-萘胺		112	306	4.1

注:表中的 pK_a 值,系胺对应的共轭酸 R_3N^+H 的值。此值越大,胺碱性越强。

五、胺的化学性质

(一) 碱性

胺分子中氮原子的一个 sp^3 杂化轨道上有一对未共用电子对,具有接受质子或提供电子对的能力,因此胺具有碱性。

$$R\ddot{N}H_2 + HX \longrightarrow R\overset{+}{N}H_3X^-$$

水溶液中,胺与水分子中的 H^+ 结合形成铵正离子,同时离解出 OH^- 而呈现出弱碱性:

$$R\ddot{N}H_2 + H_2O \rightleftharpoons \underset{\text{铵正离子}}{R\overset{+}{N}H_3} + OH^-$$

1. 胺碱性强度的表示方法

胺在水溶液中的离解程度,可用离解常数 K_b 表示:

$$K_b = \frac{[R\overset{+}{N}H_3][OH^-]}{[RNH_2]}$$

从上式可看出,$[OH^-]$ 越大,K_b 越大,即 pK_b 越小,水溶液中胺的碱性就越强,故可用 pK_b 来表示胺的碱性强弱。

$$\text{p}K_a + \text{p}K_b = 14.00(25℃) \qquad \text{p}K_a = 14.00 - \text{p}K_b$$

因此，pK_b 越小，则 pK_a 越大，所以常用 pK_a 的大小来表示胺的碱性强弱程度，pK_a 越大，胺的碱性越强。

从表 14-2 可看出，水溶液中胺的碱性顺序为：

$$(CH_3)_2NH > CH_3NH_2 > (CH_3)_3N > NH_3$$

$$pK_a \quad 10.7 \qquad 10.6 \qquad 9.8 \qquad 9.3$$

2. 影响胺碱性的因素

从水溶液中胺的离解反应式可以看出，如果铵正离子越稳定，它就越容易形成，胺分子也就越易离解，胺的碱性就越强。所以可从胺分子在水溶液中所形成的铵正离子的稳定性大小来讨论胺的碱性。

（1）脂肪胺的碱性 脂肪胺与 H^+ 所形成铵正离子的稳定性可从电性效应、溶剂化效应及立体效应等几种因素分析。

① 从电性效应看，铵正离子的氮原子上所连接的烃基越多，对氮原子的供电子作用越强，铵正离子正电荷的分散程度越大，稳定性越高。铵正离子稳定性顺序为：

$$R_3NH^+ > R_2NH_2^+ > RNH_3^+ > NH_4^+$$

② 从溶剂化效应看，铵正离子上氮原子所连接的氢原子越多，水溶液中铵正离子与水分子形成氢键的能力越强，铵正离子溶剂化程度越大，正电荷通过溶剂化效应分散程度也越大，稳定性越高。

伯、仲、叔胺与质子所形成的铵正离子在水溶液中与水分子形成氢键情况：

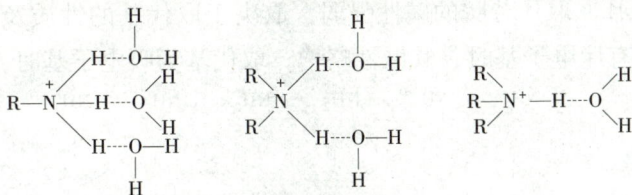

就溶剂化效应而言，水溶液中铵正离子的稳定性顺序为：

$$NH_4^+ > RNH_3^+ > R_2NH_2^+ > R_3NH^+$$

显然，溶剂化效应对水溶液中铵正离子稳定性的影响结果与烃基对氮原子供电子作用所产生的结果刚好相反。

③ 从立体效应看，胺分子中氮原子上所连接的烃基越多、越大，烃基对氮上未共用电子对的屏蔽作用也越大，从而不利于胺与质子的结合，胺分子对应的铵正离子稳定性越差。铵正离子的稳定性顺序为：

$$NH_4^+ > RNH_3^+ > R_2NH_2^+ > R_3NH^+$$

综合考虑以上各种因素的影响，水溶液中铵正离子的稳定性顺序为：

$$R_2NH_2^+ > RNH_3^+ > R_3NH^+ > NH_4^+$$

因此，水溶液中胺的碱性顺序为：

$$R_2NH > RNH_2 > R_3N > NH_3$$

在气相下测定胺的碱性，则不存在溶剂化效应的影响，只存在烃基的电性效应，故气相中胺的碱性顺序为：

$$R_3N > R_2NH > RNH_2 > NH_3$$

（2）芳胺的碱性 水溶液中芳胺的碱性顺序为：

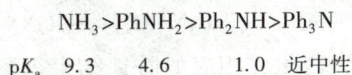

$$NH_3 > PhNH_2 > Ph_2NH > Ph_3N$$

$$pK_a \quad 9.3 \qquad 4.6 \qquad 1.0 \quad 近中性$$

芳胺在水溶液中的碱性比氨弱，过去一直认为是由于氮原子上的未共用电子对和苯环共轭，氮原子上的电子对离域到苯环，从而使氮原子的电子云密度减少，降低了与质子结合的能力，芳胺的碱性随之减弱。近来认为芳胺在水溶液中的碱性主要由溶剂化效应所决定，NH_4^+ 的溶剂化程度大，$PhNH_3^+$、$Ph_2NH_2^+$、Ph_3NH^+ 的溶剂化效应依次减弱。水溶液中铵正离子的稳定性顺序为：

$$NH_4^+ > PhNH_3^+ > Ph_2NH_2^+ > Ph_3NH^+$$

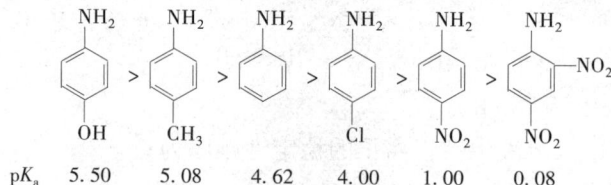

水溶液中苯胺正离子的溶剂化效应　　二苯胺正离子的电性效应

在气相中，铵正离子的稳定性主要取决于电性效应的影响，铵正离子的氮原子上所连接的芳基越多，通过 p-π 共轭效应芳基对带正电荷的氮原子的供电子作用越大，铵正离子正电荷的分散程度越大，稳定性越高。不同芳胺的铵正离子在气相中的稳定性顺序为：

$$Ph_3NH^+ > Ph_2NH_2^+ > PhNH_3^+ > NH_4^+$$

气相中芳胺的碱性强度顺序为：

$$Ph_3N > Ph_2NH > PhNH_2 > NH_3$$

（3）取代芳胺的碱性　取代芳胺的碱性强弱，取决于取代基的性质及在芳环上所处的位置。一般来说，氨基的对位有斥电子基时，其碱性略增；取代基为吸电子基时，其碱性减弱。例如：

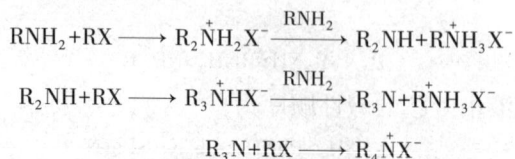

| pK_a | 5.50 | 5.08 | 4.62 | 4.00 | 1.00 | 0.08 |

3. 铵盐的形成

胺具有碱性，在乙醚溶液中与强酸作用形成稳定的盐，铵盐遇强碱又游离出胺。

$$RNH_2 + HX \xrightarrow{乙醚} R\overset{+}{N}H_3X^- \downarrow \xrightarrow{NaOH} RNH_2$$
铵盐

可利用胺的这一性质提纯胺类化合物。同时铵盐为离子型化合物，在水中溶解度较大，所以也常用酸性水溶液来提取胺类化合物。

由于芳胺的碱性较弱，只有苯胺与二苯胺才能与强酸成盐。

（二）烃基化反应

胺类化合物分子中氮原子上存在一对未共用电子，所以胺具有亲核性，可作为亲核试剂与卤代烃发生 S_N2 反应，生成仲胺、叔胺和铵盐的混合物。

$$RNH_2 + RX \longrightarrow R_2\overset{+}{N}H_2X^- \xrightarrow{RNH_2} R_2NH + R\overset{+}{N}H_3X^-$$

$$R_2NH + RX \longrightarrow R_3\overset{+}{N}HX^- \xrightarrow{RNH_2} R_3N + R\overset{+}{N}H_3X^-$$

$$R_3N + RX \longrightarrow R_4\overset{+}{N}X^-$$

反应混合物用强碱处理，铵盐转化成相应的胺，结果得到伯、仲、叔胺的混合物。通过调节原料的配比以及控制反应温度、时间等其他条件，可以得到主要为某一种胺的产物。

（三）酰化反应

1. 碳酰化反应

氮原子上具有氢原子的伯胺和仲胺可作为亲核试剂，进攻酰卤、酸酐和酯分子中缺电子的酰基碳原子而发生酰化反应生成酰胺。叔胺因氮原子上没有氢原子，不能发生此反应。

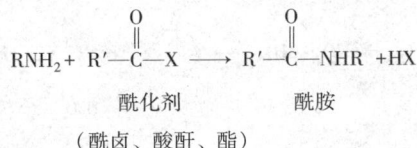

$$RNH_2 + \underset{\substack{\text{酰化剂} \\ \text{（酰卤、酸酐、酯）}}}{R'-\overset{\overset{\displaystyle O}{\|}}{C}-X} \longrightarrow \underset{\text{酰胺}}{R'-\overset{\overset{\displaystyle O}{\|}}{C}-NHR} + HX$$

酰化能力：酰卤>酸酐>酯（苯胺不被酯酰化）。

生成的酰胺一般都为晶体，具有明确的熔点，并且在酸或碱的作用下又可水解回原来的胺，故可用于鉴别、分离提纯胺类化合物或在合成上对—NH_2 进行保护。

2. 磺酰化反应

伯胺和仲胺还能与苯磺酰氯作用，生成相应的苯磺酰胺，这一反应称为兴斯堡（Hinsberg）反应，叔胺与苯磺酰氯不能发生兴斯堡反应。

$$\left. \begin{array}{l} RNH_2 \\ \text{（伯胺）} \\ R_2NH \\ \text{（仲胺）} \\ R_3N \\ \text{（叔胺）} \end{array} \right\} + \text{（}\bigcirc\text{）}-SO_2Cl \longrightarrow \left\{ \begin{array}{l} \text{（}\bigcirc\text{）}-SO_2NHR \\ \text{（}N\text{-烃基苯磺酰胺）} \\ \text{（}\bigcirc\text{）}-SO_2NR_2 \\ \text{（}N,N\text{-二烃基苯磺酰胺）} \\ \text{不反应} \end{array} \right.$$

伯胺与苯磺酰氯作用生成的 N-烃基苯磺酰胺氮原子上的氢原子由于受到磺酰基及氮原子吸电子作用的影响呈现出酸性，可与氢氧化钠成盐而溶解在氢氧化钠溶液中。仲胺与苯磺酰氯作用生成的 N,N-二烃基苯磺酰胺氮原子上没有氢原子，不溶于氢氧化钠溶液。

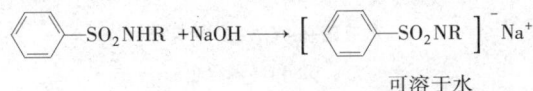

$$\text{（}\bigcirc\text{）}-SO_2NHR + NaOH \longrightarrow \left[\text{（}\bigcirc\text{）}-SO_2NR\right]^- Na^+$$
$$\text{可溶于水}$$

伯胺和仲胺与苯磺酰氯作用，生成的苯磺酰胺在酸或碱的催化作用下可水解生成原来的胺。因此，兴斯堡反应既可用于鉴别伯、仲、叔胺，又可用于分离或提纯伯、仲、叔胺的混合物。另外，苯磺酰胺为固体，有固定的熔点，也可将胺转化为相应的苯磺酰胺，通过测定相应苯磺酰胺的熔点来鉴别原来的胺。

注意：兴斯堡反应只能用来鉴别或分离低级胺类化合物，因为超过 8 个碳脂肪族和超过 6 个碳的脂环族伯胺生成的苯磺酰胺都不溶于氢氧化钠溶液。

（四）与亚硝酸反应

伯、仲、叔胺都能与亚硝酸反应，但它们各自反应的现象及结果不同。脂肪胺及芳胺与亚硝酸反应的情况也存在差异。

1. 伯胺

脂肪伯胺与亚硝酸反应生成极不稳定的重氮盐，随后立即分解放出氮气及生成醇、卤烃、烯烃等多种产物。

$$RNH_2+NaNO_2+HX \longrightarrow [R\overset{+}{-}N \equiv N:X^-] \longrightarrow R^+ + X^- + N_2 \uparrow$$

极不稳定

醇
卤烃
烯烃
碳正离子重排

芳伯胺与亚硝酸在低温下反应生成较为稳定的重氮盐，受热后（5℃以上）重氮盐分解放出氮气。

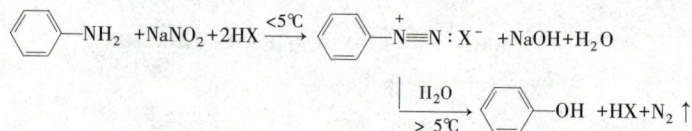

2. 仲胺

脂肪仲胺与亚硝酸反应生成黄色油状或固体状的 N-亚硝基胺。

$$R_2NH+HNO_2 \underset{H^+,\ \triangle}{\rightleftharpoons} R_2N-N=O+H_2O$$

芳仲胺与亚硝酸反应生成 N-亚硝基化合物，产物在酸性介质中发生重排，生成对亚硝基化合物，对硝基化合物用碱中和后又回复为 N-亚硝基化合物。这一过程呈现出颜色的变化，例如：

m. p. 15℃（黄色）   m. p. 118℃（蓝绿色）

N-甲基-N-亚硝基苯胺   对亚硝基-N-甲基苯胺

3. 叔胺

脂肪叔胺与亚硝酸作用生成不稳定的亚硝酸盐而溶解。

$$R_3N+HNO_2 \rightleftharpoons R_3\overset{+}{N}HNO_2^-$$

芳叔胺与亚硝酸反应生成对位亚硝基化合物，这一过程同样存在颜色变化，例如：

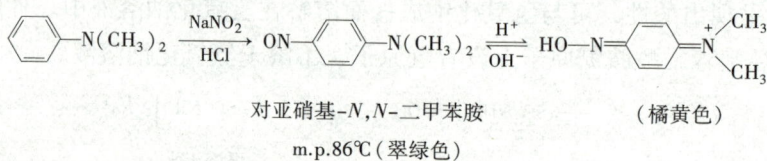

对亚硝基-N,N-二甲苯胺
m.p.86℃（翠绿色）   （橘黄色）

当对位被其他基团占据时则生成邻位亚硝基化合物。

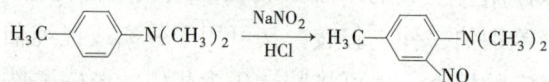

利用不同类型胺与亚硝酸反应的现象和结果的不同，可区别脂肪族及芳香族伯、仲、叔胺。

（五）芳胺的特性

1. 氧化反应

芳伯胺、芳仲胺对氧化剂特别敏感，很容易发生氧化。纯净的苯胺是无色的，但在空气中放置后很快被氧化变成黄色然后再变成红棕色。芳胺氧化得到的主要产物取决于氧化剂的性质和反应的条件。例如：

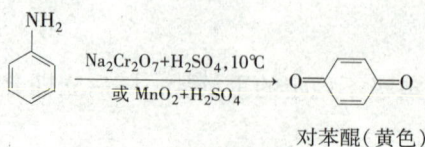

对苯醌(黄色)

环上有吸电子基的芳伯胺，用三氟过氧乙酸氧化生成相应的硝基化合物。例如：

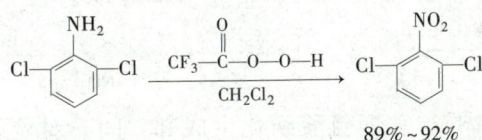

$$89\% \sim 92\%$$

N,*N*-二烷基芳胺（芳叔胺）和芳胺盐对氧化剂不那么敏感，常将芳胺转化成盐储存。

2. 苯环上的亲电取代

氨基连接于芳环上，氮原子上的未共用电子对通过与芳环形成 p-π 共轭作用而加大了芳环的电子云密度，从而使苯环上的亲电取代反应活性增大。因此，芳胺的亲电取代非常容易进行，氨基为强的邻、对位定位基。

（1）卤代　芳胺与卤素极易发生卤代反应，反应很难停留在一元取代的阶段。例如苯胺与溴水反应立即生成三溴苯胺的白色沉淀，反应定量完成，可用于苯胺的定量和定性分析。

若用酰化剂先将氨基酰化，降低芳环活性后再进行卤代，则可得到一卤代产物。例如：

若将芳胺转化为盐后再卤代，氨基就成为间位定位基，卤代产物为间位取代物。例如：

由于碘的亲电性很弱，苯胺与碘直接作用生成对位取代产物：

（2）硝化　由于芳胺对氧化剂极其敏感，硝酸又具有很强的氧化性，因此芳胺硝化时应先将氨基酰化或转化成盐来保护氨基。例如将苯胺转化成乙酰苯胺后，若在乙酸中用硝酸进行硝化，得到的主要为对位取代物；若在乙酸酐中用硝酸进行硝化，得到的主要为邻位取代物。

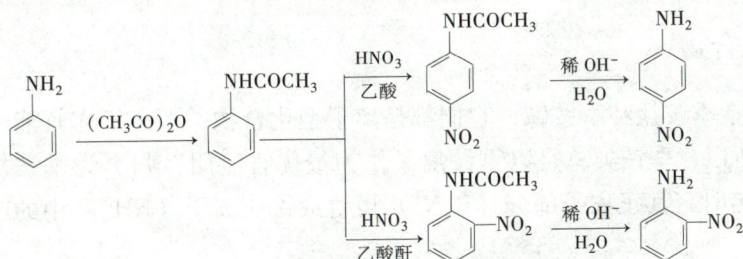

若将苯胺转化为盐后再进行硝化，则得到的主要为间位取代物。例如：

（3）磺化 苯胺在室温下与发烟硫酸磺化生成邻、间、对位氨基苯磺酸混合物，当温度为180℃时，与浓硫酸共热则生成对位产物。

对氨基苯磺酸的酰胺称为磺胺，其衍生物是一类具有消炎作用的药物，称为磺胺药物。

磺胺　　　　　　　　　　　　　磺胺药物

（六）伯胺的特殊反应

1. 与醛类的缩合

伯胺能与醛类脱水缩合生成希夫碱（Schiff base）：

$$RNH_2 + O = CHR' \xrightarrow[-H_2O]{\triangle} RN = CHR'$$

N–取代亚胺（希夫碱）

当 R、R′为脂肪烃基时，希夫碱不稳定，容易发生聚合；R、R′为芳香烃基时一般较稳定，形成的希夫碱往往呈现出一定的颜色。例如：

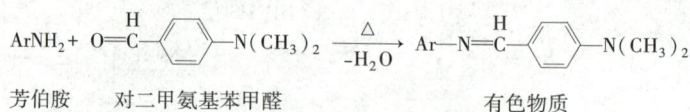

$$ArNH_2 + O = C \overset{H}{\underset{}{}} - \text{—} N(CH_3)_2 \xrightarrow[-H_2O]{\triangle} Ar - N = C \overset{H}{\underset{}{}} - \text{—} N(CH_3)_2$$

芳伯胺　　对二甲氨基苯甲醛　　　　　　　有色物质

对二甲氨基苯甲醛常用作含氨基药物薄层层析的显色剂。

2. 成异腈反应

伯胺与氯仿和氢氧化钾的醇溶液共热，生成具有恶臭味的异腈，因此常用于鉴别伯胺或氯仿。异腈有毒，可用稀酸使其水解而破坏。

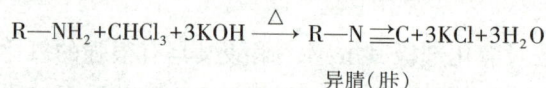

$$R - NH_2 + CHCl_3 + 3KOH \xrightarrow{\triangle} R - N \equiv C + 3KCl + 3H_2O$$

异腈（胩）

$$R - N \equiv C + 2H_2O \xrightarrow[\triangle]{HCl} R - NH_2 + HCOOH$$

（七）季铵化合物

季铵化合物包括季铵盐和季铵碱，它们都是离子型化合物，而离子在官能团优先规则中排位很高（表1-6），所以，季铵类总是以季铵离子作为最优官能团，归类为季铵盐或季铵碱，且以"铵"字结尾。命名时，其正离子部分（R_4N^+）可看成铵正离子（NH_4^+）中的四个氢原子被烃基取代后而形成的。

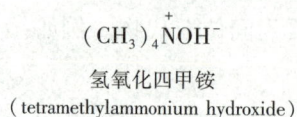

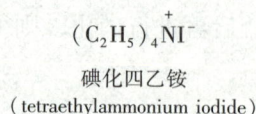

$$(CH_3)_4 \overset{+}{N}OH^-$$

氢氧化四甲铵
(tetramethylammonium hydroxide)

$$(C_2H_5)_4 \overset{+}{N}I^-$$

碘化四乙铵
(tetraethylammonium iodide)

1. 季铵盐

铵盐（$NH_4^+X^-$）中的四个氢原子如果被四个烃基取代，即成为季铵盐（$R_4N^+X^-$）。烃基通常由卤代烃提供［见本节"（二）烃基化反应"］。

季铵盐为离子形化合物，一般为白色晶体，熔点较高。易溶于水，不溶于乙醚等非极性有机溶剂。具有长链烃基的季铵盐为表面活性剂，有杀菌作用，可用作消毒剂，如新洁尔灭、杜灭芬等就是一类具有去油污、无刺激性的消毒防腐剂，临床上多用于皮肤、黏膜、创面、器皿的消毒。一些中药的有效成分也含有季铵盐的结构。

$$\left[PhCH_2-\overset{\overset{\displaystyle CH_3}{|}}{\underset{\underset{\displaystyle CH_3}{|}}{N^+}}-C_{12}H_{25}\text{-}n \right] Br^- \qquad \left[PhOCH_2CH_2-\overset{\overset{\displaystyle CH_3}{|}}{\underset{\underset{\displaystyle CH_3}{|}}{N^+}}-C_{12}H_{25}\text{-}n \right] Br^-$$

溴化二甲基十二烷基苄基铵（新洁尔灭）　　溴化二甲基十二烷基-（2-苯氧乙基）铵（杜灭芬）

季铵盐受热可分解为叔胺和卤代烷：

$$R_4\overset{+}{N}X^- \xrightarrow{\triangle} R_3N+RX$$

季铵盐与强碱作用则形成季铵碱：

$$R_4\overset{+}{N}X^- + KOH \rightleftharpoons R_4\overset{+}{N}OH^- + KCl$$

具有 α-活泼氢的季铵盐在强碱作用下，α-活泼氢以质子的形式脱落形成碳负离子，烃基从氮原子上转移到相邻的碳负离子上形成叔胺，这一反应称为史蒂文斯重排（Stevens rearrangement）反应。

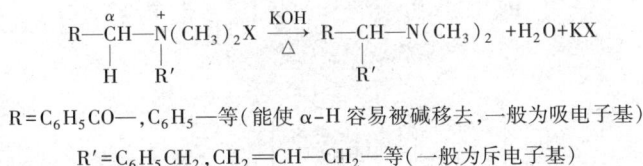

$$\underset{\underset{\displaystyle H}{|}}{R-\overset{\alpha}{C}H}-\overset{+}{N}(CH_3)_2X \xrightarrow[\triangle]{KOH} \underset{\underset{\displaystyle R'}{|}}{R-CH}-N(CH_3)_2 +H_2O+KX$$

R＝$C_6H_5CO—,C_6H_5—$等（能使 α-H 容易被碱移去，一般为吸电子基）

R′＝$C_6H_5CH_2,CH_2＝CH—CH_2—$等（一般为斥电子基）

发生史蒂文斯重排反应后转移基团 R′ 的构型保持不变。

2. 季铵碱

季铵碱（$R_4N^+OH^-$）是一种强碱，其强度与氢氧化钠相当。季铵碱一般由氢氧化银和季铵盐的水溶液作用而制得。

$$R_4\overset{+}{N}I^- + AgOH \longrightarrow R_4\overset{+}{N}OH^- + AgI\downarrow$$

季铵碱受热易发生分解反应，生成叔胺和醇。例如：

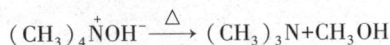

$$(CH_3)_4\overset{+}{N}OH^- \xrightarrow{\triangle} (CH_3)_3N+CH_3OH$$

以上反应可看成是 OH^- 作为亲核试剂进攻受带正电荷的氮原子诱导而带正电的甲基碳原子发生的 S_N2 反应：

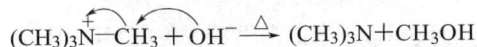

$$(CH_3)_3\overset{+}{N}\!\!-\!\!CH_3 + OH^- \xrightarrow{\triangle} (CH_3)_3N+CH_3OH$$

含有 β-H 原子的季铵碱加热至 $100\sim200℃$ 时，OH^- 进攻并夺取 β-H，同时 C—N 键断裂发生消除反应，生成烯烃和叔胺，这一反应称为霍夫曼消除（Hofmann elimination）反应。例如：

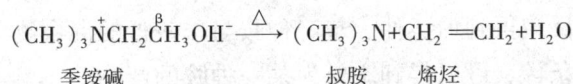

$$(CH_3)_3\overset{+}{N}CH_2\overset{\beta}{C}H_3OH^- \xrightarrow{\triangle} (CH_3)_3N+CH_2＝CH_2+H_2O$$

季铵碱　　　　　　叔胺　　烯烃

当季铵碱裂解成烯烃的消除方向有选择余地时，则反应的主要产物为双键碳上带有较少烷基的烯烃（与查依采夫规则相反），这一规律称为霍夫曼消除规则。例如：

$$\underset{\underset{\beta}{CH_3CH_2}\underset{}{\overset{\overset{HO^-\ \overset{+}{N}(CH_3)_3}{|}}{CH}}\underset{\beta}{CH_3} \xrightarrow{\triangle} CH_3CH_2HC=CH_2 + CH_3CH=CHCH_3$$

$$95\% \qquad\qquad 5\%$$

$$95\% \quad 1\%$$

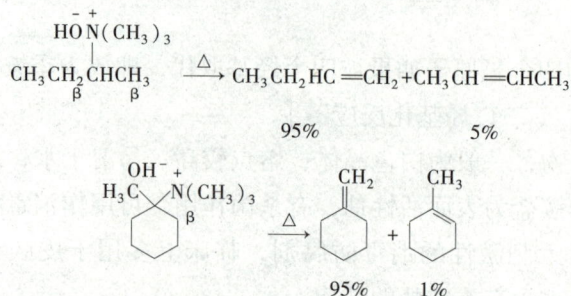

利用霍夫曼消除反应，对一个未知胺，可用过量的碘甲烷与之作用生成季铵盐，然后转化成季铵碱，再进行热分解，从反应过程中消耗碘甲烷的摩尔数可推知原来胺的级数，再由所得烯烃的结构，可推测出原来胺的结构。例如：

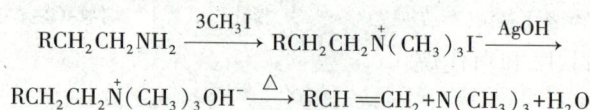

$$RCH_2CH_2NH_2 \xrightarrow{3CH_3I} RCH_2CH_2\overset{+}{N}(CH_3)_3I^- \xrightarrow{AgOH}$$

$$RCH_2CH_2\overset{+}{N}(CH_3)_3OH^- \xrightarrow{\triangle} RCH=CH_2 + N(CH_3)_3 + H_2O$$

这种用过量的碘甲烷与胺作用生成季铵盐，然后转化为季铵碱，最后消除生成烯烃的反应称为霍夫曼彻底甲基化（Hofmann exhaustive methylation）反应。

环状胺需经过多次霍夫曼彻底甲基化反应才能形成烯烃。例如，毒芹的活性成分毒芹碱（$C_8H_{17}N$）需经过两次霍夫曼降解反应最终得到辛-1,4-二烯。

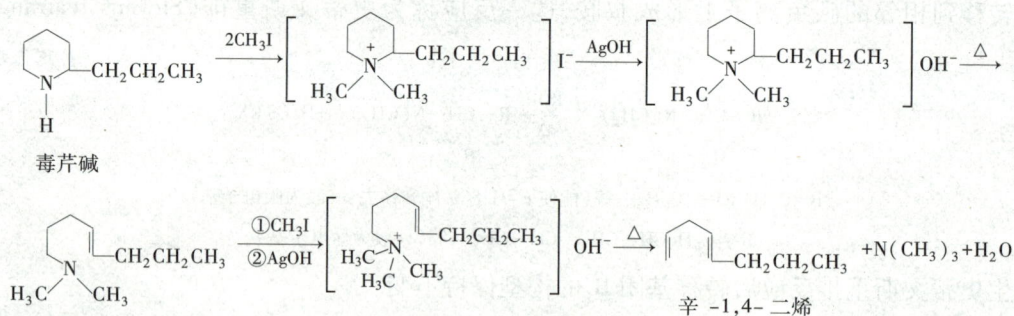

毒芹碱

辛-1,4-二烯

六、胺的制备方法

胺广泛存在于自然界，可从许多天然产物中分离得到胺类化合物（如生物碱类等），但大多胺类化合物常用化学方法合成得到。

（一）氨的烃基化

1. 卤代烷与氨的取代

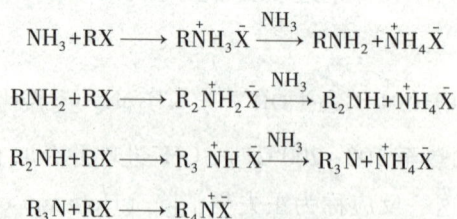

$$NH_3 + RX \longrightarrow R\overset{+}{N}H_3\bar{X} \xrightarrow{NH_3} RNH_2 + \overset{+}{N}H_4\bar{X}$$

$$RNH_2 + RX \longrightarrow R_2\overset{+}{N}H_2\bar{X} \xrightarrow{NH_3} R_2NH + \overset{+}{N}H_4\bar{X}$$

$$R_2NH + RX \longrightarrow R_3\overset{+}{N}H\bar{X} \xrightarrow{NH_3} R_3N + \overset{+}{N}H_4\bar{X}$$

$$R_3N + RX \longrightarrow R_4\overset{+}{N}\bar{X}$$

卤代烷与氨进行取代反应得到伯、仲、叔三种胺与季铵盐的混合物。调节原料的配比以及控制反应温度、时间等其他条件，可以得到主要为某一种胺的产物。

2. 卤代芳烃与氨的取代

利用卤代芳烃在特殊条件下与氨发生取代反应可以制备芳胺。

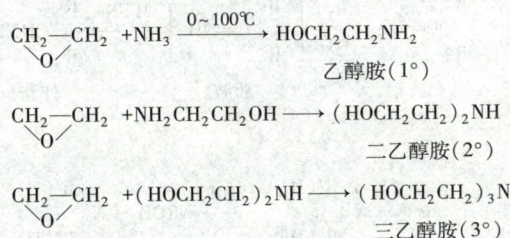

3. 环氧烷与氨反应

环氧烷烃极易与氨反应生成醇胺。例如：

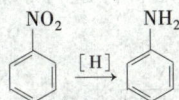

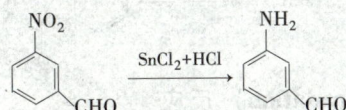

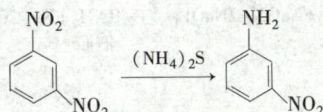

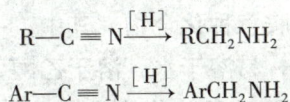

（二）含氮化合物的还原

1. 硝基化合物还原

常用芳香族硝基化合物还原法制备芳胺，例如：

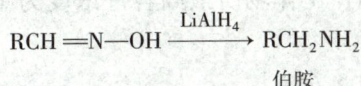

常用的还原剂：Fe，Zn 或 Sn+稀 HCl；H_2/Pd。此外，活性铜也可用于将硝基苯还原成苯胺，因其对环境污染小，现工业上已广泛采用。

若用 $SnCl_2$+HCl 或 $FeSO_4/OH^-$ 作还原剂，可避免苯环上的醛基被还原（选择性还原硝基）。例如：

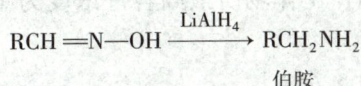

若用 $SnCl_2$+HCl［或 Na_2S_x，NH_4SH，$(NH_4)_2S$，$(NH_4)_2S_x$ 等硫化物］作还原剂，则苯环上若有多个硝基，只有一个硝基被还原成氨基（部分还原）。例如：

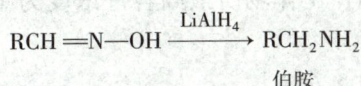

多硝基苯的部分还原反应在有机合成上具有重要的意义。

2. 腈还原

$$R—C≡N \xrightarrow{[H]} RCH_2NH_2$$
$$Ar—C≡N \xrightarrow{[H]} ArCH_2NH_2$$

若用 H_2/Ni，Na/C_2H_5OH 作还原剂还原，会产生少量仲胺、叔胺。用 $LiAlH_4$ 还原，则可制得纯度高的伯胺。

3. 肟还原

$$RCH=N—OH \xrightarrow{LiAlH_4} RCH_2NH_2$$
伯胺

4. 亚胺（希夫碱）还原

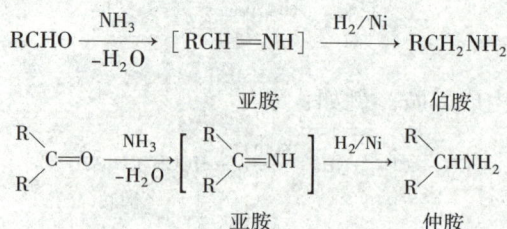

$$RCHO \xrightarrow[-H_2O]{NH_3} [RCH=\!\!\!=NH] \xrightarrow{H_2/Ni} RCH_2NH_2$$

亚胺　　　　伯胺

$$\begin{array}{c}R\\R\end{array}\!\!\!C=O \xrightarrow[-H_2O]{NH_3} \left[\begin{array}{c}R\\R\end{array}\!\!\!C=NH\right] \xrightarrow{H_2/Ni} \begin{array}{c}R\\R\end{array}\!\!\!CHNH_2$$

亚胺　　　　仲胺

5. 酰胺还原

$$\begin{array}{c}O\\\parallel\\R-C-N\end{array}\!\!\!\begin{array}{c}R'(H)\\\\R''(H)\end{array} \xrightarrow{LiAlH_4} RCH_2-N\begin{array}{c}R'(H)\\\\R''(H)\end{array}$$

伯、仲、叔胺

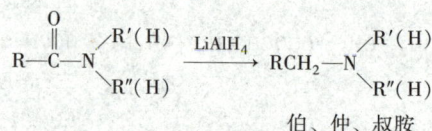

（三）伯胺的特殊制法

1. 盖布瑞尔（Gabreil）合成法

用邻苯二甲酰亚胺与卤代烷进行烷基化后再进行水解，是制备纯伯胺的一种方法。

若生成的 *N*-烷基邻苯二甲酰亚胺较难水解时，可用肼作试剂使伯胺游离出来。

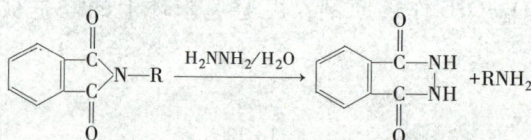

2. 霍夫曼降解（Hofmann degradation）反应

酰胺与次卤酸钠作用发生降解反应，脱去羰基后生成比原来酰胺少一个碳原子的伯胺，利用这一反应制备伯胺得到的产物纯度较高，收率较好。

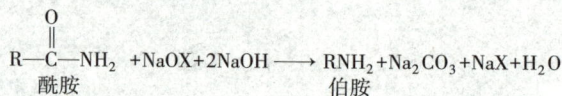

$$\begin{array}{c}O\\\parallel\\R-C-NH_2\end{array} +NaOX+2NaOH \longrightarrow RNH_2+Na_2CO_3+NaX+H_2O$$

酰胺　　　　　　　　　　伯胺

七、胺的个别化合物

（一）甲胺

甲胺包括一甲胺、二甲胺和三甲胺三种化合物，其中，一甲胺常简称甲胺。三者均为无色液体，有氨的气味，三甲胺还带鱼腥味，易溶于水，溶于乙醇、乙醚等。

甲胺都是蛋白质分解时的产物，可从天然物中发现。如三甲胺可从甜菜碱和胆碱中分解得到。工业上由甲醇与氨反应可制得三者的混合物。同时，它们又都是重要的有机化工原料，可用于制药等。

甲胺对皮肤、黏膜有刺激作用，工作场所最高容许浓度为 10ppm。

（二）苯胺

苯胺又称"阿尼林（aniline）油"，是最简单的芳香胺。无色油状液体，但露置于空气中渐被氧化成棕色。熔点-6℃，沸点 184~186℃，加热至 370℃分解。易溶于有机溶剂，微溶于水。苯胺表现出典型的芳香胺性质。

工业上可由硝基苯还原或氯苯的氨基化得到。同时，苯胺还是一种重要的化工原料，可用于药物合成（主要是磺胺类）等。

苯胺对血液和神经的毒性很强，工作场所最高容许浓度为 5ppm。

（三）乙二胺

乙二胺又称 1,2-二氨基乙烷，是最简单的二胺。为无色透明黏液，有氨气味。熔点 11℃，沸点 117.3℃。溶于水和乙醇。具有强碱性。同时，也能刺激皮肤和黏膜，引起过敏。

$$H_2N—CH_2CH_2—NH_2$$

乙二胺

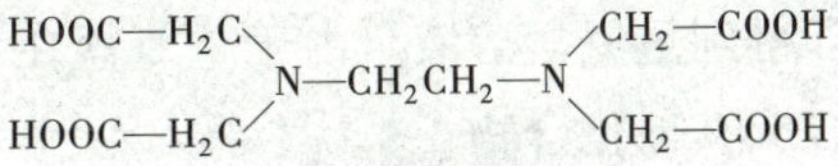

$$\begin{array}{c} HOOC—H_2C \\ HOOC—H_2C \end{array} N—CH_2CH_2—N \begin{array}{c} CH_2—COOH \\ CH_2—COOH \end{array}$$

乙二胺四乙酸

乙二胺的四乙酸衍生物乙二胺四乙酸（EDTA）几乎能与所有的金属离子络合，是分析化学中最常用的络合剂。而乙二胺四乙酸二钠（Na_2EDTA）是蛇毒的特效解毒药，因为它可与蛋白质络合，使蛇毒失去活性。

（四）己二胺

己二胺即 1,6-己二胺，为无色固体，熔点 42℃。易溶于水，微溶于苯或乙醇。在空气中易变色并吸收水分及二氧化碳。工业上由己二酸与氨作用或丙烯腈电解偶联而成己二腈，再经氢化合成，是生产聚酰胺纤维（如锦纶 66、锦纶 610 或称尼龙 66、尼龙 610）的单体。

$$H_2N—CH_2CH_2CH_2CH_2CH_2CH_2—NH_2$$

己二胺

（五）金刚烷胺

金刚烷胺是金刚烷的氨基衍生物，结构式如下：

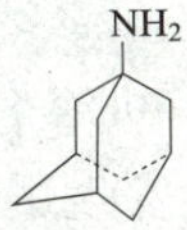

金刚烷胺为伯胺，是一种抗病毒药，能抑制甲型流感病毒。

第三节　重氮盐及其性质

一、重氮盐的制备

（一）重氮化反应（diazotization reaction）

芳伯胺在低温及强酸性条件下与亚硝酸作用生成重氮盐（diazonium salt）的反应称为重氮化反应。由于亚硝酸不稳定，实际应用时，是将亚硝酸盐与酸反应生成亚硝酸，接着与芳胺立即反应生成重氮盐。

$$ArNH_2+NaNO_2+2HX \longrightarrow Ar\overset{+}{N}_2X^-+NaX+H_2O$$

重氮盐

（二）反应条件

重氮盐在温度过高时易发生分解反应或其他反应，因此重氮化反应一定要在低温下进行，一般在 0~5℃，个别较稳定的重氮盐可在 40~60℃。为避免芳胺与生成的重氮盐发生偶合反应，必须加入过量的强酸（盐酸或硫酸），一般酸与芳胺的摩尔比为（2.25~2.5）∶1。另外，为避免生成的重氮盐发生分解，亚硝酸盐也不能过量。

（三）制备方法

实际操作中，将芳伯胺溶于过量的稀酸中，然后在冷却下慢慢滴加冷却的亚硝酸盐，不断搅拌至反应完全即得到重氮盐溶液。由于重氮盐在水溶液中较稳定，所以得到的重氮盐溶液无须分离可直接用于合成其他化合物。

二、苯重氮盐的结构

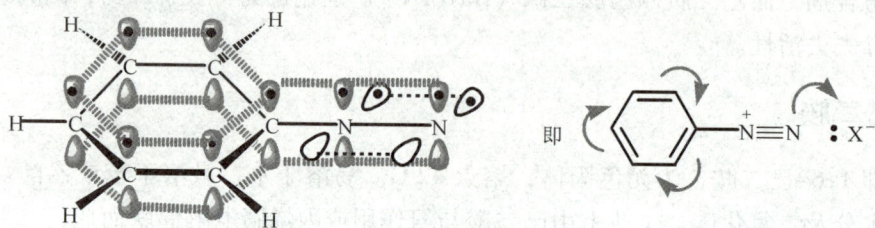

图 14-3　苯重氮盐的结构

重氮盐为离子型化合物。中心 N 原子以 sp 杂化轨道成键，C-N-N 为 σ 键构成的直线型结构，N≡N 键由一个 σ 键和两个 π 键所构成；N≡N 键上 π 轨道与苯环大 π 轨道形成共轭体系而分散 N 原子的正电荷，而形成稳定的重氮阳离子。

三、重氮盐的性质

重氮盐为白色晶体，能溶于水，不溶于有机溶剂。重氮盐在稀溶液中能完全电离出重氮阳离子。重氮盐不稳定，对热、振动较敏感，易发生爆炸，在水溶液中较稳定，制备后可直接应用于其他反应。

芳香重氮盐的化学性质非常活泼，与带正电荷的重氮基直接相连的芳环碳原子易接受亲核试剂的进攻发生亲核取代反应，重氮基以氮气放出，称为放氮反应。而重氮基的叁键可被还原剂所还原。重氮阳离子还可作为亲电试剂与酚或芳胺发生偶合反应。重氮盐发生还原反应或偶合反应的产物中还保留有氮原子，称为留氮反应。重氮盐的主要反应见图 14-4。

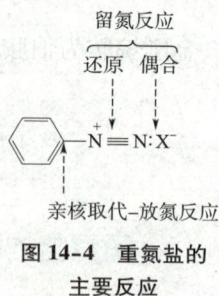

图 14-4　重氮盐的主要反应

（一）放氮反应（取代反应）

重氮盐中的重氮基易被羟基、卤素、氰基、硝基、氢原子等基团所取代，放出氮气并生成相应的芳香族化合物。

1. 被羟基取代

重氮盐与酸液共热，生成酚并放出氮气。

$$ArN_2HSO_4 + H_2O \xrightarrow[\triangle]{H^+} ArOH + N_2 \uparrow + H_2SO_4$$

若用重氮盐酸盐会生成副产物氯苯，所以制备酚时必须用重氮硫酸盐。这一反应可用于制备特殊结构的酚。例如：

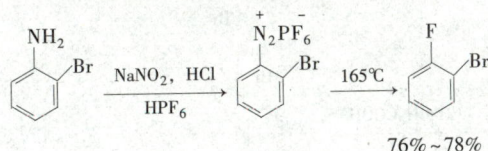

硫酸氢间硝基苯重氮盐

2. 被卤素取代

芳香重氮盐中的重氮基很容易被碘取代，直接将碘化钾与重氮盐共热，就能得到收率良好的碘代物。

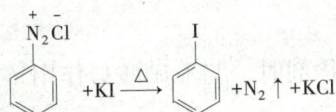

氯化苯重氮盐

芳香重氮盐溴代或氯代必须与溴化亚铜或氯化亚铜的酸性溶液作用。例如：

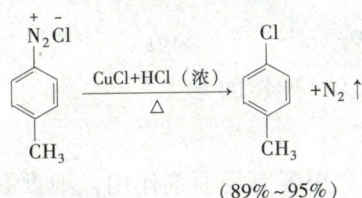

（89%~95%）

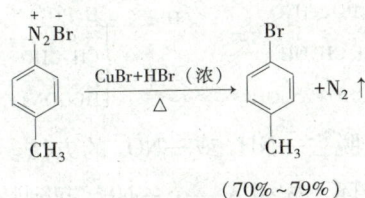

（70%~79%）

以上反应称为桑得迈尔（Sandmeyer）反应。盖特曼（Gattermann）改用精制的铜粉代替卤化亚铜作催化剂，所用铜粉的量很少，操作更为方便，称为桑得迈尔–盖特曼（Sandmeyer –Gattermann）反应。

由于氟硼酸重氮盐不溶于水，可将干燥或溶于惰性溶剂中的氟硼酸重氮盐缓慢加热分解，则生成相应的氟化物，称为希曼（G. Schiemann）反应。例如：

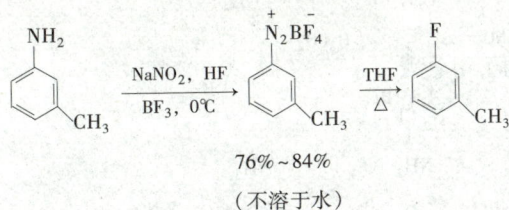

76%~84%

（不溶于水）

该反应也可用六氟磷酸重氮盐加热分解来获得氟化物。例如：

76%~78%

3. 被氰基取代

芳香重氮盐与氰化亚铜和氰化钾的混合物在中性溶液反应，重氮基则被氰基所取代。例如：

这一反应也称为 Sandmeyer 反应。若用精制的铜粉代替氰化铜，则称为 Sandmeyer-Gattermann 反应。

由于—CN 能还原成—CH$_2$NH$_2$，水解后可生成—COOH。所以以上反应提供了由—NH$_2$转化为—CH$_2$NH$_2$ 以及由—NH$_2$ 转化为—COOH 的方法。

4. 被硝基取代

芳香重氮盐用精制的铜粉作催化剂时，与亚硝酸盐作用，重氮基则被硝基所取代。例如：

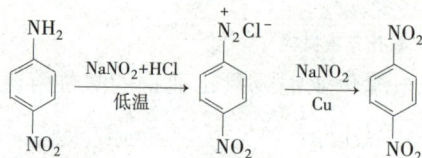

以上反应提供了由—NH$_2$ 转化为—NO$_2$ 的方法。

5. 被氢原子取代

重氮盐与次磷酸水溶液、乙醇、甲醛等还原剂作用，则重氮基被氢原子所取代。

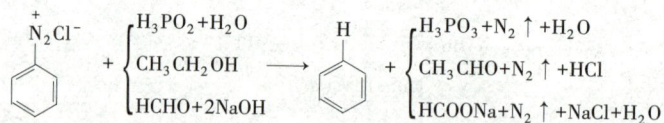

这一反应提供了一个从芳环上脱去—NH$_2$ 或—NO$_2$ 的方法。由于有这一方法，所以合成上往往可利用—NH$_2$ 的定位作用，在芳环上先引入一个—NH$_2$ 起到特定的定位效应，待反应完成后再利用这一反应将原来引入的—NH$_2$ 脱掉。例如：

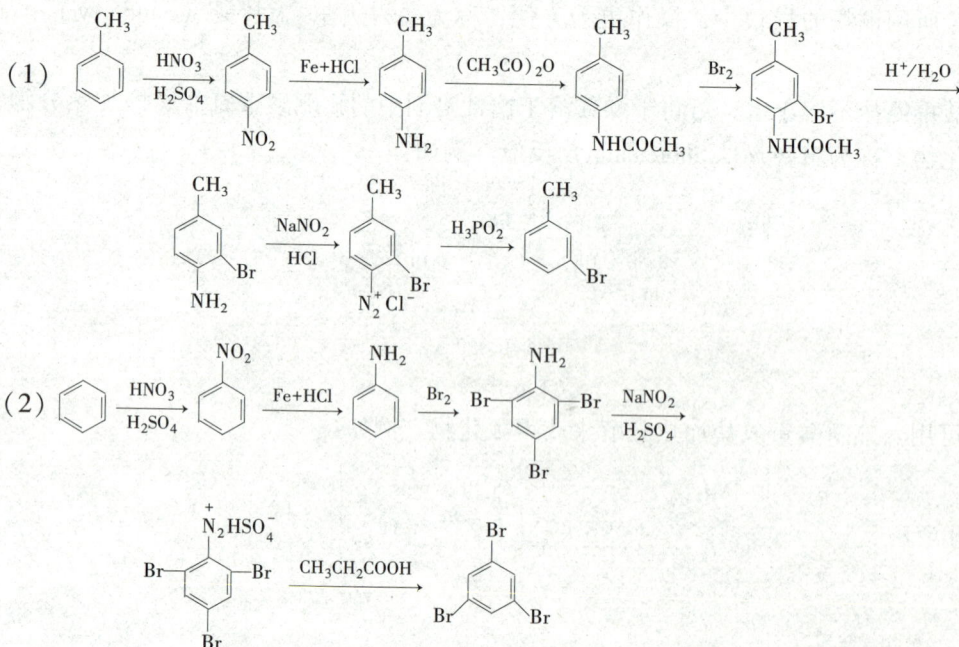

（二）留氮反应

1. 还原反应

芳香重氮盐用还原剂还原生成苯肼盐，苯肼盐用碱中和得到苯肼。

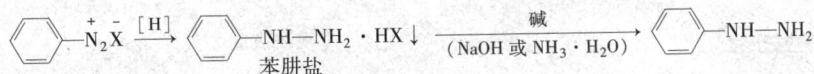

$$\text{C}_6\text{H}_5\text{-N}_2^+\text{X}^- \xrightarrow{[\text{H}]} \text{C}_6\text{H}_5\text{-NH-NH}_2\cdot\text{HX}\downarrow \text{（苯肼盐）} \xrightarrow[\text{(NaOH 或 NH}_3\cdot\text{H}_2\text{O)}]{\text{碱}} \text{C}_6\text{H}_5\text{-NH-NH}_2$$

以上反应常用的还原剂有：$SnCl_2 + HCl$；$Sn + HCl$；$Zn + HCl$（或 CH_3COOH）；Na_2SO_3；$(NH_4)_2SO_3$；$NaHSO_3$ 等。

苯肼的熔点为-4℃，常温下为无色液体，沸点241℃，有毒，空气中易氧化成深色液体。苯肼难溶于水，有强碱性，易形成稳定的盐，可将苯肼转化为盐而保存。苯肼为合成吡唑酮类解热镇痛药的原料，也用作鉴别试剂。

2. 偶合反应

重氮正离子可作为亲电试剂进攻有较大活性的酚或芳胺的芳环（因重氮正离子的亲电性较弱），与酚或芳胺发生亲电取代反应生成有颜色的偶氮化合物。这一反应称为偶合反应，也称为偶联反应（coupling reaction）。

（1）与酚的偶合　苯重氮盐在弱碱性条件下与苯酚偶合生成对羟基偶氮苯。

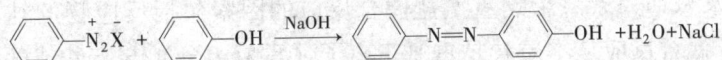

$$\text{C}_6\text{H}_5\text{-N}_2^+\text{X}^- + \text{C}_6\text{H}_5\text{-OH} \xrightarrow{\text{NaOH}} \text{C}_6\text{H}_5\text{-N=N-C}_6\text{H}_4\text{-OH} + \text{H}_2\text{O} + \text{NaCl}$$

反应在弱碱性条件下进行，是由于酚与碱形成了芳环上电子云密度比酚更大的苯氧负离子，有利于重氮正离子进攻苯酚的芳环。

$$\text{C}_6\text{H}_5\text{-OH} + \text{OH}^- \longrightarrow \text{C}_6\text{H}_5\text{-O}^- + \text{H}_2\text{O}$$

重氮正离子一般进攻酚羟基的对位，在对位被占据时，则进攻酚羟基的邻位。例如：

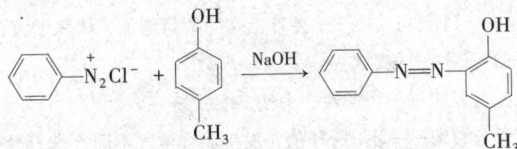

（2）与胺的偶合　苯重氮盐在中性或弱酸性溶液中与芳叔胺作用，苯重氮正离子进攻芳叔胺氨基的对位发生偶合，生成有颜色的偶氮化合物。例如：

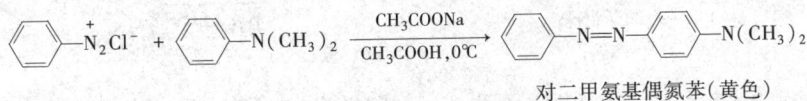

$$\text{C}_6\text{H}_5\text{-N}_2^+\text{Cl}^- + \text{C}_6\text{H}_5\text{-N(CH}_3)_2 \xrightarrow[\text{CH}_3\text{COOH,0℃}]{\text{CH}_3\text{COONa}} \text{C}_6\text{H}_5\text{-N=N-C}_6\text{H}_4\text{-N(CH}_3)_2$$

对二甲氨基偶氮苯（黄色）

在相同条件下，苯重氮盐与芳伯胺或芳仲胺作用，重氮正离子进攻芳胺氨基上的氮原子，生成重氮氨基化合物：

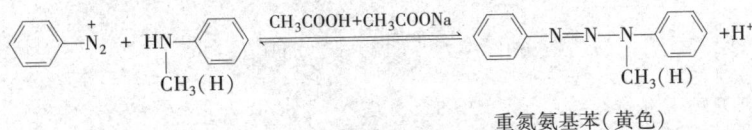

$$\text{C}_6\text{H}_5\text{-N}_2^+ + \text{HN(CH}_3\text{(H))C}_6\text{H}_5 \underset{}{\overset{\text{CH}_3\text{COOH+CH}_3\text{COONa}}{\rightleftharpoons}} \text{C}_6\text{H}_5\text{-N=N-N(CH}_3\text{(H))C}_6\text{H}_5 + \text{H}^+$$

重氮氨基苯（黄色）

以上反应可逆，且反应后有氢离子产生，因此反应在强酸性条件下很难正向进行。

偶合反应产物重氮氨基苯在酸性介质中（HCl 或 $C_6H_5NH_3^+Cl^-$）加热发生异构化，氨基转移到偶氮基的对位生成对氨基偶氮苯。

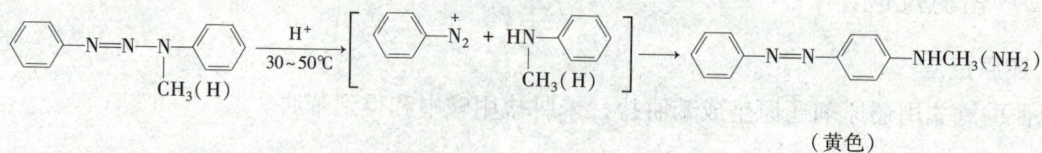

（黄色）

（3）偶合反应历程

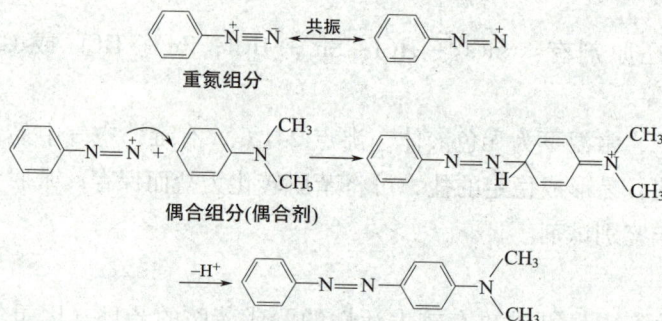

重氮组分

偶合组分(偶合剂)

在偶合反应中，重氮盐称为重氮组分，酚或芳胺称为偶合组分（或偶合剂）。由于重氮组分的体积较大，加上偶合组分的酚羟基或氨基的电性效应，使得偶合反应一般在羟基或氨基的对位发生，只有当对位被占据时，才在邻位发生。即使邻、对位均被占也不会在间位发生。

（4）影响偶合反应的因素　影响重氮盐偶合反应的因素包括反应物的结构（内因）和反应介质（外因），由于偶合反应从本质看是重氮正离子（重氮组分）与芳胺或酚（偶合组分）进行的亲电取代反应，离子为亲电试剂，芳胺或酚的芳环为活性中心，一切有利于增加重氮组分亲电能力及有利于加大偶合组分芳环活性的因素都有利于偶合反应的进行。另外，反应介质的酸碱性也影响到偶合反应的进行。影响偶合反应的主要因素归纳如下：

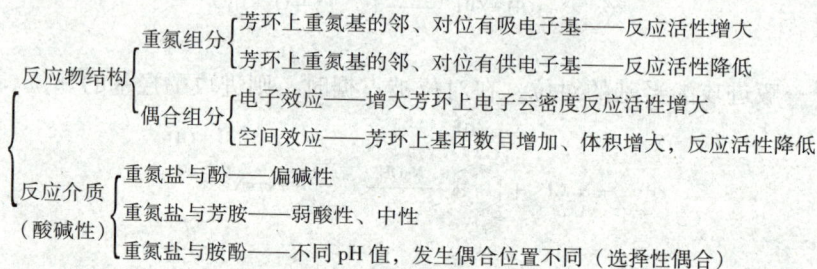

反应物结构 {
　重氮组分 {
　　芳环上重氮基的邻、对位有吸电子基——反应活性增大
　　芳环上重氮基的邻、对位有供电子基——反应活性降低
　}
　偶合组分 {
　　电子效应——增大芳环上电子云密度反应活性增大
　　空间效应——芳环上基团数目增加、体积增大，反应活性降低
　}
}

反应介质（酸碱性） {
　重氮盐与酚——偏碱性
　重氮盐与芳胺——弱酸性、中性
　重氮盐与胺酚——不同 pH 值，发生偶合位置不同（选择性偶合）
}

例如以下重氮阳离子：

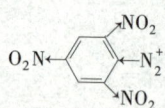

环上连有吸电子基，稀溶液中即可偶合　　　环上连有供电子基，相当浓的溶液才可偶合

又如，胺酚在不同的介质中发生偶合的位置不同。在弱酸性介质中，重氮正离子主要进攻氨基的邻位；在弱碱性介质中，重氮正离子主要进攻羟基的邻位：

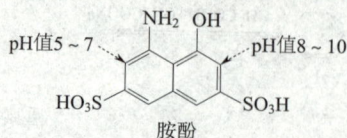

胺酚

第四节 重氮甲烷和碳烯

一、重氮甲烷

（一）重氮甲烷的结构

重氮甲烷（diazomethane）是最简单也是最重要的脂肪重氮化合物，其分子式为 CH_2N_2，结构却较为特别（图14-5），分子为直线形，但没有一个结构式能满意地表示它的结构，由于分子的极性不大，共振论认为是由以下两个共振杂化式所构成的杂化体。

$$H_2C=\overset{+}{N}=N^- \longleftrightarrow H_2C^- - \overset{+}{N}\equiv N$$

重氮甲烷的共振杂化体

图14-5 重氮甲烷的结构

（二）重氮甲烷的制备

1. 亚硝基甲基脲的碱解

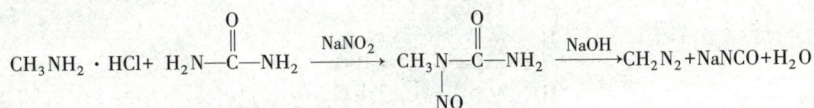

$$CH_3NH_2 \cdot HCl + H_2N-\overset{\overset{O}{\|}}{C}-NH_2 \xrightarrow{NaNO_2} CH_3\underset{\underset{NO}{|}}{N}-\overset{\overset{O}{\|}}{C}-NH_2 \xrightarrow{NaOH} CH_2N_2 + NaNCO + H_2O$$

2. N-亚硝基-对-甲基苯磺酰甲胺的碱解

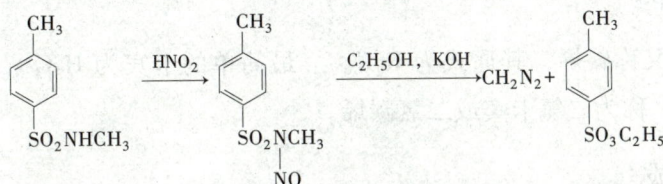

（三）重氮甲烷的性质

重氮甲烷是一种易液化的黄色有毒气体，熔点为-145℃，沸点为-23℃。有爆炸性。可溶于乙醚，在乙醚液中稳定，一般用其乙醚液进行反应。

1. 与含酸性氢原子的化合物反应

重氮甲烷为一种良好的甲基化试剂，与含有酸性氢原子的化合物反应，氢原子转化为甲基。

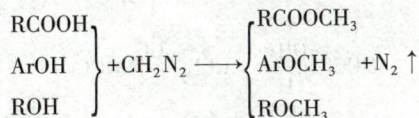

$$\left.\begin{array}{l}RCOOH\\ArOH\\ROH\end{array}\right\} + CH_2N_2 \longrightarrow \left\{\begin{array}{l}RCOOCH_3\\ArOCH_3\\ROCH_3\end{array}\right. + N_2\uparrow$$

2. 与醛、酮反应

重氮甲烷与醛反应生成甲基酮，与酮反应生成多一个碳原子的酮，增长了碳链。

$$\left.\begin{array}{c} \underset{\parallel}{O} \\ R-C-H \\ \underset{\parallel}{O} \\ R-C-R' \\ \bigcirc=O \end{array}\right\} + CH_2N_2 \longrightarrow \left\{\begin{array}{c} \underset{\parallel}{O} \\ R-C-CH_3 \\ \underset{\parallel}{O} \\ R-C-CH_2R' \\ \bigcirc=O \end{array}\right\} + N_2\uparrow$$

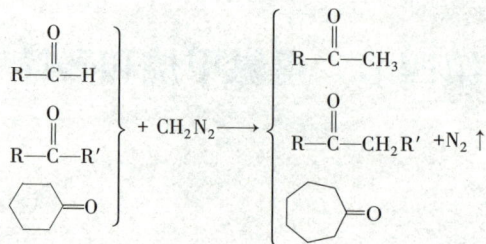

重氮甲烷的这一反应在合成上可用于环酮的扩环。

3. 与碳碳不饱和键加成

重氮甲烷与碳碳不饱和键加成生成吡唑类化合物。例如：

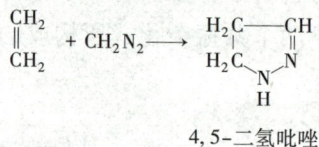

$$\underset{\parallel}{\overset{CH_2}{\underset{CH_2}{\parallel}}} + CH_2N_2 \longrightarrow \begin{array}{c} H_2C——CH \\ | \qquad \parallel \\ H_2C \qquad N \\ \diagdown N \diagup \\ H \end{array}$$

4,5-二氢吡唑

4. 与酰氯作用

重氮甲烷与酰氯作用，发生 Wolff 重排生成增加一个碳原子的羧酸：

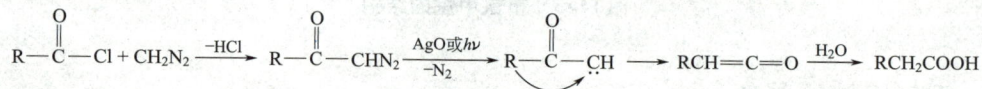

$$R-\underset{\parallel}{\overset{O}{C}}-Cl + CH_2N_2 \xrightarrow{-HCl} R-\underset{\parallel}{\overset{O}{C}}-CHN_2 \xrightarrow[-N_2]{AgO或h\nu} R-\underset{\parallel}{\overset{O}{C}}-\overset{..}{CH} \longrightarrow RCH=C=O \xrightarrow{H_2O} RCH_2COOH$$

5. 形成卡宾

重氮甲烷受光或热作用分解成一种活泼的反应中间体卡宾：

$$\begin{array}{c} H \\ \diagup \\ C=\overset{+}{N}=\bar{N} \\ \diagup \\ H \end{array} \xrightarrow[或h\nu]{\Delta} H_2C: + N_2\uparrow$$

卡宾

二、卡宾（碳烯）

卡宾（Carbene）又称碳烯，其通式为 $R_2C:$。最简单的卡宾为 $H_2C:$，称卡宾、碳烯。卡宾的衍生物有 $Cl_2C:$，称为二氯卡宾或二氯碳烯。

（一）卡宾的形成

1. 碳烯的形成

$$\begin{array}{c} H_3C \\ \diagdown \\ C=\overset{+}{N}=\bar{N} \\ \diagup \\ H_3C \end{array} \xrightarrow[或h\nu]{\Delta} H_2C: + N_2\uparrow$$

$$CH_2N_2 \xrightarrow[或h\nu]{\Delta} H_2C: + N_2\uparrow$$

$$H_2C=C=O \xrightarrow{h\nu} H_2C: + CO\uparrow$$

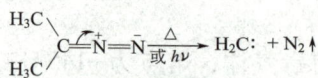

2. 二氯碳烯的形成

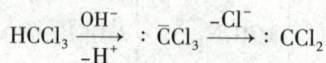

$$HCCl_3 \xrightarrow[-H^+]{OH^-} :\bar{C}Cl_3 \xrightarrow{-Cl^-} :CCl_2$$

（二）卡宾的形态

卡宾是一种极活泼的有机反应中间体，呈中性，只能在反应中短暂存在（约 1 秒），它的结构是由一个碳和两个氢连接组成的，碳原子上有两个孤对电子。

卡宾有两种不同的形态，一种称为单线态，两个未成键电子占据一个原子轨道，自旋相反，能量较高，常用 $CH_2\uparrow\downarrow$ 表示；另一种称三线态，两个未成键电子分别占据不同的原子轨道，自旋相同，能量较低，常用 $\uparrow CH_2\downarrow$ 表示（图 14-6）。

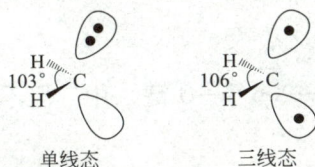

单线态　　　　　三线态

图 14-6　卡宾的形态

两种不同形态卡宾的能量差为 46kJ/mol，液态中一般易生成单线态的卡宾，而气态中易生成三线态的卡宾，单线态卡宾衰变后生成较稳定的三线态卡宾。

$$单线态 \xrightarrow{\ 衰变\ } 三线态 + 46kJ/mol$$

（三）卡宾的反应

1. 与不饱和链烃的加成

卡宾可作为亲电试剂与烯烃、炔烃发生亲电加成反应，形成三元碳环化合物。

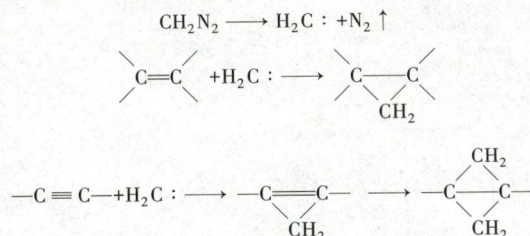

两种不同卡宾与不饱和链烃进行加成反应的最显著特征是加成反应的立体择向性不同。单线态卡宾与不饱和链烃进行顺式加成，其加成与成环同时进行（来不及旋转）。例如：

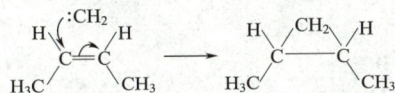

三线态卡宾与不饱和链烃的加成为非立体择向性，反应后得到混合加成产物。例如：

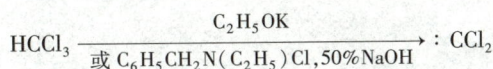

顺式50%

反式50%

卤代碳烯也能与烯烃发生顺式加成，但反应活性不如碳烯。

$$HCCl_3 \xrightarrow[\text{或} C_6H_5CH_2N(C_2H_5)Cl,50\%NaOH]{C_2H_5OK} :CCl_2$$

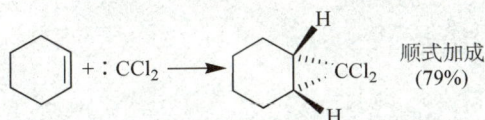

顺式加成
(79%)

7,7-二氯双环[4.1.0]庚烷

卡宾还可与苯加成，形成环庚三烯类化合物：

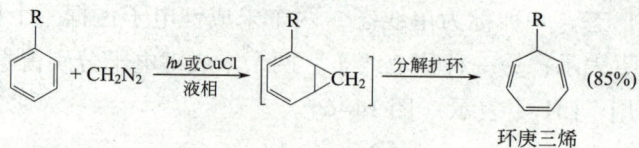

$$R \bigcirc + CH_2N_2 \xrightarrow[\text{液相}]{h\nu \text{或} CuCl} \left[R \bigcirc CH_2 \right] \xrightarrow{\text{分解扩环}} \bigcirc R \quad (85\%)$$

环庚三烯

2. 插入反应

碳烯可插入碳-杂键（C—H、C—X、C—O 键）中，但不能插入 C—C 键中；卤代碳烯的活性较碳烯低，不能发生插入反应。

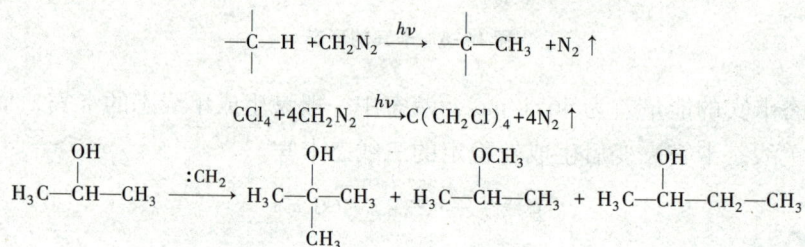

$$-\overset{|}{\underset{|}{C}}-H + CH_2N_2 \xrightarrow{h\nu} -\overset{|}{\underset{|}{C}}-CH_3 + N_2\uparrow$$

$$CCl_4 + 4CH_2N_2 \xrightarrow{h\nu} C(CH_2Cl)_4 + 4N_2\uparrow$$

$$H_3C-\overset{OH}{\underset{}{CH}}-CH_3 \xrightarrow{:CH_2} H_3C-\overset{OH}{\underset{CH_3}{\overset{|}{C}}}-CH_3 + H_3C-\overset{OCH_3}{\underset{}{CH}}-CH_3 + H_3C-\overset{OH}{\underset{}{CH}}-CH_2-CH_3$$

氨基酸、多肽、蛋白质

　　蛋白质是生命的物质基础，是生物体内极为重要的一类生物大分子，肌肉、毛发、皮肤、神经、激素、抗体、血红蛋白、酶等都是由不同蛋白质组成的。蛋白质在有机体内承担着多种生物功能，如供给机体营养、输送氧气、调节代谢、防御疾病等，几乎全部生命现象和所有细胞活动最终都是通过蛋白质来表达和实现的。因此，可以说没有蛋白质就没有生命。

　　从化学组成来看，蛋白质是氨基酸的高聚物，氨基酸是构成蛋白质的"基石"。因此要了解蛋白质的结构和性质，首先必须了解氨基酸。

　　多肽也是由氨基酸组成的，除了作为蛋白质代谢的中间产物，生物体内也存在一些重要的活性肽，它们是沟通细胞和器官间信息的重要化学信使。

　　本章主要介绍氨基酸的结构和性质，其次简要介绍多肽和蛋白质的基本性质。

第一节　氨基酸

一、氨基酸的结构、分类与命名

氨基酸（amino acids）是指分子中既含有氨基又含有羧基的一类化合物。

1. 氨基酸的分类

氨基酸通常有两种分类方法：

（1）根据氨基和羧基相对位置，氨基酸可以分成 α-氨基酸、β-氨基酸、γ-氨基酸。如：

$$\overset{\alpha}{CH_3CH}-COOH \qquad \overset{\beta}{CH_3CH}-CH_2COOH \qquad \overset{\gamma}{CH_2}-CH_2CH_2COOH$$
$$\underset{NH_2}{|} \qquad\qquad \underset{NH_2}{|} \qquad\qquad\qquad \underset{NH_2}{|}$$

α-氨基丙酸　　　　　　　β-氨基丁酸　　　　　　　γ-氨基丁酸

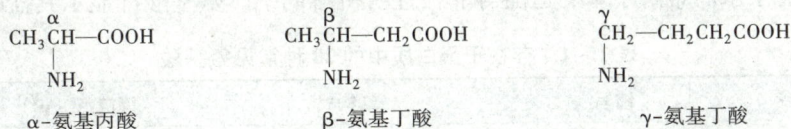

自然界中有几百种氨基酸，但常见蛋白质水解后的氨基酸主要有 20 种，这些氨基酸除了个别外，全部都是 α-氨基酸。

　　（2）根据氨基酸分子中所含氨基和羧基的相对数目不同分为中性、酸性和碱性氨基酸。—NH_2 和 —COOH 数目相等时，称为中性氨基酸（如甘氨酸）；—COOH 多而 —NH_2 少时，称为酸性氨基酸（如甘氨酸）；—NH_2 多而 —COOH 少时，则称为碱性氨基酸（如赖氨酸）。见表 15-1。

　　此外，根据氨基酸中烃基的特点，可以将其分为脂肪族氨基酸（如亮氨酸）、芳香族氨基酸（如苯丙氨酸）、杂环氨基酸（如组氨酸）。而分子生物学又将在核酸中的存在对应密码子的氨基酸，称为编码氨基酸。反之，就是非编码氨基酸。

2. 氨基酸的命名

氨基酸的系统命名法与其他取代羧酸（如羟基酸）类似，即以羧酸为母体，氨基作为取代基命名，也可用希腊字母 α-、β-、γ-等来标明氨基的位置。如 2-氨基丁二酸（α-氨基丁二酸）；2,6-二氨基己酸（α,ω-二氨基己酸）；2-氨基-5-胍基戊酸（α-氨基-δ-胍基戊酸）等。

但是，来源于蛋白质的 α-氨基酸，都有固定的俗名（表 15-1），这些俗名得到广泛的使用。如：

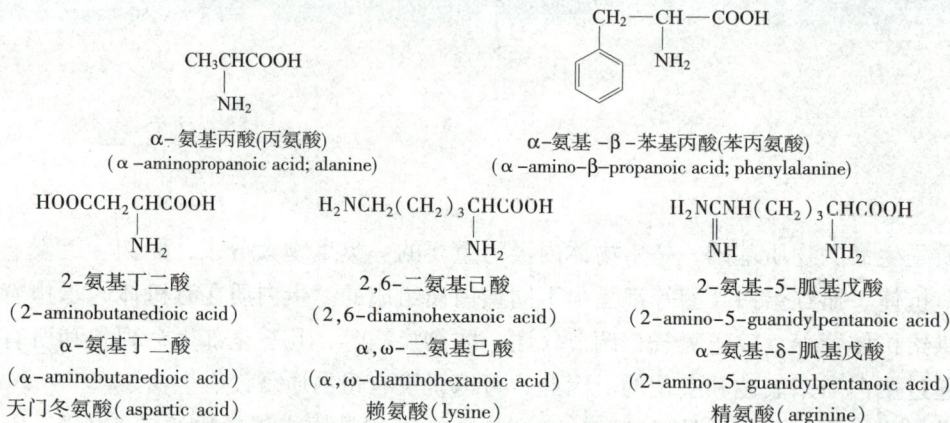

$$CH_3CHCOOH$$
$$|$$
$$NH_2$$

α-氨基丙酸(丙氨酸)
（α-aminopropanoic acid; alanine）

$$CH_2-CH-COOH$$
$$|$$
$$NH_2$$

α-氨基-β-苯基丙酸(苯丙氨酸)
（α-amino-β-propanoic acid; phenylalanine）

$$HOOCCH_2CHCOOH$$
$$|$$
$$NH_2$$

2-氨基丁二酸
（2-aminobutanedioic acid）
α-氨基丁二酸
（α-aminobutanedioic acid）
天门冬氨酸(aspartic acid)

$$H_2NCH_2(CH_2)_3CHCOOH$$
$$|$$
$$NH_2$$

2,6-二氨基己酸
（2,6-diaminohexanoic acid）
α,ω-二氨基己酸
（α,ω-diaminohexanoic acid）
赖氨酸(lysine)

$$H_2NCNH(CH_2)_3CHCOOH$$
$$| \qquad |$$
$$NH \qquad NH_2$$

2-氨基-5-胍基戊酸
（2-amino-5-guanidylpentanoic acid）
α-氨基-δ-胍基戊酸
（2-amino-5-guanidylpentanoic acid）
精氨酸(arginine)

3. 氨基酸的构型

除甘氨酸外，组成蛋白质的其他氨基酸分子均具有旋光性，其 α-碳原子为手性碳原子，氨基酸的构型通常用 D/L 构型表示法表示，即以甘油醛为参照物，在费歇尔投影式中，凡氨基酸分子中 α-氨基的位置与 L-甘油醛手性碳原子上—OH 的位置相同者为 L 型，相反者为 D 型：

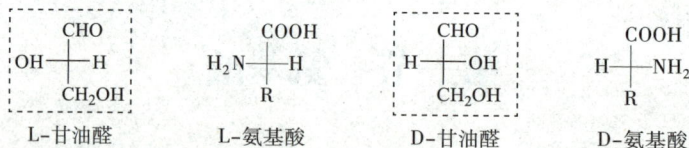

L-甘油醛　　　L-氨基酸　　　D-甘油醛　　　D-氨基酸

构成蛋白质的 α-氨基酸均为 L 构型，若用 R/S 标记法，其 α-碳原子除半胱氨酸为 R 构型外，其余都是 S 构型。

二、α-氨基酸的物理性质

α-氨基酸都是不易挥发的无色晶体，熔点较高（一般在 200℃以上），加热至熔点温度时易发生分解。一般能溶于水而难溶于苯、乙醚等非极性有机溶剂中。氨基酸都显示其盐的物理性质。

表 15-1　存在于蛋白质中的 20 种常见氨基酸

分类	名　称	缩写	结构式	等电点（pI）	分解温度（℃）
中性氨基酸	甘氨酸 Glycine	甘 Gly	CH_2COOH $\|$ NH_2	5.97	233
	丙氨酸 Alanine	丙 Ala	$CH_3CHCOOH$ $\|$ NH_2	6.00	297
	*亮氨酸 Leucine	亮 Leu	CH_3 　＼ 　CHCH_2—CHCOOH 　／　　　$\|$ CH_3　　　NH_2	5.98	293
	*异亮氨酸 Isoleucine	异亮 Ile	$CH_2CH_2CH—CHCOOH$ 　　　CH_3　NH_2	6.02	284

续表

分类	名　称	缩写	结构式	等电点（pI）	分解温度（℃）
中性氨基酸	*缬氨酸 Valine	缬 Val	$\begin{array}{c}CH_3\\ CH-CHCOOH\\ CH_3 \quad NH_2\end{array}$	5.96	315
	脯氨酸 Proline	脯 Pro	 N—COOH H	6.30	220
	*苯丙氨酸 Phenylalanine	苯丙 Phe	$\begin{array}{c}\text{（苯环）}-CH_2CHCOOH\\ NH_2\end{array}$	5.48	283
	*甲硫（蛋）氨酸 Methionine	甲硫（蛋） Met	$CH_3S-CH_2CH_2-CH-COOH$ NH_2	5.74	280
	丝氨酸 Serine	丝 Ser	$HO-CH_2-CHCOOH$ NH_2	5.68	228
	谷氨酰胺 Glutamine	谷胺 Glu	$\begin{array}{c}H_2NCCH_2CH_2CHCOOH\\ O \qquad NH_2\end{array}$	5.65	
	*苏氨酸 Threonine	苏 Thr	$\begin{array}{c}HO-CH-CHCOOH\\ CH_3 \quad NH_2\end{array}$	6.16	225
	半胱氨酸 Cysteine	半 Cys	$HS-CH_2-CHCOOH$ NH_2	5.07	
	天冬酰胺 Asparagine	天胺 Asn	$\begin{array}{c}H_2NCCH_2-CHCOOH\\ O \qquad NH_2\end{array}$	5.41	
	酪氨酸 （Tyrosine）	酪 Tyr	$\begin{array}{c}HO-\text{（苯环）}-CH_2CHCOOH\\ NH_2\end{array}$	5.66	342
	*色氨酸 Tryptophan	色 Try	$\begin{array}{c}\text{（吲哚环）}-CH_2CHCOOH\\ NH_2\\ N\\ H\end{array}$	5.89	289
酸性氨基酸	天门冬氨酸 Aspartic acid	天门 Asp	$HOOCCH_2CHCOOH$ NH_2	2.77	270
	谷氨酸 Glutamic acid	谷 Glu	$HOOCCH_2CH_2CHCOOH$ NH_2	3.22	247
碱性氨基酸	精氨酸 Arginine	精 Arg	$\begin{array}{c}H_2NCNH(CH_2)_3CHCOOH\\ NH \qquad NH_2\end{array}$	10.76	244
	组氨酸 Histidine	组 His	$\begin{array}{c}CH_2CHCOOH\\ NH_2\\ N \quad NH\end{array}$	7.59	287
	*赖氨酸 Lysine	赖 Lys	$\begin{array}{c}H_2NCH_2(CH_2)_3CHCOOH\\ NH_2\end{array}$	9.74	225

　　注：表中带 * 号的八个氨基酸称为必需氨基酸。这些氨基酸人体不能合成或合成数量不足，必须由食物蛋白质补充才能维持机体正常生长发育，故称为必需氨基酸。

三、氨基酸的化学性质

氨基酸分子中既含有氨基又含有羧基，它们具有胺和羧酸的某些典型性质，由于这两种官能团的相互影响，又表现出一些特殊的性质。

（一）酸碱两性和等电点

氨基酸分子中既含有碱性的氨基，又含有酸性的羧基，所以呈现两性。既能与酸反应生成铵盐，又能与碱反应生成羧酸盐。

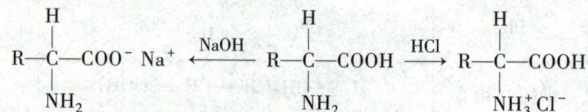

$$
R{-}\underset{NH_2}{\overset{H}{C}}{-}COO^-Na^+ \xleftarrow{\ NaOH\ } R{-}\underset{NH_2}{\overset{H}{C}}{-}COOH \xrightarrow{\ HCl\ } R{-}\underset{NH_3^+Cl^-}{\overset{H}{C}}{-}COOH
$$

且氨基酸分子中的氨基和羧基也可以互相作用生成盐：

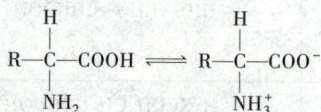

$$
R{-}\underset{NH_2}{\overset{H}{C}}{-}COOH \rightleftharpoons R{-}\underset{NH_3^+}{\overset{H}{C}}{-}COO^-
$$

这种由分子内部酸性基团和碱性基团形成的盐称为内盐。内盐分子中既有阳离子部分，又有阴离子部分，所以又称两性离子或偶极离子（dipolar ion）。结晶状态的氨基酸以内盐形式存在，所以具有低挥发性、高熔点、难溶于有机溶剂等物理性质。

在水溶液中，氨基酸分子中的羧基和氨基可以像酸和碱一样分别离子化：

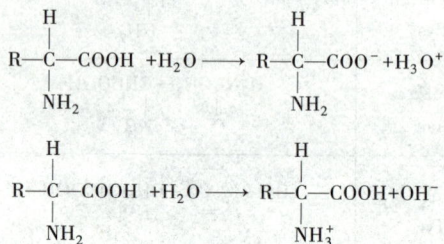

$$
R{-}\underset{NH_2}{\overset{H}{C}}{-}COOH + H_2O \longrightarrow R{-}\underset{NH_2}{\overset{H}{C}}{-}COO^- + H_3O^+
$$

$$
R{-}\underset{NH_2}{\overset{H}{C}}{-}COOH + H_2O \longrightarrow R{-}\underset{NH_3^+}{\overset{H}{C}}{-}COOH + OH^-
$$

在氨基酸的水溶液中，阳离子、阴离子及两性离子三者之间可通过得失 H$^+$ 而相互转化，呈如下平衡状态：

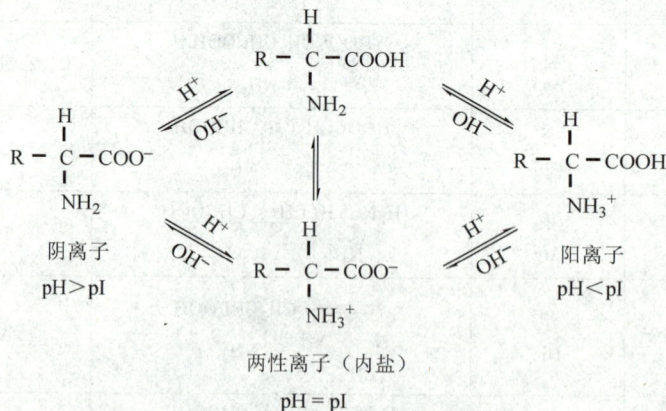

$$
R{-}\underset{NH_2}{\overset{H}{C}}{-}COOH
$$

$$
\underset{\substack{\text{阴离子}\\ pH>pI}}{R{-}\underset{NH_2}{\overset{H}{C}}{-}COO^-} \quad\overset{H^+}{\underset{OH^-}{\rightleftharpoons}}\quad \underset{\substack{\text{两性离子（内盐）}\\ pH=pI}}{R{-}\underset{NH_3^+}{\overset{H}{C}}{-}COO^-} \quad\overset{H^+}{\underset{OH^-}{\rightleftharpoons}}\quad \underset{\substack{\text{阳离子}\\ pH<pI}}{R{-}\underset{NH_3^+}{\overset{H}{C}}{-}COOH}
$$

由此可见，氨基酸在水溶液中的电离状况与溶液的 pH 值有关，因而在电场中的行为也有所不同。酸性溶液中，羧基的电离受到抑制；反之，碱性溶液中，氨基的电离受到抑制；在一定的 pH 值时，氨基和羧基的电离程度相等，溶液中氨基酸分子所带正电荷与负电荷数量相等，静电荷为零，此时溶液的 pH 值称为该氨基酸的等电点，以 pI 表示。当溶液的 pH<pI 时，氨基酸主要

以阳离子状态存在，在电场中向负极移动；pH>pI 时，氨基酸主要以阴离子状态存在，在电场中向正极移动；pH=pI 时，氨基酸主要以两性离子状态存在，在电场中不发生移动，且此时氨基酸的溶解度最小，最容易从溶液中析出。所以，可通过调节溶液的 pH 值来分离提纯氨基酸。组成天然蛋白质的各种氨基酸等电点见表 15-1。

由于氨基和羧基的电离程度不同（羧基的电离程度略大于氨基），即便是中性氨基酸，两个基团的电离程度也不相同。所以，中性氨基酸的等电点为 5.0~6.3，酸性氨基酸的等电点为 2.8~3.2，碱性氨基酸的等电点为 7.6~10.8。

（二）受热反应

氨基酸与醇酸相似，受热时可发生脱水或脱氨反应，其产物因氨基酸分子中氨基和羧基相对位置不同而异。

1. α-氨基酸

受热时，两分子间发生交互脱水作用，生成六元环的交酰胺——二酮吡嗪：

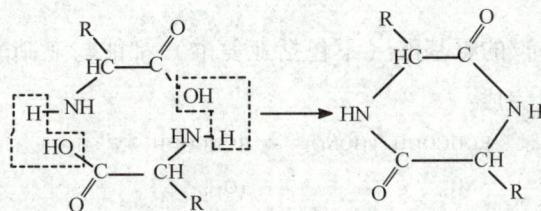

2. β-氨基酸

受热时，分子内脱去一分子氨生成 α,β-不饱和酸：

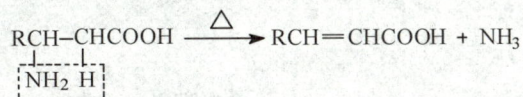

3. γ- 或 δ-氨基酸

受热后，分子内脱水生成五元或六元环内酰胺：

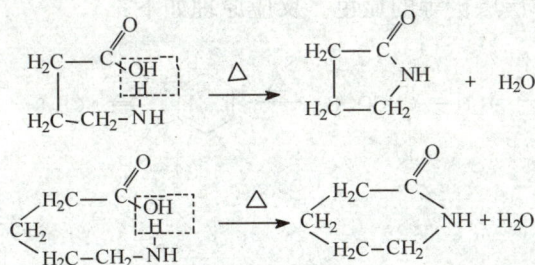

交酰胺、内酰胺在酸或碱催化下，可水解则得到原来的氨基酸。

4. 氨基和羧基相距更远时

受热后多个分子间脱水，生成链状的聚酰胺：

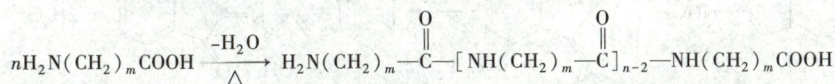

这个反应属于缩聚反应，生成的聚酰胺常用于合成纤维或工程塑料。

（三）脱羧反应

在一定条件下（如在高沸点溶剂中回流、动物体内脱羧酶作用、肠道细菌作用等），某些氨基酸可脱羧生成相应的胺类。此反应是人体内氨基酸分解代谢的一种途径。例如：

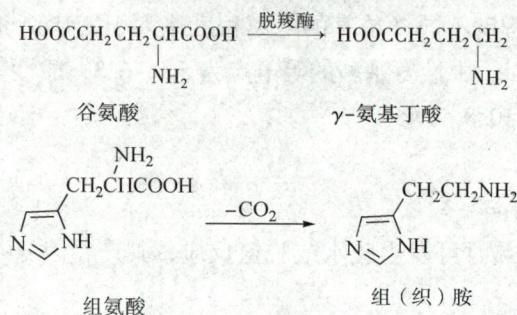

$$HOOCCH_2CH_2CHCOOH \xrightarrow{\text{脱羧酶}} HOOCCH_2CH_2CH_2$$

谷氨酸 　　　　　　　γ-氨基丁酸

组氨酸 　　　　　　　组（织）胺

（四）与亚硝酸反应

含有游离氨基（—NH_2）的氨基酸（不包括亚氨酸）都能与亚硝酸反应生成 α-羟基酸，并放出氮气，反应迅速且定量完成：

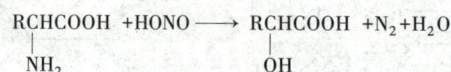

$$RCHCOOH + HONO \longrightarrow RCHCOOH + N_2 + H_2O$$

由于反应所放出的氮气，一半来自氨基酸，另一半来自亚硝酸，因此该反应可用于氨基酸定量分析。测定反应中放出的氮气的体积，可以计算出氨基的含量，这个方法叫范斯莱克（van Slyke）氨基氮测定法。

（五）显色反应

1. 与水合茚三酮的反应

α-氨基酸与水合茚三酮一起加热，能生成蓝紫色物质，称为罗曼紫。该反应可用来鉴别 α-氨基酸（N-取代的 α-氨基酸及 β-氨基酸、γ-氨基酸等都不发生该颜色反应），也广泛用于肽和蛋白质的鉴定或纸层析与薄层层析等的显色。反应原理如下：

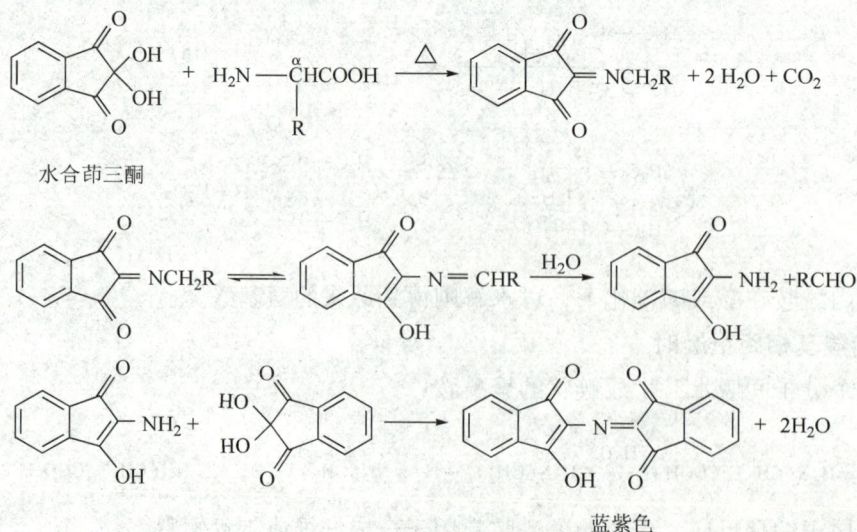

水合茚三酮

蓝紫色

2. 黄蛋白反应

具有芳香环的氨基酸（如酪氨酸、色氨酸等）上的苯环与硝酸作用，可生成黄色的硝基化合物。多数蛋白质分子含有带苯环的氨基酸，所以都会发生反应，称黄蛋白反应。皮肤遇浓硝酸变黄色就是由于这个原因。

3. 米伦反应

酪氨酸或其他酚类化合物与米伦试剂（亚硝酸汞、硝酸汞及硝酸的混合液），一起加热出现红色沉淀的现象。可用于酪氨酸以及含有酪氨酸的蛋白质定性测定。

（六）肽的生成

氨基酸分之间的氨基与羧基脱水，生成以酰胺键相连接的化合物称作缩氨酸，简称肽，酰胺键也称为肽键。

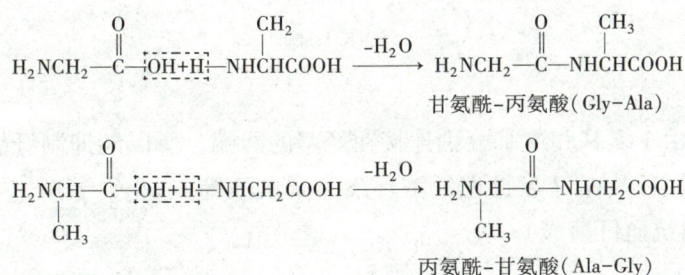

甘氨酰–丙氨酸（Gly–Ala）

丙氨酰–甘氨酸（Ala–Gly）

四、重要的氨基酸化合物

1. 赖氨酸

赖氨酸是人体必需氨基酸之一，属于碱性氨基酸，能促进人体发育、增强免疫功能，并有提高中枢神经组织功能的作用。由于谷物食品中的赖氨酸含量甚低，且在加工过程中易被破坏而缺乏，故称为第一限制性氨基酸。

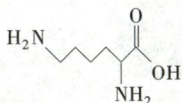

赖氨酸的主要作用有：①提高智力、促进生长、增强体质；②增进食欲、改善营养不良状况；③改善失眠，提高记忆力；④帮助产生抗体、激素和酶，提高免疫力、增加血色素；⑤帮助钙的吸收，防止骨质疏松症；⑥降低血中甘油三酯的水平，预防心脑血管疾病的产生。如缺乏赖氨酸，则会引起蛋白质代谢障碍及功能障碍，导致生长障碍。

2. 谷氨酸

谷氨酸又称麸氨酸，为脂肪族酸性氨基酸，大量存在于谷类的蛋白质中，通常由面筋和豆饼的蛋白质加酸水解而制得，故名谷氨酸。在临床上常用于抢救肝昏病人。左旋谷氨酸的单钠盐就是味精。

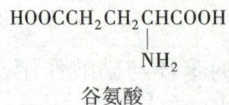

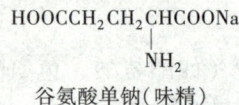

$$HOOCCH_2CH_2\underset{\underset{NH_2}{|}}{C}HCOOH$$

谷氨酸

$$HOOCCH_2CH_2\underset{\underset{NH_2}{|}}{C}HCOONa$$

谷氨酸单钠（味精）

3. 天冬酰胺

天冬酰胺又名天门冬青，为脂肪族中性氨基酸，存在于中药天冬、杏仁、玄参、姜和棉花根中，具有镇咳的作用。

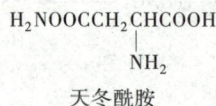

$$H_2NOOCCH_2\underset{\underset{NH_2}{|}}{C}HCOOH$$

天冬酰胺

4. 使君子氨酸

使君子氨酸存在于使君子科植物使君子（*Quisqualis indica* L.）等的种子中。其钾盐用于临床，具有明显的驱蛔虫作用。

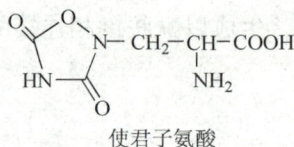

使君子氨酸

5. 止血氨酸

止血氨酸分子中由于氨基和羧基分别连接在烃基的两端，所以能抑制纤维蛋白质溶解而起止血作用。常用的有止血环酸（又名抗血纤溶环酸、凝血酸等）、止血芳酸（又名抗血纤溶芳酸）和 6-氨基己酸（又名抗血纤溶酸）等。

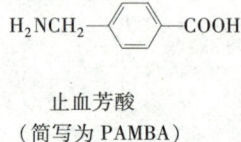

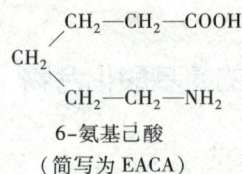

止血环酸
（简写为 Trans-AMCHA）

止血芳酸
（简写为 PAMBA）

6-氨基己酸
（简写为 EACA）

临床上主要应用于各种内外科出血和月经过多等。其中，止血环酸止血作用最强，止血芳酸次之，6-氨基己酸较弱。

第二节　多　肽

肽（peptides）是氨基酸之间通过酰胺键相连而成的一类化合物，肽分子中的酰胺键又称为肽键（peptide bond），两分子氨基酸失水形成的肽叫二肽（depeptide），依次可形成三肽、四肽、五肽……超过十个氨基酸失水形成的肽叫多肽（polypeptide）。

一、多肽的结构和命名

（一）结构

肽键的特点是氮原子上的孤对电子与羰基具有明显的 p-π 共轭作用，C-N 键具有部分双键的性质，不能自由旋转。

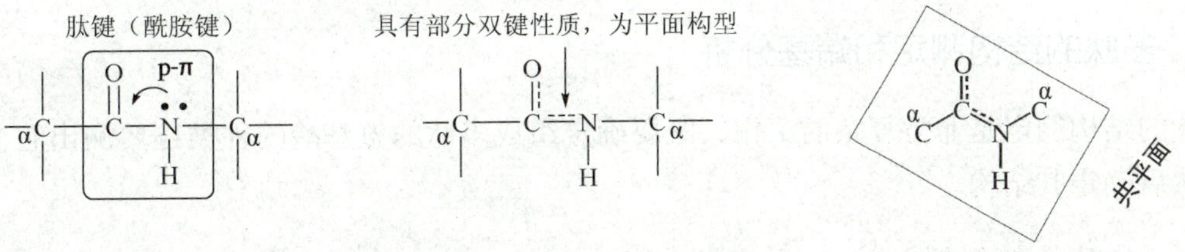

图 15-1　肽键平面示意图

组成肽键的原子处于同一平面，称为肽键平面（peptide plane）或酰胺平面（amide plane）。由于肽键不能自由旋转，肽键平面上的各原子可出现顺反异构现象，与 C-N 键相连的两个 α-C 原子之间一般呈较稳定的反式构型（图 15-1）。

多肽分子为链状结构（极少数为环状肽），故又称为多肽链，其主链由肽键和 α-C 交替构成，而氨基酸残基的 R 基团相对很短，称为侧链。主链的一端含游离的 α-氨基，称为氨基端或 N 端；另一端含游离的羧基，称为羧基端或 C 端。多肽链的合成始于 N 端，终于 C 端。书写肽链时，习惯上把 N 端写在左侧，C 端写在右侧。

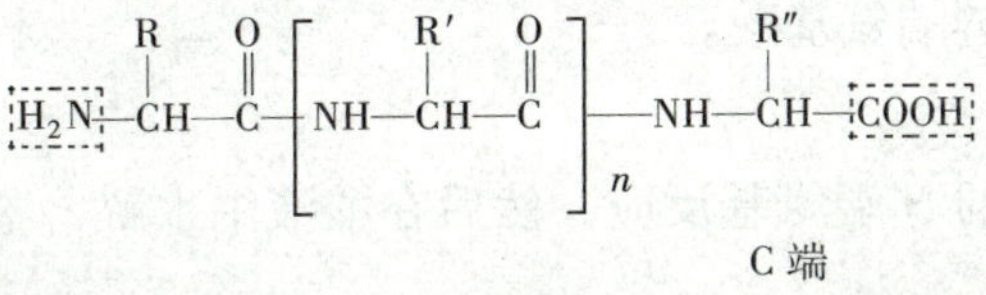

N 端　　　　　　　　　　　　　　　　　　C 端

由于氨基酸形成肽键时连接的顺序不同，所以两种不同的氨基酸组成的二肽有两种。氨基酸残基越多，形成的多肽异构体数目就越多，如三种氨基酸组成的三肽可有 6 种，四种氨基酸组成的四肽可有 24 种，六种氨基酸组成的六肽则有 720 种。在多肽链中，氨基酸残基按一定的顺序排列，这种排列顺序称为氨基酸顺序。

（二）命名

以 C 端含有完整羧基的氨基酸为母体，由 N 端开始，把肽链中其他氨基酸名称中的"酸"字改为"酰"字，依次称为某氨酰-某氨酰-某氨酸（简写为某-某-某）。如：

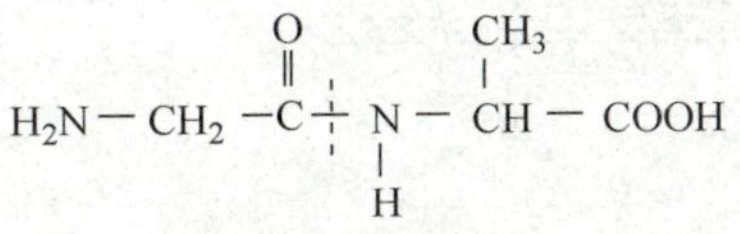

甘氨酰－丙氨酸(甘－丙) 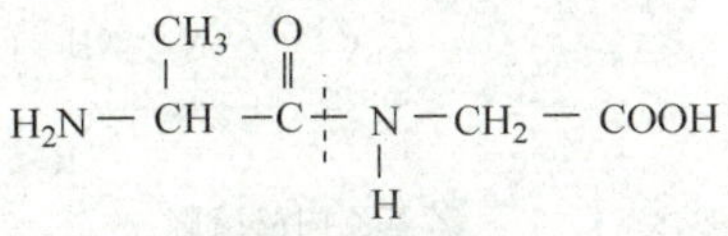　　　　　　　　　丙氨酰－甘氨酸(丙－甘)

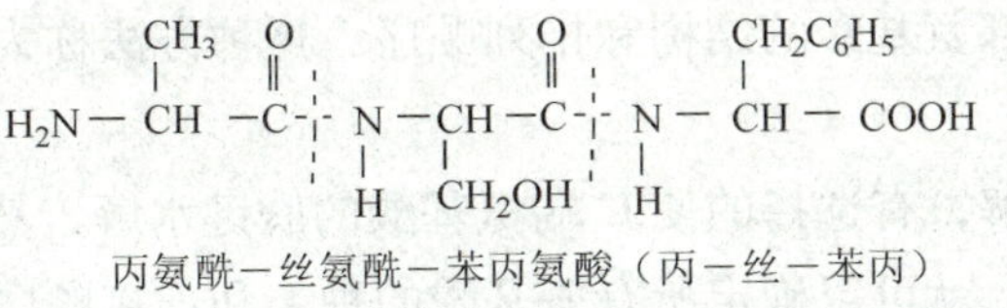

丙氨酰－丝氨酰－苯丙氨酸（丙－丝－苯丙）

此外，多肽依据其功能或来源，也有固定的俗名。如：谷胱甘肽、王不留行环肽 B 等。值得一提的是，源于中药王不留行的环肽没有 C-端，也没有 N-端。

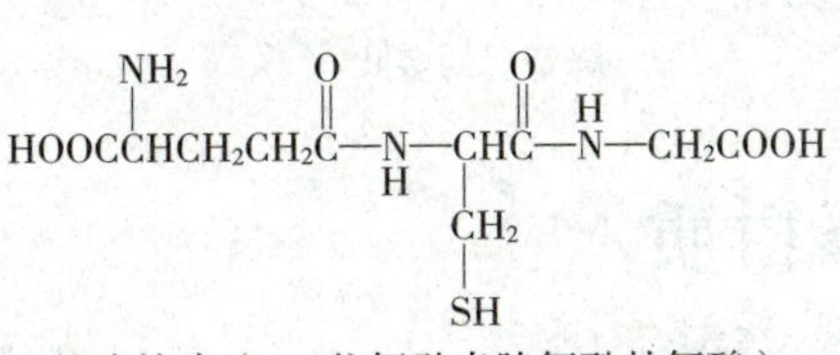

谷胱甘肽（γ-谷氨酰半胱氨酰甘氨酸）　　　　王不留行环肽B（存在于中药王不留行中）
细胞中重要的还原剂

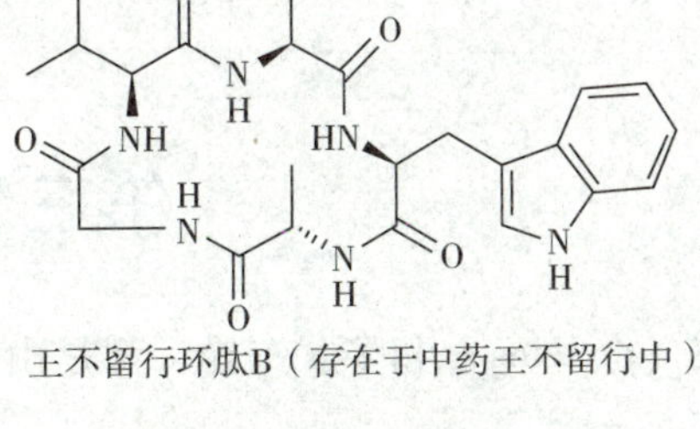

二、多肽的结构测定和端基分析

多肽的结构测定是非常复杂的工作，既要确定组成多肽的氨基酸的种类还要测出它们的排列顺序，然后确定其结构。

（一）多肽的氨基酸组成和含量分析

测定多肽的组成时，先将多肽的酸性溶液彻底水解成游离氨基酸的混合液，然后用不同 pH 的缓冲溶液，将混合氨基酸在氨基酸分析仪上洗脱出来，以确定其组成和含量。再用化学或物理方法（如渗透压或光散射测量、超离心时的性质、X 衍射法等）测定其相对分子质量，从而确定分子式。

多肽中的氨基酸排序，可用末端残基分析法进行测定。

（二）多肽末端氨基酸残基分析

选择一种适当的试剂作为标记化合物，使之与肽链的 N-端或 C-端反应，然后选择性水解掉含有标记物的氨基酸，即是链端氨基酸。

1. N 端氨基酸的分析

用异硫氰酸苯酯与多肽的 N 端氨基反应，然后在酸液中水解，鉴定水解产物，就可以确定 N 端是什么氨基酸。

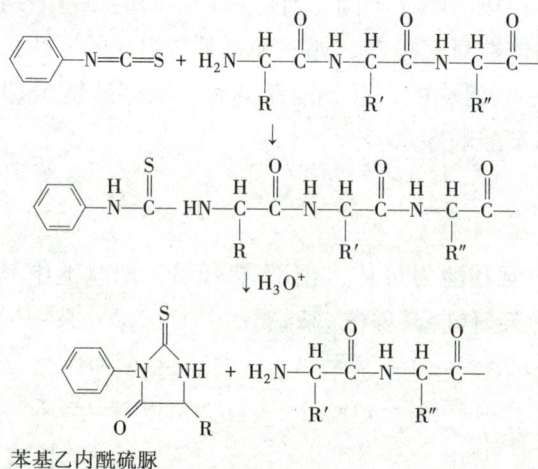

苯基乙内酰硫脲

这种方法水解使多肽只失去一个 N 端氨基酸，重复上面的反应，再进行 N 端氨基酸的测定，就可以逐步得到多肽中全部氨基酸的结构和排列顺序，这种方法称为埃德曼（Edman）降解。

2. C 端氨基酸的分析

在羧肽酶的作用下水解，有选择的使 C 端氨基酸的肽键水解，然后对水解下来的氨基酸进行鉴定。通过反复多次分析，就可以确定所有氨基酸的种类和连接顺序。

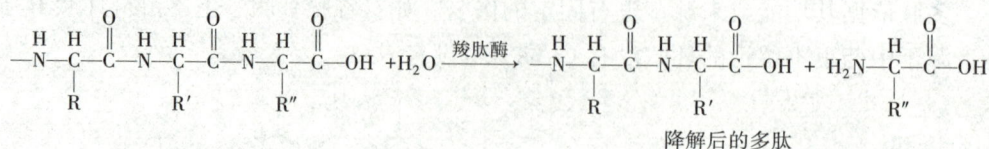

降解后的多肽

第三节　蛋白质

蛋白质（proteins）和多肽一样，都是由各种 L-α-氨基酸残基通过肽键相连而成的生物大分子。蛋白质和多肽之间没有严格的分界线，一般将相对分子量较大、结构较复杂的多肽称为蛋白质，如胰岛素被认为是最小的一种蛋白质。

绝大多数蛋白质都是以 20 种编码氨基酸为结构单位形成的大分子化合物，其主要组成元素为 C、H、O、N、S；有些含有 P，部分还含有微量的 Fe、Cu、Mn、I、Zn 等。一般蛋白质中 N 含量约为 16%，由此根据样品中的 N 含量可推算出蛋白质的含量：

样品中蛋白质的含量（g %）= 每克样品中含氮克数 × 6.25 × 100 %

（6.25 为蛋白系数，即每克氮相当于 6.25g 蛋白质）

一、蛋白质的分子结构

蛋白质是由一条或几条多肽链组成的、具有独特、专一立体结构的高分子化合物，分子中成千上万的原子在空间排布，十分复杂，特定的氨基酸组成及空间排布是蛋白质具有独特生理功能的分子基础。为了表示蛋白质分子不同层次的结构，常将蛋白质结构分为一级结构和高级结构。

（一）一级结构

多肽链中氨基酸的排列顺序称为蛋白质的一级结构（primary structure）。肽键是一级结构中连接氨基酸残基的主要化学键。任何特定蛋白质都有其特定的氨基酸排列顺序，有些蛋白质只有一条多肽链组成，有些蛋白质是由两条或几条多肽链构成，有的蛋白质分子还具有二硫键（disulfide bond）。二硫键是有两个半胱氨酸的巯基脱氢氧化而成的，有链间二硫键和链内二硫键两种形式。二硫键的位置属于蛋白质一级结构。人胰岛素由 A、B 两条多肽链组成，一级结构如图 15-2 所示。

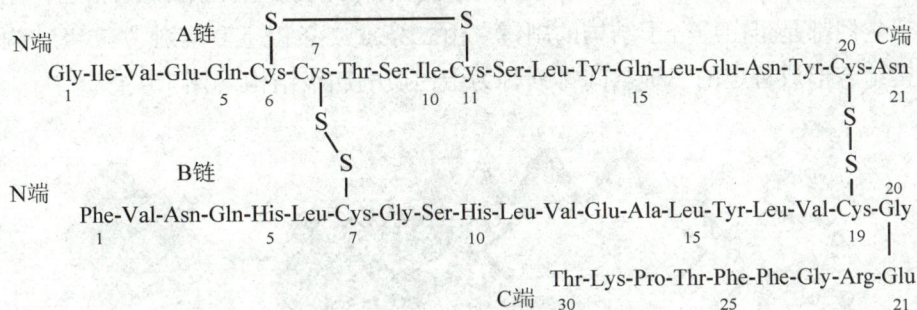

图 15-2　人胰岛素一级结构

A 链含 21 个氨基酸残基，N-端为甘氨酸，C-端为天冬氨酰胺；B-链含 30 个氨基酸残基，N-端为苯丙氨酸，C-端为苏氨酸。A 链内有一个二硫键，A 链与 B 链之间借两条二硫键相连。

一级结构是蛋白质的基本结构。蛋白质的一级结构决定了蛋白质的高级结构，并可由一级结构获得有关蛋白质高级结构的信息。

（二）空间结构

天然蛋白质分子的多肽链并非全部为松散的线状结构，而是盘绕、折叠成特定构象的立体结构，包括二级结构、三级结构及四级结构。

1. 二级结构

二级结构是指肽链中局部肽段的空间结构。多肽链中肽键平面是一个刚性结构，依肽键平面相对旋转的角度不同，分为 α-螺旋、β-折叠、无规卷曲等几种构象形式。

（1）α-螺旋　肽链的肽键平面围绕 α-C 以右手螺旋盘绕形成的结构，称为 α-螺旋（图 15-3）。螺旋每上升一圈平均需要 3.6 个氨基酸，螺距为 0.54nm，螺旋的直径为 0.5nm。氨基酸的 R 基团分布在螺旋的外侧，相邻两个螺旋之间肽键的 C＝O 与 H—N 形成氢键，从而使这种 α-螺旋能够稳定。

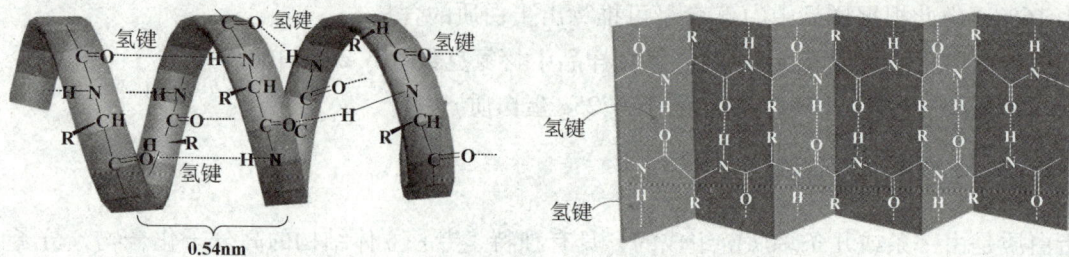

图 15-3　蛋白质的 α-螺旋和 β-折叠角示意图

（2）β-折叠　多肽链中的局部肽段，主链呈锯齿形伸展状态，数段平行排列可形成裙褶样结构，称为 β-折叠（图 15-3）。一个 β-折叠单位含两个氨基酸，其 R 基团交错排列在折叠平面的上下，相邻肽段的肽键之间形成的氢键是维持 β-折叠的主要作用力。

α-螺旋和 β-折叠结构中存在较多的氢键，致使二级结构具有相当的刚性。如果一段肽链中不存在氢键，则表现出极大的柔性，呈现无规卷曲等不规则构象。

2. 三级结构和四级结构

三级结构是蛋白质分子在二级结构基础之上进一步盘曲折叠形成的三维结构。大多数蛋白质都具有球状或纤维状的三级结构。维持三级结构的主要作用力是氢键、疏水相互作用、离子键、范德华力等，它们都是蛋白质分子结构的副键。由二条或二条以上具有独立三级结构的多肽链，通过非共价键缔合形成特定的三维空间排列称为蛋白质的四级结构（图 15-4）。

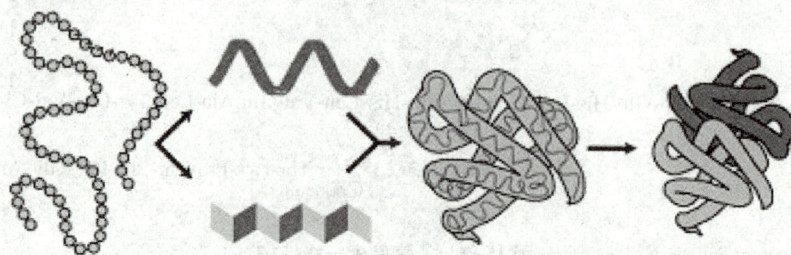

图 15-4　蛋白质从一级到四级示意图

二、蛋白质的性质

蛋白质是由氨基酸组成的生物大分子化合物，其理化性质部分与氨基酸相似，如等电点、两性电离、成盐反应、呈色反应等；同时，也具有大分子的特性，如胶体性、不易透过半透膜、沉降及沉淀等。

1. 紫外吸收特征

蛋白质含肽键和芳香族氨基酸，在紫外光范围内两处有吸收峰。一是由于肽键结构，在 200～220nm 处有吸收峰；二是因含有色氨酸和酪氨酸残基，分子内部存在共轭双键，而在 280nm 处有一吸收峰。在一定条件下，蛋白质对 280nm 紫外吸收峰与其浓度成正比，在蛋白质分离分析中常以此作为检测手段。

2. 胶体性质

蛋白质是高分子化合物，相对分子质量大，其分子颗粒的直径一般在 $1\sim100nm$ 之间，属于胶体分散系，具有胶体溶液的特征：在水中分子扩散速度慢、不易沉淀、黏度大、布朗运动、丁达尔现象、不能透过半透膜等性质。

3. 两性和等电点

蛋白质分子末端有游离的 C 端羧基和 N 端氨基，组成肽链的 α-氨基酸残基侧链上还有不同数量可解离的基团，如谷氨酸的 γ-羧基、天冬氨酸的 β-羧基、赖氨酸的 ω-氨基、精氨酸的胍基和组氨酸的咪唑基。因此，蛋白质和氨基酸一样，具有两性解离和等电点的性质。蛋白质在溶液中的带电状态也受溶液的 pH 影响。在某一 pH 下，蛋白质分子的净电荷为零，此时溶液的 pH 称为该蛋白质的等电点（pI）。如果溶液 pH 小于蛋白质等电点，蛋白质带正电；如果溶液 pH 大于蛋白质等电点，则蛋白质带负电。

$$H_2N—Pr—COOH$$

$$H_2N—Pr—COO^- \underset{OH^-}{\overset{H^+}{\rightleftharpoons}} H_3N^+—Pr—COO^- \underset{OH^-}{\overset{H^+}{\rightleftharpoons}} H_3N^+—Pr—COOH$$

pH>pI　　　　　　　pH=pI　　　　　　　pH<pI

各种蛋白质的组成和结构不同，其 pI 也不同，因而在同一 pH 的溶液中，不同蛋白质所带电荷的性质和数量也有所不同，加之分子的大小、形状的差异，各蛋白质在电场中的泳动速度则有所不同。通常利用电泳法分离、纯化、鉴定和制备蛋白质。

4. 沉淀反应

蛋白质溶液能稳定的主要因素是，蛋白质分子表面带有的"同性电荷"及大量亲水基团形成的"水化膜"。消除了"同性电荷"的相斥作用，除去水化膜的保护，则蛋白质分子就会互相凝聚成颗粒而沉淀。通常有以下几种方法：

（1）**盐析**　向蛋白质溶液中加入中性盐至一定浓度时，其胶体溶液稳定性被破坏而使蛋白质析出，这种方法称为盐析。常用的中性盐有硫酸铵、硫酸钠和氯化钠等。

不同蛋白质盐析时所需的盐浓度不同，利用此性质，可用不同浓度的盐溶液将蛋白质分段析出，予以分离。例如，向血清中加入 $(NH_4)_2SO_4$ 至半饱和时，球蛋白先析出；滤去球蛋白后，再加入 $(NH_4)_2SO_4$ 至饱和，则血清中的清蛋白被析出。盐析得到的蛋白质经透析脱盐仍保持活性。

（2）**重金属离子沉淀**　重金属离子 Hg^{2+}、Pb^{2+}、Cu^{2+} 和 Ag^+ 等在溶液的 pH 大于蛋白质的等电点时，易与蛋白质阴离子结合而沉淀。

pH>pI:　　　$H_2N—Pr—COO^- + Ag^+ \longrightarrow H_2N—Pr—COOAg \downarrow$

重金属沉淀常导致蛋白质变性，但若在低温条件下操作并控制重金属离子浓度，也可分离制备未变性蛋白质。临床上在抢救重金属中毒时给病人口服大量蛋白质，然后结合用催吐剂来解毒。

（3）**某些酸类沉淀**　钨酸、鞣酸和苦味酸等沉淀生物碱的试剂及三氯醋酸、磺基水杨酸和过氯酸等，在溶液的 pH 小于蛋白质的等电点时，易与蛋白质阳离子结合而沉淀，此沉淀法往往导致蛋白质变性，常用于除去样品中的杂蛋白。

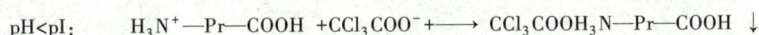

pH<pI:　　　$H_3N^+—Pr—COOH + CCl_3COO^- \longrightarrow CCl_3COOH_3N—Pr—COOH \downarrow$

（4）**有机溶剂沉淀**　甲醇、乙醇和丙酮等极性较大的有机溶剂对水的亲和力很大，能破坏蛋白质分子表面的水化膜，在等电点时可沉淀蛋白质。但在常温下，蛋白质与有机溶剂长时间接触往往会发生性质改变而不再溶解，这正是酒精消毒灭菌的化学基础；但在低温条件下变性缓慢，所以可在低温条件下分离制备各种血浆蛋白。

5. 变性

因物理因素（如干燥、加热、高压、振荡、紫外线、X 射线、超声等）或化学因素（如强酸、强碱、尿素、重金属盐、乙醇、去污剂等）的作用，使蛋白质的副键断裂、特定的空间结构被破坏，从而导致理化性质改变，生物活性丧失，这一现象称为蛋白质变性（denaturation）。蛋白质变性不改变一级结构。临床上常利用变性进行消毒灭菌。

蛋白质变性和沉淀之间有很密切的关系，蛋白质变性的原因是空间结构被改变，活性丧失，但不一定沉淀；蛋白质沉淀是胶体溶液稳定因素被破坏，构象不一定改变，活性也不一定丧失，所以不一定变性。

6. 缩二脲反应

蛋白质的碱性溶液与稀硫酸铜反应，呈紫色或紫红色，称为缩二脲反应（又称双缩脲反应）。凡是含有两个或以上肽键结构的化合物，均可发生缩二脲反应。

此外，蛋白质与氨基酸一样，也可以发生茚三酮反应、蛋白黄反应和米伦反应。

7. 水解

蛋白质在酸、碱或酶催化下发生水解反应，使各级结构逐步被破坏，最后水解为各种氨基酸的混合物。

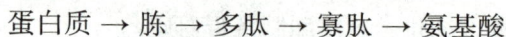

$$蛋白质 \rightarrow 胨 \rightarrow 多肽 \rightarrow 寡肽 \rightarrow 氨基酸$$

所谓杂环化合物（hetero cyclic compounds），是指环上含有杂原子的环状化合物。这里所说的杂原子，是指除碳原子外的其他原子，最常见有 O、S、N 等。在大多数杂环化合物中，因杂原子参与共轭，满足休克尔规则，而表现出芳香性，因此，一般所说的杂环多是指"芳香性杂环"。前面学过的环醚、内酯、交酯、内酰胺、环状酸酐等，虽然也是含有杂原子的环状结构，但没有芳香性，通常也不列入杂环化合物中。

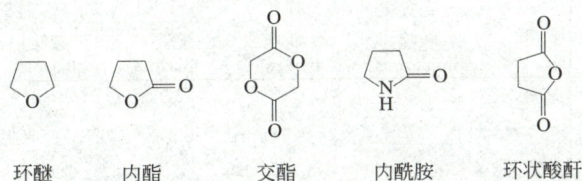

| 环醚 | 内酯 | 交酯 | 内酰胺 | 环状酸酐 |

在目前已注册的约 2000 万种有机化合物中，杂环化合物接近一半。而且，与生物医药有关的重要化合物多为杂环化合物，最常见的有核酸（如尿嘧啶）、生物碱（如咖啡因）等。此外，人工合成的杂环化合物，结构各异，用途多样，可用作药物（如异烟肼）、杀虫剂、除草剂、染料等。所以，杂环化合物不论在有机化学研究，还是药物研究方面，都具有举足轻重的作用。

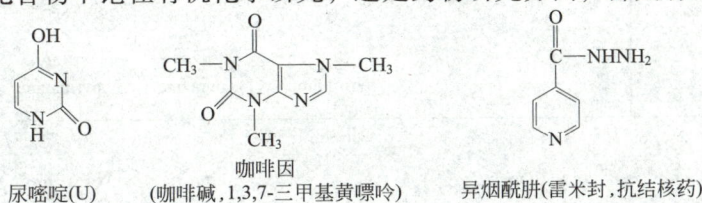

尿嘧啶(U)　　　　咖啡因　　　　　　　异烟酰肼(雷米封，抗结核药)
　　　　　　(咖啡碱，1,3,7-三甲基黄嘌呤)

第一节　杂环化合物分类与命名

一、分类

杂环化合物的分类方法，主要有三种。

1. 依环的个数分为：单环和稠环。单环依环的大小又可分为：五元环、六元环和七元环等；也可以依环上杂原子数目不同继续再分。单环再稠合则成稠环：与苯稠合称苯稠杂环，与另一杂环稠合称稠杂环。

2. 依环上杂原子种类分为：含氧杂环、含氮杂环和含硫杂环等。

3. 芳香杂环可依环上 π 电子云密度不同分为：多 π 芳杂环和缺 π 芳杂环（详见下述各节）。

在这三种分类方法中，以第一种最常见。

二、命名与编号

（一）基本杂环母核的命名与编号

基本杂环母核都有特定的名称，这些名称系由外文音译而得，在其同音字左边附加口字旁，成一新的化学用字。如"呋喃"即 furan 的音译（表 16-1）。

表 16-1 常见基本杂环母核的结构、名称及编号*

分类			基本杂环母核的结构与名称及编号
单环	五元环	一个杂原子	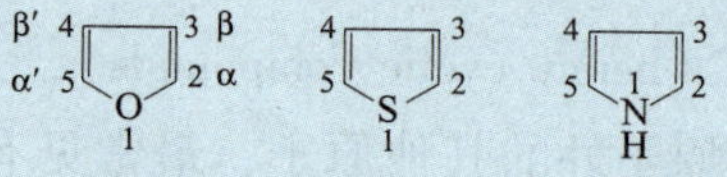 呋喃 furan　　噻吩 thiophene　　吡咯 pyrrole
		两个杂原子	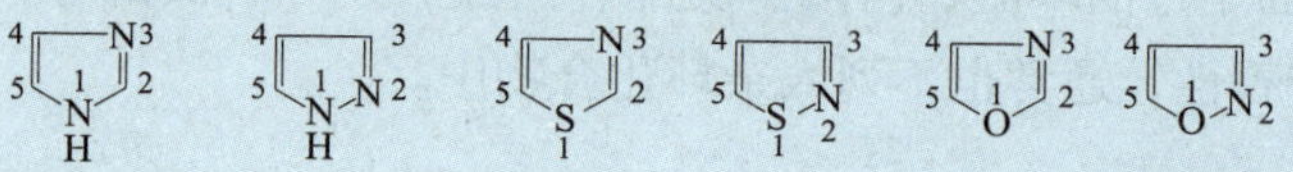 咪唑 imidazole　吡唑 pyrazole　噻唑 thiazole　异噻唑 isothiazole　噁唑 oxazole　异噁唑 isoxazole
	六元环	一个杂原子	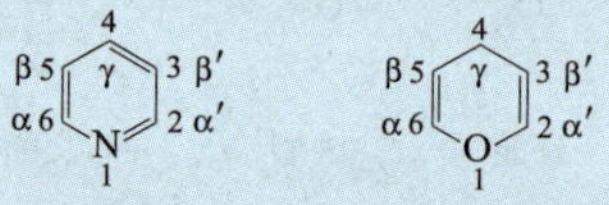 吡啶 pyridine　　吡喃 pyran(e)
		两个杂原子	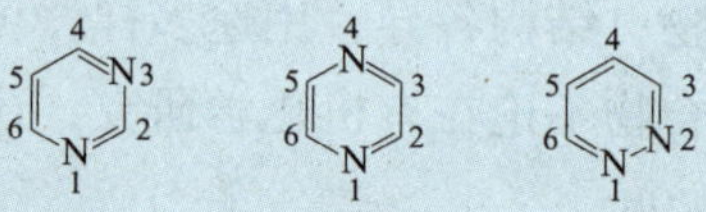 嘧啶 pyrimidine　吡嗪 pyrazine　哒嗪 pyridazine
稠环	苯稠杂环		吲哚 indole　喹啉 quinoline　异喹啉 isoquinoline　酞嗪 phthalazine　喹喔啉 quinoxaline
			9H-咔唑 9H-carbazole　吖啶 acridine　吩嗪 phenazine　菲咯啉 phenanthroline
	稠杂环		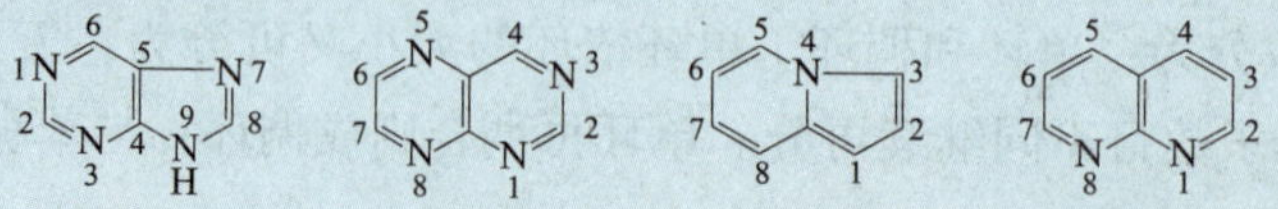 嘌呤 purine　蝶啶 pteridine　吲哚嗪 indolizine　萘啶 naphthyridine

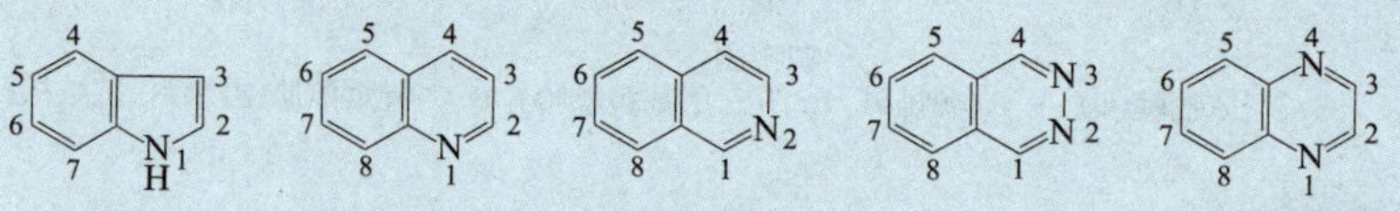

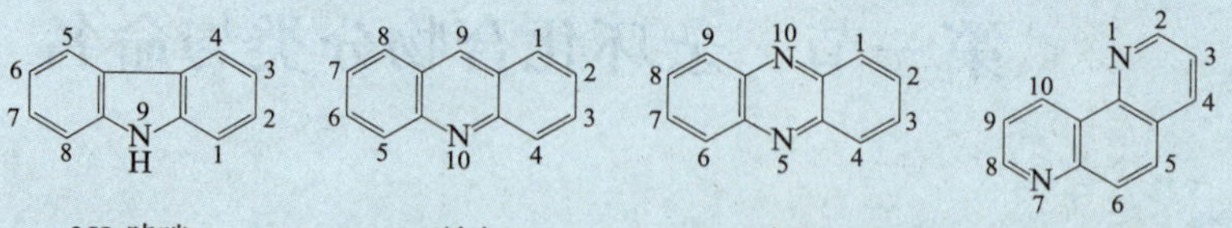

* 表 16-1 所列的基本杂环母核仅是其中一部分，还有相当一部分未列入表中，可参见《有机化合物命名原则》（2017 年版）。

基本杂环母核的编号大多有特定的规律：①环上只有一个杂原子时，杂原子编为 1 号，如呋喃。②环上有多个相同的杂原子时，有取代基（或 H 原子）的杂原子优先编为 1 号，再依"最低系列"法顺时针（或逆时针）编号，如吡唑。③环上有多个不同的杂原子时，依 O→S→NH→N 的顺序，优先编为 1 号，再依"最低系列"法顺时针（或逆时针）编号，如噻唑。④编号亦可采用 α、β 标识：杂原子的邻位为 α 位，次为 β 位、γ 位⋯⋯如呋喃。⑤稠杂环一般根据相应芳环的编号方式编号。

当然，也有不遵循上述规则的特例，如：嘌呤（表 16-1）。

杂环化合物同其他化合物一样，有时也存在同分异构现象。这是由所连的 H 原子发生了迁移所致，这样的 H 原子称为标记氢。为了区别这些异构体，通常要指出标记氢的位置。如：

吡咯　　　　2H-吡咯　　　吡喃　　　　2H-吡喃
（1H-吡咯）　　　　　　　（4H-吡喃）

（二）组合杂环的命名与编号

实际上，许许多多的杂环化合物，其结构并不符合基本杂环母核，可以看成是由这些基本杂环母核组合而成的"组合杂环"。如：

1. 组合杂环的命名方法

（1）将该杂环分成基本环和附加环：先确定其中一个环为基本环，则另一个环为附加环。如 I 式：

附加环　基本环

（I）

（2）对基本环和附加环编号：附加环用 1、2、3 等依次编号，方法同前；基本环用 a、b、c 等依次给边编号。如：

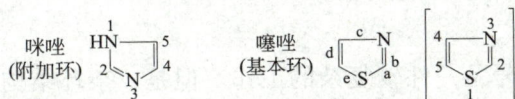

咪唑（附加环）　　　噻唑（基本环）

（3）命名：写成"附加环并 [1,2,3-*a*,*b*,*c*] 基本环"格式。如 I 式，则可以写成：咪唑并 [5,4-*d*] 噻唑。式中"d"表示基本环噻唑用 d 边与附加环稠合；"5,4-"表示附加环咪唑在 5,4 之间的边与基本环稠合，依基本环 *c*→d→e 的顺序，附加环的顺序为 5→4，所以此处写成"5,4-"。而不是咪唑并 [4,5-*d*] 噻唑。

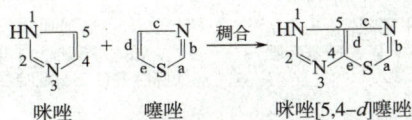

咪唑　　　　　噻唑　　　　　咪唑[5,4-*d*]噻唑

（4）如果杂原子处于稠合位，则该杂原子为两环共享。如：

咪唑并[2,1-*b*]噻唑

（5）若含有取代基，则需给整个组合杂环进行重新编号，方法大致与基本杂环母核相同。稠合处若为碳原子，一般不参与编号；若为杂原子，则要参与编号。例如：

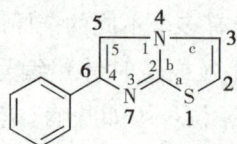

6-苯基-咪唑并[2,1-b]噻唑　　　　　5-苯基-4H-咪唑并[5,4-d]噻唑

在以上两例中，小字号的阿拉伯数字1，2，3，4，5，用来标识未组合前的附加环的位置；大字号的阿拉伯数字1，2，3，4，5，6，7，则是用于整个组合杂环的重新编号。在左式中，稠合的N原子参与了编号，苯基取代基位于重新编号后的6-号；在右式中，稠合处都是C原子，所以没有参与编号。原来咪唑环上的1H，重新编号后，变成了4H。

2. 基本环的确定原则

基本环的确定方法比较复杂，选择基本环时，须遵循下列原则：

（1）芳环与杂环稠合时，取含环数最多，有特定名称的杂环为基本环。如：

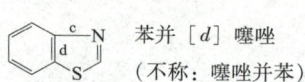

苯并[d]噻唑（不称：噻唑并苯）　　　苯并[a]吖啶（不称：萘并喹啉）

（2）杂环与杂环稠合时，选择基本环的原则是：①环大小不同时，大环优先作基本环（如Ⅱ式）；若环大小相同，按O→S→N顺序优先作基本环（如Ⅲ式）。②杂原子数目及种类不同时，杂原子数目及种类多者优先作基本环（如Ⅳ、Ⅴ式）。③若①②项均相同，则把稠合前杂原子编号低者优先作基本环（如Ⅵ式）。

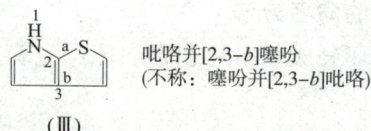

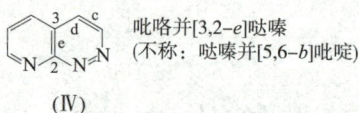

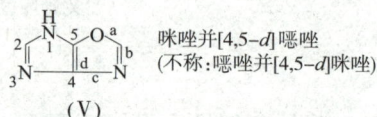

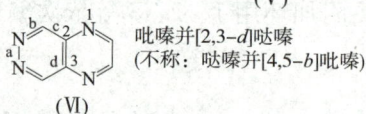

吡咯并[2,3-b]吡啶（不称：吡啶并[2,3-b]吡咯）
（Ⅱ）

吡咯并[2,3-b]噻吩（不称：噻吩并[2,3-b]吡咯）
（Ⅲ）

吡咯并[3,2-e]哒嗪（不称：哒嗪并[5,6-b]吡啶）
（Ⅳ）

咪唑并[4,5-d]噁唑（不称:噁唑并[4,5-d]咪唑）
（Ⅴ）

吡嗪并[2,3-d]哒嗪（不称：哒嗪并[4,5-b]吡嗪）
（Ⅵ）

杂环化合物的命名与编号是一件较复杂的工作。但是，杂环结构在药物分子中是很常见的，所以，对杂环的命名意义重大。如：甲硝唑（抗阿米巴原虫和滴虫药），唑吡坦（镇静催眠药）。

甲硝唑
(1-乙羟基-2-甲基-5-硝基咪唑)

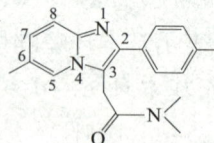

唑吡坦
{N,N,6-三甲基-2-(4-甲基苯基)
咪唑并[1,2-a]吡啶-3-乙酰胺}

第二节　五元杂环

五元杂环是一大类杂环化合物，依据所含杂原子的数目及稠合情况，五元杂环又可以进一步分类：

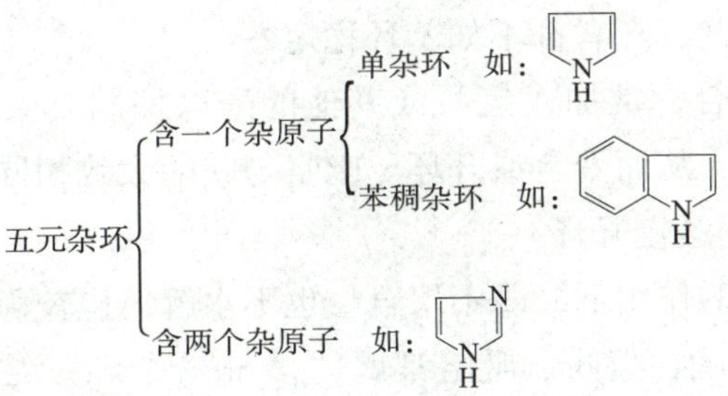

本节将依此分类框架进行讨论。

一、含一个杂原子的五元杂环

（一）单杂环——呋喃、噻吩、吡咯

1. 结构

呋喃环中的 C 原子和 O 原子均为 sp^2 杂化。且 C—C、C—O、C—H 之间均以 σ 单键相连。由于 sp^2 杂化的平面构型，使得 C、O、H 各原子共平面。每个 C 原子有一个未杂化的 p 轨道，垂直于该平面，其上有一个电子；O 原子上也有一个未杂化的 p 轨道，垂直于该平面，其上有二个电子。这样，四个 C 原子和一个 O 原子上的五个 p 轨道相互平行，侧面重叠，形成 π_5^6 环状闭合的共轭体系，符合休克尔规则，有芳香性。显然，与苯相比，π 电子云密度更大，属"多 π 芳杂环"结构。

噻吩与呋喃相似，因为 S 与 O 在同一族。

吡咯与呋喃不同之处在于 N 原子比 O 原子少一个电子，所以，N 与 H 形成了一个 σ 键，以达到稳定结构。其余部分的结构与呋喃、噻吩是一样的，也可形成 π_5^6 共轭体系。

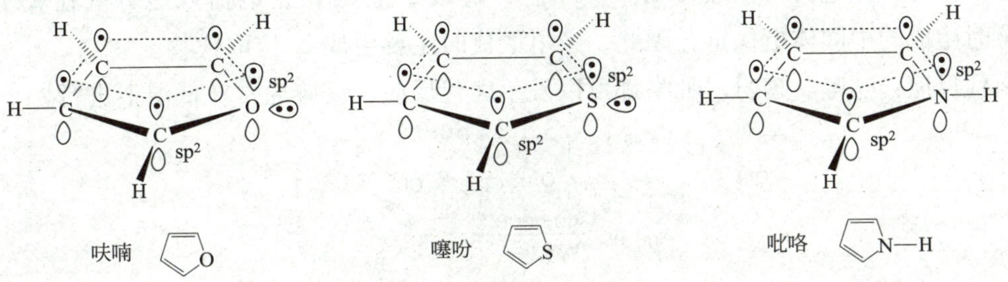

图 16-1　呋喃、噻吩、吡咯的结构

总之，呋喃、噻吩、吡咯尽管所含的杂原子不同，但它们都有 π_5^6 的共轭体系，都是"多 π 芳杂环"。

2. 物理性质

呋喃存在于松木焦油中，为无色液体，有氯仿气味，b. p. 31.4℃，遇盐酸浸湿的松木片呈绿色（松木片反应）。噻吩与苯共存于煤焦油中，为无色液体，具有苯的气味，b. p. 84.2℃，不易与苯分离。噻吩与靛红/H_2SO_4 作用呈蓝色，用于检验苯中噻吩。吡咯最初从骨油分离得到，为无色异味液体，b. p. 130~131℃，在空气中迅速变黄。

三者都难溶于水，因为杂原子上的孤对电子参与共轭，大大减弱了与水形成氢键的能力，其溶解性大致为：吡咯为 1∶17，噻吩为 1∶700，呋喃为 1∶35。

3. 化学性质

（1）环的稳定性　吡咯、呋喃、噻吩分子中键长并未完全平均化，呋喃和噻吩在一定程度上还保留共轭二烯的性质，因此，三者都不如苯环稳定。

呋喃在空气中会缓慢聚合，常加入氢醌或其他的酚以抑制其聚合。如遇 H⁺ 则发生质子化，生成阳离子，破坏共轭体系，从而聚合或开环。吡咯与呋喃大致相同：在酸的作用下，易形成聚合物；可被空气中 O₂ 氧化而缓慢开环。

噻吩在中等强度质子酸的作用下，既不聚合，也不水解，比较稳定。但遇强酸也不稳定。

（2）亲电取代反应　呋喃、噻吩、吡咯都属"多 π 芳杂环"结构，因此，都可以像苯一样发生亲电取代反应，且反应活性都比苯环要强。活性顺序大致如下：

吡咯>呋喃>噻吩≫苯

由于三者在强酸条件下都不够稳定，因此，其硝化、磺化反应多用温和的非质子条件，避免使用强酸。又由于三者反应活性很强，反应过于剧烈，因此，反应多在低温下完成。

发生亲电取代反应时，亲电基团 E⁺ 可以进攻吡咯 2-位和 3-位。其中间产物的结构可分别用以下共振式表示：

进攻 2-位时：

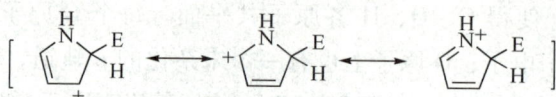

进攻 3-位时：

进攻 2-位时，正电荷可分散在 3 个原子上，进攻 3-位时，正电荷只能分散在 2 个原子上。进攻 2-位时生成的中间体更稳定，因此，亲电取代时主要生成 2-位取代物。

① 卤代反应：呋喃、噻吩、吡咯都可以发生卤代反应，反应通常在低温下进行。

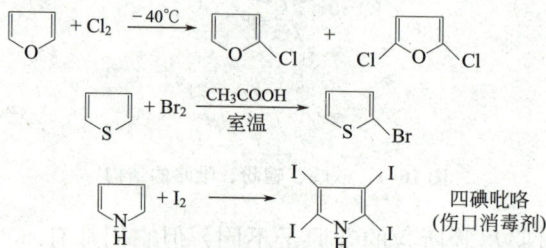

② 硝化反应：呋喃、噻吩、吡咯都可以发生硝化反应，但不能用硝酸直接硝化，因为硝酸是强酸，又有强氧化性，会破坏环的稳定。所以，多在低温下用非质子的硝乙酐进行硝化。

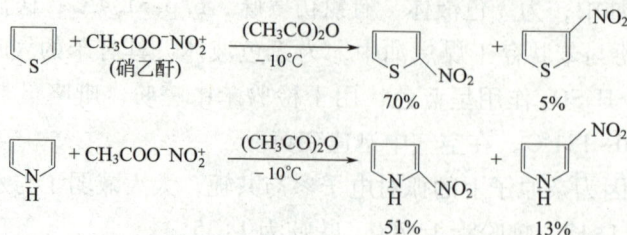

硝乙酐需临用时配，用乙酸酐和硝酸制备。

③ 磺化反应：呋喃、吡咯不能用硫酸直接磺化，先与非质子的磺化试剂（如吡啶三氧化硫

加合物）磺化，后在 H⁺ 条件下水解而得。

噻吩相对稳定，可直接用硫酸磺化。

该反应可用于除去苯中所含的噻吩杂质。从煤焦油中得到的粗苯往往含有噻吩杂质，由于噻吩（b. p. 84.2℃）与苯（b. p. 80.1℃）的沸点相近，故难用分馏的方法将噻吩除去。如果在粗苯中加入浓 H_2SO_4，苯在室温下不与浓 H_2SO_4 反应；噻吩则与之生成 α-噻吩磺酸，而溶于浓 H_2SO_4 中。振荡、分层、分离，即可除去 α-噻吩磺酸，得无噻吩苯。

④ 傅-克（Friedel-Crafts）反应：呋喃可发生典型的傅-克酰基化反应；噻吩则需要控制反应条件；而吡咯的傅-克酰基化反应除了发生在碳原子外，还有可能发生在氮原子上。

呋喃、噻吩、吡咯虽然也可以发生傅-克烷基化，但产物难以停留在一取代阶段，多为混合物，因此意义不大。

仔细考查上述四种亲电取代反应（卤代、硝化、磺化和傅-克反应）的取代位置，不难发现：呋喃、噻吩、吡咯三者的亲电取代反应多发生在 α 位。这说明 α 位比 β 位活泼。

它们的亲电取代反应机理，与苯环的亲电取代大致相同。首先，带正电荷的亲电基团 E⁺进攻芳香杂环，形成 π 络合物，进而转化成稳定的 σ 络合物（参见第七章）。如果 E⁺进攻 α 位，所形成的 σ 络合物（Ⅰ）式，存在三种不同的共振极限式；而 β 位所形成的 σ 络合物（Ⅱ）式，只有两种不同的共振极限式。根据共振论，形成共振极限式越多，越稳定。所以，（Ⅰ）式比（Ⅱ）式稳定，α 位比 β 位活泼。

（3）加成反应 呋喃、噻吩、吡咯虽然具有芳香性，属于芳香杂环，但与苯环相比，其"芳香性"略差（也就是说，环稳定性略差）。其芳香性顺序为：

苯是芳香性最强的芳环，是因为环上都含有相同的碳原子，共轭大 π 键分布最均匀。呋喃、噻吩、吡咯则可以看成是苯环上的碳原子被杂原子取代而成，因此，杂原子与碳原子的电负性越接近，其环的芳香性也越接近苯环。

正是由于吡咯、呋喃的芳香性差，环不稳定，所以易发生加成反应。噻吩的芳香性与苯相近，所以较难发生加成反应。

① 催化氢化：呋喃、吡咯在加热或催化剂的作用下，即可与氢加成。噻吩因含有硫原子，可使催化剂中毒，因此催化氢化较难。

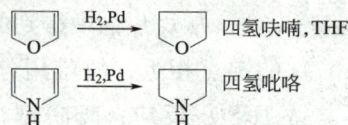

② Diels–Alder 反应：芳香性最差的呋喃还可以进行 Diels–Alder 反应，表现出类似共轭二烯烃的性质。

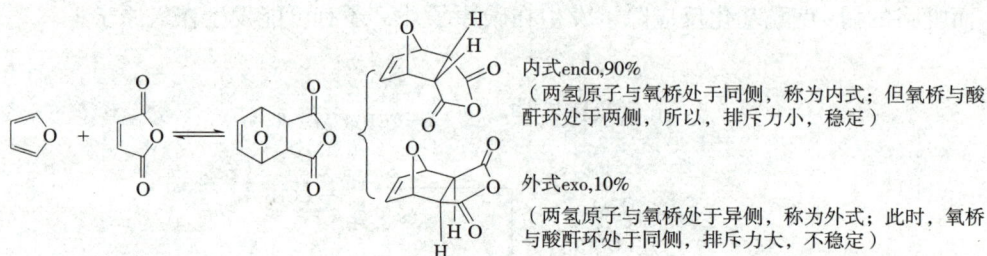

内式endo,90%
（两氢原子与氧桥处于同侧，称为内式；但氧桥与酸酐环处于两侧，所以，排斥力小，稳定）

外式exo,10%
（两氢原子与氧桥处于异侧，称为外式；此时，氧桥与酸酐环处于同侧，排斥力大，不稳定）

（4）吡咯的酸碱性　吡咯环上的 N 原子含有孤对电子，故有弱碱性。但因孤对电子参与形成大 π 键，N 原子上的电子云密度显著降低，所以，其碱性（pK_a -3.5）比四氢吡咯（pK_a 11.1）弱得多。

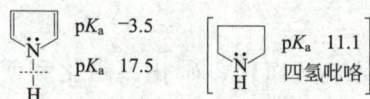

也正因为 N 原子参与形成大 π 键，其电子云密度很弱，N—H 键变得很脆弱，H 原子易离去，反而表现出弱酸性（pK_a 17.5），可以与钠、氢化钠（钾）、碱反应。如：

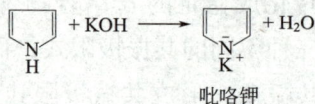

吡咯钾

总之，吡咯同时显弱酸、弱碱两性。实际上，弱酸性更明显。

4. 衍生物

（1）呋喃衍生物　最重要的呋喃衍生物是糠醛。

糠醛即 α-呋喃甲醛，系用稀酸处理米糠、玉米芯、高粱秆、花生壳等农作物而得，故名糠醛。

纯糠醛为无色、有毒液体，b. p. 161.8℃，可溶于水。在光、热、空气中易聚合而变色。糠醛遇苯胺醋酸盐溶液显深红色，这是鉴别糠醛（及其他戊糖）常用的方法。

糠醛的性质与苯甲醛相近，能发生歧化、氧化及芳香醛的缩合反应。如：

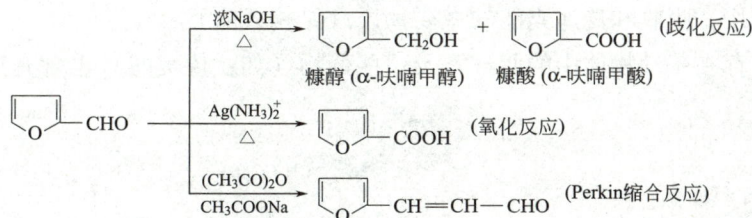

糠醛用途广泛，可用于合成药物（如痢特灵、呋喃西林）及酚醛树脂、农药等。

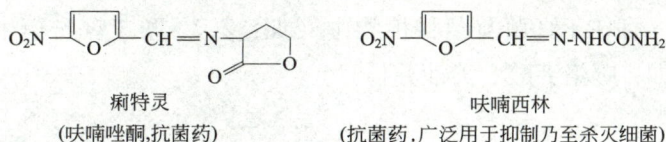

痢特灵
(呋喃唑酮,抗菌药)

呋喃西林
(抗菌药,广泛用于抑制乃至杀灭细菌)

除糠醛外，在植物和微生物中也发现有呋喃衍生物。如：

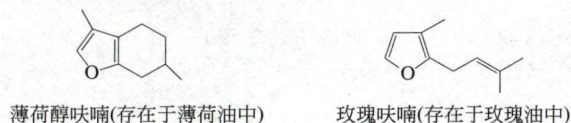

薄荷醇呋喃(存在于薄荷油中)　　玫瑰呋喃(存在于玫瑰油中)

（2）吡咯衍生物　吡咯衍生物大多以卟吩（porphyrin）环的形式存在。所谓卟吩环，是指由四个吡咯环的 α-C 通过次甲基（—CH =）相连形成的稳定且复杂的共轭体系。其衍生物叫作卟啉。卟啉类化合物广泛存在于动植物体中，环内的 N 原子易与金属（Mg、Fe 等）络合，多显色。较重要的卟啉类化合物有血红素、维生素 B_{12} 及叶绿素。

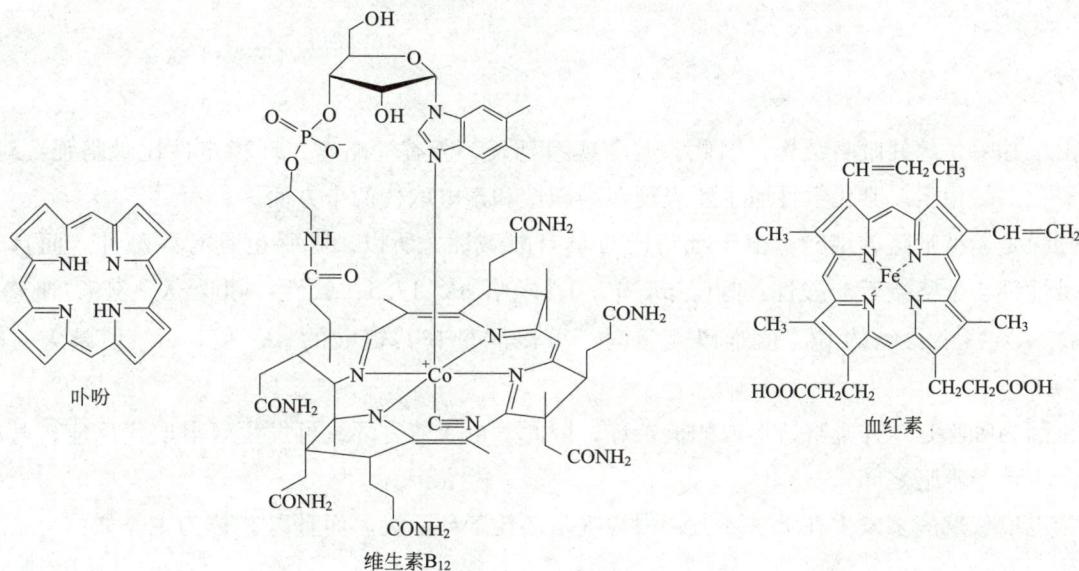

卟吩　　维生素B₁₂　　血红素

血红素是卟吩环与 Fe^{2+} 形成的一种络合物，其吡咯环 β 位上可以有不同的取代基。血红素可与蛋白质结合成血红蛋白，存在于人和动物的血红细胞中，参与生物体中氧的传递和氧化还原作用。

维生素 B_{12} 又名"钴胺素"，B 族维生素之一。动物肝脏中含量丰富。其烷基（甲基）衍生物，以辅基形式参与生物体的几种重要甲基转移反应。缺乏维生素 B_{12} 时会影响核酸的代谢，导致恶性贫血。故可用于治疗恶性贫血，也能促进鸡、猪等的生长。维生素 B_{12} 可由抗生素发酵废液或地下水道的淤泥提取，也可由丙酸菌发酵而得。

此外，叶绿素也含有卟吩环结构。叶绿素是存在于植物叶绿体中的一类极重要的绿色色素，是植物进行光合作用，吸收和传递光能的主要物质（结构式略）。

除卟吩环外，存在于动物体中的胆红素及一些药物（如：佐美酸）也含有独立的吡咯环。

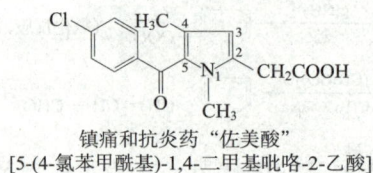

镇痛和抗炎药"佐美酸"
[5-(4-氯苯甲酰基)-1,4-二甲基吡咯-2-乙酸]

（3）噻吩衍生物　存在于真菌及菊科植物中（如：2,2′-联二噻吩衍生物），此外，很多合成药物也有噻吩环（如：噻洛芬酸、美沙芬林）。

2,2′-联二噻吩衍生物　　　　噻洛芬酸(抗炎药)　　　　美沙芬林(抗组胺剂)
（可以杀线虫）

（二）苯稠杂环——吲哚

吲哚即苯并吡咯，为无色或淡黄色片状晶体，可溶于水，m. p. 52.2℃，b. p. 253℃。存在于煤焦油、茉莉油及腐败的蛋白质中。露于空气中变红色。吲哚有难闻的气味，但高度稀释时则有令人愉快的花香，可用作香料。

由于吲哚是苯并吡咯结构，因此，共轭体系延长，芳香性略增，环稳定性比吡咯强。对酸、碱及氧化剂较稳定。其化学性质主要表现在酸碱性和亲电取代两个方面。

吲哚是苯稠吡咯的结构，由于吡咯同时具有酸碱性，所以，吲哚也具有酸碱性。而且其酸性、碱性都与吡咯接近。酸性：吲哚 pK_a 17.0，吡咯 pK_a 17.5；碱性：吲哚 pK_a -3.5，吡咯 pK_a -3.8。（当一个弱碱的 pK_b 值难以测量时，可以测量其共轭酸的 pK_a 值。pK_a 值越大，碱性越强。）

正因为吲哚是苯并吡咯所形成的稠杂环，因此，也属芳香环，可发生亲电取代反应，其反应活性介于苯与吡咯之间。

亲电取代反应多发生在吡咯环上，因为吡咯环比苯环活泼。而且以 β 位为主。如：

这是因为进攻 α 位所形成的邻-苯醌类亚胺铵盐中间体（Ⅰ）能量高，不稳定；而进攻 β 位所形成的亚胺铵盐中间体（Ⅱ）能量低，稳定。

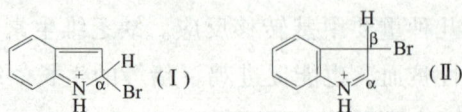

吲哚衍生物数目繁多，用途广泛。如：

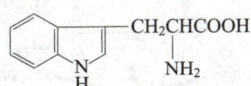

色氨酸
(营养必需氨基酸)

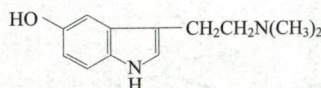

蟾蜍碱(bufotenin)
(蟾蜍产生的毒素,能麻痹脊髓和大脑,升高血压)

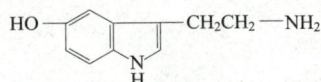

五羟基色氨
(哺乳动物及人脑思维的重要物质体)

伊普吲哚
(抗抑郁药)

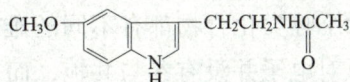

褪黑素,松果体素
(哺乳动物脑产生的激素,俗称 "脑白金")

β-吲哚乙酸
(一种植物生长调节剂)

中药中大量存在吲哚类衍生物,包括靛蓝、大青素 B、利血平等。

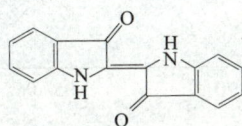

靛蓝
(中药青黛的主要成分,清除解毒)

大青素B
(存在于板蓝根和大青叶中)

二、含两个杂原子的五元杂环——唑类

(一)概述

五元杂环中含有两个杂原子的体系称为唑(azoles),通常至少含一个 N 原子。根据两个杂原子的相对位置,又可以分为1,3-唑和1,2-唑。如:

1,3-唑

噁唑　　　　咪唑　　　　噻唑

1,2-唑

异噁唑　　　　吡唑　　　　异噻唑

(二)结构特点

唑类可以看成是呋喃、噻吩、吡咯环上的 2 位或 3 位的 CH 换成 N 原子形成的结构。我们知道,呋喃、噻吩、吡咯环具有芳香性。替换 CH 的 N 原子也是采取 sp^2 杂化,其未杂化的 p 轨道上有一个电子,因此,这个 N 原子也可以参与形成大 π 键,体系符合 $4n+2$ 规则,从而也表现出芳香性。

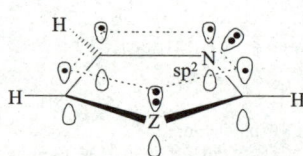

1,3-唑(Z=O, S, N)　　　　　　　　1,2-唑(Z=O, S, N)

（三）物理性质

噁唑和异噁唑均为无色液体，b. p. 分别为 69~70℃ 和 94.5℃。噻唑和异噻唑均为无色液体，b. p. 分别为 118℃ 和 113℃。咪唑和吡唑均为无色晶体，m. p. 分别为 90℃ 和 70℃，二者之所以在常温下为固体，是因为分子可以形成氢键。这六个唑类化合物都有不同的难闻气味，都可溶于水。这是因为唑类环上 2 位或 3 位上的 N 原子的孤对电子并没有参与共轭，而是以"外露"的形式存在（与吡啶中的 N 原子一样，可参见本章第三节），所以，可与水形成氢键而溶于水。唑类的物理常数见表 16-2。

表 16-2　常见唑类化合物的物理常数

结构	(吡唑)	(咪唑)	(噁唑)	(异噁唑)	(噻唑)
b. p.（℃）	186~188	257	69~70	95~96	116.8
m. p.（℃）	69~70	90~91	–	–	–
溶解度	1:2.5	1:0.56	∞	1:6	–
pK_a	2.5	7.0	0.8	-2.03	2.4

（四）酸碱性

由于唑类环上 N 原子的孤对电子并没有参与共轭，而是以"外露"的形式存在，可以接受 H^+，碱性增强，所以这些唑类的碱性都比吡咯强。

此外，咪唑和吡唑由于分子中含有 NH 的结构，类似吡咯，也表现出弱酸性。

（五）亲电取代反应

由于唑类化合物具有芳香性，所以都可以发生亲电取代反应，但活性比呋喃、噻吩和吡咯弱，甚至比苯也要弱。这是因为唑环中 2 位或 3 位的 N 原子虽然也参与形成大 π 键，但 N 原子吸引电子的能力比 C 原子要强，所以降低了环上的电子云密度。如：

由上两例可以看出，唑类的亲电取代既可以在 4 位也可以在 5 位。

（六）互变异构

咪唑和吡唑由于含有 NH 结构，H 原子会发生转移（1,3-迁移），因此存在互变异现象。

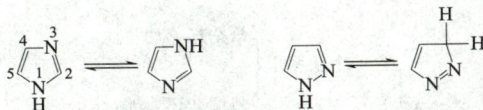

正因为这样，咪唑的 4 位和 5 位是相同。4-甲基咪唑和 5-甲基咪唑无法分离。

5-甲基咪唑　　　4-甲基咪唑

（七）唑类衍生物

1. 咪唑衍生物

由于咪唑分子中既有酸性，又有碱性，而且其弱酸性的 pK_a 值为 7.2，与生理 pH 值 7.35 接近。这种独特的性质使得咪唑环可在生物体内发挥传递质子的重要作用，被广泛用作药物，即所谓的咪唑类药物。如：

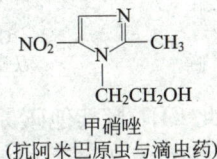

甲硝唑
(抗阿米巴原虫与滴虫药)

此外，许多重要的天然物质内也含有咪唑环系，如蛋白质内的组氨酸、存在于毛果芸香植物中的毛果芸香碱（生物碱）等。

组氨酸
(存在于蛋白质中)

毛果芸香碱
(存在于毛果芸香中,用于治疗青光眼)

2. 其他唑类的衍生物

除咪唑外，其他的唑环也存在于一些比较重要化合物中。如：

噁唑衍生物(pimprinin)
(从霉链菌中分离)

2-(4-氯苯基)-噻唑-4-乙酸
(抗炎药)

异噻唑衍生物
(可抑制病毒生长)

异噁唑衍生物(eflunomide)
(抗风湿和治疗风湿药)

双苯吡唑
(止痛、抗炎和退热作用)

第三节　六元杂环

六元杂环是杂环化合物的另一大类。依据所含杂原子的数目及稠合情况，六元杂环又可以进一步分类：

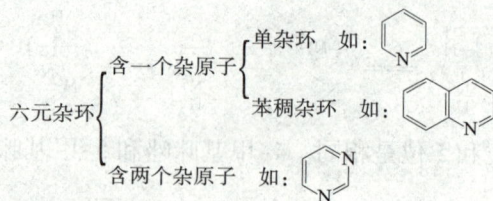

本节将大致依此分类框架进行讨论。

一、含一个杂原子的六元单杂环

（一）吡喃

1. 存在形式与性质

吡喃是含 O 原子的六元杂环，根据 CH_2 位置不同，存在两种不同的形式：

不论是 4H-吡喃（指 CH_2 在 4 位，此 CH_2 与其他碳原子相比多一个 H 原子，故用 "4H" 标识），还是 2H-吡喃，都未形成环状闭合的共轭体系。因此，吡喃是非芳香性杂环，这是吡喃跟其他化合物相比的最大不同之处。也正因为如此，吡喃的化学性质很活泼，容易被氧化，实际上自然界存在的多是其含氧的衍生物：γ-吡喃酮和 α-吡喃酮。

总之，吡喃有上述四种存在形式，即：4H-吡喃、2H-吡喃、α-吡喃酮和 γ-吡喃酮。这四种形式都没有芳香性，它们的性质与其结构是相对应的。如：2H-吡喃表现出共轭双烯的性质，可以发生 Diels-Alder 反应；α-吡喃酮则表现出内酯的性质等。

2. 苯并吡喃衍生物

吡喃与苯环稠合形成的苯并吡喃衍生物，在自然界（特别是中药）广泛存在，且多为中药活性成分。如香豆素、色原酮与黄酮体等。

（1）香豆素　即苯并 α-吡喃酮。香豆素实际上具有内酯结构，因此表现出内酯的性质，在碱性条件下易开环水解。

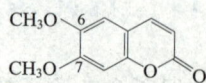

香豆素　　　　　顺-邻羟基肉桂酸

香豆素广泛存在于中药中，种类繁多，生理活性明显。如存在于滨蒿、茵陈蒿中的蒿属香豆素，可用于治疗急性肝炎。

蒿属香豆素
（存在于滨蒿、茵陈蒿中，可治疗急性肝炎）

（2）**色原酮与黄酮体** 如果与苯环稠合的是 γ-吡喃酮，这样的骨架结构称为色原酮。

色原酮

色原酮的 2 位或 3 位与苯环相连，便形成 C_6—C_3—C_6 的骨架结构，在阳光下（或紫外光照射下）呈黄色，故名黄酮体（类）。主要包括黄酮和异黄酮两类：

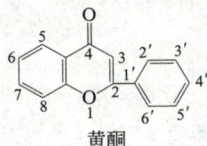

黄酮

异黄酮

黄酮类化合物在中药中广泛存在，多具有明显的生理活性，是中药液呈黄色的原因之一。如：

大豆素
（存在于葛根中,具有雌性激素样等作用）

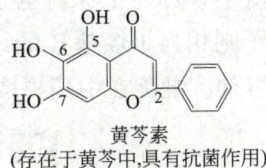

黄芩素
（存在于黄芩中,具有抗菌作用）

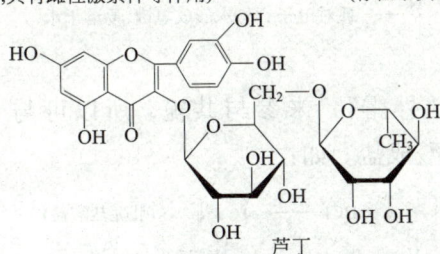

芦丁
（芸香苷,存在于槐米中,能增强心脏收缩等）

（二）吡啶

1. 结构特点

吡啶可以看成是苯分子中的一个 CH 被 N 原子取代后形成的化合物。这个 N 原子与 C 原子一样，采取 sp^2 杂化，所以吡啶同苯一样，是共平面分子。

近代物理方法测定，分子中 C—C 键长 139 pm，C—N 键长 137 pm，介于一般的 C—N 单键（147 pm）和 C=N 双键（128 pm）之间。

在 N 原子的三个 sp^2 杂化轨道中，有两个分别与相邻的碳原子形成 σ 键，另一个则被一对孤对电子占住。这一对孤对电子没有参与形成大 π 键，"外露"于共轭环系。另外，N 原子上还有一个未参与杂化的 p 轨道，带有一个电子。这个 p 轨道垂直于分子平面，与五个碳原子的 p 轨道平行。因此，它们彼此侧面重叠，形成环状共轭大 π 键，在这个共轭大 π 键中，一共有 6 个 π 电子，符合 $4n+2$ 规则，所以具芳香性。但是，在这个芳香环中，由于 N 电负性比 C 强，因此 π 电子云流向 N 原子。所以，N 原子表现为吸电子，使得芳环电子云密度降低。总之，吡啶是"缺 π 芳杂环"的结构，亲电反应活性比苯弱。

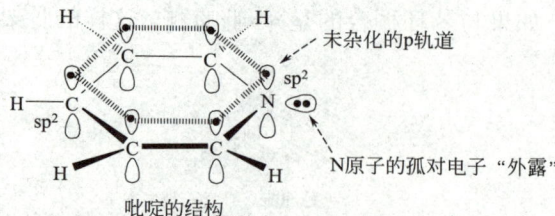

吡啶的结构

将吡啶的结构与吡咯比较不难发现：尽管吡咯、吡啶环上均有 N 原子，但二者具有不同的特点。吡咯型 N（—NH—）供电子，多呈酸性；吡啶型 N（＝N—）吸电子，且呈碱性。这两种类型的 N 原子在其他杂环中还会出现。

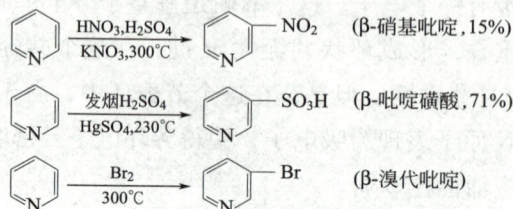

2. 物理性质

吡啶是无色液体，具有胺类气体，m. p. -42℃，b. p. 115℃。有毒，吸入蒸气易损伤神经系统。在吡啶环上，由于 N 原子上孤对电子"外露"，可与水形成氢键，所以易溶于水；另外，吡啶的其余五个 C 原子则相当于烃基 R 的结构，故易溶于有机溶剂。因此吡啶是一种与水、有机溶剂均可混溶的良好溶剂。吡啶在中药提取、分离中可用作提取剂、展开剂。

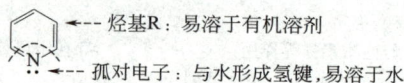

3. 碱性

吡啶的 N 原子上孤对电子"外露"，未参与共轭，所以可与 H^+ 结合，表现出碱性（pK_a 5.2），其碱性略强于苯胺，可与酸成盐。如：

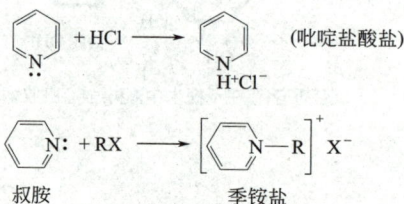

由于吡啶环氮原子中的孤对电子存在于 s 成分较多的 sp^2 杂化轨道中，原子核对孤对电子的控制能力较强，较难给出，所以，其碱性比一般脂肪胺及氨都弱，但比苯胺强。

苯胺 < 吡啶 < 氨 < 三乙胺

pK_a　4.7　5.2　9.3　10.6

4. 亲电取代反应

吡啶环上的 N 原子吸电子（可近似看成—NO_2），所以，吡啶环发生亲电取代反应较苯难，且取代多在 N 的间位。亲电取代类型主要有硝化、磺化和卤代，不能发生傅-克反应。

5. 亲核取代反应

受 N 原子强吸电子影响，吡啶环较易发生亲核取代反应，且取代多在 N 的邻位上发生如：

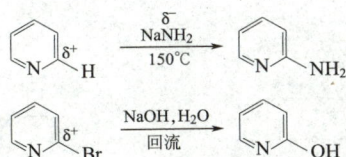

$$\underset{N}{\overset{\delta^+}{\bigcirc}}H \xrightarrow[150℃]{NaNH_2} \underset{N}{\overset{\delta^-}{\bigcirc}}NH_2$$

$$\underset{N}{\overset{\delta^+}{\bigcirc}}Br \xrightarrow[\text{回流}]{NaOH,H_2O} \underset{N}{\bigcirc}OH$$

6. 氧化反应

吡啶环由于是一个"缺π芳杂环",比苯还难氧化。所以,经常与氧化剂配成络合物使用(如 Sarrett 试剂,参见"醇的化学性质")。

但是,当吡啶环上有侧链时,其侧链可氧化而环不受影响——正如甲苯等一样。如:

$$\underset{N}{\bigcirc}CH_3 \xrightarrow[\triangle]{KMnO_4/OH^-} \underset{N}{\bigcirc}COOH \quad \text{γ-吡啶甲酸或异烟酸}$$

由于吡啶环比苯环难氧化,所以当苯环、吡啶环相连时,首先氧化苯环,保留吡啶环。如:

$$\underset{N}{\bigcirc}\bigcirc \xrightarrow[\triangle]{KMnO_4/H^+} \underset{N}{\bigcirc}COOH \quad \text{(β-吡啶甲酸或烟酸)}$$

7. 还原反应

吡啶比苯环容易还原,催化氢化条件比较温和。吡啶还原氢化,即得饱和的六氢吡啶(哌啶)。如:

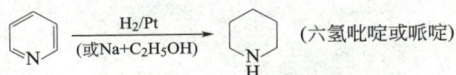

$$\underset{N}{\bigcirc} \xrightarrow[\text{(或Na+C_2H_5OH)}]{H_2/Pt} \underset{N}{\underset{H}{\bigcirc}} \text{(六氢吡啶或哌啶)}$$

六氢吡啶实际上是环状仲胺,所以碱性较强,pK_a 11.2。

8. 吡啶衍生物

(1) 烟酸和烟酰胺 烟酸即 β-吡啶甲酸,又称尼克酸、维生素 PP、抗糙皮病因子,是 B 族维生素之一。溶于水,性质稳定。在体内以烟酰胺的形式存在,体内缺乏烟酸时,易患糙皮病(旧称癞皮病),主要发病区是以玉米为主食的地区。

$$\underset{N}{\bigcirc}CONH_2 \qquad \underset{N}{\bigcirc}COOH$$

β-吡啶甲酰胺(烟酰胺)　　　　β-吡啶甲酸(烟酸)

(2) 维生素 B_6　B 族维生素之一,广泛存在于食物中。含三种形式:吡哆醇、吡哆醛和吡哆胺,三者在体内可以相互转化。三者的盐酸盐为无色晶体,易溶于水,微溶于乙醇、丙酮。因最初得到的是吡哆醇,故多以吡哆醇为维生素 B_6 的代表。

吡哆醇　　　　　　　吡哆醛　　　　　　　吡哆胺

维生素 B_6 与氨基酸的代谢密切相关,缺乏维生素 B_6 可导致皮炎、痉挛、贫血等。临床用维生素 B_6 防治妊娠呕吐、糙皮病、白细胞减少病等多种疾病。

(3) 异烟肼　俗名雷米封,为白色晶体,m. p. 170~173℃,易溶于水,微溶于乙醇。是一种常用的抗结核药,对结核杆菌有抑菌乃至杀菌的用途,也能作用于细胞内的杆菌,可用于治疗各种类型的结核病。

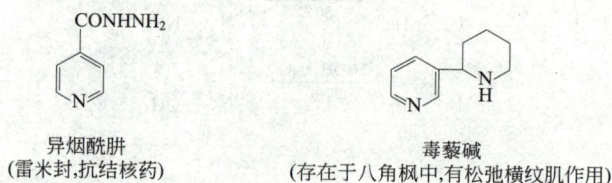

异烟酰肼
(雷米封,抗结核药)

毒藜碱
(存在于八角枫中,有松弛横纹肌作用)

此外,在中药中也存在许多吡啶(或哌啶)的衍生物,如八角枫中的毒藜碱等。

二、含一个杂原子的六元苯稠杂环——喹啉和异喹啉

(一)概述

苯并六元杂环的两个重要环系是喹啉和异喹啉。

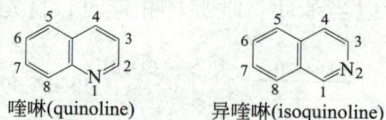

喹啉(quinoline)　　异喹啉(isoquinoline)

喹啉是无色有特殊气味的液体,b. p. 273℃;异喹啉是无色物质,m. p. 26℃,b. p. 243℃,气味类似苯甲醛。二者都可以看成是苯并吡啶的结构,因此,水溶性比吡啶要差。

喹啉和异喹啉都具有一定的碱性。喹啉的碱性比吡啶弱,异喹啉的碱性比吡啶稍强。

(二)化学性质

1. 氧化反应

喹啉和异喹啉的环都很稳定,与绝大多数氧化剂不起反应。但是可以被 KMnO₄ 氧化。

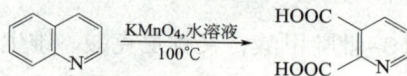

2. 取代反应

作为芳环,喹啉和异喹啉都可发生亲电取代反应,取代基进入电子云密度较高的苯环(5 位或 8 位)。同时,还可以发生亲核取代反应,取代基进入吡啶环(N 原子的邻位或对位)。如:

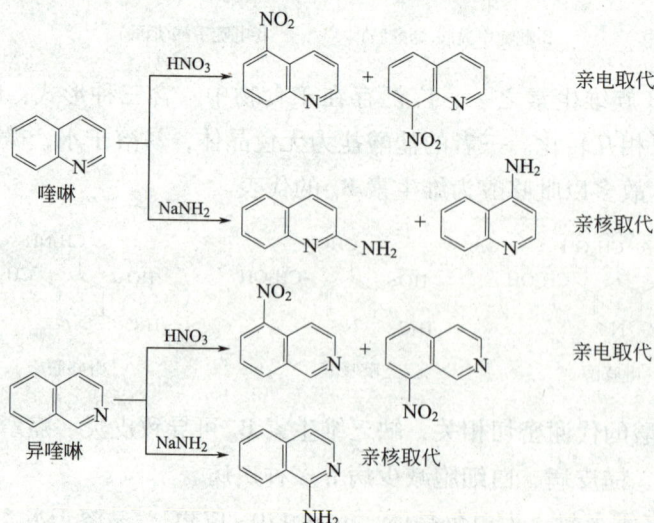

3. 还原反应

喹啉和异喹啉都可经催化氢化而还原，通常吡啶环先被还原。如：

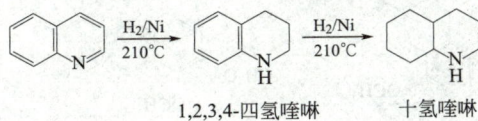

1,2,3,4-四氢喹啉　　十氢喹啉

（三）喹啉的合成——斯克劳普法

合成喹啉及其衍生物的常用方法是斯克劳普（Skraup）法。该法将苯胺（至少有一个空邻位）和一个 α, β-不饱和醛（如丙烯醛），在一个氧化剂（如硝基苯）的存在下加热进行反应。例如，喹啉可用苯胺、甘油、硫酸和硝基苯共同加热制备。反应过程如下：

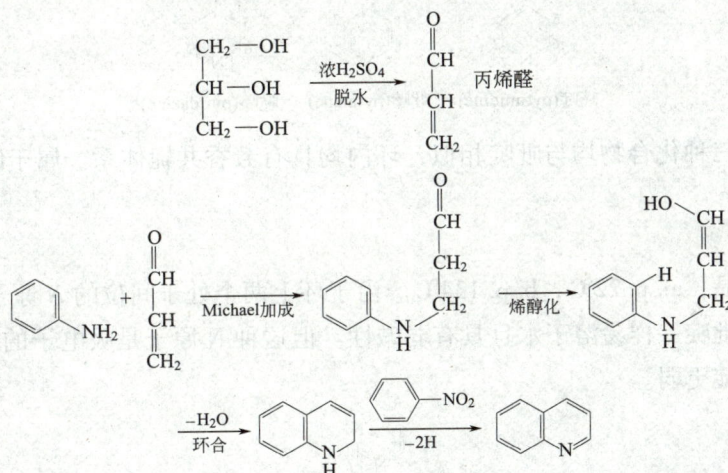

在苯胺上连接不同的取代基即可得到不同的喹啉衍生物。

（四）衍生物

许多天然存在的生物碱中都含有喹啉的骨架结构。如存在于金鸡纳树皮中的生物碱奎宁、辛可宁、奎尼丁以及存在于喜树中的喜树碱等都含有喹啉结构。此外，一些人工合成药物也含有喹啉结构，如抗疟药氯喹。

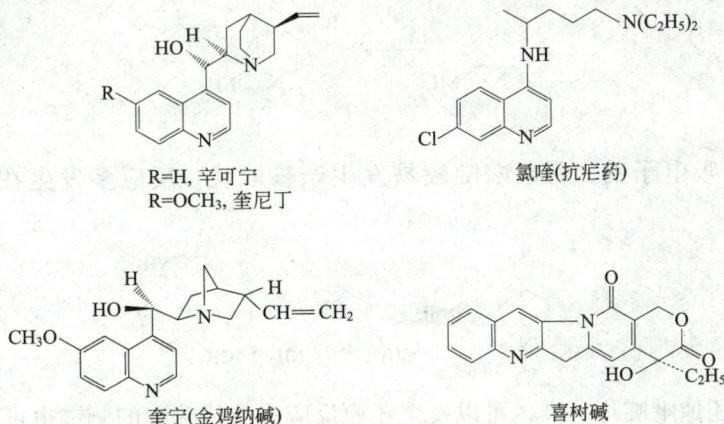

R=H, 辛可宁
R=OCH₃, 奎尼丁

氯喹(抗疟药)

奎宁(金鸡纳碱)　　　喜树碱

异喹啉衍生物广泛存在于自然界中，含异喹啉的生物碱有 600 种，是已知生物碱中最大的一类。如：罂粟碱、千金藤碱、黄连素、吗啡等都含有异喹啉的骨架结构。

罂粟碱　　　　　千金藤碱　　　　黄连素(小檗碱)　　　　吗啡

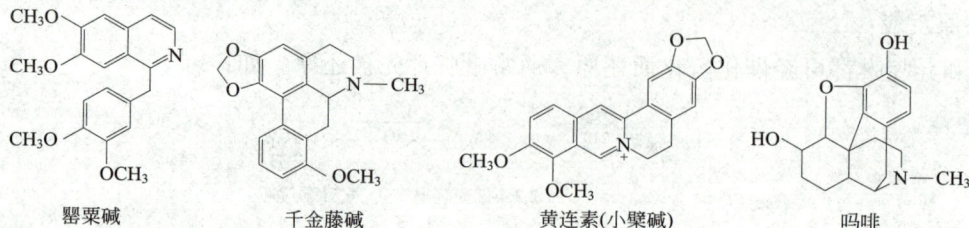

三、含两个杂原子的六元杂环

含有两个杂原子的六元杂环主要有嘧啶、吡嗪和哒嗪三种。在这三种结构中，两个N原子的相对位置是不同的。

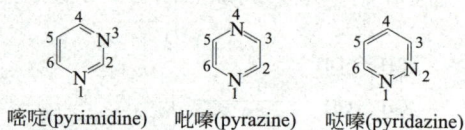

嘧啶(pyrimidine)　　吡嗪(pyrazine)　　哒嗪(pyridazine)

从结构上看，三种化合物均与吡啶相似，环内均具有芳香共轭体系。属于缺π芳杂环。

（一）嘧啶

嘧啶为无色结晶，m. p. 22℃，b. p. 134℃。由于环上两个处于间位的N原子都是吡啶型N原子，所以，嘧啶与吡啶一样易溶于水且具有弱碱性。但这种N原子是吸电子的（相当于—NO_2），故嘧啶的碱性比吡啶更弱。

1. 亲电取代

由于N原子是吸电子的，所以，嘧啶环比吡啶更难发生亲电取代反应。其反应活性大致相当于1,3-二硝基苯或3-硝基吡啶。但是，如果环上有其他的供电子基存在，芳环得以活化，也可以反应。如：

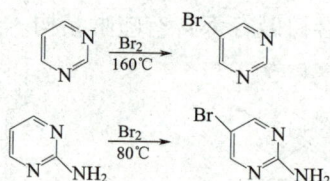

2. 亲核取代

由于N原子是吸电子的，所以嘧啶较易发生亲核取代，反应多发生在分子中的2位、4位。如：

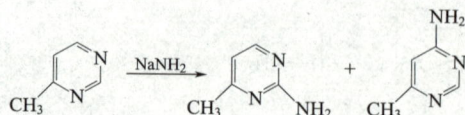

此外，嘧啶环还像吡啶环一样，可以发生还原反应；取代嘧啶的侧链也可以被氧化。

3. 衍生物

嘧啶的衍生物如胞嘧啶、尿嘧啶、胸腺嘧啶等，都是核酸的重要成分。

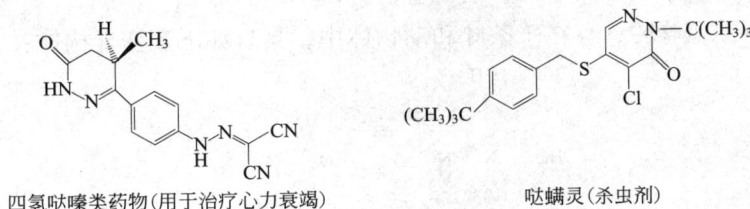

胞嘧啶(C)

尿嘧啶(U)

胸腺嘧啶(T)

上述三者均存在互变异构体，其互变异构体含量受 pH 值影响而变化，在生理系统中主要以右式存在。

此外，嘧啶的衍生物还可用作药物，供临床使用，如：

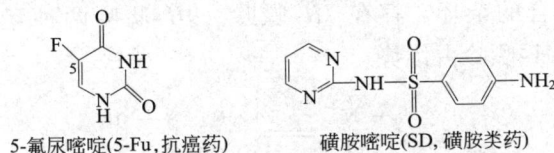

5-氟尿嘧啶(5-Fu,抗癌药)　　　　磺胺嘧啶(SD, 磺胺类药)

临床常用的巴比妥类药物，实际上也是嘧啶衍生物。巴比妥类药物的母体是巴比妥酸，即 2,4,6-三羟基嘧啶，一般写成其酮式结构（2,4,6-三氧代六氢嘧啶）。

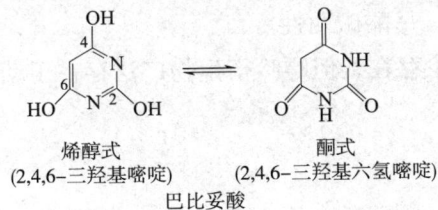

烯醇式　　　　　酮式
(2,4,6-三羟基嘧啶)　(2,4,6-三羟基六氢嘧啶)
巴比妥酸

在巴比妥酸的 5 位连接不同的基团后，便可形成各种各样的巴比妥类镇静药。如：

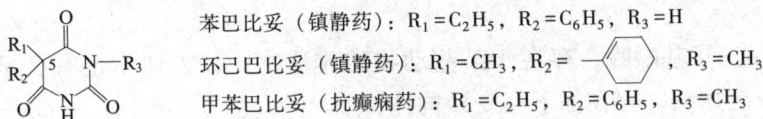

苯巴比妥（镇静药）：R₁=C₂H₅，R₂=C₆H₅，R₃=H
环己巴比妥（镇静药）：R₁=CH₃，R₂=环己烯，R₃=CH₃
甲苯巴比妥（抗癫痫药）：R₁=C₂H₅，R₂=C₆H₅，R₃=CH₃

（二）哒嗪和吡嗪

哒嗪和吡嗪都是嘧啶的异构体。哒嗪为无色液体，m.p. -8℃，b.p. 208℃，可溶于水和醇，不溶于烃。吡嗪为无色可溶于水的化合物，m.p. 57℃，b.p. 116℃。二者都像嘧啶一样具有碱性，但碱性均弱于吡啶。

二者的性质与嘧啶、吡啶相似，较易发生亲核取代，较难发生亲电取代（当环上有供电子基时活性增强）。

哒嗪和吡嗪的衍生物具有一定的生理活性，可作药物或杀虫剂。如：

四氢哒嗪类药物(用于治疗心力衰竭)　　哒螨灵(杀虫剂)

腔肠素(天然荧光物质，用于生物鉴定)

第四节　稠杂环化合物

由杂环与杂环稠合的稠杂环化合物，在杂环化合物中占有相当大的比例。比较简单且常见的有：嘌呤、蝶啶、吲嗪、萘啶等。本书限于篇幅只讨论嘌呤。

一、嘌呤

嘌呤是嘧啶和咪唑稠合的杂环。存在 7H-嘌呤、9H-嘌呤两种互变异构体：在生物体中，9H-嘌呤占优势；药物中 7H-嘌呤占优势。

嘌呤为白色固体，m. p. 216~217℃，易溶于水，可溶于乙醇，具有芳香性，相当稳定，由于含吡咯型 N 和吡啶型 N，所以，呈酸碱两性。

游离态的嘌呤在自然界很少存在，但嘌呤衍生物广泛存在于动植物体内，许多药物也含有嘌呤的结构骨架。

二、嘌呤衍生物

（一）尿酸

尿酸即 2,6,8-三羟基嘌呤，存在于某些动物的排泄物中，人体中也有少量存在。因最初由尿结石中发现，故名尿酸。存在如下互变异构体：

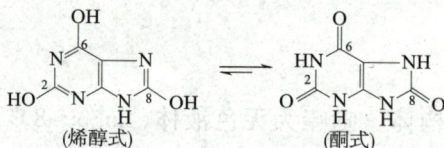

尿酸为白色晶体，难溶于水。在体内以钠盐形式存在，故易溶于水。当尿酸的排泄发生障碍时，可在关节中沉淀，引起关节痛。

（二）黄嘌呤及咖啡碱（咖啡因）

1. 黄嘌呤

黄嘌呤即 2,6-二氧嘌呤，存在于茶叶和动物体中，具有如下互变异构体：

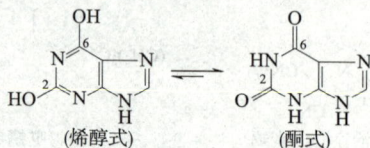

黄嘌呤为淡黄色粉末，m.p.220℃，难溶于水，呈酸碱两性。

黄嘌呤 N 原子上的 H 被 CH_3 取代，得到三种衍生物：茶碱（1,3-二甲基黄嘌呤）、可可豆碱（3,7-二甲基黄嘌呤）、咖啡碱（1,3,7-三甲基黄嘌呤）。其中，以咖啡碱较重要。

2. 咖啡碱

咖啡碱又名咖啡因，存在于茶叶、咖啡中，为白色针状结晶，味苦，可升华。

咖啡碱具有刺激心脏、兴奋大脑和利尿等作用，还可作许多饮料的添加剂。咖啡碱可从茶叶或咖啡中提取，工业上多用化学合成制得。

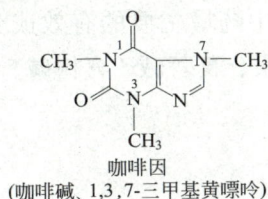

咖啡因
（咖啡碱、1,3,7-三甲基黄嘌呤）

3. 腺嘌呤和鸟嘌呤

腺嘌呤（6-氨基嘌呤）和鸟嘌呤（2-氨基-6-羟基嘌呤）均存在如下互变异构体（以右式为主）：

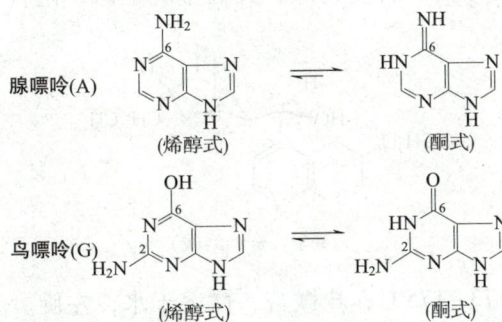

腺嘌呤(A)　（烯醇式）　（酮式）
鸟嘌呤(G)　（烯醇式）　（酮式）

腺嘌呤和鸟嘌呤与前述的尿嘧啶、胞嘧啶、胸腺嘧啶一样，是构成核苷酸的碱基。核苷酸聚合便形成了核酸，核酸是重要的生命物质。

（三）含嘌呤环的药物

许多药物也含有嘌呤环的结构。如：

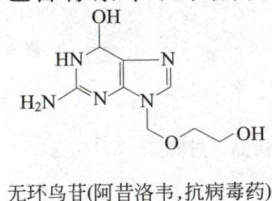

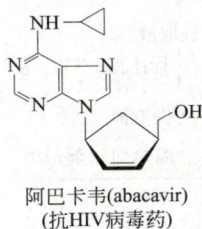

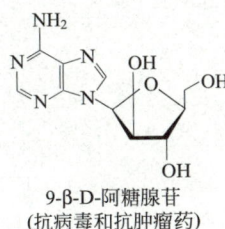

无环鸟苷(阿昔洛韦,抗病毒药)　　阿巴卡韦(abacavir)（抗HIV病毒药）　　9-β-D-阿糖腺苷（抗病毒和抗肿瘤药）

第五节　生物碱

一、生物碱的概述

至今，人们也未能给生物碱下一个严格的定义。通常认为，生物碱须同时满足如下三个条件：第一，来源于生物体，且对生命体有强烈的生理活性；第二，结构复杂；第三，多含 N 原子，呈碱性。

迄今为止，人们发现了 1 万多种生物碱。这些生物碱广泛存在于植物中，含量高低不等。结构相似的生物碱多聚集存在。由于呈碱性，所以，在生物体中多与有机酸（如草酸、苹果酸、柠檬酸、酒石酸等）成盐，游离的生物碱少见。

生物碱多为固体，难溶于水（其盐则可溶于水），能溶于有机溶剂，多具旋光性。

许多试剂可与生物碱产生沉淀或显色，因而，可用于检识生物碱，我们称之为生物碱试剂。如：碘化汞钾试剂（K_2HgI_4）、碘化铋钾试剂（$KBiI_4$）、磷钼酸试剂（$H_3PO_4 \cdot 12MoO_3 \cdot H_2O$）、苦味酸（2,4,6-三硝基苯酚）等。

生物碱具有很强的生理活性，是中药最主要的有效成分之一。许多生物碱可单独供临床使用。最常用的有奎宁、麻黄碱、黄连素、莨菪碱、喜树碱、利血平、吗啡、咖啡碱、常山碱、烟碱等。

二、重要生物碱实例

（一）奎宁

奎宁是存在于金鸡纳树皮中的一种生物碱，又名金鸡纳碱，内含喹啉结构。

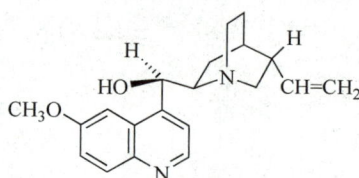

奎宁（金鸡纳碱）

奎宁为白色固体，m. p. 173~175℃，味微苦，微溶于水，左旋。奎宁及其盐类是最早使用的特效抗疟药。现在有许多奎宁的衍生物被合成、使用。

奎宁的提取过程大致如下：

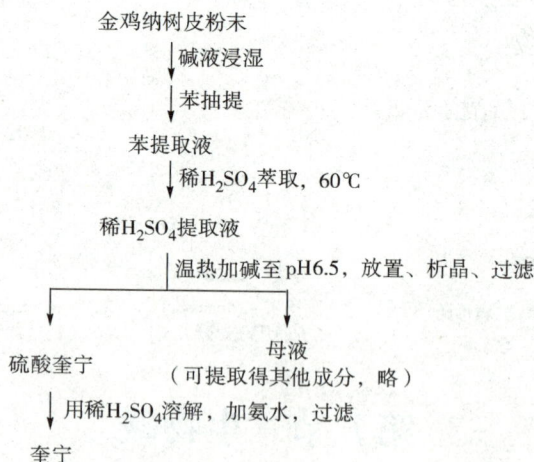

1944 年美国有机化学家伍德沃德等，以较简单的有机物为原料人工合成了奎宁。

（二）麻黄碱

麻黄性辛、苦、温，有发汗、平喘、利水等作用。从麻黄中可提取六种生物碱，常见的有麻黄碱和伪麻黄碱：

（-）-麻黄碱　　　　　　　（+）-伪麻黄碱

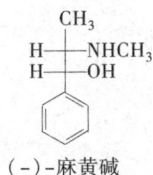

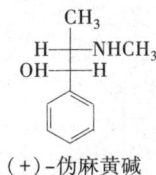

（-）-麻黄碱和（+）-伪麻黄碱互为非对映体。前者具有收缩血管、松弛支气管平滑肌、兴奋中枢的作用，活性强。后者则有升压、利尿作用，且活性弱。

（三）黄连素

黄连有清热燥湿、清心除烦、泻火解毒的功效。最主要的有效成分为黄连素（又名小檗碱，含量5%~8%），内含异喹啉结构。

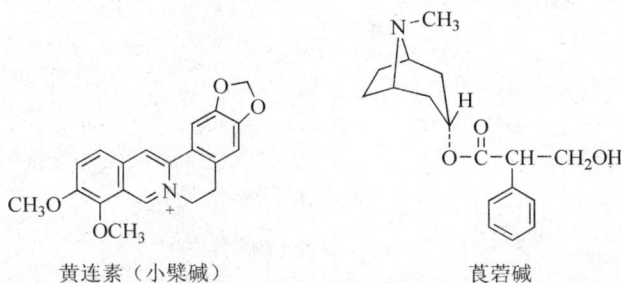

黄连素（小檗碱）　　　　　　　莨菪碱

黄连素为季铵型生物碱，黄色针状结晶，m. p. 145℃，溶于水，难溶于有机溶剂。黄连素对溶血性链球菌、淋球菌、志贺氏痢疾杆菌、结核杆菌具有抑制作用。临床使用的是其盐酸盐（盐酸黄连素）。中医临床常用黄柏、黄连、三颗针及十大功劳作清热解毒药，其主要成分即为黄连素。

（四）莨菪碱

中药洋金花是曼陀罗属植物的花，具有止咳平喘、解痉止痛作用。洋金花历来被中医用作麻醉剂。莨菪碱是存在于中药洋金花及其他茄科植物中的一种生物碱。m. p. 108℃，$[\alpha]_D^{20}$ -21°（乙醇），难溶于冷水，可溶于沸水及有机溶剂中。

莨菪碱在溶液中，会发生外消旋化，得到外消旋体，称颠茄碱（或阿托品）。莨菪碱和颠茄碱都是抗胆碱药，其强度不同。临床常用的是颠茄碱。

（五）喜树碱

喜树碱存在于中国特有的喜树中（果实含量最高），此外，印度的马比木中也有存在。喜树碱为浅黄色针状结晶，m. p. 264~267℃（分解），右旋，难与酸成盐。喜树碱对肠胃道及头颈部癌有较好的近期疗效，但对少数病人有尿血的副作用。

（六）利血平

利血平是存在于萝芙木中的一种生物碱，其中，催吐萝芙木的含量为1%。利血平 m. p. 264~265℃（分解），左旋，难溶于水，易溶于有机溶剂中。利血平能降低血压和减缓心率，作用缓慢、温和、持久。利血平同时也是一种镇静剂。

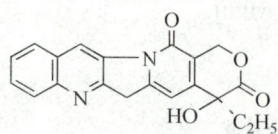
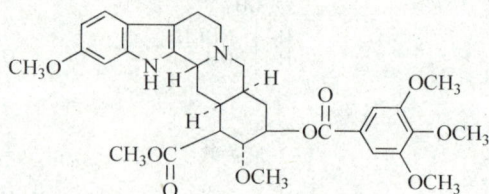

喜树碱   利血平

（七）吗啡及其衍生物

1. 吗啡

罂粟原产欧洲，其果实中的乳汁干后，则为鸦片。鸦片内含 20 多种生物碱，以吗啡含量最高（约 10%）。吗啡的结构式有三种写法：

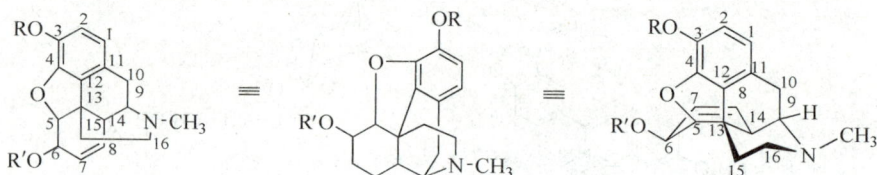

吗啡及其衍生物

R = R′ = H   吗啡

R = CH₃，R′ = H   可待因

R = R′ = CH₃CO-   海洛因

吗啡为无色晶体，m. p. 254~256℃，左旋，在多数溶剂中均难溶，具有酸碱两性。

吗啡有镇痛、止咳、抑制肠蠕动的作用，可用于急性锐痛和心源性哮喘。但易成瘾，需严格控制使用。

2. 可待因

可待因为吗啡的衍生物，与吗啡共存于鸦片中。无色结晶，味苦，微溶于水，可溶于沸水、乙醇等，其磷酸盐用作镇痛镇咳药，活性较吗啡弱，成瘾性也小，使用较安全。

3. 海洛因

海洛因即吗啡的二乙酰衍生物，存在于大麻中。为白色结晶或粉末，光照或久置则成淡黄色，难溶于水，易溶于有机溶剂，其成瘾性为吗啡的 3~5 倍，不作药用，是危害人类最大的毒品之一。

【阅读材料】

远离毒品

毒品一般是指非医疗、科研、教学需要而滥用的有依赖性的药品，大多为生物碱。种类繁多，大致可分鸦片类、大麻类、可卡因、"冰毒"、致幻剂五大类。鸦片类毒品以海洛因的毒害最大。

海洛因俗称白粉、白面等，因其成瘾性最强、危害最大，被称为白色恶魔。初吸海洛因时会带来强烈的欣快感，但这种快感很快消失。中断吸毒后，则出现流泪、流涕、瞳孔放大、竖毛、出汗、腹泻 、哈欠、轻度血压升高、心率加快、发热、失眠等"戒断综合征"。这些症状使吸毒者痛苦不堪，产生对毒品的强烈渴求。于是，一而再、再而三地吸毒而不能自拔。因而对人体产生致命的危害。这些危害包括：第一，易过量而致死；第二，造成焦虑症、抑郁症、反社会倾向、人格障碍等变态心理；第三，并发细菌性心内膜炎；第四，心律失常；第五，并发呼吸道感染以及肺水肿、肝炎、便秘、肾功能衰竭等。孕妇吸食还会导致婴儿中毒。切记珍爱生命，远离毒品！

第十七章
糖类化合物

扫一扫，查阅本章数字资源，含PPT、音视频、图片等

糖类（saccharides）化合物也称碳水化合物（carbohydrates），在自然界分布最为广泛，从细菌到高等动物都含有糖类，而植物是糖类最重要的来源和储存形式，植物干重的 80% ~ 90% 是糖类。它是人类和动植物的三大能源（脂肪、蛋白质、糖类）之一。糖类在人体内代谢最终生成二氧化碳和水，同时释放出能量以维持生命及体内进行各种生物合成和转变所必需的能量。常见的糖类化合物有葡萄糖、果糖、蔗糖、麦芽糖、淀粉、纤维素等。

糖类化合物和药学关系密切，如在医疗上葡萄糖常配制成各种浓度的溶液，供静脉滴注，用以补充体液和能量，并有提高肝脏解毒的能力；失血救护需要制备大量的右旋糖酐等代血浆制剂；生产片剂常用淀粉和糖粉作赋形剂。几乎所有的植物器官如果实、花、种子、叶、根和茎等中都含有糖类化合物，因此也是中药的基本化学组成。糖在中药中多结合成苷的状态，它们具有多种多样的生理功能，如中药铃兰、夹竹桃和洋地黄等中含有强心苷；大黄中含有大黄酸葡萄糖苷；人参中含有人参皂苷等。一些具有营养、强壮的药物都含有大量的多糖，亦是它们之中的有效成分。

第一节 概 述

碳水化合物的名称是由于最初发现这类化合物是由 C、H、O 三种元素组成，且都符合 $C_n(H_2O)_m$ 的通式，如葡萄糖和蔗糖的分子式分别为 $C_6(H_2O)_6$ 和 $C_{12}(H_2O)_{11}$；但有的糖不符合碳水化合物的比例，如鼠李糖和脱氧核糖的分子式分别为 $C_5H_{12}O_5$ 和 $C_5H_{10}O_4$；有些化合物的组成符合碳水化合物的比例，但不是糖，如甲酸（CH_2O_2）、乙酸（$C_2H_4O_2$）、乳酸（$C_3H_6O_3$）等。因此，碳水化合物一词并不能准确反映糖的结构，但由于习惯的缘故，仍然沿用至今。

从化学结构来看，糖类是多羟基醛（酮）及其缩聚物和它们的衍生物。根据糖类的水解情况，通常将糖分为三类：单糖、低聚糖和多糖。

1. 单糖（monosaccharide）

单糖是最简单的糖，是组成低聚糖和多糖的基本结构单位，不能再被水解成更小的糖分子。根据分子中所含碳原子数目，单糖分为丙糖、丁糖、戊糖、己糖等；根据分子中所含官能团，单糖分为醛糖（aldose）和酮糖（ketose）。存在于自然界中的单糖主要是戊糖和己糖，如核糖属戊醛糖；葡萄糖属己醛糖；果糖属己酮糖。单糖中相对应的醛糖和酮糖是同分异构体。例如：

CHO CH₂OH
(structures shown as Fischer projections)

$$
\begin{array}{cccccc}
& & & & \text{CHO} & \text{CH}_2\text{OH} \\
& & \text{CHO} & \text{CH}_2\text{OH} & \text{CHOH} & \text{C}=\text{O} \\
\text{CHO} & \text{CH}_2\text{OH} & \text{CHOH} & \text{C}=\text{O} & \text{CHOH} & \text{CHOH} \\
\text{CHOH} & \text{C}=\text{O} & \text{CHOH} & \text{CHOH} & \text{CHOH} & \text{CHOH} \\
\text{CHOH} & \text{CHOH} & \text{CHOH} & \text{CHOH} & \text{CHOH} & \text{CHOH} \\
\text{CH}_2\text{OH} & \text{CH}_2\text{OH} & \text{CH}_2\text{OH} & \text{CH}_2\text{OH} & \text{CH}_2\text{OH} & \text{CH}_2\text{OH} \\
\text{丁醛糖} & \text{丁酮糖} & \text{戊醛糖} & \text{戊酮糖} & \text{己醛糖} & \text{己酮糖}
\end{array}
$$

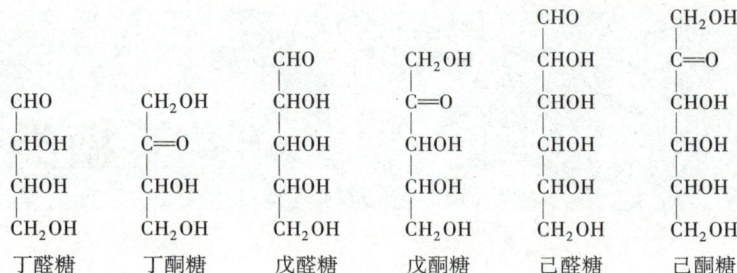

2. 低聚糖（oligosaccharide）

低聚糖也称寡糖，能水解成 2~9 个单糖单位。根据水解后所得到的单糖的数目，低聚糖又可分为双糖、三糖等，其中以双糖最为重要，例如蔗糖、麦芽糖、乳糖等都是双糖。

3. 多糖（polysaccharide）

多糖是指水解能生成 10 个或 10 个以上单糖的化合物，常称为高聚糖，如淀粉、纤维素和右旋糖酐等，它们分子中含有成千上万个单糖单位。

甜味是糖的重要性质。单糖和低聚糖都具有甜味，其甜度顺序是：果糖>蔗糖>葡萄糖>乳糖>麦芽糖>麦芽三糖，而淀粉和纤维素虽然基本构成单位都是葡萄糖，但无甜味。

糖类为多官能团化合物，它既有单独官能团的性质，也有官能团之间互相影响的表现。糖分子中含有多个手性碳原子，必然具有旋光性和对映异构体。因此，研究糖的性质，就要运用前面所学过的官能团反应和立体化学等基本知识。

第二节　单　糖

一、单糖的结构

由于低聚糖和多糖都是由单糖构成的，所以对单糖结构的了解是研究糖类化学的根本问题，下面就以己醛糖和己酮糖为例来阐明单糖的结构和性质。

（一）己碳糖的开链结构和相对构型

葡萄糖（glucose）是从自然界中最早发现的一个单糖，研究资料最全。经元素分析和分子量测定，发现葡萄糖的分子式为 $C_6H_{12}O_6$。通过下述多步化学反应，确定了葡萄糖具有五羟基醛的结构：①葡萄糖能与 1 分子的 HCN 发生加成反应，并可与 1 分子羟胺缩合生成肟，说明它含有 1 个羰基；②葡萄糖能与过量的乙酐作用生成五乙酸酯，说明它的分子中含有五个羟基，并且这五个羟基应分别占据在五个碳原子上；③葡萄糖用钠汞齐还原得到己六醇，用氢碘酸进一步还原得到正己烷，说明葡萄糖的碳架是一个直链，没有支链；④葡萄糖可还原 Tollens 试剂和 Fehling 试剂，说明它是一个五羟基醛或五羟基酮；⑤用硝酸氧化后葡萄糖生成了四羟基二酸，说明葡萄糖是一个五羟基醛，即：

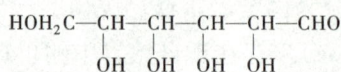

$$
\underset{\substack{| \\ \text{OH}}}{\text{HOH}_2\text{C}}-\underset{\substack{| \\ \text{OH}}}{\text{CH}}-\underset{\substack{| \\ \text{OH}}}{\text{CH}}-\underset{\substack{| \\ \text{OH}}}{\text{CH}}-\text{CH}-\text{CHO}
$$

在葡萄糖的结构式中含有 4 个手性碳，理论上存在 16 种立体异构体，而自然界广泛存在且能够被人体利用的右旋性葡萄糖仅是其中的一个，其开链式可用费歇尔投影式表示：

$$\begin{array}{c}
CHO \\
H \!-\!\!-\! OH \\
HO \!-\!\!-\! H \\
H \!-\!\!-\! OH \\
H \!-\!\!-\! OH \\
CH_2OH
\end{array}$$

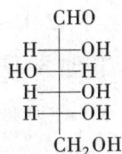

果糖的分子式同葡萄糖，也是 $C_6H_{12}O_6$，用酰化反应证明它的分子中也有五个羟基。果糖具有羰基化合物的性质，但与氰氢酸加成后，经水解和还原所生成的不是直链羧酸而是 α-甲基己酸，说明果糖的羟基在第二个碳原子上，所以果糖是己酮糖，其结构如下：

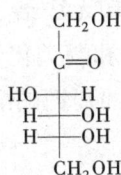

$$\begin{array}{c}
CH_2OH \\
C\!=\!\!O \\
HO \!-\!\!-\! H \\
H \!-\!\!-\! OH \\
H \!-\!\!-\! OH \\
CH_2OH
\end{array}$$

单糖分子中都具有手性碳原子，故具有旋光性。单糖命名时常用俗名，一对对映体的构型常用 D/L 标记法。即以甘油醛做标准，把单糖费歇尔投影式中编号最大的手性碳（即离羰基最远的手性碳）的构型与甘油醛中手性碳的构型进行比较：若与 D-甘油醛构型相同者，规定为 D-型；与 L-构型相同者，规定为 L-型。

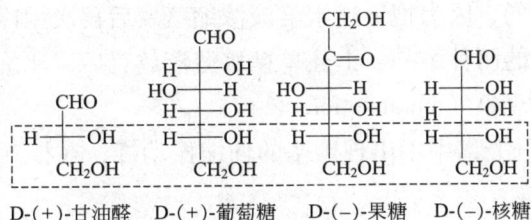

D-(+)-甘油醛　D-(+)-葡萄糖　D-(−)-果糖　D-(−)-核糖

以下列出 8 个 D-系己醛糖的结构，另 8 个 L-系己醛糖的结构则不难写出。

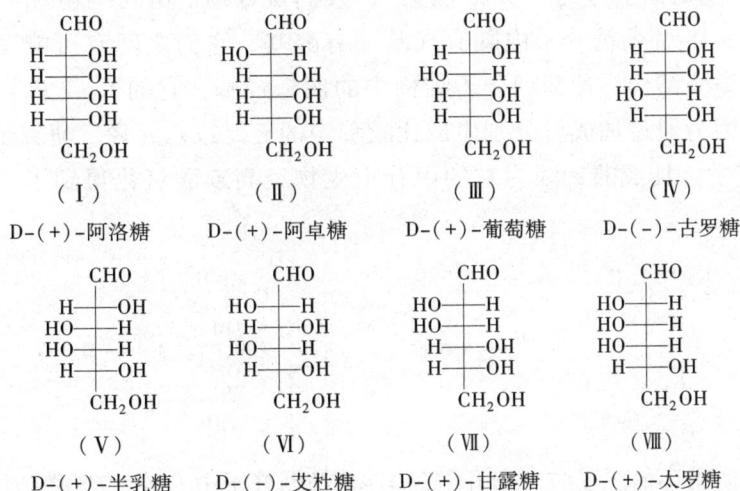

（Ⅰ）D-(+)-阿洛糖　（Ⅱ）D-(+)-阿卓糖　（Ⅲ）D-(+)-葡萄糖　（Ⅳ）D-(−)-古罗糖

（Ⅴ）D-(+)-半乳糖　（Ⅵ）D-(−)-艾杜糖　（Ⅶ）D-(+)-甘露糖　（Ⅷ）D-(+)-太罗糖

葡萄糖的 16 种对映异构体都已得到，但其中只有 3 种是天然存在的，它们是 D-(+)-葡萄糖、D-(+)-甘露糖（mannose）和 D-(+)-半乳糖（galactose），其他只能通过人工合成而得到。

观察上述结构，当葡萄糖的 C_2 位上的羟基取向相反时为甘露糖，两者是非对映体关系，它们的差别仅在 C_2 位的构型不同。像这种有多个手性碳的非对映体，彼此间仅有一个手性碳的构型不同称为差向异构体（epimer）。所以葡萄糖的 C_3 位的差向异构体是阿洛糖，C_4 位的差向异构体为半乳糖。

葡萄糖和果糖的构型确定都是由德国化学家 E. Fischer 完成的，Fischer 还通过化学的方法合成了多个自然界中不存在的单糖。由于他发现了苯肼，对糖类、嘌呤类有机化合物的研究取得了突出的成就，因而荣获 1902 年的诺贝尔化学奖，他是第二个荣获此项荣誉的化学家。

（二）己碳糖的氧环式结构和 α,β-异构体

葡萄糖和果糖上述的开链结构式，在很多情况下都可以用来表达结构与性能之间的关系，但是葡萄糖或果糖的某些现象仅用上述结构式却无法给予正确的解释。

1. 葡萄糖的醛基不同于普通的醛基，它和醇类化合物发生反应时，仅需要消耗 1 分子的醇就能生成类似于缩醛结构的稳定化合物，而且葡萄糖的醛基也不能像普通羰基那样与亚硫酸氢钠发生加成反应。

2. D-葡萄糖在不同溶剂中处理，可以得到两种 D-葡萄糖。用冷乙醇做溶剂时得到的 D-葡萄糖的结晶熔点为 146℃，比旋光度为 112°；用热吡啶做溶剂时得到的 D-葡萄糖的结晶熔点为 150℃，比旋光度为 +18.7°。

3. D-葡萄糖的这两种结晶都存在变旋光现象：当分别把上述两种不同的结晶配成水溶液时，随着放置时间的延长，比旋光度都会发生变化，并都在达到 +52.7° 后稳定不变。这种现象并不是由于葡萄糖在水中分解引起的，因为把上述水溶液浓缩蒸发后再次用冷乙醇或热吡啶处理，仍然可得到相应的物理性质不同的两种结晶。上述单糖水溶液放置后，比旋度发生自行改变并最后达到恒定数值的现象称为变旋现象（mutarotation）。

4. 固体 D-葡萄糖在红外光谱中不出现羰基的伸缩振动峰；在核磁共振谱中也不显示醛基中氢原子的特征吸收峰。

以上事实说明只用开链结构形式来代表葡萄糖结构，是不足以表达它的理化性质和结构关系的。为了解释 D-葡萄糖上述的"异常现象"，人们从普通的醛可与醇相互作用生成半缩醛的反应中得到启示：D-葡萄糖分子内既有羟基又有醛基，它们之间有可能发生分子内的加成反应，生成环状半缩醛结构。葡萄糖分子结构中的四个羟基，它的 C_4 或 C_5 羟基与醛基加成反应的可能性最大，因为通过加成可分别生成比较稳定的五元或六元环。研究证明游离的葡萄糖是以 C_5 羟基与醛基发生加成的，因为它的甲苷衍生物经高碘酸氧化得到了一分子甲酸，而无甲醛生成。

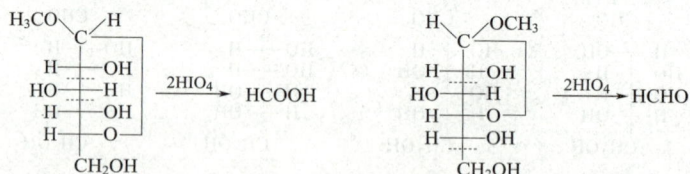

以 C_5 羟基为例说明环加成反应。当开链的 D-葡萄糖分子中 C_5 羟基与醛基加成后，C_1 变成了手性碳原子，有两种构型：端基碳（C_1）上的—OH（即半缩醛羟基，也称苷羟基）与决定分子构型的手性碳（C_5）上的—OH 在同侧，称为 α-异构体；端基碳（C_1）上的—OH（即半缩醛羟基，也称苷羟基）与决定分子构型的手性碳（C_5）上的—OH 在异侧，称为 β-异构体。在水溶液中，它们通过开链式结构相互转化，生成 α-和 β-异构体的平衡混合物：

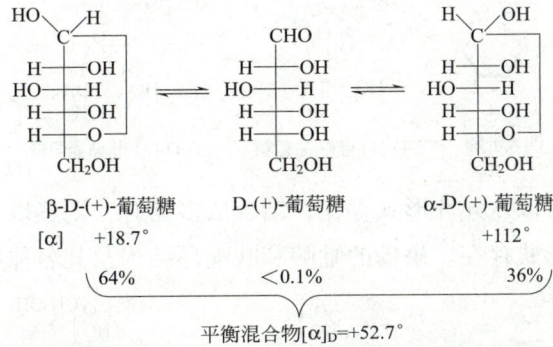

$$\beta\text{-D-(+)-葡萄糖} \rightleftharpoons \text{D-(+)-葡萄糖} \rightleftharpoons \alpha\text{-D-(+)-葡萄糖}$$

$[\alpha]$ +18.7°　　　　　　　　　　　　　　　　+112°

64%　　　　　　<0.1%　　　　　　36%

平衡混合物$[\alpha]_D$=+52.7°

前面提到的 D-葡萄糖分子的两种晶体就是 α-D-葡萄糖和 β-D-葡萄糖，用冷乙醇做溶剂重结晶得到的是 D-葡萄糖的 α-异构体，用热吡啶做溶剂重结晶得到的是 D-葡萄糖的 β-异构体。

D-葡萄糖的 α-异构体与 β-异构体的差别在于 C_1 的构型相反，它们互为 C_1 差向异构体，是一对非对映体，也称为异头物（anomer）或端基差向异构体（end-group epimer）。葡萄糖晶体有 α-异构体和 β-异构体，但在水溶液中，它们两者均可以通过开链式结构相互转变，最终建立平衡，这就是葡萄糖产生变旋光现象的原因。

与葡萄糖相似，果糖也具有氧环式结构，在水溶液中也有变旋光现象。所不同的是，果糖的环状结构为半缩酮，游离的果糖可以通过分子中 C_5 或 C_6 羟基和 C_2 酮羰基加成生成五元环的呋喃型果糖和六元环的吡喃型果糖。

D-果糖在水溶液中，氧环式结构与开链式结构也处于动态平衡之中：

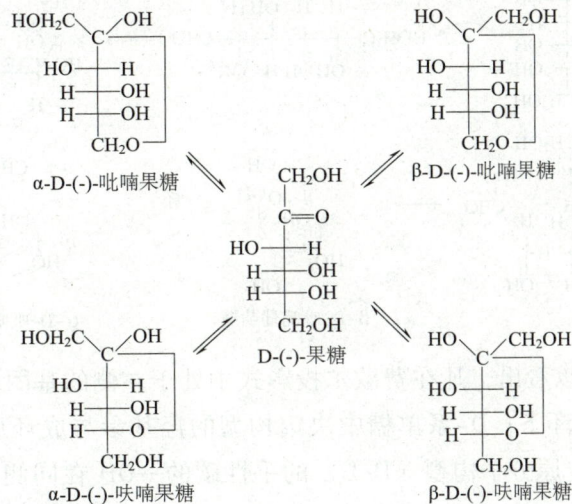

α-D-(-)-吡喃果糖　　　　　　　　　β-D-(-)-吡喃果糖

D-(-)-果糖

α-D-(-)-呋喃果糖　　　　　　　　　β-D-(-)-呋喃果糖

（三）己碳糖的平台式结构

葡萄糖的氧环式不能恰当地反映分子中各原子或基团的空间关系，因此，英国化学家哈沃斯（Haworth）建议采用平台式表示，也称 Haworth 式。单糖以六元环存在时，骨架与吡喃环结构相近，称为吡喃糖（pyranose）；以五元环存在时，骨架与呋喃环结构相近，称为呋喃糖（furanose）。葡萄糖的六元环状平台式结构及其名称如下所示：

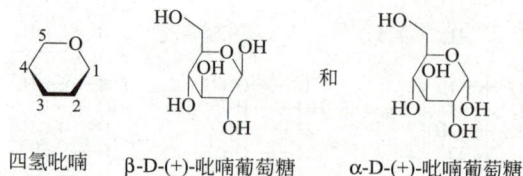

四氢吡喃   β-D-(+)-吡喃葡萄糖   和   α-D-(+)-吡喃葡萄糖

果糖在游离状态下通常以六元环形式存在，结合成多糖时，则多以五元环形式存在，例如在蔗糖中，果糖就以呋喃环形式存在。果糖的吡喃和呋喃环结构及其名称如下：

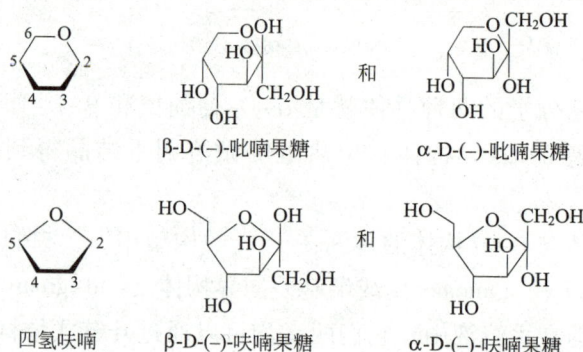

β-D-(−)-吡喃果糖   和   α-D-(−)-吡喃果糖

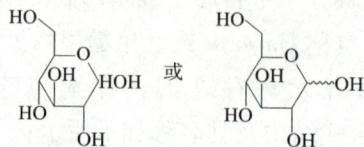

四氢呋喃   β-D-(−)-呋喃果糖   和   α-D-(−)-呋喃果糖

为了建立单糖的开链结构与平台式结构之间的联系，下面以 D-(+)-葡萄糖为例简单介绍将开链结构转换成平台式结构的改写过程。将单糖竖直的开链结构式模型向右水平放置，醛基在右；把 C_4 和 C_1 向后弯曲成环，C_2—C_3 边在前面；旋转 C_4—C_5 键使羟基靠近羰基：

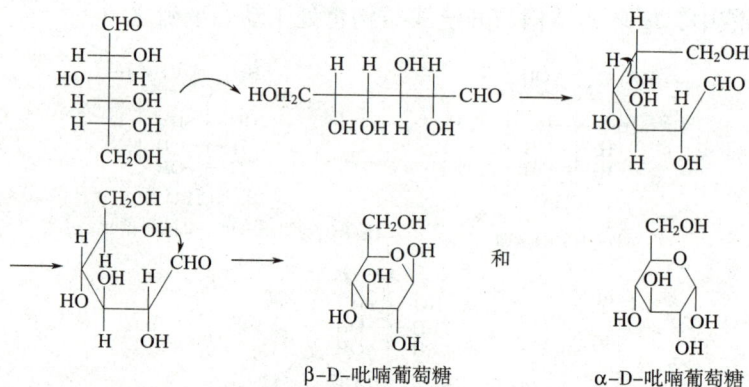

β−D−吡喃葡萄糖   和   α−D−吡喃葡萄糖

从单糖的改写过程可以看出，凡在费歇尔投影式中处于左侧的基团，将位于平台式的环上；凡处于右侧的基团将处于环下；D-系单糖中决定构型的羟基参与成环后，羟甲基总是向上的。形成的半缩醛—OH 与决定原分子构型（D/L）的手性碳的—OH 在同侧，称为 α-异构体；形成的半缩醛—OH 与决定原分子构型（D/L）的—OH 在异侧，称为 β-异构体。

在书写单糖环状结构时，如果不需要强调 C_1 构型或仅表示两种异构体混合物时，可将 C_1 上的氢原子和羟基并列写出，或用虚线将 C_1 与羟基相连，如 D-葡萄糖：

当己醛糖形成五元环时，决定构型的手性碳原子成为环外侧链。如 D-葡萄糖和 D-半乳糖的呋喃形结构如下所示：

α-D-呋喃葡萄糖　　　α-D-呋喃半乳糖

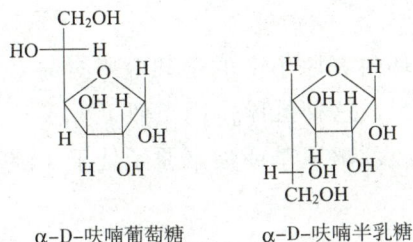

两者的呋喃环状结构相同，但就 C_5 侧链来说，前者在环上，后者在环下。D-呋喃葡萄糖和 D-呋喃半乳糖的 C_5 侧链趋向之所以相反，是因为两者的 C_4 构型相反而引起的。无论 D-单糖的环外侧链趋向如何，决定构型的 C^* 均为 R-构型这一特征是不会改变的。由此推论，当己醛糖形成呋喃环系后，C_5-R 者为 D-系，C_5-S 者为 L-系。

（四）己碳糖的构象及异头效应

Haworth 式将糖的环状结构描绘成一个平面，实际上吡喃糖的构象颇似椅式环己烷。吡喃糖的椅式构象有两种形式：N-式（normal form，正常式）和 A-式（alternative form，交替式）。

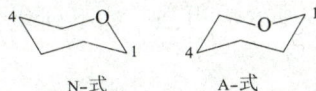

N-式　　　A-式

一个单糖究竟以哪一种椅式构象存在，与各碳原子上所连的取代基有关。D-葡萄糖采取的是 N-式构象：

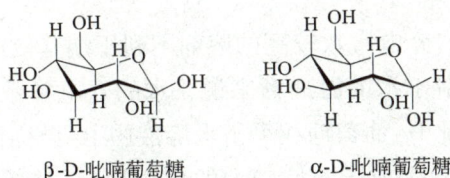

β-D-吡喃葡萄糖　　　α-D-吡喃葡萄糖

在 D-葡萄糖的 N-式构象中，β-异构体的所有较大基团都处在平伏键位置，空间障碍比较小，是一种非常稳定的优势构象；α-异构体除苷羟基外，其他大的基团也都处在平伏键上。在 D-系己醛糖中，只有 D-葡萄糖能保持这种最优势构象，其他任何一种都不具备这种结构特征。但是当 D-葡萄糖采用 A-式构象时，所有的较大基团将会都占据直立键位置，那是一种不可能存在的构象。至此，对于自然界中为什么 D-葡萄糖存在的数量最多、平衡水溶液中它的 β-异构体所占的比例大于 α-异构体这一现象就很容易理解了。

除 D-葡萄糖外，其他 D-系吡喃糖较稳定的构象也是体积最大的基团（C_5 上的羟甲基）处在 e 键位置的 N-式构象，如半乳糖、甘露糖等。但也有例外，个别吡喃型糖为让更多的—OH 处于 e 键，–CH_2OH 被迫处于 a 键位置，取 A-式构象较稳定。例如：α-D-(-)-吡喃艾杜糖：

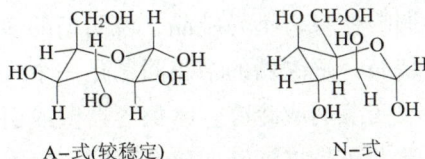

A-式(较稳定)　　　N-式

决定糖类稳定构象的因素是多方面的。在吡喃己醛糖中，C_2—C_6 羟基的甲基化或乙酰化取代，也倾向于占有 e 键位置。但当 C_1 苷羟基成为甲氧基、乙酰氧基或被卤素原子取代时，这些取代基处于 a 键的构象往往是优势构象，此时的 α-异构体反而比 β-异构体稳定。这种异头物中 C_1 位上较大取代基处于 a 键为优势构象的反常现象，称为异头效应（anomeric effect）或端基效应

（end-group effect）。

产生端基效应的原因是，糖环内氧原子上的未共电子对与 C_1 上的氧原子或其他杂原子的未共电子对之间相互排斥作用的结果，这种排斥作用类似于 1,3-干扰作用，也有人把这种 1,3-干扰作用称作兔耳效应。当甲氧基、乙酰氧基或卤素原子处于 a 键时，这种环内-环外氧原子未共电子对排斥作用比较小。

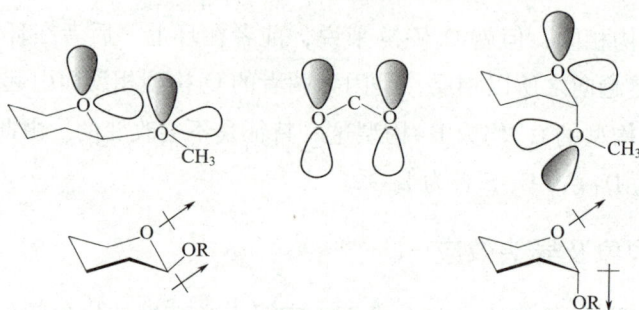

图 17-1 C_1 的端基效应图

当 C_1 羟基被卤素原子取代时，端基效应更强，如下列化合物中氯原子占据在 a 键上为优势构象。

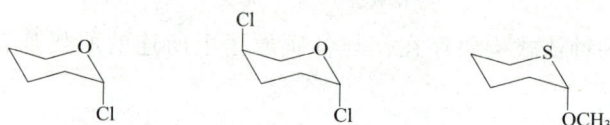

溶剂对端基效应也有影响。介电常数较高的溶剂不利于端基效应，因为此时的溶剂可稳定偶极作用较大的分子状态。对易溶于水的游离糖来说，水的介电常数很高，对偶极作用较大的 β-异构体有较好的稳定作用，因此 D-葡萄糖在平衡水溶液中 β-异构体所占的比例大于 α-异构体。但是，当 C_1 羟基经甲基化或酰化生成脂溶性较大的化合物后，它们常溶于介电常数较小的有机溶剂，此时端基效应的影响相对增大。端基效应还受不同糖结构的影响，这里不再作详细讨论。

以上讨论了单糖的三种表示方法，虽然平台式和构象式更接近分子的真实形象，但在讨论单糖的某些化学性质尤其是醛基或酮羰基性质时，费歇尔投影式书写更为方便。工作中可根据情况任意采用，但要熟悉单糖结构三种表示法的相互关系。

二、物理性质

单糖都是结晶性固体，有甜味，易溶于水，尤其在热水中溶解度很大，不溶于弱极性或非极性溶剂。由于糖分子间可形成多个氢键，所以单糖的熔点、沸点都很高，如最小的 D-甘油醛的沸点达 150℃（1.06kPa）；α-D-葡萄糖的熔点为 146℃；β-D-葡萄糖的熔点为 150℃。

糖溶液浓缩时，容易得到黏稠的糖浆，不易结晶，说明糖的多羟基与水分子间结合的复杂性造成其过饱和倾向很大，难析出结晶。解决糖的结晶问题是一个难题，一般采用物理或化学的方法促使糖结晶。物理方法是通过改变溶剂或冷冻，摩擦容器壁或引入晶种等，同时还要放置几天或更长时间，等候结晶长大。化学方法是将糖转变成合适的衍生物，如将羟基酰化，或制备成缩醛（酮）等，改变分子结构，增大分子量，以利于结晶析出。

单糖都有旋光性，溶于水后产生开链式与环状结构之间的互变，所以新配制的单糖溶液可观察到变旋现象。表 17-1 列出了一些常见糖的比旋光度及变旋后的平衡值。

表 17-1　常见糖的比旋光度

名　称	α-异构体	β-异构体	变旋后的平衡值
D-葡萄糖	+112°	+19°	+53°
D-果糖	−21°	−113°	−92°
D-半乳糖	+151°	−53°	+83°
D-甘露糖	+30°	−17°	+14°
D-乳糖	+90°	+35°	+55°
D-麦芽糖	+168°	+112°	+136°

三、化学性质

单糖中含有羟基和羰基，应具有一般醇和醛酮的性质，并因它们处于同一分子内而相互影响，故又显示某些特殊性质。

（一）差向异构化

单糖用稀碱水溶液处理时，可发生异构化反应。如用稀碱处理 D-葡萄糖时，可得到 D-葡萄糖、D-甘露糖和 D-果糖三种物质的平衡混合物。如果以果糖或甘露糖代替葡萄糖也可得到相同的平衡混合物，这可能是在碱催化下通过烯醇式中间体来进行的。

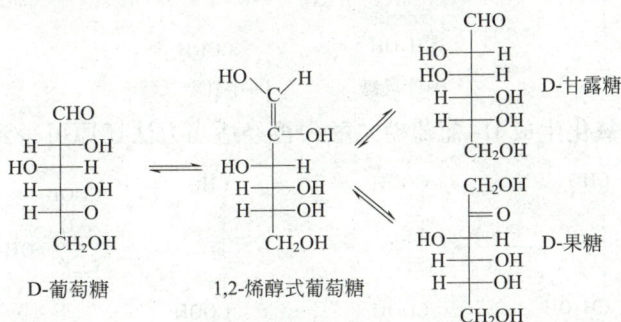

D-葡萄糖和 D-甘露糖仅在 C_2 位的构型不同，它们互为差向异构体。这种在稀碱催化下，醛糖或酮糖发生异构化而产生差向异构体的现象，称为差向异构化（epimerization）。

在生物体内，在异构酶的催化下，葡萄糖和果糖也会相互转化。现代食品工业中常利用淀粉，通过生物生化过程生产果葡糖浆，就是醛糖转化为酮糖的应用实例。

（二）氧化反应

1. 与碱性弱氧化剂的反应

单糖虽然具有环状半缩醛（酮）结构，但在溶液中与开链的结构处于动态平衡中。因此醛糖能还原 Tollens 试剂，产生银镜；也能还原 Fehling 试剂或 Benedict 试剂，生成砖红色的氧化亚铜沉淀。果糖是 2-羰基酮糖，本身不具有能被氧化的醛基，但因在碱性条件下可异构成醛糖，所以酮糖也能与 Tollens 试剂、Fehling 试剂或 Benedict 试剂发生阳性反应。

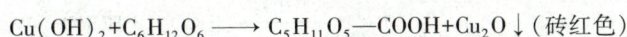

$$Ag(NH_3)_2^+ + C_6H_{12}O_6 \longrightarrow C_5H_{11}O_5-COOH + Ag\downarrow$$

$$Cu(OH)_2 + C_6H_{12}O_6 \longrightarrow C_5H_{11}O_5-COOH + Cu_2O\downarrow（砖红色）$$

在糖化学中，将能发生上述反应的糖称为还原糖，不能发生该类反应的糖称为非还原糖。这些反应简单且灵敏，常用于单糖的定性检验。

2. 与溴水的反应

溴（或其他卤素）的水溶液为弱氧化剂，可很快地与醛糖反应，选择性地将其醛基氧化成羧基，先生成糖酸，然后很快生成内酯。酮糖不发生此反应。

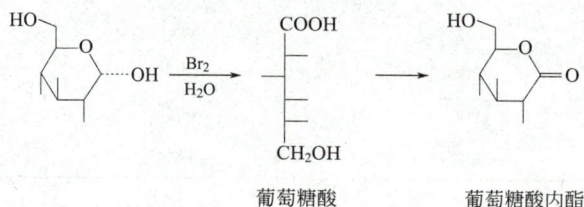

反应的实际过程比较复杂，与半缩醛羟基有关。酸性或中性条件下酮糖不发生差向异构化，因此酮糖不能被弱氧化剂溴水氧化。该反应可用于醛糖和酮糖的区别。

3. 与稀硝酸的反应

稀硝酸是比溴水更强的氧化剂。在温热的稀硝酸作用下，醛糖的醛基和伯醇羟基可同时被氧化生成糖二酸。如 D-半乳糖被稀硝酸氧化生成 D-半乳糖二酸，通常称黏液酸。黏液酸的溶解度小，在水中析出结晶。因此常用此反应来检验半乳糖的存在。

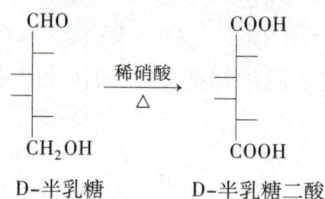

D-葡萄糖经稀硝酸氧化生成 D-葡萄糖二酸，再经适当方法还原可得到 D-葡萄糖醛酸。

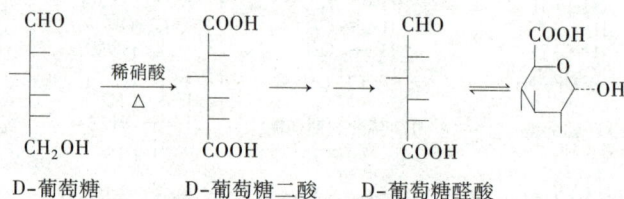

酮糖在上述条件下发生 C_2—C_3 链的断裂，生成小分子二元酸，如 D-果糖氧化成乙醇酸和三羟基丁酸。

在生物体内，葡萄糖在酶的作用下也可以生成葡萄糖醛酸。葡萄糖醛酸极易与醇或酚等有毒物质结合成苷，由于分子极性较大，易于排出。如在人体的肝脏中，葡萄糖醛酸可与外来性物质或药物的代谢产物结合排出体外，起到解毒排毒作用。因此，葡萄糖醛酸是临床上常用的保肝药，其商品名为"肝泰乐"。

4. 高碘酸氧化

高碘酸对邻二醇的氧化作用在醇一章中已作介绍。单糖具有邻二醇结构，也能被高碘酸氧化。如葡萄糖可与 5 分子高碘酸反应：

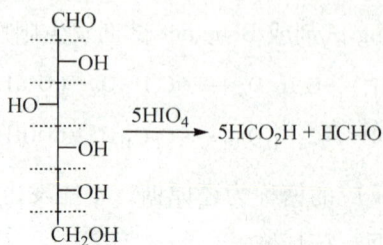

　　高碘酸氧化反应可以用于糖的结构测定，可确定糖环的大小。如为了确定葡萄糖是以呋喃环存在还是以吡喃环存在，可先将其甲苷化，然后与高碘酸反应。若是以吡喃环存在，消耗 2 分子高碘酸，生成 1 分子甲酸；若是以呋喃环存在，消耗同样多的高碘酸，但生成 1 分子甲醛。

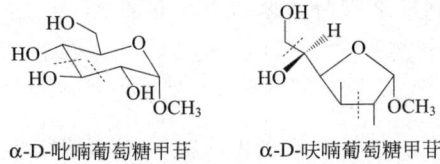

α-D-吡喃葡萄糖甲苷　　　　α-D-呋喃葡萄糖甲苷

　　除此之外，高碘酸氧化法还可用于多糖中苷键连接位置的确定。

（三）还原反应

　　单糖的羰基可经催化氢化或硼氢化钠还原得到相应的醇，这类多元醇统称为糖醇。例如 D-核糖的还原产物为 D-核糖醇，是维生素 B_2 的组分；D-葡萄糖的还原产物是葡萄糖醇，也称作山梨醇，是制造维生素 C 的原料；D-甘露糖的还原产物是甘露糖醇；D-果糖的还原产物是 D-葡萄糖醇和 D-甘露糖醇的混合物。山梨醇和甘露醇在饮食疗法中常用于代替糖类，它们所含的热量与糖差不多，但山梨醇不易引起龋齿。

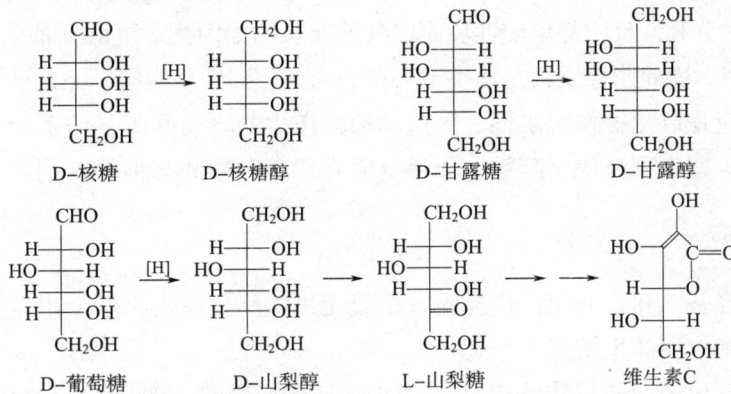

D-核糖　　　D-核糖醇　　　　D-甘露糖　　　D-甘露醇

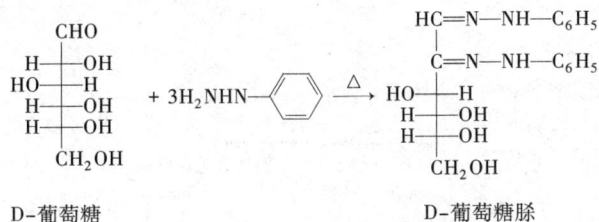

D-葡萄糖　　　D-山梨醇　　　L-山梨糖　　　维生素C

（四）成脎反应

　　单糖可与多种羰基试剂发生加成反应。如与等摩尔的苯肼在温和的条件下可生成糖苯腙；但在苯肼过量（3mol）时，与羰基相邻的 α-位羟基可被苯肼氧化（苯肼对其他有机物不表现出氧化性）成羰基，然后再与一摩尔苯肼反应生成黄色的糖脎（osazone）结晶。该反应是 α-羟基醛或酮的特有反应。因为各种糖脎都具有特征性的结晶形状和特定的熔点，故该反应常用作糖的定性鉴别和制备衍生物。如葡萄糖与苯肼的反应：

D-葡萄糖　　　　　　　　　　　　　　D-葡萄糖脎

　　无论醛糖或酮糖，反应都仅发生在 C_1 和 C_2 上，其余部分不参与反应。因此，对于可生成同一种糖脎的不同种糖来讲，只要知道其中一种的构型，便可推知另几种糖 C_3 以下部分与其具有相同的结构，因而可作为结构鉴定的依据。如 D-葡萄糖、D-甘露糖和 D-果糖都形成同一种糖脎，可知这三种糖 C_3 以下的构型是相同的。

不同的糖脎，晶型、熔点不一样，不同的糖成脎速度也不同。所以常根据结晶析出的快慢、晶型的显微镜观察以及熔点的测量来区分或鉴别各种单糖。

（五）脱水和显色反应

单糖在强酸（HCl 或 H_2SO_4）作用下脱水生成糠醛或糠醛衍生物。

$$(C_5H_8O_4)_n \xrightarrow[\triangle]{H_2O,\ H^+} \text{糠醛}$$
戊糖或多缩戊糖

$$(C_6H_{10}O_5)_n \xrightarrow[\triangle]{H_2O,\ H^+} HOCH_2\text{—}\underset{}{\bigcirc}\text{—CHO}$$
己糖或多缩己糖　　　　　　　　5-羟甲基糠醛

反应生成的糠醛及其衍生物可与酚类或芳胺类缩合，生成有色化合物，故常利用该性质进行糖的鉴别。经常使用的有莫利许（Molisch）反应和西里瓦诺夫（Seliwanoff）反应。

莫利许反应是用浓硫酸作脱水剂，再与二分子 α-萘酚反应，生成紫色缩合物。所有的糖类、糠醛化合物和苷类对莫利许反应都呈阳性反应，其他有机物如丙酮、乳酸、葡萄糖醛酸等也能对莫利许反应呈阳性反应，因此阴性反应是糖类不存在的确证，阳性反应则不一定证明含有糖类。

西里瓦诺夫反应是以盐酸作脱水剂，生成的糠醛衍生物再与间苯二酚反应，生成鲜红色缩合物。由于酮糖的反应速度明显快于醛糖，故该反应常用于酮糖和醛糖的鉴别。

（六）酯化反应

糖分子中富含羟基，和普通醇一样易被有机或无机酸酯化，生物学上很重要的磷酸酯就是由磷酸和糖的一个羟基作用产生的。

生物体内的磷酰化试剂是三磷酸腺苷（ATP）而不是磷酸，醇类的磷酰化用 ATP 要比用磷酸快得多。对人体机能具有重要意义的 ATP 和 NAD^+ 等生物大分子，其分子结构中的核糖部分都是磷酰化的。

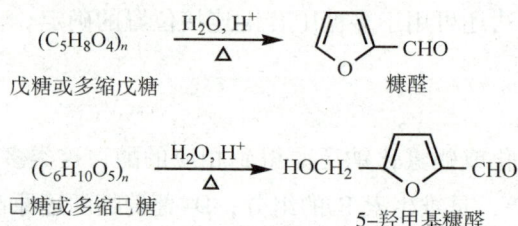
三磷酸腺苷（ATP）

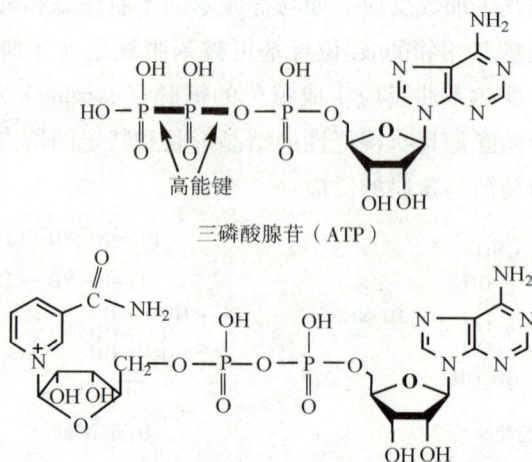

糖分子中的羟基也可被乙酰化。由于糖的半缩醛羟基具有特殊的活性，即使 C_1 苷羟基被乙

酰化后，仍比其他碳上的乙酰基活泼得多。这在药物的化学修饰上非常重要。如用无水溴化氢处理 α- 或 β- 五乙酰基葡萄糖时，可得到 α- 溴代四乙酰基葡萄糖，它是一个极活泼的重要中间体，由它可以方便地制备苷类等衍生物。

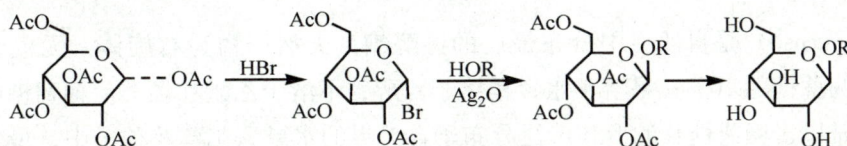

（七）成苷反应

单糖的半缩醛（酮）羟基可与其他含有羟基、氨基或巯基的活泼氢化合物脱水，生成糖苷化合物（glycoside），此反应称为成苷反应。例如，D-葡萄糖在干燥的 HCl 条件下与甲醇回流加热，生成 D-葡萄糖甲苷，无论是 α 或 β-葡萄糖，均生成两种异构体的混合物，且以 α-异构体为主。

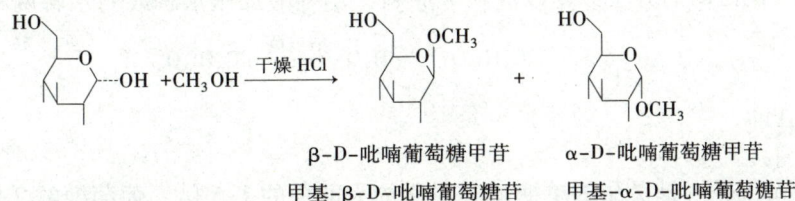

β-D-吡喃葡萄糖甲苷   α-D-吡喃葡萄糖甲苷
甲基-β-D-吡喃葡萄糖苷   甲基-α-D-吡喃葡萄糖苷

糖苷由糖和非糖两部分组成，糖部分称为糖苷基；非糖部分称为苷元或糖苷配基（简称配基）。如甲基葡萄糖苷中的甲基就是苷元或糖苷配基。两者之间连接的键称为糖苷键，根据苷键原子的不同也称作氧苷键、氮苷键、硫苷键和碳苷键。以氧苷键最为常见。

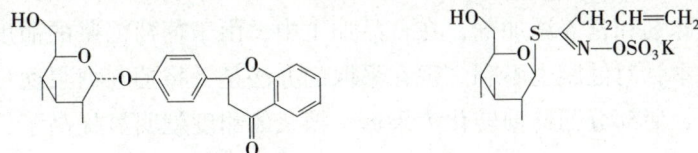

甘草苷（氧苷）   黑芥子苷（硫苷）

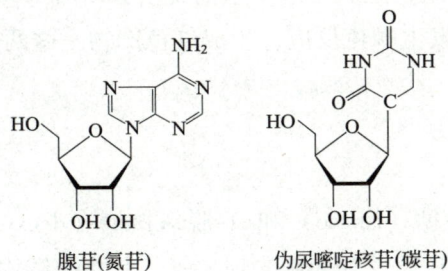

腺苷(氮苷)   伪尿嘧啶核苷(碳苷)

苷在自然界分布很广，很多具有生物活性。在糖苷中，糖分子的存在可增加溶解性能。因此在现代药物研究中，常在某些难溶于水的药物分子中连上糖，以提高其溶解度。

糖苷是一种缩醛结构，无半缩醛（酮）羟基，性质比较稳定，不能开环转变成链式结构，故无变旋光现象，不能成脎，也无还原性。它们在碱中比较稳定，但在酸或适宜酶作用下，可以断裂苷键，生成原来的糖和非糖部分（苷元）而表现出单糖的性质。

$$苷+水 \xrightarrow{酸或酶} 糖+苷元$$

四、重要的单糖及其衍生物

（一）葡萄糖

葡萄糖（glucose）是自然界中分布最广的己醛糖，天然产物为右旋体，无色或白色结晶粉末，它的甜度为蔗糖的 70%；易溶于水，稍溶于乙醇，不溶于乙醚和烃类。葡萄糖除了以游离的形式存在外，常以多糖或糖苷的形式广泛分布于自然界的水果、花草及种子中，最常见的形式是淀粉和纤维素。

葡萄糖是人体新陈代谢不可缺少的重要营养物质，在食品中可作为营养剂、甜味剂，常以葡萄糖浆的形式用于点心、糖果的加工中。在医药上作为营养剂，并具有强心、利尿、解毒等功效，用于病重、病危人的静脉注射。此外，葡萄糖还是葡萄糖酸钙（锌）、维生素 C、山梨糖醇的生产原料，在印染、制革、镀银工业中常用作还原剂。

工业生产葡萄糖的方法，是以淀粉为原料，用稀酸加压水解或酶水解两种方法制取：

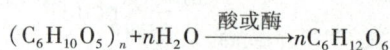

$$(C_6H_{10}O_5)_n + nH_2O \xrightarrow{\text{酸或酶}} nC_6H_{12}O_6$$

（二）果糖

果糖（fructose）是最甜的单糖，其甜度约为蔗糖的 1.5 倍、葡萄糖的 2 倍。

天然果糖为左旋体，广泛存在于水果、蜂蜜和菊粉中。纯品的果糖是由菊粉水解制得的，菊粉是菊科植物根部储藏的碳水化合物，是果糖的高聚物。目前工业用菊粉主要来自菊科植物菊芋（洋姜）。

果糖是白色晶体或结晶粉末，易溶于水，可溶于乙醇和乙醚中，熔点为 102℃（分解）。

果糖主要用于甜味剂和营养添加剂，在食品加工中，由于葡萄糖浆的甜度不够，常要加入大量的蔗糖，增加了成本，对健康也不利。现在采取的办法是，将葡萄糖浆通过一种转化酶的催化作用，发生互变异构，使部分葡萄糖转化为果糖，糖浆的甜度就明显提高了，这种转化的糖浆就称为果-葡糖浆。

果糖与 $Ca(OH)_2$ 水溶液作用，生成难溶于水的配合物 $[C_6H_{12}O_6 \cdot Ca(OH)_2 \cdot H_2O]$；果糖还能与间苯二酚的稀盐酸溶液发生颜色反应，生成红色产物。这两个反应都可用于果糖的定性鉴别和定量分析。

（三）五碳糖

五碳糖中较重要的是 D-核糖（ribose）和 D-脱氧核糖（deoxyribose），它们都是戊醛糖，也有 α 和 β 两种异构体，也存在还原性和变旋光现象等，其化学结构分别如下：

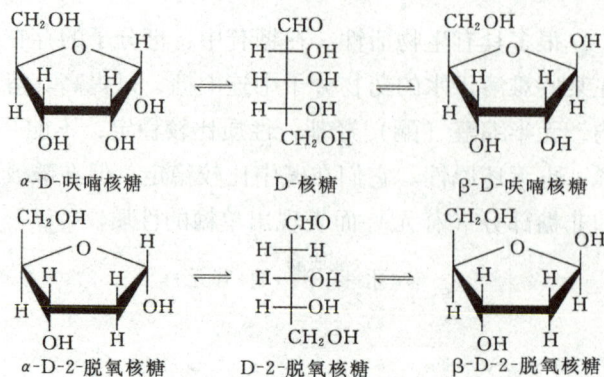

α-D-呋喃核糖　　　D-核糖　　　β-D-呋喃核糖

α-D-2-脱氧核糖　　　D-2-脱氧核糖　　　β-D-2-脱氧核糖

它们在自然界不以游离状态存在，多数结合成苷类，如巴豆中含有巴豆苷，水解后释放出核糖。核糖是核糖核酸（RNA）的组成部分，脱氧核糖是脱氧核糖核酸（DNA）的一个必要组分，它们在生命活动中起着非常重要的作用。

（四）氨基葡萄糖

糖分子中除苷羟基外的其他羟基被氨基取代后的化合物称为氨基糖（aminosugar）。多数天然氨基糖是己糖分子中 C_2 上的羟基被氨基取代的产物，例如 2-氨基-D-葡萄糖（Ⅰ）和 2-氨基-D-半乳糖（Ⅱ），它们是很多糖和蛋白质的组成部分，广泛存在于自然界，具有重要的生理作用。2-乙酰氨基-D-葡萄糖（Ⅲ）是甲壳质的组成单元，甲壳质存在于虾、蟹和某些昆虫的甲壳以及低等动物如真菌、藻类的细胞壁中，其天然产量仅次于纤维素，有巨大开发价值。

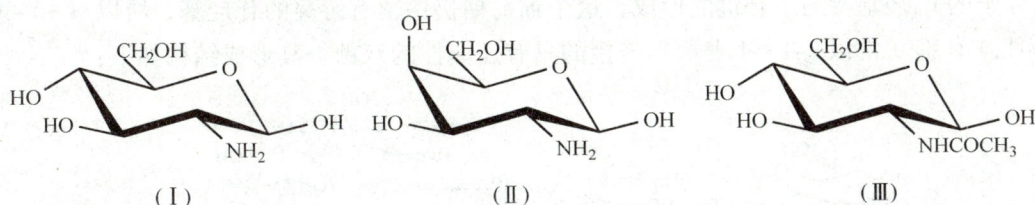

（Ⅰ）　　　　　　（Ⅱ）　　　　　　（Ⅲ）

（五）维生素 C

维生素 C（vitamin C）又名抗坏血酸（ascorbic acid），存在于新鲜蔬菜和水果中，它在体内参与糖代谢及氧化还原过程。

从维生素 C 的结构中可以看出，其 C_4 和 C_5 为手性碳原子，具有四种立体异构体。自然界存在的 L-抗坏血酸活性最强，其他三种为人工合成品，疗效很低或无效。体内若缺乏维生素 C，就会得坏血病，其症状主要表现为皮肤损伤、牙齿松动、牙龈腐烂等。维生素 C 除可以防治坏血病外，还可以增强人体的抵抗力。

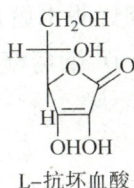

L-抗坏血酸

第三节　低聚糖

低聚糖又称寡糖，是由单糖通过脱水以苷键连接而成的化合物。低聚糖水解后能生成 2～9 个单糖。根据低聚糖中单糖的数目，又可把低聚糖分作双糖、三糖……其中最广泛存在的是由两个单糖构成的双糖，两个单糖可以相同，也可以不同。连接双糖的苷键可以是一个单糖的半缩醛羟基或半缩酮羟基，即苷羟基与另一个单糖的醇羟基脱水；也可以是两个单糖都用苷羟基脱水而成。根据双糖分子中是否含有苷羟基，可将其分成非还原糖和还原糖两类。本节主要讨论常见的双糖和近年来药学领域中备受关注的一个低聚糖——环糊精。

一、还原性双糖

还原性双糖是由一个单糖分子的苷羟基与另一个单糖分子的醇羟基脱去一分子水相互连接而成。由这种方式所构成的双糖，分子中仍保留一个苷羟基，在水溶液中依然存在氧环式与开链式的互变平衡，因而具有变旋现象，能够成脎，仍具有还原性。如麦芽糖、纤维二糖、乳糖等。

（一）麦芽糖

淀粉在稀酸中部分水解时，可得到（+）-麦芽糖（maltose），淀粉发酵成乙醇的过程中也可得到（+）-麦芽糖。（+）-麦芽糖可被麦芽糖酶水解成两分子的 D-葡萄糖，此酶是专一性水解 α-糖苷键的，由此可知，（+）-麦芽糖是由两个 D-葡萄糖以 α-糖苷键相连。麦芽糖中具有还原性的葡萄糖分子的 C_4 羟基参与了苷键的形成，这个葡萄糖仍保留有游离的苷羟基，所以（+）-麦芽糖是以 α-1,4 苷键（常以 α-1→4 表示）连接的具有还原性的双糖。其形成结构如下：

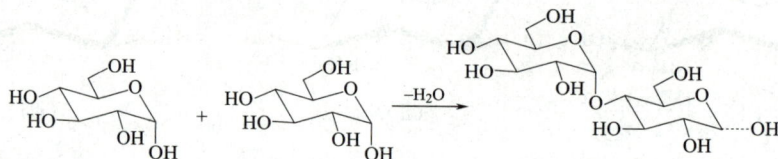

麦芽糖能够成脎，有变旋现象和还原性，当被溴水氧化时，麦芽糖只生成一元羧酸。还原性双糖命名时把保留苷羟基的糖单元做母体，糖苷基作为取代基。麦芽糖的全名为 4-O-(α-D-吡喃葡萄糖基)-D-吡喃葡萄糖。结晶状态的（+）-麦芽糖，游离的苷羟基为 β-构型，但在水溶液中，变旋产生 α- 和 β-异构体的混合物，故 C_1 的构型可不标出。

（二）纤维二糖

纤维二糖（cellobiose）是纤维素的结构单位，是纤维素（棉纤维）经一定方法处理后部分水解的产物。化学性质与麦芽糖相似，具有还原性和有变旋现象。它的水溶液是右旋的。（+）-纤维二糖不能被麦芽糖酶水解，只能被苦杏仁酶水解成两分子的 D-葡萄糖，此酶是专一性水解 β-糖苷键的，所以（+）-纤维二糖是由两个 D-葡萄糖以 β-糖苷键相连而成的还原性双糖。其结构如下：

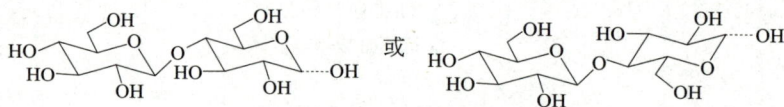

纤维二糖的全名为 4-O-(β-D-吡喃葡萄糖基) D-吡喃葡萄糖。从结构分析，纤维二糖是麦芽糖的同分异构体，两者只在于苷键的构型不同，纤维二糖为 β-1,4 苷键，麦芽糖为 α-1,4 苷键。但两者在生理活性上有很大差别。麦芽糖具有甜味而纤维二糖则无甜味，在人体内麦芽酶能水解麦芽糖，而不能水解纤维二糖，故人类能消化淀粉而不能消化纤维素。因食草动物的体内有水解 β-糖苷键的酶，所以它能够消化纤维素，以纤维性植物为饲料。

（三）乳糖

乳糖（lactose）存在于哺乳动物的乳汁中，在牛乳中含 4.6%～4.7%，在人乳中含 6%～8%。工业上，可从制取乳酪的副产物乳清中获得。乳糖是还原糖，有变旋现象。当用苦杏仁酶水解时，可得到等量的 D-吡喃葡萄糖和 D-半乳糖，这说明乳糖是由一分子葡萄糖和一分子半乳糖结合而成的，且分子中的糖苷键为 β-型。前面讨论的麦芽糖和纤维二糖是由两分子的葡萄糖脱水形成，而乳糖是由两个不同的单糖分子脱水形成，就必须确定葡萄糖和半乳糖哪个是还原糖单元；哪个是糖苷基；还原糖部分是以哪个羟基与苷元成苷的；两个单糖部分是以吡喃环还是以呋喃环存在等问题。

现就以乳糖为例，简单介绍糖结构的确定方法。制备乳糖脎并水解，生成 D-半乳糖和 D-葡萄糖脎；用溴水氧化乳糖得乳糖酸并水解，生成了 D-葡萄糖酸和 D-半乳糖。由此可知，还原糖单元是 D-葡萄糖，糖苷基是 D-半乳糖。将乳糖酸甲基化后生成八-O-甲基-D-乳糖酸，此酸再经酸水解，得到 2,3,5,6-四-O-甲基-D-葡萄糖酸和 2,3,4,6-四-O-甲基-D-半乳糖。以上结果可说明，乳糖中葡萄糖分子是以 C_4-羟基与半乳糖的苷羟基缩水结合的，D-葡萄糖和 D-半乳糖都是以吡喃环形式存在，(+)-乳糖分子中的苷键为 β-1,4 连接，乳糖具有还原性。具体过程如下：

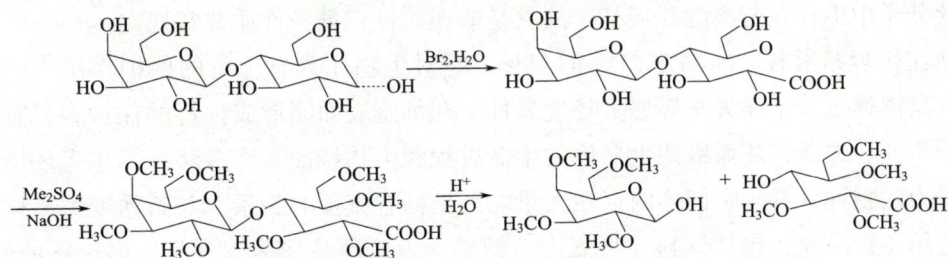

所以乳糖的全名为 4-O-(β-D-吡喃半乳糖基)-D-吡喃葡萄糖。

二、非还原性双糖

非还原性双糖是由两个单糖分子的苷羟基脱一分子的水而相互连接，分子中就不再有苷羟基，在水溶液中不能通过开环转化成开链式结构，故无还原性，不能生成糖脎，无变旋现象，如蔗糖和海藻糖等。

（一）蔗糖

蔗糖是右旋糖，它就是普通食用的白糖。蔗糖是自然界分布最广泛的二糖，所有有光合作用的植物都含有蔗糖。甘蔗中含有 16%~26% 蔗糖，甜菜中含量为 12%~15%，甘蔗、甜菜等是工业上制取蔗糖的主要原料，蔗糖是生产数量最多的一种有机化合物。蔗糖与其他糖不同，很容易结晶，很甜，但甜度低于最甜的果糖。

(+)-蔗糖由 α-D-吡喃葡萄糖的半缩醛羟基与 β-D-呋喃果糖的半缩酮羟基之间脱去一分子水形成，全名为 α-D-吡喃葡萄糖基-β-D-呋喃果糖苷，或 β-D-呋喃果糖基-α-D-吡喃葡萄糖苷。其形成过程如下：

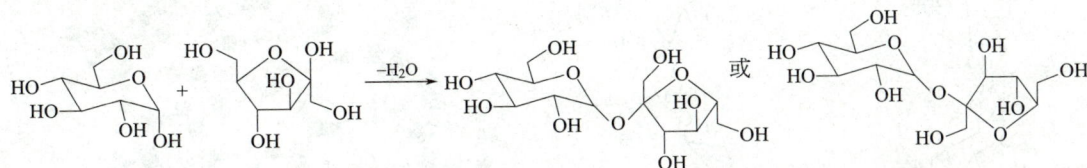

蔗糖分子中不存在游离的苷羟基，无变旋现象，不能成脎，也不能还原 Tollens 试剂和 Fehling 试剂，因此是非还原性双糖。

（二）海藻糖

海藻糖（trehalose）是一种安全、可靠的天然糖类，1832 年由 Wiggers 将其从黑麦的麦角菌中首次提取出来。随后的研究发现海藻糖在自然界中许多可食用动植物及微生物体内都广泛存在，如人们日常生活中食用的蘑菇类、海藻类、豆类、虾、面包、啤酒及酵母发酵食品中都有含量较高的海藻糖。

海藻糖是由两个葡萄糖分子通过 $\alpha,\alpha\text{-}(1,1)$-糖苷键连接成的非还原性双糖，全名为 $\alpha\text{-D-}$吡喃葡萄糖基-$\alpha\text{-D-}$吡喃葡萄糖苷，结构如下：

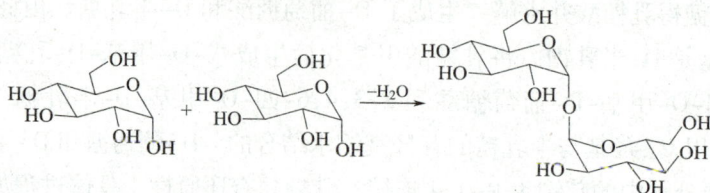

海藻糖分子中不存在游离的苷羟基，故它是非还原性双糖，性质非常稳定。

海藻糖在科学界素有"生命之糖"的美誉，它对生物体具有神奇的保护作用。海藻糖在高温、高寒、高渗透压及干燥失水等恶劣环境条件下在细胞表面能形成独特的保护膜，有效地保护蛋白质分子不变性失活，从而维持生命体的生命过程和生物特征。许多对外界恶劣环境表现出非凡抗逆耐受力的物种，都与它们体内存在大量的海藻糖有直接的关系。与其他糖类一样，海藻糖也可广泛应用于食品业，包括饮料、巧克力、糖果、烘烤制品和速冻食品。由于它的低致龋性，作为主要的增甜剂或结合其他低致龋性增甜剂，海藻糖可用于配制益牙产品。

海藻糖作为一种新型的药物和化妆品添加剂得到广泛的应用。在医学上已经成功地应用海藻糖替代血浆蛋白作为血液制品、疫苗、淋巴细胞、细胞组织等生物活性物质的稳定剂。海藻糖不仅可以常温条件下干燥存放，更重要的是可以防止因血源污染而引起乙肝、艾滋病等致命疾病的传播。

三、环糊精

环糊精（cyclodextrin）简称 CD，是由 6、7、8 个 D-(+)-吡喃葡萄糖通过 $\alpha\text{-}1,4$ 糖苷键形成的一类环状低聚糖。根据成环的葡萄糖数目，通常将其分为 α、β 和 γ-环糊精，简称 α、β 和 γ-CD。作为一种新型的药物载体，环糊精应用极其广泛，其中 β-环糊精的应用最普遍。β-环糊精是由 7 个葡萄糖通过 $\alpha\text{-}1,4$ 苷键形成的筒状化合物。

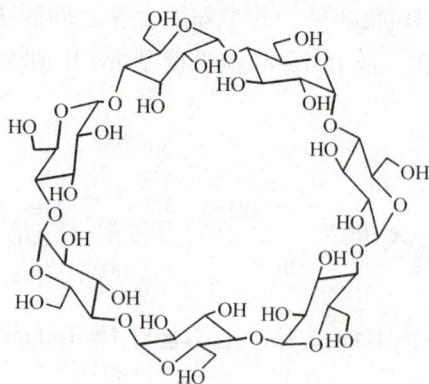

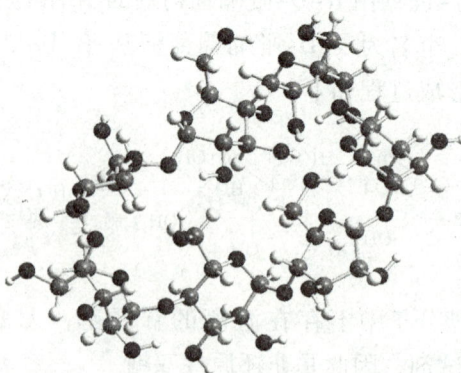

β-CD 的结构　　　　　　　　　　β-CD的分子模型

图 17-2　β-CD 的结构和分子模型图

β-CD 的分子结构比较特殊，每个葡萄糖单位上 C_2、C_3、C_6 的羟基都处在分子的外部，C_3、C_5 上的氢原子和苷键氧原子位于筒状的孔腔内，所以 β-CD 分子的外部呈极性，内腔为非极性。β-CD 的孔腔能选择性地包合多种结构与其匹配的脂溶性化合物，通过分子间特殊的作用力形成主体-客体包合物（host-guest inclusion complex），这一特性在药物制剂、络合催化、模拟酶等方面颇有意义。

化合物与环糊精形成包合物后能够改变被包合物的理化性质，如能降低挥发性、提高水溶性和化学稳定性等，所以包合技术在医药、农药、食品、化工以及在有机合成和催化方面多有应用。中药挥发油易于挥发，难溶于水，给制剂加工和贮存带来诸多不便。当将其制备成 CD 包合物后，上述缺陷可得到明显的改善。在有机合成方面，加入 CD 往往可以提高反应速度和反应选择性。如苯甲醚在次氯酸作用下的氯化反应，无 CD 存在时一般生成 33% 的邻氯产物和 67% 的对氯产物。但当加入 β-CD 后，进入 CD 孔腔的苯环只有对位不受 CD 屏蔽，因而反应可选择性地发生在对位，生成 96% 的对氯苯甲醚。

图 17-3　苯甲醚在 β-CD 催化下的氯化反应示意图

CD 与被包合物的主体-客体关系非常像酶与底物的作用，因此 CD 及其衍生物已成为目前广泛研究的酶模型之一。

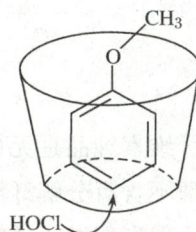

第四节　多　糖

由十个以上单糖通过苷键连接而成的糖称为多聚糖或多糖（polysaccharides）。与低聚糖相比，多糖分子中含有更多数目的单糖单位，天然多糖一般含有 80~100 个单糖，也有多达数千个单糖的。

多糖根据连接方式不同分为直链和支链，也有个别结合成环。连接单糖的苷键主要有 α-1,4、β-1,4 和 α-1,6 三种，前两种在直链多糖中常见，支链多糖的支链连接点是 α-1,6 苷键。多糖根据其水解单元的异同又可分为均多糖和杂多糖，水解后只得到一种单糖的为均多糖，水解后得到多种单糖的为杂多糖。

多糖大多是不溶于水的非晶形固体，无甜味，没有还原性，也没有变旋现象。多糖水解常经历多步过程，先生成分子量较小的多糖，再生成寡糖，最后才是单糖。

多糖是生物能量储备形式之一，是生命活动不可缺少的物质。几乎所有的生物体内均含有多糖如淀粉、糖原和纤维素等，它们与人类生活最密切，是最重要的多糖。随着人们对中药中的多糖活性的认识，中药中多糖类成分的研究已成为热点。

一、纤维素及其衍生物

纤维素（cellulose）是自然界分布最广、存在数量最多的有机物，是植物细胞的主要结构成分。棉花中纤维素含量最高，约含 98%（干基），纯的纤维素最容易从棉纤维获得；木材中纤维素含量 40%~50%，由于木材来源丰富，价格低廉，是工业用纤维素的最主要来源。

纤维素是 D-葡萄糖以 β-1,4 苷键连接而成的聚合物。结构如下：

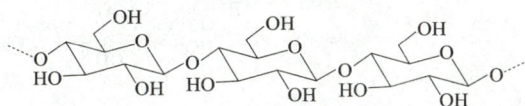

植物中存在的天然纤维素一般含 1000~15000 个葡萄糖单位，如棉花纤维素分子大约是由 3000 个葡萄糖单位所组成。不同来源的各种纤维素的相对分子质量是不同的，在 16 万~240 万之间，但在分离过程中往往发生降解。X 射线衍射和电子显微镜分析证实，纤维素是链状分子，链与链之间可通过众多羟基之间形成的氢键结合成束状，每束由 100~200 条彼此平行的纤维分子链缠绕成绳索结构，使得纤维素有很高的机械强度和化学稳定性。

图 17-4　纤维素束示意图

纤维素纯品是无色、无味、无臭的物质，不溶于水，也不溶于乙醇、醚和苯等有机溶剂。人体胃部不含有分解纤维素的酶，因此不能消化利用纤维素；人类膳食中的纤维素虽然不能被消化吸收，但有促进肠道蠕动，利于粪便排出等功能。反刍动物的消化道能产生消化纤维素的微生物，故动物能从纤维素中吸取和利用葡萄糖。

纤维素是造纸业、纺织业等的重要原料。实验室中使用的滤纸是纯纤维素。纤维素的衍生物硝酸纤维素具有爆炸性，是制造无烟火药的原料；醋酸纤维素酯是制造人造丝、电影胶片的原料。

在医药和食品工业中应用最多的是羧甲基纤维素（carboxy methyl cellulose，CMC），它是将纤维素用碱处理后膨胀生成纤维碱，再与氯乙酸作用而制得。结构如下：

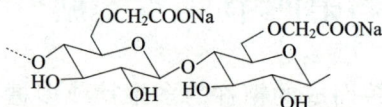

羧甲基纤维素为白色、无臭、无味且具潮解性粉末，于 226~228℃ 间变褐色，252~253℃ 炭化。在冷水和热水中都能溶解，pH 值为 6.5~8.0。不溶于一般有机溶剂，对光和热较稳定。CMC 应用在食品中不仅是良好的乳化稳定剂、增稠剂，而且具有优异的冻结、熔化稳定性，并能提高产品的风味；在医药工业中可作针剂的乳化稳定剂，片剂的黏合剂和成膜剂等；还可用于蛋白质、核酸等生物大分子的分离纯化，一定浓度的 CMC 溶液调制硅胶匀浆可用于制备平面色谱的薄层板。

二、淀粉

淀粉（starch）是植物和动物中位列第二的最丰富多糖，也是人类获取糖类的主要来源。淀粉是葡萄糖分子通过 α-1,4 和 α-1,6 苷键形成的高聚物，是白色、无臭、无味的粉末状物质。天然淀粉可分为直链淀粉（amylose）和支链淀粉（amylopectin）两类，前者存在于淀粉的内层，后者存在于淀粉的外层，组成淀粉的皮质。

一般淀粉中含 10%~20% 直链淀粉和 80%~90% 支链淀粉。直链淀粉通常由 250~300 个 D-葡萄糖以 α-1,4 苷键连接构成直链分子，结构如下：

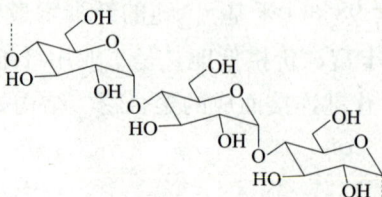

由于 α-1,4 苷键的氧原子有一定的键角，且单键可自由转动，分子内适宜位置的羟基间能形成氢键，所以直链淀粉具有规则的螺旋状空间结构。每个螺旋圈有六个 D-葡萄糖单位。直链淀粉螺旋的空腔恰好可容纳碘分子进入形成蓝色的配合物，所以淀粉遇碘显蓝色。该性质可用于鉴别淀粉，在分析化学中还可用于碘量法的终点指示。

图 17-5　直链淀粉与碘作用示意图

支链淀粉一般由 6000~40000 个 D-葡萄糖组成，结构中除了 α-1,4 苷键外，还有 α-1,6 苷键。其主链是由 α-1,4 苷键连接，每 20~25 个葡萄糖单位就有一个 α-1,6 苷键形成的支链。支链淀粉平均相对分子质量为 100 万~600 万。支链淀粉遇碘显暗红色，提示它结构中由于支链的存在不能有效地形成螺旋分子，不能与碘形成配合物。结构如下：

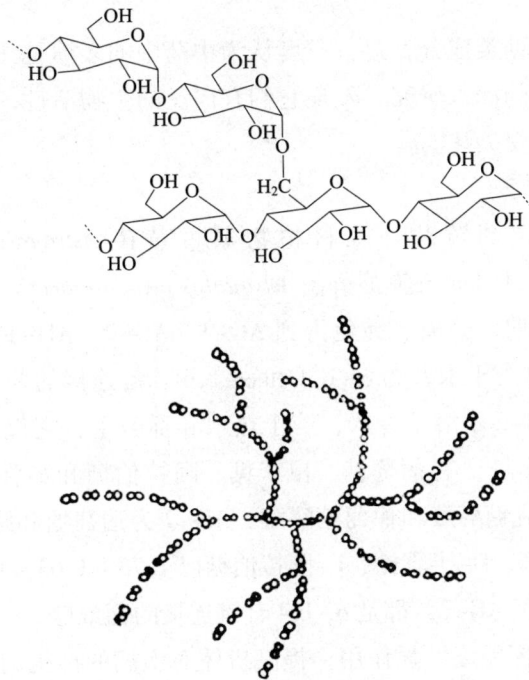

图 17-6　支链淀粉结构示意图

直链淀粉难溶于冷水，易溶于热水，这是由于热量使直链淀粉螺旋状结构伸展，分子易与水形成氢键而溶解，但不成糊状。支链淀粉不溶于热水，但可膨胀成糊状，因为支链淀粉的螺旋形结构在热水中虽有所伸展，但由于分子中有许多支链，它们彼此纠缠而产生糊化现象。

淀粉是绿色植物光合作用产生的，主要存在于植物的根及种子中，在小麦、玉米、马铃薯中含量十分丰富。人们食用含淀粉的食物后，在体内通过 α-D-葡萄糖苷酶和其他一系列酶的作用下，先水解释放出葡萄糖，再将其氧化成二氧化碳和水，并重新释放出能量，满足生命活动的需要。因此，淀粉是人类生命活动中不可缺少的营养物质。

淀粉具有不溶于水，但在水中分散、60～70℃溶胀的特点，在医药工业中常被用作稀释剂、黏合剂、崩解剂，并可用来制备糊精和淀粉浆等。

三、糖原

糖原（glycogen）也称动物淀粉，像淀粉是植物体中储备的多糖一样，它是动物体内葡萄糖的一种贮存形式，在肝脏和骨骼肌中含量较多。储存于肝脏中的糖原称为肝糖原，储存于肌肉中的糖原称为肌糖原。当人体的血糖浓度低于正常水平时（低血糖），糖原便分解出葡萄糖供机体利用（糖原分解）。

糖原的结构和支链淀粉很相似，但分支更密，每隔8～10个葡萄糖残基就出现一个α-1,6苷键相连的分支，形成树枝状的复杂分子。糖原类似于支链淀粉，不能与碘形成配合物，而是与碘作用呈紫红色至红褐色。糖原的分支有很重要的作用，不仅可增加溶解度，较多的分支还会带来较多的还原性末端，它们是糖原合成或分解时与酶的作用部位，对提高糖原的合成与降解速度至关重要。

四、中药中的多糖

大部分中药中都含有多糖类成分，过去一度认为中药中的多糖是无效成分而将其除去。随着人们对中药中的多糖类成分的深入研究，发现它们有广泛的生物活性，特别是其免疫增强、抗肿瘤、抗菌及抗病毒的作用备受关注。

1. 黄芪多糖

黄芪多糖（APS）是中药黄芪［豆科植物蒙古黄芪 *Astragalus membranaceus*（Fisch.）Bge. var. *mongholicus*（Bge.）Hsiao 或膜荚黄芪 *Astragalus membranaceus*（Fisch.）Bge.］中的一类活性成分。先后从黄芪中提取、分离、纯化得到 AG-1、AG-2、AH-1、AH-2、APS Ⅰ、APS Ⅱ、APS Ⅲ等多种多糖。AG-1易溶于水，为α-1,4和α-1,6苷键连接的葡聚糖，其中α-1,4和α-1,6苷键糖基比例为5∶2；AG-2不溶于冷水，溶于热水和稀碱水，它仅是α-1,4苷键连接的葡聚糖；AH-1为水溶性酸性杂多糖，有葡萄糖、鼠李糖、阿拉伯糖和半乳糖，以1.0∶0.04∶0.02∶0.01组成，所含糖醛酸为半乳糖醛酸和葡萄糖醛酸；AH-2为葡萄糖和阿拉伯糖以1∶0.15组成的杂多糖；APS Ⅰ是由D-葡萄糖、D-半乳糖、L-阿拉伯糖以1.75∶1.63∶1组成的杂多糖，分子量为36300；APS Ⅱ和 APS Ⅲ类似于AG-2，都是α-1,4苷键连接的葡聚糖。

黄芪多糖可从多方面发挥免疫增强作用，提高机体对疾病的抵抗力；还可用于病毒性、肿瘤性疾病的防治。当今的医学模式已逐渐从治疗型转向预防型，天然药物的研究和应用将使疾病的防治进入一个新的阶段。黄芪多糖作为天然产品来源丰富，价格便宜，长期使用对组织细胞无毒副作用，已得到国际上的认可。

2. 香菇多糖

香菇多糖（lentinan）是从侧耳科植物香菇（*Lentinus edodes*）子实体中提取、分离、纯化的多糖。香菇多糖为白色至淡灰白色粉末，无臭或略带特殊气味，无味，几乎不溶于水、甲醇、乙醇或丙酮，可溶于稀氢氧化钠溶液中，具有引湿性。基本结构为每5个β-1,3结合的葡萄糖直链上有两个β-1,6结合的侧链高分子葡聚糖，分子量约50万。结构如下：

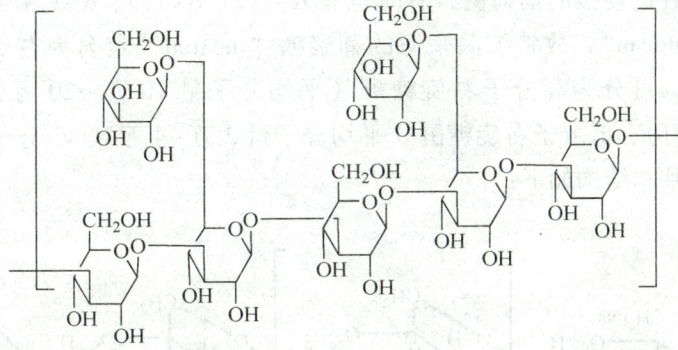

香菇多糖具有抗肿瘤、免疫力增强、抗菌及抗病毒等作用，在治疗胃癌、结肠癌、肺癌等方面具有良好疗效，与化疗剂联合使用，有减毒、增效的作用，可提高肿瘤对化疗药物的敏感性，改善患者的身体状况，延长其寿命。香菇多糖配合其他药物治疗慢性乙型肝炎，可提高乙肝病毒标志物的转阴作用，减少抗病毒药物的副作用；此外，也可用于治疗结核杆菌感染等。香菇多糖的免疫增强活性使其有望开发为抗流感等的保健食品。

3. 茯苓多糖

茯苓多糖（pachyman）是近年来研究较多的一种真菌多糖，来源于多孔菌科真菌茯苓 *Poria cocos*（Schw.）Wolf 的菌核，为 β-1,3 苷键连接的葡聚糖，也有 β-1,6 连接的吡喃葡萄糖支链。结构如下：

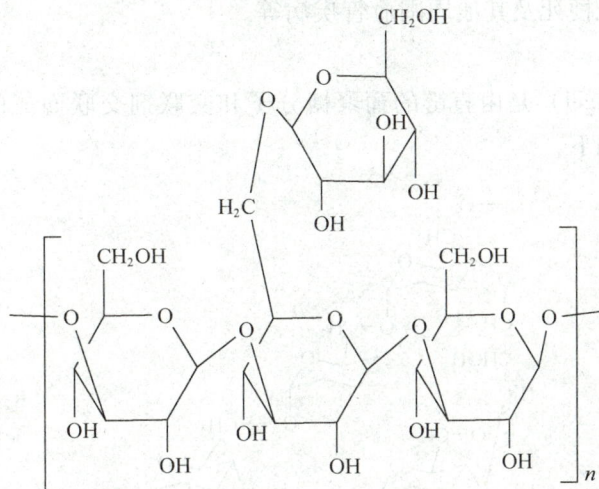

研究发现茯苓多糖本身并无抗肿瘤活性，当 β-1,6 支链被切除后，即具有了抗癌活性。目前对茯苓多糖的研究主要集中在化学结构修饰方面，经过硫酸酯衍生化、羧甲基化、磷酸酯化、烷基化、羟乙基化、苄基化、乙酰基化等，通过改变茯苓多糖的空间结构、分子量、水溶性等以提高其抗肿瘤活性。其中羧甲基茯苓多糖、硫酸酯化茯苓多糖、磺酰化茯苓多糖表现出显著的抗肿瘤作用。此外，茯苓多糖还具有抗病毒、抗氧化、增强机体免疫力、保肝、催眠、抗炎、消石等作用，可广泛应用于医疗保健、食品等领域。

五、其他多糖

1. 右旋糖酐

右旋糖酐（dextranum）是由细菌如肠膜状明串珠菌（*Leuconostoc mesenteroides*）产生的胞外

多糖，主要是 α-1,6 苷键连接的葡萄糖，有时也有 α-1,2、α-1,3、α-1,4 分支结构。为区别于植物来源的葡聚糖 "glucan"，故将细菌来源的葡聚糖 "dextran" 定名为右旋糖酐。由于聚合的葡萄糖分子数目不同，可分为高分子右旋糖酐（平均分子量 10 万~20 万）、中分子右旋糖酐（平均分子量 6 万~8 万）、低分子右旋糖酐（平均分子量 2 万~4 万）、小分子右旋糖酐（平均分子量 1 万~2 万）。其基本结构如下：

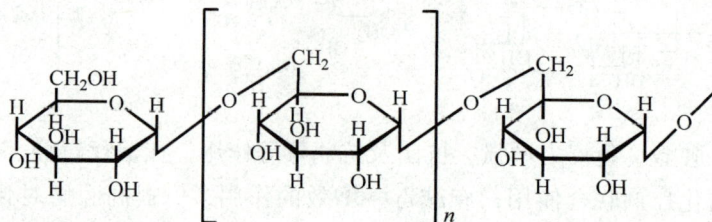

右旋糖酐为白色或类白色无定形粉末；无臭，无味。易溶于热水，不溶于乙醇，其水溶液为无色或微带乳光的澄明液体。具有血容量扩充作用，可提高血浆胶体渗透压、增加血浆容量和维持血压、能阻止红细胞及血小板聚集，降低血液黏滞性。临床上常用的有中分子右旋糖酐（如 Dextran 70），主要作为血浆代用品用于出血性休克、创伤性休克及烧伤性休克等。低、小分子右旋糖酐（如 Dextran 40），能改善微循环，预防或消除血管内红细胞聚集和血栓形成等，亦有扩充血容量作用，但作用较中分子右旋糖酐短暂，用于各种休克所致的微循环障碍、弥漫性血管内凝血、心绞痛、急性心肌梗死及其他周围血管疾病等。

2. 葡聚糖凝胶

葡聚糖凝胶（dextrangel）是由直链的葡聚糖分子和交联剂交联而成的具有多孔网状结构的高分子化合物。其结构如下：

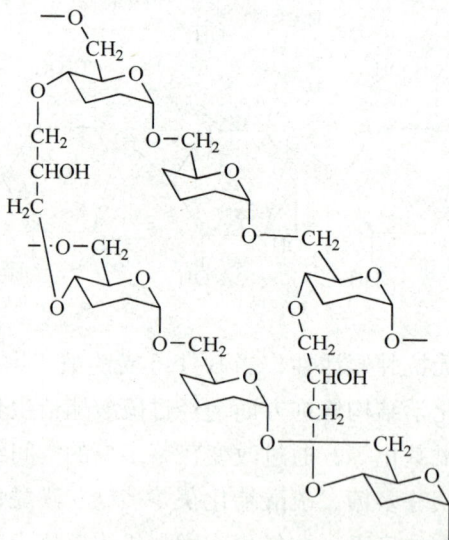

葡聚糖凝胶层析柱可用于分离蛋白质、多肽等生物大分子混合物。其原理是利用葡聚糖凝胶的多孔网状结构，被分离组分因分子量不同，在凝胶柱上受到的阻滞作用不同，以不同的速度移动而达到分离。通常，分子量大于允许进入凝胶网孔范围的物质，不能进入凝胶颗粒内部，阻滞作用小，随着溶剂在凝胶颗粒之间流动快，因此流程短，先流出层析柱；分子量小的物质可完全进入凝胶颗粒的网孔内，阻滞作用大，流程延长，最后从层析柱中流出；分子量介于两者之间

的，则在大分子物质流出后依次从柱中流出而达到，这种现象叫分子筛效应。

　　凝胶颗粒中网孔的大小可通过调节葡聚糖和交联剂的比例来控制，交联度越大，网孔结构越紧密；交联度越小，网孔结构就越疏松。网孔的大小决定了被分离物质能够自由出入凝胶内部的分子量范围。葡聚糖凝胶主要由 Pharmacia Biotech 生产，常见的有两大系列产品，商品名分别为 Sephadex 和 Sephacryl，可分离物质的分子量范围从几百到几十万不等，可根据需要进行选择。

第十八章
萜类和甾体化合物

扫一扫，查阅本章数字资源，含PPT、音视频、图片等

萜类化合物（terpenoids）广泛存在于自然界，是从植物中提取得到的香精油、树脂、皂苷、色素的主要成分。甾体化合物（steroids）存在于生物体内，它们有的是药物的有效成分，有的可用作合成药物的原料。

第一节　萜类化合物

一、概述、定义、分类和命名

许多植物的茎、叶、花和果实以及某些树木，经水蒸气蒸馏或溶剂提取可得到一系列具有香味的物质。这些物质具有一定的生理活性，在临床上具有保肝、利胆、平喘、止咳、祛风、发汗、抗菌和镇痛等作用。从化学结构来看，这些化合物是异戊二烯$\left(\begin{array}{c}CH_2=C-CH=CH_2\\|\\CH_3\end{array}\right)$单位通过头、尾相连而成的。例如：

$$\underset{CH_3}{CH_2=C-CH=CH_2}-\underset{CH_3}{CH_2-\!-\!-CH=C-CH=CH_2}$$
头　　　　尾　头　　　　尾（靠近甲基取代基的称为"头"；远离者称为"尾"。）
甲基取代基

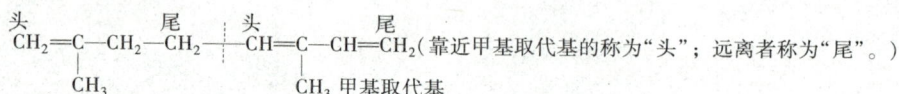

异戊二烯单位既可以连接成链状（如罗勒烯），也可以连接成环状（如苧烯）。

罗勒烯　　　　　苧烯

像这些由若干个异戊二烯单位连接而成的化合物，统称为萜类。这里所说的"若干"，一般指 2~10 个。按异戊二烯单位数目的多少，萜类可以分为 7 大类（表 18-1）。

表 18-1　萜类化合物的分类及存在形式

类　别	异戊二烯单位	碳原子数	存在形式
单萜（monoterpenoids）	2	10	挥发油
倍半萜（sesquiterpenoids）	3	15	挥发油
二萜（diterpenoids）	4	20	树脂、植物醇、叶绿素
二倍半萜（sesterterpenoids）	5	25	植物病菌、昆虫代谢物
三萜（triterpenoids）	6	30	皂苷、树脂、植物乳汁

续表

类　别	异戊二烯单位	碳原子数	存在形式
四萜（tetraterpenoids）	8	40	植物胡萝卜素
多萜（polyterpenoids）	>8	>40	橡胶、硬橡胶

　　需要说明的是，萜类化合物是基于碳骨架而定义的，所以，可以含有各种不同的官能团。当含有双键时，就称为"烯"；含有羧基时，称为"酸"。正因为这样，萜类化合物的命名规则要视其归类而定。比如，罗勒烯就可以命名为：3,7-二甲基辛-1,3,6-三烯；龙脑就可以命名为：1,7,7-三甲基二环［2.2.1］庚-2-醇。不过，由于这些系统命名称太复杂，萜类化合物通常用俗名。

罗勒烯　　　　　　　　龙脑

二、重要的萜类化合物

（一）单萜类化合物

　　单萜（monoterpenoids）是由两个异戊二烯构成的化合物。是中药挥发油的主要成分，能随水蒸气蒸馏出来，沸点在 140~180℃ 之间，其含氧衍生物的沸点在 200~300℃ 之间。根据两个异戊二烯连接方式不同，单萜又分为开链单萜、单环单萜和双环单萜等。

1. 开链单萜

　　开链单萜（open-chain monoterpenoids）是由两个异戊二烯单位连接而成的开链化合物，基本骨架为：

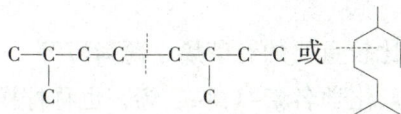

$$C-C-C-C \ | \ C-C-C-C \quad 或$$

开链单萜中比较重要的是罗勒烯和月桂烯及一些含氧衍生物，它们都是珍贵的香料。

　　（1）罗勒烯和月桂烯　　二者碳架相同，只是双键位置不同，互为同分异构体。罗勒烯是从罗勒叶中提取得到的，也存在于某些植物和中药的挥发油中，是有香味的液体，沸点 176~178℃，因含有双键，故不稳定，易氧化、聚合。月桂烯也叫香叶烯（geranene），是从月桂油中提取得到的具有香味的液体，沸点 171℃，同样因为含有双键不稳定，也容易氧化、聚合。

罗勒烯（ocimene）　　　　月桂烯（myrcene）

　　（2）柠檬醛（citral）　　是 α-柠檬醛 α-citral（香叶醛 geranial）和 β-柠檬醛 β-citral（橙花醛 neral）的混合物，其中 α-柠檬醛含量约占 90%，β-柠檬醛约占 10%。

α-柠檬醛(*E*式 90%)   β-柠檬醛(*Z*式 10%)

柠檬醛

柠檬醛是由热带植物柠檬草中提取得到的柠檬油的主要成分，在柠檬油中含 70%~80%，也存在于橘皮油中，一般为无色或浅黄色液体，具有强烈的柠檬香味，是制造香料及合成维生素 A 的重要原料。

（3）香叶醇和橙花醇　香叶醇（geraniol）又称"牻牛儿醇"（geraniol），与橙花醇（nerol）互为顺反异构体。

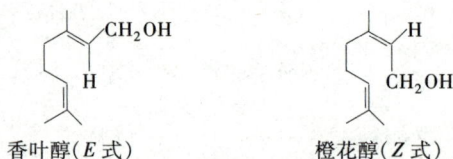

香叶醇(*E*式)   橙花醇(*Z*式)

香叶醇是香叶油、柠檬草油等的主要成分，具有类似玫瑰的香味。橙花醇存在于橙花油、柠檬草油和多种植物的挥发油中，也具有玫瑰香味，二者都是香料工业不可缺少的原料，其中橙花醇香气比较温和，更适合做香料。

2. 单环单萜

单环单萜（monocyclic monoterpenoids）是由两个异戊二烯连接而成的六元环状化合物，其基本骨架为：

单环单萜中种类较多，其中比较重要的有苧烯、薄荷醇等。

（1）苧烯　苧烯（limonene）化学名萜-1,8-二烯，也称柠檬烯。结构中有一个手性碳原子，因此有一对对映异构体，左旋体存在于松针中，右旋体存在于柠檬油中，都是无色液体，有柠檬香味，可做香料。外消旋体存在于松节油中。

（2）薄荷醇　薄荷醇（menthol）化学名 2-异丙基-5-甲基环己醇，其分子中含有三个手性碳原子故有八个（四对）对映异构体，即（±）-薄荷醇，（±）-异薄荷醇，（±）-新薄荷醇，（±）-新异薄荷醇。

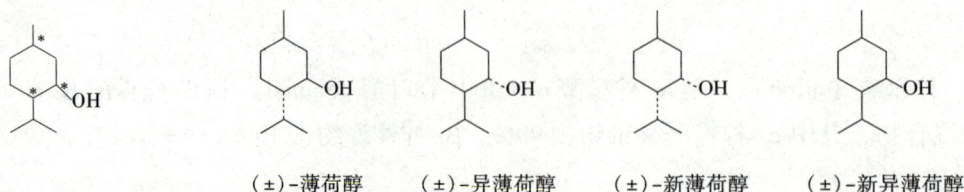

（±）-薄荷醇　　（±）-异薄荷醇　　（±）-新薄荷醇　　（±）-新异薄荷醇

但天然薄荷醇只有一种左旋体，其构象式为：

由于（-）-薄荷醇的取代基（甲基、异丙基、羟基）都处于 e 键，是优势构象，所以薄荷油中的主要成分是（-）-薄荷醇，其次是（+）-新薄荷醇，其余 6 种异构体都是人工合成产品。

（-）-薄荷醇又称薄荷脑（mentha camphor 或 menthol）是无色针状结晶，熔点 43℃，难溶于水，易溶于有机溶剂。有强烈的穿透性香味，并有杀菌和局部止痒作用，被广泛用于医药、化妆品和食品工业，如清凉油、仁丹、痱子粉、牙膏、饮料、糖果、化妆品等。

3. 双环单萜

双环单萜（bicyclic monoterpene）是两个异戊二烯单位连接而成的一个六元环并桥合而成的三至五元环的桥环化合物。它们的母体主要是苧、蒈、莰、蒎、葑。这几个双环单萜基本骨架如下：

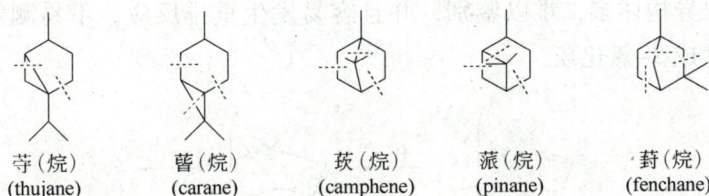

苧（烷）	蒈（烷）	莰（烷）	蒎（烷）	葑（烷）
(thujane)	(carane)	(camphene)	(pinane)	(fenchane)

这五种母核本身并不存在于自然界，但它们的某些不饱和衍生物和含氧衍生物则广泛存在于植物中，其中蒎烷和莰烷的衍生物与药学关系比较密切。

（1）蒎烯（pinene）　根据双键位置不同，有 α-、β-、δ- 三种异构体。

α-蒎烯	β-蒎烯	δ-蒎烯
(α-pinene)	(β-pinene)	(δ-pinene)

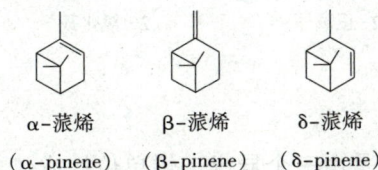

自然界中存在最多的是 α-蒎烯，在松节油中含 70% ~ 80%，β-蒎烯也存在于松节油中，但含量较少。松节油在医药上用作局部止痛剂，也是合成樟脑和龙脑的原料。

（2）樟脑　樟脑（camphor）化学名莰-2-酮，分子中有两个手性碳原子，应有四个（两对）对映异构体，但实际上只有一对稳定的对映体，这是由于以桥相连的手性碳（C_1 和 C_4）上的氢和甲基只能在环的同一边，即顺式桥连，因而使异构体数目减少。

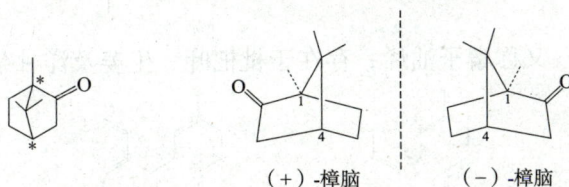

（+）-樟脑	（-）-樟脑

樟脑主要存在樟树的挥发油中，主要产地是我国台湾、福建等地。自然界存在的樟脑主要是右旋体，人工合成的樟脑为外消旋体。樟脑有强心效能和愉快的香味，可用作强心剂、兴奋剂、祛痰剂和防蛀剂。樟脑也是硝化纤维素的增塑剂。樟脑分布不广，工业上用 α-蒎烯合成樟脑。

（3）龙脑（borneol）　即中药冰片，化学名莰-2-醇，其差向异构体是异龙脑（iscomphol）。

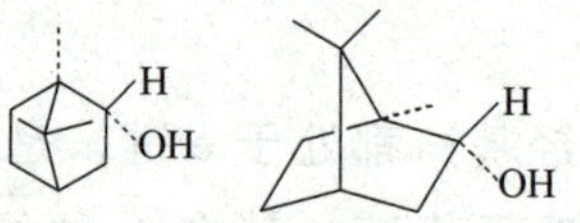

龙脑 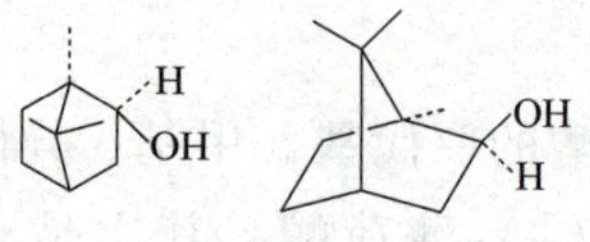　　　　　　　　　　　异龙脑

龙脑主要存在于热带植物龙脑香树的木部挥发油中，一般为右旋体，左旋体存在于海南省产的艾纳香全草中，人工合成的是外消旋体。龙脑为无色透明六角形片状结晶，有清凉气味，具有发汗、兴奋、镇痛及抗氧化的药理作用，是仁丹、冰硼散、速效救心丸等许多中成药的有效成分，也可用作化妆品和配制香精等。

龙脑氧化可得到樟脑：

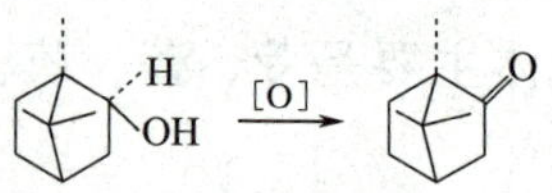

萜类化合物不仅异构体多，难以鉴别，并且容易发生重排反应，不易测定其结构，例如 α-蒎烯与氯化氢作用生成 2-氯化莰。

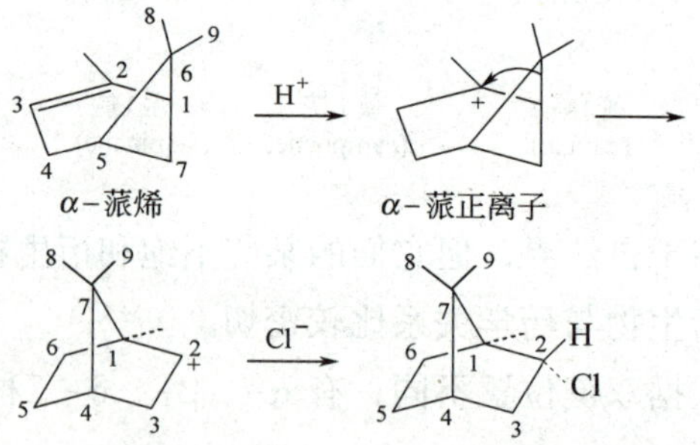

α-蒎烯　　　　　α-蒎正离子

莰-2-正离子　　　　2-氯化莰

（二）倍半萜类化合物

倍半萜类（sesquiterpenoids）是由三个异戊二烯单位构成，含有 15 个碳原子的化合物。主要分布在植物界和微生物界。多以挥发油的形式存在，是挥发油的高沸程（250~280℃）主要成分。在植物界中多以醇、酮、内酯或苷的形式存在。倍半萜的含氧衍生物多具有较强的香气和生物活性，是医药、食品、化妆品工业的重要原料。倍半萜类化合物种类繁多，结构复杂，其基本母核也分为链状、环状等，环系又可以是小环、普通环、中环以至大环。其化学结构在近几十年才被人们所认识。

1. 金合欢烯

金合欢烯（farnesene）又称麝子油烯，存在于枇杷叶、生姜及洋甘菊的挥发油中。

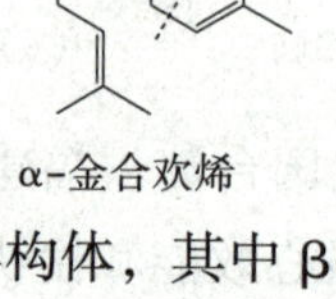

α-金合欢烯 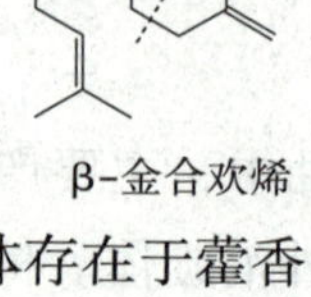　　　　β-金合欢烯

金合欢烯有 α-和 β-两种异构体，其中 β-异构体存在于藿香、啤酒花和生姜挥发油中。

2. 金合欢醇

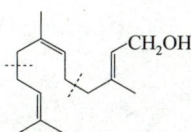

金合欢醇（farnesol）又称法尼醇，存在于香茅草、橙花、玫瑰等多种芳香植物的挥发油中，为无色油状液体，是一种名贵香料，也有昆虫保幼激素活性。

3. 姜烯

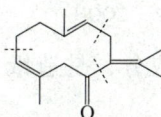

姜烯（zingiberene）是姜科植物姜根茎挥发油的主要成分，有祛风止痛作用，也可用作调味剂。

4. 杜鹃酮

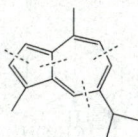

杜鹃酮（germacrone）又称大牻牛儿酮，存在于兴安杜鹃（东北满山红）叶的挥发油中，具有平喘、止咳、祛痰等作用，可用于治疗慢性气管炎。

5. 愈创木薁

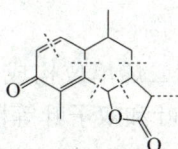

愈创木薁（guaiazulene）为蓝色片状结晶，存在于香樟、老鹳草的挥发油中，具有抗菌消炎作用，能促进烫伤面的愈合，是国内烫伤药的主要成分之一。

6. α-山道年

α-山道年（α-santonin）是山道年草或茴蒿未开放的头状花序或全草的主要成分，为无色结晶，不溶于水，易溶于有机溶剂，是一种肠道驱虫药，可用于治疗肠道寄生虫。

（三）二萜类化合物

二萜类（diterpenoids）是由四个异戊二烯单位构成，含有 20 个碳原子的化合物。此类化合物广泛分布于植物界，如植物醇为叶绿素的组成部分。植物分泌的乳汁、树脂等均以二萜类衍生物为主，在松柏科植物中分布尤为普遍。许多二萜的衍生物具有多方面的生物活性，如穿心莲内酯、丹参酮、银杏内酯等，有些已是重要的药物。除植物外，菌类代谢产物中也发现了二萜类化合物，并且从海洋生物中也分离得到很多二萜的衍生物。

1. 植物醇

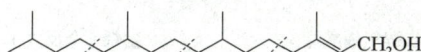

植物醇（phytol）也称叶绿醇，是叶绿素的水解产物之一，也是合成维生素 E 和维生素 K_1 的原料。

2. 维生素 A

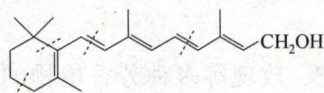 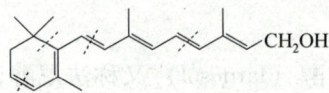

维生素 A_1 维生素 A_2

维生素 A(vitaminA) 有两种，维生素 A_1 和维生素 A_2，通常把维生素 A_1 称为维生素 A，维生素 A_2 的活性仅是维生素 A_1 的40%。维生素 A 存在于动物的肝脏、奶油、蛋黄和鱼肝油中，是哺乳动物正常生长和发育所必需的物质，人体缺乏它可以导致皮肤粗糙、干眼症等。

3. 松香酸

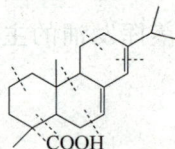

松香酸（abietic acid）是松香的主要成分，是造纸、涂料、塑料和制药工业的原料。其盐有乳化作用，可作肥皂的增泡剂。

4. 穿心莲内酯

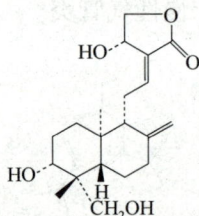

穿心莲内酯（andrographolide）系穿心莲（又称榄核莲、一见喜）中抗炎作用的主要活性成分，临床上用于治疗急性菌痢、胃肠炎、咽喉炎、感冒发热等，疗效显著。

（四）三萜类化合物

三萜类（triterpenoids）是由六个异戊二烯单位构成，含有 30 个碳原子的化合物。此类化合物在自然界分布很广，菌类、蕨类、单子叶和双子叶等植物、动物及海洋生物中均有分布，它们以游离形式或者与糖结合成苷类或酯的形式存在。三萜类化合物具有广泛的生理活性，如抗癌、抗炎、抗菌、抗病毒、降低胆固醇、溶血、抗生育等。三萜的基本骨架以四或五环最常见，链状和三环为数不多。

1. 鲨烯

鲨烯（squalene）或角鲨烯，又称鱼肝油烯，存在于鲨鱼肝油及其他鱼类鱼肝油中的不皂化部分，茶油、橄榄油中也含有。其结构特点是在分子的中心处两个异戊二烯尾尾相连，可以看作是由两分子金合欢醇焦磷酸酯缩合而成。

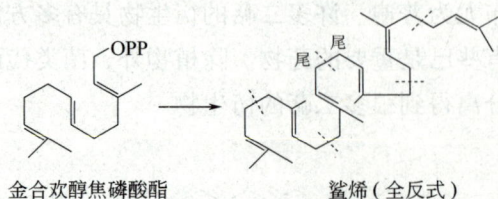

金合欢醇焦磷酸酯   鲨烯（全反式）

鲨烯为不溶于水的油状液体，是杀菌剂，其饱和物可用作皮肤润滑剂。它又是合成羊毛甾醇的前体。

2. 甘草次酸

甘草为豆科甘草属植物，具有缓急、调和诸药的作用，为常用中药。甘草酸（glycyrrhizicacid）及其苷元甘草次酸（glycyrrhetinic acid）为其主要有效成分。甘草次酸在甘草中除游离存在外，主要是与两分子葡萄糖醛酸结合成甘草酸或称甘草皂苷。由于有甜味，又称甘草甜素。其结构如下：

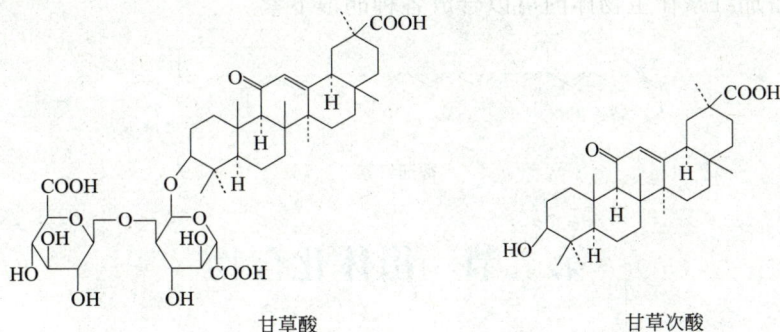

甘草酸　　　　　　　　　　　　甘草次酸

3. 齐墩果酸

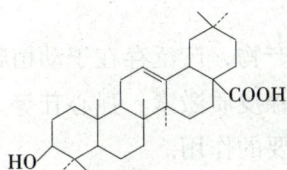

齐墩果酸（oleanolic acid）是由木本植物油橄榄（习称齐墩果）的叶中分离得到的。另外，在中药人参、牛膝、山楂、山茱萸等中都含有该化合物，经动物试验证明其具有降低转氨酶作用，对四氯化碳引起的大鼠急性肝损伤有明显的保护作用，可用于治疗急性黄疸型肝炎，对慢性肝炎也有一定的疗效。

（五）四萜类化合物

四萜类（tetraterpenoids）是由八个异戊二烯单位构成，含有 40 个碳原子的化合物。通常把这类化合物称胡萝卜素类，这是因为胡萝卜素是 1831 年首次从胡萝卜中提取得到的。后来又发现很多结构与此类似的色素，所以通常把四萜称为胡萝卜类色素。这类化合物的结构特点是分子中含有较长的共轭体系，处于中间部位两个异戊二烯尾尾相连。

1. 胡萝卜素

胡萝卜素（carotene）广泛存在于植物的叶、茎和果实中。胡萝卜素有多种，最常见的是 α-、β-、γ-三种异构体，其中 β-体含量最多为 85%，它在动物体内能转化成维生素 A，所以也称为维生素 A 源。

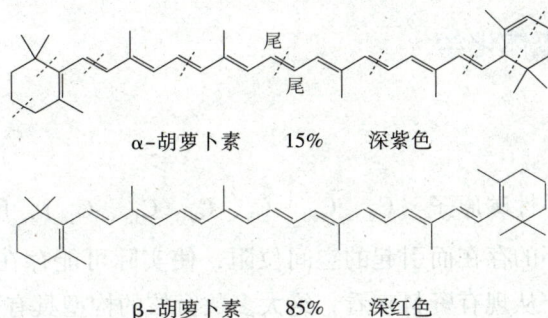

α-胡萝卜素　15%　深紫色

β-胡萝卜素　85%　深红色

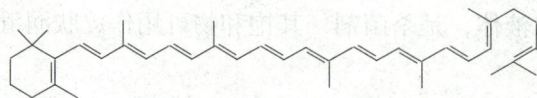

γ-胡萝卜素　0.1%　红色

2. 番茄红素

番茄红素（lycopene）是从番茄中得到的，许多其他果实中也存在，结构与γ-胡萝卜素相似，但未成环。番茄红素在生物体内可以合成各种胡萝卜素。

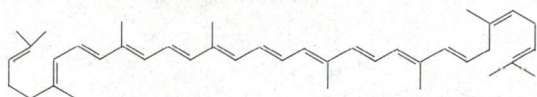

番茄红素

第二节　甾体化合物

一、概述

甾体化合物是一类很重要的天然产物，广泛存在于动植物界。甾体化合物中很多具有重要的生理活性，如维生素、性激素、肾上腺皮质激素、强心苷等。其作用涉及生理、保健、医药、农业等诸多方面，对动植物生命起着重要的作用。

甾体化合物的结构中都含有一个"环戊烷并多氢菲"的甾核骨架，并且一般带有三个支链，其通式为：

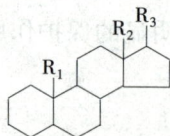

其中 R_1、R_2 一般为甲基，通常把这种甲基称为角甲基，R_3 为具有 2、5、8、9、10 个碳原子的侧链，在不同的甾体化合物中 R_3 链长短不同。甾是一个象形字，是根据这个结构得来的，"田"表示四个环，"《《《"则表示三个侧链。四个环用 A、B、C、D 编号，碳原子也按固定顺序用阿拉伯数字编号。

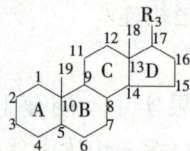

C_{17} 上支链编号

二、甾体化合物的立体化学

（一）母核的构型

甾核的四个环有六个手性碳原子（C_5、C_{10}、C_8、C_9、C_{13}、C_{14}），所以，理论上应有 2^6（64）个立体异构体。但由于稠环的存在而引起的空间位阻，使实际可能存在的异构体数目大大减少，一般只以稳定的构型存在。从现有资料来看，绝大多数甾核的构型具有如下特点：

1. 甾核中四个环（A、B、C、D）在手性碳处 C_5、C_{10}（A/B 环）；C_9、C_8（B/C 环）；C_{13}、C_{14}（C/D 环）稠合。

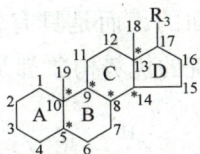

2. B、C 两环总是反式稠合，表示为 B/C 反。

3. 除强心苷元和蟾毒苷元外，C、D 环也是反式稠合，表示为 C/D 反。

4. A、B 环的稠合方式有两种，A、B 环可以顺式稠合，也可以反式稠合，表示为 A/B 顺或 A/B 反。

根据这些特点，可将甾体化合物分为正系和别系两种类型：

正系：也称 5β 甾体化合物，简称 5β 系。其构型可表示为 A/B 顺、B/C 反、C/D 反。A/B 环相当于顺十氢化萘的构型，C_5 上的氢原子和 C_{10} 的角甲基都伸向环平面的前方，用实线表示。

例如：粪甾烷（coprostane）

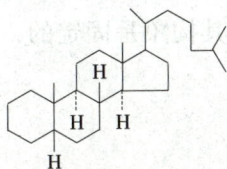

正系　5β 型

别系或异系：也称 5α 甾体化合物，简称 5α 系。其构型可表示为 A/B 反、B/C 反、C/D 反。A/B 环相当于反十氢化萘的构型，C_5 上的氢原子和 C_{10} 的角甲基不在同一边，而是伸向环平面的后方，用虚线表示。

例如：胆甾烷（cholestane）

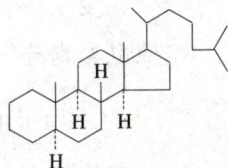

别系　5α 型

（二）取代基构型

经 X 射线分析证明，天然甾体化合物中，C_{10} 和 C_{13} 上的角甲基互为顺式，都在环平面的前方，取代基的构型以角甲基为判断标准。环上取代基与角甲基在同一边，叫 β-构型，用实线（—）表示。环上取代基与角甲基不在同一边，叫 α-构型，用虚线（---）表示。环上取代基构型还未确定，叫 ξ-构型，用波纹线（～）表示。

例如：

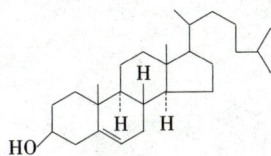

3β-羟基胆甾-5-烯
（胆甾醇；cholesterol）

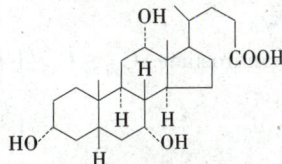

3α,7α,12α-三羟基-5β-胆烷-24-酸
（胆酸；cholic acid）

（三）甾体化合物的构象

甾体化合物的分子实际上并不是平面的，而是具有较复杂的空间构型，可以不同的构象存在。1950 年巴尔登提出了粪甾烷和胆甾烷的优势构象都是三个椅式环己烷和环戊烷稠合在一起，其构象式如下：

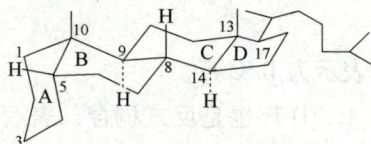

粪甾烷　正系　（A/B 环相当于顺十氢化萘的构型）

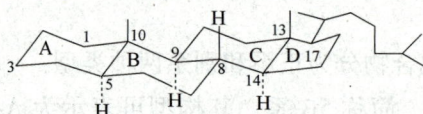

胆甾烷　别系（A/B 环相当于反十氢化萘的构型）

由于甾体化合物中四个环稠合在一起，而且都有反式稠合环，故和反式十氢化萘一样，没有转环作用，分子中 a 键和 e 键不能互换，其构象是固定的，因此，a 键基团和 e 键基团在化学性质上表现不同。

三、甾体化合物的命名

对甾体化合物进行系统命名时，首先要确定其基本母核的名称。

（一）甾体母核的命名

根据 C_{10}、C_{13}、C_{17} 处所链侧链不同，可将常见的甾体母核分为以下几类：

1. 甾烷

甾烷（gonane）C_{10}、C_{13} 处没有角甲基，C_{17} 处也无侧链。

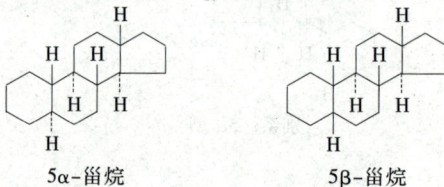

5α-甾烷　　　　　　　　　5β-甾烷

2. 雌甾烷

雌甾烷（estrane）C_{13} 处有角甲基，C_{10}、C_{17} 处无侧链。

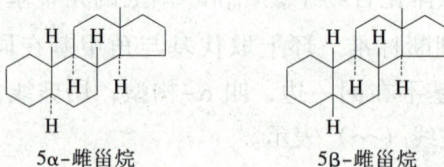

5α-雌甾烷　　　　　　　　5β-雌甾烷

3. 雄甾烷

雄甾烷（androstane）C_{10}、C_{13} 处有角甲基，C_{17} 处无侧链。

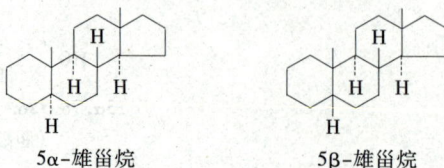

5α-雄甾烷　　　　　　　　5β-雄甾烷

4. 孕甾烷

孕甾烷（pregnane）C_{10}、C_{13}处有角甲基，C_{17}处连有 β-构型的乙基。

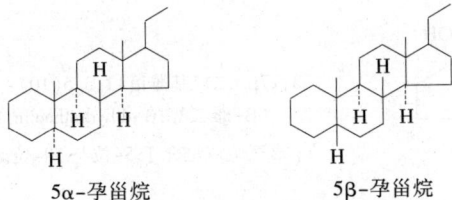

5α-孕甾烷　　　　　　5β-孕甾烷

5. 胆烷

胆烷（cholane）C_{10}、C_{13}处有角甲基，C_{17}处连有 β-构型的—$CH(CH_3)CH_2CH_2CH_3$。

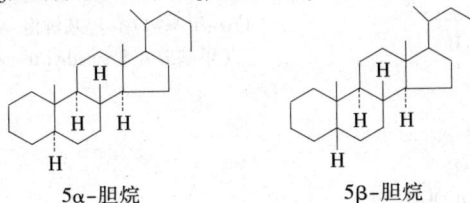

5α-胆烷　　　　　　5β-胆烷

6. 胆甾烷

胆甾烷（cholestane）C_{10}、C_{13}处有角甲基，C_{17}处连有 β-构型的—$CH(CH_3)CH_2CH_2 CH_2CH-(CH_3)_2$。

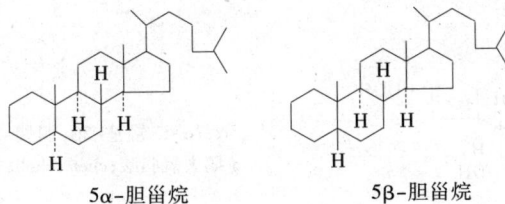

5α-胆甾烷　　　　　　5β-胆甾烷

7. 麦角甾烷

麦角甾烷（ergostane）C_{10}、C_{13}处有角甲基，C_{17}处连有 β-构型的—$CH(CH_3)CH_2CH_2CH-(CH_3)CH(CH_3)_2$。

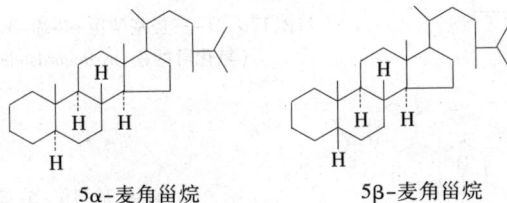

5α-麦角甾烷　　　　　　5β-麦角甾烷

8. 豆甾烷

豆甾烷（stigmastane）C_{10}、C_{13}处有角甲基，C_{17}处连有 β-构型的—$CH(CH_3)CH_2CH_2CH-(CH_2CH_3)CH(CH_3)_2$。

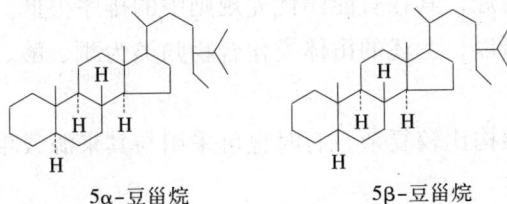

5α-豆甾烷　　　　　　5β-豆甾烷

（二）甾体命名的实例

确定了甾体母核的名称后，将连在母核上的取代基或官能团的位置、构型、数目和名称进行系统命名法的模块化处理。

例如：

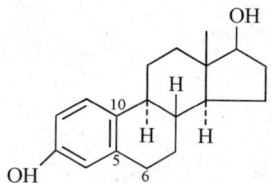

3,17β-二羟基雌甾-1,3,5(10)-三烯
（β-雌二醇；β-dihydrotheelin）
[第三个双键介于 5-位与 10-位之间,故标 5(10)]

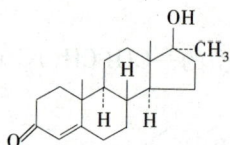

17α-甲基-17β-羟基雄甾-4-烯-3-酮
（甲基睾丸素；methyl testosterone）

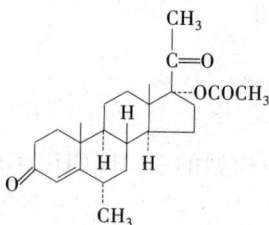

6α-甲基-17α-乙酰氧基孕甾-4-烯-3,20-二酮
（甲孕酮；medroprogesterone acetate）

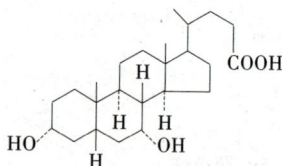

3α,7α-二羟基-5β-胆烷-24-酸
（鹅去氧胆酸；chemocholic acid）

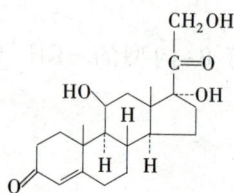

11β,17α,21-三羟基孕甾-4-烯-3,20-二酮
（氢化可的松；hydrocortisone）

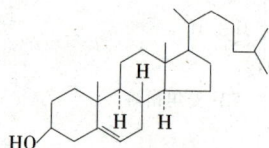

3β-羟基胆甾-5-烯
（胆甾醇；cholesterol）

总之，甾体化合物的命名依然遵循系统命名法的模块化原则。本质上讲，甾核这个基本的骨架就是一个特殊的环烷。作为烷烃，其在官能团优先规则中的排序很低。如果连接略高位的官能团，就得依官能团进行归类。所以，上述的甾体类化合物归类为酮、酸、醇、烯，很少直接归类为烷。

甾体化合物的命名，因其结构比较复杂，有时也可采用与其来源或生理作用相关的俗名，上述甾体化合物括号内即为其俗名。

四、甾体化合物的种类

甾体化合物种类很多，一般根据天然来源和生物活性大致可以分为甾醇类、胆甾酸类、甾体激素、强心苷等。

（一）甾醇类

甾醇是甾体化合物中最早发现的一类化合物，它们属于醇类，又是结晶固体，所以又叫固醇类，其结构特征是 C_3 上有 β-羟基，C_5 上有不饱和键。在动物体内以酯的形式存在。

1. 胆甾醇

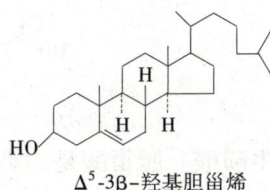

Δ^5-3β-羟基胆甾烯

胆甾醇（cholesterol）又称胆固醇，存在于动物的血液、脂肪、脑、脊髓和神经组织中，蛋黄中含量也较多。是无色蜡状固体，不溶于水，易溶于有机溶剂。人体内含量过高，可引起胆结石、高血压和动脉粥样硬化。

2. 麦角甾醇

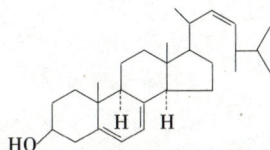

麦角甾醇（ergostenol）最初是从麦角中得到的一种植物甾醇，现多从酵母中提取得到，中药灵芝和茯苓中也含有。麦角甾醇为白色片状结晶或针状结晶，是合成维生素 D_2 的原料。

3. 维生素 D 类

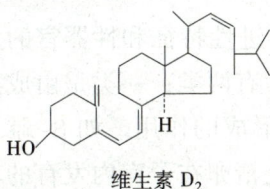

维生素 D_2

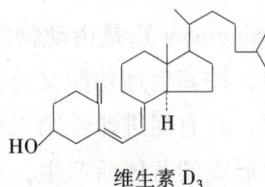

维生素 D_3

维生素 D（radiostol）类可看作是在甾醇类 B 环破裂后形成的产物，目前已知的有 10 多种，其中维生素 D_2 和 D_3 的生理活性最强，主要用于治疗佝偻病。维生素 D_3 与 D_2 结构上的差别仅在于 C_{22} 处无双键，C_{24} 无甲基，稳定性较 D_2 高。

4. β-谷甾醇

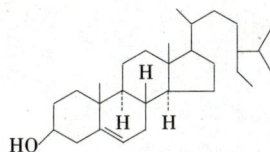

β-谷甾醇（β-sitosterol）在植物中分布很广，它以游离或苷的形式存在。β-谷甾醇具有抑制胆甾醇在肠道的吸收和降低血液中胆甾醇含量的作用，临床用作降脂药。β-谷甾醇还是合成甾体激素类药物的原料。

（二）胆甾酸类

胆甾酸（cholalicacid）或称胆酸，存在于人和动物的胆汁中，是其最重要的组分，在胆汁中以胆盐的形式存在，即胆酸中的羧基与甘氨酸和牛磺酸中的氨基形成甘氨胆酸和牛磺胆酸，并以不同的比例存在于不同动物的胆汁中，总称胆汁酸。

例如：

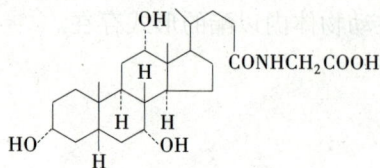

甘氨胆酸（glycocholic acid）

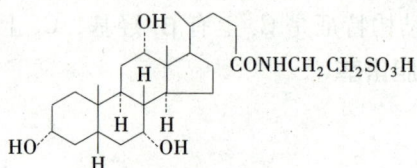

牛磺胆酸（taurocholic acid）

将其水解，就得到胆酸、甘氨酸或牛磺酸。胆甾酸是一类良好的乳化剂，可在肠道中帮助油脂的乳化和吸收。

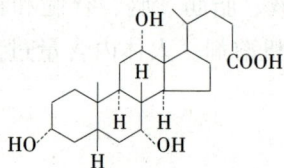

胆酸（bile acid）

NH$_2$CH$_2$COOH　甘氨酸（glycine）

NH$_2$CH$_2$CH$_2$SO$_3$H　牛磺酸（taurine）

（三）甾体激素

激素又称荷尔蒙（hormone），是动物体内各种内分泌腺所分泌的特殊化学物质，它能直接进入血液和淋巴液中，数量很少，但具有重要的生理作用，主要是控制生长、营养和性机能等。甾体激素按其来源又可分为性激素和肾上腺皮质激素两类。

1. 性激素

性激素（sexhormone）是由动物的性腺分泌的，其作用是促进性特征和性器官的发育，维持正常的生育功能，按其生理功能又分为雌激素和雄激素。雌激素有两类；一类是由成熟的卵泡产生，称为雌激素，具有促进雌性第二性征的发育和性器官最后形成的作用，如β-雌二醇；另一类由卵泡排卵后形成的黄体所产生，称为黄体激素，具有促进受精卵在子宫内发育的功能，如黄体酮。雄激素是由腺睾丸间质细胞所分泌，肾上腺皮质也分泌少量雄激素。雄激素存在于男性的血液和小便中，具有促进雄性第二性征的发育和性器官最后形成的作用，如睾丸素。性激素的结构特征是大多数在 C$_4$~C$_5$ 间有双键，C$_{17}$ 上没有较长的侧链。

例如：

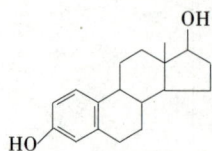

β-雌二醇（β-dihydrotheelin）

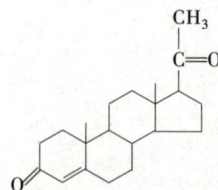

黄体酮（progesterone）

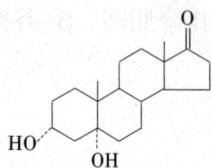

雄性酮（androsterone）

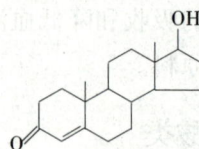

睾丸素（testosterone）

2. 肾上腺皮质激素

由肾上腺皮质（adrenalcortex）分泌的一类激素称为肾上腺皮质激素（adrenal cortexhormone）。根据生理功能又分为糖皮质激素（glucocorticoid）和盐皮质激素。糖皮质激素的生理功能是影响机体的糖代谢、增加肝糖原、增强抵抗力、具有抗炎、抗过敏和抗风湿的作用，例如可的松等。盐皮质激素能促进体内 Na^+ 的潴留和 K^+ 的排出，通过保钠排钾来调节机体内钠、钾离子的平衡，例如去氧皮质酮。

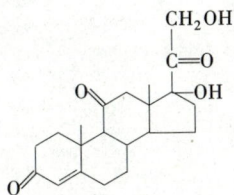

可的松（cortisone）

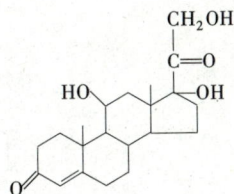

氢化可的松（hydrocortisone）

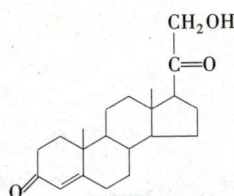

11-去氧皮质酮

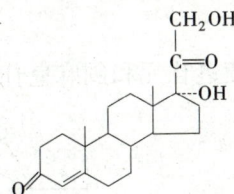

17α-羟基-11-去氧皮质酮

（四）强心苷类

强心苷（cardiacglycoside）是存在于动、植物体内具有强心作用的甾体苷类化合物。临床上主要用于治疗充血性心力衰竭及节律障碍等心脏疾患。强心苷主要分布于夹竹桃科、百合科、十字花科、毛茛科、卫矛科等十几个科的一百多种植物中。强心苷的结构比较复杂，是由强心苷元和糖两部分构成的。强心苷元中甾体母核四个环的稠合方式是 A/B 环可顺可反，B/C 环反式，C/D 环多为顺式。C_{17} 侧链为不饱和内酯环，甾核上的三个侧链都是 β 构型，C_{13} 是甲基，C_{10} 大多是甲基，也有羟基、醛基、羧基等。

例如：

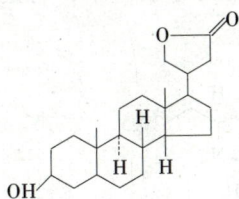

强心甾

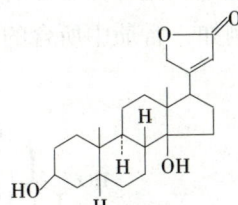

洋地黄毒苷元

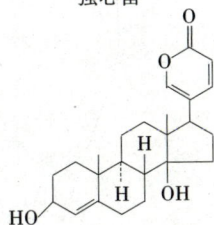

海葱苷元

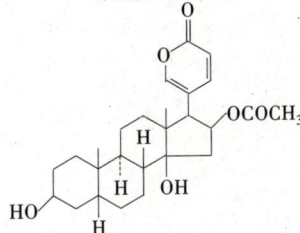

蟾酥毒苷元

（五）甾体皂苷类

甾体皂苷是与三萜皂苷结构不同的另一类皂苷，但其性质与三萜皂苷类似。甾体皂苷的苷元部分均为螺旋甾烷的衍生物。这类皂苷往往与强心苷共存于植物中，以百合科、玄参科、薯蓣科及龙舌兰科等植物体内含量较多。螺旋甾烷是一种具有 27 个碳原子的甾体母核，其结构如下：

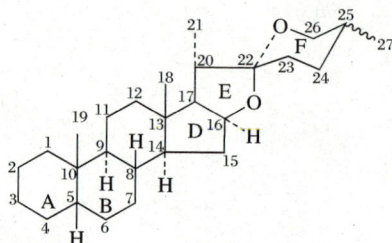

螺旋甾烷

例如，薯蓣皂苷元和剑麻皂苷元就具有螺旋甾烷的结构。

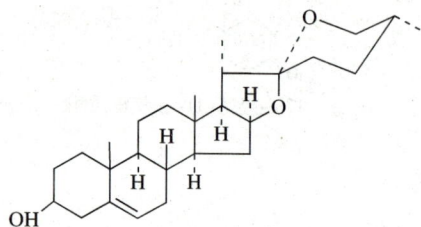

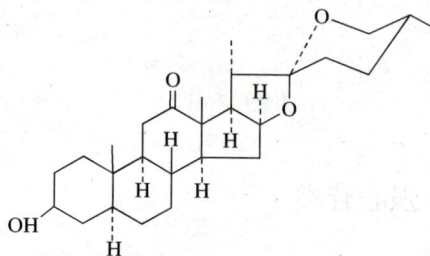

薯蓣皂苷元

（25R）-螺旋甾-5-烯-3β-醇

剑麻皂苷元

（25S）-3β-羟基-5α-螺旋甾-12-酮

（六）甾体生物碱类

甾体生物碱是一类含 N 原子的甾体植物成分，分子中的 N 原子可以在环内，也可以在环外支链上。这类生物碱主要分布于百合科藜芦属和贝母属、茄科茄属等植物中，有的以苷存在，有的以酯存在。例如：番茄中所含的茄碱（α-solanine）等。

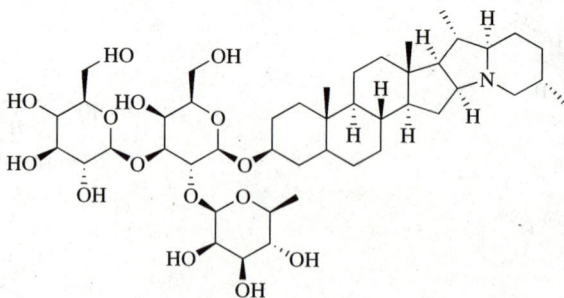

茄碱

符号、计量单位及其缩写

在阅读本书时，如遇到无法理解符号或缩写，可在本表中查找（氨基酸的缩写除外）。

b. p.：沸点（boiling point）

C：共轭效应（conjugation effect）

cis：顺式构型（适用于 C＝C 或环）

D：德拜（Debye，$1D = 3.334 \times 10^{-30} C \cdot m$）

D-：立体化学中的一种相对构型

d^{20}：指该化合物 20℃ 的密度（单位通常为 g/mL）

d_4^{20}：指该化合物 20℃ 的密度与 4℃ 时水的密度（1.0000g/mL）的比值（无单位）

DMF：N,N-二甲基甲酰胺

DMSO：二甲基亚砜

E：① 消除反应（Elimination reaction）；② E-（Entgegen）指碳碳双键相反的几何构型

E1：单分子消除反应

E2：双分子消除反应

Et：乙基—C_2H_5

hυ：光照

I：诱导效应（inductive effect）

+I：供电子诱导效应

-I：吸电子诱导效应

i：异位，iso

L-：立体化学中的一种相对构型

m：间位（对苯环取代而言）

Me：甲基—CH_3

Meso：内消旋

m. p.：熔点（melting point）

n：正位，（normal）

NBS：N-溴代丁二酰亚胺（N-bromosuccinimide）

nm：纳米（$1nm = 10^{-9}m$）

o：邻位（对苯环上取代而言）

p：对位（对苯环上取代而言）

PE：石油醚

pI：等电点

pK_a：酸式电离常数 K_a 的负对数

pK_b：碱式电离常数 K_b 的负对数

pm：皮米（$1pm = 10^{-12}m$）

Pr：丙基—C_3H_7

R-：立体化学中的一种绝对构型

S-：立体化学中的一种绝对构型

S_N：亲核取代（substitution nucleophilic）反应

S_N1：单分子亲核取代反应

S_N2：单分子亲核取代反应

THF：四氢呋喃（Tetrahydrofuran）

trans：反式构型（适用于 C＝C 或环）

Z-：Zusammen，指碳碳双键顺式的几何构型

α：①α-位，即官能团的邻位；②糖分子构型中的 α-型异头物（端基异构体）；③旋光度

[α]：比旋光度

β：①β-位，即与 α-位的邻位；②糖分子构型中的 β-型异头物（端基异构体）

Δ：C＝C，如 Δ^6 在 6 号位上的 C＝C

δ^+：部分正电荷

δ^-：部分负电荷

μ：偶极距

ω：碳链的末端（离官能团最远的位置）

主要参考书目

1. Jonathan Clayden，Nick Greeves，Stuart Warren. Organic Chemistry. 2nd ed. New York：Oxford University Press Inc.，2012.

2. 中国化学会有机化合物命名审定委员会. 有机化合物命名原则（2017）. 北京：科学出版社，2018.

3. 吉卯祉，彭松. 有机化学. 北京：科学出版社，2002.

4. 伍越寰，李伟昶，沈晓明. 有机化学. 合肥：中国科学技术大学出版社，2002.

5. 徐寿昌. 有机化学. 2版. 北京：高等教育出版社，1993.

6. 蒋硕健，丁有骏，李明谦. 有机化学. 2版. 北京：北京大学出版社，1996.

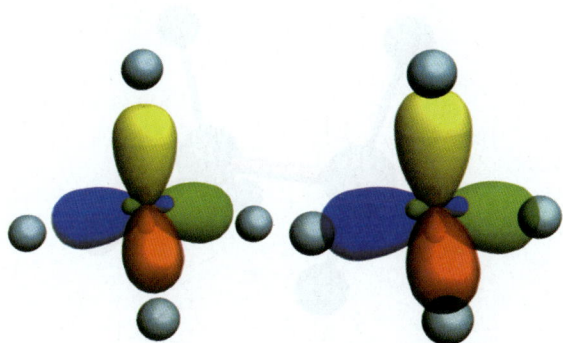

图2-5 甲烷分子的形成

图2-7 sp² 杂化轨道的电子云示意图

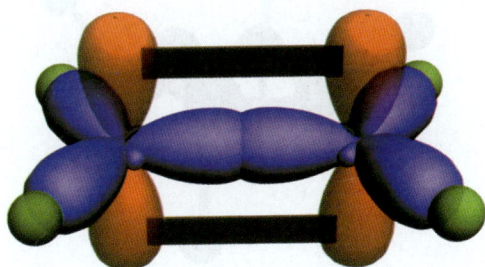

图2-8 乙烯分子的形成

图2-10 sp杂化轨道的电子云示意图

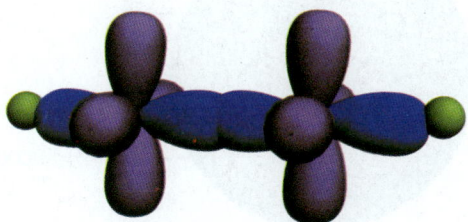

图2-11 乙炔分子的形成

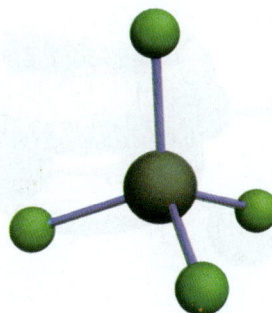

图3-2 甲烷的球棒模型

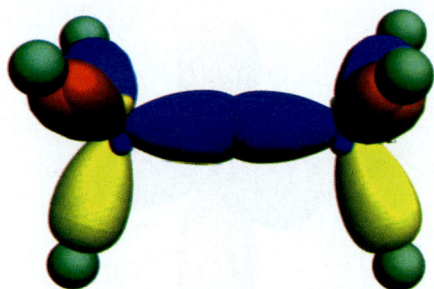
图3-4　乙烷分子中原子轨道重叠示意图

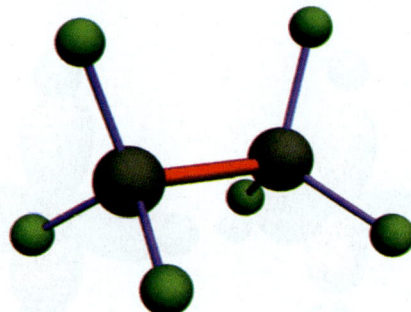
图3-5　乙烷的重叠式构象

图5-1　乙炔分子结构示意图

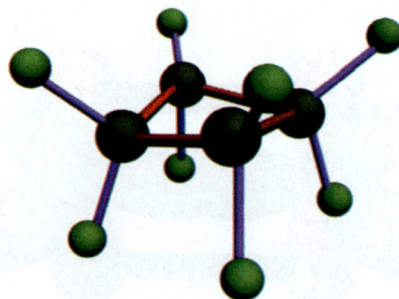
图6-3　环丁烷的蝶式构象

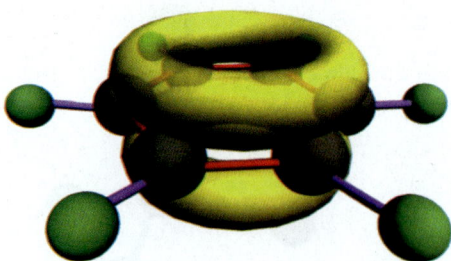
图7-1　苯分子的 π 电子云示意图

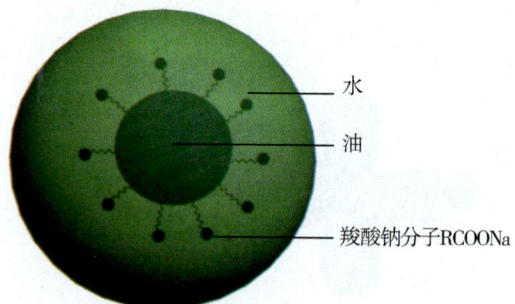
图12-1　胶束示意图

全国中医药行业高等教育"十四五"规划教材

全国高等中医药院校规划教材（第十一版）

教材目录（第一批）

注：凡标☆号者为"核心示范教材"。

（一）中医学类专业

序号	书名	主编		主编所在单位	
1	中国医学史	郭宏伟	徐江雁	黑龙江中医药大学	河南中医药大学
2	医古文	王育林	李亚军	北京中医药大学	陕西中医药大学
3	大学语文	黄作阵		北京中医药大学	
4	中医基础理论☆	郑洪新	杨 柱	辽宁中医药大学	贵州中医药大学
5	中医诊断学☆	李灿东	方朝义	福建中医药大学	河北中医学院
6	中药学☆	钟赣生	杨柏灿	北京中医药大学	上海中医药大学
7	方剂学☆	李 冀	左铮云	黑龙江中医药大学	江西中医药大学
8	内经选读☆	翟双庆	黎敬波	北京中医药大学	广州中医药大学
9	伤寒论选读☆	王庆国	周春祥	北京中医药大学	南京中医药大学
10	金匮要略☆	范永升	姜德友	浙江中医药大学	黑龙江中医药大学
11	温病学☆	谷晓红	马 健	北京中医药大学	南京中医药大学
12	中医内科学☆	吴勉华	石 岩	南京中医药大学	辽宁中医药大学
13	中医外科学☆	陈红风		上海中医药大学	
14	中医妇科学☆	冯晓玲	张婷婷	黑龙江中医药大学	上海中医药大学
15	中医儿科学☆	赵 霞	李新民	南京中医药大学	天津中医药大学
16	中医骨伤科学☆	黄桂成	王拥军	南京中医药大学	上海中医药大学
17	中医眼科学	彭清华		湖南中医药大学	
18	中医耳鼻咽喉科学	刘 蓬		广州中医药大学	
19	中医急诊学☆	刘清泉	方邦江	首都医科大学	上海中医药大学
20	中医各家学说☆	尚 力	戴 铭	上海中医药大学	广西中医药大学
21	针灸学☆	梁繁荣	王 华	成都中医药大学	湖北中医药大学
22	推拿学☆	房 敏	王金贵	上海中医药大学	天津中医药大学
23	中医养生学	马烈光	章德林	成都中医药大学	江西中医药大学
24	中医药膳学	谢梦洲	朱天民	湖南中医药大学	成都中医药大学
25	中医食疗学	施洪飞	方 泓	南京中医药大学	上海中医药大学
26	中医气功学	章文春	魏玉龙	江西中医药大学	北京中医药大学
27	细胞生物学	赵宗江	高碧珍	北京中医药大学	福建中医药大学

序号	书名	主编		主编所在单位	
28	人体解剖学	邵水金		上海中医药大学	
29	组织学与胚胎学	周忠光	汪涛	黑龙江中医药大学	天津中医药大学
30	生物化学	唐炳华		北京中医药大学	
31	生理学	赵铁建	朱大诚	广西中医药大学	江西中医药大学
32	病理学	刘春英	高维娟	辽宁中医药大学	河北中医学院
33	免疫学基础与病原生物学	袁嘉丽	刘永琦	云南中医药大学	甘肃中医药大学
34	预防医学	史周华		山东中医药大学	
35	药理学	张硕峰	方晓艳	北京中医药大学	河南中医药大学
36	诊断学	詹华奎		成都中医药大学	
37	医学影像学	侯键	许茂盛	成都中医药大学	浙江中医药大学
38	内科学	潘涛	戴爱国	南京中医药大学	湖南中医药大学
39	外科学	谢建兴		广州中医药大学	
40	中西医文献检索	林丹红	孙玲	福建中医药大学	湖北中医药大学
41	中医疫病学	张伯礼	吕文亮	天津中医药大学	湖北中医药大学
42	中医文化学	张其成	臧守虎	北京中医药大学	山东中医药大学

（二）针灸推拿学专业

序号	书名	主编		主编所在单位	
43	局部解剖学	姜国华	李义凯	黑龙江中医药大学	南方医科大学
44	经络腧穴学☆	沈雪勇	刘存志	上海中医药大学	北京中医药大学
45	刺法灸法学☆	王富春	岳增辉	长春中医药大学	湖南中医药大学
46	针灸治疗学☆	高树中	冀来喜	山东中医药大学	山西中医药大学
47	各家针灸学说	高希言	王威	河南中医药大学	辽宁中医药大学
48	针灸医籍选读	常小荣	张建斌	湖南中医药大学	南京中医药大学
49	实验针灸学	郭义		天津中医药大学	
50	推拿手法学☆	周运峰		河南中医药大学	
51	推拿功法学☆	吕立江		浙江中医药大学	
52	推拿治疗学☆	井夫杰	杨永刚	山东中医药大学	长春中医药大学
53	小儿推拿学	刘明军	邰先桃	长春中医药大学	云南中医药大学

（三）中西医临床医学专业

序号	书名	主编		主编所在单位	
54	中外医学史	王振国	徐建云	山东中医药大学	南京中医药大学
55	中西医结合内科学	陈志强	杨文明	河北中医学院	安徽中医药大学
56	中西医结合外科学	何清湖		湖南中医药大学	
57	中西医结合妇产科学	杜惠兰		河北中医学院	
58	中西医结合儿科学	王雪峰	郑健	辽宁中医药大学	福建中医药大学
59	中西医结合骨伤科学	詹红生	刘军	上海中医药大学	广州中医药大学
60	中西医结合眼科学	段俊国	毕宏生	成都中医药大学	山东中医药大学
61	中西医结合耳鼻咽喉科学	张勤修	陈文勇	成都中医药大学	广州中医药大学
62	中西医结合口腔科学	谭劲		湖南中医药大学	

（四）中药学类专业

序号	书　名	主　编		主编所在单位	
63	中医学基础	陈　晶	程海波	黑龙江中医药大学	南京中医药大学
64	高等数学	李秀昌	邵建华	长春中医药大学	上海中医药大学
65	中医药统计学	何　雁		江西中医药大学	
66	物理学	章新友	侯俊玲	江西中医药大学	北京中医药大学
67	无机化学	杨怀霞	吴培云	河南中医药大学	安徽中医药大学
68	有机化学	林　辉		广州中医药大学	
69	分析化学（上）（化学分析）	张　凌		江西中医药大学	
70	分析化学（下）（仪器分析）	王淑美		广东药科大学	
71	物理化学	刘　雄	王颖莉	甘肃中医药大学	山西中医药大学
72	临床中药学☆	周祯祥	唐德才	湖北中医药大学	南京中医药大学
73	方剂学	贾　波	许二平	成都中医药大学	河南中医药大学
74	中药药剂学☆	杨　明		江西中医药大学	
75	中药鉴定学☆	康廷国	闫永红	辽宁中医药大学	北京中医药大学
76	中药药理学☆	彭　成		成都中医药大学	
77	中药拉丁语	李　峰	马　琳	山东中医药大学	天津中医药大学
78	药用植物学☆	刘春生	谷　巍	北京中医药大学	南京中医药大学
79	中药炮制学☆	钟凌云		江西中医药大学	
80	中药分析学☆	梁生旺	张　彤	广东药科大学	上海中医药大学
81	中药化学☆	匡海学	冯卫生	黑龙江中医药大学	河南中医药大学
82	中药制药工程原理与设备	周长征		山东中医药大学	
83	药事管理学☆	刘红宁		江西中医药大学	
84	本草典籍选读	彭代银	陈仁寿	安徽中医药大学	南京中医药大学
85	中药制药分离工程	朱卫丰		江西中医药大学	
86	中药制药设备与车间设计	李　正		天津中医药大学	
87	药用植物栽培学	张永清		山东中医药大学	
88	中药资源学	马云桐		成都中医药大学	
89	中药产品与开发	孟宪生		辽宁中医药大学	
90	中药加工与炮制学	王秋红		广东药科大学	
91	人体形态学	武煜明	游言文	云南中医药大学	河南中医药大学
92	生理学基础	于远望		陕西中医药大学	
93	病理学基础	王　谦		北京中医药大学	

（五）护理学专业

序号	书　名	主　编		主编所在单位	
94	中医护理学基础	徐桂华	胡　慧	南京中医药大学	湖北中医药大学
95	护理学导论	穆　欣	马小琴	黑龙江中医药大学	浙江中医药大学
96	护理学基础	杨巧菊		河南中医药大学	
97	护理专业英语	刘红霞	刘　娅	北京中医药大学	湖北中医药大学
98	护理美学	余雨枫		成都中医药大学	
99	健康评估	阚丽君	张玉芳	黑龙江中医药大学	山东中医药大学

序号	书 名	主 编		主编所在单位	
100	护理心理学	郝玉芳		北京中医药大学	
101	护理伦理学	崔瑞兰		山东中医药大学	
102	内科护理学	陈 燕	孙志岭	湖南中医药大学	南京中医药大学
103	外科护理学	陆静波	蔡恩丽	上海中医药大学	云南中医药大学
104	妇产科护理学	冯 进	王丽芹	湖南中医药大学	黑龙江中医药大学
105	儿科护理学	肖洪玲	陈偶英	安徽中医药大学	湖南中医药大学
106	五官科护理学	喻京生		湖南中医药大学	
107	老年护理学	王 燕	高 静	天津中医药大学	成都中医药大学
108	急救护理学	吕 静	卢根娣	长春中医药大学	上海中医药大学
109	康复护理学	陈锦秀	汤继芹	福建中医药大学	山东中医药大学
110	社区护理学	沈翠珍	王诗源	浙江中医药大学	山东中医药大学
111	中医临床护理学	裘秀月	刘建军	浙江中医药大学	江西中医药大学
112	护理管理学	全小明	柏亚妹	广州中医药大学	南京中医药大学
113	医学营养学	聂 宏	李艳玲	黑龙江中医药大学	天津中医药大学

（六）公共课

序号	书 名	主 编		主编所在单位	
114	中医学概论	储全根	胡志希	安徽中医药大学	湖南中医药大学
115	传统体育	吴志坤	邵玉萍	上海中医药大学	湖北中医药大学
116	科研思路与方法	刘 涛	商洪才	南京中医药大学	北京中医药大学

（七）中医骨伤科学专业

序号	书 名	主 编		主编所在单位	
117	中医骨伤科学基础	李 楠	李 刚	福建中医药大学	山东中医药大学
118	骨伤解剖学	侯德才	姜国华	辽宁中医药大学	黑龙江中医药大学
119	骨伤影像学	栾金红	郭会利	黑龙江中医药大学	河南中医药大学洛阳平乐正骨学院
120	中医正骨学	冷向阳	马 勇	长春中医药大学	南京中医药大学
121	中医筋伤学	周红海	于 栋	广西中医药大学	北京中医药大学
122	中医骨病学	徐展望	郑福增	山东中医药大学	河南中医药大学
123	创伤急救学	毕荣修	李无阴	山东中医药大学	河南中医药大学洛阳平乐正骨学院
124	骨伤手术学	童培建	曾意荣	浙江中医药大学	广州中医药大学

（八）中医养生学专业

序号	书 名	主 编		主编所在单位	
125	中医养生文献学	蒋力生	王 平	江西中医药大学	湖北中医药大学
126	中医治未病学概论	陈涤平		南京中医药大学	